计算机类专业
系统能力培养
系 列 教 材

INTRODUCTION TO COMPUTER SYSTEMS

计算机系统基础

第2版

袁春风 余子濠◎编著

U0378399

机械工业出版社
China Machine Press

图书在版编目（CIP）数据

计算机系统基础 / 袁春风，余子濠编著 . —2 版 . —北京：机械工业出版社，2018.7
（2024.12 重印）
（计算机类专业系统能力培养系列教材）

ISBN 978-7-111-60489-1

I. 计… II. ①袁… ②余… III. 计算机系统 – 高等学校 – 教材 IV. TP303

中国版本图书馆 CIP 数据核字（2018）第 154325 号

　　国内大学计算机专业课程设置大都缺乏横向关联，学生很难对计算机系统形成完整的全面认识，为此，作者在研究国外一些顶尖大学课程体系以及总结多年在南京大学从事"计算机组成与系统结构""计算机系统基础"课程教学经验的基础上编写了本教材。

　　本书主要介绍与计算机系统相关的核心概念，解释这些概念如何相互关联并最终影响程序执行的结果和性能。本书共分 8 章，主要内容包括数据的表示和运算、程序的转换及机器级表示、程序的链接、程序的执行、存储器层次结构、虚拟存储器、异常控制流和 I/O 操作的实现等。

　　本书将计算机系统每个抽象层涉及的重要概念通过程序的开发和运行串联起来，内容详尽，反映现实，概念清楚，通俗易懂，实例丰富，并提供大量典型习题供读者练习。本书可以作为计算机专业本科或大专院校学生计算机系统方面的基础性教材，也可以作为有关专业研究生或计算机技术人员的参考书。

出版发行：机械工业出版社（北京市西城区百万庄大街 22 号　邮政编码：100037）

责任编辑：刘立卿　　　　　　　　　　　　责任校对：李秋荣

印　　刷：保定市中画美凯印刷有限公司　　版　　次：2024 年 12 月第 2 版第 15 次印刷

开　　本：185mm×260mm　1/16　　　　　印　　张：27.25

书　　号：ISBN 978-7-111-60489-1　　　　定　　价：59.00 元

客服电话：（010）88361066　68326294

版权所有·侵权必究
封底无防伪标均为盗版

丛书序言

——计算机专业学生系统能力培养和系统课程设置的研究

未来的 5~10 年是中国实现工业化与信息化融合，利用信息技术与装备提高资源利用率、改造传统产业、优化经济结构、提高技术创新能力与现代管理水平的关键时期，而实现这一目标，对于高效利用计算系统的其他传统专业的专业人员需要了解和掌握计算思维，对于负责研发多种计算系统的计算机专业的专业人员则需要具备系统级的设计、实现和应用能力。

1. 计算技术发展特点分析

进入 21 世纪以来，计算技术正在发生重要发展和变化，在 20 世纪个人机普及和 Internet 快速发展基础上，计算技术从初期的科学计算与信息处理进入了以移动互联、物物相联、云计算与大数据计算为主要特征的新型网络时代，在这一发展过程中，计算技术也呈现出以下新的系统形态和技术特征。

（1）四类新型计算系统

1）**嵌入式计算系统**　在移动互联网、物联网、智能家电、三网融合等行业技术与产业发展中，嵌入式计算系统有着举足轻重和广泛的作用。例如，移动互联网中的移动智能终端、物联网中的汇聚节点、三网融合后的电视机顶盒等是复杂而新型的嵌入式计算系统；除此之外，新一代武器装备，工业化与信息化融合战略实施所推动的工业智能装备，其核心也是嵌入式计算系统。因此，嵌入式计算将成为新型计算系统的主要形态之一。在当今网络时代，嵌入式计算系统也日益呈现网络化的开放特点。

2）**移动计算系统**　在移动互联网、物联网、智能家电以及新型装备中，均以移动通信网络为基础，在此基础上，移动计算成为关键技术。移动计算技术将使计算机或其他信息智能终端设备在无线环境下实现数据传输及资源共享，其核心技术涉及支持高性能、低功耗、无线连接和轻松移动的移动处理机及其软件技术。

3）**并行计算系统**　随着半导体工艺技术的飞速进步和体系结构的不断发展，多核/众核处理机硬件日趋普及，使得昔日高端的并行计算呈现出普适化的发展趋势。多核技术就是在处理器上拥有两个或更多一样功能的处理器核心，即将数个物理处理器核心整合在一个内核中，数个处理器核心在共享芯片组存储界面的同时，可以完全独立地完成各自操作，从而能在平衡功耗的基础上极大地提高 CPU 性能。并行计算对计算系统微体系结构、系统软件与编程环境均有很大影响，同时，云计算也是建立在廉价服务器组成的大规模集群并行计算基础之上。因此，并行计算将成为各类计算系统的基础技术。

4）**基于服务的计算系统**　无论是云计算还是其他现代网络化应用软件系统，均以服务计算为核心技术。服务计算是指面向服务的体系结构（SOA）和面向服务的计算（SOC）技术，它是标识分布式系统和软件集成领域技术进步的一个里程碑。服务作为一种自治、开放以及与平台无关的网络化构件可使分布式应用具有更好的复用性、灵活性和可增长性。基于服务组织计算资源所具有的松耦合特征使得遵从 SOA 的企业 IT 架构不仅可以有效保护企业投资、促进遗留系统的复用，而且可以支持企业随需应变的敏捷性和先进的软件外包管理模式。Web 服务技术是当前 SOA 的主流实现方式，其已经形成了规范的服务定义、服务组合以及服务访问。

（2）"四化"主要特征

1）**网络化**　在当今网络时代，各类计算系统无不呈现出网络化发展趋势，除了云计算系统、企业服务计算系统、移动计算系统之外，嵌入式计算系统也在物联时代通过网络化成为开放式系统。即，当今的计算系统必然与网络相关，尽管各种有线网络、无线网络所具有的通信方式、通信能力与通信品质有较大区别，但均使得与其相联的计算系统能力得以充分延伸，更能满足应用需求。网络化对计算系统的开放适应能力、协同工作能力等也提出了更高的要求。

2）**多媒体化**　无论是传统 Internet 应用服务，还是新兴的移动互联网服务业务，多媒体化是其面向人类、实现服务的主要形态特征之一。多媒体技术是利用计算机对文本、图形、图像、声音、动画、视频等多种信息进行综合处理、建立逻辑关系和人机交互作用的新技术。多媒体技术使计算机可以处理人类生活中最直接、最普遍的信息，从而使得计算机应用领域及功能得到了极大的扩展，使计算机系统的人机交互界面和手段更加友好和方便。多媒体具有计算机综合处理多种媒体信息的集成性、实时性与交互性特点。

3）**大数据化**　随着物联网、移动互联网、社会化网络的快速发展，半结构化及非结构化的数据呈几何倍增长。数据来源的渠道也逐渐增多，不仅包括了本地的文档、音视频，还包括网络内容和社交媒体；不仅包括 Internet 数据，更包括感知物理世界的数据。从各种类型的数据中快速获得有价值信息的能力，称为大数据技术。大数据具有体量巨大、类型繁多、价值密度低、处理速度快等特点。大数据时代的来临，给各行各业的数据处理与业务发展带来重要变革，也对计算系统的新型计算模型、大规模并行处理、分布式数据存储、高效的数据处理机制等提出了新的挑战。

4）**智能化**　无论是计算系统的结构动态重构，还是软件系统的能力动态演化；无论是传统 Internet 的搜索服务，还是新兴移动互联的位置服务；无论是智能交通应用，还是智能电网应用，无不显现出鲜明的智能化特征。智能化将影响计算系统的体系结构、软件形态、处理算法以及应用界面等。例如，相对于功能手机的智能手机是一种安装了开放式操作系统的手机，可以随意安装和卸载应用软件，具备无线接入互联网、多任务和复制粘贴以及良好用户体验等能力；相对于传统搜索引擎的智能搜索引擎是结合了人工智能技术的新一代搜索引擎，不仅具有传统的快速检索、相关度排序等功能，更具有用户角色登记、用户兴趣自动识别、内容的语义理解、智能信息化过滤和推送等功能，其追求的目标是根据用户的请求从可以获得的网络资源中检索出对用户最有价值的信息。

2. 系统能力的主要内涵及培养需求

（1）主要内涵

计算机专业学生的系统能力的核心是掌握计算系统内部各软件/硬件部分的关联关系与逻辑层次；了解计算系统呈现的外部特性以及与人和物理世界的交互模式；在掌握基本系统原理的基础上，进一步掌握设计、实现计算机硬件、系统软件以及应用系统的综合能力。

（2）培养需求

要适应"四类计算系统，四化主要特征"的计算技术发展特点，计算机专业人才培养必须"与时俱进"，体现计算技术与信息产业发展对学生系统能力培养的需求。在教育思想上要突现系统观教育理念，在教学内容中体现新型计算系统原理，在实践环节上展现计算系统平台技术。

要深刻理解系统化专业教育思想对计算机专业高等教育过程所带来的影响。系统化教育和系统能力培养要采取系统科学的方法，将计算对象看成一个整体，追求系统的整体优化；要夯实系统理论基础，使学生能够构建出准确描述真实系统的模型，进而能够用于预测系统行为；要强化系统实践，培养学生能够有效地构造正确系统的能力。

从系统观出发，计算机专业的教学应该注意教学生怎样从系统的层面上思考（设计过程、工具、用户和物理环境的交互），讲透原理（基本原则、架构、协议、编译以及仿真等），强化系统性的实践教学培养过程和内容，激发学生的辩证思考能力，帮助他们理解和掌控数字世界。

3. 计算机专业系统能力培养课程体系设置总体思路

为了更好地培养适应新技术发展的、具有系统设计和系统应用能力的计算机专门人才，我们需要建立新的计算机专业本科教学课程体系，特别是设立系统级综合性课程，并重新规划计算机系统核心课程的内容，使这些核心课程之间的内容联系更紧密、衔接更顺畅。

我们建议把课程分成三个层次：计算机系统基础课程、重组内容的核心课程、侧重不同计算系统的若干相关平台应用课程。

第一层次核心课程包括"程序设计基础（PF）""数字逻辑电路（DD）"和"计算机系统基础（ICS）"。

第二层次核心课程包括"计算机组成与设计（COD）""操作系统（OS）""编译技术（CT）"和"计算机系统结构（CA）"。

第三层次核心课程包括"嵌入式计算系统（ECS）""计算机网络（CN）""移动计算（MC）""并行计算（PC）"和"大数据并行处理技术（BD）"。

基于这三个层次的课程体系，相关课程设置方案如下图所示。

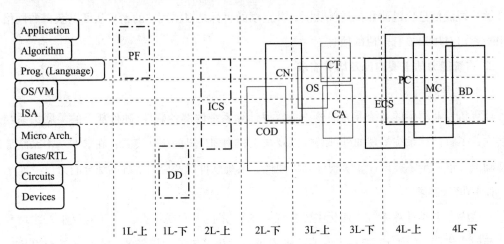

图中左边部分是计算机系统的各个抽象层，右边的矩形表示课程，其上下两条边的位置标示了课程内容在系统抽象层中的涵盖范围，矩形的左右两条边的位置标示了课程大约在哪个年级开设。点画线、细实线和粗实线分别表示第一、第二和第三层次核心课程。

从图中可以看出，该课程体系的基本思路是：先讲顶层比较抽象的编程方面的内容；再讲底层有关系统的具体实现基础内容；然后再从两头到中间，把顶层程序设计的内容和底层电路的内容按照程序员视角全部串起来；在此基础上，再按序分别介绍计算机系统硬件、操作系统和编译器的实现细节。至此的所有课程内容主要介绍单处理器系统的相关内容，而计算机体系结构主要介绍各不同并行粒度的体系结构及其相关的操作系统实现技术和编译器实现技术。第三层次的课程没有先后顺序，而且都可以是选修课，课程内容应体现第一和第二层次课程内容的螺旋式上升趋势，也即第三层次课程内容涉及的系统抽象层与第一和第二层次课程涉及的系统抽象层是重叠的，但内容并不是简单重复，应该讲授在特定计算系统中的相应教学内容。例如，对于"嵌入式计算系统（ECS）"课程，虽然它所涉及的系统抽象层与"计算机系统基础（ICS）"课程涉及的系统抽象层完全一样，但是，这两门课程的教学内容基本上不重叠。前者着重介绍与嵌入式计算系统相关的指令集体系结构设计、操作系统实现和底层硬件设计等内容，而后者着重介绍如何从程序员的角度来理解计算机系统设计与实现中涉及的基础内容。

与传统课程体系设置相比，新的课程体系中最大的不同在于有一门涉及计算机系统各个抽象层面的能够贯穿整个计算机系统设计和实现的基础课程："计算机系统基础（ICS）"。该课程讲解如何从程序员角度来理解计算机系统，可以使程序员进一步明确程序设计语言中的语句、数据和程序是如何在计算机系统中实现和运行的，让程序员了解不同的程序设计方法为什么会有不同的性能等。

此外，新的课程体系中，强调课程之间的衔接和连贯，主要体现在以下几个方面。

1）"计算机系统基础"课程可以把"程序设计基础"和"数字逻辑电路"之间存在于计

算机系统抽象层中的"中间间隔"填补完整并很好地衔接起来，这样，到2L-上结束的时候，学生就可以通过这三门课程清晰地建立单处理器计算机系统的整机概念，构造出完整的计算机系统的基本框架，而具体的计算机系统各个部分的实现细节再通过后续相关课程来细化充实。

2) "数字逻辑电路""计算机组成与设计""嵌入式计算系统"中的实验内容之间能够很好地衔接，可以规划一套承上启下的基于FPGA开发板的综合实验平台，让学生在一个统一的实验平台上从门电路开始设计基本功能部件，然后再以功能部件为基础设计CPU、存储器和外围接口，最终将CPU、存储器和I/O接口通过总线互连为一个完整的计算机硬件系统。

3) "计算机系统基础""计算机组成与设计""操作系统"和"编译技术"之间能够很好地衔接。新课程体系中"计算机系统基础"和"计算机组成与设计"两门课程对原来的"计算机系统概论"和"计算机组成原理"的内容进行了重新调整和统筹规划，这两门课程的内容是密切关联的。对于"计算机系统基础"与"操作系统""编译技术"的关系，因为"计算机系统基础"以Intel x86为模型机进行讲解，所以它为"操作系统"（特别是Linux内核分析）提供了很好的体系结构基础。同时，在"计算机系统基础"课程中为了清楚地解释程序中的文件访问和设备访问等问题，会从程序员角度简单引入一些操作系统中的相关基础知识。此外，在"计算机系统基础"课程中，会讲解高级语言程序如何进行转换、链接以生成可执行代码的问题；"计算机组成与设计"中的流水线处理等也与编译优化相关，而且"计算机组成与设计"以MIPS为模型机进行讲解，而MIPS模拟器可以为"编译技术"的实验提供可验证实验环境，因而"计算机系统基础"和"计算机组成与设计"两门课程都与"编译技术"有密切的关联。"计算机系统基础""计算机组成与设计""操作系统"和"编译技术"这四门课程构成了一组计算机系统能力培养最基本的核心课程。

从"计算机系统基础"课程的内容和教学目标以及开设时间来看，位于较高抽象层的先行课（如程序设计基础和数据结构等课程）可以按照原来的内容和方式开设和教学，而作为新的"计算机系统基础"和"计算机组成与设计"先导课的"数字逻辑电路"，则需要对传统的教学内容，特别是实验内容和实验手段方面进行修改和完善。

有了"计算机系统基础"和"计算机组成与设计"课程的基础，作为后续课程的操作系统、编译原理等将更容易被学生从计算机系统整体的角度理解，课程内容方面不需要大的改动，但是操作系统和编译器的实验要以先行课程实现的计算机硬件系统为基础，这样才能形成一致的、完整的计算机系统整体概念。

本研究还对12门课程的规划思路、主要教学内容及实验内容进行了研究和阐述，具体内容详见公开发表的研究报告。

4. 关于本研究项目及本系列教材

机械工业出版社在较早的时间就引进出版了MIT、UC-Berkeley、CMU等国际知名院校有关计算机系统课程的多种教材，并推动和组织了计算机系统能力培养相关的研究，对国内计算机系统能力培养起到了积极的促进作用。

本项研究是教育部2013~2017年计算机类专业教学指导委员会"计算机类专业系统能力培养研究"项目之一,研究组成员由国防科技大学王志英、北京航空航天大学马殿富、西北工业大学周兴社、南开大学吴功宜、武汉大学何炎祥、南京大学袁春风、北京大学陈向群、中国科技大学安虹、天津大学张钢、机械工业出版社温莉芳等组成,研究报告分别发表于中国计算机学会《中国计算机科学技术发展报告》及《计算机教育》杂志。

本系列教材编委会在上述研究的基础上对本套教材的出版工作经过了精心策划,选择了对系统观教育和系统能力培养有研究和实践的教师作为作者,以系统观为核心编写了本系列教材。我们相信本系列教材的出版和使用,将对提高国内高校计算机类专业学生的系统能力和整体水平起到积极的促进作用。

"计算机类专业系统能力培养系列教材"编委会组成如下:

主　任　王志英

副主任　马殿富

委　员　周兴社　吴功宜　何炎祥　袁春风　陈向群　安　虹　温莉芳

秘　书　姚　蕾

"计算机类专业系统能力培养系列教材"编委会

序　言

（中国工程院院士　李国杰[⊖]）

　　随着移动互联网、普适计算、云计算和物联网的普及，计算机的应用已渗透到经济和社会生活的各个角落。各行各业的应用需求千差万别，要求未来的计算机性能更高、适应性更强、使用更方便、成本和功耗更低、安全性更好等等，但能从事这种创新设计的人才从哪里来？我国的计算机专业培养的毕业生能否担当起这一重任？计算机界的有识之士一直在思考这个影响长远发展的大事情。

　　计算机专业已为我国培养了大量有用人才，但随着其他专业的学生也普遍学习计算机课程，计算机专业似乎有点迷失了方向。社会上开始流行这样的说法：计算机本科学生的硬件设计能力不如电子工程专业，行业应用软件开发能力不如熟悉本行业的其他专业学生，问题分析和算法设计能力不如数学专业学生。有些高中毕业生报考大学时不愿意报考计算机专业，他们认为通信专业学的计算机课程甚至比计算机专业还多。这些现象迫使我们回答：究竟计算机专业的特征和强项是什么？

　　一言以蔽之，计算机专业的重要特征是"系统思维"。所谓"系统思维"是指对系统不同层次的抽象和归纳、对整机系统的性能分析和优化、对系统出现的各类错误的诊断和维护、对计算机技术发展趋势全局性的理解等等。其他专业学计算机知识是为了应用计算机技术解决不同领域的实际问题，而计算机专业的目标之一是培养能设计和制造计算机、在计算技术领域实现创新的人才，不只是培养会编程序的"码农"。计算机专业的学生应具有系统层面的理解能力，能站在系统的高度解决应用问题。总之，对计算机系统是否有较深入的了解是区别计算机专业人才和非专业人才的重要标志。

　　计算机是处理信息的复杂系统。但长期以来我们采用"解剖学"的思路进行计算机教学，按照硬件、软件、应用等分类横切成几门相对独立的课程，使得计算机系毕业的学生对整个计算机系统缺乏完整的理解。如果问已经学完全部课程的学生，从你在键盘上敲一个字母键到屏幕上出现一个字母，在这一瞬间计算机中哪些硬件和软件在运转，如何运转？可能绝大多数学生都讲不清楚。对于更复杂的一段应用程序，计算机内部究竟如何一步一步地实现，不但学生

⊖　李国杰院士是我国计算机界的老一辈科学家，在并行处理、计算机体系结构、人工智能、组合优化等方面成果卓著，荣获过多项国家级奖励，领导中科院计算所和曙光公司为发展我国高性能计算机产业、研制龙芯高性能通用 CPU 芯片做出了重要贡献，对国内计算机科技、教育和产业的发展也提出过有影响的政策建议。

们感到茫然，估计能讲明白的老师也不太多。造成这种局面的原因是我们不重视"计算机系统"的教育，缺乏"系统"思维观念。我国计算机一级学科中，最薄弱的二级学科是计算机系统结构，计算机专业的大学生中有兴趣从事系统结构研究的学生也很少，这可能是我国计算机领域自主创新不足的重要原因。未来计算机应用的性能和满意度越来越依靠软硬件磨合、优化的程度，也就是说，掌握系统知识的人将越来越受重视。

目前国内大学的计算机专业课程，如数字逻辑电路、计算机组成原理、汇编程序设计、操作系统、编译原理、程序设计等，都局限在一个抽象层次，很少讲授层次之间的关联，缺乏全局观。虽然少数学校开设了"计算机系统概论"之类的课程，但多数是专业课程的粗浅介绍，还没有上升到"系统思维"的高度。

南京大学计算机系很重视计算机教学的改革，对美国麻省理工学院、加州大学伯克利分校、斯坦福大学、卡内基梅隆大学等著名大学与计算机系统有关的课程进行了深入的对比分析，找出了我国大学在课程设置和教学内容上的差距。他们将过去的"计算机系统概论"和"计算机组成与系统结构"两门课的内容重新组合，形成新的"计算机系统基础"和"计算机组成与设计"两门课，前者是全系学生的必修课。南京大学为提高学生计算机系统思维能力做了有益的尝试。

摆在读者面前的这本《计算机系统基础》是南京大学袁春风教授多年来致力于计算机教学改革的结晶。袁教授在计算机组成和系统结构的教学方面积累了丰富的经验，目前正在主持国家精品课程和国家级精品资源共享课"计算机组成原理"的教学工作，并主持完成了《计算机系统基础》教材的编写工作。这本教材通过讲解高级语言中数据、运算、过程调用和I/O操作等在计算机系统中的实现细节，使读者在学习时将程序设计、汇编语言、系统结构、操作系统、编译链接中关键的系统概念贯穿起来，真正明白计算机系统如何运转。这本教材是从程序员如何认识系统的角度编写的，书中通过解释计算机如何执行非常简单的一段打印"hello"的程序，让程序员理解与高级语言程序对应的机器行为，这是一种训练"系统思维"的好方式。我相信本书将为读者在软硬件磨合、性能调试优化、软件移植等方面打下更坚实的基础。

计算机教学的改革是一项需要付出艰苦努力的长期任务，"系统思维"能力的提高更是一件十分困难的事。计算机的教材还需要与时俱进，不断反映技术发展的最新成果。一本好的教材应能激发学生的好奇心和愿意终身为伴的激情。愿更多的学校参与到"计算机系统"教学的改革中来，愿这本教材在教学实践中不断完善，为我国培养从事系统级创新的计算机人才做出更大贡献。

是为序。

李国杰

前　言

后 PC 时代的到来，使得原先基于 PC 而建立起来的专业教学内容已经远远不能反映现代社会对计算机专业人才的培养要求，原先计算机专业人才培养强调"程序"设计也变为更强调"系统"设计。这需要我们重新规划教学课程体系，调整教学理念和教学内容，加强学生系统能力培养，使学生能够深刻理解计算机系统整体概念，更好地掌握软/硬件协同设计和程序设计技术，从而更多地培养出满足业界需求的各类计算机专业人才。不管培养计算机系统哪个层面的计算机技术人才，计算机专业教育都要重视学生"系统观"的培养。

本书的主要目的就是为加强计算机专业学生的"系统观"而提供一本关于"计算机系统基础"课程教学的教材。

1. 本书的写作思路和内容组织

本书从程序员视角出发，重点介绍应用程序员如何利用计算机系统相关知识来编写更有效的程序。本书以高级语言程序的开发和运行过程为主线，将该过程中每个环节所涉及的硬件和软件的基本概念关联起来，试图使读者建立一个完整的计算机系统层次结构框架，了解计算机系统的全貌和相关知识体系，初步理解计算机系统中的每一个抽象层及其相互转换关系，建立高级语言程序、ISA、OS、编译器、链接器等之间的相互关联；对指令在硬件上的执行过程和指令的底层硬件执行机制有一定的认识和理解，从而增强读者在程序的调试、性能优化、移植和健壮性保证等方面的能力，并为后续的"计算机组成与设计""操作系统""编译技术""计算机体系结构"等课程打下坚实基础。

本书的具体内容包括：程序中处理的数据在机器中的表示和运算、程序中各类控制语句对应的机器级代码的结构、可执行目标代码的链接生成、可执行目标代码中的指令序列在机器上的执行过程、存储访问过程、打断程序正常执行的机制以及程序中的 I/O 操作功能如何通过请求操作系统内核提供的系统调用服务来完成等。

不管构建一个计算机系统的各类硬件和软件多么千差万别，计算机系统的构建原理以及在计算机系统上的程序转换和执行机理是相通的，因而，本书仅介绍一种特定计算机系统平台下的相关内容。本书所用的平台为 IA-32/x86-64 + Linux + GCC + C 语言。

本书共有 8 章，分两个部分。第一部分主要是系统概要并介绍可执行目标文件的生成，包含第 1~4 章；第二部分主要介绍可执行目标文件的运行，包含第 5~8 章。第 1 章是计算机系统概述；第 2 章和第 3 章分别介绍高级语言程序中的数据和语句所对应的底层机器级表示，展示的是高级语言程序到机器级语言程序的对应转换关系；第 4 章主要介绍如何将不同的程序模块链接起来构成可执行目标文件，展示的是程序的链接环节；第 5 章和第 6 章着重介绍程序的运行环节，包括与程序运行密切相关的硬件部分——CPU 及存储器的组织；第 7 章介绍打断程序正常运行的事件机制——异常控制流；第 8 章主要介绍程序中 I/O 操作的实现机制。此外，附录 A 中还补充了数字逻辑电路的基础内容，为那些没有数字逻辑电路基础知识的读者阅读本书提供方便。

2. 读者所需的背景知识

本书假定读者对 C 语言程序设计有一定的基础，已经掌握了 C 语言的语法和各类控制语句、数据类型及其运算、各类表达式、函数调用和 C 语言的标准库函数等相关知识。

此外，本书对于程序中指令的执行过程进行了介绍，这涉及布尔代数、逻辑运算电路、存储部件等内容，因而，本书正文内容假定读者具有数字逻辑电路基础知识。不过，如果读者不具备这些背景知识的话，可以参看本书附录 A。

本书所用的平台为 IA-32/x86-64 + Linux + GCC + C 语言。书中大多数 C 语言程序对应的机器级表示都是基于 IA-32 + Linux 平台用 GCC 编译器生成的，本书会在介绍程序的机器级表示之前，先简要介绍 IA-32 的指令集体系结构，包括其机器语言和汇编语言的介绍，因而，读者无须任何机器语言和汇编语言的背景知识。

3. 使用本书作为教材的课程及教学建议

目前国内大学计算机专业课程设置，大多是按计算机系统层次结构进行横向切分，自下而上分解成数字逻辑电路、计算机组成原理、汇编程序设计、操作系统、编译原理、程序设计等课程，而且，每门课程都仅局限在本抽象层，相互之间几乎没有关联，因而学生对整个计算机系统的认识过程就像"盲人摸象"一样，很难形成一个对完整计算机系统的全面认识。虽然国内有些高校也有计算机系统概论、计算机系统入门或导论之类的课程，但通常内容较广且结构较松散，基本上是计算机课程概论，因而很难使学生真正形成计算机系统层次结构整体框架。

笔者对美国几所顶级大学近年来相关课程体系进行了跟踪调查，发现他们都非常注重计算机系统能力的培养，都在讲完高层的编程语言及程序设计课程后开设一门关于计算机系统的基础课程，如 MIT 的 6.004、UC-Berkeley 的 CS 61C、CMU 的 CS 213、斯坦福大学的 CS 107 等。这些课程在内容上特别注重计算机系统各抽象层的纵向关联，将高级语言程序、汇编语言程序、机器代码及其执行串联起来，为学生进一步学习后续相关课程打下坚实的基础。

本书在借鉴国外相关课程教学内容和相关教材的基础上编写，适合于在完成程序设计基础课程后进行学习。本书内容贯穿计算机系统各个抽象层，是关于计算机系统的最基础的内容，因而使用本书作为教材开设的课程适用于所有计算机相关专业。

使用本书作为教材开设的课程名称可以是"计算机系统基础""计算机系统导论"或类似

名称，可以有以下几种安排方案。

章号	内容	课程				
		①	②	③	④	⑤
1	计算机系统概述	√	√	√	√	√
2	数据的机器级表示与处理	√	√	√	√	√
3	程序的转换及机器级表示	√	√	√		√
4	程序的链接	√	√			√
5	程序的执行	√		√		√
6	层次结构存储系统	√	√	√	√	
7	异常控制流	√	√			
8	I/O 操作的实现	√	√			
附录 A	数字逻辑电路基础	√	√	√	√	√

上表的课程安排及教学建议说明如下：

- 第①种课程适合于软件工程等不需要深入掌握底层硬件细节的专业。开设该课程后，则无须再开设"数字逻辑电路""汇编程序设计""计算机组成原理"和"微机原理与接口技术"课程，因为本书基本涵盖了上述课程中的所有主要内容，并将它们与高级语言程序、操作系统中的部分概念、编译和链接中的基本内容有机联系在一起了。这样做，不仅能缩减大量课时，还可以通过该课程的讲授为学生系统能力培养打下坚实的基础。因为课程内容较多，建议开设为一个一学年课程，第一学期学习附录 A 和第 1~4 章，第二学期学习第 5~8 章。每学期的总学时数为 60 左右。

- 第②种课程适合于计算机工程、计算机系统等偏系统或硬件的专业。可以在该课程后开设一门将数字逻辑电路和计算机组成及设计的内容合并的课程，专门介绍计算机微体系结构的数字系统设计技术；也可以在该课程之前先开设"数字逻辑电路"课程，之后再开设"计算机组成与设计"课程。美国几个顶级大学采用的是前面一种做法。建议开设为一个一学期课程，总学时数为 80 左右。

- 第③、④和⑤种课程，适合于其他与计算机相关的非计算机专业或那些大专类计算机专业，在学时受限的情况下，可以选择一些基本内容进行讲授。建议开设为一个一学期课程，总学时数在 60~80。

本书对于存储访问机制和异常控制流这两部分内容，在介绍基本原理的基础上，还简要介绍了 IA-32/x86-64 + Linux 平台的具体实现（书中带 * 的章节）。由于基本原理在一个具体平台中的实现往往比较复杂，因而带 * 章节的内容相对烦琐。若本书用作教材的话，这部分可以选择不作为课堂教学内容。但是，如果后续的操作系统课程实验内容是基于 IA-32 + Linux 平台实现的话，建议将这部分内容作为重点讲解。

4. 第 2 版修订内容

由于第 1 版教材编写时间比较仓促，因而导致部分内容不太完善，示例不太丰富，特别是，近年来计算机系统相关技术发生了一些变革，64 位系统的使用越来越广泛。为了更好地完善教材内容，丰富教学示例，反映技术的进步，拓宽本领域知识的覆盖面，更加合理地构建知识框架，第 2 版在第 1 版的基础上进行了若干修订，主要包括以下几个方面。

第 1 章（计算机系统概述）：删除了关于计算机发展历史和计算机硬件的介绍，增加了对冯·诺依曼结构模型机及其指令系统的介绍，并通过模型机中具体程序例子简要介绍了高级语言程序与机器级代码的对应关系，以及在模型机上执行程序和指令的过程。此外，在计算机系统层次结构部分，增加了对系统核心层之间关联的介绍，包括语言规范中的未定义行为、不确定行为，以及应用程序二进制接口（ABI）和应用编程接口（API）等的介绍；在性能评价部分，还增加了对阿姆达尔定律的介绍。

第 2 章（数据的机器级表示与处理）：增加了大量的 C 程序示例，将高级编程语言规范与具体程序执行结果结合起来介绍，以使读者充分理解程序中数据在机器中的表示与运算所涉及的各层面概念之间的关联关系。

第 3 章（程序的转换及机器级表示）：增加了在 C 语言中直接嵌入汇编代码的方法、Intel架构指令格式及其指令机器码解析举例、非静态局部变量的分配、缓冲区溢出概念解释、栈随机化机制和栈破坏检测举例、64 位架构程序举例等内容。

第 4 章（程序的链接）：增加了 ELF 头解析举例、节头表结构及其解析举例、可执行文件的存储器映像举例、动态链接时程序无关代码（PIC）的实现等内容。

第 5 章（程序的执行）：增加了对 MIPS 单周期数据通路结构的介绍。

第 6 章（层次结构存储系统）：增加了 DDR/DDR2/DDR3 SDRAM 等主存芯片技术和 64 位架构 Intel Core i7 + Linux 的存储系统介绍。

第 7 章（异常控制流）：增加了进程的存储器映射及其共享对象和私有的写时拷贝对象的基本概念、程序加载处理过程、故障的信号处理和非本地跳转等内容。

第 8 章（I/O 操作的实现）：增加了文件流缓冲区及其读写操作、QPI 总线、存储器总线、PCI – Express 总线以及基于总线的硬件互连结构等内容。

5. 如何阅读本书

本书的出发点是试图将计算机系统每个抽象层中涉及的重要概念通过程序的开发和运行过程这个主线串起来，因而本书涉及的所有问题和内容都是从程序出发的。这些内容或者涉及程序中数据的表示及运算；或者涉及程序对应的机器级表示；或者涉及多个程序模块的链接；或者涉及程序的加载及运行；或者涉及程序执行过程中的异常中断事件；或者涉及程序中的 I/O操作等。从读者熟悉的程序开发和运行过程出发来介绍计算机系统基本概念，可以使读者将新学的概念与已有的知识关联起来，不断拓展和深化知识体系。特别是，因为所有内容从程序出发，所以所有内容都可以通过具体程序进行验证，边学边干中使所学知识转化为实践能力。

本书虽然涉及内容较广，但所有内容之间具有非常紧密的关联，因而，建议读者在阅读本书时采用"整体性"学习方法，通过第 1 章的学习先建立一个粗略的计算机系统整体框架，然后不断地通过后续章节的学习，将新的内容与前面的内容关联起来，以逐步细化计算机系统框架内容，最终形成比较完整的、相互密切关联的计算机系统整体概念。

本书提供了大量的例题和课后习题，这些题目大多是具体的程序示例，通过对这些示例的分析或验证性实践，读者可以对基本概念有更加深刻的理解。因此，在阅读本书时，若遇到一些难以理解的概念，可以先不用仔细琢磨，而是通过具体的程序示例对照基本概念和相关手册中的具体规定进行理解。

本书提供的小贴士对理解书中的基本概念很有用，但是，由于篇幅有限，这些补充资料不可能占用很大篇幅，因而大多是简要内容。如果读者希望了解更多的细节内容，可以自行到互联网上查找。

本书内容虽然涉及高级语言程序设计、数字逻辑电路、汇编语言程序、计算机组成与系统结构、操作系统、编译和链接等，但是，本书主要讲解它们之间的关联，而不提供其细节，如果读者想要了解更详细的关于数字系统设计、操作系统、编译技术、计算机体系结构等方面的内容，则还要阅读关于这些内容的专门书籍。不过，若读者学完本书后再去阅读这些方面的专门书籍，则会轻松很多。

6. 致谢

衷心感谢在本书的编写过程中给予我热情鼓励和中肯建议的各位专家、同事和学生们，正是因为有他们的鞭策、鼓励和协助，才能顺利完成本书的编写。

在本书的编写过程中，得到了国防科技大学王志英教授、北京航空航天大学马殿富教授、西北工业大学周兴社教授、武汉大学何炎祥教授、北京大学陈向群教授等各位专家的悉心指导和热情鼓励；浙江大学城市学院杨起帆教授对本书的前三章进行仔细审阅，提出了许多宝贵的修改意见；西安邮电大学陈莉君教授、山东大学杨兴强教授和中国石油大学张琼声副教授从书稿的篇章结构到内容各方面都提出了许多宝贵的意见；中国海洋大学蒋永国副教授对本书的编写修改提出了很好的建议；中国石油大学范志东同学对本书第 8 章部分内容提出了宝贵的修改意见，并提供了第 4 章中某可执行文件程序头表中的部分信息。在此对以上各位老师、学生和有关院系一并表示衷心的感谢。

本书是以作者在南京大学从事"计算机组成与系统结构""计算机系统基础"两门课程教学所积累的部分讲稿内容为基础编写而成的，感谢南京大学各位同仁和各届学生对讲稿内容和教学过程所提出的宝贵反馈和改进意见，使得本教材的内容得以不断改进和完善。特别感谢本书第 2 作者余子濠博士的辛勤付出，他对书中大部分程序进行了验证，并对书中相关内容与对应手册中的规定进行了详细的核对和审查，对一些关键内容提出了许多有益的修改意见。此外，唐杰副教授和路通教授对本书的内容和篇章结构提出了宝贵的意见，并提供了部分编程实例；2015 级唐瑞泽和谢旻晖同学等也为本书的编写和修订提供了有益的素材；蒋炎岩博士对本书的结构和编写思路提出了宝贵的意见。

特别感谢机械工业出版社在本书的编写过程中提供的极大支持，包括提供大量国外优秀的相关图书资料，并多次组织国内权威专家进行相关研究和具体指导等。最后，要特别感谢本书的责任编辑，她极其专业和非常细致的审校和编辑工作为本书的出版质量提供了可靠的保证。

7. 结束语

本书广泛参考了国内外相关的经典教材和教案，在内容上力求做到取材先进并反映技术发展现状；在内容的组织和描述上力求概念准确、语言通俗易懂、实例深入浅出，并尽量利用图示和实例来解释和说明问题。但是，由于计算机系统相关技术在不断发展，新的思想、概念、技术和方法不断涌现，加之作者水平有限，在编写中难免存在不当或遗漏之处，恳请广大读者对本书的不足之处给予指正，以便在后续的版本中予以改进。

袁春风

2018 年 5 月于南京

目　录

第一部分

系统概述和可执行目标文件的生成

计算机系统概述

本书主要介绍与计算机系统相关的核心基本概念，解释这些概念是如何相互关联并最终影响程序执行的结果和性能的。本书以单处理器计算机系统为基础介绍程序开发和执行的基本原理以及所涉及的重要概念，为高级语言程序员展示高级语言源程序与机器级代码之间的对应关系以及机器级代码在计算机硬件上的执行机制。

本章概要介绍计算机的基本工作原理、冯·诺依曼结构基本思想及冯·诺依曼结构计算机的基本构成、程序和指令的执行过程、计算机系统的基本功能和基本组成、程序的开发与运行、计算机系统层次结构以及计算机性能评价的基本概念，此外，还包括对本教材各个章节的组织思路及基本内容的介绍。

1.1 计算机基本工作原理

1.1.1 冯·诺依曼结构基本思想

世界上第一台真正意义上的电子数字计算机是在 1935～1939 年间由美国艾奥瓦州立大学物理系副教授约翰·文森特·阿塔那索夫（John Vincent Atanasoff）和其合作者克利福特·贝瑞（Clifford Berry，当时还是物理系的研究生）研制成功的，用了 300 个电子管，取名为 ABC（Atanasoff-Berry Computer）。不过这台机器只是个样机，并没有完全实现阿塔那索夫的构想。

1946 年 2 月，在美国研制成功了真正实用的电子数字计算机 ENIAC（Electronic Numerical Integrator and Computer），不过，其设计思想基本来源于 ABC，只是采用了更多的电子管，运算能力更强大。它的负责人是莫克利（John W. Mauchly）和艾克特（J. Presper Eckert）。他们制造完 ENIAC 后就立刻申请并获得了美国专利。就是这个专利导致 ABC 和 ENIAC 之间长期的"世界第一台电子计算机"之争。

1973 年美国明尼苏达地区法院给出正式宣判，推翻并吊销了莫克利和艾克特的专利。虽然他们失去了专利，但是他们的功劳不能抹杀，毕竟是他们按照阿塔那索夫的思想完整地制造出了真正意义上的电子数字计算机。

现在国际计算机界公认的事实是：第一台电子计算机的真正发明人是美国的约翰·文森特·阿塔那索夫（1903—1995）。他在国际计算机界被称为"电子计算机之父"。

ENIAC 的研制主要是为了解决美军复杂的弹道计算问题。它用十进制表示信息，通过设置开关和插拔电缆手动编程，每秒能进行 5000 次加法运算或 50 次乘法运算。1944 年夏季的一天，冯·诺依曼巧遇美国弹道实验室的军方负责人戈尔斯坦。于是，冯·诺依曼被戈尔斯坦介绍加入了 ENIAC 研制组。在 ENIAC 研制的同时，冯·诺依曼等人开始考虑研制另一台电子计算机 EDVAC（Electronic Discrete Variable Automatic Computer）。1945 年，冯·诺依曼以"关于 EDVAC 的报告草案"为题，起草了长达 101 页的报告，发表了全新的存储程序（stored- program）通用电子计算机方案，宣告了现代计算机结构思想的诞生。

"存储程序"方式的基本思想是：必须将事先编好的程序和原始数据送入主存后才能执行程序，一旦程序被启动执行，计算机能在不需操作人员干预下自动完成逐条指令取出和执行的任务。

从 20 世纪 40 年代计算机诞生以来，尽管硬件技术已经经历了电子管、晶体管、集成电路和超大规模集成电路 4 个发展阶段，计算机体系结构也取得了很大发展，但绝大部分通用计算机的硬件基本组成仍然具有冯·诺依曼结构特征。**冯·诺依曼结构**基本思想主要包括以下几个方面。

① 采用"存储程序"工作方式。

② 计算机由运算器、控制器、存储器、输入设备和输出设备 5 个基本部件组成。

③ 存储器不仅能存放数据，也能存放指令，形式上数据和指令没有区别，但计算机应能区分它们；控制器应能自动执行指令；运算器应能进行算术运算，也能进行逻辑运算；操作人员可以通过输入/输出设备使用计算机。

④计算机内部以二进制形式表示指令和数据；每条指令由操作码和地址码两部分组成，操作码指出操作类型，地址码指出操作数的地址；由一串指令组成程序。

1.1.2　冯·诺依曼机基本结构

根据冯·诺依曼结构基本思想，可以给出一个模型计算机的基本硬件结构。如图 1.1 所

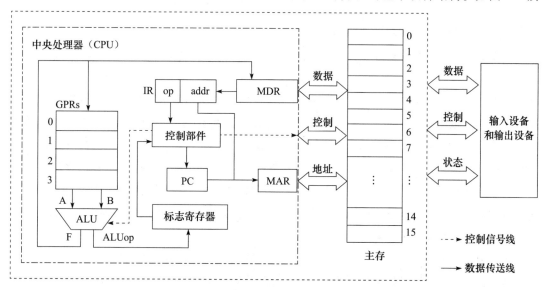

图 1.1　模型机的硬件基本结构

示，模型机中主要包括：① 用来存放指令和数据的**主存储器**，简称**主存**或**内存**；② 用来进行算术逻辑运算的部件，即**算术逻辑部件**（Arithmetic Logic Unit，简称 ALU），在 ALU 操作控制信号 ALUop 的控制下，ALU 可以对输入端 A 和 B 进行不同的运算，得到结果 F；③ 用于自动逐条取出指令并进行译码的部件，即**控制部件**（Control Unit，简称 CU），也称**控制器**；④ 用来和用户交互的输入设备和输出设备。

在图 1.1 中，为了临时存放从主存取来的数据或运算的结果，还需要若干**通用寄存器**（General Purpose Register），组成**通用寄存器组**（GPRs），ALU 两个输入端 A 和 B 的数据来自通用寄存器；ALU 运算的结果会产生标志信息，例如，结果是否为 0（零标志 ZF）、是否为负数（符号标志 SF）等，这些标志信息需要记录在专门的**标志寄存器**中；从主存取来的指令需要临时保存在**指令寄存器**（Instruction Register，简称 IR）中；CPU 为了自动按序读取主存中的指令，还需要有一个**程序计数器**（Program Counter，简称 PC），在执行当前指令过程中，自动计算出下一条指令的地址并送到 PC 中保存。通常把控制部件、运算部件和各类寄存器互连组成的电路称为**中央处理器**（Central Processing Unit，简称 CPU），简称处理器。

CPU 需要从通用寄存器中取数据到 ALU 运算，或把 ALU 运算的结果保存到通用寄存器中，因此，需要给每个通用寄存器编号；同样，主存中每个单元也需要编号，称为**主存单元地址**，简称**主存地址**。通用寄存器和主存都属于存储部件，通常，计算机中的存储部件从 0 开始编号，例如，图 1.1 中 4 个通用寄存器编号分别为 0 ~ 3；16 个主存单元编号分别为 0 ~ 15。

CPU 为了从主存取指令和存取数据，需要通过传输介质与主存相连，通常把连接不同部件进行信息传输的介质称为**总线**，其中，包含了用于传输地址信息、数据信息和控制信息的地址线、数据线和控制线。CPU 访问主存时，需先将主存地址、读/写命令分别送到总线的地址线、控制线，然后通过数据线发送或接收数据。CPU 送到地址线的主存地址应先存放在**主存地址寄存器**（Memory Address Register，简称 MAR）中，发送到或从数据线取来的信息存放在**主存数据寄存器**（Memory Data Register，简称 MDR）中。

1.1.3　程序和指令的执行过程

冯·诺依曼结构计算机的功能通过执行程序实现，程序的执行过程就是所包含的指令的执行过程。

指令（instruction）是用 0 和 1 表示的一串 0/1 序列，用来指示 CPU 完成一个特定的原子操作。例如，**取数指令**（load）从主存单元中取出数据存放到通用寄存器中；**存数指令**（store）将通用寄存器的内容写入主存单元；**加法指令**（add）将两个通用寄存器内容相加后送入结果寄存器；**传送指令**（mov）将一个通用寄存器的内容送到另一个通用寄存器；如此等等。

指令通常被划分为若干个字段，有操作码、地址码等字段。**操作码字段**指出指令的操作类型，如取数、存数、加、减、传送、跳转等；**地址码字段**指出指令所处理的操作数的地址，如寄存器编号、主存单元编号等。

下面用一个简单的例子，说明在图 1.1 所示计算机上程序和指令的执行过程。

假定图 1.1 所示模型机字长为 8 位；有 4 个通用寄存器 r0 ~ r3，编号分别为 0 ~ 3；有 16 个主存单元，编号为 0 ~ 15。每个主存单元和 CPU 中的 ALU、通用寄存器、IR、MDR 的宽度都是 8 位，PC 和 MAR 的宽度都是 4 位；连接 CPU 和主存的总线中有 4 位地址线、8 位数据线和若干位控制线（包括读/写命令线）。该模型机采用 8 位定长指令字，即每条指令有 8 位。指令格式有 R 型和 M 型两种，如图 1.2 所示。

格式	4 位	2 位	2 位	功能说明
R 型	op	rt	rs	R[rt] ← R[rt] op R[rs]　或 R[rt] ← R[rs]
M 型	op	addr		R[0] ← M[addr] 或 M[addr] ← R[0]

图 1.2　定长指令字格式

图 1.2 中，op 为操作码字段，R 型指令的 op 为 0000、0001 时，分别定义为寄存器间传送（mov）和加（add）操作，M 型指令的 op 为 1110 和 1111 时，分别定义为取数（load）和存数（store）操作；rs 和 rt 为通用寄存器编号；addr 为主存单元地址。

图 1.2 中，R[r] 表示编号为 r 的通用寄存器中的内容，M[addr] 表示地址为 addr 的主存单元内容，"←"表示从右向左传送数据。指令 1110 0110 的功能是 R[0]←M[0110]，表示将 6 号主存单元（地址为 0110）中的内容取到 0 号寄存器；指令 0001 0001 的功能为 R[0]←R[0]+R[1]，表示将 0 号和 1 号寄存器内容相加的结果送 0 号寄存器。

若在该模型机上实现 $z = x + y$，x 和 y 分别存放在主存 5 号和 6 号单元中，结果 z 存放在 7 号单元中，则相应程序在主存单元中的初始内容如图 1.3 所示。

主存地址	主存单元内容	内容说明（Ii 表示第 i 条指令）	指令的符号表示
0	1110 0110	I1：R[0] ← M[6]；op = 1110：取数操作	load r0, 6#
1	0000 0100	I2：R[1] ← R[0]；op = 0000：传送操作	mov r1, r0
2	1110 0101	I3：R[0] ← M[5]；op = 1110：取数操作	load r0, 5#
3	0001 0001	I4：R[0] ← R[0] + R[1]；op = 0001：加操作	add r0, r1
4	1111 0111	I5：M[7] ← R[0]；op = 1111：存数操作	store 7#, r0
5	0001 0000	操作数 x，值为 16	
6	0010 0001	操作数 y，值为 33	
7	0000 0000	结果 z，初始值为 0	

图 1.3　实现 $z = x + y$ 的程序在主存单元中的初始内容

"存储程序"工作方式规定，程序执行前，需将程序包含的指令和数据先送入主存，一旦启动程序执行，则计算机必须能够在不需操作人员干预下自动完成逐条指令取出和执行的任务。如图 1.4 所示，一个程序的执行就是周而复始地执行一条一条指令的过程。每条指令的执行过程包括：从主存取指令、对指令进行译码、PC 增量（图中的 PC + "1"表示 PC 的内容加上当前这一条指令的长度）、取操作数并执行、将结果送主存或寄存器保存。

程序执行前，首先将程序的起始地址存放在 PC 中，取指令时，将 PC 的内容作为地址访问主存。每条指令执行过程中，都需要计算下条将执行指令的主存地址，并送到 PC 中。若当前指

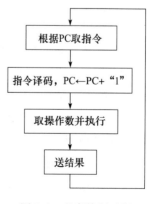

图 1.4　程序执行过程

令为顺序型指令，则下条指令地址为 PC 的内容加上当前指令的长度；若当前指令为跳转型指令，则下条指令地址为指令中指定的目标地址。当前指令执行完后，根据 PC 的值到主存中取到的是下条将要执行的指令，因而计算机能够周而复始地自动取出并执行一条一条指令。

对于图 1.3 中的程序，程序首地址（即指令 I1 所在地址）为 0，因此，程序开始执行时，PC 的内容为 0000。根据程序执行流程，该程序运行过程中，所执行的指令顺序为 I1→I2→I3→I4→I5。每条指令在图 1.1 所示模型机中的执行过程及结果如图 1.5 所示。

	I1：1110 0110	I2：0000 0100	I3：1110 0101	I4：0001 0001	I5：1111 0111
取指令	IR←M[0000]	IR←M[0001]	IR←M[0010]	IR←M[0011]	IR←M[0100]
指令译码	op=1110, 取数	op=0000, 传送	op=1110, 取数	op=0001, 加	op=1111, 存数
PC 增量	PC←0000+1	PC←0001+1	PC←0010+1	PC←0011+1	PC←0100+1
取数并执行	MDR←M[0110]	A←R[0]、mov	MDR←M[0101]	A←R[0]、B←R[1]、add	MDR←R[0]
送结果	R[0]←MDR	R[1]←F	R[0]←MDR	R[0]←F	M[0111]←MDR
执行结果	R[0]=33	R[1]=33	R[0]=16	R[0]=16+33=49	M[7]=49

图 1.5 实现 $z=x+y$ 功能的每条指令执行过程

如图 1.5 所示，在图 1.1 的模型机中执行指令 I1 的过程如下：指令 I1 存放在第 0 单元，故取指令操作为 IR←M[0000]，表示将主存 0 单元中的内容取到指令寄存器 IR 中，故取指令阶段结束时，IR 中内容为 1110 0110；然后，将高 4 位 1110（op 字段）送到控制部件进行指令译码；同时控制 PC 进行"+1"操作，PC 中内容变为 0001；因为是取数指令，所以控制器产生"主存读"控制信号 Read，同时控制在取数并执行阶段将 Read 信号送控制线、指令后 4 位的 0110（addr 字段）作为主存地址送 MAR 并自动送地址线，经过一段时间以后，主存将 0110（6#）单元中的 33（变量 y）送到数据线并自动存储在 MDR 中；最后由控制器控制将 MDR 内容送 0 号通用寄存器，因此，指令 I1 的执行结果为 R[0]=33。其他指令的执行过程类似。程序最后执行的结果为主存 0111（7#）单元内容（变量 z）变为 49，即 M[7]=49。

指令执行各阶段都包含若干个微操作，微操作需要相应的**控制信号**（control signal）进行控制。

取指令阶段 IR←M[PC] 微操作有：MAR←PC；控制线←Read；IR←MDR。

取数阶段 R[0]←M[addr] 微操作有：MAR←addr；控制线←Read；R[0]←MDR。

存数阶段 M[addr]←R[0] 微操作有：MAR←addr；MDR←R[0]；控制线←Write。

ALU 运算 R[0]←R[0]+R[1] 微操作有：A←R[0]；B←R[1]；ALUop←add；R[0]←F。

ALU 操作有加（add）、减（sub）、与（and）、或（or）、传送（mov）等类型，如图 1.1 所示，ALU 操作控制信号 ALUop 可以控制 ALU 进行不同的运算。例如，ALUop←mov 时，ALU 的输出 F=A；ALUop←add 时，ALU 的输出 F=A+B。

这里的 Read、Write、mov、add 等微操作控制信号都是控制部件对 op 字段进行译码后送出的，如图 1.1 中的虚线所示就是控制信号线。每条指令执行过程中，所包含的微操作具有先后顺序关系，需要定时信号进行定时。通常，CPU 中所有微操作都由时钟信号进行定时，**时钟信号**（clock signal）的宽度为一个**时钟周期**（clock cycle）。一条指令的执行时间包含一个或多个时钟周期。

1.2　程序的开发与运行

现代通用计算机都采用"存储程序"工作方式，需要计算机完成的任何任务都应先表示为一个程序。首先，应将应用问题（任务）转化为**算法**（algorithm）描述，使得应用问题的求解变成流程化的清晰步骤，并能确保步骤是有限的。任何一个问题可能有多个求解算法，需要进行算法分析以确定哪种算法在时间和空间上能够得到优化。其次，将算法转换为用编程语言描述的程序，这个转换通常是手工进行的，也就是说，需要程序员进行程序设计。**程序设计语言**（programming language）与自然语言不同，它有严格的执行顺序，不存在二义性，能够唯一地确定计算机执行指令的顺序。

1.2.1　程序设计语言和翻译程序

程序设计语言可以分成各类不同抽象层的、适用于不同领域的、采用不同描述结构的，等等。目前大约有上千种。从抽象层次上来分，可以分成高级语言和低级语言两类。

使用特定计算机规定的指令格式而形成的0/1序列称为**机器语言**，计算机能理解和执行的程序称为**机器代码**或**机器语言程序**，其中的每条指令都由 0 和 1 组成，称为**机器指令**。如图 1.3 中所示，主存单元 0~4 中存放的0/1序列就是机器指令。

最早人们采用机器语言编写程序。机器语言程序的可读性很差，也不易记忆，给程序员的编写和阅读带来极大的困难。因此，人们引入了一种机器语言的符号表示语言，用简短的英文符号和机器指令建立对应关系，以方便程序员编写和阅读程序。这种语言称为**汇编语言**（assembly language），机器指令对应的符号表示称为**汇编指令**。如图 1.3 所示，机器指令"1110 0110"对应的汇编指令为"load r0, 6#"。显然，使用汇编指令编写程序比使用机器指令编写程序要方便得多。但是，因为计算机无法理解和执行汇编指令，所以用汇编语言编写的**汇编语言源程序**必须先转换为机器语言程序，才能被计算机执行。

每条汇编指令表示的功能与对应机器指令一样，汇编指令和机器指令都与特定的机器结构相关，因此，汇编语言和机器语言都属于低级语言，它们统称为**机器级语言**。

因为每条指令的功能非常简单，所以使用机器级语言描述程序功能时，需描述的细节很多，不仅程序设计工作效率很低，而且同一个程序不能在不同机器上运行。为此，程序员多采用高级程序设计语言编写程序。**高级程序设计语言**（high level programming language）简称**高级编程语言**，是指面向算法设计的、较接近于日常英语书面语言的程序设计语言，如 BASIC、C/C++、Fortran、Java 等。它与具体的机器结构无关，可读性比机器级语言好，描述能力更强，一条语句可对应几条或几十条指令。例如，对于图 1.3 中所示程序，机器级语言表示需 5 条指令，而高级编程语言表示只需一条语句"z = x + y;"即可。

不过，因为计算机无法直接理解和执行高级编程语言程序，所以需要将高级编程语言程序转换成机器语言程序。因为这个转换过程是计算机自动完成的，所以把进行这种转换的软件统称为**翻译程序**（translator）。通常，程序员借助程序设计语言处理系统来开发软件。任何一个语言处理系统中，都包含翻译程序，它能把一种编程语言表示的程序转换为等价的另一种编程语言程序。被翻译的语言和程序分别称为**源语言**和**源程序**，翻译生成的语言和程序分别称为**目标语言**和**目标程序**。翻译程序有以下三类。

　　① **汇编程序**（assembler）：也称**汇编器**，实现将汇编语言源程序翻译成机器语言目标程序。

　　② **解释程序**（interpreter）：也称**解释器**，实现将源程序中的语句按其执行顺序逐条翻译成机器指令并立即执行。

　　③ **编译程序**（compiler）：也称**编译器**，实现将高级语言源程序翻译成汇编语言或机器语言目标程序。

　　图1.6 给出了实现两个相邻数组元素交换功能的不同层次语言之间的等价转换过程。

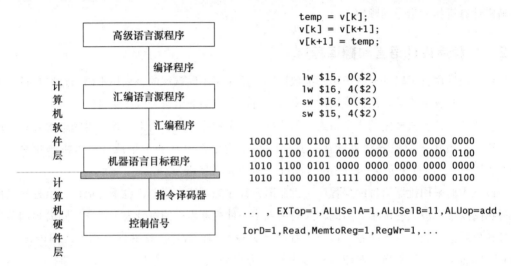

图 1.6　不同层次语言之间的等价转换

　　如图1.6 所示，交换数组元素 $v[k]$ 和 $v[k+1]$ 的功能可以在高级语言源程序中直观地用三个赋值语句实现；在经编译后生成的汇编语言源程序中，可用4 条汇编指令实现该功能，其中，两条是取数指令 lw（load word），另两条是存数指令 sw（store word）；在经汇编后生成的机器语言程序中，对应的机器指令是特定格式的二进制代码，例如，第一条 lw 指令对应的机器代码为"1000 1100 0100 1111 0000 0000 0000 0000"，这是一条 MIPS 指令集系统结构中的指令，其中，高6 位"100011"为操作码，随后5 位"00010"为通用寄存器编号2，再后面5 位"01111"为另一个通用寄存器编号15，最后16 位为立即数0。CPU 能够通过逻辑电路直接执行这种二进制表示的机器指令。指令执行时通过控制器对指令操作码进行译码，解释成控制信号来控制数据的流动和运算，例如，控制信号 ALUop = add 可以控制 ALU 进行加法操作，Reg-Wr = 1 可以控制将结果数据写入某个通用寄存器。

　　✎ **小贴士**

　　　本教材中多处提到 MIPS 架构或 MIPS 指令集系统结构，这里的 MIPS 是指在20 世纪80 年代初期由斯坦福（Stanford）大学 Hennessy 教授领导的研究小组研制出来的一种 RISC

处理器。MIPS 来源于 "microcomputer without interlocked pipeline stages" 的缩写。在通用计算方面，MIPS R 系列微处理器用于构建高性能工作站、服务器和超级计算机系统。在嵌入式方面，MIPS K 系列微处理器是目前仅次于 ARM 的用得最多的处理器之一（1999 年以前 MIPS 是世界上用得最多的处理器），其应用领域覆盖游戏机、路由器、激光打印机、掌上电脑等各个方面。我国自主研制的龙芯 CPU 芯片的指令集系统结构与 MIPS 兼容，而与 Intel x86 指令集系统结构互不兼容。

在本章 1.4.3 节会提到指令速度所用的计量单位 MIPS（Million Instructions Per Second），其含义是平均每秒执行多少百万条指令。请注意这两个名称的内涵截然不同。

1.2.2 从源程序到可执行文件

程序的开发和运行涉及计算机系统的各个不同层面，因而计算机系统层次结构的思想体现在程序开发和运行的各个环节。下面以简单的 hello 程序为例，简要介绍程序的开发与执行过程，以便加深对计算机系统层次结构概念的认识。

以下是 "hello. c" 的 C 语言源程序代码。

```
1  #include < stdio. h >
2
3  int main()
4  {
5      printf("hello, world\n");
6  }
```

为了让计算机能执行上述应用程序，应用程序员应按照以下步骤进行处理。

① 通过程序编辑软件得到 hello. c 文件。hello. c 在计算机中以 ASCII 字符方式存放，如图 1.7 所示，图中给出了每个字符对应的 ASCII 码的十进制值。例如，第一个字节的值是 35，代表字符 '#'；第二个字节的值是 105，代表字符 'i'；最后一个字节的值为 125，代表字符 '}'。通常把用 ASCII 码字符或汉字字符表示的文件称为**文本文件**（text file），源程序文件都是文本文件，是可显示和可读的。

#	i	n	c	l	u	d	e	\<sp\>	\<	s	t	d	i	o	.
35	105	110	99	108	117	100	101	32	60	115	116	100	105	111	46
h	\>	\n	\n	i	n	t	\<sp\>	m	a	i	n	(	)	\n	{
104	62	10	10	105	110	116	32	109	97	105	110	40	41	10	123
\n	\<sp\>	\<sp\>	\<sp\>	\<sp\>	p	r	i	n	t	f	(	"	h	e	l
10	32	32	32	32	112	114	105	110	116	102	40	34	104	101	108
l	o	,	\<sp\>	w	o	r	l	d	\	n	"	)	;	\n	}
108	111	44	32	119	111	114	108	100	92	110	34	41	59	10	125

图 1.7 hello. c 源程序文件的表示

② 将 hello. c 进行预处理、编译、汇编和链接，最终生成可执行目标文件。例如，在 UNIX 系统中，可用 GCC 编译驱动程序进行处理，命令如下：

```
unix > gcc - o hello hello. c
```

上述命令中，最前面的 unix > 为**shell 命令行解释器**的命令行提示符，gcc 为 GCC 编译驱动程序名，－o 表示后面为输出文件名，hello. c 为要处理的源程序。从 hello. c 到可执行目标文件 hello 的转换过程如图 1.8 所示。

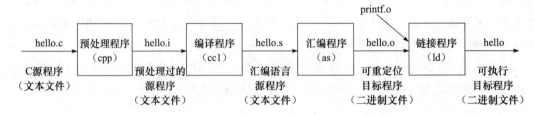

图 1.8　hello. c 源程序文件到可执行目标文件的转换过程

- **预处理阶段**：预处理程序（cpp）对源程序中以字符#开头的命令进行处理，例如，将 #include命令后面的 . h 文件内容嵌入到源程序文件中。预处理程序的输出结果还是一个源程序文件，以 . i 为扩展名。

- **编译阶段**：编译程序（cc1）对预处理后的源程序进行编译，生成一个汇编语言源程序文件，以 . s 为扩展名，例如，hello. s 是一个汇编语言源程序文件。因为汇编语言与具体的机器结构有关，所以，对同一台机器来说，不管何种高级语言，编译转换后的输出结果都是同一种机器语言对应的汇编语言源程序。

- **汇编阶段**：汇编程序（as）对汇编语言源程序进行汇编，生成一个**可重定位目标文件**（relocatable object file），以 . o 为扩展名，例如，hello. o 是一个可重定位目标文件。它是一种**二进制文件**（binary file），因为其中的代码已经是机器指令，数据以及其他信息也都是用二进制表示的，所以它是不可读的，也即打开显示出来的是乱码。

- **链接阶段**：链接程序（ld）将多个可重定位目标文件和标准函数库中的可重定位目标文件合并成为一个**可执行目标文件**（executable object file），可执行目标文件简称为**可执行文件**。本例中，链接器将 hello. o 和标准库函数 printf 所在的可重定位目标模块 printf. o 进行合并，生成可执行文件 hello。

最终生成的可执行文件被保存在磁盘上，可以通过某种方式启动一个磁盘上的可执行文件来运行。

1.2.3　可执行文件的启动和执行

对于一个存放在磁盘上的可执行文件，可以在操作系统提供的用户操作环境中，采用双击对应图标或在命令行中输入可执行文件名等多种方式来启动执行。在 UNIX 系统中，可以通过 shell 命令行解释器来执行一个可执行文件。例如，对于上述可执行文件 hello，通过 shell 命令行解释器启动执行的结果如下：

```
unix > ./hello
hello, world
unix >
```

shell 命令行解释器会显示提示符 unix >，告知用户它准备接收用户的输入，此时，用户可以在提示符后面输入需要执行的命令名，它可以是一个可执行文件在磁盘上的路径名，例如，上述"./hello"就是可执行文件 hello 的路径名，其中"./"表示当前目录。在输入命令后用户需按下［Enter］键表示结束。图 1.9 显示了在计算机中执行的整个过程。

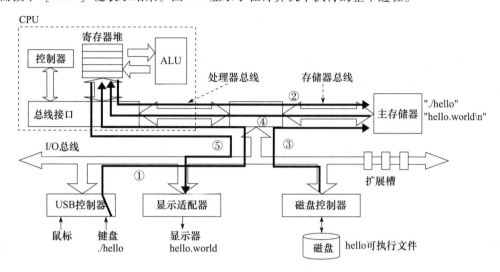

图 1.9　启动和执行 hello 程序的整个过程

如图 1.9 所示，shell 程序会将用户从键盘输入的每个字符逐一读入 CPU 寄存器中（对应线①），然后再保存到主存储器中，在主存的缓冲区形成字符串"./hello "（对应线②）。等到接收到［Enter］按键时，shell 将调出操作系统内核中相应的服务例程，由内核来加载磁盘上的可执行文件 hello 到存储器（对应线③）。内核加载完可执行文件中的代码及其所要处理的数据（这里是字符串"hello, world\n"）后，将 hello 第一条指令的地址送到程序计数器（PC）中，CPU 永远都是将 PC 的内容作为将要执行的指令的地址，因此，处理器随后开始执行 hello 程序，它将加载到主存的字符串"hello, world\n"中的每一个字符从主存取到 CPU 的寄存器中（对应线④），然后将 CPU 寄存器中的字符送到显示器上显示出来（对应线⑤）。

从上述过程可以看出，一个用户程序被启动执行，必须依靠操作系统的支持，包括提供人机接口环境（如外壳程序）和内核服务例程。例如，shell 命令行解释器是操作系统**外壳程序**，它为用户提供了一个启动程序执行的环境，用来对用户从键盘输入的命令进行解释，并调出操作系统内核来加载用户程序（用户从键盘输入的命令所对应的程序）。显然，用来加载用户程序并使其从第一条指令开始执行的操作系统内核服务例程也是必不可少的。

此外，在上述过程中，涉及键盘、磁盘和显示器等外部设备的操作，这些底层硬件是不能由用户程序直接访问的。此时，也需要依靠操作系统内核服务例程的支持，例如，用户程序需要调用内核的 read 系统调用服务例程读取磁盘文件，或调用内核的 write 系统调用服务例程把字符串"写"到显示器等。

键盘、磁盘和显示器等外部设备简称为**外设**，也称为**I/O 设备**，其中，I/O 是输入/输出（Input/Output）的缩写。外设通常由机械部分和电子部分组成，并且两部分通常是可以分开的。机械部分是外部设备本身，而电子部分则是控制外部设备工作的**I/O 控制器**或**I/O 适配**

器。外设通过 I/O 控制器或 I/O 适配器连接到主机上，I/O 控制器或 I/O 适配器统称为**设备控制器**。例如，键盘接口、打印机适配器、显示控制卡（简称显卡）、网络控制卡（简称网卡）等都是一种设备控制器，属于一种 **I/O 模块**。

从图 1.9 可以看出，程序的执行过程就是数据在 CPU、主存储器和 I/O 模块之间流动的过程，所有数据的流动都是通过总线、I/O 桥接器等进行的。数据在总线上传输之前，需要先缓存在存储部件中，因此，除了主存本身是存储部件以外，在 CPU、I/O 桥接器、设备控制器中也有存放数据的缓冲存储部件，例如，CPU 中的通用寄存器，设备控制器中的数据缓冲寄存器等。

> ✎ **小贴士**
>
> 计算机的硬件可以分成主机和外设两部分，主机中的主要功能模块是 CPU、主存和各个 I/O 模块。因为早期计算机的主要功能部件由一条单总线相连，这条总线被称为系统总线，所以，发展为多总线后，就把连接主机中主要功能模块的各类总线统称为系统总线。因此，多总线计算机中的处理器总线、存储器总线和 I/O 总线都属于系统总线。不过，Intel 架构中将连接 CPU 和北桥的处理器总线特指为系统总线，也称为前端总线 FSB（Front Side Bus）。
>
> 外部设备种类繁多，且具有不同的工作特性，因而它们在工作方式、数据格式和工作速度方面存在很大差异。此外，由于 CPU、内存等计算机主机部件采用高速元器件实现，使得它们和外设之间在技术特性上有很大差异，它们各有自己的时钟和独立的时序控制，两者之间采用完全的异步工作方式。为此，在各个外设和主机之间必须要有相应的逻辑部件来解决它们之间的同步与协调、工作速度的匹配和数据格式的转换等问题，这类逻辑部件统称为 I/O 模块（有些教材也称为 I/O 接口）。从功能上来说，各种设备的 I/O 控制器或适配器都是一种 I/O 模块。通常，I/O 模块中有数据缓冲寄存器、命令字寄存器和状态字寄存器，它们统称为 I/O 端口。为了能够访问这些端口，需要对其进行编址，所有 I/O 端口的地址组成的空间称为 I/O 空间。I/O 空间可以和主存空间统一编址，也可以单独编址，前者称为存储器映射方式，后者称为独立编址方式。

1.3　计算机系统的层次结构

传统计算机系统采用分层方式构建，也即计算机系统是一个层次结构系统，通过向上层用户提供一个抽象的简洁接口而将较低层次的实现细节隐藏起来。计算机解决应用问题的过程就是不同抽象层进行转换的过程。

1.3.1　计算机系统抽象层的转换

图 1.10 是计算机系统层次转换示意图，描述了从最终用户希望计算机完成的应用（问题）到电子工程师使用器件完成基本电路设计的整个转换过程。

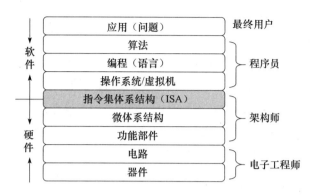

图 1.10　计算机系统抽象层及其转换

希望计算机完成或解决的任何一个应用（问题）最开始形成时是用自然语言描述的，但是，计算机硬件只能理解机器语言。要将一个自然语言描述的应用问题转换为机器语言程序，需要经过应用问题描述、算法抽象、高级语言程序设计、将高级语言源程序转换为特定机器语言目标程序等多个抽象层的转换。

在进行高级语言程序设计时，需要有相应的应用程序开发支撑环境。例如，需要有一个程序编辑器，以方便源程序的编写；需要一套翻译转换软件处理各类源程序，包括预处理程序、编译器、汇编器、链接器等；还需要一个可以执行各类程序的用户界面，如 GUI 方式下的图形用户界面或 CLI 方式下的命令行用户界面（如 shell 程序）。提供程序编辑器和各类翻译转换软件的工具包统称为**语言处理系统**；而具有人机交互功能的用户界面和底层系统调用服务例程则由**操作系统**提供。

当然，所有的语言处理系统都必须在操作系统提供的计算机环境中运行，操作系统是对计算机底层结构和计算机硬件的一种抽象，这种抽象构成了一台可以让程序员使用的**虚拟机**（virtual machine）。

从应用问题到机器语言程序的每次转换所涉及的概念都属于软件的范畴，而机器语言程序所运行的计算机硬件和软件之间需要有一个“桥梁”，这个在软件和硬件之间的界面就是**指令集体系结构**（Instruction Set Architecture，简称 ISA），简称**体系结构**或**系统结构**（architecture），它是软件和硬件之间接口的一个完整定义。ISA 定义了一台计算机可以执行的所有指令的集合，每条指令规定了计算机执行什么操作，以及所处理的操作数存放的地址空间和操作数类型。ISA 规定的内容包括：数据类型及格式，指令格式，寻址方式和可访问地址空间大小，程序可访问的通用寄存器的个数、位数和编号，控制寄存器的定义，I/O 空间的编址方式，中断结构，机器工作状态的定义和切换，输入/输出结构和数据传送方式，存储保护方式等。因此，可以看出，指令集体系结构是指软件能感知到的部分，也称软件可见部分。

机器语言程序就是一个 ISA 规定的指令的序列，因此，计算机硬件执行机器语言程序的过程就是让其执行一条一条指令的过程。ISA 是对指令系统的一种规定或结构规范，具体实现的**组织**（organization）称为**微体系结构**（microarchitecture），简称**微架构**。ISA 和微体系结构是两个不同层面上的概念。微体系结构是软件不可感知的部分，例如，加法器采用串行进位方式还是并行进位方式实现属于微体系结构。相同的 ISA 可能具有不同的微体系结构，例如，对于 Intel x86 这种 ISA，很多处理器的组织方式不同，也即具有不同的微架构，但因为它们具有相同的 ISA，所以一种处理器上运行的程序，在另一种处理器上也能运行。

微体系结构最终是由**逻辑电路**（logic circuit）实现的，当然，微架构中的一个功能部件可以用不同的逻辑来实现，用不同的逻辑实现方式得到的性能和成本是有差异的。

最后，每个基本的逻辑电路都是按照特定的**器件技术**（device technology）实现的，例如，CMOS 电路中使用的器件和 NMOS 电路中使用的器件不同。

1.3.2 计算机系统核心层之间的关联

高级编程语言的翻译程序将高级语言源程序转换为机器级目标代码，或者转换为机器代码并直接执行，这个过程需要完成多个步骤，包括词法分析、语法分析、语义分析、中间代码生成、代码优化、目标代码生成和目标代码优化等。整个过程可划分为前端和后端两个阶段。通常把中间代码生成及之前各步骤称为**前端**，前端主要完成对源程序的分析，把源程序切分成一些基本块，并生成中间语言表示；**后端**在分析结果正确无误的基础上，把中间语言表示（中间代码）转化为目标机器支持的机器级语言程序。

每一种程序设计语言都有相应的标准规范，进行语言转换的翻译程序前端必须按照编程语言标准规范进行设计，程序员编写程序时，也只有按照编程语言的标准规范进行程序开发，才能被翻译程序正确翻译。如果编写了不符合语言规范的高级语言源程序，翻译过程就会发生错误，或者翻译结果为不符合程序员预期的目标代码。

程序执行结果不符合程序开发者预期的原因通常有两种。一种是因为程序开发者不了解语言规范，另一种是因为程序开发者编写了含有**未定义行为**（undefined behavior）的源程序。

如果程序员不了解语言规范，则会造成与直觉不符的情况。例如，对于 C 语言关系表达式"−2147483648 < 2147483647"，在 C90 标准下，结果为 false。虽然这个结果与直觉不相符，但是，用 C90 标准规范是可以解释的，翻译程序完全按照语言标准规范进行处理，结果就应该是 false。如果程序员觉得结果不符合预期，那是因为不了解 C90 标准规范。

如果程序员编写了未定义行为的源程序，则会发生每次执行结果可能不一样，或者在不同的 ISA/OS 架构下执行结果各不相同的情况。未定义行为是指语言规范中没有明确指定其行为的情况。例如，以下 C 程序段

```
int x = 1234;
printf("% lf", x);
```

就是未定义行为的情况。C 语言标准手册中指出，当格式说明符和参数类型不匹配的时候，输出结果是未定义的。更多未定义行为的例子可参考网站 https://en. wikipedia. org/wiki/Undefined_behavior。

还有一种类似情况称为**未确定行为**（unspecified behavior），以下例子属于未确定行为的情况。C 语言标准中，char 类型是带符号整数还是无符号整数类型，在语言规范中没有强制规定。也就是说，char 类型可以作为 signed char 类型，也可以作为 unsigned char 类型。如果某个使用了 char 类型变量的程序在不同的系统中执行，很可能结果会不一样。例如，有一个程序用

char 类型进行整数运算，在 Intel x86 处理器架构下，用 gcc 编译系统开发运行时，char 类型按带符号整数运算，得到了预期的结果。该程序被移植到 RISC-V 处理器架构上，同样用 gcc 编译系统开发运行，char 类型则被当成了无符号整数运算，得到了非预期结果。显然，按照语言规范，x86 中的 gcc 编译器和 RISC－V 中的 gcc 编译器都没有错，而是程序对 char 类型的符号进行了不恰当的假设。因为语言规范中没有强制规定 char 一定是带符号整数类型，所以，就不能想当然地认为 char 类型一定按带符号整数运算。而是应该在确定程序中进行的是带符号整数运算的情况下，把相应的变量明确说明成 signed char 类型。

翻译程序的后端应根据 ISA 规范和**应用程序二进制接口**（Application Binary Interface，简称 ABI）规范进行设计实现。正如 1.3.1 节提到的，ISA 是对指令系统的一种规定或结构规范，ISA 定义了一台计算机可以执行的所有指令的集合，以及每条指令执行什么操作及所处理的操作数存放的地址空间以及操作数类型等。因为翻译程序的后端将生成在目标机器中能够运行的机器目标代码，所以，它必须按照目标机器的 ISA 规范生成相应的机器目标代码。对于不符合 ISA 规范的目标代码，将无法正确运行在根据该 ISA 规范而设计的计算机上。

ABI 是为运行在特定 ISA 及特定操作系统之上的应用程序规定的一种机器级目标代码层接口，包含了运行在特定 ISA 及特定操作系统之上的应用程序所对应的目标代码生成时必须遵循的约定。ABI 描述了应用程序和操作系统之间、应用程序和所调用的库之间、不同组成部分（如过程或函数）之间在较低层次上的机器级代码接口。例如，过程之间的调用约定（如参数和返回值如何传递等）、系统调用约定（系统调用的参数和调用号如何传递以及如何从用户态陷入操作系统内核等）、目标文件的二进制格式和函数库使用约定、机器中寄存器的使用规定、程序的虚拟地址空间划分等。不符合 ABI 规范的目标程序，将无法正确运行在根据该 ABI 规范提供的操作系统运行环境中。

ABI 不同于**应用程序编程接口**（Application Programming Interface，简称 API）。**API** 定义了较高层次的源程序代码和库之间的接口，通常是与硬件无关的接口。因此，同样的源程序代码可以在支持相同 API 的任何系统中进行编译以生成目标代码。在 ABI 相同或兼容的系统上，一个已经编译好的目标代码则可以无须改动而直接运行。

在 ISA 层之上，操作系统向应用程序提供的运行时环境需要符合 ABI 规范，同时，操作系统也需要根据 ISA 规范来使用硬件提供的接口，包括硬件提供的各种控制寄存器和状态寄存器、原子操作、中断机制、分段和分页存储管理部件等。如果操作系统没有按照 ISA 规范使用硬件接口，则无法提供操作系统的重要功能。

在 ISA 层之下，处理器设计时需要根据 ISA 规范来设计相应的硬件接口供操作系统和应用程序使用，不符合 ISA 规范的处理器设计，将无法支撑操作系统和应用程序的正确运行。

总之，计算机系统能够按照预期正确地工作，是不同层次的多个规范共同相互支撑的结果，计算机系统的各抽象层之间如何进行转换，其实最终都是由这些规范来定义的。不管是系统软件开发者、应用程序开发者，还是处理器设计者，都必须以规范为准绳，也就是要以手册为准。计算机系统中的所有行为都是由各种手册确定的，计算机系统也是按照手册造出来的。因此，如果想要了解程序的确切行为，最好的方法就是查手册。

> **小贴士**
>
> 　　本书所用的平台为 IA-32/x86-64 + Linux + GCC + C 语言，Linux 操作系统下一般使用 System V ABI，因此，本书推荐以下三本电子手册作为参考。
> 　　　C 语言标准手册：http://www.open-std.org/jtc1/sc22/wg14/www/docs/n1124.pdf。
> 　　　System V ABI 手册：http://www.sco.com/developers/devspecs/abi386-4.pdf。
> 　　　Intel 架构 i386 手册：https://css.csail.mit.edu/6.858/2015/readings/i386.pdf。

1.3.3 计算机系统的不同用户

　　计算机系统所完成的所有任务都是通过执行程序所包含的指令来实现。计算机系统由硬件和软件两部分组成，**硬件**（hardware）是物理装置的总称，人们看到的各种芯片、板卡、外设、电缆等都是计算机硬件。**软件**（software）包括运行在硬件上的程序和数据以及相关的文档。**程序**（program）是指挥计算机如何操作的一个指令序列，**数据**（data）是指令操作的对象。根据软件的用途，一般将软件分成系统软件和应用软件两大类。

　　系统软件（system software）包括为有效、安全地使用和管理计算机以及为开发和运行应用软件而提供的各种软件，介于计算机硬件与应用程序之间，它与具体应用关系不大。系统软件包括操作系统（如 Windows、UNIX、Linux）、语言处理系统（如 Visual Studio、GCC）、数据库管理系统（如 Oracle）和各类实用程序（如磁盘碎片整理程序、备份程序）。操作系统（Operating System，简称 OS）主要用来管理整个计算机系统的资源，包括对它们进行调度、管理、监视和服务等，另外还提供计算机用户和硬件之间的人机交互界面，并提供对应用软件的支持。语言处理系统主要用于提供一个用高级语言编程的环境，包括源程序编辑、翻译、调试、链接、装入运行等功能。

　　应用软件（application software）指专门为数据处理、科学计算、事务管理、多媒体处理、工程设计以及过程控制等应用所编写的各类程序。例如，人们平时经常使用的电子邮件收发软件、多媒体播放软件、游戏软件、炒股软件、文字处理软件、电子表格软件、演示文稿制作软件等都是应用软件。

　　按照在计算机上完成任务的不同，可以把使用计算机的用户分成以下四类：最终用户、系统管理员、应用程序员和系统程序员。

　　使用应用软件完成特定任务的计算机用户称为**最终用户**（end user）。大多数计算机使用者都属于最终用户。例如，使用炒股软件的股民、玩计算机游戏的人、进行会计电算化处理的财会人员等。

　　系统管理员（system administrator）是指利用操作系统、数据库管理系统等软件提供的功能对系统进行配置、管理和维护，以建立高效合理的系统环境供计算机用户使用的操作人员。其职责主要包括：安装、配置和维护系统的硬件和软件，建立和管理用户账户，升级软件，备份和恢复业务系统和数据等。

　　应用程序员（application programmer）是指使用高级编程语言编制应用软件的程序员；而

系统程序员（system programmer）则是指设计和开发系统软件的程序员，如开发操作系统、编译器、数据库管理系统等系统软件的程序员。

很多情况下，同一个人可能既是最终用户，又是系统管理员，同时还是应用程序员或系统程序员。例如，对于一个计算机专业的学生来说，有时需要使用计算机玩游戏或网购物品，此时为最终用户的角色；有时需要整理计算机磁盘中的碎片、升级系统或备份数据，此时是系统管理员的角色；有时需要完成老师布置的开发一个应用程序的作业，此时是应用程序员的角色；有时可能还需要完成老师布置的开发操作系统或编译程序等软件的作业，此时是系统程序员的角色。

计算机系统采用层次化体系结构，不同用户工作在不同的系统结构层，所看到的计算机的概念性结构和功能特性是不同的。

1. 最终用户

早期的计算机非常昂贵，只能由少数专业化人员使用。随着 20 世纪 80 年代初个人计算机的迅速普及以及 20 世纪 90 年代初多媒体计算机的广泛应用，特别是互联网技术的发展，计算机已经成为人们日常生活中的重要工具。人们利用计算机播放电影，玩游戏，炒股票，发邮件，查信息，聊天打电话等，计算机的应用无处不在。因而，许多普通人都成了计算机的最终用户。

计算机最终用户使用键盘和鼠标等外设与计算机交互，通过操作系统提供的用户界面启动执行应用程序或系统命令，从而完成用户任务。因此，最终用户能够感知到的只是系统提供的简单人机交互界面和安装在计算机中的相关应用程序。

2. 系统管理员

相对于普通的计算机最终用户，系统管理员作为管理和维护计算机系统的专业人员，对计算机系统的了解要深入得多。系统管理员必须能够安装、配置和维护系统的硬件和软件，能建立和管理用户账户，需要时能升级硬件和软件，备份和恢复业务系统和数据等。也就是说，系统管理员应该非常熟悉操作系统提供的有关系统配置和管理方面的功能，很多普通用户解决不了的问题，系统管理员必须能够解决。

因此，系统管理员能感知到的是系统中部分硬件层面、系统管理层面以及相关的实用程序和人机交互界面。

3. 应用程序员

应用程序员大多使用高级程序设计语言编写程序。应用程序员所看到的计算机系统除了计算机硬件、操作系统提供的**应用编程接口**（API）、人机交互界面和实用程序外，还包括相应的程序语言处理系统。

在语言处理系统中，除了翻译程序外，通常还包括编辑程序、链接程序、装入程序以及将这些程序和工具集成在一起所构成的**集成开发环境**（Integrated Development Environment，简称 IDE）等。此外，语言处理系统中还包括可供应用程序调用的各类函数库。

4. 系统程序员

系统程序员开发操作系统、编译器和实用程序等系统软件时，需要熟悉计算机底层的相关硬件和系统结构，甚至可能需要直接与计算机硬件和指令系统打交道。比如，直接对各种控制寄存器、用户可见寄存器、I/O 控制器等硬件进行控制和编程。因此，系统程序员不仅要熟悉应用程序员所用的语言和工具，还必须熟悉指令系统、机器结构和相关的机器功能特性，有时还要直接用汇编语言等低级语言编写程序代码。

在计算机技术中，一个存在的事物或概念从某个角度看似乎不存在，也即，对实际存在的事物或概念感觉不到，则称为**透明**。通常，在一个计算机系统中，系统程序员所看到的底层机器级的概念性结构和功能特性对高级语言程序员（通常就是应用程序员）来说是透明的，也即看不见或感觉不到的。因为对应用程序员来说，他们直接用高级语言编程，不需要了解有关汇编语言的编程问题，也不用了解机器语言中规定的指令格式、寻址方式、数据类型和格式等指令系统方面的问题。

一个计算机系统可以认为是由各种硬件和各类软件采用层次化方式构建的分层系统，不同计算机用户工作所在的系统结构层如图 1.11 所示。

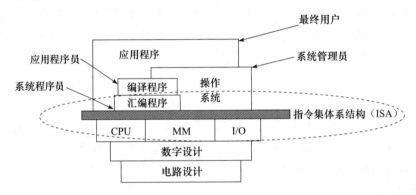

图 1.11　计算机系统的层次化结构

从图 1.11 中可看出，ISA 处于硬件和软件的交界面上，硬件所有的功能都由 ISA 集中体现，软件通过 ISA 在计算机上执行。所以，ISA 是整个计算机系统中的核心部分。

ISA 层下面是硬件部分，上面是软件部分。硬件部分包括 CPU、主存和输入/输出等主要功能部件，这些功能部件通过数字逻辑电路设计实现。软件部分包括低层的系统软件和高层的应用软件，汇编程序、编译程序和操作系统等系统软件直接在 ISA 上实现，系统程序员所看到的机器的属性是属于 ISA 层面的内容，所看到的机器是配置了指令系统的机器，称为**机器语言机器**，工作在该层次的程序员称为机器语言程序员；系统管理员工作在操作系统层，所看到的是配置了操作系统的虚拟机器，称为**操作系统虚拟机**；汇编语言程序员工作在提供汇编程序的虚拟机器级，所看到的机器称为**汇编语言虚拟机**；应用程序员大多工作在提供编译器或解释器等翻译程序的语言处理系统层，因此，应用程序员大多用高级语言编写程序，因而也称为高级语言程序员，所看到虚拟机器称为**高级语言虚拟机**；最终用户则工作在最上面的**应用程序层**。

1.4　计算机系统性能评价

一个完整的计算机系统由硬件和软件构成，硬件性能的好坏对整个计算机系统的性能起着至关重要的作用。硬件的性能检测和评价比较困难，因为硬件的性能只能通过运行软件才能反映出来，而在相同硬件上运行不同类型的软件，或者同样的软件用不同的数据集进行测试，所测到的性能都可能不同。因此，必须有一套综合的测试和评价硬件性能的方法。

1.4.1　计算机性能的定义

吞吐率（throughput）和**响应时间**（response time）是考量一个计算机系统性能的两个基本指标。吞吐率表示在单位时间内所完成的工作量，类似的概念是**带宽**（bandwidth），它表示单位时间内所传输的信息量。响应时间是指从作业提交开始到作业完成所用的时间，类似的概念是**执行时间**（execution time）和**等待时间**（latency），它们都是用来表示一个任务所用时间的度量值。

不同应用场合下，计算机用户所关心的性能是不同的。例如，在多媒体应用场合，用户希望音/视频的播放要流畅，即单位时间内传输的数据量要大，因而关心的是系统吞吐率是否高；而在银行、证券等事务处理应用场合，用户希望业务处理速度快，不需长时间等待，因而更关心响应时间是否短；还有些应用场合（如 ATM、文件服务、Web 服务等），用户则同时关心吞吐率和响应时间。

1.4.2　计算机性能的测试

如果不考虑应用背景而直接比较计算机性能，则大都用程序的执行时间来衡量。也即，从执行时间来考虑，完成同样工作量所需时间最短的那台计算机性能是最好的。

操作系统在对处理器进行调度时，一段时间内往往会让多个程序（更准确地说是进程）轮流使用处理器，因此在某个用户程序执行过程中，可能同时还会有其他用户程序和操作系统程序在执行，所以，通常情况下，一个程序的执行时间除了程序包含的指令在 CPU 上执行所用的时间外，还包括磁盘访问时间、输入输出操作所需时间以及操作系统运行这个程序所用的额外开销等。也即，用户感觉到的某个程序的执行时间并不是其真正的执行时间。通常把用户感觉到的执行时间分成以下两部分：CPU 时间和其他时间。CPU 时间指 CPU 用于本程序执行的时间，它又包括以下两部分：① **用户 CPU 时间**，指真正用于运行用户程序代码的时间；② **系统 CPU 时间**，指为了执行用户程序而需要 CPU 运行操作系统程序的时间。其他时间指等待 I/O 操作完成的时间或 CPU 用于执行其他用户程序的时间。

计算机系统的性能评价主要考虑的是 CPU 性能。系统性能和 CPU 性能并不等价，两者有一些区别。**系统性能**是指系统的响应时间，它与 CPU 外的其他部分也有关系；而**CPU 性能**是指用户 CPU 时间，它只包含 CPU 运行用户程序代码的时间。

在对 CPU 时间进行计算时需要用到以下几个重要的概念和指标。

① **时钟周期**：计算机执行一条指令的过程被分成若干步骤（微操作）来完成，每一步都要有相应的控制信号进行控制，这些控制信号何时发出、作用时间多长，都要有相应的定时信号进行同步。因此，计算机必须能够产生同步的时钟定时信号，也就是 CPU 的主脉冲信号，其宽度称为时钟周期（clock cycle, tick, clock tick, clock）。

② **时钟频率**：CPU 的**主频**就是 CPU 中的主脉冲信号的时钟频率（clock rate），是 CPU 时钟周期的倒数。

③ CPI：CPI（Cycles Per Instruction）表示执行一条指令所需的时钟周期数。由于不同指令的功能不同，所需的时钟周期数也不同，因此，对于一条特定指令而言，其 CPI 指执行该条指令所需的时钟周期数，此时 CPI 是一个确定的值；对于一个程序或一台机器来说，其 CPI 指该程序或该机器指令集中的所有指令执行所需的平均时钟周期数，此时，CPI 是一个平均值。

已知上述参数或指标，可以通过以下公式来计算用户程序的 CPU 执行时间，即用户 CPU 时间。

用户 CPU 时间 = 程序总时钟周期数 ÷ 时钟频率 = 程序总时钟周期数 × 时钟周期

上述公式中，程序总时钟周期数可由程序总指令条数和相应的 CPI 求得。

如果已知程序总指令条数和综合 CPI，则可用如下公式计算程序总时钟周期数。

程序总时钟周期数 = 程序总指令条数 × CPI

如果已知程序中共有 n 种不同类型的指令，第 i 种指令的条数和 CPI 分别为 C_i 和 CPI_i，则

$$程序总时钟周期数 = \sum_{i=1}^{n} (\text{CPI}_i \times C_i)$$

程序的综合 CPI 也可由以下公式求得，其中，F_i 表示第 i 种指令在程序中所占的比例。

$$\text{CPI} = \sum_{i=1}^{n} (\text{CPI}_i \times F_i) = 程序总时钟周期数 \div 程序总指令条数$$

因此，若已知程序综合 CPI 和总指令条数，则可用下列公式计算用户 CPU 时间。

用户 CPU 时间 = CPI × 程序总指令条数 × 时钟周期

有了用户 CPU 时间，就可以评判两台计算机性能的好坏。计算机的性能可以看成是用户 CPU 时间的倒数，因此，两台计算机性能之比就是用户 CPU 时间之比的倒数。若计算机 M1 和 M2 的性能之比为 n，则说明"计算机 M1 的速度是计算机 M2 的速度的 n 倍"，也就是说"在计算机 M2 上执行程序的时间是在计算机 M1 上执行时间的 n 倍"。

用户 CPU 时间度量公式中的时钟周期、指令条数、CPI 三个因素是相互制约的。例如，更改指令集可以减少程序总指令条数，但是，同时可能引起 CPU 结构的调整，从而可能会增加时钟周期的宽度（即降低时钟频率）。对于解决同一个问题的不同程序，即使是在同一台计算机上，指令条数最少的程序也不一定执行得最快。有关时钟周期、指令条数和 CPI 的相互制约关系，在学完后面有关章节后，会有更深刻的认识和理解。

例 1.1 假设某个频繁使用的程序 P 在机器 M1 上运行需要 10 秒，M1 的时钟频率为 2GHz。设计人员想开发一台与 M1 具有相同 ISA 的新机器 M2。采用新技术可使 M2 的时钟频率增加，但同时也会使 CPI 增加。假定程序 P 在 M2 上的时钟周期数是在 M1 上的 1.5 倍，则 M2 的时钟频率至少达到多少才能使程序 P 在 M2 上的运行时间缩短为 6 秒？

解 程序 P 在机器 M1 上的时钟周期数为：用户 CPU 时间 × 时钟频率 = 10s × 2GHz = 20G。因此，程序 P 在机器 M2 上的时钟周期数为 1.5 × 20G = 30G。要使程序 P 在 M2 上运行时间缩短到 6s，则 M2 的时钟频率至少应为：程序总时钟周期数 ÷ 用户 CPU 时间 = 30G/6s = 5GHz。

由此可见，M2 的时钟频率是 M1 的 2.5 倍，但 M2 的速度却只是 M1 的 1.67 倍。 ■

上述例子说明，由于时钟频率的提高可能会对 CPU 结构带来影响，从而使其他性能指标降低，因此，虽然时钟频率提高会加快 CPU 执行程序的速度，但不能保证执行速度有相同倍数的提高。

例 1.2 假设计算机 M 的指令集中包含 A、B、C 三类指令，其 CPI 分别为 1、2、4。某个程序 P 在 M 上被编译成两个不同的目标代码序列 P1 和 P2，P1 所含 A、B、C 三类指令的条数分别为 8、2、2，P2 所含 A、B、C 三类指令的条数分别为 2、5、3。请问：哪个代码序列总指令条数少？哪个执行速度快？它们的 CPI 分别是多少？

解 P1 和 P2 的总指令条数分别为 12 和 10，所以，P2 的总指令条数少。

P1 的总时钟周期数为 $8 \times 1 + 2 \times 2 + 2 \times 4 = 20$。

P2 的总时钟周期数为 $2 \times 1 + 5 \times 2 + 3 \times 4 = 24$。

因为两个指令序列在同一台机器上运行，所以时钟周期一样，故总时钟周期数少的代码序列所用时间短、执行速度快。显然，P1 比 P2 快。

从上述结果来看，总指令条数少的代码序列执行时间并不更短。

CPI = 程序总时钟周期数 ÷ 程序总指令条数。因此，P1 的 CPI 为 $20/12 = 1.67$；P2 的 CPI 为 $24/10 = 2.4$。∎

上述例子说明，指令条数少并不代表执行时间短，同样，时钟频率高也不说明执行速度快。在评价计算机性能时，仅考虑单个因素是不全面的，必须三个因素同时考虑。1.4.3 节介绍的性能指标 MIPS 曾被普遍使用，它就没有考虑所有三个因素，所以用它来评价性能有时会得到不准确的结论。

1.4.3 用指令执行速度进行性能评估

最早用来衡量计算机性能的指标是每秒完成单个运算指令（如加法指令）的条数。当时大多数指令的执行时间是相同的，并且加法指令能反映乘、除等运算性能，其他指令的时间大体与加法指令相当，故加法指令的速度有一定的代表性。指令速度所用的计量单位为 <u>MIPS</u>（Million Instructions Per Second），其含义是平均每秒执行多少百万条指令。

早期还有一种类似于 MIPS 的性能估计方式，就是**指令平均执行时间**，也称**等效指令速度法**或 **Gibson 混合法**。随着计算机体系结构的发展，不同指令所需的执行时间差别越来越大，人们就根据等效指令速度法通过统计各类指令在程序中所占比例进行折算。设某类指令 i 在程序中所占比例为 w_i，执行时间为 t_i，则等效指令的执行时间为：$T = w_1 \times t_1 + w_2 \times t_2 + \cdots + w_n \times t_n$（$n$ 为指令种类数）。若指令执行时间用时钟周期数来衡量的话，则上式计算的结果就是 CPI。对指令平均执行时间求倒数能够得到 MIPS 值。

选取一组指令组合，使得得到的平均 CPI 最小，由此得到的 MIPS 就是**峰值 MIPS**（peak MIPS）。有些制造商经常将峰值 MIPS 直接当作 MIPS，而实际上的性能要比标称的性能差。

相对 MIPS（relative MIPS）是根据某个公认的参考机型来定义的相应 MIPS 值，其值的含义是被测机型相对于参考机型 MIPS 的倍数。

MIPS 反映了机器执行定点指令的速度，但是，用 MIPS 来对不同的机器进行性能比较有时是不准确或不客观的。因为不同机器的指令集不同，而且指令的功能也不同，也许在机器 M1 上某一条指令的功能，在机器 M2 上要用多条指令来完成，因此，同样的指令条数所完成的功能可能完全不同；另外，不同机器的 CPI 和时钟周期也不同，因而同一条指令在不同机器上所用的时间也不同。下面的例子可以说明这点。

例 1.3 假定某程序 P 编译后生成的目标代码由 A、B、C、D 四类指令组成，它们在程序中所占的比例分别为 43%、21%、12%、24%，已知它们的 CPI 分别为 1、2、2、2。现重新对程序 P 进行编译优化，生成的新目标代码中 A 类指令条数减少了 50%，其他类指令的条数没有变。请回答下列问题。

① 编译优化前后程序的 CPI 各是多少？

② 假定程序在一台主频为 50MHz 的计算机上运行，则优化前后的 MIPS 各是多少？

解 优化后 A 类指令的条数减少了 50%，因而各类指令所占比例分别计算如下。

A 类指令：$21.5/(21.5+21+12+24)=27\%$

B 类指令：$21/(21.5+21+12+24)=27\%$

C 类指令：$12/(21.5+21+12+24)=15\%$

D 类指令：$24/(21.5+21+12+24)=31\%$

① 优化前后程序的 CPI 分别计算如下。

优化前：$43\%\times1+21\%\times2+12\%\times2+24\%\times2=1.57$

优化后：$27\%\times1+27\%\times2+15\%\times2+31\%\times2=1.73$

② 优化前后程序的 MIPS 分别计算如下。

优化前：$50M/1.57=31.8MIPS$

优化后：$50M/1.73=28.9MIPS$

从 MIPS 数来看，优化后程序执行速度反而变慢了。 ■

这显然是错误的，因为优化后只减少了 A 类指令条数而其他指令数没变，所以程序执行时间一定减少了。从这个例子可以看出，用 MIPS 数来进行性能估计是不可靠的。

与定点指令运行速度 MIPS 相对应的用来表示浮点操作速度的指标是 MFLOPS（Million FLOating-point operations Per Second）或 Mflop/s。它表示每秒所执行的浮点运算有多少百万（10^6）次，它是基于所完成的操作次数而不是指令数来衡量的。类似的浮点操作速度还有 GFLOPS 或 Gflop/s（10^9）、TFLOPS 或 Tflop/s（10^{12}）、PFLOPS 或 Pflop/s（10^{15}）和 EFLOPS 或 Eflop/s（10^{18}）等。

1.4.4 用基准程序进行性能评估

基准程序（benchmark）是进行计算机性能评测的一种重要工具。基准程序是专门用来进行性能评价的一组程序，能够很好地反映机器在运行实际负载时的性能，可以通过在不同机器上运行相同的基准程序来比较在不同机器上的运行时间，从而评测其性能。基准程序最好是用户经常使用的一些实际程序，或是某个应用领域的一些典型的简单程序。对于不同的应用场合，应该选择不同的基准程序。例如，对用于软件开发的计算机进行评测时，最好选择包含编译器和文档处理软件的一组基准程序；而如果是对用于 CAD 处理的计算机进行评测，最好选择一些典型的图形处理小程序作为一组基准程序。

基准程序是一个测试程序集，由一组程序组成。例如，SPEC 测试程序集是应用最广泛，也是最全面的性能评测基准程序集。1988 年，由 Sun、MIPS、HP、Apollo、DEC 五家公司联合提出了 SPEC 标准。它包括一组标准的测试程序、标准输入和测试报告。这些测试程序是一些实际的程序，包括系统调用、I/O 等。最初提出的基准程序集分成两类：整数测试程序集 SPECint 和浮点测试程序集 SPECfp。后来分成了按不同性能测试用的基准程序集，如 CPU 性能测试集（SPEC CPU2000）、Web 服务器性能测试集（SPECweb99）等。

如果基准测试程序集中不同的程序在两台机器上测试得出的结论不同，则如何给出最终的评价结论呢？例如，假定基准测试程序集包含有程序 P1 和 P2，程序 P1 在机器 M1 和机器 M2 上运行的时间分别是 10 秒和 2 秒，程序 P2 在机器 M1 和机器 M2 上运行的时间分别是 120 秒和 600 秒。也即，对于 P1，M2 的速度是 M1 的 5 倍；而对于 P2，M1 的速度是 M2 的 5 倍。那么，到底是 M1 快还是 M2 快呢？可以用所有程序的执行时间之和来比较，例如，P1 和 P2 在 M1 上的执行时间总和为 130 秒，而在 M2 上的总时间为 602 秒，故 M1 比 M2 快。但通常不这样做，而是采用执行时间的算术平均值或几何平均值来综合评价机器的性能。如果考虑每个程序的使用频度而用加权平均的方式，结果会更准确。

也可以将执行时间进行归一化来得到被测试的机器相对于参考机器的性能。

$$执行时间的归一化值 = 参考机器上的执行时间 \div 被测机器上的执行时间$$

例如，SPEC 比值（SPEC ratio）是指将测试程序在 Sun SPARCstation 上运行时的执行时间除以该程序在测试机器上的执行时间所得到的比值。比值越大，机器的性能越好。

使用基准程序进行计算机性能评测也存在一些缺陷，因为基准程序的性能可能与某一小段的短代码密切相关，此时，硬件系统设计人员或编译器开发者可能会针对这些代码片段进行特殊的优化，使得执行这段代码的速度非常快，以至于得到了不具代表性的性能评测结果。例如，Intel Pentium 处理器运行 SPECint 时用了公司内部使用的特殊编译器，使其性能表现得很高，但用户实际使用的是普通编译器，达不到所标称的性能。又如，矩阵乘法程序 SPECmatrix300 有 99% 的时间运行在一行语句上，有些厂商用特殊编译器优化该语句，使性能达到 VAX 11/780 的 729.8 倍！

浮点运算实际上包括了所有涉及小数的运算，在某类应用软件中常常出现，比整数运算更费时间。现今大部分的处理器中都有浮点运算器，因此每秒浮点运算次数所测量的实际上就是浮点运算器的执行速度。Linpack 是最常用来测量每秒浮点运算次数的基准程序之一。

1.4.5 Amdahl 定律

阿姆达尔定律（Amdahl Law）是计算机系统设计方面重要的定量原则之一，1967 年由 IBM 360 系列机的主要设计者阿姆达尔首先提出。该定律的基本思想是，对系统中某个硬件部分或者软件中的某部分进行更新所带来的系统性能改进程度，取决于该硬件部件或软件部分被使用的频率或其执行时间占总执行时间的比例。

阿姆达尔定律定义了增强或加速部分部件而获得的整体性能的改进程度，它有两种表示形式：

$$改进后的执行时间 = 改进部分执行时间 \div 改进部分的改进倍数 + 未改进部分执行时间$$

或

$$整体改进倍数 = 1/(改进部分执行时间比例 \div 改进部分的改进倍数 + 未改进部分执行时间比例)$$

例 1.4 假定计算机中的整数乘法器改进后可以加快 10 倍，若整数乘法指令在程序中占 40%，则整体性能可改进多少倍？若整数乘法指令在程序中所占比例达 60% 和 90%，则整体性能分别能改进多少倍?

解 这个题目中改进部分就是整数乘法器,改进部分的改进倍数为10,整数乘法指令在程序中占40%,说明程序执行总时间中40%是整数乘法器所用,其他部件所用时间占60%。

根据公式可得:整体改进倍数 = $1/(0.4/10 + 0.6)$ = 1.56。

若整数乘法指令在程序中所占比例达60%和90%,则整体改进倍数分别为:

$1/(0.6/10 + 0.4)$ = 2.17 和 $1/(0.9/10 + 0.1)$ = 5.26。 ■

从上述例子中可以看出,即使执行时间占总时间90%的高频使用部件加快了10倍,所带来的整体性能也只能加快5.26倍。想要改进计算机系统整体性能,不能仅加速部分部件,计算机系统整体性能还受慢速部件的制约。

若 t 表示改进部分执行时间比例,n 为改进部分的改进倍数,则 $1 - t$ 为未改进部分执行时间比例,整体改进倍数为:$p = 1/(t/n + 1 - t)$。

当 $1 - t = 0$ 时,则最大加速比 $p = n$;当 $t = 0$ 时,最小加速比 $p = 1$;当 $n \to \infty$ 时,极限加速比 $p \to 1/(1 - t)$,这就是加速比的上限。

例如,某程序在某台计算机上运行所需时间是100s,其中,80s用来执行乘法操作。要使该程序的性能是原来的5倍,若不改进其他部件而仅改进乘法部件,则乘法部件的速度应该提高到原来的多少倍?

设乘法部件的速度应该提高到 n 倍,即改进后乘法操作执行时间为 $80s/n$。要使程序的性能提高到5倍,也就是程序的执行时间为原来的1/5,即20s。根据阿姆达尔定律,有 $20s = 80s/n + (100s - 80s)$,显然,必须 $80s/n = 0$,因而 $n \to \infty$。也就是说,当乘法运算时间占80%时,无论怎样对乘法部件进行改进,整体性能都不可能提高到原来的5倍。

对并行计算系统进行性能分析时,会广泛使用到阿姆达尔定律。阿姆达尔定律适用于对特定任务的一部分进行优化的所有情况,可以是硬件优化,也可以是软件优化。例如,系统中异常处理程序的执行时间只占整个程序运行时间非常小的一部分,即使对异常处理程序进行了非常好的优化,它对整个系统带来的性能提升也几乎为零。

1.5 本书的主要内容和组织结构

本书将围绕高级语言程序开发和执行所涉及的、与底层机器级代码的运行相关的内容展开。具体内容包括:程序中处理的数据在机器中的表示和运算,程序中各类控制语句对应的机器级代码的结构,可执行目标代码的链接生成,可执行目标代码中的指令序列在机器上的执行过程,存储访问操作过程,打断程序正常执行的机制,程序中的I/O操作功能如何通过请求操作系统内核提供的系统调用服务例程来完成等。

本书以高级语言程序为出发点来组织内容,按照"自顶向下"的方式,即高级语言程序→汇编语言程序→机器指令序列→控制信号的顺序,展现程序从编程设计、翻译转换、链接,到最终运行的整个过程。在关于程序的运行方面,不仅介绍了用于执行程序中指令的CPU的基本组成,还详细描述了在指令执行环节中的存储访问机制和异常控制流实现机制,此外,还全面介绍了程序中I/O操作的底层实现机制。

对于存储访问机制和异常控制流这两部分内容，本书在介绍基本原理的基础上，还简要介绍了 IA-32 + Linux 平台的具体实现（书中带 * 的章节）。由于基本原理在一个具体平台中的实现往往比较复杂，因而带 * 章节的内容相对较难。若本书用作教材的话，这部分可以选择不作为课堂教学内容。但是，如果后续的操作系统课程实验内容是基于 IA-32 + Linux 平台实现的话，建议将这部分内容作为重点讲解。

本书第 2 章和第 3 章分别介绍高级语言程序中的数据和语句所对应的底层机器级表示，展示的是高级语言程序到机器级语言程序的对应转换关系；第 4 章主要介绍如何将不同的程序模块链接起来构成可执行目标文件，展示的是程序的链接环节；第 5 章和第 6 章着重介绍程序的运行环节，包括与程序运行密切相关的硬件部分——CPU 及存储器的组织；第 7 章介绍打断程序正常运行的事件机制——异常控制流；第 8 章主要介绍程序中 I/O 操作的实现机制。

本书各章的主要内容说明如下。

第 1 章　计算机系统概述

主要介绍计算机的基本工作原理、计算机系统的基本组成、程序的开发与执行过程、计算机系统的层次结构以及计算机性能评价的基本概念。

第 2 章　数据的机器级表示与处理

主要介绍各类数据在计算机中的表示与运算。计算机中的数据只能用 0 和 1 表示，而且运算部件只有有限位数，因而计算机中的算术运算与现实中的算术运算有所区别。例如，一个整数的平方可能为负数；一个负整数可能比一个正整数大；两个正整数的乘积可能比乘数小；浮点数运算可能不满足结合律。计算机算术运算的这些特性使得有些程序产生意想不到的结果，甚至造成安全漏洞，许多程序员为此感到困惑和苦恼。本章将从数据的机器级表示及其基本运算电路层面来解释计算机算术运算的本质特性，从而使程序员能够清楚地理解由于计算机算术的局限性而造成的异常程序行为。

第 3 章　程序的转换及机器级表示

主要介绍高级语言中的过程调用和控制语句（如选择、循环等结构语句）所对应的汇编指令序列，以及各类数据结构（如数组、指针、结构、联合等）元素的访问所对应的汇编指令序列。高级语言程序员使用高度抽象的过程调用、控制语句和数据结构等来实现算法，因而无法了解程序在计算机系统中执行的细节，无法真正理解程序设计中的许多抽象概念，也就很难解释清楚某些程序的行为和执行结果。本章在机器级的汇编指令层面解释程序的行为，因而能对程序执行结果进行较为清楚的说明。通过本章学习，将会明白诸如以下一些问题：过程调用时按值传递参数和按地址传递参数的差别在哪里？缓冲区溢出的漏洞是如何造成的？为什么递归调用会耗内存？为什么同样的程序在 32 位架构上和 64 位架构上执行的结果会不同？指针操作的本质是什么？

第 4 章　程序的链接

主要介绍如何将多个程序模块链接起来生成一个可执行目标文件。通过介绍与链接相关的可重定位目标文件格式、符号解析、重定位、静态库、共享目标库以及可执行目标文件的加载等内容，使程序员清楚地了解哪些问题是与链接相关的。例如，程序一些意想不到的结果是由于变量在多个模块中的多重定义造成的；链接时可能存在一些无法解析的符号是与指定的输入文件顺序有关的。此外，链接生成的可执行目标文件与程序加载、虚拟地址空间和存储空间映射等重要内容相关，对于理解操作系统中的存储管理方面的内容非常有用。

第5章 程序的执行

前面第2章到第4章介绍了将高级语言源程序进行预处理、编译、汇编和链接形成可执行目标文件的过程，因而本章顺其自然地简要介绍可执行目标文件中的机器代码如何在计算机中执行。因为执行程序的底层硬件结构非常复杂，涉及的内容较多，而本书的篇幅有限，所以无法展开细说。本章主要介绍程序以及指令的执行过程、CPU的基本功能和基本组成、数据通路的基本组成和工作原理、流水线方式下指令的执行过程。

第6章 层次结构存储系统

在第5章介绍的程序执行机制中，有一个重要的概念就是指令以及指令处理的某些操作数存放在存储器中，因而在执行指令过程中，需要通过访问存储器来取指令或读写操作数。通常，程序员以为程序代码和数据按序存放在一个由线性地址构成的主存空间中，实际上计算机中的存储器并不是只有主存，而是主存与其他种类存储部件（如高速缓存、硬盘等）共同构成的一个层次结构存储系统。因此，在后续章节中提到的"存储单元"不一定是指主存单元，"访存过程"也不是仅指访问主存的过程，而是访问整个存储系统的过程。本章将介绍如何构成一个层次结构存储系统以及在层次结构存储系统中的访存过程。层次结构存储系统能获得较好效果的一个很重要的原因是，程序中的存储访问具有局部性特点，因此，本章将详细介绍如何通过改善程序的时间局部性和空间局部性来提高程序执行的性能。

第7章 异常控制流

在程序正常执行过程中，CPU会因为遇到内部异常事件或外部中断事件而打断原来程序的执行，转去执行操作系统提供的针对这些特殊事件的处理程序。这种由于某些特殊情况引起用户程序的正常执行被打断所形成的意外控制流称为异常控制流（Exceptional Control of Flow，简称ECF）。显然，计算机系统必须提供一种机制使得自身能够实现异常控制流。本章主要介绍硬件层和操作系统层中涉及的对于内部异常和外部中断的异常控制流实现机制，主要内容包括进程与进程上下文切换、异常的类型、异常的捕获和处理、中断的捕获和处理、系统调用的实现机制等。

第8章 I/O操作的实现

所有高级语言的运行时系统都提供了执行I/O功能的高级机制，例如，C语言中提供了像fread、printf和scanf等这样的标准I/O库函数，C++语言中提供了如 << （输入）和 >> （输出）这样的I/O操作符。从用户在高级语言程序中通过I/O函数或I/O操作符提出I/O请求，到设备响应并完成I/O请求，整个过程涉及多个层次的I/O软件和I/O硬件的协调工作。本章主要介绍与I/O操作相关的软件和硬件方面的相关内容，主要包括文件的概念、I/O系统调用函数、C标准I/O库函数、设备控制器的基本功能和结构、I/O端口的编址方式、外设与主机之间的I/O控制方式以及如何利用"陷阱指令"将用户I/O请求转换为I/O硬件操作的过程。

不管构建一个计算机系统的各类硬件和软件如何千差万别，计算机系统的构建原理以及在计算机系统上的程序转换和执行机理是相通的，因而，本书仅介绍一种特定计算机系统平台下的相关内容。本书所用的平台为IA-32/x86-64 + Linux + GCC + C语言。

1.6 小结

本章主要对计算机系统做了概述性的介绍，指出了本书内容在整个计算机系统中的位置，介绍了计算机系统的基本功能和基本组成、计算机系统各个抽象层之间的转换以及程序开发和执行的概要过程，并对计算机系统的性能评价做了简要说明。

计算机在控制器的控制下，能完成数据处理、数据存储和数据传输三个基本功能，因而它由完成相应功能的控制器、运算器、存储器、输入和输出设备组成。在计算机内部，指令和数据都用二进制表示，两者形式上没有任何差别，都是一个 0/1 序列，它们都存放在存储器中，按地址访问。计算机采用"存储程序"方式进行工作。指令格式中包含操作码字段和地址码字段等，地址码可以是主存单元号，也可能是通用寄存器编号，用于指出操作数所在的主存单元或通用寄存器。

计算机系统采用逐层向上抽象的方式构成，通过向上层用户提供一个抽象的简洁接口而将较低层次的实现细节隐藏起来。在底层系统软件和硬件之间的抽象层就是指令集体系结构（ISA），或简称体系结构。硬件和软件相辅相成，缺一不可，两者都可用来实现逻辑功能。

计算机完成一个任务的大致过程如下：用某种程序设计语言编制源程序；用语言处理程序将源程序翻译成机器语言目标程序；将目标程序中的指令和数据装入内存，然后从第一条指令开始执行，直到程序所含指令全部执行完。每条指令的执行包括取指令、指令译码、PC 增量、取操作数、运算、送结果等操作。

计算机系统基本性能指标包括响应时间、吞吐率。处理器的基本性能参数包括时钟周期（或主频）、CPI、MIPS、MFLOPS、GFLOPS、TFLOPS 等。一般把程序的响应时间划分成 CPU 时间和其他时间，CPU 时间又分成用户 CPU 时间和系统 CPU 时间。因为操作系统对自己所花费的时间进行测量时，不十分准确，所以，对 CPU 性能的测量一般通过测量用户 CPU 时间来进行。

习题

1. 给出以下概念的解释说明。

中央处理器（CPU）	算术逻辑部件（ALU）	通用寄存器	程序计数器（PC）
指令寄存器（IR）	控制器	主存储器	总线
主存地址寄存器（MAR）	主存数据寄存器（MDR）	指令操作码	微操作
机器指令	高级程序设计语言	汇编语言	机器语言
机器级语言	源程序	目标程序	编译程序
解释程序	汇编程序	语言处理系统	设备控制器
最终用户	系统管理员	应用程序员	系统程序员
指令集体系结构（ISA）	微体系结构	透明	响应时间
吞吐率	用户 CPU 时间	系统 CPU 时间	系统性能

CPU 性能	时钟周期	主频	CPI
基准程序	SPEC 基准程序集	SPEC 比值	MIPS
峰值 MIPS	相对 MIPS	MFLOPS(GFLOPS、TFLOPS、PFLOPS、EFLOPS)	

2. 简单回答下列问题。

(1) 冯·诺依曼计算机由哪几部分组成？各部分的功能是什么？

(2) 什么是"存储程序"工作方式？

(3) 一条指令的执行过程包含哪几个阶段？

(4) 计算机系统的层次结构如何划分？

(5) 计算机系统的用户可分哪几类？每类用户工作在哪个层次？

(6) 程序的 CPI 与哪些因素有关？

(7) 为什么说性能指标 MIPS 不能很好地反映计算机的性能？

3. 假定你的朋友不太懂计算机，请用简单通俗的语言给你的朋友介绍计算机系统是如何工作的。

4. 你对计算机系统的哪些部分最熟悉，哪些部分最不熟悉？最想进一步了解细节的是哪些部分？

5. 图 1.1 所示模型机（采用图 1.2 所示指令格式）的指令系统中，除了有 mov（op = 0000）、add（op = 0001）、load（op = 1110）和 store（op = 1111）指令外，R 型指令还有减（sub，op = 0010）和乘（mul，op = 0011）等指令，请仿照图 1.3 给出求解表达式 "z = (x - y) * y;" 所对应的指令序列（包括机器代码和对应的汇编指令）以及在主存中的存放内容，并仿照图 1.5 给出每条指令的执行过程以及所包含的微操作。

6. 若有两个基准测试程序 P1 和 P2 在机器 M1 和 M2 上运行，假定 M1 和 M2 的价格分别是 5000元和 8000 元，下表给出了 P1 和 P2 在 M1 和 M2 上所花的时间和指令条数。

程序	M1		M2	
	指令条数	执行时间	指令条数	执行时间
P1	200×10^6	10 000ms	150×10^6	5000ms
P2	300×10^3	3ms	420×10^3	6ms

请回答下列问题：

(1) 对于 P1，哪台机器的速度快？快多少？对于 P2 呢？

(2) 在 M1 上执行 P1 和 P2 的速度分别是多少 MIPS？在 M2 上的执行速度又各是多少？从执行速度来看，对于 P2，哪台机器的速度快？快多少？

(3) 假定 M1 和 M2 的时钟频率各是 800MHz 和 1.2GHz，则在 M1 和 M2 上执行 P1 时的平均时钟周期数（CPI）各是多少？

(4) 如果某个用户需要大量使用程序 P1，并且该用户主要关心系统的响应时间而不是吞吐率，那么，该用户需要大批购进机器时，应该选择 M1 还是 M2？为什么？（提示：从性价比上考虑。）

(5) 如果另一个用户也需要购进大批机器，但该用户使用 P1 和 P2 一样多，主要关心的也是响应时间，那么，应该选择 M1 还是 M2？为什么？

7. 若机器 M1 和 M2 具有相同的指令集, 其时钟频率分别为 1GHz 和 1.5GHz。在指令集中有 A~E 五种不同类型的指令。下表给出了在 M1 和 M2 上每类指令的平均时钟周期数 CPI。

机器	A	B	C	D	E
M1	1	2	2	3	4
M2	2	2	4	5	6

请回答下列问题:

(1) M1 和 M2 的峰值 MIPS 各是多少?

(2) 假定某程序 P 的指令序列中, 五类指令具有完全相同的指令条数, 则程序 P 在 M1 和 M2 上运行时, 哪台机器更快? 快多少? 在 M1 和 M2 上执行程序 P 时的平均时钟周期数 CPI 各是多少?

8. 假设同一套指令集用不同的方法设计了两种机器 M1 和 M2。机器 M1 的时钟周期为 0.8ns, 机器 M2 的时钟周期为 1.2ns。某个程序 P 在机器 M1 上运行时的 CPI 为 4, 在 M2 上运行时的 CPI 为 2。对于程序 P 来说, 哪台机器的执行速度更快? 快多少?

9. 假设某机器 M 的时钟频率为 4GHz, 用户程序 P 在 M 上的指令条数为 8×10^9, 其 CPI 为 1.25, 则 P 在 M 上的执行时间是多少? 若在机器 M 上从程序 P 开始启动到执行结束所需的时间是 4 秒, 则 P 占用的 CPU 时间的百分比是多少?

10. 假定某编译器对某段高级语言程序编译生成两种不同的指令序列 S1 和 S2, 在时钟频率为 500MHz 的机器 M 上运行, 目标指令序列中用到的指令类型有 A、B、C 和 D 四类。四类指令在 M 上的 CPI 和两个指令序列所用的各类指令条数如下表所示。

	A	B	C	D
各类指令的 CPI	1	2	3	4
S1 的指令条数	5	2	2	1
S2 的指令条数	1	1	1	5

请问: S1 和 S2 各有多少条指令? CPI 各为多少? 所含的时钟周期数各为多少? 执行时间各为多少?

11. 假定机器 M 的时钟频率为 1.2GHz, 某程序 P 在机器 M 上的执行时间为 12 秒。对 P 优化时, 将其所有的乘 4 指令都换成了一条左移两位的指令, 得到优化后的程序 P'。已知在 M 上乘法指令的 CPI 为 5, 左移指令的 CPI 为 2, P 的执行时间是 P' 执行时间的 1.2 倍, 则 P 中有多少条乘法指令被替换成了左移指令来执行?

12. 假定机器 M 的时钟频率为 2.5GHz, 运行某程序 P 的过程中, 共执行了 500×10^6 条浮点数指令、4000×10^6 条整数指令、3000×10^6 条访存指令、1000×10^6 条分支指令, 这 4 种指令的 CPI 分别是 2、1、4、1。若要使程序 P 的执行时间减少一半, 则浮点数指令的 CPI 应如何改进? 若要使程序 P 的执行时间减少一半, 则访存指令的 CPI 应如何改进? 若浮点数指令和整数指令的 CPI 减少 20%, 访存指令和分支指令的 CPI 减少 40%, 则程序 P 的执行时间会减少多少?

第 2 章

数据的机器级表示与处理

在高级语言程序中需要定义所处理数据的类型以及存储的数据结构。例如，C 语言程序中有无符号整数类型（unsigned int）、带符号整数类型（int）、单精度浮点数类型（float）等；此外，在 C 语言中，多个相同类型数据可以构成一个数组（array），多个不同类型数据可以构成结构（struct）。那么，在高级语言程序中定义的这些数据在计算机内部是如何表示的？它们在计算机中又是如何存储、运算和传送的呢？

本章重点讨论数据在计算机内部的机器级表示和基本处理。主要内容包括：进位计数制、二进制定点数的编码表示、无符号整数和带符号整数的表示、IEEE 754 浮点数表示标准、西文字符和汉字的编码表示、C 语言中各种类型数据的表示和转换、数据的宽度和存放顺序、基本运算及其运算电路。

2.1 数制和编码

2.1.1 信息的二进制编码

数据是计算机处理的对象。从不同的处理角度来看，数据有不同的表现形态。从外部形式来看，计算机可处理数值、文字、图、声音、视频以及各种模拟信息，它们被称为感觉媒体。从算法描述的角度来看，有图、表、树、队列、矩阵等结构类型的数据。从高级语言程序员的角度来看，有数组、结构、指针、实数、整数、布尔数、字符和字符串等类型的数据。不管以什么形态出现，在计算机内部数据最终都由机器指令来处理。而从机器指令的角度来看，数据只有整数、浮点数和位串这几类简单的基本数据类型。

计算机内部处理的所有数据都必须是"**数字化编码**"了的数据。现实世界中的感觉媒体信息由输入设备转化为二进制编码表示，因此，输入设备必须具有"离散化"和"编码"两方面的功能。因为计算机中用来存储、加工和传输数据的部件都是位数有限的部件，所以，计算机中只能表示和处理离散的信息。数字化编码过程，就是指对感觉媒体信息进行采样，将现实世界中的连续信息转换为计算机中的离散的"样本"信息，然后对样本信息用"0"和"1"进行数字化编码的过程。所谓编码，就是用少量简单的基本符号，对大量复杂多样的信息进行一定规律的组合。基本符号的种类和组合规则是信息编码的两大要素。例如，电报码中用 4 位十进制数字表示汉字，从键盘上输入汉字时用汉语拼音（即 26 个英文字母）表示汉字等，都是编码的典型例子。

在计算机系统内部，所有信息都是用二进制进行编码的。也就是说计算机内部采用的是二进制表示方式。这样做的原因有以下几点。

① 二进制只有两种基本状态，使用有两个稳定状态的物理器件就可以表示二进制数的每一位，而制造有两个稳定状态的物理器件要比制造有多个稳定状态的物理器件容易得多。例如，用高、低两个电位，或用脉冲的有无、脉冲的正负极性等都可以很方便、很可靠地表示"0"和"1"。

② 二进制的编码、计数和运算规则都很简单，可用开关电路实现，简便易行。

③ 两个符号"1"和"0"正好与逻辑命题的两个值"真"和"假"相对应，为计算机中实现逻辑运算和程序中的逻辑判断提供了便利的条件，特别是能通过逻辑门电路方便地实现算术运算。

采用二进制编码将各种媒体信息转变成数字化信息后，可以在计算机内部进行存储、运算和传送。在高级语言程序设计中，可以利用图、树、表和队列等数据结构进行算法描述，并以数组、结构、指针和字符串等数据类型来说明处理对象，但将高级语言程序转换为机器语言程序后，每条机器指令的操作数就只能是以下 4 种简单的基本数据类型：无符号定点整数、带符号定点整数、浮点数和非数值型数据（位串），如图 2.1 中虚线框内所示。

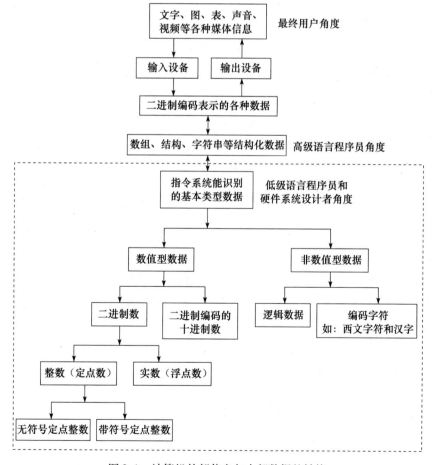

图 2.1　计算机外部信息与内部数据的转换

指令所处理的数据类型分为数值数据和非数值数据两种。**数值数据**可用来表示数量的多少，可比较其大小，分为整数和实数，整数又分为无符号整数和带符号整数。在计算机内部，整数用定点数表示，实数用浮点数表示。**非数值数据**就是一个没有大小之分的位串，不表示数量的多少，主要用来表示字符数据和逻辑数据。

日常生活中，常使用带正负号的十进制数表示数值数据，例如 6.18、 - 127 等。但这种形式的数据在计算机内部难以直接存储、运算和传送，仅用来作为程序的输入或输出形式，以方便用户从键盘等输入设备输入数据，或从屏幕、打印机等输出设备上输出数据，它不是用于计算机内部运算和传输的主要表示形式。

在计算机内部，数值数据的表示方法有两大类：第一种是直接用二进制数表示；另一种是采用**二进制编码的十进制数**（Binary Coded Decimal Number，简称**BCD**）表示。

表示一个数值数据要确定三个要素：进位计数制、定/浮点表示和编码规则。任何给定的一个二进制 0/1 序列，在未确定它采用什么进位计数制、定点还是浮点表示以及编码表示方法之前，它所代表的数值数据的值是无法确定的。

2.1.2 进位计数制

日常生活中基本上都使用十进制数，其每个数位可用 10 个不同符号 $0,1,2,\cdots,9$ 来表示，每个符号处在十进制数中不同位置时，所代表的数值不一样。例如，2585.62 代表的值是：

$$(2585.62)_{10} = 2 \times 10^3 + 5 \times 10^2 + 8 \times 10^1 + 5 \times 10^0 + 6 \times 10^{-1} + 2 \times 10^{-2}$$

一般地，任意一个十进制数

$$D = d_n d_{n-1} \cdots d_1 d_0 . d_{-1} d_{-2} \cdots d_{-m} \quad (m,n \text{ 为正整数})$$

其值可表示为如下形式：

$$V(D) = d_n \times 10^n + d_{n-1} \times 10^{n-1} + \cdots + d_1 \times 10^1 + d_0 \times 10^0$$
$$+ d_{-1} \times 10^{-1} + d_{-2} \times 10^{-2} + \cdots + d_{-m} \times 10^{-m}$$

其中 $d_i (i = n, n-1, \cdots, 1, 0, -1, -2, \cdots, -m)$ 可以是 $0,1,2,3,4,5,6,7,8,9$ 这 10 个数字符号中的任何一个，10 称为基数（base），它代表每个数位上可以使用的不同数字符号个数。10^i 称为第 i 位上的权。在十进制数进行运算时，每位计满十之后就要向高位进一，即日常所说的"逢十进一"。

类似地，二进制数的基数是 2，只使用两个不同的数字符号 0 和 1，运算时采用"逢二进一"的规则，第 i 位上的权是 2^i。例如，二进制数 $(100101.01)_2$ 代表的值是：

$$(100101.01)_2 = 1 \times 2^5 + 0 \times 2^4 + 0 \times 2^3 + 1 \times 2^2 + 0 \times 2^1 + 1 \times 2^0 + 0 \times 2^{-1} + 1 \times 2^{-2}$$
$$= (37.25)_{10}$$

一般地，任意一个二进制数

$$B = b_n b_{n-1} \cdots b_1 b_0 . b_{-1} b_{-2} \cdots b_{-m} \quad (m,n \text{ 为正整数})$$

其值可表示为如下形式：

$$V(B) = b_n \times 2^n + b_{n-1} \times 2^{n-1} + \cdots + b_1 \times 2^1 + b_0 \times 2^0$$
$$+ b_{-1} \times 2^{-1} + b_{-2} \times 2^{-2} + \cdots + b_{-m} \times 2^{-m}$$

其中 $b_i(i = n, n-1, \cdots, 1, 0, -1, -2, \cdots, -m)$ 只可以是 0 和 1 两种不同的数字符号。

扩展到一般情况，在 R 进制数字系统中，应采用 R 个基本符号（$0, 1, 2, \cdots, R-1$）表示各位上的数字，采用"逢 R 进一"的运算规则，对于每一个数位 i，该位上的权为 R^i。R 被称为该数字系统的基。

在计算机系统中使用的常用进位计数制有下列几种。

二进制 $R = 2$，基本符号为 0 和 1。

八进制 $R = 8$，基本符号为 0, 1, 2, 3, 4, 5, 6, 7。

十进制 $R = 10$，基本符号为 0, 1, 2, 3, 4, 5, 6, 7, 8, 9。

十六进制 $R = 16$，基本符号为 0, 1, 2, 3, 4, 5, 6, 7, 8, 9, A, B, C, D, E, F。

表 2.1 列出了二、八、十、十六进制 4 种进位计数制中各基本数之间的对应关系。

表 2.1　4 种进位计数制数之间的对应关系

二进制数	八进制数	十进制数	十六进制数	二进制数	八进制数	十进制数	十六进制数
0000	0	0	0	1000	10	8	8
0001	1	1	1	1001	11	9	9
0010	2	2	2	1010	12	10	A
0011	3	3	3	1011	13	11	B
0100	4	4	4	1100	14	12	C
0101	5	5	5	1101	15	13	D
0110	6	6	6	1110	16	14	E
0111	7	7	7	1111	17	15	F

从表 2.1 中可看出，十六进制的前 10 个数字与十进制中前 10 个数字相同，后 6 个基本符号 A, B, C, D, E, F 的值分别为十进制的 10, 11, 12, 13, 14, 15。在书写时可使用后缀字母标识该数的进位计数制，一般用 B（Binary）表示二进制，用 O（Octal）表示八进制，用 D（Decimal）表示十进制（十进制数的后缀可以省略），而 H（Hexadecimal）则是十六进制数的后缀，有时也在一个十六进制数之前用 0x 作为前缀，例如二进制数 10011B，十进制数 56D 或 56，十六进制数 308FH 或 0x308F 等。

计算机内部所有的信息采用二进制编码表示。但在计算机外部，为了书写和阅读的方便，大都采用八、十或十六进制表示形式。因此，计算机在数据输入后或输出前都必须实现这些进位制数和二进制数之间的转换。以下介绍各进位计数制之间数据的转换方法。

1. R 进制数转换成十进制数

任何一个 R 进制数转换成十进制数时，只要"按权展开"即可。

例 2.1 将二进制数 $(10101.01)_2$ 转换成十进制数。

解 $(10101.01)_2 = (1 \times 2^4 + 0 \times 2^3 + 1 \times 2^2 + 0 \times 2^1 + 1 \times 2^0 + 0 \times 2^{-1} + 1 \times 2^{-2})_{10} = (21.25)_{10}$ ■

例 2.2 将八进制数 $(307.6)_8$ 转换成十进制数。

解 $(307.6)_8 = (3 \times 8^2 + 7 \times 8^0 + 6 \times 8^{-1})_{10} = (199.75)_{10}$ ■

例 2.3 将十六进制数 $(3A.C)_{16}$ 转换成十进制数。

解 $(3A.C)_{16} = (3 \times 16^1 + 10 \times 16^0 + 12 \times 16^{-1})_{10} = (58.75)_{10}$ ■

2. 十进制数转换成 R 进制数

任何一个十进制数转换成 R 进制数时，要将整数和小数部分分别进行转换。

（1）整数部分的转换

整数部分的转换方法是"除基取余，上右下左"。也就是说，用要转换的十进制整数去除以基数 R，将得到的余数作为结果数据中各位的数字，直到上商为 0 为止。上面的余数（先得到的余数）作为右边低位上的数位，下面的余数作为左边高位上的数位。

例 2.4 将十进制整数 135 分别转换成八进制数和二进制数。

解 将 135 分别除以 8 和 2，将每次的余数按从低位到高位的顺序排列如下：

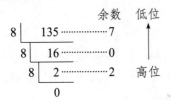
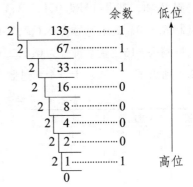

所以，$(135)_{10} = (207)_8 = (1000\ 0111)_2$。 ∎

（2）小数部分的转换

小数部分的转换方法是"乘基取整，上左下右"。也就是说，用要转换的十进制小数去乘以基数 R，将得到的乘积的整数部分作为结果数据中各位的数字，小数部分继续与基数 R 相乘。以此类推，直到某一步乘积的小数部分为 0 或已得到希望的位数为止。最后，将上面的整数部分作为左边高位上的数位，下面的整数部分作为右边低位上的数位。

例 2.5 将十进制小数 0.6875 分别转换成二进制数和八进制数。

解　$0.6875 \times 2 = 1.375$　　　整数部分 = 1　　（高位）

　　　$0.375 \times 2 = 0.75$　　　　整数部分 = 0　　↓

　　　$0.75 \times 2 = 1.5$　　　　　整数部分 = 1　　↓

　　　$0.5 \times 2 = 1.0$　　　　　整数部分 = 1　　（低位）

所以，$(0.6875)_{10} = (0.1011)_2$。

　　　$0.6875 \times 8 = 5.5$　　　　整数部分 = 5　　（高位）

　　　$0.5 \times 8 = 4.0$　　　　　整数部分 = 4　　（低位）

所以，$(0.6875)_{10} = (0.54)_8$。 ∎

在转换过程中，可能乘积的小数部分总得不到 0，即转换得到希望的位数后还有余数，这种情况下得到的是近似值。

例 2.6 将十进制小数 0.63 转换成二进制数。

解　$0.63 \times 2 = 1.26$　　　　整数部分 = 1　　（高位）

　　　$0.26 \times 2 = 0.52$　　　　整数部分 = 0　　↓

　　　$0.52 \times 2 = 1.04$　　　　整数部分 = 1　　↓

　　　$0.04 \times 2 = 0.08$　　　　整数部分 = 0　　（低位）

所以，$(0.63)_{10} = (0.1010\cdots)_2$。

（3）含整数、小数部分的数的转换

只要将整数部分和小数部分分别进行转换，得到转换后相应的整数和小数部分，然后再将这两部分组合起来得到一个完整的数。

例2.7 将十进制数 135.6875 分别转换成二进制数和八进制数。

解 只要将例 2.4 和例 2.5 的结果合起来就可，即

$$(135.6875)_{10} = (10000111.1011)_2 = (207.54)_8$$

3. 二、八、十六进制数的相互转换

（1）八进制数转换成二进制数

八进制数转换成二进制数的方法很简单，只要把每一个八进制数字改写成等值的 3 位二进制数即可，且保持高低位的次序不变。八进制数字与二进制数的对应关系如下。

$(0)_8 = 000$ $(1)_8 = 001$ $(2)_8 = 010$ $(3)_8 = 011$

$(4)_8 = 100$ $(5)_8 = 101$ $(6)_8 = 110$ $(7)_8 = 111$

例2.8 将 $(13.724)_8$ 转换成二进制数。

解 $(13.724)_8 = (001\ 011.111\ 010\ 100)_2 = (1011.1110101)_2$

（2）十六进制数转换成二进制数

十六进制数转换成二进制数的方法与八进制数转换成二进制数的方法类似，只要把每一个十六进制数字改写成等值的 4 位二进制数即可，且保持高低位的次序不变。十六进制数字与二进制数的对应关系如下。

$(0)_{16} = 0000$ $(1)_{16} = 0001$ $(2)_{16} = 0010$ $(3)_{16} = 0011$

$(4)_{16} = 0100$ $(5)_{16} = 0101$ $(6)_{16} = 0110$ $(7)_{16} = 0111$

$(8)_{16} = 1000$ $(9)_{16} = 1001$ $(A)_{16} = 1010$ $(B)_{16} = 1011$

$(C)_{16} = 1100$ $(D)_{16} = 1101$ $(E)_{16} = 1110$ $(F)_{16} = 1111$

例2.9 将十六进制数 $(2B.5E)_{16}$ 转换成二进制数。

解 $(2B.5E)_{16} = (0010\ 1011.0101\ 1110)_2 = (101011.0101111)_2$

（3）二进制数转换成八进制数

二进制数转换成八进制数时，整数部分从低位向高位方向每 3 位用一个等值的八进制数来替换，最后不足 3 位时在高位补 0 凑满 3 位；小数部分从高位向低位方向每 3 位用一个等值的八进制数来替换，最后不足 3 位时在低位补 0 凑满 3 位。例如：

$$(0.10101)_2 = (000.101\ 010)_2 = (0.52)_8$$

$$(10011.01)_2 = (010\ 011.010)_2 = (23.2)_8$$

（4）二进制数转换成十六进制数

二进制数转换成十六进制数时，整数部分从低位向高位方向每 4 位用一个等值的十六进制数来替换，最后不足 4 位时在高位补 0 凑满 4 位；小数部分从高位向低位方向每 4 位用一个等值的十六进制数来替换，最后不足 4 位时在低位补 0 凑满 4 位。例如：

$$(11001.11)_2 = (0001\ 1001.1100)_2 = (19.C)_{16}$$

从以上可以看出，二进制数与八进制数、二进制数与十六进制数之间有很简单直观的对应关系。二进制数太长，书写、阅读均不方便；八进制数和十六进制数却像十进制数一样简练，易写易记。虽然计算机中只使用二进制一种计数制，但为了在开发和调试程序、查看机器代码时便于书写和阅读，人们经常使用八进制或十六进制来等价地表示二进制，所以大家也必须熟练掌握八进制和十六进制数的表示及其与二进制数之间的转换。

2.1.3　定点与浮点表示

日常生活中所使用的数有整数和实数之分，整数的小数点固定在数的最右边，可以省略不写，而实数的小数点则不固定。计算机中只能表示 0 和 1，无法表示小数点，因此，要使得计算机能够处理日常使用的数值数据，必须要解决小数点的表示问题。通常计算机中通过约定小数点的位置来实现。小数点位置约定在固定位置的数称为**定点数**，小数点位置约定为可浮动的数称为**浮点数**。

1. 定点表示

定点表示法用来对定点小数和定点整数进行表示。对于定点小数，其小数点总是固定在数的左边，一般用来表示浮点数的尾数部分。对于定点整数，其小数点总是固定在数的最右边，因此可用"定点整数"来表示整数。

2. 浮点表示

对于任意一个实数 X，可以表示成如下形式：

$$X = (-1)^s \times M \times R^E$$

其中 S 取值为 0 或 1，用来决定数 X 的符号；M 是一个二进制定点小数，称为数 X 的**尾数**（mantissa）；E 是一个二进制定点整数，称为数 X 的**阶**或**指数**（exponent）；R 是**基数**（radix、base），可以取值为 2、4、16 等。在基数 R 一定的情况下，尾数 M 的位数反映数 X 的有效位数，它决定了数的表示精度，有效位数越多，表示精度就越高；阶 E 的位数决定数 X 的表示范围；阶 E 的值确定了小数点的位置。

假定浮点数的尾数是纯小数，那么，从浮点数的形式来看，绝对值最小的非零数形如 $0.0\cdots01 \times R^{-11\cdots1}$，绝对值最大的数形如 $0.11\cdots1 \times R^{11\cdots1}$。所以，假设 m 和 n 分别表示阶和尾数的位数，基数为 2，则浮点数 X 的绝对值的范围为：

$$2^{-(2^m-1)} \times 2^{-n} \leqslant |X| \leqslant (1 - 2^{-n}) \times 2^{(2^m-1)}$$

上述公式中，紧靠 $|X|$ 左右两边的两个因子就是非零定点小数的绝对值表示范围，浮点数的最小数是定点小数的最小数 2^{-n} 去除以一个很大的数 $2^{(2^m-1)}$，而浮点数的最大数则是定点小数的最大数 $(1-2^{-n})$ 去乘以这个大数 $2^{(2^m-1)}$，由此可见，浮点数的表示范围比定点数范围要大得多。

2.1.4　定点数的编码表示

定/浮点表示解决了小数点的表示问题。但是，对于一个数值数据来说，还有一个正/负号的表示问题。计算机中只能表示 0 和 1，因此，正/负号也用 0 和 1 来表示。这种将数的符号用 0 和 1 表示的处理方式称为**符号数字化**。一般规定 0 表示正号，1 表示负号。

数字化了的符号能否和数值部分一起参加运算呢？为了解决这个问题，就产生了把符号位和数值部分一起进行编码的各种方法。因为任意一个浮点数都可以用一个定点小数和一个定点整数来表示，所以，只需要考虑定点数的编码表示。主要有 4 种定点数编码表示方法：原码、补码、反码和移码。

通常将数值数据在计算机内部编码表示后的数称为**机器数**，而机器数真正的值（即现实世界中带有正负号的数）称为机器数的**真值**。例如，– 10（– 1010B）用 8 位补码表示为 1111 0110，说明机器数 1111 0110B（F6H 或 0xF6）的真值是 – 10，或者说，– 10 的机器数是 1111 0110B（F6H 或 0xF6）。根据定义可知，机器数一定是一个 0/1 序列，通常缩写成十六进制形式。

假设机器数 X 的真值 X_T 的二进制形式（即式中 $X_i' = 0$ 或 1）如下：

$$X_T = \pm \, X_{n-2}' \cdots X_1' X_0' \qquad （当 X 为定点整数时）$$

$$X_T = \pm \, 0.\, X_{n-2}' \cdots X_1' X_0' \qquad （当 X 为定点小数时）$$

对 X_T 用 n 位二进制数编码后，机器数 X 表示为：

$$X = X_{n-1} X_{n-2} \cdots X_1 X_0$$

机器数 X 有 n 位，式中 $X_i = 0$ 或 1，其中，第一位 X_{n-1} 是数的符号，后 $n-1$ 位 $X_{n-2} \cdots X_1 X_0$ 是数值部分。数值数据在计算机内部的编码问题，实际上就是机器数 X 的各位 X_i 的取值与真值 X_T 的关系问题。

在上述对机器数 X 及其真值 X_T 的假设条件下，下面介绍各种带符号定点数的编码表示。

1. 原码表示法

一个数的原码表示由符号位直接跟数值位构成，因此，也称"符号 – 数值"（sign and magnitude）表示法。原码表示法中，正数和负数的编码表示仅符号位不同，数值部分完全相同。

原码编码规则如下：

① 当 X_T 为正数时，$X_{n-1} = 0$，$X_i = X_i'$　（$0 \leqslant i \leqslant n-2$）

② 当 X_T 为负数时，$X_{n-1} = 1$，$X_i = X_i'$　（$0 \leqslant i \leqslant n-2$）

原码 0 有两种表示形式：

$$[+0]_原 = 0\,00\cdots0$$

$$[-0]_原 = 1\,00\cdots0$$

根据原码定义可知，对于真值 – 10（– 1010B），若用 8 位原码表示，则其机器数为 1000 1010B（8AH 或 0x8A）；对于真值 – 0.625（– 0.101B），若用 8 位原码表示，则其机器数为 1101 0000B（D0H 或 0xD0）。

可以看出，原码表示的优点是：与真值的对应关系直观、方便，因此与真值之间的转换简单，并且用原码实现乘除运算也比较简便。其缺点是：0 的表示不唯一，给使用带来不便。更重要的是，原码加减运算规则复杂。在进行原码加减运算过程中，要判定是否是两个异号数相加或两个同号数相减，若是，则必须判定两个数的绝对值大小，根据判断结果决定结果符号，并用绝对值大的数减去绝对值小的数。现代计算机中不用原码来表示整数，只用定点原码小数来表示浮点数的尾数部分。

2. 补码表示法

补码表示可以实现加减运算的统一,即用加法来实现减法运算。在计算机中,补码用来表示带符号整数。补码表示法也称"2-补码"(two's complement)表示法,由符号位后跟上真值的模 2^n 补码构成,因此,在介绍补码概念之前,先讲一下有关模运算的概念。

(1) 模运算

在模运算系统中,若 A、B、M 满足下列关系: $A = B + K \times M$(K 为整数),则记为 $A \equiv B(\bmod M)$。即 A、B 各除以 M 后的余数相同,故称 B 和 A 为模 M 同余。也就是说在一个模运算系统中,一个数与它除以"模"后得到的余数是等价的。

钟表是一个典型的模运算系统,其模数为 12。假定现在钟表时针指向 10 点,要将它拨向 6 点,则有以下两种拨法。

① 逆时针拨 4 格: $10 - 4 = 6$

② 顺时针拨 8 格: $10 + 8 = 18 \equiv 6(\bmod 12)$

所以在模 12 系统中, $10 - 4 \equiv 10 + (12 - 4) \equiv 10 + 8(\bmod 12)$。即 $-4 \equiv 8(\bmod 12)$。

我们称 8 是 -4 对模 12 的补码。同样有 $-3 \equiv 9(\bmod 12)$; $-5 \equiv 7(\bmod 12)$ 等。

由上述例子与同余的概念,可得出如下结论:对于某一确定的模,某数 A 减去小于模的另一数 B,可以用 A 加上 $-B$ 的补码来代替。这就是为什么补码可以借助加法运算来实现减法运算的道理。

例 2.10 假定在钟表上只能顺时针方向拨动时针,如何用顺拨的方式实现将 10 点倒拨 4 格?拨动后钟表上是几点?

解 钟表是一个模运算系统,其模为 12。根据上述结论,可得

$$10 - 4 \equiv 10 + (12 - 4) \equiv 10 + 8 \equiv 6(\bmod 12)$$

因此,可从 10 点顺时针拨 8(-4 的补码)格来实现倒拨 4 格,最后是 6 点。 ■

例 2.11 假定算盘只有 4 档,且只能做加法,则如何用该算盘计算 9828 - 1928 的结果?

解 这个算盘是一个"4 位十进制数"模运算系统,其模为 10^4。根据上述结论,可得

$$9828 - 1928 \equiv 9828 + (10^4 - 1928) \equiv 9828 + 8072 \equiv 7900(\bmod 10^4)$$

因此,可用 9828 加 8072(-1928 的补码)来实现 9828 减 1928 的功能。 ■

显然,在只有 4 档的算盘上运算时,如果运算结果超过 4 位,则高位无法在算盘上表示,只能用低 4 位表示结果,留在算盘上的值相当于是除以 10^4 后的余数。推广到计算机内部, n 位运算部件就相当于只有 n 档的二进制算盘,其模就是 2^n。

计算机中的存储、运算和传送部件都只有有限位,相当于有限档数的算盘,因此计算机中所表示的机器数的位数也只有有限位。两个 n 位二进制数在进行运算过程中,可能会产生一个多于 n 位的结果。此时,计算机和算盘一样,也只能舍弃高位而保留低 n 位,这样做可能会产生两种结果。

① 剩下的低 n 位数不能正确表示运算结果,也即丢掉的高位是运算结果的一部分。例如,在两个同号数相加时,当相加得到的和超出了 n 位数可表示的范围时出现这种情况,我们称此时发生了<u>溢出</u>(overflow)现象。

② 剩下的低 n 位数能正确表示运算结果,也即高位的舍去并不影响其运算结果。在两个同号数相减或两个异号数相加时,运算结果就是这种情况。舍去高位的操作相当于"将一个多于 n 位的数去除以 2^n,保留其余数作为结果"的操作,也就是"模运算"操作。如例 2.11 中最后相加的结果为 17900,但因为算盘只有 4 档,最高位的 1 自然丢弃,得到正确的结果 7900。

(2) 补码的定义

根据上述同余概念和数的互补关系,可引出补码的表示:正数的补码符号为 0,数值部分是它本身;负数的补码等于模与该负数绝对值之差。因此,数 X_T 的补码可用如下公式表示:

① 当 X_T 为正数时,$[X_T]_\text{补} = X_T = M + X_T (\bmod M)$。

② 当 X_T 为负数时,$[X_T]_\text{补} = M - |X_T| = M + X_T (\bmod M)$。

综合①和②,得到以下结论:对于任意一个数 X_T,$[X_T]_\text{补} = M + X_T (\bmod M)$。

对于具有一位符号位和 $n-1$ 位数值位的 n 位二进制整数的补码来说,其补码定义如下:

$$[X_T]_\text{补} = 2^n + X_T (-2^{n-1} \leqslant X_T < 2^{n-1}, \bmod 2^n)$$

(3) 特殊数据的补码表示

通过以下例子来说明几个特殊数据的补码表示。

例 2.12 分别求出补码位数为 n 和 $n+1$ 时 -2^{n-1} 的补码表示。

解 当补码的位数为 n 位时,其模为 2^n,因此:

$$[-2^{n-1}]_\text{补} = 2^n - 2^{n-1} = 2^{n-1} (\bmod 2^n) = 1\,0 \cdots 0 \quad (n-1 \text{ 个 } 0)$$

当补码的位数为 $n+1$ 位时,其模为 2^{n+1},因此:

$$[-2^{n-1}]_\text{补} = 2^{n+1} - 2^{n-1} = 2^n + 2^{n-1} (\bmod 2^{n+1}) = 1\,10 \cdots 0 \quad (n-1 \text{ 个 } 0) \qquad ■$$

从该例可以看出,同一个真值在不同位数的补码表示中,其对应的机器数不同。因此,在给定编码表示时,一定要明确编码的位数。在机器内部,编码的位数就是机器中运算部件的位数。

例 2.13 设补码的位数为 n,求 -1 的补码表示。

解 对于整数补码有:

$$[-1]_\text{补} = 2^n - 1 = 11 \cdots 1 \quad (n \text{ 个 } 1) \qquad ■$$

对于 n 位补码表示来说,2^{n-1} 的补码为多少呢?根据补码定义,有:

$$[2^{n-1}]_\text{补} = 2^n + 2^{n-1} (\bmod 2^n) = 2^{n-1} = 1\,0 \cdots 0 \quad (n-1 \text{ 个 } 0)$$

最高位为 1,说明对应的真值是负数,显然这与实际情况不符。由此可知,为什么在 n 位补码定义中,真值的取值范围包含 -2^{n-1},而不包含 2^{n-1}。

例 2.14 求 0 的补码表示。

解 根据补码的定义,有:

$$[+0]_\text{补} = [-0]_\text{补} = 2^n \pm 0 = 1\,00 \cdots 0 (\bmod 2^n) = 0\,0 \cdots 0 \quad (n \text{ 个 } 0) \qquad ■$$

从上述结果可知,补码 0 的表示是唯一的。这带来了以下两个方面的好处:

① 减少了 $+0$ 和 -0 之间的转换。

② 少占用一个编码表示,使补码比原码能多表示一个最小负数。在 n 位原码表示的定点数中,$100 \cdots 0$ 用来表示 -0,但在 n 位补码表示中,-0 和 $+0$ 都用 $00 \cdots 0$ 表示,因此,正如

例2.12所示，100$\cdots$0 可用来表示最小负整数 -2^{n-1}。

（4）补码与真值之间的转换方法

原码与真值之间的对应关系简单，只要对符号转换，数值部分不需改变。但对于补码来说，正数和负数的转换方式不同。根据定义，求一个正数的补码时，只要将正号"+"转换为 0，数值部分无须改变；求一个负数的补码时，需要做减法运算，因而不太方便和直观。

例2.15 设补码的位数为 8，求 110 1100 和 $-$110 1100 的补码表示。

解 补码的位数为 8，说明补码数值部分有 7 位，故：

$$[110\ 1100]_{补} = 2^8 + 110\ 1100 = 1\ 0000\ 0000 + 110\ 1100(\bmod\ 2^8) = 0110\ 1100$$

$$[-110\ 1100]_{补} = 2^8 - 110\ 1100 = 1\ 0000\ 0000 - 110\ 1100$$

$$= 1000\ 0000 + 1000\ 0000 - 110\ 1100$$

$$= 1000\ 0000 + (111\ 1111 - 110\ 1100) + 1$$

$$= 1000\ 0000 + 001\ 0011 + 1(\bmod\ 2^8) = 1001\ 0100$$

本例中是两个绝对值相同、符号相反的数。其中，负数的补码计算过程中第一个 1000 0000 用于产生最后的符号位 1，而第二个 1000 0000 拆为 111 1111 + 1，而（111 1111 $-$ 110 1100）实际是将数值部分 110 1100 各位取反。模仿这个计算过程，不难从补码的定义推导出负数补码计算的一般步骤为：符号位为 1，数值部分"各位取反，末位加 1"。

因此，可以用以下简单方法求一个数的补码：对于正数，符号位取 0，其余各位同真值中对应各位；对于负数，符号位取 1，其余各位由数值部分"各位取反，末位加 1"得到。

例2.16 假定补码位数为 8，用简便方法求 $X = -110\ 0011$ 的补码表示。

解 $[X]_{补} = 1\ 001\ 1100 + 0\ 000\ 0001 = 1\ 001\ 1101$

对于由负数补码求真值的简便方法，可以通过以上由真值求负数补码的计算方法得到。可以直接想到的方法是，对补码数值部分先减 1 然后再取反。也就是说，通过计算 111 1111 $-$ (001 1101 $-$ 1) 得到，该计算可以变为 (111 1111 $-$ 001 1101) + 1，亦即进行"取反加 1"操作。因此，由补码求真值的简便方法为：若符号位为 0，则真值的符号为正，其数值部分不变；若符号位为 1，则真值的符号为负，其数值部分的各位由补码"各位取反，末位加 1"所得。

例2.17 已知 $[X_T]_{补} = 1\ 011\ 0100$，求真值 X_T。

解 $X_T = -(100\ 1011 + 1) = -100\ 1100$

根据上述有关补码和真值转换规则，不难发现，根据补码 $[X_T]_{补}$ 求 $[-X_T]_{补}$ 的方法是：对 $[X_T]_{补}$ "各位取反，末位加 1"。这里要注意最小负数取负后会发生溢出。

例2.18 已知 $[X_T]_{补} = 1\ 011\ 0100$，求 $[-X_T]_{补}$。

解 $[-X_T]_{补} = 0\ 100\ 1011 + 0\ 000\ 0001 = 0\ 100\ 1100$

例2.19 已知 $[X_T]_{补} = 1\ 000\ 0000$，求 $[-X_T]_{补}$。

解 $[-X_T]_{补} = 0\ 111\ 1111 + 0\ 000\ 0001 = 1\ 000\ 0000$（结果溢出）

例 2.19 中出现了"两个正数相加，结果为负数"的情况，因此，结果是一个错误的值，我们称结果"溢出"，该例中，8 位整数补码 1000 0000 对应的是最小负数 -2^7，对其取负后的值为 2^7（即 128），8 位整数补码能表示的最大正数为 $2^7 - 1 = 127$，而数 128 无法用 8 位补码表示，结果溢出。在结果溢出时，有的编译器不会做任何提示，因而可能会得到意想不到的结果。

（5）变形补码

为了便于判断运算结果是否溢出，某些计算机中还采用了一种双符号位的补码表示方式，称为变形补码，也称为模 4 补码。在双符号位中，左符是真正的符号位，右符用来判别溢出。

假定变形补码的位数为 $n+1$（其中符号占 2 位，数值部分占 $n-1$ 位），则变形补码可如下表示：

$$[X_T]_{变补} = 2^{n+1} + X_T \quad (-2^{n-1} \leqslant X_T < 2^{n-1}, \mathrm{mod}\ 2^{n+1})$$

例 2.20 已知 $X_T = -1011$，分别求出变形补码取 6 位和 8 位时的 $[X_T]_{变补}$。

解 $[X_T]_{变补} = 2^6 - 1011 = 100\ 0000 - 00\ 1011 = 11\ 0101$

$[X_T]_{变补} = 2^8 - 1011 = 1\ 0000\ 0000 - 0000\ 1011 = 1111\ 0101$ ∎

3. 反码表示法

负数的补码可采用"各位取反，末位加 1"的方法得到，如果仅各位取反而末位不加 1，那么就可得到负数的反码表示，因此负数反码的定义就是在相应的补码表示中再末位减 1。

反码表示存在以下几个方面的不足：0 的表示不唯一；表数范围比补码少一个最小负数；运算时必须考虑循环进位。因此，反码在计算机中很少被使用，有时用作数码变换的中间表示形式或用于数据校验。

4. 移码表示法

浮点数实际上是用两个定点数来表示的。用一个定点小数表示浮点数的尾数，用一个定点整数表示浮点数的阶（即指数）。一般情况下，浮点数的阶都用一种称之为"移码"的编码方式表示。通常将阶的编码表示称为**阶码**。

为什么要用移码表示阶呢？因为阶可以是正数，也可以是负数，当进行浮点数的加减运算时，必须先"对阶"（即比较两个数的阶的大小并使之相等）。为简化比较操作，使操作过程不涉及阶的符号，可以对每个阶都加上一个正的常数，称为**偏置常数**（bias），使所有阶都转换为正整数，这样，在对浮点数的阶进行比较时，就是对两个正整数进行比较，因而可以直观地将两个数按位从左到右进行比对，简化了对阶操作。

假设用来表示阶 E 的移码的位数为 n，则 $[E]_移 = $ 偏置常数 $+ E$，通常，偏置常数取 2^{n-1} 或 $2^{n-1} - 1$。

2.2 整数的表示

整数的小数点隐含在数的最右边，故无须表示小数点，因而也被称为定点数。计算机中的整数分为**无符号整数**（unsigned integer）和**带符号整数**（signed integer）两种。

2.2.1 无符号整数和带符号整数的表示

当一个编码的所有二进位都用来表示数值而没有符号位时，该编码表示的就是无符号整数。此时，默认数的符号为正，所以无符号整数就是正整数或非负整数。

一般在全部是正数且不出现负值结果的场合下，使用无符号整数。例如，可用无符号整数进行地址运算，或用来表示指针、下标等。通常把无符号整数简单地说成**无符号数**。

由于无符号整数省略了一位符号位，所以在位数相同的情况下，它能表示的最大数比带符号整数所能表示的大，例如，8 位无符号整数的形式为 0000 0000 ~ 1111 1111，对应的数的取值范围为 $0 \sim (2^8 - 1)$，即最大数为 255，而 8 位带符号整数的最大数是 127。

带符号整数也被称为**有符号整数**，它必须用一个二进位表示符号，虽然前面介绍的原码、补码、反码和移码都可以用来表示带符号整数，但是，补码表示有其突出的优点，因而，现代计算机中带符号整数都用补码表示。n 位带符号整数的表示范围为 $-2^{n-1} \sim (2^{n-1} - 1)$。例如，8 位带符号整数的表示范围为 $-128 \sim +127$。

2.2.2　C 语言中的整数及其相互转换

C 语言中支持多种整数类型。无符号整数在 C 语言中对应 unsigned short、unsigned int（unsigned）、unsigned long 等类型，通常在常数的后面加一个 "u" 或 "U" 来表示，例如，12345U，0x2B3Cu 等；带符号整数在 C 语言中对应 short、int、long 等类型。

C 语言标准规定了每种数据类型的最小取值范围，例如，int 类型至少应为 16 位，取值范围为 $-32768 \sim 32767$，int 型数据具体的取值范围则由 ABI 规范规定。通常，short 型总是 16 位；int 型在 16 位机器中为 16 位，在 32 位和 64 位机器中都为 32 位；long 型在 32 位机器中为 32 位，在 64 位机器中为 64 位；long long 型是在 ISO C99 中引入的，规定它必须是 64 位。

> **小贴士**
>
> 　　C 语言是由贝尔实验室的 Dennis M. Ritchie 最早设计并实现的。为了使 UNIX 操作系统得以推广，1977 年 Dennis M. Ritchie 发表了不依赖于具体机器的 C 语言编译文本《可移植的 C 语言编译程序》。1978 年 Brian W. Kernighan 和 Dennis M. Ritchie 合著出版了《The C Programming Language》，从而使 C 语言成为目前世界上流行最广泛的高级程序设计语言之一。
>
> 　　1988 年，随着微型计算机的日益普及，出现了许多 C 语言版本。由于没有统一的标准，使得这些 C 语言之间出现了一些不一致的地方。为了改变这种情况，美国国家标准学会（ANSI）为 C 语言制定了一套 ANSI 标准，对最初贝尔实验室的 C 语言做了重大修改。Brian W. Kernighan 和 Dennis M. Ritchie 编写的《The C Programming Language》第 2 版对 ANSI C 做了全面的描述，该书被公认为是关于 C 语言的最好的参考手册之一。
>
> 　　国际标准化组织（ISO）接管了对 C 语言标准化的工作，在 1990 年推出了几乎和 ANSI C 一样的版本，称为 "ISO C90"。该组织 1999 年又对 C 语言做了一些更新，成为 "ISO C99"，该版本引进了一些新的数据类型，对英语以外的字符串本文提供了支持。

C 语言中允许无符号整数和带符号整数之间的转换，转换前、后的机器数不变，只是转换前、后对其的解释发生了变化。转换后数的真值是将原二进制机器数按转换后的数据类型重新解释得到。例如，对于以 1 开头的一个机器数，如果转换前是带符号整数类型，则其值为负整数，若将其转换为无符号数类型，则它被解释为一个无符号数，因而其值变成了一个大于等于 2^{n-1} 的正整数。也就是说，转换前的一个负整数，很可能转换后变成了一个值很大的正整数。由于上述原因，程序在某些情况下会发生意想不到的结果。例如，考虑以下 C 代码：

```
1   int x = -1;
2   unsigned u = 2147483648;
3
4   printf ("x = %u = %d\n", x, x);
5   printf ("u = %u = %d\n", u, u);
```

上述 C 代码中，x 为带符号整数，u 为无符号整数，初值为 2 147 483 648（即 2^{31}）。函数 printf 用来输出数值，格式符%u、%d 分别用来以无符号整数和带符号整数的形式输出十进制数的值。当在一个 32 位机器上运行上述代码时，它的输出结果如下。

```
x = 4294967295 = -1
u = 2147483648 = -2147483648
```

x 的输出结果说明如下：因为整数 -1 的补码表示为 $11\cdots1$，所以当作为 32 位无符号数来解释（格式符为%u）时，其值为 $2^{32}-1 = 4\,294\,967\,296 - 1 = 4\,294\,967\,295$。

u 的输出结果说明如下：2^{31} 的无符号数表示为 $100\cdots0$，当这个数被解释为 32 位带符号整数（格式符为%d）时，其值为最小负数 $-2^{32-1} = -2^{31} = -2\,147\,483\,648$（参见前面例 2.12）。

在 C 语言中，如果执行一个运算时，同时有无符号整数和带符号整数参加，那么，C 语言标准规定按无符号整数进行运算，因而会造成一些意想不到的结果。

例 2.21 在有些 32 位系统上，C 表达式 "$-2147483648 < 2147483647$" 的执行结果为 false，与事实不符；但如果定义一个变量 "int i = -2147483648；"，表达式 "$i < 2147483647$" 的执行结果却为 true。试分析产生上述结果的原因。如果将表达式写成 "$-2147483647 - 1 < 2147483647$"，则结果会怎样呢？

解 题目中出现的问题在 ISO C90 标准下就会出现。在该标准下，编译器在处理常量时，如图 2.2a 所示，会按 int32_t（int、long）、uint32_t（unsigned int、unsigned long）、int64_t（long long）、uint64_t（unsigned long long）的顺序确定数据类型，$0 \sim 2^{31}-1$ 为 32 位带符号整型，$2^{31} \sim 2^{32}-1$ 为 32 位无符号整型，$2^{32} \sim 2^{63}-1$ 为 64 位带符号整型，$2^{63} \sim 2^{64}-1$ 为 64 位无符号整型。

编译器对 C 表达式 "$-2147483648 < 2147483647$" 编译时，将 "-2147483648" 分两部分处理。对于 ISO C90 标准，首先将 2 147 483 648 $= 2^{31}$ 看成无符号整型，其机器数为 0x8000 0000，然后，对其取负（按位取反，末位加 1），结果仍为 0x8000 0000，还是将其看成一个无符号整型，其值仍为 2 147 483 648。因而在处理条件表达式 "$-2147483648 < 2147483647$" 时，实际上是将 2 147 483 648 与 2 147 483 647 按照无符号整型进行比较，显然结果为 false。在计算机内部处理时，真正进行的是对机器数 0x8000 0000 和 0x7FFF FFFF 做减法，然后按照无符号整型来比较其大小。

编译器在处理 "int i = -2147483648；" 时进行了类型转换，将 $-2\,147\,483\,648$ 按带符号整

数赋给变量 i，其机器数还是 0x8000 0000，但是值为 $-2\ 147\ 483\ 648$，执行"i < 2147483647"时，按照带符号整型来比较，结果是 true。在计算机内部，实际上是对机器数 0x8000 0000 和 0x7FFF FFFF 按照带符号整型进行比较。

对于"$-2\ 147\ 483\ 647-1 < 2\ 147\ 483\ 647$"，编译器首先将 $2\ 147\ 483\ 647=2^{31}-1$（机器数为 0x7FFF FFFF）看成带符号整型，然后对其取负，得到 $-2\ 147\ 483\ 647$（机器数为 0x8000 0001），然后将其减 1，得到 $-2\ 147\ 483\ 648$，与 $2\ 147\ 483\ 647$ 比较，得到结果为 true。在计算机内部，实际上是对机器数 0x8000 0000 和 0x7FFF FFFF 按照带符号整型进行比较。

在 ISO C99 标准下，C 表达式"$-2\ 147\ 483\ 648 < 2\ 147\ 483\ 647$"的执行结果为 true。因为该标准下，编译器在处理常量时，如图 2.2b 所示，会按 int32_t（int、long）、int64_t（long long）、uint64_t（unsigned long long）的顺序确定数据类型，$0 \sim 2^{31}-1$ 为 32 位带符号整型，$2^{31} \sim 2^{63}-1$ 为 64 位带符号整型，$2^{63} \sim 2^{64}-1$ 为 64 位无符号整型。在处理"2 147 483 648"时，因其对应的二进制数的值为 2^{31}，在 $2^{31} \sim 2^{63}-1$ 之间，故被看成是 64 位带符号整数，而 2 147 483 647 在 $0 \sim 2^{31}-1$ 之间，也被看成带符号整数，因此，两个数按带符号整数类型进行比较，结果正确。

范围	类型
$0 \sim 2^{31}-1$	int
$2^{31} \sim 2^{32}-1$	unsigned int
$2^{32} \sim 2^{63}-1$	long long
$2^{63} \sim 2^{64}-1$	unsigned long long

a）C90标准下常整数类型

范围	类型
$0 \sim 2^{31}-1$	int
$2^{31} \sim 2^{63}-1$	long long
$2^{63} \sim 2^{64}-1$	unsigned long long

b）C99标准下常整数类型

图 2.2   C 语言中整数常量的类型   ■

2.3   浮点数的表示

计算机内部进行数据存储、运算和传送的部件位数有限，因而用定点数表示数值数据时，其表示范围很小。对于 n 位带符号整数，其表示范围为 $-2^{n-1} \sim (2^{n-1}-1)$，运算结果很容易溢出，此外，用定点数也无法表示大量带有小数点的实数。因此，计算机中专门用浮点数来表示实数。

2.3.1   浮点数的表示范围

前面 2.1.3 节中提到，任意一个浮点数可用两个定点数来表示，用一个定点小数表示浮点数的尾数，用一个定点整数表示浮点数的阶。在 2.1.4 节中还提到，通常，将阶的编码称为阶码，为便于对阶，阶码通常采用移码形式。

表示浮点数的两个定点数的位数是有限的，因而，浮点数的表示范围是有限的。以下例子说明了可表示的浮点数位于数轴上的位置。

例 2.22 将十进制数 65 798 转换为下述 32 位浮点数格式。

0	1		8	9		31
符号	阶码			尾 数		

其中，第 0 位为符号 S；第 $1 \sim 8$ 位为 8 位移码表示的阶码 E（偏置常数为 128）；第 $9 \sim 31$

位为 24 位二进制原码小数表示的尾数。基数为 2，规格化尾数形式为 $\pm 0.1bb\cdots b$，其中第一位 "1" 不明显表示出来，这样可用 23 个数位表示 24 位尾数。

解　因为 $(65\,978)_{10} = (1\,0000\,0001\,0000\,0110)_2 = (0.1000\,0000\,1000\,0011\,0)_2 \times 2^{17}$，所以符号 $S = 0$，阶码 $E = (128 + 17)_{10} = (145)_{10} = (1001\,0001)_2$。

故 65 978 用该浮点数形式表示如下。

0	100 1000 1	000 0000 1000 0011 0000 0000

用十六进制表示为 4880 8300H。

上述格式的规格化浮点数的表示范围如下。

正数最大值：$0.11\cdots 1 \times 2^{11\cdots 1} = (1 - 2^{-24}) \times 2^{127}$。

正数最小值：$0.10\cdots 0 \times 2^{00\cdots 0} = (1/2) \times 2^{-128} = 2^{-129}$。

因为原码是对称的，故该浮点格式的范围是关于原点对称的，如图 2.3 所示。

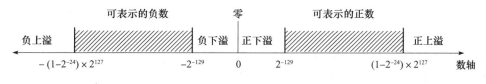

图 2.3　浮点数的表示范围

在图 2.3 中，数轴上有 4 个区间的数不能用浮点数表示。这些区间称为溢出区，接近 0 的区间为<u>下溢区</u>，向无穷大方向延伸的区间为<u>上溢区</u>。

根据浮点数的表示格式，只要尾数为 0，阶码取任何值其值都为 0，这样的数被称为**机器零**，因此机器零的表示不唯一。通常，用阶码和尾数同时为 0 来唯一表示机器零。即当结果出现尾数为 0 时，不管阶码为何值，都将阶码取为 0。机器零有 +0 和 −0 之分。

2.3.2　浮点数的规格化

浮点数尾数的位数决定浮点数的有效数位，有效数位越多，数据的精度越高。为了在浮点数运算过程中尽可能多地保留有效数字的位数，使有效数字尽量占满尾数数位，必须在运算过程中对浮点数进行 "规格化" 操作。对浮点数的尾数进行规格化，除了能得到尽量多的有效数位以外，还可以使浮点数的表示具有唯一性。

从理论上来讲，规格化数的标志是真值的尾数部分中最高位具有非零数字。规格化操作有两种：<u>左规和右规</u>。当有效数位进到小数点前面时，需要进行右规，右规时，尾数每右移一位，阶码加 1，直到尾数变成规格化形式为止，右规时阶码会增加，因此阶码有可能溢出；当尾数出现形如 $\pm 0.0\cdots 0bb\cdots b$ 的运算结果时，需要进行左规，左规时，尾数每左移一位，阶码减 1，直到尾数变成规格化形式为止。

2.3.3　IEEE 754 浮点数标准

直到 20 世纪 80 年代初，浮点数表示格式还没有统一标准，不同厂商的计算机内部，其浮点数表示格式不同，在不同结构的计算机之间进行数据传送或程序移植时，必须进行数据格式的转换，而且，数据格式转换还会带来运算结果的不一致。因而，20 世纪 70 年代后期，IEEE 成立委员会着手制定浮点数标准，1985 年完成了浮点数标准 IEEE 754 的制定。其主要起草者是加州大学伯克利分校数学系教授 William Kahan，他帮助 Intel 公司设计了 8087 浮点处理器（FPU），并以此为基础形成了 IEEE 754 标准，Kahan 教授也因此获得了 1989 年的图灵奖。

目前几乎所有计算机都采用 IEEE 754 标准表示浮点数。在这个标准中，提供了两种基本浮点格式：32 位单精度格式和 64 位双精度格式，如图 2.4 所示。

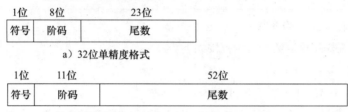

图 2.4　IEEE 754 浮点数格式

32 位单精度格式中包含 1 位符号 s、8 位阶码 e 和 23 位尾数 f；64 位双精度格式包含 1 位符号 s、11 位阶码 e 和 52 位尾数 f。其基数隐含为 2；尾数用原码表示，规格化尾数第一位总为 1，因而可在尾数中缺省第一位的 1，该缺省位称为隐藏位，隐藏一位后使得单精度格式的 23 位尾数实际上表示了 24 位有效数字，双精度格式的 52 位尾数实际上表示了 53 位有效数字。特别要注意的是，IEEE 754 规定隐藏位"1"的位置在小数点之前。

IEEE 754 标准中，阶码用移码形式，偏置常数并不是通常 n 位移码所用的 2^{n-1}，而是 $(2^{n-1}-1)$，因此，单精度和双精度浮点数的偏置常数分别为 127 和 1023。IEEE 754 的这种"尾数带一个隐藏位，偏置常数用 $(2^{n-1}-1)$"的做法，不仅没有改变传统做法的计算结果，而且带来以下两个好处：

① 尾数可表示的位数多一位，因而使浮点数的精度更高。

② 阶码的可表示范围更大，因而使浮点数范围更大。

对于 IEEE 754 标准格式的数，一些特殊的位序列（如阶码为全 0 或全 1）有其特别的解释。表 2.2 给出了对各种形式的数的解释。

表 2.2　IEEE 754 浮点数的解释

值的类型	单精度（32 位）				双精度（64 位）			
	符号	阶码	尾数	值	符号	阶码	尾数	值
正零	0	0	0	0	0	0	0	0
负零	1	0	0	-0	1	0	0	-0
正无穷大	0	255（全1）	0	∞	0	2047（全1）	0	∞
负无穷大	1	255（全1）	0	$-\infty$	1	2047（全1）	0	$-\infty$
无定义数（非数）	0 或 1	255（全1）	$\neq 0$	NaN	0 或 1	2047（全1）	$\neq 0$	NaN
规格化非零正数	0	$0<e<255$	f	$2^{e-127}(1.f)$	0	$0<e<2047$	f	$2^{e-1023}(1.f)$
规格化非零负数	1	$0<e<255$	f	$-2^{e-127}(1.f)$	1	$0<e<2047$	f	$-2^{e-1023}(1.f)$
非规格化正数	0	0	$f\neq 0$	$2^{-126}(0.f)$	0	0	$f\neq 0$	$2^{-1022}(0.f)$
非规格化负数	1	0	$f\neq 0$	$-2^{-126}(0.f)$	1	0	$f\neq 0$	$-2^{-1022}(0.f)$

在表 2.2 中，对 IEEE 754 中规定的数进行了以下分类。

1. 全 0 阶码全 0 尾数：+0/ −0

IEEE 754 的零有两种表示：+0 和 −0。零的符号取决于符号 s。一般情况下 +0 和 −0 是等效的。

2. 全 0 阶码非 0 尾数：非规格化数

非规格化数的特点是阶码为全 0，尾数高位有一个或几个连续的 0，但不全为 0。因此非规格化数的隐藏位为 0，并且单精度和双精度浮点数的阶分别为 −126 或 −1022，故浮点数的值分别为 $(-1)^s \times 0.f \times 2^{-126}$ 和 $(-1)^s \times 0.f \times 2^{-1022}$。

非规格化数可用于处理阶码下溢，使得出现比最小规格化数还小的数时程序也能继续进行下去。当运算结果的阶太小（比最小能表示的阶还小，即小于 −126 或小于 −1022）时，尾数右移 1 次，阶码加 1，如此循环直到尾数为 0 或阶达到可表示的最小值（−126 或 −1022）。这个过程称为"逐级下溢"。因此，"逐级下溢"的结果就是使尾数变为非规格化形式，阶变为最小负数。例如，当一个十进制运算系统的最小阶为 −99 时，以下情况需进行阶的逐级下溢。

$$2.0000 \times 10^{-26} \times 5.2000 \times 10^{-84} = 1.04 \times 10^{-109} \to 0.1040 \times 10^{-108} \to 0.0104 \times 10^{-107} \to \cdots \to 0.0$$

$$2.0002 \times 10^{-98} - 2.0000 \times 10^{-98} = 2.0000 \times 10^{-102} \to 0.2000 \times 10^{-101} \to 0.0200 \times 10^{-100} \to 0.0020 \times 10^{-99}$$

图 2.5 表示了加入非规格化数后 IEEE 754 单精度的表数范围的变化。图中将可表示数以 $[2^n, 2^{n+1}]$ 的区间分组。区间 $[2^n, 2^{n+1}]$ 内所有数的阶相同，都为 n，而尾数部分的变化范围为 $1.00\cdots0 \sim 1.11\cdots1$，这里小数点前的 1 是隐藏位。对于 32 位单精度规格化数，因为尾数的位数有 23 位，故每个区间内数的个数相同，都是 2^{23} 个。例如，在正数范围内最左边的区间为 $[2^{-126}, 2^{-125}]$，在该区间内，最小规格化数为 $1.00\cdots0 \times 2^{-126}$，最大规格化数为 $1.11\cdots1 \times 2^{-126}$。在该区间中的各个相邻数之间具有等距性，其距离为 $2^{-23} \times 2^{-126}$，该区间右边相邻的区间为 $[2^{-125}, 2^{-124}]$，区间内各相邻数间的距离为 $2^{-23} \times 2^{-125}$。由此可见，每个右边区间内相邻数间的距离总比左边一个区间的相邻数距离大一倍，因此，越离原点近的区间内的数间隙越小。图 2.5a 给出了未定义非规格化数时的情况，在图中可看出，在 0 和最小规格化数 2^{-126} 之间有一个间隙未被利用。图 2.5b 给出了定义非规格化数后的情况，非规格化数就是在 0 和 2^{-126} 之间增加的 2^{23} 个附加数，这些相邻附加数之间与区间 $[2^{-126}, 2^{-125}]$ 内的相邻数等距，所有

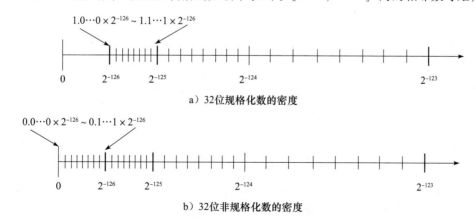

a）32 位规格化数的密度

b）32 位非规格化数的密度

图 2.5　IEEE 754 中加入非规格化数后表数范围的变化

非规格化数具有与区间 $[2^{-126}, 2^{-125}]$ 内的数相同的阶,即最小阶(-126)。尾数部分的变化范围为 $0.00\cdots0 \sim 0.11\cdots1$,这里隐含位为 0。

3. 全 1 阶码全 0 尾数:$+\infty$ / $-\infty$

引入无穷大数使得在计算过程出现异常的情况下程序能继续进行下去,并且可为程序提供错误检测功能。$+\infty$ 在数值上大于所有有限数,$-\infty$ 则小于所有有限数,无穷大数既可能是操作数,也可能是运算的结果。当操作数为无穷大时,系统可以有两种处理方式。

① 产生不发信号的非数 NaN。如 $+\infty + (-\infty)$、$+\infty - (+\infty)$、∞ / ∞ 等。

② 产生明确的结果。如 $5 + (+\infty) = +\infty$、$(+\infty) + (+\infty) = +\infty$、$5 - (+\infty) = -\infty$、$(-\infty) - (+\infty) = -\infty$ 等。

4. 全 1 阶码非 0 尾数:NaN

NaN(Not a Number)表示一个没有定义的数,称为**非数**。分为不发信号(quiet)和发信号(signaling)两种非数。有的书中把它们分别称为"静止的 NaN"和"通知的 NaN"。表 2.3 给出了能产生不发信号(静止的)NaN 的计算操作。

可用尾数取值的不同来区分是"不发信号 NaN"还是"发信号 NaN"。当最高有效位为 1 时,为不发信号(静止的)NaN,当结果产生这种非数时,不发异常操作通知,即不进行异常处理;当最高有效位为 0 时为发信号(通知的)NaN,当结果产生这种非数时,则发一个异常操作通知,表示要进行异常处理。因为 NaN 的尾数是非 0 数,除了第一位有定义外其余的位没有定义,所以可用其余位来指定具体的异常条件。

表 2.3 产生不发信号 NaN 的计算操作

运算类型	产生不发信号 NaN 的计算操作
所有	对通知 NaN 的任何计算操作
加减	无穷大相减: $(+\infty) + (-\infty)$ $(+\infty) - (+\infty)$ $(-\infty) + (+\infty)$ $(-\infty) - (-\infty)$
乘	$0 \times \infty$
除	$0/0$ 或 ∞ / ∞
求余	$x \bmod 0$ 或 $\infty \bmod y$
平方根	$\sqrt{x}$ 且 $x < 0$

一些没有数学解释的计算(如 $0/0$,$0 \times \infty$ 等)会产生一个非数 NaN。

5. 阶码非全 0 且非全 1:规格化非 0 数

对于阶码范围在 $1 \sim 254$(单精度)和 $1 \sim 2046$(双精度)的数,是一个正常的规格化非 0 数。根据 IEEE 754 的定义,这种数的阶的范围应该是 $-126 \sim +127$(单精度)和 $-1022 \sim +1023$(双精度),其值的计算公式分别为:

$$(-1)^s \times 1.f \times 2^{e-127} \quad \text{和} \quad (-1)^s \times 1.f \times 2^{e-1023}$$

例 2.23 将十进制数 -0.75 转换为 IEEE 754 的单精度浮点数格式表示。

解 $(-0.75)_{10} = (-0.11)_2 = (-1.1)_2 \times 2^{-1} = (-1)^s \times 1.f \times 2^{e-127}$,所以 $s = 1$,$f = 0.100\cdots0$,$e = (127 - 1)_{10} = (126)_{10} = (0111\ 1110)_2$,表示为单精度浮点数格式为 1 0111 1110 1000 0000$\cdots$0000 000,用十六进制表示为 BF40 0000H。 ■

例 2.24 求 IEEE 754 单精度浮点数 C0A0 0000H 的值是多少。

解 求一个机器数的真值,就是将该数转换为十进制数。首先将 C0A0 0000H 展开为一个 32 位单精度浮点数:1 10000001 010 0000$\cdots$0000。据 IEEE 754 单精度浮点数格式可知,符号 $s = 1$,$f = (0.01)_2 = (0.25)_{10}$,阶码 $e = (10000001)_2 = (129)_{10}$,所以,其值为 $(-1)^s \times 1.f \times 2^{e-127} =$

$$(-1)^1 \times 1.25 \times 2^{129-127} = -1.25 \times 2^2 = -5.0。$$

IEEE 754 标准的单精度和双精度浮点数格式的特征参数见表 2.4。

表 2.4　IEEE 754 浮点数格式参数

参数	单精度浮点数	双精度浮点数	参数	单精度浮点数	双精度浮点数
字宽（位数）	32	64	尾数宽度	23	52
阶码宽度（位数）	8	11	阶码个数	254	2046
阶码偏置常数	127	1023	尾数个数	2^{23}	2^{52}
最大阶	127	1023	值的个数	1.98×2^{31}	1.99×2^{63}
最小阶	-126	-1022	数的量级范围	$10^{-38} \sim 10^{+38}$	$10^{-308} \sim 10^{+308}$

IEEE 754 用全 0 阶码和全 1 阶码表示一些特殊值，如 0、∞ 和 NaN，因此，除去全 0 和全 1 阶码后，单精度和双精度格式的阶码个数分别为 254 和 2046，最大阶也相应地变为 127 和 1023。单精度规格化数的个数为 $254 \times 2^{23} = 1.98 \times 2^{31}$，双精度规格化数的个数为 $2046 \times 2^{52} = 1.99 \times 2^{63}$。根据单精度和双精度格式的最大阶分别为 127 和 1023，可以得出数的量级范围分别为 $10^{-38} \sim 10^{+38}$ 和 $10^{-308} \sim 10^{+308}$。单精度和双精度格式规格化数中，最小阶分别为 -126 和 -1022，而非规格化数的阶总是 -126 和 -1022，因而单精度浮点格式的最小可表示数为 $0.0\cdots01 \times 2^{-126} = 2^{-23} \times 2^{-126} = 2^{-149}$，而双精度格式的最小可表示数为 $2^{-52} \times 2^{-1022} = 2^{-1074}$。

IEEE 754 除了对上述单精度和双精度浮点数格式进行了具体的规定以外，还对单精度扩展和双精度扩展两种格式的最小长度和最小精度进行了规定。例如，IEEE 754 规定，双精度扩展格式必须至少具有 64 位有效数字，并总共占用至少 79 位，但没有规定其具体的格式，处理器厂商可以选择符合该规定的格式。

例如，SPARC 和 PowerPC 处理器中采用 128 位扩展双精度浮点数格式，包含 1 位符号位 s、15 位阶码 e（偏置常数为 16 383）和 112 位尾数 f，采用隐藏位，所以有效位数为 113 位。

又如，Intel 及其兼容的 FPU 采用 80 位双精度扩展格式，包含 4 个字段：1 位符号位 s、15 位阶码 e（偏置常数为 16 383）、1 位显式首位有效位（explicit leading significant bit）j 和 63 位尾数 f。Intel 采用的这种扩展浮点数格式与 IEEE 754 规定的单精度和双精度浮点数格式的一个重要的区别是，它没有隐藏位，有效位数共 64 位。

2.3.4　C 语言中的浮点数类型

C 语言中有 float 和 double 两种不同浮点数类型，分别对应 IEEE 754 单精度浮点数格式和双精度浮点数格式，相应的十进制有效数字分别为 7 位和 17 位左右。

C 对于扩展双精度的相应类型是 long double，但是 long double 的长度和格式随编译器和处理器类型的不同而有所不同。例如，Microsoft Visual C++ 6.0 版本以下的编译器都不支持该类型，因此，用其编译出来的目标代码中 long double 和 double 一样，都是 64 位双精度；在 IA-32 上使用 gcc 编译器时，long double 类型数据采用 2.3.3 节中所述的 Intel x86 FPU 的 80 位双精度扩展格式表示；在 SPARC 和 PowerPC 处理器上使用 gcc 编译器时，long double 类型数据采用 2.3.3 节中所述的 128 位双精度扩展格式表示。

当在 int、float 和 double 等类型数据之间进行强制类型转换时，程序将得到以下数值转换结果（假定 int 为 32 位）。

① 从 int 转换为 float 时，不会发生溢出，但有效数字可能被舍去。

② 从 int 或 float 转换为 double 时，因为 double 的有效位数更多，故能保留精确值。

③ 从 double 转换为 float 时，因为 float 表示范围更小，故可能发生溢出，此外，由于有效位数变少，故数据可能被舍入。

④ 从 float 或 double 转换为 int 时，因为 int 没有小数部分，所以数据可能会向 0 方向被截断。例如，1.9999 被转换为 1，－1.9999 被转换为 －1。此外，因为 int 的表示范围更小，故可能发生溢出。将大的浮点数转换为整数可能会导致程序错误，这在历史上曾经有过惨痛的教训。

1996 年 6 月 4 日，Ariane 5 火箭初次航行，在发射仅仅 37 秒后，偏离了飞行路线，然后解体爆炸，火箭上载有价值 5 亿美元的通信卫星。调查发现，原因是控制惯性导航系统的计算机向控制引擎喷嘴的计算机发送了一个无效数据。它没有发送飞行控制信息，而是发送了一个异常诊断位模式数据，表明在将一个 64 位浮点数转换为 16 位带符号整数时，产生了溢出异常。溢出的值是火箭的水平速率，这比原来的 Ariane 4 火箭所能达到的速率高出了 5 倍。在设计 Ariane 4 火箭软件时，设计者确认水平速率决不会超出一个 16 位的整数，但在设计 Ariane 5 时，他们没有重新检查这部分，而是直接使用了原来的设计。

在不同数据类型之间转换时，往往隐藏着一些不容易被察觉的错误，这种错误有时会带来重大损失，因此，编程时要非常小心。

例2.25 假定变量 i、f、d 的类型分别是 int、float 和 double，它们可以取除 $+\infty$、$-\infty$ 和 NaN 以外的任意值。请判断下列每个 C 语言关系表达式在 32 位机器上运行时是否永真。

① $i == (int)(float)i$

② $f == (float)(int)f$

③ $i == (int)(double)i$

④ $f == (float)(double)f$

⑤ $d == (float)d$

⑥ $f == -(-f)$

⑦ $(d+f) - d == f$

解 ① 不是，int 有效位数比 float 多，i 从 int 型转换为 float 型时有效位数可能丢失。

② 不是，float 有小数部分，f 从 float 型转换为 int 型时小数部分可能会丢失。

③ 是，double 比 int 有更大的精度和范围，i 从 int 型转换为 double 型时数值不变。

④ 是，double 比 float 有更大的精度和范围，f 从 float 型转换为 double 型时数值不变。

⑤ 不是，double 比 float 有更大的精度和范围，当 d 从 double 型转换为 float 型时可能丢失有效数字或发生溢出。

⑥ 是，浮点数取负就是简单地将数符取反。

⑦ 不是，例如，当 $d = 1.79 \times 10^{308}$、$f = 1.0$ 时，左边为 0（因为 $d+f$ 时 f 需向 d 对阶，对阶后 f 的尾数有效位被舍去而变为 0，故 $d+f$ 仍然等于 d，再减去 d 后结果为 0），而右边为 1。 ■

2.4　十进制数的表示

人们日常使用和熟悉的是十进制，使用计算机来处理数据时，在计算机外部（如，键盘输入、屏幕显示或打印输出）看到的数据基本上是十进制形式，因此，有时需要计算机内部能够表示和处理十进制数据，以方便直接进行十进制数的输入输出或直接用十进制数进行计算。

在计算机内部，可以采用数字 0～9 对应的 ASCII 码字符来表示十进制数，也可以采用二进制编码的十进制数（Binary Coded Decimal，简称 BCD）来表示十进制数。

2.4.1　用 ASCII 码字符表示

把十进制数看成字符串，直接用 ASCII 码表示，0～9 分别对应 30H～39H。这种方式下，一位十进制数对应 8 位二进制数，一个十进制数在计算机内部需占用多个连续字节，因此在存取一个十进制数时，必须说明其在内存的起始地址和字节个数。

用 ASCII 码字符串方式来表示十进制数，方便了十进制数的输入输出，但是，由于这种表示形式中含有非数值信息（高 4 位编码），所以对十进制数的运算很不方便。如果要对这种形式的十进制数进行计算，则必须先转换为二进制数或用 BCD 码表示十进制数。

2.4.2　用 BCD 码表示

这种十进制数采用二进制编码，通过专门的十进制数运算指令进行处理。计算机中可有专门的逻辑线路在 BCD 码运算时使每 4 位二进制数按十进制进行处理。

每位十进制数的取值可以是 0～9 这 10 个数之一，因此，每一个十进制数位必须至少有 4 位二进制位来表示。而 4 位二进制位可以组合成 16 种状态，去掉 10 种状态后还有 6 种冗余状态，所以从 16 种状态中选取 10 种状态来表示十进制数位 0～9 的方法很多，因而存在多种 BCD 码方案。

1. 有权 BCD 码

有权 BCD 码是指表示每个十进制数位的 4 个二进制数位（称为基 2 码）都有一个确定的权。最常用的一种编码就是 8421 码，它选取 4 位二进制数按计数顺序的前 10 个代码与十进制数字相对应，每位的权从左到右分别为 8、4、2、1，因此称为 8421 码，也称自然 BCD 码，记为 NBCD 码。

2. 无权 BCD 码

无权 BCD 码是指表示每个十进制数位的 4 个基 2 码没有确定的权。在无权码方案中，用得较多的是余 3 码和格雷码。

一个十进制数通常用多个对应的 BCD 码组合表示，每个数字对应 4 位二进制，两个数字占一个字节，数符可用 1 位二进制表示（1 表示负数，0 表示正数），或用 4 位二进制表示，并放在数字串最后，通常用 1100 表示正号，用 1101 表示负号。例如，Pentium 处理器中的十进制数占 80 位，第一个字节中的最高位为符号位，后面的 9 个字节可表示 18 位十进制数。

2.5　非数值数据的编码表示

逻辑值、字符等数据都是非数值数据，在机器内部它们用一个二进制位串表示。

2.5.1　逻辑值

正常情况下，每个字或其他可寻址单位（字节，半字等）是作为一个整体数据单元看待的。但是，某些时候还需要将一个 n 位数据看成是由 n 个一位数据组成，每个取值为 0 或 1。例如，有时需要存储一个布尔或二进制数据阵列，阵列中的每项只能取值为 1 或 0；有时可能需要提取一个数据项中的某位进行诸如"置 1"或"清 0"等操作。当数据以这种方式看待时，就被认为是逻辑数据。因此 n 位二进制数可表示 n 个逻辑值。逻辑数据只能参加逻辑运算，并且是按位进行的，如按位"与"、按位"或"、逻辑左移、逻辑右移等。

逻辑数据和数值数据都是一串 0/1 序列，在形式上无任何差异，需要通过指令的操作码类型来识别它们。例如，逻辑运算指令处理的是逻辑数据，算术运算指令处理的是数值数据。

2.5.2　西文字符

西文由拉丁字母、数字、标点符号及一些特殊符号组成，它们统称"**字符**"（character）。所有字符的集合叫作"**字符集**"。字符不能直接在计算机内部进行处理，因而也必须对其进行数字化编码。字符集中每一个字符都有一个代码（即二进制编码的 0/1 序列），构成了该字符集的代码表，简称**码表**。码表中的代码具有唯一性。

字符主要用于外部设备和计算机之间交换信息。一旦确定了所使用的字符集和编码方法后，计算机内部所表示的二进制代码和外部设备输入、打印和显示的字符之间就有唯一的对应关系。

字符集有多种，每一个字符集的编码方法也多种多样。目前计算机中使用最广泛的西文字符集及其编码是 ASCII 码，即美国标准信息交换码（American Standard Code for Information Interchange），ASCII 字符编码见表 2.5。

表 2.5　ASCII 码表

	$b_6b_5b_4=$ 000	$b_6b_5b_4=$ 001	$b_6b_5b_4=$ 010	$b_6b_5b_4=$ 011	$b_6b_5b_4=$ 100	$b_6b_5b_4=$ 101	$b_6b_5b_4=$ 110	$b_6b_5b_4=$ 111
$b_3b_2b_1b_0=0000$	NUL	DLE	SP	0	@	P	`	p
$b_3b_2b_1b_0=0001$	SOH	DC1	!	1	A	Q	a	q
$b_3b_2b_1b_0=0010$	STX	DC2	"	2	B	R	b	r
$b_3b_2b_1b_0=0011$	ETX	DC3	#	3	C	S	c	s
$b_3b_2b_1b_0=0100$	EOT	DC4	$	4	D	T	d	t
$b_3b_2b_1b_0=0101$	ENQ	NAK	%	5	E	U	e	u
$b_3b_2b_1b_0=0110$	ACK	SYN	&	6	F	V	f	v
$b_3b_2b_1b_0=0111$	BEL	ETB	'	7	G	W	g	w
$b_3b_2b_1b_0=1000$	BS	CAN	(	8	H	X	h	x

（续）

	$b_6b_5b_4=$ 000	$b_6b_5b_4=$ 001	$b_6b_5b_4=$ 010	$b_6b_5b_4=$ 011	$b_6b_5b_4=$ 100	$b_6b_5b_4=$ 101	$b_6b_5b_4=$ 110	$b_6b_5b_4=$ 111
$b_3b_2b_1b_0=1001$	HT	EM	)	9	I	Y	i	y
$b_3b_2b_1b_0=1010$	LF	SUB	*	:	J	Z	j	z
$b_3b_2b_1b_0=1011$	VT	ESC	+	;	K	[	k	{
$b_3b_2b_1b_0=1100$	FF	FS	,	<	L	\	l		
$b_3b_2b_1b_0=1101$	CR	GS	–	=	M	]	m	}
$b_3b_2b_1b_0=1110$	SO	RS	.	>	N	^	n	~
$b_3b_2b_1b_0=1111$	SI	US	/	?	O	_	o	DEL

从表 2.5 中可看出，每个字符都由 7 个二进位 $b_6b_5b_4b_3b_2b_1b_0$ 表示，其中 $b_6b_5b_4$ 是高位部分，$b_3b_2b_1b_0$ 是低位部分。一个字符在计算机中实际上是用 8 位表示的。一般情况下，最高一位 b_7 为 0。在需要奇偶校验时，这一位可用于存放奇偶校验值，此时称这一位为奇偶校验位。从表 2.5 中可看出 ASCII 字符编码有以下两个规律。

① 字符 0 ~ 9 这 10 个数字字符的高三位编码为 011，低 4 位分别为 0000 ~ 1001。当去掉高三位时，低 4 位正好是 0 ~ 9 这 10 个数字的 8421 码。这样既满足了正常的排序关系，又有利于实现 ASCII 码与十进制数之间的转换。

② 英文字母字符的编码值也满足正常的字母排序关系，而且大、小写字母的编码之间有简单的对应关系，差别仅在 b_5 这一位上。若这一位为 0，则是大写字母；若为 1，则是小写字母。这使得大、小写字母之间的转换非常方便。

2.5.3 汉字字符

中文信息的基本组成单位是汉字，汉字也是字符。但汉字是表意文字，一个字就是一个方块图形。计算机要对汉字信息进行处理，就必须对汉字本身进行编码，但汉字的总数超过 6 万字，数量巨大，给汉字在计算机内部的表示、汉字的传输与交换、汉字的输入和输出等带来了一系列问题。为了适应汉字系统各组成部分对汉字信息处理的不同需要，汉字系统必须处理以下几种汉字代码：输入码、内码、字模点阵码。

1. 汉字的输入码

键盘是面向西文设计的，一个或两个西文字符对应一个按键，因此使用键盘输入西文字符非常方便。汉字是大字符集，专门的汉字输入键盘由于键多、查找不便、成本高等原因而几乎无法采用。由于汉字字数多，无法使每个汉字与西文键盘上的一个键相对应，因此必须使每个汉字用一个或几个键来表示，这种对每个汉字用相应的按键进行的编码表示就称为汉字的"**输入码**"，又称**外码**。因此汉字的输入码的码元（即组成编码的基本元素）是西文键盘中的某个按键。

2. 字符集与汉字内码

汉字被输入到计算机内部后，就按照一种称为"**内码**"的编码形式在系统中进行存储、查找、传送等处理。对于西文字符，它的内码就是 ASCII 码。

为了适应计算机处理汉字信息的需要，1981 年我国颁布了《信息交换用汉字编码字符集·基本集》（GB 2312—80）。该标准选出 6763 个常用汉字，为每个汉字规定了标准代码，以供汉字信息在不同计算机系统之间交换使用。这个标准称为**国标码**，又称**国标交换码**。

GB 2312 国标字符集由三部分组成：第一部分是字母、数字和各种符号，包括英文、俄文、日文平假名与片假名、罗马字母、汉语拼音等共 687 个；第二部分为一级常用汉字，共 3755 个，按汉语拼音排列；第三部分为二级常用汉字，共 3008 个，因为不太常用，所以按偏旁部首排列。

GB 2312 国标字符集中为任意一个字符（汉字或其他字符）规定了一个唯一的二进制代码。码表由 94 行（十进制编号 0 ~ 93 行）、94 列（十进制编号 0 ~ 93 列）组成，行号称为区号，列号称为位号。每一个汉字或符号在码表中都有各自的位置，因此各有一个唯一的位置编码，该编码用字符所在的区号及位号的二进制代码表示，7 位区号在左，7 位位号在右，共 14 位，这 14 位代码就叫汉字的"**区位码**"。区位码指出了汉字在码表中的位置。

汉字的区位码并不是其国标码（即国标交换码）。由于信息传输的原因，每个汉字的区号和位号必须各自加上 32（即十六进制的 20H），这样区号和位号各自加上 32 后的相应的二进制代码才是它的"国标码"，因此在"国标码"中区号和位号还是各自占 7 位。在计算机内部，为了处理与存储的方便，汉字国标码的前后各 7 位分别用一个字节来表示，所以共需两个字节才能表示一个汉字。因为计算机中的中西文信息是混合在一起进行处理的，所以汉字信息如不予以特别的标识，它与单字节的 ASCII 码就会混淆不清，无法识别。这就是前面给出的第一个要考虑的因素。为了解决这个问题，采用的方法之一，就是使表示汉字的两个字节的最高位（b_7）总等于 1。这种双字节（16 位）的汉字编码就是其中的一种汉字"**机内码**"（即**汉字内码**）。例如，汉字"大"的区号是 20，位号是 83，因此区位码为 1453H（0001 0100 0101 0011B），国标码为 3473H（0011 0100 0111 0011B），前面的 34H 和字符"4"的 ACSII 码相同，后面的 73H 和字符"s"的 ACSII 码相同，将每个字节的最高位各设为 1 后，就得到其机内码 B4F3H（1011 0100 1111 0011B）。这样就不会和 ASCII 码混淆了。应当注意，汉字的区位码和国标码是唯一的、标准的，而汉字内码可能随系统的不同而有差别。

随着亚洲地区计算机应用的普及与深入，汉字字符集及其编码还在发展。国际标准 ISO/IEC 10646 提出了一种包括全世界现代书面语言文字所使用的所有字符的标准编码，每个字符用 4 字节（称为 UCS-4）或 2 字节（称为 UCS-2）来编码。我国（包括香港、台湾地区）与日本、韩国联合制订了一个统一的汉字字符集（CJK 编码），共收集了上述不同国家和地区的共计 2 万多汉字及符号，采用 2 字节（即 UCS-2）编码，现已被批准为国家标准（GB 13000）。美国微软公司在 Windows 操作系统（中文版）中也已采用了中西文统一编码，其中收集了中、日、韩三国常用的约 2 万汉字，称为"Unicode"（2 字节编码），它与 ISO/IEC 10646 的 UCS-2 编码一致。

汉字输入码与汉字内码、国标交换码完全是不同范畴的概念，不能把它们混淆起来。使用不同的输入编码方法输入同一个汉字时，在计算机内部得到的汉字内码是一样的。

3. 汉字的字模点阵码和轮廓描述

经过计算机处理后的汉字，如果需要在屏幕上显示或用打印机打印，则必须把汉字机内码转换成人们可以阅读的方块字形式。

　　每一个汉字的字形都必须预先存放在计算机内，一套汉字（例如 GB 2312 国标汉字字符集）的所有字符的形状描述信息集合在一起称为**字形信息库**，简称**字库**（font library）。不同的字体（如宋体、仿宋、楷体、黑体等）对应着不同的字库。在输出每一个汉字时，计算机都要先到字库中去找到它的字形描述信息，然后把字形信息送到相应的设备输出。

　　汉字的字形主要有两种描述方法：字模点阵描述和轮廓描述。字模点阵描述是将字库中的各个汉字或其他字符的字形（即字模），用一个其元素由"0"和"1"组成的方阵（如 16 × 16、24 × 24、32 × 32 甚至更大）来表示，汉字或字符中有黑点的地方用"1"表示，空白处用"0"表示，我们把这种用来描述汉字字模的二进制点阵数据称为汉字的**字模点阵码**。汉字的轮廓描述方法比较复杂，它把汉字笔画的轮廓用一组直线和曲线来勾画，记下每一直线和曲线的数学描述公式，目前已有两类国际标准：Adobe Type1 和 True Type。这种用轮廓线描述字形的方式精度高，字形大小可以任意变化。

2.6　数据的宽度和存储

2.6.1　数据的宽度和单位

　　计算机内部任何信息都被表示成二进制编码形式。二进制数据的每一位（0 或 1）是组成二进制信息的最小单位，称为一个"**比特**"（bit），或称"位元"，简称"位"。比特是计算机中存储、运算和传输信息的最小单位。每个西文字符需要用 8 个比特表示，而每个汉字需要用 16 个比特才能表示。在计算机内部，二进制信息的计量单位是"**字节**"（Byte），也称"位组"。一个字节等于 8 个比特。通常，用 b 表示比特，用 B 表示字节。

　　计算机中运算和处理二进制信息时除了比特和字节之外，还经常使用"**字**"（word）作为单位。必须注意，不同的计算机，字的长度和组成不完全相同，有的由 2 字节组成，有的由 4、8 甚至 16 字节组成。

　　在考察计算机性能时，一个很重要的指标就是机器的字长。平时所说的"某种机器是 16 位机或是 32 位机"，其中的 16、32 就是指字长。所谓"**字长**"通常是指 CPU 内部用于整数运算的数据通路的宽度。CPU 内部数据通路是指 CPU 内部的数据流经的路径以及路径上的部件，主要是 CPU 内部进行数据运算、存储和传送的部件，这些部件的宽度一致才能相互匹配。因此，字长等于 CPU 内部用于整数运算的运算器位数和通用寄存器宽度。例如，在 1.1.2 节图 1.1 给出的模型机中，组成数据通路的通用寄存器和运算器 ALU 的位数都是 8 位，所以，该模型机的字长为 8 位。

　　"字"和"字长"的概念不同，这一点请注意。"字"用来表示被处理信息的单位，用来度量各种数据类型的宽度。通常系统结构设计者必须考虑一台机器将提供哪些数据类型，每种数据类型提供哪几种宽度的数，这时就要给出一个基本的"字"的宽度。例如，Intel x86 微处理器中把一个字定义为 16 位。所提供的数据类型中，就有单字宽度的无符号整数和带符号整数（16 位）、双字宽度的无符号整数和带符号整数（32 位）等。而"字长"表示进行数据运算、存储和传送的部件的宽度，它反映了计算机处理信息的一种能力。"字"和"字长"的长度可以一样，也可以不一样。例如，在 Intel 微处理器中，从 80386 开始就至少都是 32 位机器了，即字长至少为 32 位，但其字的宽度都定义为 16 位，32 位称为双字。

表示二进制信息存储容量时所用的单位要比字节或字大得多，主要有以下几种单位词头。

K(Kilo)：$1KB = 2^{10}$ 字节 = 1024 字节

M(Mega)：$1MB = 2^{20}$ 字节 = 1 048 576 字节

G(Giga)：$1GB = 2^{30}$ 字节 = 1 073 741 824 字节

T(Tera)：$1TB = 2^{40}$ 字节 = 1 099 511 627 776 字节

P(Peta)：$1PB = 2^{50}$ 字节 = 1 125 899 906 842 624 字节

E(Exa)：$1EB = 2^{60}$ 字节 = 1 152 921 504 606 846 976 字节

Z(Zetta)：$1ZB = 2^{70}$ 字节 = 1 180 591 620 717 411 303 424 字节

Y(Yotta)：$1YB = 2^{80}$ 字节 = 1 208 925 819 614 629 174 706 176 字节

在描述距离、频率等数值时通常用 10 的幂次表示，因而在由时钟频率计算得到的总线带宽或外设数据传输率中，度量单位表示的也是 10 的幂次。为区分这种差别，通常用 K 表示 1024，用 k 表示 1000，而其他前缀字母均为大写，表示的大小由其上下文决定。

经常使用的带宽单位如下。

比特/秒（b/s），有时也写为 bps

千比特/秒（kb/s）：$1kb/s = 10^3 b/s = 1000bps$

兆比特/秒（Mb/s）：$1Mb/s = 10^6 b/s = 1000kbps$

吉比特/秒（Gb/s）：$1Gb/s = 10^9 b/s = 1000Mbps$

太比特/秒（Tb/s）：$1Tb/s = 10^{12} b/s = 1000Gbps$

由于程序需要对不同类型、不同长度的数据进行处理，所以，计算机中底层机器级的数据表示必须能够提供相应的支持。比如，需要提供不同长度的整数和不同长度的浮点数表示，相应地需要有处理单字节、双字节、4 字节甚至是 8 字节整数的整数运算指令，以及能够处理 4 字节、8 字节浮点数的浮点数运算指令等。

C 语言支持多种格式的整数和浮点数表示。数据类型 char 表示单个字节，能用来表示单个字符，也可用来表示 8 位整数。类型 int 之前可加上 long 和 short，以提供不同长度的整数表示。表 2.6 给出了在典型的 32 位机器和 64 位机器上 C 语言中数值数据类型的宽度。大多数 32 位机器使用"典型"

表 2.6 C 语言中数值数据类型的宽度

C 声明	典型的 32 位机器	64 位机器
char	1	1
short int	2	2
int	4	4
long int	4	8
char*	4	8
float	4	4
double	8	8

方式。从表 2.6 可以看出，短整数为 2 字节，普通 int 型整数为 4 字节，而长整数的宽度与机器字长的宽度相同。指针（例如，一个声明为类型 char* 的变量）和长整数的宽度一样，也等于机器字长的宽度。一般机器都支持 float 和 double 两种类型的浮点数，分别对应 IEEE 754 单精度和双精度格式。

由此可见，对于同一类型的数据，并不是所有机器都采用相同的数据宽度，具体数据宽度由相应的 ABI 规范定义。

2.6.2　数据的存储和排列顺序

任何信息在计算机中用二进制编码后，得到的都是一串 0/1 序列，每 8 位构成一个字节，不同的数据类型具有不同的字节宽度。在计算机中存储数据时，数据从低位到高位的排列可以从左到右，也可以从右到左。所以，用"最左位"（leftmost）和"最右位"（rightmost）来表示数据中的数位时会发生歧义。因此，一般用**最低有效位**（Least Significant Bit，简称 LSB）和**最高有效位**（Most Significant Bit，简称 MSB）来分别表示数的最低位和最高位。对于带符号数，最高位是符号位，所以 MSB 就是符号位。这样，不管数是从左往右排，还是从右往左排，只要明确 MSB 和 LSB 的位置，就可以明确数的符号和数值。例如，数"5"在 32 位机器上用 int 类型表示时的 0/1 序列为"0000 0000 0000 0000 0000 0000 0000 0101"，其中最前面的一位 0 是符号位，即 MSB = 0，最后面的 1 是数的最低有效位，即 LSB = 1。

如果以字节为一个排列基本单位，那么 LSB 表示**最低有效字节**（Least Significant Byte），MSB 表示**最高有效字节**（Most Significant Byte）。现代计算机基本上都采用字节编址方式，即对存储空间的存储单元进行编号时，每个地址编号中存放一个字节。计算机中许多类型数据由多个字节组成，例如，int 和 float 型数据占用 4 字节，double 型数据占用 8 字节等，而程序中对每个数据只给定一个地址。例如，在一个按字节编址的计算机中，假定 int 型变量 i 的地址为 0800H，i 的机器数为 0123 4567H，这 4 个字节 01H、23H、45H、67H 应该各有一个存储地址，那么，地址 0800H 对应 4 个字节中哪个字节的地址呢？这就是字节排列顺序问题。

在所有计算机中，多字节数据都被存放在连续地址中。根据数据各字节在连续地址中排列顺序的不同，可有两种排列方式：大端（big endian）和小端（little endian），如图 2.6 所示。

		0800H	0801H	0802H	0803H	
大端方式	……	01H	23H	45H	67H	……

		0800H	0801H	0802H	0803H	
小端方式	……	67H	45H	23H	01H	……

图 2.6　大端方式和小端方式

大端方式将数据的最高有效字节存放在小地址单元中，将最低有效字节存放在大地址单元中，即数据的地址就是 MSB 所在的地址。IBM 360/370、Motorola 68k、MIPS、Sparc、HP PA 等机器都采用大端方式。

小端方式将数据的最高有效字节存放在大地址单元中，将最低有效字节存放在小地址单元中，即数据的地址就是 LSB 所在的地址。Intel 80x86、DEC VAX 等都采用小端方式。

每个计算机系统内部的数据排列顺序都是一致的，但在系统之间进行通信时可能会发生问题。在排列顺序不同的系统之间进行数据通信时，需要进行顺序转换。网络应用程序员必须遵守字节顺序的有关规则，以确保发送方机器将它的内部表示格式转换为网络标准，而接收方机器则将网络标准转换为自己的内部表示格式。

此外，像音频、视频和图像等文件格式或处理程序也都涉及字节顺序问题。如 GIF、PC Paintbrush、Microsoft RTF 等采用小端方式，Adobe Photoshop、JPEG、MacPaint 等采用大端方式。

了解字节顺序的好处还在于调试底层机器级程序时，能够清楚每个数据的字节顺序，以便将一个机器数正确转换为真值。例如，以下是一个由反汇编器（**反汇编**是汇编的逆过程，即将指令的机器代码转换为汇编表示）生成的一行针对 IA-32 处理器的机器级代码表示文本。

$$80483d2：89\ 85\ a0\ fe\ ff\ ff\quad mov\ \%eax，0xffffffea0(\%ebp)$$

该文本行中，"80483d2"代表地址，是十六进制表示形式，"89 85 a0 fe ff ff"是指令的机器代码，按序存放在地址 0x80483d2 开始的 6 个连续存储单元中，"mov %eax，0xffffffea0(%ebp)"是指令的汇编形式。对该指令所指出的第二操作数进行访问时，需要先计算出该操作数的有效地址，这个有效地址是通过将寄存器%ebp 的内容与立即数"0xffffffea0"（字节序列为 FFH、FFH、FEH 和 A0H）相加得到的。该指令中的立即数是一个补码表示的带符号整数，补码为"0xffffffea0"的数的真值为 -1 0110 0000B = -352，也即第二操作数的有效地址是将寄存器%ebp 的内容减 352 后得到的值。指令执行时，可直接取出指令机器代码的后 4 个字节作为计算有效地址所用的立即数，从指令代码中可看出，立即数在存储单元中存放的字节序列为 A0H、FEH、FFH、FFH，正好与有效地址计算时实际所用的字节序列相反。显然，该处理器采用的是小端方式。在阅读这种小端方式计算机的机器代码时，要记住数据的字节是按照相反的顺序显示的。

例 2.26　以下是一段 C 程序，其中函数 show_int 和 show_float 分别用于显示 int 型和 float型数据的位序列，show_pointer 用于显示指针型数据的位序列。显示的结果都用十六进制形式表示，并按照从低地址到高地址的方向显示。

```
1    void test_show_bytes(int val)
2    {
3        int ival = val;
4        float fval = (float)ival;
5        int *pval = &ival;
6        show_int(ival);
7        show_float(fval);
8        show_pointer(pval);
9    }
```

上述程序在不同系统（Linux 和 NT 运行于 Intel Pentium II）上运行的结果见表 2.7。

表 2.7　程序在不同系统中的运行结果

系统	值	类型	字节（十六进制）
Linux	12345	int	39 30 00 00
NT	12345	int	39 30 00 00
Sun	12345	int	00 00 30 39
Alpha	12345	int	39 30 00 00
Linux	12345.0	float	00 E4 40 46
NT	12345.0	float	00 E4 40 46
Sun	12345.0	float	46 40 E4 00
Alpha	12345.0	float	00 E4 40 46
Linux	&ival	int *	3C FA FF BF
NT	&ival	int *	1C FF 44 02
Sun	&ival	int *	EF FF FC E4
Alpha	&ival	int *	80 FC FF 1F 01 00 00 00

请回答下列问题。

① 十进制数 12 345 用 32 位补码整数和 32 位浮点数表示的结果各是什么？

② 十进制数 12 345 的整数表示和浮点数表示中存在一段相同位序列，标记出这段位序列，并说明为什么会相同。对一个负数来说，其整数表示和浮点数表示中是否也一定会出现一段相同的位序列？为什么？

③ Intel Pentium II 采用的是小端方式还是大端方式？

④ Sun 和 Alpha 之间能否直接进行数据传送？为什么？

⑤ 在 Alpha 上，表中数据字节 30H 所存放的地址是什么？

解 ① 十进制数 12 345 用 32 位整数（补码）表示为 0000 0000 0000 0000 0011 **0000 0011 1001**，用 32 位浮点数表示为 0100 0110 0**100 0000 1110 01**00 0000 0000。用十六进制表示分别为 0000 3039H 和 4640 E400H。

② 十进制数 12 345 的整数表示和浮点数表示中相同位序列为 1 0000 0011 1001。因为对正数来说，原码和补码的编码相同，所以其整数（补码表示）和浮点数尾数（原码表示）的有效数位一样。12 345 的有效数位是 11 0000 0011 1001。有效数位在定点整数中位于低位数值部分，在浮点数的尾数中位于高位部分。因为尾数中有一个隐含的 1，所以第一个有效数位 1 在浮点数中不表示出来，因此，相同的位序列就是后面的 13 位。

因为 IEEE 754 浮点数的尾数用原码表示，而整数用补码表示，负数的原码和补码表示不同，所以，对某一个负数来说，其整数表示和浮点数表示中不一定会有一段相同的位序列。

③ Linux 和 NT（运行在 Intel Pentium II）的存放方式与书写习惯顺序相反，故 Intel Pentium II 采用的是小端方式。

④ Sun 和 Alpha 之间不能直接进行数据传送。因为它们采用了不同的存放方式，Sun 是大端方式，这里 Alpha 设置的是小端方式。

⑤ 在 Alpha 上数据字节 30H 存放在地址 0000 0001 1FFF FC81H 中。因为从 Alpha 输出的 int 型指针结果来看，Alpha 的存储地址占 64 位，30H 是 int 型数据 12 345 的次低有效字节，小端方式下数据地址取 LSB 的地址，所以 30H 存放的地址应该是数据地址随后的那个地址。根据小端方式下存放结果和书写习惯顺序相反的规律，可知数据 12 345 的地址是 0000 0001 1FFF FC80H，所以，随后的地址就是 0000 0001 1FFF FC81H。■

例 2.27 图 2.7 中两个程序用于判断执行程序的计算机采用小端方式还是大端方式。在同一台计算机上执行这两个程序，结果程序 1 的结论是小端方式，而程序 2 的结论是大端方式。请问哪个程序的结论是错的？程序错在哪里？

解 程序 1 的结论是对的。程序 1 中 num. a 是 int 类型，占 4 字节，最小的地址中存放的信息与 num. b 中存放的信息一致。若是小端方式，则 num. a 的最小地址中存放 0x78，与 num. b 中一致；否则就是大端方式。

程序 2 的结论是错误的。程序 2 中 test. a 赋值为 0xff，若是小端方式，则 test. a 的最小地址中存放 0xff，其他三个单元全为 0，而 test. b 中存放的信息和 test. a 的最小地址中信息一样，所以也是 0xff。因此，似乎程序 2 也没有错，不过，实际上，程序 2 执行时，图 2.7b 第 9 行中的条件表达式 "test. b ==0xff" 并不为 "真"，因而程序在屏幕上显示的是 "Big Endian"。这里的问题出在条件表达式 "test. b ==0xff"。

```
1    #include<stdio.h>
2    void main()
3    {
4        union NUM{
5            int a;
6            char b;
7        }num;
8        num.a=0x12345678;
9        if(num.b==0x78)
10           printf("Little Endian\n");
11       else
12           printf("Big Endian\n");
13   }
```
a）程序1

```
1    #include<stdio.h>
2    void main()
3    {
4        union{
5            int a;
6            char b;
7        }test;
8        test.a=0xff;
9        if(test.b==0xff)
10           printf("Little Endian\n");
11       else
12           printf("Big Endian\n");
13   }
```
b）程序2

图 2.7　判断大端/小端方式的程序

该条件表达式中右边的常数（即 0xff = 255），按照图 2.2 中 C 语言整数常量类型的规定，应该是 int 型；左边的 test. b 是 char 型，按照 C 语言表达式中数据类型自动转换规则，应该自动提升为 int 型。test. b 中存放的是 0xff，从 char 型提升为 int 型后，在 IA-32 系统中应得到 0xffff ffff，其真值为 -1。因而条件表达式 "test. b == 0xff" 中，左边的值为 -1，右边的值为 255，两者不等。

但是，若将程序 2 在小端方式的 RISC-V 系统中执行，则结论不同。实际上，C 语言标准并没有明确规定 char 是带符号整型还是无符号整型，具体由编译器选择。IA-32 中 GCC 编译器将 char 视为带符号整型，而 RISC-V 中的 GCC 编译器将 char 视为无符号整型，上述条件表达式中左边的 test. b 提升为 int 型后，得到 0x0000 00ff，其真值为 255，因而 "test. b == 0xff" 的结果为 "真"。

因为 C 语言标准并没有明确规定 char 为无符号整型还是带符号整型，所以上述两个程序都存在由实现而定义（implementation- defined）的行为。当程序从一个系统移植到另一个系统时，其行为可能会发生变化，从而造成难以理解的结果。为避免这种情况，程序员应该尽量编写行为确定的程序，比如使用 1 字节宽度的数据类型进行计算时，将数据类型显式定义成 signed char 或 unsigned char，仅仅进行字符串处理时，则可以使用 char 类型。■

小贴士

在 C 语言表达式中，通常应该只使用一种类型的变量和常量，如果混合使用不同类型，则应使用一个规则集合来完成数据类型的自动转换。

以下是 C 语言程序数据类型转换的基本规则：① 在表达式中，（unsigned）char 和（unsigned）short 类型都自动提升为 int 类型；② 在包含两种数据类型的任何运算中，较低级别数据类型应提升为较高级别的数据类型；③ 数据类型级别从高到低的顺序是 long double、double、float、unsigned long long、long long、unsigned long、long、unsigned int、int，但是，当 long 和 int 具有相同位数时，unsigned int 级别高于 long；④ 赋值语句中，计算结果被转换为要被赋值的那个变量的类型，这个过程可能导致级别提升（被赋值的变量类型级别高）或者降级（被赋值的变量类型级别低），提升是按等值转换到表数范围更大的类型，通常是扩展操作或整数转浮点数类型，一般情况下不会有溢出问题，而降级可能因为表数范围缩小而导致数据溢出问题。

2.7 数据的基本运算

在计算机内部由于运算部件的位数有限，很多情况下会出现意料之外的运算结果，有时两个正数相加会得到一个负数，有时关系表达式 "x < y" 和 "x − y < 0" 会产生不同的结果。例如，在 2.2.2 节中的例 2.21 中提到，有的编译器对于 " − 2147483648 < 2147483647" 的执行结果为 false，但是，如果定义一个变量 "int i = − 2147483648;"，那么，表达式 "i < 2147483647" 的执行结果就为 true。如果不了解计算机底层的运算机制，则很难明白为什么会出现这些问题。因此，作为一个程序员，即使不需要进行硬件层的设计工作，也应该明白有关数据表示及其运算等方面的基本原理。

计算机硬件的设计目标来源于软件需求，高级语言中用到的各种运算，通过编译成底层的算术运算指令和逻辑运算指令实现，这些底层运算指令能在机器硬件上直接被执行。

2.7.1 按位运算和逻辑运算

C 语言中的按位运算有：符号 " | " 表示按位 "OR" 运算；符号 "&" 表示按位 "AND" 运算；符号 " ~ " 表示按位 "NOT" 运算；符号 "^" 表示按位 "XOR" 运算。按位运算的一个重要运用就是实现掩码（masking）操作，通过与给定的一个位模式进行按位与，可以提取所需要的位，然后可以对这些位进行 "置 1"、"清 0"、"是否为 1 测试" 或 "是否为 0 测试" 等，这里位模式被称为 "**掩码**"。例如，表达式 "0x0F&0x8C" 的运算结果为 "00001100"，即 "0x0C"。这里通过掩码 "0x0F" 提取了一个字节 "0x8C" 的低 4 位。

C 语言中的逻辑运算符有：符号 " ‖ " 表示 "OR" 运算；符号 "&&" 表示 "AND" 运算；符号 "!" 表示 "NOT" 运算。

逻辑运算很容易和按位运算混淆，事实上它们的功能完全不同。逻辑运算是非数值计算，其操作数只有两个逻辑值："True" 和 "False"，通常用非 0 数表示逻辑值 True，而全 0 表示逻辑值 False；而按位运算是一种数值运算，运算时将两个操作数中对应各二进位按照指定的逻辑运算规则逐位进行计算。例如，若 $x = \text{FAH}$，$y = \text{7BH}$，则 $x \hat{}\, y = \text{81H}$，$\sim(x \hat{}\, y) = \text{7EH}$，而 $!(x \hat{}\, y) = \text{00H}$。等价于表达式 "x == y" 的是 "!(x^y)"，而不是 " ~ (x^y)"。

2.7.2 左移运算和右移运算

C 语言中提供了一组移位运算。移位操作有**逻辑移位**和**算术移位**两种。

逻辑移位不考虑符号位的问题，左移时，高位移出，低位补 0；右移时，低位移出，高位补 0。对于无符号整数的逻辑左移，如果最高位移出的是 1，则发生溢出。

因为计算机内部的带符号整数都是用补码表示的，所以对于带符号整数的移位操作应采用补码算术移位方式。左移时，高位移出，低位补 0，如果移出的高位不同于移位后的符号位，也即，若左移前、后符号位不同，则发生 "溢出"；右移时，低位移出，高位补符号。

虽然 C 语言没有明确规定应该采用逻辑移位还是算术移位，但是，实际上许多机器和编译器都对无符号整数采用逻辑移位方式，而对带符号整数采用算术移位方式。因此，编译器只要根据移位操作数类型就可选择是逻辑移位还是算术移位。表达式"x << k"表示对数 x 左移 k 位。事实上,对于左移来说,逻辑移位和算术移位的结果都一样,都是丢弃 k 个最高位,并在低位补 k 个 0。表达式"x >> k"表示对数 x 右移 k 位。

每左移一位,相当于数值扩大一倍,所以左移可能会发生溢出。左移 k 位,相当于数值乘以 2^k。

每右移一位,若移出的是 0,则相当于数值缩小一半,右移 k 位,相当于数值除以 2^k;若移出的是非 0,则说明不能整除 2^k。

例 2.28 已知 32 位寄存器 R1 中存放的变量 x 的机器数为 8000 0004H,请回答下列问题。

① 当 x 是 unsigned int 类型时,x 的值是多少?$x/2$ 的值是多少?$x/2$ 的机器数是什么?$2x$ 的值是多少?$2x$ 的机器数是什么?

② 当 x 是 int 类型时,x 的值是多少?$x/2$ 的值是多少?$x/2$ 的机器数是什么?$2x$ 的值是多少?$2x$ 的机器数是什么?

解 ① 当 x 是 unsigned int 类型时,x 是无符号数,机器数 8000 0004H 的真值是:

$$+ 1000\ 0000\ 0000\ 0000\ 0000\ 0000\ 0000\ 0100B = 2^{31} + 2^2$$

对于 $x/2$ 的情况:

一方面,根据 x 的真值求得 $x/2$ 的值为 $(2^{31} + 2^2)/2 = 2^{30} + 2$;另一方面,$x/2$ 的机器数可由 x 逻辑右移一位得到,因此,$x/2$ 的机器数是:

$$0100\ 0000\ 0000\ 0000\ 0000\ 0000\ 0000\ 0010 = 4000\ 0002H$$

由上述机器数得 $x/2$ 的真值为 $2^{30} + 2$。因此,根据 x 的真值求出的 $x/2$ 的值与对 x 的机器数逻辑右移得到的 $x/2$ 的值是一样的。

对于 $2x$ 的情况:

一方面,根据 x 的真值求得 $2x$ 的值为 $(2^{31} + 2^2) \times 2 = 2^{32} + 2^3$;另一方面,$2x$ 的机器数可由 x 逻辑左移一位得到,因此,$2x$ 的机器数是:

$$0000\ 0000\ 0000\ 0000\ 0000\ 0000\ 0000\ 1000 = 0000\ 0008H$$

由上述机器数得 $2x$ 的真值为 $2^3 = 8$。显然,$2^{32} + 2^3$ 不等于 8,说明结果溢出。

实际上,对 x 左移时,移出的一位为 1,表明有效数据被丢弃,结果将会溢出,导致根据 x 的真值求出的 $2x$ 与由 x 逻辑左移得到的 $2x$ 的值不一样。其原因在于 $2x$ 的值 $(2^{32} + 2^3)$ 超出了最大可表示值 $(2^{32} - 1)$,无法用 32 位表示。

② 当 x 是 int 类型时,x 是带符号整数,机器数 8000 0004H(用二进制补码表示)为:1000 0000 0000 0000 0000 0000 0000 0100。

根据由补码求真值的简便方法"若符号位为 1,则真值的符号为负,其数值部分的各位由补码中相应各位取反后末位加 1 而得",得到 x 的真值为:

$$-0111\ 1111\ 1111\ 1111\ 1111\ 1111\ 1111\ 1100B = -(2^{31} - 2^2)$$

对于 $x/2$ 的情况:

一方面,根据 x 的真值可求得 $x/2$ 的值为 $-(2^{31} - 2^2)/2 = -(2^{30} - 2)$;另一方面,$x/2$ 的机器数可通过对 x 算术右移一位得到,因此,$x/2$ 的机器数是:

$$1100\ 0000\ 0000\ 0000\ 0000\ 0000\ 0000\ 0010 = C000\ 0002H$$

由上述机器数得 $x/2$ 的真值为:

$$-0011\ 1111\ 1111\ 1111\ 1111\ 1111\ 1111\ 1110\text{B} = -(2^{30}-2)$$

由此可见，由 x 的真值求出的 $x/2$ 与由 x 的机器数算术右移一位得到的 $x/2$ 是一样的。

对于 $2x$ 的情况：

一方面，根据 x 的真值求得 $2x$ 的值为 $-(2^{31}-2^2)\times 2 = -(2^{32}-2^3)$；另一方面，$2x$ 的机器数可由 x 算术左移一位得到，因此，$2x$ 的机器数是：

$$0000\ 0000\ 0000\ 0000\ 0000\ 0000\ 0000\ 1000 = 0000\ 0008\text{H}$$

由上述机器数得 $2x$ 的真值为 $2^3=8$。显然，$-(2^{32}-2^3)$ 不等于 8，说明结果溢出。

对 x 左移时，移出的 1 不等于左移后的数的最高位 0，表明有效数据丢弃，结果将会溢出，导致根据 x 的真值求出的 $2x$ 与由 x 算术左移一位得到的 $2x$ 的值不一样。其原因在于 $2x$ 的真值 $-(2^{32}-2^3)$ 比最小可表示数 -2^{31} 还要小，无法用 32 位表示。　　　　■

2.7.3　位扩展运算和位截断运算

C 语言中没有明确的位扩展运算符，但是在进行数据类型转换时，如果遇到一个短数向长数转换，就要进行位扩展运算了。进行位扩展时，扩展后的数值应保持不变。有两种位扩展方式：**0 扩展**和**符号扩展**。0 扩展用于无符号数，只要在短的无符号数前面添加足够的 0 即可。符号扩展用于补码表示的带符号整数，通过在短的带符号整数前添加足够多的符号位来扩展。

考虑以下 C 语言程序代码：

```
1   short si = -32768;
2   unsigned short usi = si;
3   int i = si;
4   unsigned ui = usi;
```

执行上述程序段，并在 32 位大端方式机器上输出变量 si、usi、i、ui 的十进制和十六进制值，可得到各变量的输出结果为：

```
si = -32768    80 00
usi = 32768    80 00
i = -32768     FF FF 80 00
ui = 32768     00 00 80 00
```

由此可见，$-32\,768$ 的补码表示和 $32\,768$ 的无符号数表示具有相同的 16 位 0/1 序列，分别将它们扩展为 32 位后，得到的 32 位位序列的高位不同。因为前者是符号扩展，高 16 位补符号 1，后者是 0 扩展，高 16 位补 0。

位截断发生在将长数转换为短数时，例如，对于下列代码：

```
1   int i = 32768;
2   short si = (short)i;
3   int j = si;
```

在一台 32 位大端方式机器上执行上述代码段时，第 2 行要求强行将一个 32 位带符号整数截断为一个 16 位带符号整数，$32\,768$ 的 32 位补码表示为 0000 8000H，截断为 16 位后变成 8000H，它是 $-32\,768$ 的 16 位补码表示。再将该 16 位带符号整数扩展为 32 位时，就变成了 FFFF 8000H，它是 $-32\,768$ 的 32 位补码表示，因此 j 为 $-32\,768$。也就是说，原来的 i（值为

32 768）经过截断、再扩展后，其值变成了 –32 768，不等于原来的值了。

从上述例子可以看出，截断一个数可能会因为溢出而改变它的值。因为长数的表示范围远远大于短数的表示范围，所以当一个长数足够大到短数无法表示的程度，则截断时就会发生溢出。上述例子中的 32 768 大于 16 位补码能表示的最大数 32 767，所以就发生了截断错误。C 语言标准规定，长数转换为短数的结果是未定义的，没有规定编译器必须报错。这里所说的截断溢出和截断错误只会导致程序出现意外的计算结果，并不导致任何异常或错误报告，因此，错误的隐蔽性很强，需要引起注意。

2.7.4 整数加减运算

在程序设计时通常把指针、地址等说明为无符号整数，因而在进行指针或地址运算时需要进行无符号整数的加减运算。而其他情况下，通常都是带符号整数运算。无符号整数和带符号整数的加减运算电路是完全一样的，它们都可以在如图 2.8 所示的**整数加减运算器**中实现，图中加法器中进行的是无符号数加运算，MUX 是一个**二路选择器**，有关加法器和二路选择器的功能和结构请参看附录 A。

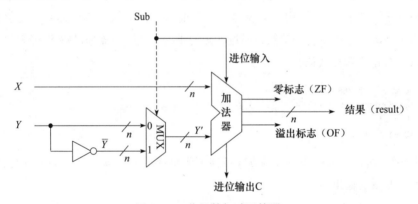

图 2.8 n 位整数加减运算器

图 2.8 中，X 和 Y 是两个 0/1 序列，对于带符号整数 x 和 y 来说，X 和 Y 就是 x 和 y 的补码表示，对于无符号整数 x 和 y 来说，X 和 Y 就是 x 和 y 的无符号数表示。不管是补码减法还是无符号数减法，都是用被减数加上减数的负数的补码来实现。

根据求补公式，减数 y 的负数的补码 $[-y]_{补} = \overline{Y} + 1$，因此，只要在加法器的 Y' 输入端，加 n 个反向器以实现各位取反的功能，然后加一个 2 选 1 多路选择器 MUX，用一个控制端 Sub 来控制选择将原码 Y 输入到 Y' 端，还是将 Y 各位取反后输入到 Y' 端，并将控制端 Sub 同时作为低位进位送到加法器。当 Sub 为 1 时做减法，即实现 $x - y = X + \overline{Y} + 1$；当 Sub 为 0 时做加法，即实现 $x + y = X + Y$。

图 2.8 给出了两个输出标志信息：**零标志 ZF** 和**溢出标志 OF**。ZF = 1 表示结果为 0，因此当结果（result）的所有位都为 0 时，使 ZF = 1，否则 ZF = 0；OF = 1 表示带符号整数的加减运算发生溢出，因为两个同号数相加其结果的符号一定同两个加数的符号，所以，当 X 和 Y' 的最高位相同且不同于结果的最高位时，OF = 1，否则 OF = 0。

通常，在整数加减运算器的输出中，除了 ZF 和 OF 以外，还有两个常用标志位：**符号标志**

SF 和**进/借位标志 CF**。其中，SF 表示带符号整数加减运算结果的符号位，因此，可以直接取 result 的最高位作为 SF。CF 用来表示无符号数加减运算时的进/借位。加法时，若 CF = 1 表示加法有进位；减法时，若 CF = 1 表示不够减。因此，加法时 CF 就应等于进位输出 C；减法时，应将进位输出 C 取反来作为借位标志。综合起来，可得：CF = Sub $\oplus$ C。

例 2.29 以下是一个 C 语言程序，用来计算一个数组 a 中每个元素的和。当参数 len 为 0 时，返回值应该是 0，但是在机器上执行时，却发生了存储器访问异常。请问这是什么原因造成的，并说明程序应该如何修改。

```
1   float sum_array(int a[], unsigned len)
2   {
3       int i, sum = 0;
4
5       for(i = 0; i <= len-1; i++)
6           sum += a[i];
7
8       return sum;
9   }
```

解 当 len 为 0 时，在图 2.8 的电路中计算 len − 1，此时 X 为 0000 0000H，Y 为 0000 0001H，Sub = 1，因此计算出来的结果是 32 个 1（即 FFFF FFFFH）。在对条件表达式"i <= len − 1"进行判断时，通过做减法得到的标志信息进行比较。开始时 i = 0，因此，在图 2.8 的电路中计算 0 − FFFF FFFFH，此时，X 为 0000 0000H，Y 为 FFFF FFFFH，Sub = 1，显然加法器的输出结果 result 为 0000 0001H，进位输出 C = 0，因此借/进位标志 CF == Sub $\oplus$ C = 1，零标志 ZF = 0，符号标志 SF = 0。此时加法器的两个输入 X 和 Y' 都为 0000 0000H，输出为 0000 0001H，即两个正数相加，结果还是正数，因而溢出标志 OF = 0。

因为 len 是 unsigned 类型，所以对条件表达式"i <= len − 1"进行判断时按照无符号数进行比较（对应的是无符号整数比较并转移指令），即根据 CF 的取值来判断大小。因为 CF = 1 且 ZF = 0，说明有借位但不相等，即满足"小于"关系，所以进入循环继续执行。显然，len − 1 = FFFF FFFFH 是最大的 32 位无符号整数，任何无符号数都比它小，因此进入死循环，循环体被不断执行，当循环变量 i 足够大时，最终导致数组元素 a[i] 的访问越界而发生存储器访问异常。

正确的做法是将参数 len 声明为 int 型。这样，虽然加法器中的运算以及生成的所有标志信息与 len 为 unsigned 时完全一样，但是，因为条件表达式"i <= len − 1"中的 i 和 len 都是带符号整数，因而会按照带符号整数进行比较（对应的是带符号整数比较并转移指令），可根据 OF 和 SF 的值是否相同来判断大小，当 OF = SF 且 ZF = 0 时表示"大于"关系。当 i = 0、len = 0 时，对 i 和 len − 1 做减法进行比较，得到的标志信息为 SF = OF = 0、ZF = 0，满足循环结束条件"i > len − 1"，从而跳出循环执行。■

无符号数加减运算在图 2.8 所示的电路中执行，运算的结果取低 n 位，相当于取模为 2^n，也即当两数相加的结果大于 2^n，则大于 2^n 的部分将被减掉。因此**无符号数加法**运算公式如下。

$$result = \begin{cases} x + y & (x + y < 2^n) & 正常 \\ x + y - 2^n & (2^n \le x + y < 2^{n+1}) & 溢出 \end{cases} \tag{2.1}$$

在图 2.8 所示电路中做无符号数减运算 x − y 时，用 x 加 $[-y]_补$ 来实现，根据补码公式知，$[-y]_{补} = 2^n - y$，因此，$result = x + (2^n - y) = x - y + 2^n$，当 $x - y > 0$ 时，2^n 被减掉。因此，**无符号数减法**运算公式如下。

$$result = \begin{cases} x - y & (x - y > 0) \quad 正常 \\ x - y + 2^n & (x - y < 0) \quad 结果为负 \end{cases} \tag{2.2}$$

例2.30 假设 8 位无符号整数变量 x 和 y 的机器数分别是 X 和 Y，相应加减运算在图 2.8 所示电路中执行。若 $X = \text{A6H}$，$Y = \text{3FH}$，则 x、y、$x + y$ 和 $x - y$ 的值分别是多少？若 $X = \text{A6H}$，$Y = \text{FFH}$，则 x、y、$x + y$ 和 $x - y$ 的值又分别是多少？（说明：这里的 $x + y$ 和 $x - y$ 的值是指经过运算电路处理后得到的 result 对应的值。）

解 若 $X = \text{A6H}$，$Y = \text{3FH}$，则 $x + y$ 的机器数 $X + Y = 1010\ 0110 + 0011\ 1111 = 1110\ 0101 = \text{E5H}$，$x - y$ 的机器数 $X - Y = 1010\ 0110 + 1100\ 0001 = 0110\ 0111 = \text{67H}$。因此，$x$、$y$、$x + y$ 的 result 和 $x - y$ 的 result 分别是 166、63、229 和 103，显然运算结果符合上述公式（2.1）和（2.2）。

验证如下：因为 $x + y = 166 + 63 < 2^8 = 256$，所以 $x + y$ 的 result 应该等于 $x + y = 166 + 63 = 229$；因为 $x - y = 166 - 63 > 0$，所以 $x - y$ 的 result 应该等于 $x - y = 166 - 63 = 103$。验证正确。

若 $X = \text{A6H}$，$Y = \text{FFH}$，则 $X + Y = 1010\ 0110 + 1111\ 1111 = 1010\ 0101 = \text{A5H}$，$X - Y = 1010\ 0110 + 0000\ 0001 = 1010\ 0111 = \text{A7H}$。因此，$x$、$y$、$x + y$ 的 result 和 $x - y$ 的 result 分别是 166、255、165 和 167，运算结果符合上述运算公式（2.1）和（2.2）。

验证如下：因为 $x + y = 166 + 255 > 2^8 = 256$，所以 $x + y$ 的 result 应该等于 $x + y - 2^8 = 166 + 255 - 256 = 165$；因为 $x - y = 166 - 255 < 0$，所以 $x - y$ 的 result 应该等于 $x - y + 2^8 = 166 - 255 + 256 = 167$。验证正确。 ■

带符号整数加法运算也在图 2.8 所示电路中执行。如果两个 n 位加数 x 和 y 的符号相反，则一定不会溢出，只有两个加数的符号相同时才可能发生溢出。两个加数都是正数时发生的溢出称为**正溢出**；两个加数都是负数时发生的溢出称为**负溢出**。图 2.8 中实现的**带符号整数加法**运算公式如下：

$$result = \begin{cases} x + y - 2^n & (2^{n-1} \leq x + y) & 正溢出 \\ x + y & (-2^{n-1} \leq x + y < 2^{n-1}) & 正常 \\ x + y + 2^n & (x + y < -2^{n-1}) & 负溢出 \end{cases} \tag{2.3}$$

与无符号整数减法运算类似，带符号整数减法也通过加法来实现，同样也是用被减数加上减数的负数的补码来实现。图 2.8 中实现的**带符号整数减法**运算公式如下：

$$result = \begin{cases} x - y - 2^n & (2^{n-1} \leq x - y) & 正溢出 \\ x - y & (-2^{n-1} \leq x - y < 2^{n-1}) & 正常 \\ x - y + 2^n & (x - y < -2^{n-1}) & 负溢出 \end{cases} \tag{2.4}$$

例2.31 假设 8 位带符号整数变量 x 和 y 的机器数分别是 X 和 Y，相应加减运算在图 2.8 所示电路中执行。若 $X = \text{A6H}$，$Y = \text{3FH}$，则 x、y、$x + y$ 和 $x - y$ 的值分别是多少？若 $X = \text{A6H}$，$Y = \text{FFH}$，则 x、y、$x + y$ 和 $x - y$ 的值又分别是多少？（说明：这里的 $x + y$ 和 $x - y$ 的值是指经过运算电路处理后得到的 result 对应的值。）

解 若 $X = \text{A6H}$，$Y = \text{3FH}$，则 $x + y$ 的机器数 $X + Y = 1010\ 0110 + 0011\ 1111 = 1110\ 0101 =$

E5H，$x - y$ 的机器数 $X - Y = 1010\ 0110 + 1100\ 0001 = 0110\ 0111 = 67H$。因为带符号整数用补码表示，所以，$x$、$y$、$x + y$ 的 result 和 $x - y$ 的 result 分别是 -90、63、-27 和 103，经验证，运算结果符合上述公式 (2.3) 和 (2.4)。

验证如下：因为 $-2^7 \leqslant x + y = -90 + 63 < 2^7$，所以 $x + y$ 的 result 应该等于 $x + y = -90 + 63 = -27$；因为 $x - y = -90 - 63 < -2^7$，即负溢出，所以 $x - y$ 的 result 应该等于 $x - y + 2^8 = -90 - 63 + 256 = 103$。验证正确。

若 $X = A6H$，$Y = FFH$，则 $X + Y = 1010\ 0110 + 1111\ 1111 = 1010\ 0101 = A5H$，$X - Y = 1010\ 0110 + 0000\ 0001 = 1010\ 0111 = A7H$。$x$、$y$、$x + y$ 的 result 和 $x - y$ 的 result 分别是 -90、-1、-91 和 -89，经验证，运算结果符合上述运算公式 (2.3) 和 (2.4)。

验证如下：因为 $-2^7 \leqslant x + y = -90 + (-1) < 2^7$，所以，$x + y$ 的 result 应该等于 $x + y = -90 + (-1) = -91$；因为 $-2^7 \leqslant x - y = -90 - (-1) < 2^7$，所以 $x - y$ 的 result 应该等于 $x - y = -90 - (-1) = -89$。验证正确。 ∎

例 2.30 和例 2.31 中给出的机器数 X 和 Y 完全相同，在同样的电路中计算，因而得到的和（差）的机器数也完全相同。对于同一个机器数，作为无符号整数解释和作为带符号整数解释时的值不同，因而例 2.30 和例 2.31 中得到的和（差）的值完全不同。从这里可以看出，在电路中执行运算时所有的数都只是一个 0/1 序列，在机器级层次上，并不区分操作数是什么类型，只是编译器根据高级语言程序中的类型定义对机器数进行不同的解释而已。

由于无符号整数和带符号整数的加减运算在同一个运算电路中进行，得到的机器数完全相同，因而在一些指令集体系结构中，并不区分无符号整数加/减指令和带符号整数加/减指令，例如 Intel x86 就是如此。在 Intel x86 架构中，不管高级语言程序中定义的变量是带符号整数还是无符号整数类型，对应的加/减指令都一样，都是在如图 2.8 所示的电路中执行。每条加/减指令执行时，总是把运算电路中结果的低 n 位（result）送到目的寄存器，同时根据运算结果产生相应的进/借位标志 CF、符号标志 SF、溢出标志 OF 和零标志 ZF 等，并将这些标志信息保存到标志寄存器（FLAGS/EFLAGS）中。

但是，有些处理器指令系统也会提供专门的带符号整数加/减指令和专门的无符号整数加/减指令。例如，MIPS 架构就是如此。在 MIPS 架构中，提供了专门的带符号整数的加/减指令（如 add、sub 指令）和无符号整数加/减指令（如 addu、subu 指令），它们之间的不同仅在是否判断和处理溢出，而得到的机器数是完全一样的。进行带符号整数加/减时会判断溢出并对溢出进行处理，而进行无符号整数加/减时不判断溢出，其余部分的处理两者完全一样。

由于在机器级层次对无符号整数和带符号整数的加/减运算不加区分，因而，在高级语言程序执行过程中，带符号整数隐式地转换为无符号整数运算时，会出现像例 2.21 和例 2.29 中那样的意想不到的错误或存在漏洞。杜绝使用无符号整型变量可以避免这类问题。也有一些语言为避免这类问题，采用不支持无符号整数的方式，例如，Java 语言就不支持无符号整数类型。

例 2.32 对于以下 C 程序片段：

```
1  unsigned char x = 134;
2  unsigned char y = 246;
3  signed char m = x;
```

```
4  signed char n = y;
5  unsigned char z1 = x - y;
6  unsigned char z2 = x + y;
7  signed char k1 = m - n;
8  signed char k2 = m + n;
```

请说明程序执行过程中，变量 m、n、$z1$、$z2$、$k1$、$k2$ 在计算机中的机器数和真值各是什么？计算 $z1$、$z2$、$k1$、$k2$ 时得到的标志 CF、SF、ZF 和 OF 各是什么？要求用上述公式进行验证。

解 因为 x 和 y 是无符号数，$x = 134 = 1000\ 0110B$，$y = 246 = 1111\ 0110B$，所以 x 和 m 的机器数相同，都是 $1000\ 0110$；y 和 n 的机器数相同，都是 $1111\ 0110$。m 的真值为 $-111\ 1010B =$ $-(127-5) = -122$；n 的真值为 $-000\ 1010B = -10$。

因为无符号整数和带符号整数都是在同一个整数加减运算器中执行，所以 $z1$ 和 $k1$ 的机器数相同，且生成的标志也相同；$z2$ 和 $k2$ 的机器数相同，且生成的标志也相同。

对于 $z1$ 和 $k1$ 的计算，可通过 x 的机器数加 y 的机器数"各位取反、末位加 1"得到，即 $1000\ 0110 + 0000\ 1010 = (0)\ 1001\ 0000$。此时，CF $=$ Sub $\oplus$ C $= 1 \oplus 0 = 1$，SF $= 1$，ZF $= 0$，OF $= 0$（加法器中进行的是两个异号数相加，一定不会溢出）。显然，$z1$ 的真值为 $+1001\ 0000B = 128 + 16 = 144$，因为 CF $= 1$，说明相减时有借位，结果应为负数，属于上述公式（2.2）中的非正常情况，得到的是一个溢出后的值，结果发生溢出错误；$k1$ 的真值为 $-111\ 0000B = -(127-15) =$ -112，因为 OF $= 0$，说明结果没有溢出，属于上述公式（2.4）中的正常情况。

验证如下：$z1 = 134 - 246 + 256 = 144$；$k1 = -122 - (-10) = -112$。验证正确。

对于 $z2$ 和 $k2$ 的计算，可通过 x 的机器数加 y 的机器数得到，即 $1000\ 0110 + 1111\ 0110 =$ $(1)\ 0111\ 1100$。此时，CF $=$ Sub $\oplus$ C $= 0 \oplus 1 = 1$，SF $= 0$，ZF $= 0$，OF $= 1$（加法器中是两个同号数相加，结果的符号不同于加数，故溢出）。显然，$z2$ 的真值为 $+111\ 1100B = 127 - 3 = 124$，因为 CF $= 1$，说明相加时有进位，属于上述公式（2.1）中的溢出情况，得到的是一个溢出后的值，结果发生溢出错误；$k2$ 的真值为 $+111\ 1100B = 127 - 3 = 124$，因为 OF $= 1$，说明结果溢出，属于上述公式（2.3）中负溢出的情况。

验证如下：$z2 = 134 + 246 - 256 = 124$；$k2 = -122 + (-10) + 256 = 124$。验证正确。　■

2.7.5　整数乘除运算

高级语言中两个 n 位整数相乘得到的结果通常也是一个 n 位整数，也即结果只取 $2n$ 位乘积中的低 n 位。例如，在 C 语言中，参加运算的两个操作数的类型和结果的类型必须一致，如果不一致则会先转换为一致的数据类型再进行计算。

根据二进制运算规则，在计算机算术中存在以下结论：假定两个 n 位无符号整数 x_u 和 y_u 对应的机器数为 X_u 和 Y_u，$p_u = x_u \times y_u$，p_u 为 n 位无符号整数且对应的机器数为 P_u；两个 n 位带符号整数 x_s 和 y_s 对应的机器数为 X_s 和 Y_s，$p_s = x_s \times y_s$，p_s 为 n 位带符号整数且对应的机器数为 P_s。若 $X_u = X_s$ 且 $Y_u = Y_s$，则 $P_u = P_s$。表 2.8 中给出了 4 位无符号整数和 4 位带符号整数乘法的例子，显然这些例子符合上述结论。

表 2.8 4 位无符号整数和 4 位带符号整数乘法示例

序号	运算	x	X	y	Y	$x \times y$	$X \times Y$	p	P	溢出否
1	无符号乘	6	0110	10	1010	60	0011 1100	12	1100	溢出
2	带符号乘	6	0110	−6	1010	−36	1101 1100	−4	1100	溢出
3	无符号乘	8	1000	2	0010	16	0001 0000	0	0000	溢出
4	带符号乘	−8	1000	2	0010	−16	1111 0000	0	0000	溢出
5	无符号乘	13	1101	14	1110	182	1011 0110	6	0110	溢出
6	带符号乘	−3	1101	−2	1110	6	0000 0110	6	0110	不溢出
7	无符号乘	2	0010	12	1100	24	0001 1000	8	1000	溢出
8	带符号乘	2	0010	−4	1100	−8	1111 1000	−8	1000	不溢出

根据上述结论，**带符号整数乘法运算**可以采用**无符号整数乘法器**实现，只要最终取 $2n$ 位乘积中的低 n 位即可。

对于带符号整数 x 和 y 来说，送到无符号整数乘法器中的两个乘数 X 和 Y 就是 x 和 y 的补码表示。不过，因为按无符号数相乘，所以得到的乘积高 n 位不一定是高 n 位乘积的补码表示。例如，对于表 2.8 中序号 6 的情况，当 $x = -3$，$y = -2$ 时，可以把对应的机器数 1101 和 1110 送到无符号整数乘法器中运算，得到的 8 位乘积机器数为 1011 0110，虽然低 4 位与带符号整数相乘一样，但是，高 4 位不是真正的高 4 位乘积 0000。这样就无法根据高 4 位来判断结果是否溢出。

对于 n 位无符号整数 x 和 y 的乘法运算，若取 $2n$ 位乘积中的低 n 位为乘积，则相当于取模 2^n。若丢弃的高 n 位乘积为非 0，则发生溢出。例如，对于表 2.8 中序号 1 的情况，0110 与 1010 相乘得到的 8 位乘积为 0011 1100，高 4 位为非 0，因而发生了溢出，说明低 4 位 1100 不是正确的乘积。

无符号整数乘运算可用公式表示如下，式中 p 是指取低 n 位乘积时对应的值。

$$p = \begin{cases} x \times y & (x \times y < 2^n) \quad \text{正常} \\ x \times y \bmod 2^n & (x \times y \geqslant 2^n) \quad \text{溢出} \end{cases}$$

如果无符号数乘法指令能够将高 n 位保存到一个寄存器中，则编译器可以根据该寄存器的内容采用相应的比较指令来进行溢出判断。例如，在 MIPS 处理器中，无符号数乘法指令 multu 会将两个 32 位无符号数相乘得到的 64 位乘积置于两个 32 位内部寄存器 Hi 和 Lo 中，因此，编译器可以根据 Hi 寄存器是否为全 0 来进行溢出判断。

对于带符号整数乘法，大多数处理器中会使用专门的补码乘法器来进行运算，一位补码乘法称为**布斯**（Booth）**乘法**，两位补码乘法称为改进的布斯乘法（Modified Booth Algorithm，MBA），也称为基 4 布斯乘法。采用专门的补码乘法器实现带符号整数运算得到的结果是 $2n$ 位乘积的补码表示。例如，对于表 2.8 中序号为 2 的情况，$x = 6$，$y = -6$，若采用专门的补码乘法器，则得到的乘积的 $2n$ 位补码表示为 1101 1100，而不是无符号整数乘法器的结果 0011 1100。

采用专门的补码乘法器进行运算的情况下，可以通过乘积的高 n 位和低 n 位之间的关系进行溢出判断。判断规则是：若高 n 位中每一位都与低 n 位的最高位相同，则不溢出；否则溢出。例如，对于表 2.8 中序号 4 的情况，$x = -8$，$y = 2$，得到 8 位乘积为 1111 0000，高 4 位全 1，与低 4 位的最高位不同，因而发生了溢出，说明低 4 位 0000 不是正确的乘积。对于表 2.8

中序号6的情况，$x = -3$，$y = -2$，得到8位乘积为0000 0110，高4位全0，且与低4位的最高位相同，因而没有发生溢出，说明低4位0110是正确的乘积。

如果带符号整数乘法指令能够将高 n 位保存到一个寄存器中，则编译器可以根据该寄存器的内容与低 n 位乘积的关系进行溢出判断。例如，在 MIPS 处理器中，带符号整数乘法指令 mult 会将两个32位带符号整数相乘，得到的64位乘积置于两个32位内部寄存器 Hi 和 Lo 中，因此，编译器可以根据 Hi 寄存器中的每一位是否等于 Lo 寄存器中的第一位来进行溢出判断。

有些指令系统中乘法指令并不保留高 n 位，也不生成溢出标志 OF，此时，编译器就无法进行溢出判断，甚至有些编译器就根本不考虑溢出判断处理。这种情况下，程序就可能在发生溢出的情况下得到错误的结果。例如，在 C 程序中，若 x 和 y 为 int 型，$x = 65\ 535$，机器数为 0000 FFFFH，则 $y = x * x = -131\ 071$，y 的机器数为 FFFE 0001H，因而出现 $x^2 < 0$ 的奇怪结论。

如果要保证程序不会因编译器没有处理溢出而发生错误，那么，程序员就需要在程序中加入进行溢出判断的语句。无论是带符号整数还是无符号整数，都可根据两个乘数 x、y 与结果 $p = x \times y$ 的关系来判断是否溢出。判断规则为：若满足 $x \neq 0$ 且 $p/x = y$，则没有发生溢出；否则溢出。

例如，对于表 2.8 中序号7的情况，$x = 2$，$y = 12$，$p = 8$，显然 $8/2 \neq 12$，因此，发生了溢出。对于表 2.8 中序号8的情况，$x = 2$，$y = -4$，$p = -8$，显然 $-8/2 = -4$，因此，没有发生溢出。

例 2.33 以下程序段实现数组元素的复制，将一个具有 count 个元素的 int 型数组复制到堆中新申请的一块内存区域中，请说明该程序段存在什么漏洞，引起该漏洞的原因是什么。

```
1   /* 复制数组到堆中,count 为数组元素个数 */
2   int copy_array(int *array, int count) {
3      int i;
4   /* 在堆区申请一块内存 */
5      int *myarray = (int *) malloc(count*sizeof(int));
6      if (myarray == NULL)
7         return -1;
8      for (i = 0; i < count; i++)
9         myarray[i] = array[i];
10     return count;
11  }
```

解 该程序段存在整数溢出漏洞，当 count 的值很大时，第5行 malloc 函数的参数 count * sizeof(int) 会发生溢出，例如，在32位机器上实现时，sizeof(int) = 4，若参数 $count = 2^{30} + 1$，因为 $(2^{30} + 1) \times 4 = 2^{32} + 4 (\mathrm{mod}\ 2^{32}) = 4$，因此 malloc 函数只会分配4字节的空间，而在后面的 for 循环执行时，复制到堆中的数组元素实际上有 $(2^{32} + 4) = 4\ 294\ 967\ 300$ 字节，远超过4个字节的空间，从而会破坏在堆中的其他数据，导致程序崩溃或行为异常，更可怕的是，如果攻击者利用这种漏洞，以引起整数溢出的参数来调用函数，通过数组复制过程把自己的程序置入内存中并启动执行，就会造成极大的安全问题。■

2002年，Sun Microsystems 公司的 RPC XDR 库中所带的 xdr_array() 函数发生整数溢出漏洞，攻击者可以利用这个漏洞从远程或本地获取 root 权限。xdr_array() 函数中需要计算 nodesize

变量的值，它采用的方法可能会由于乘积太大而导致整数溢出，使得攻击者可以构造一个特殊的参数来触发整数溢出，以一段事先预设好的信息覆盖一个已经分配的堆缓冲区，造成远程服务器崩溃或者改变内存数据并执行任意代码。由于很多厂商的操作系统都使用了 Sun 公司的 XDR 库或者基于 XDR 库进行开发，因此很多厂商的程序也受到此问题影响。

对于**整数除法**，只有当 $-2\,147\,483\,648/-1$ 时会发生溢出，其他情况下，因为商的绝对值不可能比被除数的绝对值更大，所以肯定不会发生溢出。但是，在不能整除时需要进行舍入，通常按照朝 0 方向舍入，即正数商取比自身小的最接近整数，负数商取比自身大的最接近整数。除数不能为 0，否则根据 C 语言标准，其结果是未定义的。在 IA-32 系统中，除数为 0 会发生"异常"，此时，需要调出操作系统中的异常处理程序来处理。

2.7.6 常量的乘除运算

由于整数乘法运算比移位和加法等运算所用时间长得多，通常一次乘法运算需要 10 个左右的时钟周期，而一次移位、加法和减法等运算只要一个或更少的时钟周期，因此，编译器在处理变量与常数相乘时，往往以移位、加法和减法的组合运算来代替乘法运算。例如，对于表达式 $x*20$，编译器可以利用 $20=16+4=2^4+2^2$，将 $x*20$ 转换为 $(x<<4)+(x<<2)$，这样，一次乘法转换成了两次移位和一次加法。不管是无符号整数还是带符号整数的乘法，即使乘积溢出时，利用移位和加减运算组合的方式得到的结果都和采用直接相乘的结果是一样的。

对于整数除法运算，由于计算机中除法运算比较复杂，而且不能用流水线方式实现，所以一次除法运算大致需要 30 个或更多时钟周期。为了缩短除法运算的时间，编译器在处理一个变量与一个 2 的幂次形式的整数相除时，常采用右移运算来实现。无符号整数除法采用逻辑右移方式，带符号整数除法采用算术右移方式。两个整数相除，结果也一定是整数，在不能整除时，其商采用朝 0 方向舍入的方式，也就是截断方式，即将小数点后的数直接去掉，例如，$7/3=2$，$-7/3=-2$。

对于无符号整数来说，采用逻辑右移时，高位补 0，低位移出，因此，移位后得到的商的值只可能变小而不会变大，即商朝 0 方向舍入。因此，不管是否能够整除，采用移位方式和直接相除得到的商完全一样，如表 2.9 给出的例子所示。表 2.9 中给出了无符号整数 32 760 除以 2^k（k 为正整数）的例子，无符号整数 32 760 的机器数为 0111 1111 1111 1000。

表 2.9　无符号整数 32 760 除以 2^k 的示例

k	$32760>>k$		$32760/2^k$	
1	0 0111 1111 1111 100	16380	16380. 0	16380
3	000 0111 1111 1111 1	2047	2047. 0	2047
6	00 0000 0111 1111 11	511	511. 875	511
8	0000 0000 0111 1111	127	127. 96875	127

对于带符号整数来说，采用算术右移时，高位补符号，低位移出。因此，当符号为 0 时，与无符号整数相同，采用移位方式和直接相除得到的商完全一样。当符号为 1 时，若低位移出的是全 0，则说明能够整除，移位后得到的商与直接相除的完全一样；若低位移出的并非全 0，则说明不能整除，移出一个非 0 数相当于把商中小数点后面的值舍去。因为符号是 1，所以商是负数，一个补码表示的负数舍去小数部分的值后变得更小，因此移位后的结果是更小的负数

商。例如，对于 $-3/2$，假定补码位数为 4，则进行算术右移操作 $1101 >> 1 = 1110.1B$（小数点后面部分移出）后得到的商为 -2，而精确商是 -1.5（整数商应为 -1）。算术右移后得到的商比精确商少了 0.5，显然朝 $-\infty$ 方向进行了舍入，而不是朝 0 方向舍入。因此，这种情况下，移位得到的商与直接相除得到的商不一样，需要进行校正。校正的方法是，对于带符号整数 x，若 $x < 0$，则在右移前，先将 x 加上偏移量（$2^k - 1$），然后再右移 k 位。例如，上述例子中，在对 -3 右移 1 位之前，先将 -3 加上 1，即先得到 $1101 + 0001 = 1110$，然后再算术右移，即 $1110 >> 1 = 1111$，此时商为 -1。

表 2.10 给出了带符号整数 $-32\ 760$ 除以 2^k（k 为正整数）的例子，带符号整数 $-32\ 760$ 的补码表示为 1000 0000 0000 1000。

表 2.10 带符号整数 $-32\ 760$ 除以 2^k 的示例

k	偏移量	$-32760 +$ 偏移量	（$-32760 +$ 偏移量）$>> k$		$-32760/2^k$
1	1	1000 0000 0000 1001	1 1000 0000 0000 100	-16380	-16380.0	-16380
3	7	1000 0000 0000 1111	111 1000 0000 0000 1	-2047	-2047.0	-2047
6	63	1000 0000 0100 0111	11 1111 1000 0000 01	-511	-511.875	-511
8	255	1000 0001 0000 0111	1111 1111 1000 0001	-127	-127.96875	-127

从表 2.10 可以看出，对带符号整数 $-32\ 760$ 先加一个偏移量后再进行算术右移，避免了商朝 $-\infty$ 方向舍入的问题。例如，对于表中 $k = 6$ 的情况，若不进行偏移校正，则算术右移 6 位后商的补码表示为 11 1111 1000 0000 00，即商为 -512，而校正后得到的商等于 $-32\ 760/64$ 的整数商 -511。

2.7.7 浮点数运算

浮点数不像整数那样有移位、扩展和截断等运算，浮点数运算主要是加、减、乘和除运算。

1. 浮点数加减运算

先看一个十进制数加法运算的例子：$0.123 \times 10^5 + 0.456 \times 10^2$。显然，不可以把 0.123 和 0.456 直接相加，必须把阶调整为相等后才可实现两数相加。其计算过程如下。

$$0.123 \times 10^5 + 0.456 \times 10^2 = 0.123 \times 10^5 + 0.000\ 456 \times 10^5$$
$$= (0.123 + 0.000\ 456) \times 10^5$$
$$= 0.123\ 456 \times 10^5$$

从上面的例子不难理解实现浮点数加减法的运算规则。

设两个规格化浮点数 x 和 y 表示为 $x = M_x \times 2^{E_x}$，$y = M_y \times 2^{E_y}$，M_x、M_y 分别是浮点数 x 和 y 的尾数，E_x、E_y 分别是浮点数 x 和 y 的阶，不失一般性，设 $E_x \leq E_y$，那么

$$x + y = (M_x \times 2^{E_x - E_y} + M_y) \times 2^{E_y}$$
$$x - y = (M_x \times 2^{E_x - E_y} - M_y) \times 2^{E_y}$$

计算机中实现上述计算过程需要经过对阶、尾数加减、规格化和舍入 4 个步骤，此外，还必须考虑溢出判断和溢出处理问题。

（1）对阶

对阶的目的是使两数的阶相等，以便尾数可以相加减。对阶的原则是：小阶向大阶看齐，

阶小的那个数的尾数右移，右移的位数等于两个阶的差的绝对值。通用计算机多采用 IEEE 754 标准来表示浮点数，因此，阶小的那个数的尾数右移时按原码小数方式右移，符号位不参加移位，数值位要将隐含的一位"1"右移到小数部分，前面空出的位补 0。为了保证运算的精度，尾数右移时，低位移出的位不要丢掉，应保留并参加尾数部分的运算。

可以通过计算两个阶的差的补码来判断两个阶的大小。对于 IEEE 754 单精度格式来说，其计算公式如下：

$$[E_x - E_y]_{补} = 256 + E_x - E_y = 256 + 127 + E_x - (127 + E_y)$$
$$= 256 + [E_x]_{移} - [E_y]_{移} = [E_x]_{移} + [-[E_y]_{移}]_{补} (\text{mod } 256)$$

例2.34 若 x 和 y 为 float 变量，$x = 1.5$，$y = -125.25$，请给出计算 $x + y$ 过程中的对阶结果。

解 $x = 1.5 = 1.1\text{B} = 1.1\text{B} \times 2^0$，机器数为 0 0111 1111 100 0000 0000 0000 0000 0000。

$y = -125.25 = -111\ 1101.01\text{B} = -1.1111\ 0101\text{B} \times 2^6$，机器数为 1 1000 0101 111 1010 1000 0000 0000 0000。

在计算 $x + y$ 的过程中，首先需要进行对阶，这里，$[E_x]_{移} = 0111\ 1111$，$[E_y]_{移} = 1000\ 0101$。因此，$[E_x - E_y]_{补} = [E_x]_{移} + [-[E_y]_{移}]_{补} = 0111\ 1111 + 0111\ 1011 = 1111\ 1010$，即 $E_x - E_y = -110\text{B} = -6$。

应对 x 的尾数右移 6 位，对阶后 x 的阶码为 1000 0101，尾数为 0.00 0001 **1**00 0000…0000。 ■

（2）尾数加减

对阶后两个浮点数的阶相等，此时，可以把对阶后的尾数相加减。因为 IEEE 754 采用定点原码小数表示尾数，所以，尾数加减实际上是定点原码小数的加减运算。在进行尾数加减时，必须把隐藏位还原到尾数部分（如例 2.34 中对阶后 x 的尾数中的粗体 1），对阶过程中尾数右移时保留的附加位也要参加运算。

（3）尾数规格化

IEEE 754 的规格化尾数形式为：$\pm 1. bb \cdots b$。在进行尾数相加减后可能会得到各种形式的结果，例如：

$$1. bb \cdots b + 1. bb \cdots b = \pm 1b. bb \cdots b$$
$$1. bb \cdots b - 1. bb \cdots b = \pm 0.00 \cdots 01bb \cdots b$$

① 对于上述结果为 $\pm 1b. bb \cdots b$ 的情况，需要进行如下<u>右规</u>操作：尾数右移一位，阶码加 1。最后一位移出时，要考虑舍入。

② 对于上述结果为 $\pm 0.00 \cdots 01bb \cdots b$ 的情况，需要进行如下<u>左规</u>操作：阶码逐次减 1，数值位逐次左移，直到将第一位"1"移到小数点左边或遇到阶码为全 0。尾数左移时数值部分最左 k 个 0 被移出，因此，相对来说，小数点右移了 k 位。因为进行尾数相加时，默认的小数点位置在第一个数值位（即隐藏位）之后，所以小数点右移 k 位后被移到了第一位 1 后面，这个 1 就是隐藏位。

（4）尾数的舍入处理

在对阶和尾数右规时，可能会对尾数进行右移，为保证运算精度，一般将低位移出的位保留下来，并让其参与中间过程的运算，最后再将运算结果进行舍入，以还原表示成 IEEE 754

格式。这里要解决以下两个问题。

① 保留多少附加位才能保证运算的精度？

② 最终如何对保留的附加位进行舍入？

对于第① 个问题，可能无法给出一个准确的答案。但是不管怎么说，保留附加位应该可以得到比不保留附加位更高的精度。IEEE 754 标准规定，所有浮点数运算的中间结果右边都必须至少保留两位附加位。这两位附加位中，紧跟在浮点数尾数右边那一位为**保护位**或**警戒位**（guard），用以保护尾数右移的位，紧跟保护位右边的是**舍入位**（round），左规时可以根据其值进行舍入。在 IEEE 754 标准中，为了更进一步提高计算精度，在保护位和舍入位后面还引入了额外的一个数位，称为**粘位**（sticky）。只要舍入位的右边有任何非 0 数字，粘位就被置 1；否则，粘位被置为 0。

对于第② 个问题，IEEE 754 提供了 4 种可选模式：就近舍入（中间值舍入到偶数）、朝 $+\infty$ 方向舍入、朝 $-\infty$ 方向舍入、朝 0 方向舍入。

- 就近舍入到偶数。舍入为最近可表示的数，当结果是两个可表示数的非中间值时，实际上是 "0 舍 1 入" 方式。当结果正好在两个可表示数中间时，根据 "就近舍入" 的原则无法操作。这种情况下结果强迫为偶数。实现过程为：若舍入后结果的 LSB 为 1（即奇数），则末位加 1；否则舍入后的结果不变。这样，就保证了结果的 LSB 总是 0（即偶数）。

    使用粘位可以减少运算结果正好在两个可表示数中间的情况。不失一般性，我们用一个十进制数计算的例子来说明这样做的好处。假设计算 $1.24 \times 10^4 + 5.03 \times 10^1$（精度保留两位小数），若只使用保护位和舍入位而不使用粘位，即仅保留两位附加位，则结果为 $1.2400 \times 10^4 + 0.0050 \times 10^4 = 1.2450 \times 10^4$。这个结果位于两个相邻可表示数 1.24×10^4 和 1.25×10^4 的中间，采用就近舍入到偶数时，则结果为 1.24×10^4；若同时使用保护位、舍入位和粘位，则结果为 $1.240\,00 \times 10^4 + 0.005\,03 \times 10^4 = 1.245\,03 \times 10^4$。这个结果就不在 1.24×10^4 和 1.25×10^4 的中间，而更接近于 1.25×10^4，采用就近舍入方式，结果应该为 1.25×10^4。显然，后者更精确。

- 朝 $+\infty$ 方向舍入。总是取数轴上右边最近可表示数，也称为正向舍入或朝上舍入。

- 朝 $-\infty$ 方向舍入。总是取数轴上左边最近可表示数，也称为负向舍入或朝下舍入。

- 朝 0 方向舍入。直接截取所需位数，丢弃后面所有位，也称为截取、截断或恒舍法。这种舍入处理最简单。对正数或负数来说，都是取数轴上更靠近原点的那个可表示数，是一种趋向原点的舍入，因此，又称为趋向 0 舍入。

表 2.11 以十进制小数为例给出了若干示例，以说明这 4 种舍入方式，表中假定结果保留小数点后面三位数，最后两位（加黑的数字）为附加位，需要舍去。

表 2.11   以十进制小数为例对 4 种舍入方式举例

方式	2.05240	2.05250	2.05260	-2.05240	-2.05250	-2.05260
就近或偶数舍入	2.052	2.052	2.053	-2.052	-2.052	-2.053
朝 $+\infty$ 方向舍入	2.053	2.053	2.053	-2.052	-2.052	-2.052
朝 $-\infty$ 方向舍入	2.052	2.052	2.052	-2.053	-2.053	-2.053
朝 0 方向舍入	2.052	2.052	2.052	-2.052	-2.052	-2.052

例 2.35 将同一实数 123456.789e4 分别赋值给单精度和双精度类型变量,然后打印输出,结果相差 46,为何打印结果不同?float 类型相邻数之间的最小间隔和最大间隔各是多少?

```
#include <stdio.h>
main()
{
    float a;
    double b;
    a = 123456.789e4;
    b = 123456.789e4;
    printf("%f\n%f\n",a,b);
}
```

运行结果如下:

```
1234567936.000000
1234567890.000000
```

解 float 和 double 型各自采用 IEEE 754 单精度和双精度格式,可分别精确表示 7 个和 17 个十进制有效数位。实数 123456.789e4 一共有 10 个有效数位,对于 float 类型来说,后面 3 位是舍入后的结果,因为是就近舍入到偶数,所以舍入后的值可能会更大,也可能更小。

舍入误差随着数值的增大而变大。如图 2.5 所示,数值越大,越远离原点,相邻可表示数之间的间隔也越大。对于 float 类型,最小规格化数间隔区间为 $[2^{-126}, 2^{-125}]$,因此,相邻可表示数之间的间隔最小是 $(2^{-125}-2^{-126})/2^{23}=2^{-149}$,而最大规格化数间隔区间为 $[2^{126}, 2^{127}]$,因此,相邻可表示数之间的间隔最大是 $(2^{127}-2^{126})/2^{23}=2^{103}$。 ∎

(5) 阶码溢出判断

在进行尾数规格化和尾数舍入时,可能会对结果的阶码执行加 1 或减 1 运算。因此,必须考虑结果的阶溢出问题。

尾数右规或舍入时,阶码需要加 1。若阶码加 1 后为全 1,说明结果的阶比最大允许值 127(单精度)或 1023(双精度)还大,则发生"**阶码上溢**",产生"阶码上溢"异常,也有的机器把结果置为"+∞"(符号位为 0 时)或"-∞"(符号位为 1 时),而不产生"溢出"异常。

尾数左规时,先阶码减 1。若阶码减 1 后为全 0,说明结果的阶比最小允许值 -126(单精度)或 -1023(双精度)还小,即结果为非规格化形式,此时应使结果的尾数不变,阶码为全 0。

例 2.36 若 $x1=1.1B \times 2^{-126}$,$y1=1.0B \times 2^{-126}$,则 $x1$ 和 $y1$ 用 float 型表示的机器数各是多少?$x1-y1$ 的机器数和真值各是多少?若 $x2=1.1B \times 2^{-125}$,$y2=1.0B \times 2^{-125}$,则 $x2$ 和 $y2$ 用 float 型表示的机器数各是多少?$x2-y2$ 的机器数和真值各是多少?

解 $x1$ 的机器数为 0 0000 0001 100 0000 0000 0000 0000 0000,$y1$ 的机器数为 0 0000 0001 000 0000 0000 0000 0000 0000。阶码都为 0000 0001,故尾数直接相减,得 0.1。需对尾数进行左规:先进行阶码减 1,得阶码为全 0,故结果是非规格化数,尾数不变,$x1-y1$ 的尾数为 0.100 0000 0000 0000 0000 0000,阶码为 0000 0000。即机器数为 0 0000 0000 100 0000 0000 0000 0000 0000(0040 0000H),真值为 $0.1 \times 2^{-126} = 2^{-127}$。

$x2$ 的机器数为 0 0000 0010 100 0000 0000 0000 0000 0000，$y2$ 的机器数为 0 0000 0010 000 0000 0000 0000 0000 0000。阶码都为 0000 0010，故尾数直接相减，得 0.1。需对尾数进行左规：先进行阶码减 1，得阶码为 0000 0001，再尾数左移一位，故结果的尾数为 1.0，$x1-y1$ 的尾数为 1.000 0000 0000 0000 0000 0000，阶码为 0000 0001。即机器数为 0 0000 0001 000 0000 0000 0000 0000 0000（0080 0000H），真值为 $1.0 \times 2^{-126} = 2^{-126}$。 ∎

从浮点数加、减运算过程可以看出，浮点数的溢出并不以尾数溢出来判断，尾数溢出可以通过右规操作得到纠正。因此，结果是否溢出通过判断是否"阶码上溢"来确定。

2. 浮点数乘除运算

对于浮点数的乘除运算，在进行运算前首先应对参加运算的操作数进行判 0 处理、规格化操作和溢出判断，并确定参加运算的两个操作数是正常的规格化浮点数。

浮点数乘除运算步骤类似于浮点数加减运算步骤，两者主要区别是，加减运算需要对阶，而对乘除运算来说则无须这一步。两者对结果的后处理步骤一样，都包括规格化、舍入和阶码溢出处理。

已知两个浮点数 $x = M_x \times 2^{E_x}$，$y = M_y \times 2^{E_y}$，则乘、除运算的结果如下。

$$x \times y = (M_x \times 2^{E_x}) \times (M_y \times 2^{E_y}) = (M_x \times M_y) \times 2^{E_x + E_y}$$

$$x/y = (M_x \times 2^{E_x})/(M_y \times 2^{E_y}) = (M_x/M_y) \times 2^{E_x - E_y}$$

3. 浮点运算时异常和精度等问题

计算机中的浮点数运算比较复杂，从浮点数的表示来说，有规格化浮点数和非规格化浮点数，有 $+\infty$、$-\infty$ 和非数（NaN）等特殊数据的表示。利用这些特殊表示，程序可以实现诸如 $+\infty + (-\infty)$、$+\infty - (+\infty)$、∞/∞、8.0/0 等运算。

此外，由于浮点加减运算中需要对阶并最终进行舍入，因而可能导致"大数吃小数"的问题，使得浮点数运算不能满足加法结合律和乘法结合律。

例如，在 x 和 y 是单精度浮点类型时，当 $x = -1.5 \times 10^{30}$，$y = 1.5 \times 10^{30}$，$z = 1.0$，则：

$$(x+y)+z = (-1.5 \times 10^{30} + 1.5 \times 10^{30}) + 1.0 = 1.0$$

$$x+(y+z) = -1.5 \times 10^{30} + (1.5 \times 10^{30} + 1.0) = 0.0$$

根据上述计算可知，$(x+y)+z \neq x+(y+z)$，其原因是，当一个"大数"和一个"小数"相加时，因为对阶使得"小数"尾数中的有效数字右移后被丢弃，从而使"小数"变为 0。

例如，在 x 和 y 是单精度浮点类型时，当 $x = y = 1.0 \times 10^{30}$，$z = 1.0 \times 10^{-30}$，则：

$$(x \times y) \times z = (1.0 \times 10^{30} \times 1.0 \times 10^{30}) \times 1.0 \times 10^{-30} = +\infty$$

$$x \times (y \times z) = 1.0 \times 10^{30} \times (1.0 \times 10^{30} \times 1.0 \times 10^{-30}) = 1.0 \times 10^{30}$$

显然，$(x \times y) \times z \neq x \times (y \times z)$，这主要是两个大数相乘后可能超出可表示范围造成的。

1991 年 2 月 25 日，海湾战争中，美国在沙特阿拉伯达摩地区设置的爱国者导弹拦截伊拉克的飞毛腿导弹失败，致使飞毛腿导弹击中了沙特阿拉伯载赫蓝的一个美军军营，杀死了美国陆军第十四军需分队的 28 名士兵。这是由爱国者导弹系统时钟内的一个软件错误造成的，引起这个软件错误的原因是浮点数的精度问题。爱国者导弹系统中有一个内置时钟，用计数器实现，每隔 0.1 秒计数一次。程序用 0.1 的一个 24 位定点二进制小数 x 来乘以计数值作为以秒为单位的时间。0.1 的二进制表示是一个无限循环序列：$0.00011[0011]\cdots$，$x = 0.000\ 1100\ 1100\ 1100\ 1100\ 1100B$。显然，$x$ 只是 0.1 的近似表示，$0.1 - x = 0.000\ 1100\ 1100\ 1100\ 1100\ 1100[1100]\cdots - 0.000\ 1100\ 1100\ 1100\ 1100\ 1100B$，即误差值为：

$$0.000\ 0000\ 0000\ 0000\ 0000\ 0000\ 1100[1100]\cdots B = 2^{-20} \times 0.1 \approx 9.54 \times 10^{-8}$$

在爱国者导弹准备拦截飞毛腿导弹之前，已经连续工作了 100 小时，相当于计数了 $100 \times 60 \times 60 \times 10 = 36 \times 10^5$ 次，因而导弹的时钟已经偏差了 $9.54 \times 10^{-8} \times 36 \times 10^5 \approx 0.343$ 秒。

爱国者导弹根据飞毛腿导弹的速度乘以它被侦测到的时间来预测位置，飞毛腿导弹的速度大约为 2000 米/秒，因此，由于系统时钟误差导致的距离误差相当于 $0.343 \times 2000 \approx 687$ 米。因此，由于时钟误差，纵使雷达系统侦察到飞毛腿导弹并且预计了它的弹道，爱国者导弹却找不到实际上来袭的飞毛腿导弹。这种情况下，起初的目标发现被视为一次假警报，侦测到的目标也在系统中被删除。

实际上，以色列方面已经发现了这个问题并于 1991 年 2 月 11 日知会了美国陆军及爱国者计划办公室（软件制造商）。以色列方面建议重新启动爱国者系统的电脑作为暂时解决方案，可是美国陆军方面却不知道每次需要间隔多少时间重新启动系统一次。1991 年 2 月 16 日，制造商向美国陆军提供了更新软件，但这个软件最终却在飞毛腿导弹击中军营后的一天才运抵部队。

例 2.37 对于上述爱国者导弹拦截飞毛腿导弹的例子，回答下列问题。

① 如果用精度更高一点的 24 位定点小数 $x = 0.000\ 1100\ 1100\ 1100\ 1100\ 1101B$ 来表示 0.1，则 0.1 与 x 的偏差是多少？系统运行 100 小时后的时钟偏差是多少？在飞毛腿导弹速度为 2000 米/秒的情况下，预测的距离偏差为多少？

② 假定用一个类型为 float 的变量 x 来表示 0.1，则变量 x 在机器中的机器数是什么（要求写成十六进制形式）？0.1 与 x 的偏差是多少？系统运行 100 小时后的时钟偏差是多少？在飞毛腿导弹速度为 2000 米/秒的情况下，预测的距离偏差为多少？

③ 如果将 0.1 用 32 位二进制定点小数 $x = 0.000\ 1100\ 1100\ 1100\ 1100\ 1100\ 1100\ 1101B$ 表示，则其误差比用 32 位 float 表示的误差更大还是更小？试分析这两种方案的优缺点。

解 ① 0.1 与 x 的偏差计算如下：

$$|0.000\ 1100\ 1100\ 1100\ 1100\ 1100[1100]\cdots - 0.000\ 1100\ 1100\ 1100\ 1100\ 1101B|$$
$$= 0.000\ 0000\ 0000\ 0000\ 0000\ 0000\ 00\ 1100[1100]\cdots B = 2^{-22} \times 0.1 \approx 2.38 \times 10^{-8}$$

100 小时后的时钟偏差是 $2.38 \times 10^{-8} \times 36 \times 10^5 \approx 0.086$ 秒。预测的距离偏差为 $0.086 \times 2000 \approx 171$ 米。比爱国者导弹系统精确约 4 倍。

② $0.1 = 0.0\ 0011[0011]B = +1.1\ 0011\ 0011\ 0011\ 0011\ 0011\ 00B \times 2^{-4}$，float 类型采用 IEEE 754 单精度浮点数格式。符号位 s 为 0，阶码 $e = 127 - 4 = 0111\ 1011B$，尾数的小数部分为 $0.100\ 1100\ 1100\ 1100\ 1100\ 1101$，因此，在机器中 float 型变量 x 表示为 $0\ 0111\ 1011\ 100\ 1100\ 1100\ 1100\ 1100\ 1101$，用十六进制形式表示为 3DCC CCCDH。

由于 float 类型的精度有限，只有 24 位有效位数，尾数从最前面的 1 开始一共只能表示 24 位，后面的有效数字全部被截断，故 x 与 0.1 之间的误差为：$|x - 0.1| = 0.000\ 0000\ 0000\ 0000\ 0000$

0000 0000 1100［1100］…B。这个值等于 $2^{-24} \times 0.1$，大约为 5.96×10^{-9}。100 小时后的时钟偏差是 $5.96 \times 10^{-9} \times 36 \times 10^5 \approx 0.0215$ 秒。预测的距离偏差仅为 $0.0215 \times 2000 \approx 43$ 米。比爱国者导弹系统精确约 16 倍。

③ 当 $x = 0.000\ 1100\ 1100\ 1100\ 1100\ 1100\ 1100\ 1101$ B 时，与 0.1 之间的误差为：$|x - 0.1| = 0.000\ 0000\ 0000\ 0000\ 0000\ 0000\ 0000\ 0000\ 00\ 1100［1100］…$B。这个值等于 $2^{-30} \times 0.1$，大约为 9.31×10^{-11}。100 小时后的时钟偏差是 $9.31 \times 10^{-11} \times 36 \times 10^5 \approx 0.000\ 335$ 秒。预测的距离偏差仅为 $0.000\ 335 \times 2000 \approx 0.67$ 米。比爱国者导弹系统精确约 1024 倍。　■

从上述结果可以看出，如果爱国者导弹系统中的 0.1 采用 32 位二进制定点小数表示，那么将比采用 32 位 IEEE 754 浮点数标准（float）精度更高，精确度大约高 $2^6 = 64$ 倍。而且，采用 float 表示在计算速度上也会有很大影响，因为必须先把计数值转换为 IEEE 754 格式浮点数，然后再对两个 IEEE 754 格式的数进行相乘，显然比直接将两个二进制数相乘要慢。

从上面这个例子可以看出，程序员在编写程序时，必须对底层机器级数据的表示和运算有深刻的理解，而且在计算机世界里，经常是"差之毫厘，失之千里"，需要细心再细心，精确再精确。同时，也不能遇到小数就用浮点数表示，有些情况下，例如需要将一个整数变量乘以一个确定的小数常量时，可以先用一个确定的定点整数与整数变量相乘，然后再通过移位运算来确定小数点。

2.8　小结

对指令来说数据就是一串 0/1 序列。根据指令的类型，对应的 0/1 序列可能看成是一个无符号整数或带符号整数或浮点数或位串（即非数值数据，如逻辑值或 ASCII 码或汉字内码等）。无符号整数是正整数，用来表示地址等；带符号整数用补码表示；浮点数表示实数，大多用 IEEE 754 标准表示。有的指令系统还提供一种能处理 BCD 码的指令，BCD 码指二进制表示的十进制数，一般用 8421 码表示。

对于计算机硬件来说，数据是没有类型的，所有数据就是一串 0/1 序列，称为机器数，机器数被送到特定的电路，按照指令规定的动作在计算机中进行运算、存储和传送。因此，机器数只能写成二进制形式，为了简化书写，在屏幕或纸上通常将二进制形式缩写成十六进制形式。

数据的宽度通常以字节（Byte）为基本单位表示，数据长度单位（如 MB、GB、TB 等）在表示容量和带宽等不同量时所代表的大小不同。数据的排列有大端和小端两种方式。大端方式以 MSB 所在地址为数据的地址，即给定地址处存放的是数据最高有效字节；小端方式以 LSB 所在地址为数据的地址，即给定地址处存放的是数据最低有效字节。

对于数据的运算，在用高级语言编程时需要注意带符号整数和无符号整数之间的转换问题。例如，C 语言支持隐式强制类型转换，因而，可能会因为强制类型转换而出现一些意想不到的问题，并导致程序运行的结果出错。此外，计算机中运算部件位数有限，导致计算机中算术运算的结果可能发生溢出，因而，在某些情况下，计算机世界里的算术运算不同于日常生活中的算术运算，不能想当然地用日常生活中算术运算的性质来判断计算机世界中的算术运算结果。例如，计算机世界中浮点运算不支持结合律，但可以给负数开根号等。

习题

1. 给出以下概念的解释说明。

真值	机器数	数值数据	非数值数据	无符号整数	带符号整数
定点数	原码	补码	变形补码	溢出	浮点数
尾数	阶	阶码	移码	阶码下溢	阶码上溢
规格化数	左规	右规	非规格化数	机器零	非数（NaN）
BCD 码	逻辑数	ASCII 码	汉字输入码	汉字内码	机器字长
大端方式	小端方式	最高有效位	最高有效字节（MSB）		最低有效位
最低有效字节（LSB）	掩码	算术移位	逻辑移位	0 扩展	
符号扩展	零标志 ZF	溢出标志 OF	符号标志 SF	进位/借位标志 CF	

2. 简单回答下列问题。

(1) 为什么计算机内部采用二进制表示信息？既然计算机内部所有信息都用二进制表示，为什么还要用到十六进制或八进制数？

(2) 常用的定点数编码方式有哪几种？通常它们各自用来表示什么？

(3) 为什么现代计算机中大多用补码表示带符号整数？

(4) 在浮点数的基数和总位数一定的情况下，浮点数的表示范围和精度分别由什么决定？两者如何相互制约？

(5) 为什么要对浮点数进行规格化？有哪两种规格化操作？

(6) 为什么有些计算机中除了用二进制外还用 BCD 码来表示数值数据？

(7) 为什么计算机处理汉字时会涉及不同的编码（如，输入码、内码、字模码）？说明这些编码中哪些用二进制编码，哪些不用二进制编码，为什么？

3. 实现下列各数的转换。

(1) $(25.8125)_{10} = (?)_2 = (?)_8 = (?)_{16}$

(2) $(101101.011)_2 = (?)_{10} = (?)_8 = (?)_{16} = (?)_{8421}$

(3) $(0101\ 1001\ 0110.0011)_{8421} = (?)_{10} = (?)_2 = (?)_{16}$

(4) $(4E.C)_{16} = (?)_{10} = (?)_2$

4. 假定机器数为 8 位（1 位符号，7 位数值），写出下列各二进制数的原码表示。

$+0.1001,\ -0.1001,\ +1.0,\ -1.0,\ +0.010100,\ -0.010100,\ +0,\ -0$

5. 假定机器数为 8 位（1 位符号，7 位数值），写出下列各二进制数的补码和移码表示。

$+1001,\ -1001,\ +1,\ -1,\ +10100,\ -10100,\ +0,\ -0$

6. 已知 $[x]_{补}$，求 x。

(1) $[x]_{补} = 1110\ 0111$ (2) $[x]_{补} = 1000\ 0000$

(3) $[x]_{补} = 0101\ 0010$ (4) $[x]_{补} = 1101\ 0011$

7. 某 32 位字长的机器中带符号整数用补码表示，浮点数用 IEEE 754 标准表示，寄存器 R1 和

R2 的内容分别为 R1：0000 108BH；R2：8080 108BH。不同指令对寄存器进行不同的操作，因而不同指令执行时寄存器内容对应的真值不同。假定执行下列运算指令时，操作数为寄存器 R1 和 R2 的内容，则 R1 和 R2 中操作数的真值分别为多少？

（1）无符号整数加法指令。

（2）带符号整数乘法指令。

（3）单精度浮点数减法指令。

8. 假定机器 M 的字长为 32 位，用补码表示带符号整数。下表中第一列给出了在机器 M 上执行的 C 语言程序中的关系表达式，请参照已有的表栏内容完成表中后三栏内容的填写。

关系表达式	运算类型	结果	说明
0 == 0U			
−1 < 0			
−1 < 0U	无符号整数	0	$11\cdots1B\ (2^{32}-1) > 00\cdots0B\ (0)$
2147483647 > −2147483647 − 1	带符号整数	1	$011\cdots1B\ (2^{31}-1) > 100\cdots0B\ (-2^{31})$
2147483647U > −2147483647 − 1			
2147483647 > (int) 2147483648U			
−1 > −2			
(unsigned) −1 > −2			

9. 在 32 位计算机中运行一个 C 语言程序，在该程序中出现了以下变量的初值，请写出它们对应的机器数（用十六进制表示）。

（1）int x = −32 768　　（2）short y = 522　　（3）unsigned z = 65 530

（4）char c = '@'　　（5）float a = −1.1　　（6）double b = 10.5

10. 在 32 位计算机中运行一个 C 语言程序，在该程序中出现了一些变量，已知这些变量在某一时刻的机器数（用十六进制表示）如下，请写出它们对应的真值。

（1）int x：FFFF 0006H　（2）short y：DFFCH　　（3）unsigned z：FFFF FFFAH

（4）char c：2AH　　（5）float a：C448 0000H　（6）double b：C024 8000 0000 0000H

11. 以下给出的是一些字符串变量的机器码，请根据 ASCII 码定义写出对应的字符串。

（1）char *mystring1：68H 65H 6CH 6CH 6FH 2CH 77H 6FH 72H 6CH 64H 0AH 00H

（2）char *mystring2：77H 65H 20H 61H 72H 65H 20H 68H 61H 70H 70H 79H 21H 00H

12. 以下给出的是一些字符串变量的初值，请写出对应的机器码。

（1）char *mystring1 = "./myfile"　　（2）char *mystring2 = "OK, good!"

13. 已知 C 语言中的按位异或运算（XOR）用符号"^"表示。对于任意一个位序列 a，$a\char94 a = 0$，C 语言程序可以利用这个特性来实现两个数值交换的功能。以下是一个实现该功能的 C 语言函数：

```
1   void xor_swap(int *x, int *y)
2   {
3       *y=*x ^ *y;   /* 第一步 */
4       *x=*x ^ *y;   /* 第二步 */
5       *y=*x ^ *y;   /* 第三步 */
6   }
```

假定执行该函数时 $*x$ 和 $*y$ 的初始值分别为 a 和 b，即 $*x=a$ 且 $*y=b$，请给出每一步执行结束后，x 和 y 各自指向的存储单元中的内容分别是什么？

14. 假定某个实现数组元素倒置的函数 reverse_array 调用了第 13 题中给出的 xor_swap 函数：

```
1   void reverse_array(int a[], int len)
2   {
3       int left, right = len - 1;
4       for (left = 0; left <= right; left ++ , right -- )
5           xor_swap(&a[left], &a[right]);
6   }
```

当 len 为偶数时，reverse_array 函数的执行没有问题。但是，当 len 为奇数时，函数的执行结果不正确。请问，当 len 为奇数时会出现什么问题？最后一次循环中的 $left$ 和 $right$ 各取什么值？最后一次循环中调用 xor_swap 函数后的返回值是什么？对 reverse_array 函数做怎样的改动就可消除该问题？

15. 假设以下表中的 x 和 y 是某 C 语言程序中的 char 型变量，请根据 C 语言中的按位运算和逻辑运算的定义，填写下表，要求用十六进制形式填写。

x	y	x^y	x&y	x｜y	~x｜~y	x&!y	x&&y	x‖y	!x‖!y	x&&~y
0x5F	0xA0									
0xC7	0xF0									
0x80	0x7F									
0x07	0x55									

16. 对于一个 $n(n \geqslant 8)$ 位的变量 x，写出满足下列要求的 C 语言表达式。

（1）x 的最高有效字节不变，其余各位全变为 0。

（2）x 的最低有效字节不变，其余各位全变为 0。

（3）x 的最低有效字节全变为 0，其余各位取反。

（4）x 的最低有效字节全变为 1，其余各位不变。

17. 以下是由反汇编器生成的一段针对某个小端方式处理器的机器级代码表示文本，其中，最左边是指令所在的存储单元地址，冒号后面是指令的机器码，最右边是指令的汇编语言表示，即汇编指令。已知反汇编输出中的机器数都采用补码表示，请给出指令代码中画线部分表示的机器数对应的真值。

```
80483d2: 81 ec b8 01 00 00    sub    $0x1b8, %esp
80483d8: 8b 55 08             mov    0x8(%ebp), %edx
80483db: 83 c2 14             add    $0x14, %edx
80483de: 8b 85 58 fe ff ff    mov    0xfffffe58(%ebp), %eax
80483e4: 03 02                add    (%edx), %eax
80483e6: 89 85 74 fe ff ff    mov    %eax, 0xfffffe74(%ebp)
80483ec: 8b 55 08             mov    0x8(%ebp), %edx
80483ef: 83 c2 44             add    $0x44, %edx
80483f2: 8b 85 c8 fe ff ff    mov    0xfffffec8(%ebp), %eax
80483f8: 89 02                mov    %eax, (%edx)
80483fa: 8b 45 10             mov    0x10(%ebp), %eax
80483fd: 03 45 0c             add    0xc(%ebp), %eax
8048400: 89 85 ec fe ff ff    mov    %eax, 0xffffffeec(%ebp)
8048406: 8b 45 08             mov    0x8(%ebp), %eax
8048409: 83 c0 20             add    $0x20, %eax
```

18. 假设以下 C 语言函数 compare_str_len 用来判断两个字符串的长度，当字符串 str1 的长度大于 str2 的长度时函数返回值为 1，否则为 0。

```
1  int compare_str_len(char *str1, char *str2)
2  {
3         return strlen(str1) - strlen(str2) > 0;
4  }
```

已知 C 语言标准库函数 strlen 原型声明为 "size_t strlen(const char ∗ s);"，其中，size_t 被定义为 unsigned int 类型。请问：函数 compare_str_len 在什么情况下返回的结果不正确？为什么？为使函数正确返回结果应如何修改代码？

19. 考虑以下 C 语言程序代码：

```
1  int func1(unsigned word)
2  {
3         return (int)((word <<24) >> 24);
4  }
5  int func2(unsigned word)
6  {
7         return ((int) word <<24 ) >> 24;
8  }
```

假设在一个 32 位机器上执行这些函数，该机器使用二进制补码表示带符号整数。无符号数采用逻辑移位，带符号整数采用算术移位。请填写下表，并说明函数 func1 和 func2 的功能。

w		func1(w)		func2(w)	
机器数	值	机器数	值	机器数	值
	127				
	128				
	255				
	256				

20. 填写下表，注意对比无符号整数和带符号整数的乘法结果，以及截断操作前、后的结果。

模式	x		y		$x \times y$（截断前）		$x \times y$（截断后）	
	机器数	值	机器数	值	机器数	值	机器数	值
无符号	110		010					
带符号	110		010					
无符号	001		111					
带符号	001		111					
无符号	111		111					
带符号	111		111					

21. 以下是两段 C 语言代码，函数 arith() 是直接用 C 语言写的，而 optarith() 是对 arith() 函数以某个确定的 M 和 N 编译生成的机器代码反编译生成的。根据 optarith()，可以推断函数 arith() 中 M 和 N 的值各是多少？

```
#define M
#define N
int arith (int x, int y)
{
```

```
        int result = 0 ;
        result = x* M + y/N;
        return result;
    }

    int optarith ( int x, int y)
    {
        int t = x;
        x << = 4;
        x − = t;
        if ( y < 0 ) y += 3;
        y >> =2;
        return x + y;
    }
```

22. 下列几种情况所能表示的数的范围是什么？

    （1）16 位无符号整数。

    （2）16 位原码定点小数。

    （3）16 位移码定点整数。

    （4）16 位补码定点整数。

    （5）下述格式的浮点数（基数为 2，移码的偏置常数为 128）。

符号	阶码	尾数
1 位	8 位移码	7 位原码数值部分

23. 以 IEEE 754 单精度浮点数格式表示下列十进制数。

    $+1.75$，$+19$，$-1/8$，258

24. 设一个变量的值为 4098，要求分别用 32 位补码整数和 IEEE 754 单精度浮点格式表示该变量（结果用十六进制形式表示），并说明哪段二进制位序列在两种表示中完全相同，为什么会相同？

25. 设一个变量的值为 − 2 147 483 647，要求分别用 32 位补码整数和 IEEE754 单精度浮点格式表示该变量（结果用十六进制形式表示），并说明哪种表示其值完全精确，哪种表示的是近似值（提示：2 147 483 647 $=2^{31}-1$）。

26. 下表给出了有关 IEEE 754 浮点格式表示中一些重要的非负数的取值，表中已经有最大规格化数的相应内容，要求填入其他浮点数格式的相应内容。

项目	阶码	尾数	单精度		双精度	
			以 2 的幂次表示的值	以 10 的幂次表示的值	以 2 的幂次表示的值	以 10 的幂次表示的值
0 1 最大规格化数 最小规格化数 最大非规格化数 最小非规格化数 $+\infty$ NaN	11111110	1…11	$(2-2^{-23})\times 2^{127}$	3.4×10^{38}	$(2-2^{-52})\times 2^{1023}$	1.8×10^{308}

27. 已知下列字符编码：A 为 100 0001，a 为 110 0001，0 为 011 0000，求 E、e、f、7、G、Z、5 的 7 位 ACSII 码和在第一位前加入奇校验位后的 8 位编码。

28. 假定在一个程序中定义了变量 x、y 和 i，其中，x 和 y 是 float 型变量，i 是 16 位 short 型变量（用补码表示）。程序执行到某一时刻，$x = -0.125$、$y = 7.5$、$i = 100$，它们都被写到了主存（按字节编址），其地址分别是 100、108 和 112。请分别画出在大端模式机器和小端模式机器上变量 x、y 和 i 中每个字节在主存的存放位置。

29. 对于图 2.8，假设 $n = 8$，机器数 X 和 Y 的真值分别是 x 和 y。请按照图 2.8 的功能填写下表并给出对每个结果的解释。要求机器数用十六进制形式填写，真值用十进制形式填写。

表示	X	x	Y	y	$X+Y$	$x+y$	OF	SF	CF	$X-Y$	$x-y$	OF	SF	CF
无符号	0xB0		0x8C											
带符号	0xB0		0x8C											
无符号	0x7E		0x5D											
带符号	0x7E		0x5D											

30. 某 32 位计算机上，有一个函数其原型声明为"int ch_mul_overflow(int x, int y);"，该函数用于对两个 int 型变量 x 和 y 的乘积判断是否溢出，若溢出则返回 1，否则返回 0。请使用 64 位精度的整数类型 long long 来编写该函数。

31. 对于 2.7.5 节中例 2.33 存在的整数溢出漏洞，如果将其中的第 5 行改为以下两个语句：

```
unsigned long long arraysize = count*(unsigned long long)sizeof(int);
int *myarray = (int *) malloc(arraysize);
```

已知 C 语言标准库函数 malloc 的原型声明为"void ＊ malloc（size_t size）;"，其中，size_t 定义为 unsigned int 类型，则上述改动能否消除整数溢出漏洞？若能则说明理由；若不能则给出修改方案。

32. 已知一次整数加法、一次整数减法和一次移位操作都只需一个时钟周期，一次整数乘法操作需要 10 个时钟周期。若 x 为一个整型变量，现要计算 $55 * x$，请给出一种计算表达式，使得所用时钟周期数最少。

33. 假设 x 为一个 int 型变量，请给出一个用来计算 $x/32$ 的值的函数 div32。要求不能使用除法、乘法、模运算、比较运算、循环语句和条件语句，可以使用右移、加法以及任何按位运算。

34. 无符号整数变量 ux 和 uy 的声明和初始化如下：

```
unsigned ux = x;
unsigned uy = y;
```

若 sizeof(int) = 4，则对于任意 int 型变量 x 和 y，判断以下关系表达式是否永真。若永真则给出证明；若不永真则给出结果为假时 x 和 y 的取值。

（1）(x*x) >= 0

（2）(x - 1 < 0) ‖ x > 0

（3）x < 0 ‖ - x <= 0

（4）x > 0 ‖ - x >= 0

（5）x&0xf != 15 ‖ (x << 28) < 0

（6）x > y == (- x < - y)

（7）~ x + ~ y == ~ (x + y)

（8）(int) (ux - uy) == - (y - x)

（9）`((x>>2)<<2) <= x`　　　　　　　（10）`x*4 + y*8 == (x<<2) + (y<<3)`

（11）`x/4 + y/8 == (x>>2) + (y>>3)`　　（12）`x*y == ux*uy`

（13）`x + y == ux + uy`　　　　　　　　（14）`x* ~ y + ux*uy == - x`

35. 变量 dx、dy 和 dz 的声明和初始化如下：

```
double dx = (double) x;
double dy = (double) y;
double dz = (double) z;
```

若 float 和 double 分别采用 IEEE 754 单精度和双精度浮点数格式，sizeof(int) = 4，则对于任意 int 型变量 x、y 和 z，判断以下关系表达式是否永真。若永真则给出证明；若不永真则给出结果为假时 x、y 和 z 的取值。

（1）`dx*dx >= 0`　　　　　　　　　　（2）`(double)(float) x == dx`

（3）`dx + dy == (double) (x + y)`　　　　（4）`(dx + dy) + dz == dx + (dy + dz)`

（5）`dx*dy*dz == dz*dy*dx`　　　　　　（6）`dx/dx == dy/dy`

36. 在 IEEE 754 浮点数运算中，当结果的尾数出现什么形式时需要进行左规，什么形式时需要进行右规？如何进行左规，如何进行右规？

37. 在 IEEE 754 浮点数运算中，如何判断浮点运算的结果是否溢出？

38. 分别给出不能精确用 IEEE 754 单精度和双精度格式表示的最小正整数。

39. 采用 IEEE 754 单精度浮点数格式计算下列表达式的值。

（1）$0.75 + (-65.25)$　　　　　　　（2）$0.75 - (-65.25)$

40. 以下是函数 fpower2 的 C 语言源程序，它用于计算 2^x 的浮点数表示，其中调用了函数 u2f，u2f 用于将一个无符号整数表示的 0/1 序列作为 float 类型返回。请填写 fpower2 函数中的空白部分，以使其能正确计算结果。

```
 1   float fpower2(int x)
 2   {
 3       unsigned exp, frac, u;
 4
 5       if (x < _____){  /* 值太小,返回 0.0 */
 6           exp = _____;
 7           frac = _____;
 8       } else if (x < _____){   /* 返回非规格化结果 */
 9           exp = _____;
10           frac = _____;
11       } else if (x < _____){   /* 返回规格化结果 */
12           exp = _____;
13           frac = _____;
14       } else {   /* 值太大,返回 +∞ */
15           exp = _____;
16           frac = _____;
17       }
18       u = exp << 23 | frac;
19       return u2f(u);
20   }
```

41. 以下是一组关于浮点数按位级进行运算的编程题目，其中用到一个数据类型 float_bits，它被定义为 unsigned int 类型。以下程序代码必须采用 IEEE 754 标准规定的运算规则，例如，舍入应采用就近舍入到偶数的方式。此外，代码中不能使用任何浮点数类型、浮点数运算和浮点常数，只能使用 float_bits 类型；不能使用任何复合数据类型，如数组、结构和联合等；可以使用无符号整数或带符号整数的数据类型、常数和运算。要求编程实现以下功能并进行正确性测试。

(1) 计算浮点数 f 的绝对值 $|f|$。若 f 为 NaN，则返回 f，否则返回 $|f|$。函数原型为：

```
float_bits float_abs(float_bits f);
```

(2) 计算浮点数 f 的负数 $-f$。若 f 为 NaN，则返回 f，否则返回 $-f$。函数原型为：

```
float_bits float_neg(float_bits f);
```

(3) 计算 $0.5 * f$。若 f 为 NaN，则返回 f，否则返回 $0.5 * f$。函数原型为：

```
float_bits float_half(float_bits f);
```

(4) 计算 $2.0 * f$。若 f 为 NaN，则返回 f，否则返回 $2.0 * f$。函数原型为：

```
float_bits float_twice(float_bits f);
```

(5) 将 int 型整数 i 的位序列转换为 float 型位序列。函数原型为：

```
float_bits float_i2f(int i);
```

(6) 将浮点数 f 的位序列转换为 int 型位序列。若 f 为非规格化数，则返回值为 0；若 f 是 NaN 或 $\pm\infty$ 或超出 int 型数可表示范围，则返回值为 0x8000 0000；若 f 带小数部分，则考虑舍入。函数原型为：

```
int float_f2i(float_bits f);
```

第 3 章

程序的转换及机器级表示

计算机的指令有微指令、机器指令和伪（宏）指令之分。**微指令**是微程序级命令，属于硬件范畴；**伪指令**是由若干机器指令组成的指令序列，属于软件范畴；**机器指令**介于二者之间，处于硬件和软件的交界面。本章中提及的指令指机器指令，机器指令的汇编语言表示形式为**汇编指令**。机器指令和汇编指令一一对应，它们都与具体机器结构有关，都属于**机器级指令**。

本章主要介绍 C 语言程序与 IA-32 机器级指令之间的对应关系。主要内容包括：程序转换概述、IA-32 指令系统、C 语言中的过程调用和各类控制语句的机器级实现、复杂数据类型（数组、结构、联合等）对应处理程序段的机器级实现等。本章所用的机器级表示主要以汇编语言形式为主。

本章中多处需要对指令功能进行描述，为简化对指令功能的说明，将采用**寄存器传送语言**（Register Transfer Language，RTL）来说明。

本书 RTL 规定：R[r] 表示寄存器 r 的内容，M[addr] 表示存储单元 addr 的内容，寄存器 r 采用不带%的形式表示；M[PC] 表示 PC 所指存储单元的内容；M[R[r]] 表示寄存器 r 的内容所指的存储单元的内容。传送方向用←表示，即传送源在右，传送目的在左。例如，对于指令"movw 4(%ebp)，%ax"，其功能为 R[ax]←M[R[ebp]+4]，含义是：将寄存器 EBP 的内容和 4 相加得到的地址对应的两个连续存储单元中的内容送到寄存器 AX 中。

本书中寄存器名称的书写约定如下：寄存器的名称若出现在单独一行的汇编指令或寄存器传送语言中则用小写表示，若出现在正文段落或其他部分则用大写表示。

本书对汇编指令或汇编指令名称的书写约定如下：具体一条汇编指令或指令名称用小写表示，但在泛指某一类指令的指令类别名称时用大写表示。

3.1 程序转换概述

计算机硬件只能识别和理解机器语言程序，用各种汇编语言或高级语言编写的源程序都要翻译（汇编、解释或编译）成以机器指令形式表示的机器语言才能在计算机上执行。通常对于编译执行的程序来说，都是先将高级语言源程序通过编译器转换为汇编语言目标程序，然后将汇编语言源程序通过汇编程序转换为机器语言目标程序。

3.1.1　机器指令及汇编指令

在第 1 章中提到，冯·诺依曼结构计算机的功能通过执行机器语言程序实现，程序的执行过程就是所包含的指令的执行过程。机器语言程序是一个由若干条机器指令组成的序列。每条机器指令由若干字段组成，例如，操作码字段用来指出指令的操作性质，立即数字段用来指出操作数或偏移量，寄存器编号字段给出操作数或操作数地址所在的寄存器编号等。每个字段都是一串由 0 和 1 组成的二进制数字序列，例如，在 MIPS 指令中，操作码字段为 100011 时表示"load word"指令，操作码字段为 000010 时表示"jump"指令。因此，机器指令实际上就是一个 0/1 序列，即位串。因为人类很难记住这些位串的含义，所以机器指令的可读性很差。

为了能直观地表示机器语言程序，引入了一种与机器语言一一对应的符号化表示语言，称为汇编语言。在汇编语言中，通常用容易记忆的英文单词或缩写来表示指令操作码的含义，用标号、变量名称、寄存器名称、常数等表示操作数或地址码。这些英文单词或其缩写、标号、变量名称等都被称为**汇编助记符**。用若干个助记符表示的与机器指令一一对应的指令称为汇编

指令，用汇编语言编写的程序称为汇编语言程序，因此，汇编语言程序主要是由汇编指令构成的。

对于如图 3.1 所示的 Intel 8086/8088 的机器指令"88 49 FAH"，其指令格式包含有若干字段，每个字段

100010 DW	mod	reg	r/m	disp8
100010 0 0	01	001	001	11111010

图 3.1　机器指令举例

对应不同的含义。其中，开始的 6 位"100010"表示是 mov 指令；位 D 表示 reg 字段给出的是否为目的操作数，D = 1 说明 reg 字段给出的是目的操作数，否则是源操作数；位 W 表示操作数的宽度，W = 0 时为 8 位，W = 1 时为 16 位；mod 字段表示寻址方式；reg 字段是源或目的操作数所在的寄存器编号；r/m 字段给出源或目的操作数所在寄存器编号或有效地址计算方式；disp8 给出在有效地址计算中用到的 8 位位移量。

根据指令字段的划分可知，在图 3.1 中，D = 0，W = 0，mod = 01，reg = 001，r/m = 001，disp8 = 11111010。说明该指令的操作数为 8 位，reg 指出的是源操作数。目的操作数的有效地址由 mod 和 r/m 两个字段组合确定。根据寄存器编号查表可知，001 是寄存器 CL 的编号，根据 mod = 01 且 r/m = 001 的情况查表可知，目的操作数的有效地址为 R[bx] + R[di] + disp8。根据 disp8 字段为 1111 1010 可知，位移量 disp8 的值为 − 110B = − 6。因此，对应的 Intel 格式汇编指令表示为"mov [bx + di − 6], cl"，其功能为 M[R[bx] + R[di] − 6]←R[cl]，也即，将 CL 寄存器的内容传送到一个存储单元中，该存储单元的有效地址计算方法为 BX 和 DI 两个寄存器的内容相加再减 6。这里，汇编指令中的 mov、bx、di、cl 等都是汇编助记符。

显然，对于人类来说，明白汇编指令的含义比弄懂机器指令中的一串二进制数字要容易得多。但是，对于计算机硬件来说，情况却相反，计算机硬件不能直接执行汇编指令而只能执行机器指令。用来将汇编语言源程序中的汇编指令翻译成机器指令的程序称为**汇编程序**。而将机器指令反过来翻译成汇编指令的程序称为**反汇编程序**。

机器语言和汇编语言统称为**机器级语言**。用机器指令表示的机器语言程序和用汇编指令表示的汇编语言程序称为**机器级程序**，它是对应高级语言程序的机器级表示。任何一个高级语言程序一定存在一个与之对应的机器级程序，而且是不唯一的。因此，如何将高级语言程序生

成对应的机器级程序并在时间和空间上达到最优,是编译优化要解决的问题。

3.1.2 指令集体系结构

第 1 章详细介绍了计算机系统的层次结构,说明了计算机系统是由多个不同的抽象层构成的,每个抽象层的引入,都是为了对它的上层屏蔽或隐藏其下层的实现细节,从而为其上层提供简单的使用接口。在计算机系统的抽象层中,最重要的抽象层就是**指令集体系结构**(Instruction Set Architecture,ISA),它作为计算机硬件之上的抽象层,对使用硬件的软件屏蔽了底层硬件的实现细节,将物理上的计算机硬件抽象成一个逻辑上的虚拟计算机,称为**机器语言级虚拟机**。

ISA 定义了机器语言级虚拟机的属性和功能特性,主要包括如下信息。

- 可执行的指令的集合,包括指令格式、操作种类以及每种操作对应的操作数的相应规定;
- 指令可以接受的操作数的类型;
- 操作数或其地址所能存放的寄存器组的结构,包括每个寄存器的名称、编号、长度和用途;
- 操作数所能存放的存储空间的大小和编址方式;
- 操作数在存储空间存放时按照大端方式还是小端方式存放;
- 指令获取操作数以及下一条指令的方式,即寻址方式;
- 指令执行过程的控制方式,包括程序计数器、条件码定义等。

ISA 规定了机器级程序的格式和行为,也就是说,ISA 属于软件看得见(即能感觉到)的特性。用机器指令或汇编指令编写机器级程序的程序员必须对运行该程序的机器的 ISA 非常熟悉。不过,在工作中大多数程序员不用汇编指令编写程序,更不会用机器指令编写程序。大多数情况下,程序员用抽象层更高的高级语言(如 C/C++、Java)编写程序,这样程序开发效率会更高,也更不容易出错。高级语言程序在机器硬件上执行之前,由编译器将其转换为机器级程序,并在转换过程中进行语法检查、数据类型检查等工作,因而能帮助程序员发现许多错误。程序员现在大多用高级语言编写程序而不再直接编写机器级程序,似乎程序员不需要了解 ISA 和底层硬件的执行机理。但是,由于高级语言抽象层太高,隐藏了许多机器级程序的行为细节,使得高级语言程序员不能很好地利用与机器结构相关的一些优化方法来提升程序的性能,也不能很好地预见和防止潜在的安全漏洞或发现他人程序中的安全漏洞。如果程序员对 ISA 和底层硬件实现细节有充分的了解,则可以更好地编制高性能程序,并避免程序的安全漏洞。有关这方面的情况,第 2 章内容中已经有过一些论述,在后续章节中将提供更多的例子来说明了解高级语言程序的机器级表示的重要性。

3.1.3 生成机器代码的过程

1.2.2 节中曾描述了使用 GCC 工具将一个 C 语言程序转换为可执行目标代码的过程,图 1.8 给出了一个示例。通常,这个转换过程分为以下 4 个步骤。① 预处理。例如,在 C 语言源程序中有一些以#开头的语句,可以在预处理阶段对这些语句进行处理,在源程序中插入所有用#include命令指定的文件和用#define声明指定的宏。② 编译。将预处理后的源程序文件编译生成相应的汇编语言程序。③ 汇编。由汇编程序将汇编语言源程序文件转换为可重定位的机器语言目标代码文件。④ 链接。由链接器将多个可重定位的机器语言目标文件以及库例程（如printf()库函数）链接起来，生成最终的可执行文件。

小贴士

GNU是"GNU's Not Unix"的递归缩写。GNU计划是由Richard Stallman在1983年9月27日公开发起的。它的目标是创建一套完全自由的类UNIX操作系统，其源代码可以被自由地"使用、复制、修改和发布"。GNU包含3个协议条款，如GNU通用公共许可证（GNU General Public License，GPL）和GNU较宽松公共许可证（GNU Lesser General Public License，LGPL）。

1985年Richard Stallman又创立了自由软件基金会（Free Software Foundation）来为GNU计划提供技术、法律以及财政支持。当GNU计划开始逐渐获得成功时，一些商业公司开始介入开发和技术支持。当中最著名的就是之后被Red Hat兼并的Cygnus Solutions。到了1990年，GNU计划已经开发出的软件包括了一个功能强大的文字编辑器Emacs。1991年Linus Torvalds编写出了与UNIX兼容的Linux操作系统内核并在GPL条款下发布。Linux之后在网上广泛流传，许多程序员参与了开发与修改。1992年Linux与其他GNU软件结合，完全自由的操作系统正式诞生。该操作系统往往被称为"GNU/Linux"或简称Linux。

GCC（GNU Compiler Collection，GNU编译器套件）是一套由GNU项目开发的编程语言编译器。它是一套以GPL及LGPL许可证所发行的自由软件，也是GNU计划的关键部分，是自由的类UNIX及苹果电脑Mac OS X操作系统的标准编译器。GCC原名为GNU C语言编译器，因为它原本只能处理C语言。后来GCC扩展很快，可处理C++、Fortran、Pascal、Objective-C、Java，以及Ada与其他语言。GCC通常是跨平台软件的编译器首选。有别于一般局限于特定系统与执行环境的编译器，GCC在所有平台上都使用同一个前端处理程序。

gcc是GCC套件中的编译驱动程序名。C语言编译器所遵循的部分约定规则为：源程序文件后缀名为.c；源程序所包含的头文件后缀名为.h；预处理过的源代码文件后缀名为.i；汇编语言程序文件后缀名为.s；编译后的可重定位目标文件后缀名为.o；最终生成的可执行目标文件可以没有后缀。

使用gcc编译器时，必须给出一系列必要的编译选项和文件名称，其编译选项有100多个，但是多数根本用不到。最基本的用法：gcc[-options][filenames]，其中[-options]指定编译选项，filenames给出相关文件名。

gcc可以基于不同的编译选项选择按照不同的C语言版本进行编译。因为ANSI C和ISO C90两个C语言版本一样，所以，编译选项-ansi和-std=C89的效果相同，目前是默认选项。C90有时也称为C89，因为C90的标准化工作是从1989年开始的。若指定编译选项-std=C99，则会使gcc按照ISO C99的C语言版本进行编译。

下面以 C 编译器 gcc 为例来说明一个 C 语言程序被转换为可执行代码的过程。假定一个 C 程序包含两个源程序文件 prog1.c 和 prog2.c，最终生成的可执行文件为 prog，则可用以下命令一步到位生成最终的可执行文件。

```
gcc -O1 prog1.c prog2.c -o prog
```

该命令中的选项-o 指出输出文件名。编译选项-O1 表示采用最基本的第一级优化。通常，提高优化级别会得到更好的性能，但会使编译时间增长，而且使目标代码与源程序对应关系变得更复杂，从程序执行的性能来说，通常认为对应选项-O2 的第二级优化是最好的选择。本章的目的是建立高级语言源程序与机器级程序之间的对应关系，而没有优化过的机器级程序与源程序的对应关系最准确，所以，后面的例子都采用默认的优化选项-O0，即无任何编译优化。

也可以将上述完整的预处理、汇编、编译和链接过程，通过以下多个不同的编译选项命令分步骤进行。① 使用命令"gcc -E prog1.c -o prog1.i"，对 prog1.c 进行预处理，生成预处理结果文件 prog1.i；② 使用命令"gcc -S prog1.i -o prog1.s"或"gcc -S prog1.c -o prog1.s"，对 prog1.i 或 prog1.c 进行编译，生成汇编代码文件 prog1.s；③ 使用命令"gcc -c prog1.s -o prog1.o"，对 prog1.s 进行汇编，生成可重定位目标文件 prog1.o；④ 使用命令"gcc prog1.o prog2.o -o prog"，将两个可重定位目标文件 prog1.o 和 prog2.o 链接起来，生成可执行文件 prog。

gcc 编译选项具体的含义可使用命令 man gcc 进行查看，附录 B 给出了常用选项说明。

例 3.1 在 IA-32 + Linux 平台上，对下列源程序 test.c 使用 GCC 命令进行相应的处理，以分别得到预处理后的文件 test.i、汇编代码文件 test.s 和可重定位目标文件 test.o。这些输出文件中，哪些是可显示的文本文件？哪些是不能显示的二进制文件？请给出所有可显示文本文件的输出结果。

```
1   // test.c
2
3   int add(int i, int j )
4   {
5       int x = i + j;
6       return x;
7   }
```

解 使用命令"gcc -E test.c -o test.i"可生成 test.i；使用命令"gcc -S test.i -o test.s"可生成 test.s；使用命令"gcc -c test.s -o test.o"可生成 test.o。其中，可显示的文本文件有 test.i 和 test.s，而 test.o 是不可显示的二进制文件。

对于预处理后的文件 test.i，不同版本的 gcc 输出结果可能不同，gcc 4.4.7 版本输出的结果有 800 多行。因篇幅有限，在此省略其内容。

汇编代码文件 test.s 是可显示文本文件，其输出的部分结果如下：

```
......
add:
    pushl    %ebp
    movl     %esp, %ebp
    subl     $16, %esp
    movl     12(%ebp), %eax
    movl     8(%ebp), %edx
```

```
leal      (%edx, %eax), %eax
movl      %eax, −4(%ebp)
movl      −4(%ebp), %eax
leave
ret
```

对于不可显示的可重定位目标文件，如何查看其内容呢？从 3.1.1 节知道，反汇编程序能够将机器指令反过来翻译成汇编指令，因此，我们需要用反汇编工具来查看目标文件中的内容。在 Linux 中可以用带 -d 选项的 objdump 命令来对目标代码进行反汇编。如果需要进一步对机器级程序进行分析的话，可以用 GNU 调试工具 gdb 来跟踪和调试。

对于上述例 3.1 中的 test.o 程序，使用命令"objdump -d test.o"可以得到以下显示结果：

```
00000000 < add > :
    0:   55              push    %ebp
    1:   89 e5           mov     %esp, %ebp
    3:   83 ec 10        sub     $0x10, %esp
    6:   8b 45 0c        mov     0xc(%ebp), %eax
    9:   8b 55 08        mov     0x8(%ebp), %edx
    c:   8d 04 02        lea     (%edx,%eax,1), %eax
    f:   89 45 fc        mov     %eax, −0x4(%ebp)
   12:   8b 45 fc        mov     −0x4(%ebp), %eax
   15:   c9              leave
   16:   c3              ret
```

test.o 是可重定位目标文件，因而目标代码从相对地址 0 开始，冒号前面的值表示每条指令相对于起始地址 0 的偏移量，冒号后面紧接着的是用十六进制表示的机器指令，右边是对应的汇编指令。从这个例子可以看出，每条机器指令的长度可能不同，例如，第一条指令只有一个字节，第二条指令是两个字节。说明 IA-32 的指令系统采用的是变长指令字结构，有关 IA-32 指令系统的细节将在 3.2 节中介绍。

将上述用 objdump 反汇编出来的汇编代码与直接由 gcc 汇编得到的汇编代码（test.s 输出结果）进行比较后可以发现，它们几乎完全相同，只是在数值形式和指令助记符的后缀等方面稍有不同。gcc 生成的汇编指令中用十进制形式表示数值，而 objdump 反汇编出来的汇编指令中则用十六进制形式表示数值。两者都以 $ 开头表示一个立即数。gcc 生成的很多汇编指令助记符结尾中带有 'l' 或 'w' 等长度后缀，它是操作数长度指示符，这里 'l' 表示指令中处理的操作数为双字，即 32 位，'w' 表示指令中处理的操作数为单字，即 16 位。对于 IA-32 来说，因为大多数情况下操作数都是 32 位，所以通常可以像 objdump 工具那样省略后缀 'l'。上述这种汇编格式称为 **AT&T 格式**，它是 objdump 和 gcc 使用的默认格式。

细心的读者可能发现，在 3.1.1 节介绍的一个关于 Intel 8086/8088 机器指令和汇编指令的例子中，汇编指令为"mov [bx + di − 6], cl"，它与例 3.1 中给出的 AT&T 格式有较大的不同，常出现在许多介绍 Intel 汇编语言程序设计的书中，这些书主要采用微软的宏汇编程序 MASM 作为编程工具。MASM 采用的是 **Intel 格式**，它是大小写不敏感的，也就是说"mov [bx + di − 6], cl"也可以写成"MOV [BX + DI − 6], CL"。Intel 格式与 AT&T 格式最大的不同是，Intel 格式中的目的操作数在左而源操作数在右，AT&T 格式则相反，如果要相互转换的话，就比较麻烦。此外 Intel 格式还有几点不同，如不带长度后缀，不在寄存器前加 %，偏移量写在括号中等。本教材主要使用 AT&T 格式。

> **小贴士**
>
> AT&T 格式：
>
> 长度后缀 b 表示指令中处理的操作数长度为字节，即 8 位；w 表示字，即 16 位；l 表示双字，即 32 位；q 表示四字，即 64 位。
>
> 寄存器操作数形式为"% + 寄存器名"，例如，"%eax"表示操作数为寄存器 EAX 中的内容，即 R[eax]。
>
> 存储器操作数形式为"偏移量（基址寄存器，变址寄存器，比例因子）"，例如，"100(%ebx,%esi,4)"表示存储单元的地址为 EBX 的内容加 ESI 的内容乘以 4 再加 100，即操作数为 M[R[ebx]+4*R[esi]+100]，偏移量、基址寄存器、变址寄存器和比例因子都可以省略。
>
> 汇编指令形式为"op src,dst"，含义为"dst←dst op src"。例如，"addl (,%ebx,2)，%eax"的含义为"R[eax]←R[eax]+M[2*R[ebx]]"。

可重定位目标文件 test.o 并不能被直接执行，需要转换为可执行文件才能执行。若要生成可执行文件，可将其包含在一个 main 函数中并进行链接。

假设 main 函数所在的源程序文件 main.c 的内容如下：

```
1   // main.c
2   int main()
3   {
4       return add(20, 13);
5   }
```

可以用命令"gcc -o test main.c test.o"来生成可执行文件 test。若用命令"objdump -d test"来反汇编 test 文件，则得到与 add 函数对应的一段输出结果如下：

```
080483d4 < add > :
 80483d4:  55           push    %ebp
 80483d5:  89 e5        mov     %esp, %ebp
 80483d7:  83 ec 10     sub     $0x10, %esp
 80483da:  8b 45 0c     mov     0xc(%ebp), %eax
 80483dd:  8b 55 08     mov     0x8(%ebp), %edx
 80483e0:  8d 04 02     lea     (%edx,%eax,1), %eax
 80483e3:  89 45 fc     mov     %eax, −0x4(%ebp)
 80483e6:  8b 45 fc     mov     −0x4(%ebp), %eax
 80483e9:  c9           leave
 80483ea:  c3           ret
```

上述输出结果与 test.o 反汇编后的输出结果差不多，只是左边的地址不再是从 0 开始，链接器将代码定位在一个特定的存储区域，其中 add 函数对应的指令序列从存储单元 080483d4H 开始存放。上述源程序中没有用到库函数调用，因而链接时无须考虑与静态库或动态库的链接。有关链接的具体内容详见第 4 章。

上述例子中包含的各条指令的含义在 3.2 节中给出。

> **小贴士**
>
> 　　在程序设计时可以将汇编语言和 C 语言结合起来编程，发挥各自的优点。这样既能满足实时性要求，又能实现所需的功能，同时兼顾程序的可读性和编程效率。一般有三种混合编程方法：① 分别编写 C 语言程序和汇编语言程序，然后独立编译转换成目标代码模块，再进行链接；② 在 C 语言程序中直接嵌入汇编语句；③ 对 C 语言程序编译转换后形成的汇编程序进行手工修改与优化。
>
> 　　第一种方法是混合编程常用的方式之一。在这种方式下，C 语言程序与汇编语言程序均可使用另一定义的函数与变量。此时代码应遵守相应的调用约定，否则属于未定义行为，程序可能无法正确执行。
>
> 　　第二种方法适用于 C 语言与汇编语言之间编程效率差异较大的情况，通常操作系统内核程序采用这种方式。内核程序中有时需要直接对设备或特定寄存器进行读写操作，这些功能通过汇编指令实现更方便、更高效。这种方式下，一方面能尽可能地减少与机器相关的代码，另一方面又能高效实现与机器相关部分的代码。
>
> 　　第三种编程方式要求对汇编与 C 语言都极其熟悉，而且这种编程方式程序可读性较差，程序修改和维护困难，一般不建议使用。
>
> 　　在 C 语言程序中直接嵌入汇编语句，其方法是使用编译器的内联汇编（inline assembly）功能，用 asm 命令将一些简短的汇编代码插入到 C 程序中。不同编译器的 asm 命令格式有一些差异，嵌入的汇编语言格式也可能不同。
>
> 　　例如，IA-32 + Windows 平台下，用 VS（Microsoft Visual Studio）开发 C 程序时，可以使用以下两种格式嵌入汇编代码，其中的汇编指令为 Intel 格式。
>
> 　　格式一：
>
> ```
> 　　__asm
> {
>     汇编代码(每行汇编指令末尾不需要分号)
> }
> ```
>
> 　　格式二：
>
> ```
> 　　__asm　汇编指令
> ……
> 　　__asm　汇编指令
> ```
>
> 　　在 IA-32 + Linux 平台下，GCC 的内联汇编命令比较复杂，嵌入的汇编指令为 AT&T 格式，如需了解，请参考相关资料。

3.2　IA-32 指令系统概述

　　ISA 规定了机器语言程序的格式和行为，因而这里先介绍相应的 Intel 指令集体系结构。x86 是 Intel 开发的一种处理器体系结构的泛称。该系列中较早期的处理器名称以数字来表示，并以"86"结尾，包括 Intel 8086、80286、i386 和 i486 等，因此其架构被称为"x86"。由于数

字并不能作为注册商标，因此 Intel 及其竞争者均对新一代处理器使用了可注册的名称，如
Pentium、Pentium Pro、Core 2、Core i7 等。现在 Intel 把 32 位 x86 架构的名称 x86-32 改称为 IA-
32，全名为"Intel Architecture，32-bit"。

1985 年推出的 Intel 80386 处理器是 IA-32 家族中第一款产品，在随后的 20 多年间，IA-32
体系结构一直是市场上最流行的通用处理器架构，它是典型的 CISC 风格指令集体系结构，IA-
32 处理器与 Intel 80386 保持向后兼容。

后来，由 AMD 首先提出了一个 Intel 指令集的 64 位版本，命名为"x86-64"。它在 IA-32
的基础上对寄存器的宽度和个数、浮点运算指令等进行了扩展，并加入了一些新的特性，指令
能够直接处理长度为 64 位的数据。后来 AMD 将其更名为 AMD 64，而 Intel 称其为 Intel 64。

IA-32 的 ISA 规范通过《Intel 64 与 IA-32 架构软件开发者手册》定义。本书着重介绍 IA-
32 架构中的基础特性，这些基础特性从 Intel 80386 处理器开始就已经存在，因此很多内容读
者可以直接阅读《Intel 80386 程序员参考手册》进行参考。

3.2.1　数据类型及其格式

在 IA-32 中，操作数是整数类型还是浮点数类型由操作码字段 op 来区分，操作数的长度也由
op 中相应的位来说明，例如，在图 3.1 中的位 W 可指出操作数是 8 位还是 16 位。对于 8086/8088
来说，因为整数只有 8 位和 16 位两种长度，所以用一位就行。但是，发展到 IA-32，已经有 8 位
（字节）、16 位（字）、32 位（双字）等不同长度，因而表示操作数长度至少要有两位。在对应的
汇编指令中，通过在指令助记符后面加一个长度后缀，或通过专门的数据长度指示符来指出操作
数长度。IA-32 由 16 位架构发展而来，因此，Intel 最初规定一个字为 16 位，因而 32 位为双字。

高级语言中的表达式最终通过指令指定的运算来实现，表达式中出现的变量或常数就是指
令中指定的操作数，因而高级语言所支持的数据类型与指令中指定的操作数类型之间有密切的
关系。这一关系由 ABI 规范定义。在第 1 章中提到，ABI 与 ISA 有关。对于同一种高级语言数
据类型，在不同的 ABI 定义中可能会对应不同的长度。例如，对于 C 语言中的 int 类型，在 IA-
32/Linux 中的存储长度是 32 位，但在 8086/DOS 中则是 16 位。因此，同一个 C 语言源程序，
使用遵循不同 ABI 规范的编译器进行编译，其执行结果可能不一样。程序员将程序从一个系统
移植到另一个系统时，一定要仔细阅读目标系统的 ABI 规范。

表 3.1 给出了 i386 System V ABI 规范中 C 语言基本数据类型和 IA-32 操作数长度之间的对
应关系。

表 3.1　C 语言基本数据类型和 IA-32 操作数类型的对应关系

C 语言声明	Intel 操作数类型	汇编指令长度后缀	存储长度（位）
（unsigned）char	整数/字节	b	8
（unsigned）short	整数/字	w	16
（unsigned）int	整数/双字	l	32
（unsigned）long int	整数/双字	l	32
（unsigned）long long int	—	—	2×32
char *	整数/双字	l	32
float	单精度浮点数	s	32
double	双精度浮点数	l	64
long double	扩展精度浮点数	t	80/96

GCC 生成的汇编代码中的指令助记符大部分都有长度后缀，例如，传送指令可以有 movb（字节传送）、movw（字传送）、movl（双字传送）等，这里，指令助记符最后的 'b'、'w' 和 'l' 是长度后缀。从表 3.1 中可看出，双字整数和双精度浮点数的长度后缀都一样。因为已经通过指令操作码区分了是浮点数还是整数，所以长度后缀相同不会产生歧义。在微软 MASM 工具生成的 Intel 汇编格式中，并不用长度后缀来表示操作数长度，而是直接通过寄存器的名称和长度指示符 PTR 等来区分操作数长度，有关信息可以查看微软和 Intel 的相关资料。

IA-32 中大部分指令需要区分操作数类型。例如，指令 fdivs 的操作数为 float 类型，指令 fdivl 的操作数为 double 类型，指令 imulw 的操作数为带符号整数（short）类型，指令 mull 的操作数为无符号整数（unsigned int）类型。

C 语言程序中的基本数据类型主要有以下几类。

① 指针或地址：用来表示字符串或其他数据区域的指针或存储地址，可声明为 char * 等类型，其宽度为 32 位，对应 IA-32 中的双字。

② 序数、位串等：用来表示序号、元素个数、元素总长度、位串等的无符号数，可声明为 unsigned char、unsigned short[int]、unsigned[int]、unsigned long[int]（括号中的 int 可省略）类型，分别对应 IA-32 中的字节、字、双字和双字。因为 IA-32 是 32 位架构，所以，编译器把 long 型数据定义为 32 位。ISO C99 规定 long long 型数据至少是 64 位，而 IA-32 中没有能处理 64 位数据的指令，因而编译器大多将 unsigned long long 型数据运算转换为多条 32 位运算指令来实现。

③ 带符号整数：它是 C 语言中运用最广泛的基本数据类型，可声明为 char、short[int]、int、long[int] 类型，分别对应 IA-32 中的字节、字、双字和双字，用补码表示。与对待 unsigned long long 数据一样，编译器将 long long 型数据运算转换为多条 32 位运算指令来实现。

④ 浮点数：用来表示实数，可声明为 float、double 和 long double 类型，分别采用 IEEE 754 的单精度、双精度和扩展精度标准表示。long double 类型是 ISO C99 中新引入的，对于许多处理器和编译器来说，它等价于 double 类型，但是由于与 x86 处理器配合的协处理器 x87 中使用了深度为 8 的 80 位的浮点寄存器栈，对于 Intel 兼容机来说，GCC 采用了 80 位的"扩展精度"格式表示。x87 中定义的 80 位扩展浮点格式包含 4 个字段：1 位符号位 s、15 位阶码 e（偏置常数为 16 383）、1 位显式首位有效位（explicit leading significant bit）j 和 63 位尾数 f。Intel 采用的这种扩展浮点数格式与 IEEE 754 规定的单精度和双精度浮点数格式的一个重要的区别是，它没有隐藏位，有效位数共 64 位。GCC 为了提高 long double 浮点数的访存性能，将其存储为 12 个字节（即 96 位，数据访问分 32 位和 64 位两次读写），其中前两个字节不用，仅用后 10 个字节，即低 80 位。

3.2.2　寄存器组织和寻址方式

不考虑 I/O 指令，IA-32 指令的操作数有三类：立即数、寄存器操作数和存储器操作数。立即数就在指令中，无须指定其存放位置。寄存器操作数需要指定操作数所在寄存器的编号，例如，图 3.1 中的指令指定了源操作数寄存器的编号为 001。当操作数为存储单元内容时，需要指定操作数所在存储单元的地址，例如，图 3.1 中的指令指定了目的操作数的存储单元地址为 BX 和 DI 两个寄存器的内容相加再减 6，得到的是一个 16 位偏移地址，它和相应的段寄存器内容进行特定的运算就可以得到操作数所在的存储单元的地址。当然，图 3.1 给出的是早期

8086 实地址模式下的指令，因而存储地址计算方式比较简单。现在，IA-32 引入了保护模式，采用的是段页式存储管理方式，因而存储地址计算变得比较复杂。相关的细节内容参见第 6 章。

IA-32 指令中用到的寄存器主要分为定点寄存器组、浮点寄存器栈和多媒体扩展寄存器组。下面分别介绍 IA-32 的定点寄存器组、浮点寄存器栈和多媒体扩展寄存器组。

1. 定点寄存器组

IA-32 由最初的 8086/8088 向后兼容扩展而来，因此，寄存器的结构也体现了逐步扩展的特点。图 3.2 给出了定点（整数）寄存器组的结构。

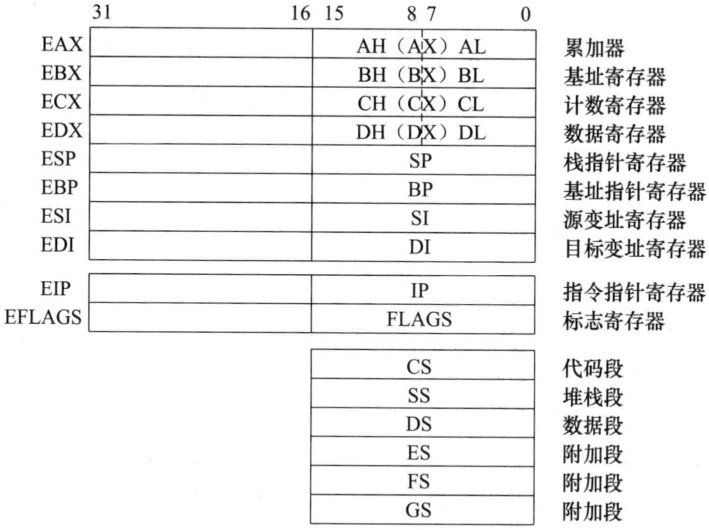

图 3.2　IA-32 的定点寄存器组

从图 3.2 可以看出，IA-32 中的定点寄存器中共有 8 个**通用寄存器**（General-Purpose Register，GPR）、两个专用寄存器和 6 个段寄存器。**定点通用寄存器**是指没有专门用途的可以存放各类定点操作数的寄存器。

8 个通用寄存器的长度为 32 位，其中 EAX、EBX、ECX 和 EDX 主要用来存放操作数，可根据操作数长度是字节、字还是双字来确定存取寄存器的最低 8 位、最低 16 位还是全部 32 位。ESP、EBP、ESI 和 EDI 主要用来存放变址值或指针，可以作为 16 位或 32 位寄存器使用，其中，ESP 是**栈指针寄存器**，EBP 是**基址指针寄存器**。

两个专用寄存器分别是**指令指针寄存器** EIP 和**标志寄存器** EFLAGS。EIP 从 16 位的 IP 扩展而来，指令指针寄存器 IP（Instruction Pointer）与程序计数器 PC 是功能完全一样的寄存器，名称不同而已，在本教材中两者通用，都是指用来存放将要执行的下一条指令的地址的寄存器。EFLAGS 从 16 位的 FLAGS 扩展而来。实地址模式时，使用 16 位的 IP 和 FLAGS 寄存器；保护模式时，使用 32 位的 EIP 和 EFLAGS 寄存器。

EFLAGS 寄存器主要用于记录机器的状态和控制信息，如图 3.3 所示。

31 ~ 22	21	20	19	18	17	16	15	14	13 12	11	10	9	8	7	6	5	4	3	2	1	0
保留	ID	VIP	VIF	AC	VM	RF	0	NT	IOPL	O	D	I	T	S	Z	0	A	0	P	1	C

图 3.3　状态标志寄存器 EFLAGS

EFLAGS 寄存器的第 0 ~ 11 位中的 9 个标志位是从最早的 8086 微处理器延续下来的，它们按功能可以分为 6 个条件标志和 3 个控制标志。其中，**条件标志**用来存放运行的状态信息，由硬件自动设定，条件标志有时也称为**条件码**；**控制标志**由软件设定，用于中断响应、串操作和单步执行等控制。

常用条件标志的含义说明如下。

① OF(**O**verflow Flag)：溢出标志。反映带符号数的运算结果是否超过相应数值范围。例如，字节运算结果超出 – 128 ~ + 127 或字运算结果超出 – 32 768 ~ + 32 767 时，称为"溢出"，此时 OF = 1；否则 OF = 0。

② SF(**S**ign Flag)：符号标志。反映带符号数运算结果的符号。负数时，SF = 1；否则 SF = 0。

③ ZF(**Z**ero Flag)：零标志。反映运算结果是否为 0。若结果为 0，ZF = 1；否则 ZF = 0。

④ CF(**C**arry Flag)：进/借位标志。反映无符号整数加（减）运算后的进（借）位情况。有进（借）位则 CF = 1；否则 CF = 0。

综上可知，OF 和 SF 对于无符号数运算来说没有意义，而 CF 对于带符号整数运算来说没有意义。

控制标志的含义说明如下。

① DF(**D**irection Flag)：方向标志。用来确定串操作指令执行时**变址寄存器** SI(ESI) 和 DI(EDI) 中的内容是自动递增还是递减。若 DF = 1，则为递减；否则为递增。可用 std 指令和 cld 指令分别将 DF 置 1 和清 0。

② IF(**I**nterrupt Flag)：中断允许标志。若 IF = 1，表示允许响应中断；否则禁止响应中断。IF 对非屏蔽中断和内部异常不起作用，仅对外部可屏蔽中断起作用。可用 sti 指令和 cli 指令分别将 IF 置 1 和清 0。

③ TF(**T**rap Flag)：陷阱标志。用来控制单步执行操作。TF = 1 时，CPU 按单步方式执行指令，此时，可以控制在每执行完一条指令后，就把该指令执行得到的机器状态（包括各寄存器和存储单元的值等）显示出来。没有专门的指令用于该标志的修改，但可用栈操作指令（如 pushf/pushfd 和 popf/popfd）来改变其值。

EFLAGS 寄存器的第 12 ~ 31 位中的其他状态或控制信息是从 80286 以后逐步添加的。包括用于表示当前程序的 I/O 特权级（IOPL）、当前任务是否是嵌套任务（NT）、当前处理器是否处于虚拟 8086 方式（VM）等一些状态或控制信息。

6 个**段寄存器**都是 16 位，CPU 根据段寄存器的内容，与寻址方式确定的有效地址一起，并结合其他用户不可见的内部寄存器，生成操作数所在的存储地址。

2. 寻址方式

根据指令给定信息得到操作数或操作数地址的方式称为**寻址方式**。图 3.4 给出了 IA-32 中的各种寻址方式。其中，**立即寻址**指令中直接给出操作数；**寄存器寻址**指令中给出操作数所存放的寄存器的编号。除了立即寻址和寄存器寻址外，其他寻址方式下的操作数都在存储单元中，称为**存储器操作数**。

存储器操作数的寻址方式与微处理器的工作模式有关。IA-32 处理器主要有两种工作模式，即实地址模式和保护模式。

　　实地址模式是为与 8086/8088 兼容而设置的，在加电或复位时处于这一模式。此模式下的存储管理、中断控制以及应用程序运行环境等都与 8086/8088 相同。其最大寻址空间为 1MB，32 条地址线中的 $A_{31} \sim A_{20}$ 不起作用，存储管理采用分段方式，每段的最大地址空间为 64KB，物理地址由段地址乘以 16 加上偏移地址构成，其中段地址位于段寄存器中，偏移地址用来指定段内一个存储单元。例如，当前指令地址为（CS）<< 4 +（IP），其中 CS（Code Segment）为**代码段寄存器**，用于存放当前代码段地址，IP 寄存器中存放的是当前指令在代码段内的偏移地址，这里，（CS）和（IP）分别表示寄存器 CS 和 IP 中的内容。内存区 00000H ~ 003FFH 存放中断向量表，共存放 256 个中断向量，采用 8086/8088 的中断类型和中断处理方式。有关中断、中断向量和中断向量表等概念，详见第 7 章和第 8 章相关内容。

　　保护模式的引入是为了实现在多任务方式下对不同任务使用的虚拟存储空间进行完全的隔离，以保证不同任务之间不会相互破坏各自的代码和数据。保护模式是 80286 以上高档微处理器最常用的工作模式。系统启动后总是先进入实地址模式，对系统进行初始化，然后转入保护模式进行操作。在保护模式下，处理器采用虚拟存储器管理方式。

　　IA-32 采用段页式虚拟存储管理方式，CPU 首先通过分段方式得到线性地址 LA，再通过分页方式实现从线性地址到物理地址的转换。有关虚拟存储器管理、段页式、分段、分页、线性地址、物理地址等概念及其实现原理将在第 6 章的 6.5 节和 6.6 节详细介绍。

　　图 3.4 给出了 IA-32 在保护模式下的各种寻址方式，其中，存储器操作数的访问过程需要计算线性地址 LA，图中除了最后一行（相对寻址）计算的是转移目标指令的线性地址以外，其他的都是指操作数的线性地址。相对寻址的线性地址与 PC（即 EIP 或 IP）有关，而操作数的线性地址与 PC 无关，它取决于某个段寄存器的内容和有效地址。根据段寄存器的内容能够确定操作数所在的段在某个存储空间的起始地址，而**有效地址**则给出了操作数所在段的段内偏移地址。

寻址方式	说明
立即寻址	指令直接给出操作数
寄存器寻址	指定的寄存器 R 的内容为操作数
位移	$LA=(SR)+A$
基址寻址	$LA=(SR)+(B)$
基址加位移	$LA=(SR)+(B)+A$
比例变址加位移	$LA=(SR)+(I) \times S+A$
基址加变址加位移	$LA=(SR)+(B)+(I)+A$
基址加比例变址加位移	$LA=(SR)+(B)+(I) \times S+A$
相对寻址	$LA=(PC)+A$

注：LA：线性地址　（X）：X 的内容　SR：段寄存器　PC：程序计数器　R：寄存器
　　A：指令中给定地址段的位移量　B：基址寄存器　I：变址寄存器　S：比例系数

图 3.4　IA-32 的寻址方式

从图 3.4 中可以看出，在存储器操作数的情况下，指令必须显式或隐式地给出以下信息。

① 段寄存器 SR（可用段前缀显式给出，也可缺省使用默认段寄存器）。

② 8/16/32 位位移量 A（由位移量字段显式给出，例如，图 3.1 中的字段 disp8）。

③ 基址寄存器 B（由相应字段显式给出，可指定为任一通用寄存器）。

④ 变址寄存器 I（由相应字段显式给出，可指定除 ESP 外的任一通用寄存器）。

有效地址根据指令中给出的寻址方式来确定如何计算。有比例变址和非比例变址两种变址方式。**比例变址**时，变址值等于变址寄存器内容乘以**比例系数** S（也称为**比例因子**），S 的含义为操作数的字节个数，在 IA-32 中，S 的取值可以是 1、2、4 或 8。例如，对数组元素访问时，若数组元素的类型为 short，则比例系数就是 2；若数组元素类型为 float，则比例系数就是 4。**非比例变址**相当于比例系数为 1 的比例变址情况，也即，变址值就是变址寄存器的内容，无须乘以比例系数。例如，若数组元素类型为 char，则比例系数就是 1，即非比例编址方式。

IA-32 提供的"基址加位移""基址加比例变址加位移"等这些复杂的存储器操作数寻址方式，主要是为了指令能够方便地访问到数组、结构、联合等复合数据类型元素。

对于数组元素的访问可以采用"基址加比例变址"寻址方式。假设 C 语言程序中有变量声明"int a[100];"，若数组 a 的首地址存放在 EBX 寄存器，下标变量 i 存放在 ESI 寄存器，则实现"将 $a[i]$ 送 EAX"功能的指令可以是"movl（%ebx,%esi，4），%eax"。这里 $a[i]$ 的每个数组元素的长度为 4，每个数组元素相对于数组首地址的位移为变址寄存器 ESI 的内容乘以比例系数 4，因而 $a[i]$ 的有效地址通过将基址寄存器 EBX 的内容和变址值（变址寄存器 ESI 的内容乘以比例系数 4）相加得到。

对于结构类型中的数组元素访问可以采用"基址加比例变址加位移"方式。假设 C 语言程序中有"struct｛int x; short a[100]；…｝"，若该结构类型数据的首地址存放在 EBX 中，数组 a 的下标变量 i 存放在 ESI 中，则实现"将 $a[i]$ 送 EAX"功能的指令可以是"movl 4（%ebx,%esi，2），%eax"，这里，$a[i]$ 的首地址相对于该结构类型数据的首地址的位移为 4，$a[i]$ 的每个数组元素的长度为 2，因而 $a[i]$ 的有效地址通过将基址寄存器 EBX 的内容、变址值（变址寄存器 ESI 的内容乘以比例系数 2）和位移量 4 三者相加得到。

3. 浮点寄存器栈和多媒体扩展寄存器组

IA-32 的浮点处理架构有两种。一种是与 x86 配套的浮点协处理器 x87 架构，它是一种栈结构 FPU，x87 中进行运算的浮点数来源于浮点寄存器栈的栈顶；另一种是由 MMX 发展而来的 SSE 架构，采用**单指令多数据**（Single Instruction Multi Data，SIMD）技术，**SIMD 技术**可实现单条指令同时并行处理多个数据元素的功能，其操作数来源于专门新增的 8 个 128 位寄存器 XMM0 ～ XMM7。

> **小贴士**
>
> FPU（Float Point Unit，浮点运算器）是专用于浮点运算的处理器，以前的 FPU 是单独的芯片，在 80486 之后，Intel 把 FPU 集成在 CPU 之内。
>
> MMX 是 MultiMedia eXtensions（多媒体扩展）的缩写。MMX 指令于 1997 年首次运用于 P54C Pentium 处理器，称之为多能奔腾。MMX 技术主要是指在 CPU 中加入了特地为视频信号（video signal）、音频信号（audio signal）以及图像处理（graphical manipulation）而设计的 57 条指令，因此，MMX CPU 可以提高多媒体（如立体声、视频、三维动画等）处理能力。

x87 FPU 中有 8 个**数据寄存器**，每个 80 位。此外，还有**控制寄存器**、**状态寄存器**和**标记寄存器**各一个，它们的长度都是 16 位。数据寄存器被组织成一个**浮点寄存器栈**，栈顶记为 ST(0)，下一个元素是 ST(1)，再下一个是 ST(2)，以此类推。栈的大小为 8，当栈被装满时，可访问的元素为 ST(0) ~ ST(7)。控制寄存器主要用于指定浮点处理单元的舍入方式及最大有效数据位数（即精度），Intel 浮点处理器的默认精度是 64 位，即 80 位扩展精度浮点数中的 64 位尾数；状态寄存器用来记录比较结果，并标记运算是否溢出、是否产生错误等，此外还记录了数据寄存器栈的栈顶位置；标记寄存器指出了 8 个数据寄存器各自的状态，比如是否为空、是否可用、是否为零、是否是特殊值（如 NaN、$+\infty$、$-\infty$）等。

SSE 指令集由 MMX 指令集发展而来。**MMX 指令**使用的 8 个 64 位寄存器 MM0 ~ MM7 借用了 x87 FPU 中 8 个 80 位浮点数据寄存器 ST(0) ~ ST(7)，每个 MMX 寄存器实际上是对应 80 位浮点数据寄存器中 64 位尾数所占的位，因此，每条 MMX 指令可以同时处理 8 个字节，或 4 个字，或 2 个双字，或一个 64 位的数据。由于 MMX 指令并没有带来 3D 游戏性能的显著提升，1999 年 Intel 公司在 Pentium Ⅲ CPU 产品中首推 SSE 指令集，后来又陆续推出了 SSE2、SSE3、SSSE3 和 SSE4 等采用 SIMD 技术的指令集，这些统称为 **SSE 指令集**。SSE 指令集兼容 MMX 指令，并通过 SIMD 技术在单个时钟周期内并行处理多个浮点数来有效提高浮点运算速度。因为在 MMX 技术中借用了 x87 FPU 的 8 个浮点寄存器，导致了 x87 浮点运算速度的降低，因而 SSE 指令集增加了 8 个 128 位的 SSE 指令专用的**多媒体扩展通用寄存器** XMM0 ~ XMM7。这样，SSE 指令的寄存器位数是 MMX 指令的寄存器位数的两倍，因而一条 SSE 指令可以同时并行处理 16 个字节，或 8 个字，或 4 个双字（32 位整数或单精度浮点数），或两个四字的数据，而且从 SSE2 开始，还支持 128 位整数运算或同时并行处理两个 64 位双精度浮点数。

综上所述，IA-32 中的通用寄存器共有三类：8 个 8/16/32 位定点通用寄存器、8 个 MMX 指令/x87 FPU 使用的 64 位/80 位寄存器 MM0/ST(0) ~ MM7/ST(7)、8 个 SSE 指令使用的 128 位寄存器 XMM0 ~ XMM7。这些寄存器编号如表 3.2 所示。

表 3.2 IA-32 中通用寄存器的编号

编号	8 位寄存器	16 位寄存器	32 位寄存器	64 位寄存器	128 位寄存器
000	AL	AX	EAX	MM0/ST(0)	XMM0
001	CL	CX	ECX	MM1/ST(1)	XMM1
010	DL	DX	EDX	MM2/ST(2)	XMM2
011	BL	BX	EBX	MM3/ST(3)	XMM3
100	AH	SP	ESP	MM4/ST(4)	XMM4
101	CH	BP	EBP	MM5/ST(5)	XMM5
110	DH	SI	ESI	MM6/ST(6)	XMM6
111	BH	DI	EDI	MM7/ST(7)	XMM7

3.2.3 机器指令格式

机器指令（instruction）是用 0 和 1 表示的一串 0/1 序列，用来指示 CPU 完成一个特定的原子操作。图 3.5 是 Intel 64 和 IA-32 体系结构的机器指令格式，包含前缀（prefix）和指令本身的代码部分。

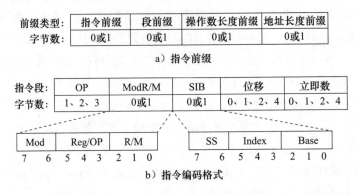

图 3.5 IA-32 体系结构机器指令格式

前缀部分最多占 4B，如图 3.5a 所示，有 4 种前缀类型，每个前缀占 1B，无先后顺序关系。其中，指令前缀包括加锁（LOCK）和重复执行（REP/REPE/REPZ/REPNE/REPNZ）两种，LOCK 前缀编码为 F0H，REPNE、REP 前缀编码分别为 F2H 和 F3H；段前缀用于指定指令所使用的非默认段寄存器；操作数长度前缀和地址长度前缀分别为 66H 和 67H，用于指定非默认的操作数长度和地址长度。若指令使用默认的段寄存器、操作数长度或地址长度，则无须在指令前加相应的前缀字节。

如图 3.5b 所示，指令本身最多有 5 个字段：主操作码（OP）、ModR/M、SIB、位移和立即数。主操作码字段是必需的，长度为 1 ~ 3B。ModR/M 字段长度为 0 ~ 1B，可再分成 Mod、Reg/OP 和 R/M 三个字段，其中，Reg/OP 可能是 3 位扩展操作码，也可能是寄存器编号，用来表示某一个操作数地址；Mod 和 R/M 共 5 位，表示另一个操作数的寻址方式，可组合成 32 种情况，当 Mod = 11 时，为寄存器寻址方式，3 位 R/M 表示寄存器编号，其他 24 种情况都是存储器寻址方式。SIB 字段的长度为 0 ~ 1B。是否在 ModR/M 字节后跟一个 SIB 字节，由 Mod 和 R/M 组合确定，例如，当 Mod = 00 且 R/M = 100 时，ModR/M 字节后一定跟 SIB 字节，寻址方式由 SIB 确定。SIB 字节有比例因子（SS）、变址寄存器（Index）和基址寄存器（Base）三个字段。如果寻址方式中需要有位移量，则由位移字段给出，其长度为 0 ~ 4B。最后一个是立即数字段，用于给出指令中的一个源操作数，可以为 0 ~ 4B。

例如，指令"movl \$0x1, 0x4（%esp）"的机器码用十六进制表示为"C7 44 24 04 01 00 00 00"，第二字节的 ModR/M 字段（44H）展开后为 01 000 100，显然指令操作码为"C7/0"，即主操作码 OP 为 C7H、扩展操作码 Reg/OP 为 000B，查 Intel 指令编码表可知，操作码为"C7/0"的指令功能为"MOV r/m32, imm32"（注意：Intel 手册中汇编指令采用 Intel 格式）。这里 r/m32 表示 32 位寄存器操作数或存储器操作数。查 ModR/M 字节定义表可知，当 Mod = 01、R/M = 100 时，寻址方式为 disp8 [--][--]，表示位移量占 8 位并后跟 SIB 字节，因而 24H = 00 100 100B 为 SIB 字节。查 SIB 字节定义表可知，当 SS = 00、Index = 100 时，比例变址为 none，因而只有 Base 字段 100 有效。查表知 100 对应的寄存器为 ESP，即基址寄存器为 ESP。SIB 字节随后是一个字节的位移，即 disp8 = 04H = 0x4。最后是 4 字节的立即数，由于 IA-32 为小端方式，因而立即数为 00 00 00 01H = 0x1。综上所述，AT&T 格式和 Intel 格式汇编指令分别为"movl \$0x1,

0x4(%esp)"和"MOV[ESP+4],1"。

3.3 IA-32 常用指令类型及其操作

与大多数 ISA 一样,IA-32 提供了数据传送、算术和逻辑运算、程序流程控制等常用指令类型。下面分别介绍这几类常用指令类型。

3.3.1 传送指令

传送指令用于寄存器、存储单元或 I/O 端口之间传送信息,分为通用数据传送、地址传送、标志传送和 I/O 信息传送等几类,除了部分标志传送指令外,其他指令均不影响标志位的状态。

1. 通用数据传送指令

通用数据传送指令传送的是寄存器或存储器中的数据,主要有以下几种。

MOV:一般的传送指令,包括 movb、movw 和 movl 等。

MOVS:符号扩展传送指令,将短的源数据高位符号扩展后传送到目的寄存器,如 movsbw 表示把一个字节进行符号扩展后送到一个 16 位寄存器中。

MOVZ:零扩展传送指令,将短的源数据高位零扩展后传送到目的寄存器,如 movzwl 表示把一个字的高位进行零扩展后送到一个 32 位寄存器中。

XCHG:数据交换指令,将两个寄存器内容互换。例如,xchgb 表示字节交换。

PUSH:先执行 R[sp]←R[sp]-2 或 R[esp]←R[esp]-4,然后将一个字或双字从指定寄存器送到 SP 或 ESP 指示的栈单元中。如 pushl 表示双字压栈,pushw 表示字压栈。

POP:先将一个字或双字从 SP 或 ESP 指示的栈单元送到指定寄存器中,再执行 R[sp]←R[sp]+2 或 R[esp]←R[esp]+4。如 popl 表示双字出栈,popw 表示字出栈。

栈(stack)是一种采用"先进后出"方式进行访问的一块存储区,在处理过程调用时非常有用。大多数情况下,栈是从高地址向低地址增长的,在 IA-32 中,用 ESP 寄存器指向当前栈顶,而栈底通常在一个固定的高地址上。图 3.6 给出了在 16 位架构下的 pushw 和 popw 指令执行结果示意图。图中显示,在执行 pushw %ax 指令之后,SP 指向存放有 AX 内容的单元,也即新栈顶指向了当前刚入栈的数据。若随后再执行 popw %ax 指令,则原先在栈顶的两个字节退出栈,栈顶向高地址移动两个单元,又回到 pushw %ax 指令执行前的位置。这里请注意 AH 和 AL 的存放位置,因为 Intel 架构采用的是小端方式,所以应该是 AL 在低地址上,AH 在高地址上。

2. 地址传送指令

地址传送指令传送的是操作数的存储地址,指定的目的寄存器不能是段寄存器,且源操作数必须是存储器寻址方式。注意,这些指令均不影响标志位。主要是**加载有效地址**(Load Effect Address,LEA)指令,用来将源操作数的存储地址送到目的寄存器中。如 leal 指令把一个 32 位的地址传送到一个 32 位的寄存器中。通常利用该指令执行一些简单操作,例如,对于例 3.1 中的运算 $i+j$,编译器使用了指令"leal(%edx,%eax),%eax",以实现 R[eax]←

R[edx]＋R[eax] 的功能，该指令执行前，R[edx]＝i，R[eax]＝j，指令执行后 R[eax]＝$i+j$。

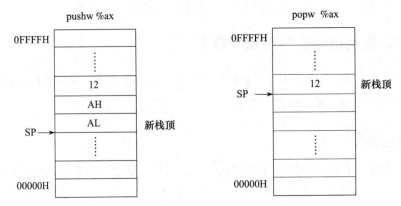

图 3.6　pushw 和 popw 指令的执行

3. 输入输出指令

输入输出指令专门用于在累加器和 I/O 端口之间进行数据传送。例如，in 指令用于将 I/O 端口内容送累加器，out 指令将累加器内容送 I/O 端口。

4. 标志传送指令

标志传送指令专门用于对标志寄存器进行操作。如 pushf 指令用于将标志寄存器的内容压栈，popf 指令将栈顶内容送标志寄存器，因而 popf 指令可能会改变标志。

例 3.2 将以下 Intel 格式汇编指令转换为 GCC 默认的 AT&T 格式汇编指令。说明每条指令的含义。

```
1  push    ebp
2  mov     ebp, esp
3  mov     edx, DWORD PTR [ebp+8]
4  mov     bl, 255
5  mov     ax, WORD PTR [ebp+edx*4+8]
6  mov     WORD PTR [ebp+20], dx
7  lea     eax, [ecx+edx*4+8]
```

解 上述 Intel 格式汇编指令转换为 AT&T 格式汇编指令及其指令的含义说明如下（右边的#后描述的是相应指令的含义）。

```
1  pushl   %ebp                    # R[esp]←R[esp]-4,M[R[esp]]←R[ebp],双字
2  movl    %esp, %ebp              # R[ebp]←R[esp],双字
3  movl    8(%ebp), %edx           # R[edx]←M[R[ebp]+8],双字
4  movb    $255, %bl               # R[bl]←255,字节
5  movw    8(%ebp,%edx,4), %ax     # R[ax]←M[R[ebp]+R[edx]×4+8],字
6  movw    %dx, 20(%ebp)           # M[R[ebp]+20]←R[dx],字
7  leal    8(%ecx,%edx,4), %eax    # R[eax]←R[ecx]+R[edx]×4+8,双字
```

从第 7 条指令的功能可看出，LEA 指令是 MOV 指令的一个变形，相当于实现了 C 语言中的地址操作符 & 的功能。同时，LEA 指令可实现一些简单操作，例如，假定第 7 条指令中寄存器 ECX 和 EDX 内分别存放的是变量 x 和 y 的值，即 R[ecx]＝x，R[edx]＝y，则通过该指令可以计算 $x+4y+8$ 的值，并将其存入寄存器 EAX 中。

例3.3 假设变量 *val* 和 *ptr* 的类型声明如下：

```
val_type val;
contofptr_type *ptr;
```

已知上述类型 val_type 和 contofptr_type 是用 typedef 声明的数据类型，且 *val* 存储在累加器 AL/AX/EAX 中，*ptr* 存储在 EDX 中。现有以下两条 C 语言语句：

```
1  val=(val_type)*ptr;
2  *ptr=(contofptr_type)val;
```

当 val_type 和 contofptr_type 是表 3.3 中给出的组合类型时，应分别使用什么样的 MOV 指令来实现这两条 C 语句？要求用 GCC 默认的 AT&T 形式写出。

表 3.3　例 3.3 中 val_type 和 contofptr_type 的类型

val_type	contofptr_type	val_type	contofptr_type
char	char	int	unsigned char
int	char	unsigned	unsigned char
unsigned	int	unsigned short	int

解 C 操作符 * 可看成取值操作。语句 1 的含义是将 *ptr* 所指的存储单元中的内容送到 *val* 变量所在处，也即，将地址为 R[edx] 的存储单元内容送到累加器 AL/AX/EAX 中；语句 2 的含义是将 *val* 变量的值送到 *ptr* 所指的存储单元中，也即，将累加器 AL/AX/EAX 中的内容送到地址为 R[edx] 的存储单元中。其对应的 MOV 指令见表 3.4。

表 3.4　例 3.3 的答案

序号	val_type	contofptr_type	语句 1 对应的指令及操作	语句 2 对应的指令及操作
1	char	char	movb (%edx), %al　#传送	movb %al, (%edx)　#传送
2	int	char	movsbl (%edx), %eax　#符号扩展，传送	movb %al, (%edx)　#截断，传送
3	unsigned	int	movl (%edx), %eax　#传送	movl %eax, (%edx)　#传送
4	int	unsigned char	movzbl (%edx), %eax　#零扩展，传送	movb %al, (%edx)　#截断，传送
5	unsigned	unsigned char	movzbl (%edx), %eax　#零扩展，传送	movb %al, (%edx)　#截断，传送
6	unsigned short	int	movw (%edx), %ax　#截断，传送	movzwl %ax, %eax　#零扩展 movl %eax, (%edx)　#传送

表 3.4 中给出的 6 种情况中，序号为 1 和 3 的两种情况比较简单，赋值语句两边的操作数长度一样，即使一个是带符号整数类型，另一个是无符号整数类型，传送前、后的位串也不会改变（软件通过对相同位串的不同解释来反映不同的值），因此，用直接传送的指令即可。对于序号为 2 的情况，语句 1 要求将存储单元中的一个 char 型数据送到一个存放 int 型数据的 32 位寄存器中，因此需要符号扩展；而对于语句 2，则是把一个 32 位寄存器中的数据截断为 8 位数据送到存储单元中，因此直接丢弃寄存器中高 24 位，仅将最低 8 位（即 R[al]）送到存储单元。对于序号为 4 和 5 的情况，语句 1 将存储单元中的 8 位无符号整数进行零扩展为 32 位后送到寄存器；而语句 2 是将 32 位寄存器中的内容截断为 8 位数据送到存储单元中。对于序号为 6 的情况，语句 1 要求把存储单元中一个 int 型数据截断为一个 16 位数据送到寄存器中，那么截断操作时，该留下的应该是 4 个字节地址中哪两个地址的内容呢？IA-32 中数据在存储单

元中按小端方式存放，因而留下的应该是小地址中的内容，即地址 R[edx] 和 R[edx]+1 中的内容。例如，假定这个将被截断的 int 型数据是 1234 5678H，如图 3.7 所示，4 个字节 12H、34H、56H 和 78H 的地址分别是 R[edx]+3、R[edx]+2、R[edx]+1、R[edx]，截断操作后应该留下 5678H，即存放在存储单元 R[edx] 开始的两个字节。

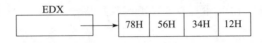

图 3.7 小端方式下 int 型数据的存放位置

3.3.2 定点算术运算指令

定点算术运算指令用于二进制数和无符号十进制数的各种算术运算。IA-32 中的二进制定点数可以是 8 位、16 位或 32 位数；无符号十进制数（BCD 码）主要是采用 8421 码表示的数。高级语言中的算术运算都被转换为二进制数运算指令实现，因此，本书所讲的运算指令都是指二进制数运算指令。

1. 加/减运算指令

加/减类指令（ADD/SUB）用于对给定长度的两个位串进行相加或相减，两个操作数中最多只能有一个是存储器操作数，不区分是无符号数还是带符号整数，产生的和/差送到目的地，生成的标志信息送标志寄存器 FLAGS/EFLAGS。

2. 增/减运算指令

增/减类（INC/DEC）指令对给定长度的一个位串加 1 或减 1，给定操作数既是源操作数也是目的操作数，不区分是无符号数还是带符号整数，生成的标志信息送标志寄存器 FLAGS/EFLAGS，注意不生成 CF 标志。

3. 取负指令

取负类指令 NEG 用于求操作数的负数，也即，将给定长度的一个位串"各位取反、末位加 1"，也称之为取补指令。给定操作数既是源操作数也是目的操作数，生成的标志信息送标志寄存器 FLAGS/EFLAGS。若字节操作数的值为 –128，或字操作数的值为 –32 768，或双字操作数的值为 –2 147 483 648，则其操作数无变化，但 OF=1。若操作数的值为 0，则取补结果仍为 0 且 CF 置 0，否则总是使 CF 置 1。

4. 比较指令

比较类指令 CMP 用于两个寄存器操作数的比较，用目的操作数减去源操作数，结果不送回目的操作数，即两个操作数保持原值不变，只是标志位作相应改变，因而功能类似 SUB 指令。通常，该指令后面跟条件转移指令或条件设置指令。

5. 乘/除运算指令

乘法指令分成 MUL(无符号数乘) 和 IMUL(带符号整数乘) 两类。对于 IMUL 指令，可以明显地给出一个、两个或三个操作数，但是对于 MUL 指令，则只能明显给出一个操作数。

若指令中只给出一个操作数 SRC，则另一个源操作数隐含在累加器 AL/AX/EAX 中，将 SRC 和累加器内容相乘，结果存放在 AX(16 位时) 或 DX-AX(32 位时) 或 EDX-EAX(64 位时) 中。这里，DX-AX 表示 32 位乘积的高、低 16 位分别在 DX 和 AX 中，EDX-EAX 的含义类似。其中，SRC 可以是存储器操作数或寄存器操作数。IMUL 和 MUL 两种指令都可以采用这种格式，实现的是两个 n 位数相乘，结果取 $2n$ 位乘积。

若指令中给出两个操作数 DST 和 SRC，则将 DST 和 SRC 相乘，结果存放在 DST 中。这种情况下，SRC 可以是存储器操作数或寄存器操作数，而 DST 只能是寄存器操作数。IMUL 指令可采用这种格式，实现的是两个 n 位带符号整数相乘，结果仅取 n 位乘积。

若指令中给出三个操作数 REG、SRC 和 IMM，则将 SRC 和立即数 IMM 相乘，结果存放在寄存器 REG 中。这种情况下，SRC 可以是存储器操作数或寄存器操作数。IMUL 指令可采用这种格式，实现的是两个 n 位数相乘，结果仅取 n 位乘积。

对于 MUL 指令，若乘积高 n 位为全 0，则标志 OF 和 CF 皆为 0，否则皆为 1。对于 IMUL 指令，若乘积的高 n 位为全 0 或全 1，并且等于低 n 位中的最高位，即乘积高 $n+1$ 位为全 0（乘积为正数）或全 1（乘积为负数），则 OF 和 CF 皆为 0，否则皆为 1。虽然后面两种形式的指令最终乘积是截断后得到的低 n 位，但是，在截断之前，乘法器得到的乘积有 $2n$ 位，CPU 可以按照截断之前的 $2n$ 位乘积来设置 OF 和 CF 标志。

因为带符号整数和无符号整数的低 n 位乘积总是一样的，所以，后面两种形式的指令也可以用于无符号整数的乘运算，不过，此时得到的 OF 和 CF 并不反映无符号整数相乘的结果。

除法指令分成 DIV（无符号数除）和 IDIV（带符号整数除）两类，指令中只明显指出除数，用累加器 AL/AX/EAX 中的内容除以指令中指定的除数。若源操作数为 8 位，则 16 位的被除数隐含在 AX 寄存器中，商送回 AL，余数在 AH 中；若源操作数为 16 位，则 32 位的被除数隐含在 DX-AX 寄存器中，商送回 AX，余数在 DX 中；若源操作数是 32 位，则 64 位的被除数隐含在 EDX-EAX 寄存器中，商送回 EAX，余数在 EDX 中。需要说明的是，如果商超过目的寄存器能存放的最大值，系统产生类型号为 0 的中断，并且商和余数均不确定。

以上所有定点算术运算指令汇总在表 3.5 中。

表 3.5　定点算术运算指令汇总

指令	显式操作数	影响的常用标志	操作数类型	AT&T 指令助记符	对应 C 运算符
ADD	2 个	OF、ZF、SF、CF	无/带符号整数	addb、addw、addl	+
SUB	2 个	OF、ZF、SF、CF	无/带符号整数	subb、subw、subl	−
INC	1 个	OF、ZF、SF	无/带符号整数	incb、incw、incl	++
DEC	1 个	OF、ZF、SF	无/带符号整数	decb、decw、decl	−−
NEG	1 个	OF、ZF、SF、CF	无/带符号整数	negb、negw、negl	−
CMP	2 个	OF、ZF、SF、CF	无/带符号整数	cmpb、cmpw、cmpl	<，<=，>，>=
MUL	1 个	OF、CF	无符号整数	mulb、mulw、mull	*
IMUL	1 个	OF、CF	带符号整数	imulb、imulw、imull	*
IMUL	2 个	OF、CF	带符号整数	imulb、imulw、imull	*
IMUL	3 个	OF、CF	带符号整数	imulb、imulw、imull	*
DIV	1 个	无	无符号整数	divb、divw、divl	/，%
IDIV	1 个	无	带符号整数	idivb、idivw、idivl	/，%

例 3.4　假设 R[ax] = FFFAH，R[bx] = FFF0H，则执行 Intel 格式指令"add ax，bx"后，AX、BX 中的内容各是什么？标志 CF、OF、ZF、SF 各是什么？要求分别将操作数作为无符号数和带符号整数来解释并验证指令执行结果。

解 根据 Intel 指令格式规定（注意：Intel 格式与 AT&T 格式不同，目的操作数位置在左边）可知，指令"add ax, bx"的功能是 $R[ax] \leftarrow R[ax] + R[bx]$。add 指令的执行在图 2.8 所示的整数加减运算器中进行，执行后其结果在 AX 中，即 $R[ax] = FFFAH + FFF0H = FFEAH$，而 BX 的内容不变，即 $R[bx] = FFF0H$，标志 CF = 1，SF = 1，OF = 0，ZF = 0。

若作为无符号数来解释，则根据 CF = 1 可判断其结果溢出；若作为带符号整数来解释，则根据 OF = 0 可判断其结果不溢出且和为 − 22。

无符号整数加法运算结果验证如下：$R[ax] = FFFAH$，即值为 65 530，$R[bx] = FFF0H$，即值为 65 520，所以结果为 65 530 + 65 520 = 131 050，显然大于 16 位最大可表示的无符号整数 65 535，即结果溢出，验证正确。

带符号整数加法运算结果验证如下：$R[ax] = FFFAH$，即值为 − 110B = − 6，$R[bx] = FFF0H$，即值为 − 10000B = − 16，所以结果为 − 6 + (− 16) = − 22，验证正确。∎

例3.5 假设 $R[eax] = 0000\ 00B4H$，$R[ebx] = 0000\ 0011H$，$M[0000\ 00F8H] = 0000\ 00A0H$，请问：

① 执行指令"mulb %bl"后，哪些寄存器的内容会发生变化？是否与执行"imulb %bl"指令所发生的变化一样？为什么？两条指令得到的 CF 和 OF 标志各是什么？请用该例给出的数据验证你的结论。

② 执行指令"imull \$-16, (%eax,%ebx,4), %eax"后，哪些寄存器和存储单元发生了变化？乘积的机器数和真值各是多少？

解 因为 $R[eax] = 0000\ 00B4H$，$R[ebx] = 0000\ 0011H$，所以，$R[al] = B4H$，$R[bl] = 11H$。

① 指令"mulb %bl"中指出的操作数为 8 位，故指令的功能为"$R[ax] \leftarrow R[al] \times R[bl]$"，因此，改变内容的寄存器是 AX，指令执行后 $R[ax] = 0BF4H$，即十进制数 3060，因为高 8 位乘积不全为 0（即乘积高 8 位中含有效数位），故 CF 和 OF 标志全为 1。执行指令"imulb %bl"后，$R[ax] = FAF4H$，即十进制数 − 1292，因为高 9 位乘积不为全 0 或全 1（即乘积高 8 位中含有效数位），故 CF 和 OF 标志全为 1。

由此可见，两条指令执行后发生变化的寄存器都是 AX，但是存入 AX 的内容不一样。mulb 指令执行的是无符号整数乘法，而 imulb 执行的是带符号整数乘法，根据 2.7.5 节中给出的无符号整数和带符号整数的乘法运算规则可知，若乘积只取低 8 位，则两者的机器数一样，此例中都是 F4H，不过乘积都发生了溢出；若乘积取 16 位，则高 8 位不同，此例中一个是 0BH，一个是 FAH。

验证：此例中 mulb 指令执行的运算是 180 × 17 = 3060，而 imulb 指令执行的运算是 − 76 × 17 = − 1292。

② 指令"imull \$-16, (%eax,%ebx,4), %eax"的功能是"$R[eax] \leftarrow (-16) \times M[R[eax] + 4 \times R[ebx]]$"，其中，第二个乘数所在的存储单元地址为 $R[eax] + 4 \times R[ebx] = 0xB4 + (0x11 \ll 2) = 0xF8 = 0000\ 00F8H$，因为 $M[0000\ 00F8H] = 0000\ 00A0H$，与 − 16 相乘后得到一个负的乘积，所以乘积的符号为负。仅考虑低 32 位乘积，其数值部分绝对值的机器数为 0000 00A0H ≪ 4 = 0000 0A00H，对其各位取反末位加 1，得到机器数为 FFFF F600H，即指令执行后 EAX 中存放

的内容为 FFFF F600H，其真值为 −2560。

3.3.3　按位运算指令

按位运算指令用来对不同长度的操作数进行按位操作，立即数只能作为源操作数，不能作为目的操作数，并且最多只能有一个为存储器操作数。按位运算指令主要分为逻辑运算指令和移位指令。

1. 逻辑运算指令

以下 5 类逻辑运算指令中，仅 NOT 指令不影响条件标志位，其他指令执行后，OF = CF = 0，而 ZF 和 SF 则根据运算结果来设置：若结果为全 0，则 ZF = 1；若最高位为 1，则 SF = 1。

NOT：单操作数的取反指令，它将操作数每一位取反，然后把结果送回对应位。

AND：对双操作数按位逻辑"与"，主要用来实现"掩码"操作。例如，执行指令"andb $0xf, %al"后，AL 的高 4 位被屏蔽而变成 0，低 4 位被析取出来。

OR：对双操作数按位逻辑"或"，常用于使目的操作数的特定位置 1。例如，执行指令"orw $0x3, %bx"后，BX 寄存器的最后两位被置 1。

XOR：对双操作数按位进行逻辑"异或"，常用于判断两个操作数中哪些位不同或用于改变指定位的值。例如，执行指令"xorw $0x1, %bx"后，BX 寄存器最低位被取反。

TEST：根据两个操作数相"与"的结果来设置条件标志，常用于需检测某种条件但不能改变原操作数的场合。例如，可通过执行"testb $0x1, %al"指令判断 AL 最后一位是否为 1。判断规则为：若 ZF = 0，则说明 AL 最后一位为 1；否则为 0。也可通过执行"testb %al, %al"指令来判断 AL 是否为 0、正数或负数。判断规则为：若 ZF = 1，则说明 AL 为 0；若 SF = 0 且 ZF = 0，则说明 AL 为正数；若 SF = 1，则说明 AL 为负数。

2. 移位指令

移位指令将寄存器或存储单元中的 8、16 或 32 位二进制数进行算术移位、逻辑移位或循环移位。在移位过程中，把 CF 看作扩展位，用它接受从操作数最左或最右移出的一个二进制位。只能移动 1 ~ 31 位，所移位数可以是立即数或存放在 CL 寄存器中的一个数值。

SHL：逻辑左移，每左移一次，最高位送入 CF，并在低位补 0。

SHR：逻辑右移，每右移一次，最低位送入 CF，并在高位补 0。

SAL：算术左移，操作与 SHL 指令类似，每次移位，最高位送入 CF，并在低位补 0。执行 SAL 指令时，如果移位前后符号位发生变化，则 OF = 1，表示左移后结果溢出。这是 SAL 与 SHL 的不同之处。

SAR：算术右移，每右移一次，操作数的最低位送入 CF，并在高位补符号。

ROL：循环左移，每左移一次，最高位移到最低位，并送入 CF。

ROR：循环右移，每右移一次，最低位移到最高位，并送入 CF。

RCL：带循环左移，将 CF 作为操作数的一部分循环左移。

RCR：带循环右移，将 CF 作为操作数的一部分循环右移。

例 3.6　假设 short 型变量 x 被编译器分配在寄存器 AX 中，R[ax] = FF80H，则以下汇编代码段执行后变量 x 的机器数和真值分别是多少？

```
movw    %ax, %dx
salw    $2, %ax
addl    %dx, %ax
sarw    $1, %ax
```

解 显然这里的汇编指令是 GCC 默认的 AT&T 格式，$2 和 $1 分别表示立即数 2 和 1。假设上述代码段执行前 R[ax] = x，则执行 ((x << 2) + x) >> 1 后，R[ax] = 5x/2。因为 short 型变量为带符号整数，因而采用算术移位指令 salw，这里 w 表示操作数的长度为一个字，即 16 位。算术左移时，AX 中的内容在移位前、后符号未发生变化，故 OF = 0，没有溢出。最终 AX 的内容为 FEC0H，解释为 short 型整数时，其值为 −320。验证：x = −128，5x/2 = −320。经验证，结果正确。 ∎

3.3.4 控制转移指令

IA-32 中指令执行的顺序由 CS 和 EIP 确定。正常情况下，指令按照它们在存储器中的存放顺序一条一条地按序执行，但是，在有些情况下，程序需要转移到另一段代码去执行，可以采用改变 CS 和 EIP，或者仅改变 EIP 的方法来实现转移。第一种称为**段间转移**，也叫**远转移**，转移目标的属性为 FAR；第二种称为**段内转移**，分**近转移**和**短转移**，转移目标的属性分别为 NEAR 和 SHORT。

段内转移和段间转移都有直接转移和间接转移之分。**直接转移**是指转移的目标地址作为立即数直接出现在指令的机器码中；**间接转移**则是指转移的目标地址间接存储在某一寄存器或存储单元中。

目标转移地址的计算方法有两种。一种是通过将当前 EIP 的值增加或减少某一个值，也就是以当前指令为中心往前或往后转移，称为**相对转移**；另一种是以新的值代替当前 EIP 的值，称为**绝对转移**。在 IA-32 指令系统中，所有段内直接转移都是相对转移，所有段内间接转移和段间转移都是绝对转移。

IA-32 提供了多种控制转移指令，有无条件转移指令、条件转移指令、条件设置指令、调用/返回指令和中断指令等。这些指令中，除中断指令外，其他指令都不影响状态标志位，但有些指令的执行受状态标志的影响。与条件转移指令和条件设置指令相关的还有条件传送指令。

1. 无条件转移指令

无条件转移到转移目标地址处执行。按不同的寻址方法可分为以下 6 种指令形式。

JMP SHORT DST：段内直接短转移，在 −128B ~ +127B 范围相对转移，DST 为标号。

JMP NEAR PTR DST：段内直接近转移，在 ±32KB 范围内相对转移，DST 为标号。

JMP DST：段内间接转移，在 64KB 范围内绝对转移，DST 为寄存器。

JMP WORD PTR DST：段内间接转移，在 64KB 范围内绝对转移，DST 为存储单元。

JMP FAR PTR DST：段间直接转移，段外绝对转移，DST 为标号。

JMP DWORD PTR DST：段间间接转移，段外绝对转移，DST 为存储单元。

2. 条件转移指令

条件转移指令以条件标志或者条件标志位的逻辑运算结果作为转移依据。如果满足转移条件，则程序转移到由标号 label 确定的目标地址处执行；否则继续执行下一条指令。这类指令都采用相对转移方式在段内直接转移。表 3.6 列出了常用条件转移指令的转移条件。

表 3.6 条件转移指令

序号	指令	转移条件	说明
1	jc label	CF = 1	有进位/借位
2	jnc label	CF = 0	无进位/借位
3	je/jz label	ZF = 1	相等/等于零
4	jne/jnz label	ZF = 0	不相等/不等于零
5	js label	SF = 1	是负数
6	jns label	SF = 0	是非负数
7	jo label	OF = 1	有溢出
8	jno label	OF = 0	无溢出
9	ja/jnbe label	CF = 0 AND ZF = 0	无符号整数 A > B
10	jae/jnb label	CF = 0 OR ZF = 1	无符号整数 A ≥ B
11	jb/jnae label	CF = 1 AND ZF = 0	无符号整数 A < B
12	jbe/jna label	CF = 1 OR ZF = 1	无符号整数 A ≤ B
13	jg/jnle label	SF = OF AND ZF = 0	带符号整数 A > B
14	jge/jnl label	SF = OF OR ZF = 1	带符号整数 A ≥ B
15	jl/jnge label	SF ≠ OF AND ZF = 0	带符号整数 A < B
16	jle/jng label	SF ≠ OF OR ZF = 1	带符号整数 A ≤ B

在 2.7.4 节中提到，IA-32 中不管高级语言程序中定义的变量是带符号整数还是无符号整数，对应的加（减）法和比较指令都是一样的，都是在如图 2.8 所示的电路中执行。每条加（减）法和比较指令执行以后，会根据运算结果产生相应的进/借位标志 CF、符号标志 SF、溢出标志 OF 和零标志 ZF 等，并保存到标志寄存器（FLAGS/EFLAGS）中。

对于比较大小后进行分支转移的情况，通常在条件转移指令前面的是比较指令或减法指令，因此，大多是通过减法来获得标志信息，然后再根据标志信息来判定两个数的大小，从而决定该转移到何处执行指令。对于无符号整数的情况，判断大小时使用的是 CF 和 ZF 标志。ZF = 1 说明两数相等，CF = 1 说明有借位，是"小于"的关系，通过对 ZF 和 CF 的组合，得到表 3.6 中序号 9、10、11 和 12 这四条指令中的结论。对于带符号整数的情况，判断大小时使用 SF、OF 和 ZF 标志。ZF = 1 说明两数相等，SF = OF 时说明结果是以下两种情况之一：① 两数之差为正数（SF = 0）且结果未溢出（OF = 0）；② 两数之差为负数（SF = 1）且结果溢出（OF = 1）。这两种情况显然反映的是"大于"关系。若 SF ≠ OF，则反映"小于"关系。带符号整数比较时对应表 3.6 中序号 13、14、15 和 16 这四条指令。

假设被减数的机器数为 X，减数的机器数为 Y，则在如图 2.8 所示的整数加减运算器中计算两数的差时，计算公式为：$X - Y = X + (-Y)_{补}$。现举两个例子来说明上述无符号整数和带符号整数的大小判断规则。

假定 $X = 1001$，$Y = 1100$，则 Sub = 1，$Y' = 0011$，图 2.8 所示运算器中的运算为 1001 − 1100 = 1001 + 0011 + 1 = (0)1101，因此 ZF = 0，C = 0。若是无符号整数比较，则是 9 和 12 相比，是"小于"的关系，此时 CF = C⊕Sub = 1，满足表 3.6 中序号 11 对应指令中的条件；若

是带符号整数比较，则是 -7 和 -4 比较，显然也是"小于"关系，此时符号位为 1，即 SF = 1，而根据两个加数符号相异一定不会溢出的原则，得知在加法器中对 1001 和 0011 相加一定不会溢出，故 OF = 0，因而 SF ≠ OF，满足表 3.6 中序号 15 对应指令中的条件。

假定 $X = 1100$，$Y = 1001$，则 Sub = 1，$Y' = 0110$，图 2.8 所示运算器中的运算为 $1100 - 1001 = 1100 + 0110 + 1 = (1)0011$，因此 ZF = 0，C = 1。若是无符号整数比较，则是 12 和 9 相比，是"大于"的关系，显然此时 CF = C⊕Sub = 0，确实没有借位，满足表 3.6 中序号 9 对应指令中的条件；若是带符号整数比较，则是 -4 和 -7 比较，也是"大于"的关系，显然此时 SF = 0 且 OF = 0，即 SF = OF，满足表 3.6 中序号 13 对应指令中的条件。

3. 条件设置指令

条件设置指令用来将条件标志组合得到的条件值设置到一个 8 位通用寄存器中，其设置的条件值与表 3.6 中条件转移指令的转移条件值完全一样，指令助记符也类似，只要将 J 换成 SET 即可。其格式为：

```
SETcc DST
```

DST 通常是一个 8 位寄存器。例如，假定将组合条件值存放在 DL 寄存器中，则对应表 3.6 中序号 1 的指令为"setc %dl"，其含义为：若 CF = 1，则 R[dl] = 1；否则 R[dl] = 0。对应表 3.6 中序号 14 的指令为"setge %dl"，其含义为：若 SF = OF 或 ZF = 1，则 R[dl] = 1；否则 R[dl] = 0。每个条件转移指令都有对应的条件设置指令。

例 3.7 以下各组指令序列用于将 x 和 y 的某种比较结果记录到 CL 寄存器。根据以下各组指令序列，分别判断数据 x 和 y 在 C 语言程序中的数据类型，并说明指令序列的功能。

```
第一组：  cmpl    %eax, %edx    # R[eax] = x, R[edx] = y
          setb    %cl
第二组：  cmpl    %eax, %edx    # R[eax] = x, R[edx] = y
          setne   %cl
第三组：  cmpw    %ax, %dx      # R[ax] = x, R[dx] = y
          setl    %cl
第四组：  cmpb    %al, %dl      # R[al] = x, R[dl] = y
          setae   %cl
```

解 CMP 指令通过执行减法来设置条件标志位，每组中第二条 SETcc 指令中使用的条件标志都是由 x 和 y 相减后设置的。

第一组 x 和 y 都是 32 位数据，指令 setb 对应表 3.6 中序号为 11 的指令，设置条件为 CF = 1 且 ZF = 0，说明是无符号整数小于比较，因此，x 和 y 可能是 unsigned、unsigned long 或指针型数据。

第二组 x 和 y 都是 32 位数据，指令 setne 对应表 3.6 中序号为 4 的指令，设置条件为 ZF = 0，说明是两个位串的不相等比较，因此，x 和 y 可能是 unsigned、int、unsigned long、long 或指针型数据。

第三组 x 和 y 都是 16 位数据，指令 setl 对应表 3.6 中序号为 15 的指令，设置条件为 SF ≠ OF 且 ZF = 0，说明是带符号整数小于比较，因此，x 和 y 只能是 short 型数据。

第四组 x 和 y 都是 8 位数据，指令 setae 对应表 3.6 中序号为 10 的指令，设置条件为 CF = 0 或 ZF = 1，说明是无符号整数大于等于比较，因此，x 和 y 只能是 unsigned char 型数据。　■

例 3.8 以下各组指令序列用于测试变量 x 的某种特性，并将测试结果记录到 CL 寄存器。根据以下各组指令序列，分别判断数据 x 在 C 语言程序中的数据类型，并说明指令序列的功能。

```
第一组: testl    %eax, %eax    # R[eax] = x
        sete     %cl
第二组: testl    %eax, %eax    # R[eax] = x
        setge    %cl
第三组: testw    %ax, %ax      # R[ax] = x
        setns    %cl
第四组: testb    %al, $15      # R[al] = x
        setz     %cl
```

解 TEST 指令执行后，OF = CF = 0，而 ZF 和 SF 则根据两个操作数相"与"的结果来设置：若结果为全 0，则 ZF = 1；若最高位为 1，则 SF = 1。前三组的 TEST 指令对 x 和 x 相"与"得到的是 x 本身。

第一组 x 为 32 位数据，指令 sete 对应表 3.6 中序号为 3 的指令，设置条件为 ZF = 1，因而是对位串 x 判断是否等于 0，显然，x 可能是 unsigned、int、unsigned long、long 或指针型数据。

第二组 x 为 32 位数据，指令 setge 对应表 3.6 中序号为 14 的指令，设置条件为 SF = OF 或 ZF = 1，因为 OF = 0，所以设置条件转换为 SF = 0 或 ZF = 1，即判断 x 的符号是否为正或 x 是否为 0，说明是带符号整数大于等于 0 比较，因此，x 可能是 int 或 long 型数据。

第三组 x 为 16 位数据，指令 setns 对应表 3.6 中序号为 6 的指令，设置条件为 SF = 0，说明是带符号整数是否为非负数比较，即判断 x 是否大于等于 0，因此，x 只能是 short 型数据。

第四组的 TEST 指令对 x 和 0x0F 相"与"，析取 x 的低 4 位，x 为 8 位数据，指令 setz 对应表 3.6 中序号为 3 的指令，设置条件为 ZF = 1，因而是对 TEST 指令析取出的位串判断是否为 0，即判断 x 的低 4 位是否为 0，因此，x 可能是 char、signed char 或 unsigned char 型数据。　■

4. 条件传送指令

该类指令的功能是，如果符合条件就进行传送操作，否则什么都不做。设置的条件和表 3.6 中的条件转移指令的转移条件完全一样，指令助记符也类似，只要将 J 换成 CMOV 即可。其格式为：

```
CMOVcc   DST, SRC
```

源操作数 SRC 可以是 16 位或 32 位寄存器或存储器操作数，传送目的地 DST 必须是 16 位或 32 位寄存器。例如，对应表 3.6 中序号 1 的指令"cmovc %eax, %edx"，其含义为：若 CF = 1，则 R[edx]←R[eax]；否则什么都不做。对应序号 14 的指令"cmovge (%eax), %edx"，其含义为：若 SF = OF 或 ZF = 1，则 R[edx]←M[R[eax]]；否则什么都不做。

5. 调用和返回指令

为便于模块化程序设计，往往把程序中某些具有独立功能的部分编写成独立的程序模块，称之为**子程序**。这些子程序可以被主程序调用,并且执行完毕后又返回主程序继续执行原来的程序。子程序的使用有助于提高程序的可读性,并有利于代码重用,它是程序员进行模块化编程的重要手段。子程序的使用主要通过**过程调用**或**函数调用**实现,为叙述方便起见,本书将过程(调用)和函数(调用)统称为过程(调用)。为实现这一功能,IA-32 提供了以下两条指令。

(1)调用指令

调用指令 CALL 是一种无条件转移指令,跳转方式与 JMP 指令类似。它具有两个功能:① 将返回地址入栈(相当于 PUSH 操作);② 跳转到指定地址处执行。执行时,首先将当前 EIP 或 CS:EIP 的内容(即**返回地址**,相当于 CALL 指令下面一条指令的地址)入栈,然后将**调用目标地址**(即子程序的首地址)装入 EIP 或 CS:EIP,以将控制转移到被调用的子程序执行。显然,CALL 指令会修改栈指针 ESP。

CALL 指令有以下 5 种基本类型。

CALL NEAR PTR DST:段内直接调用(NEAR PTR 可省略),DST 为子程序入口地址。

CALL DST:段内间接调用,DST 为寄存器。

CALL WORD PTR DST:段内间接调用,DST 为存储单元。

CALL FAR PTR DST:段间直接调用,DST 为子程序入口地址。

CALL DWORD PTR DST:段间间接调用,DST 为存储单元。

(2)返回指令

返回指令 RET 也是一种无条件转移指令,通常放在子程序的末尾,使子程序执行后返回主程序继续执行。该指令执行过程中,返回地址被从栈顶取出(相当于 POP 指令),并送到 EIP 寄存器(段内或段间调用时)和 CS 寄存器(仅段间调用)。显然,RET 指令会修改栈指针。若 RET 指令带有一个立即数 n,则当它完成上述操作后,还会执行 $R[esp] \leftarrow R[esp] + n$ 操作,从而实现预定的修改栈指针 ESP 的目的。

6. 中断指令

中断的概念和过程调用有些类似,两者都是将返回地址先压栈,然后转到某个程序去执行。它们的主要区别是:① 过程调用跳转到一个用户事先设定好的子程序,而中断跳转则是转向系统事先设定好的中断服务程序;② 过程调用可以是 NEAR 或 FAR 类型,能直接或间接跳转,而中断跳转通常是段间间接转移,因为中断处理会从用户态转到内核态执行;③ 过程调用只保存返回地址,而中断指令还要使标志寄存器入栈保存。IA-32 提供了以下关于中断的指令。

INT n:n 为中断类型号,取值范围为 0 ~ 255。

iret/iretd:中断返回指令,偏移地址和段地址送 CS:EIP,并恢复标志寄存器。

into:溢出中断指令,若 OF = 1,产生类型号为 4 的异常,进入相应的溢出异常处理。

sysenter:快速进入系统调用指令。

sysexit:快速退出系统调用指令。

与中断相关的内容详见第 7 章和第 8 章。

3.3.5　x87 浮点处理指令

IA-32 的浮点处理架构有两种：较早的一种是与 x86 配套的浮点协处理器 x87 架构，采用栈结构；另一种是由 MMX 发展而来的 SSE 指令集架构，采用的是单指令多数据（Single Instruction Multi Data，SIMD）技术，包括 SSE、SSE2、SSE3、SSSE3、SSE4 等。对于 IA-32 架构，GCC 默认生成 x87 指令集代码，如果想要生成 SSE 指令集代码，则需要设置适当的编译选项。

x87 FPU 有一个浮点寄存器栈，栈的深度为 8，每个浮点寄存器有 80 位。根据指令的操作功能，x87 浮点数指令可分为浮点数装入、浮点数存储、整数浮点数转换、浮点数算术运算和浮点数测试比较等几种类型。

浮点数装入指令 FLD 用来将存储单元中的浮点数装入到浮点寄存器栈的栈顶 ST(0)。由于浮点寄存器宽度为 80 位，所以，这些指令中指定的从存储单元中取出的浮点数不管是 32 位（float 型，flds 指令）还是 64 位（double 型，fldl 指令），都要先转换为 80 位扩展精度格式后再装入栈顶 ST(0)。

浮点数存储指令 FST 和 FSTP 用来将浮点寄存器栈顶 ST（0）中的元素（FSTP 指令会弹出栈）存储到存储单元中。由于浮点寄存器宽度为 80 位，所以，需要先将 80 位扩展精度格式转换为 32 位（float 型，fsts 或 fstps 指令）或 64 位（double 型，fstl 或 fstpl 指令）格式后，再存储到指定存储单元中。

由于 x87 中浮点寄存器为 80 位，而在内存中的浮点数可能占 32 位、64 位或 96 位，因而在内存单元和浮点数寄存器之间进行数据传送的过程中，可能会丢失精度而造成错误计算结果，需要引起注意。

图 3.8 所示是两个功能完全相同的程序，但是，使用 gcc 的一些旧版本对它们进行编译时，会发生以下情况：使用 gcc-O2 编译程序时，程序一的输出结果是 0，也就是说 a 不等于 b；程序二的输出结果却是 1，也就是说 a 等于 b。两个几乎一模一样的程序，但运行结果不一致。

```
程序一：
#include <stdio.h>
double f(int x) {
        return 1.0 / x ;
}
void main() {
        double a, b;
        int i ;
        a = f(10) ;
        b = f(10) ;
        i = a == b;
        printf("%d\n",i) ;
}
```

```
程序二：
#include <stdio.h>
double f(int x){
        return 1.0 / x ;
}
void main(){
        double a, b, c;
        int i ;
        a = f(10) ;
        b = f(10) ;
        c = f(10) ;
        i = a == b ;
        printf("%d\n",i) ;
}
```

图 3.8　浮点运算示例

出现上述情况的主要原因是存储单元和浮点数寄存器之间进行数据传送过程中丢失了有效数位。

gcc 对于程序一的处理过程如下：先计算 $a = f(10) = 1.0/10 = 0.1$，然后将其写到存储单元，由于 $0.1 = 0.0\,0011\,[0011]$B，即转换为二进制数时是无限循环小数，因此无法用有限位数的二进制精确表示。在将其从 80 位的浮点寄存器写入到 64 位（double 型）的存储区时，产生了精度损失。然后，计算 $b=f(10)$，这个结果并没被写入存储器中，这样，在计算关系表达式"$a==b$"时，直接将损失了精度的 a 与栈顶中的 b 进行比较，由于 b 没有精度损失，因此 a 与 b 不相等。

gcc 对于程序二的处理过程如下：a 与 b 在计算完成之后，由于程序中多了一个 $c=f(10)$ 的计算，使得 gcc 必须把先前计算的 a 和 b 都写入存储器中，于是都产生了精度损失，因而它们的值完全一样，再把它们读到浮点寄存器栈中进行比较时，得出的结果就是 a 等于 b。

使用较新版本的 gcc（如 gcc 4.4.7）编译时，用-O2 优化选项的情况下，两个程序输出的结果都为 1，并没有发生题目中所说的情况，对它们反汇编后发现，两个程序都没有计算 $f(10)$ 就直接把 i 设置成 1 了，显然编译器进行了相应的优化。

上述 gcc 旧版本出现的问题主要是编译器没有处理好。从这个例子可以看出，编译器的设计和硬件结构是紧密相关的。对于编译器设计者来说，只有真正了解底层硬件结构和真正理解指令集体系结构，才能够翻译出没有错误的目标代码，并为程序员完全屏蔽掉硬件实现的细节，方便应用程序员开发出可靠的程序。对于应用程序开发者来说，也只有真正了解底层硬件的结构，才有能力编制出高效的程序，能够快速定位出错的地方，并对程序的行为做出正确的判断。

3.3.6 MMX/SSE 指令集

在多媒体应用中，图形、图像、视频和音频处理存在大量具有共同特征的操作，因而 Intel 公司于 1997 年推出了 MMX(Multi Media eXtension，多媒体扩展) 指令集，它是一种多媒体指令增强技术，包括 57 条多媒体处理指令，通过这些指令可以一次处理多个数据。但是，因为 MMX 指令与 x87 FPU 共用同一套寄存器，所以 MMX 指令与 x87 浮点运算指令不能同时执行，这降低了整个系统的运行性能。

随着网络、通信、语音、图形、图像、动画和音/视频等多媒体处理软件对处理器性能越来越高的要求，Intel 在多能奔腾以后的处理器中加入了更多流式 SIMD 扩展（Stream SIMD Extension，简称 SSE）指令集，包括 SSE、SSE2、SSE3、SSSE3、SSE4 等，这些都是典型的数据级并行处理技术。

SSE 指令集最早是 1999 年 Intel 在 Pentium Ⅲ 处理器中推出的，包括了 70 条指令，其中包含提高 3D 图形运算效率的 50 条 SIMD 浮点运算指令、12 条 MMX 整数运算增强指令和 8 条优化内存中连续数据块传输指令。理论上这些指令对图像处理、浮点运算、3D 运算、视频处理、音频处理等诸多多媒体应用起到全面强化的作用。SSE 兼容 MMX 指令，它可以通过 SIMD 技术在单时钟周期内并行处理 4 个单精度浮点数据来有效地提高浮点运算速度。

2001 年 Intel 在 Pentium 4 中发布了一套包括 144 条新指令的 SSE2 指令集，提供了浮点 SIMD 指令、整数 SIMD 指令、浮点数和整数之间转换等指令。SSE2 增加了能处理 128 位整数和同时并行处理两个 64 位双精度浮点数的指令。为了更好地利用高速缓存，还新增了几条缓存指令，允许程序员控制已经缓存过的数据。

2004 年年初 Intel 公司在新款 Pentium 4(P4E，Prescott 核心）处理器中发布了 SSE3，2005

年 4 月 AMD 公司也发表具备部分 SSE3 功效的处理器 Athlon 64，此后的 x86 处理器几乎都具备 SSE3 的新指令集功能。SSE3 新增了 13 条指令，其中一条用于视频解码，两条用于线程同步，其余用于复杂的数学运算、浮点数与整数之间的转换以及 SIMD 浮点运算，使处理器对 DSP 及 3D 处理的性能大为提升。此外，SSE3 针对多线程应用进行优化，使处理器原有的超线程功能得到了更好发挥。

2005 年，作为 SSE3 指令集的补充版本，SSSE3 出现在酷睿微架构处理器中，新增 16 条指令，进一步增强了 CPU 在多媒体、图形图像和 Internet 等方面的处理能力。

2008 年 SSE4 指令集发布，它被视为最重要的多媒体扩展指令集架构改进方式，将延续了多年的 32 位架构升级至 64 位。SSE4 增加了 54 条指令，其中 SSE4.1 指令子集包含 47 条指令，SSE4.2 包含 7 条指令。SSE4.1 主要针对向量绘图运算、3D 游戏加速、视频编码加速及协同处理加速等方面，此外还加入了 6 条浮点运算增强指令，这使得图形渲染处理性能和 3D 游戏效果等得到极大提升。除此之外，SSE4.1 指令集还加入了串流式负载指令，可提高图形帧缓冲区的数据读取频宽，理论上可获取完整的缓存行，即单次读取 64 位而非原来的 8 位。SSE4.2 主要针对字符串和文本处理。例如，对 XML 应用进行高速查找及对比，在如 Web 服务器应用等方面有显著的性能改善。

下面用一个简单的例子来比较普通指令与数据级并行指令的执行速度。为了使比较结果尽量不受访存操作的影响，以下例子中的运算操作数主要是寄存器操作数。此外，为了使比较结果尽量准确，例子中设置了较大的循环次数值，为 $0x4000000 = 2^{26}$。例子只是为了说明指令执行速度的快慢，并没有考虑结果是否溢出。

图 3.9 给出了采用普通指令的累加函数 dummy_add 对应的汇编代码，其中粗体字部分为循环体，循环控制指令 loop 执行时，先检测寄存器 ECX 的内容，若为 0 则退出循环，否则 ECX 的内容减 1，并再次进入循环体的第一条指令开始执行，循环体的第一条指令地址由 loop 指令指出。

```
080484f0 <dummy_add>:
 80484f0:    55                     push    %ebp
 80484f1:    89 e5                  mov     %esp, %ebp
 80484f3:    b9 00 00 00 04         mov     $0x4000000, %ecx
 80484f8:    b0 01                  mov     $0x1, %al
 80484fa:    b3 00                  mov     $0x0, %bl
 80484fc:    00 c3                  add     %al, %bl
 80484fe:    e2 fc                  loop    80484fc <dummy_add+0xc>
 8048500:    5d                     pop     %ebp
 8048501:    c3                     ret
```

图 3.9　采用普通指令的累加函数

图 3.10 给出了采用数据级并行指令的累加函数 dummy_add_sse 对应的汇编代码，其中粗体字部分为循环体。

从图 3.9 可以看出，dummy_add 函数中，每次循环只完成一个字节的累加，而在图 3.10 所示的 dummy_add_sse 函数中，每次循环执行的指令为 "paddb %xmm0，%xmm1"，也即每次循环并行完成两个 XMM 寄存器中的 16 个一字节数据的累加，对于与 dummy_add 同样的工作量，循环次数应为其 1/16，即（0x4000000 >> 4）= 0x400000 = 2^{22}，因而，可以预期它所用的时间大约只有 dummy_add 的 1/16。

```
08048510 <dummy_add_sse>:
 8048510:    55                    push    %ebp
 8048511:    b8 00 9d 04 10        mov     $0x10049d00, %eax
 8048516:    89 e5                 mov     %esp, %ebp
 8048518:    53                    push    %ebx
 8048519:    bb 20 9d 04 14        mov     $0x14049d20, %ebx
 804851e:    b9 00 00 40 00        mov     $0x400000, %ecx
 8048523:    66 0f 6f 00           movdqa  (%eax), %xmm0
 8048527:    66 0f 6f 0b           movdqa  (%ebx), %xmm1
 804852b:    66 0ffc c8            paddb   %xmm0, %xmm1
 804852f:    e2fa                  loop    804852b <dummy_add_sse+0x1b>
 8048531:    5b                    pop     %ebx
 8048532:    5d                    pop     %ebp
 8048533:    c3                    ret
```

图 3.10 采用 SSE 指令的累加函数

在相同环境下测试两个函数的执行时间，dummy_add 所用时间约为 22.643 816s，而 dummy_add_sse 所用时间约为 1.411 588s，两者之比大约为 16.041 378。这与预期的结果一致。

dummy_add_sse 函数中用到的 SSE 指令有两种，除了 paddb 以外，还有一种是 movdqa 指令，它的功能是将双四字（128 位）从源操作数处移到目标操作数处。该指令可用于在 XMM 寄存器与 128 位存储单元之间移入/移出双四字，或在两个 XMM 寄存器之间移动。该指令的源操作数或目标操作数是存储器操作数时，操作数必须是 16 字节边界对齐，否则将发生一般保护性异常（#GP）。若需要在未对齐的存储单元中移入/移出双四字，可以使用 movdqu 指令。更多有关 SSE 指令集的内容请参看 Intel 的相关资料。

3.4 C 语言程序的机器级表示

用任何汇编语言或高级语言编写的源程序最终都必须翻译（汇编、解释或编译）成以指令形式表示的机器语言，才能在计算机上运行。本节简单介绍高级语言源程序转换为机器代码过程中涉及的一些基本问题。为方便起见，本节选择具体语言进行说明，高级语言和机器语言分别选用 C 语言和 IA-32 指令系统。其他情况下，其基本原理不变。

3.4.1 过程调用的机器级表示

程序员可使用参数将过程与其他程序及数据进行分离。调用过程只要传送输入参数给被调用过程，最后再由被调用过程返回结果参数给调用过程。引入过程使得每个程序员只需要关注本模块中函数或过程的编写任务。本书主要介绍 C 语言程序的机器级表示，而 C 语言用函数来实现过程，因此，本书中的过程和函数是等价的。

将整个程序分成若干模块后，编译器对每个模块可以分别编译。为了彼此统一，编译的模块代码之间必须遵循一些调用接口约定，这些约定称为调用约定（calling convention），具体由 ABI 规范定义，由编译器强制执行，汇编语言程序员也必须强制按照这些约定执行，包括寄存器的使用、栈帧的建立和参数传递等。

1. IA-32 中用于过程调用的指令

在 3.3.4 节中提到的调用指令 CALL 和返回指令 RET 是用于过程调用的主要指令，它们都属于一种无条件转移指令，都会改变程序执行的顺序。为了支持嵌套和递归调用，通常利用栈来保存返回地址、入口参数和过程内部定义的非静态局部变量，因此，CALL 指令在跳转到被调用过程执行之前先要把返回地址压栈，RET 指令在返回调用过程之前要从栈中取出返回地址。

2. 过程调用的执行步骤

假定过程 P 调用过程 Q，则 P 称为**调用者**（caller），Q 称为**被调用者**（callee）。过程调用的执行步骤如下。

① P 将入口参数（实参）放到 Q 能访问到的地方。

② P 将返回地址存到特定的地方，然后将控制转移到 Q。

③ Q 保存 P 的现场，并为自己的非静态局部变量分配空间。

④ 执行 Q 的过程体（函数体）。

⑤ Q 恢复 P 的现场，并释放局部变量所占空间。

⑥ Q 取出返回地址，将控制转移到 P。

上述步骤中，第①~②步是在过程 P 中完成的，其中第②步是由 CALL 指令实现的，通过 CALL 指令，将控制从过程 P 转移到了过程 Q。第③~⑥步都在被调用过程 Q 中完成，在执行 Q 过程体之前的第③步通常称为**准备阶段**，用于保存 P 的现场并为 Q 的非静态局部变量分配空间，在执行 Q 过程体之后的第⑤步通常称为**结束阶段**，用于恢复 P 的现场并释放 Q 的局部变量所占空间，最后在第⑥步通过执行 RET 指令返回到过程 P。每个过程的功能主要是通过过程体的执行来完成的。如果过程 Q 有嵌套调用的话，那么在 Q 的过程体和被 Q 调用的过程函数中又会有上述 6 个步骤的执行过程。

> ### 小贴士
>
> 因为每个处理器只有一套通用寄存器，所以通用寄存器是每个过程共享的资源，当从调用过程跳转到被调用过程执行时，原来在通用寄存器中存放的调用过程中的内容，不能因为被调用过程要使用这些寄存器而被破坏掉，因此，在被调用过程使用这些寄存器前，在准备阶段先将寄存器中的值保存到栈中，用完以后，在结束阶段再从栈中将这些值重新写回到寄存器中，这样，回到调用过程后，寄存器中存放的还是调用过程中的值。通常将通用寄存器中的值称为**现场**。
>
> 并不是所有通用寄存器中的值都由被调用过程保存，通常调用过程保存一部分，被调用过程保存一部分。通常由应用程序二进制接口（ABI）给出**寄存器使用约定**，其中会规定哪些寄存器由调用者保存，哪些由被调用者保存。

3. 过程调用所使用的栈

从上述执行步骤来看，在过程调用中，需要为入口参数、返回地址、调用过程执行时用到的寄存器、被调用过程中的非静态局部变量、过程返回时的结果等数据找到存放空间。如果有足够的寄存器，最好把这些数据都保存在寄存器中，这样，CPU 执行指令时，可以快速地从寄存器取得这些数据进行处理。但是，用户可见寄存器数量有限，并且它们是所有过程共享的，某时刻只能被一个过程使用；此外，对于过程中使用的一些复杂类型的非静态局部变量（如数组和结构等类型数据）也不可能保存在寄存器中。因此，除了寄存器外，还需要有一个专门的存储区域来保存这些数据，这个存储区域就是**栈**（stack）。那么，上述数据中哪些存放在寄存器，哪些存放在栈中呢？寄存器和栈的使用又有哪些规定呢？

4. IA-32 的寄存器使用约定

尽管硬件对寄存器的用法几乎没有任何规定，但是，因为寄存器是被所有过程共享的资源，若一个寄存器在调用过程中存放了特定的值 x，在被调用过程执行时，它又被写入了新的值 y，那么当从被调用过程返回到调用过程执行时，该寄存器中的值就不是当初的值 x，这样，调用过程的执行结果就会发生错误。因而，在实际使用寄存器时需要遵循一定的惯例，使机器级程序员、编译器和库函数等都按照统一的约定处理。

i386 System V ABI 规范规定，寄存器 EAX、ECX 和 EDX 是**调用者保存寄存器**（caller saved register）。当过程 P 调用过程 Q 时，Q 可以直接使用这三个寄存器，不用将它们的值保存到栈中，这也意味着，如果 P 在从 Q 返回后还要用这三个寄存器的话，P 应在转到 Q 之前先保存它们的值，并在从 Q 返回后先恢复它们的值再使用。寄存器 EBX、ESI、EDI 是**被调用者保存寄存器**（callee saved register），Q 必须先将它们的值保存到栈中再使用它们，并在返回 P 之前先恢复它们的值。还有另外两个寄存器 EBP 和 ESP 则分别是帧指针寄存器和栈指针寄存器，分别用来指向当前栈帧的底部和顶部。

> **小贴士**
>
> 应用程序二进制接口（Application Binary Interface，ABI）是为运行在特定 ISA 及特定操作系统之上的应用程序规定的一种机器级目标代码接口，包含了这类应用程序所对应的目标代码生成时必须遵循的约定。ABI 描述了应用程序和操作系统之间、应用程序和所调用的库之间、不同组成部分（如过程或函数）之间在较低层次上的机器级代码接口。开发编译器、操作系统和库等软件的程序员需要遵循 ABI 规范。此外，若应用程序员使用不同的编程语言开发软件，也可能需要使用 ABI 规范。
>
> 本书前四章的大部分内容其实都是 ABI 手册里面定义的，包括 C 语言中数据类型的长度、对齐、栈帧结构、调用约定、ELF 格式、链接过程和系统调用的具体方式等。Linux 操作系统下一般使用 System V ABI，而 Windows 操作系统则使用另一套 ABI。

5. IA-32 的栈、栈帧及其结构

IA-32 使用栈来支持过程的**嵌套调用**，过程的入口参数、返回地址、被保存寄存器的值、被调用过程中的非静态局部变量等都会被压入栈中。IA-32 中可通过执行 MOV、PUSH 和 POP 指令存取栈中元素，用 ESP 寄存器指示栈顶，栈从高地址向低地址增长。

每个过程都有自己的栈区，称为**栈帧**（stack frame），因此，一个栈由若干栈帧组成，每个栈帧用专门的**帧指针寄存器** EBP 指定起始位置。因而，**当前栈帧**的范围在帧指针 EBP 和栈指

针 ESP 指向区域之间。过程执行时，由于不断有数据入栈，所以栈指针会动态移动，而帧指针可以固定不变。对程序来说，用固定的帧指针来访问变量要比用变化的栈指针方便得多，也不易出错，因此，在一个过程内对栈中信息的访问大多通过帧指针 EBP 进行。

假定 P 是调用过程，Q 是被调用过程。图 3.11 给出了 IA-32 在过程 Q 被调用前、过程 Q 执行中和从 Q 返回到过程 P 这三个时点栈中的状态变化。

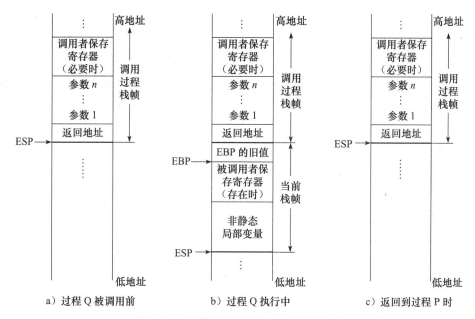

图 3.11　过程调用过程中栈和栈帧的变化

在调用过程 P 中遇到一个函数调用（假定被调用函数为 Q）时，在调用过程 P 的栈帧中保存的内容如图 3.11a 所示。首先，P 确定是否需要将某些调用者保存寄存器（如 EAX、ECX 和 EDX）保存到自己的栈帧中；然后，将入口参数按序保存到 P 的栈帧中，参数压栈的顺序是先右后左；最后执行 CALL 指令，先将返回地址保存到 P 的栈帧中，然后转去执行被调用过程 Q。

在执行被调用函数 Q 的准备阶段，在 Q 的栈帧中保存的内容如图 3.11b 所示。首先，Q 将 EBP 的值保存到自己的栈帧（即被调用过程 Q 的栈帧）中，并设置 EBP 指向它，即 EBP 指向当前栈帧的底部；然后，根据需要确定是否将被调用者寄存器（如 EBX、ESI 和 EDI）保存到 Q 的栈帧中；最后在栈中为 Q 中的非静态局部变量分配空间。通常，如果非静态局部变量为简单变量且有空闲的通用寄存器，则编译器会将通用寄存器分配给局部变量，但是，对于非静态局部变量是数组或结构等复杂数据类型的情况，则只能在栈中为其分配空间。

在 Q 过程体执行后的结束阶段，Q 会恢复被调用者保存寄存器和 EBP 寄存器的值，并使 ESP 指向返回地址，这样，栈中的状态又回到了开始执行 Q 时的状态，如图 3.11c 所示。这时，执行 RET 指令便能取出返回地址，以回到过程 P 继续执行。

从图 3.11 可看出，在 Q 的过程体执行时，入口参数 1 的地址总是 R[ebp]+8，入口参数 2 的地址总是 R[ebp]+12，入口参数 3 的地址总是 R[ebp]+16，依此类推。

6. 变量的作用域和生存期

从图 3.11 所示的过程调用前、后栈的变化过程可以看出，在当前过程 Q 的栈帧中保存的

Q 内部的非静态局部变量只在 Q 执行过程中有效，当从 Q 返回到 P 后，这些变量所占的空间全部被释放，因此，在 Q 过程以外，这些变量是无效的。了解了上述过程，就能很好地理解 C 语言中关于变量的作用域和生存期的问题。C 语言中的 auto 型变量就是过程（函数）内的非静态局部变量，因为它是通过执行指令而动态、自动地在栈中分配并在过程结束时释放的，因而其作用域仅限于过程内部且具有的仅是"局部生存期"。此外，auto 型变量可以和其他过程中的变量重名，因为其他过程中的同名变量实际占用的是自己栈帧中的空间或静态数据区，也就是说，变量名虽相同但实际占用的存储单元不同，它们分别在不同的栈帧中，或一个在栈中另一个在静态数据区中。C 语言中的外部参照型变量和静态变量被分配在静态数据区，而不是分配在栈中，因而这些变量在整个程序运行期间一直占据着固定的存储单元，它们具有"全局生存期"。

7. 一个简单的过程调用例子

下面以一个最简单的例子来说明过程调用的机器级实现。假定有一个函数 add() 实现两个数相加，另一个过程 caller() 调用 add() 以计算 $125 + 80$ 的值，对应的 C 语言程序如下。

```
1    int add(int x, int y)
2    {
3        return x + y;
4    }
5
6    int caller()
7    {
8        int temp1 = 125;
9        int temp2 = 80;
10       int sum = add(temp1, temp2);
11       return sum;
12   }
```

经 GCC 编译后 caller 过程对应的代码如下（#后面的文字是注释）。

```
1  caller:
2    pushl    %ebp
3    movl     %esp, %ebp
4    subl     $24, %esp
5    movl     $125, -12(%ebp)      # M[R[ebp]-12]←125, 即 temp1 = 125
6    movl     $80, -8(%ebp)        # M[R[ebp]-8]←80, 即 temp2 = 80
7    movl     -8(%ebp), %eax       # R[eax]←M[R[ebp]-8], 即 R[eax] = temp2
8    mov      %eax, 4(%esp)        # M[R[esp]+4]←R[eax], 即 temp2 入栈
9    movl     -12(%ebp), %eax      # R[eax]←M[R[ebp]-12], 即 R[eax] = temp1
10   movl     %eax, (%esp)         # M[R[esp]]←R[eax], 即 temp1 入栈
11   call     add                  # 调用 add, 将返回值保存在 EAX 中
12   movl     %eax, -4(%ebp)       # M[R[ebp]-4]←R[eax], 即 add 返回值送 sum
13   movl     -4(%ebp), %eax       # R[eax]←M[R[ebp]-4], 即 sum 作为 caller 返回值
14   leave
15   ret
```

图 3.12 给出了 caller 栈帧的状态，其中，假定 caller 被过程 P 调用。图中 ESP 的位置是执行了第 4 条指令后 ESP 的值所指的位置，可以看出 GCC 为 caller 的参数分配了 24 字节的空间。从汇编代码中可以看出，caller 中只使用了调用者保存寄存器 EAX，没有使用任何被调用者保存寄存器的值，因而在 caller 栈帧中无须保存除 EBP 以外的任何寄存器的值；caller 有三个局部变量 temp1、temp2 和 sum，皆被分配在栈帧中；在用 call 指令调用 add 函数之前，caller 先将入口

参数从右向左依次将 *temp*2 和 *temp*1 的值（即 80 和 125）保存到栈中。在执行 call 指令时再把

返回地址压入栈中。此外，在最初进入 caller 时，还将 EBP 的值压入了栈中，因此 caller 的栈帧中用到的空间占4 + 12 + 8 + 4 = 28 字节。但是，caller 的栈帧总共有 4 + 24 + 4 = 32 字节，其中浪费了 4 字节空间（未使用）。这是因为 GCC 为保证 x86 架构中数据的严格对齐而规定每个函数的栈帧大小必须是 16 字节的倍数。有关对齐规则，在后续的章节中介绍。

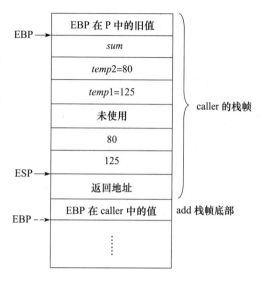

图 3.12 caller 和 add 的栈帧

call 指令执行后，add 函数的返回参数存放在 EAX 中，因而 call 指令后面的两条指令中，序号为 12 的 movl 指令用来将 add 的结果存入 *sum* 变量的存储空间，其变量的地址为 R[ebp] – 4；序号为 13 的 movl 指令用来将 *sum* 变量的值送返回值寄存器 EAX 中。

在执行 ret 指令之前，应将当前栈帧释放掉，并恢复旧 EBP 的值，上述序号为 14 的 leave 指令实现了这个功能，leave 指令功能相当于以下两条指令的功能。其中，第一条指令使 ESP 指向当前 EBP 的位置，第二条指令执行后，EBP 恢复为 P 中的旧值，并使 ESP 指向返回地址。

```
movl    %ebp, %esp
popl    %ebp
```

执行完 leave 指令后，ret 指令就可从 ESP 所指处取返回地址，以返回 P 执行。当然，编译器也可通过 pop 指令和对 ESP 的内容做加法来进行退栈操作，而不一定要使用 leave 指令。

add 过程比较简单，经 GCC 编译并进行链接后对应的代码如下。

```
1  8048469:55            push    %ebp
2  804846a:89 e5         mov     %esp, %ebp
3  804846c:8b 45 0c      mov     0xc(%ebp), %eax
4  804846f:8b 55 08      mov     0x8(%ebp), %edx
5  8048472:8d 04 02      lea     (%edx,%eax,1), %eax
6  8048475:5d            pop     %ebp
7  8048476:c3            ret
```

通常，一个过程对应的机器级代码都有三个部分：准备阶段、过程体和结束阶段。

上述序号 1 和 2 的指令构成准备阶段的代码段，这是最简单的准备阶段代码段，它通过将当前栈指针 ESP 传送到 EBP 来完成将 EBP 指向当前栈帧底部的任务，如图 3.12 所示，EBP 指向 add 栈帧底部，从而可以方便地通过 EBP 获取入口参数。这里 add 的入口参数 x 和 y 对应的值（125 和 80）分别在地址为 R[ebp] + 8、R[ebp] + 12 的存储单元中。

上述序号 3、4 和 5 的指令序列是过程体代码段，过程体结束时将返回值放在 EAX 中。这里好像没有加法指令，实际上序号 5 的 lea 指令执行的是加法运算 R[edx] + R[eax] * 1 = x + y。

上述序号 6 和 7 的指令序列是结束阶段代码，通过将 EBP 弹出栈帧来恢复 EBP 在 caller 过

程中的值，并在栈中退出 add 过程的栈帧，使得执行到 ret 指令时栈顶中已经是返回地址。这里的返回地址应该是 caller 代码中序号为 12 的那条指令的地址。

add 过程中没有用到任何被调用者保存寄存器，没有局部变量，此外，add 是一个被调用过程，并且不再调用其他过程，即它是个叶子过程，因而也没有入口参数和返回地址要保存，因此，在 add 的栈帧中除了需要保存 EBP 以外，无须保留其他任何信息。

8. 按值传递参数和按地址传递参数

使用参数传递数据是 C 语言函数间传递数据的主要方式。C 语言中的数据类型分为**基本数据类型**和**复杂数据类型**，而复杂数据类型中又分为**构造类型**和**指针类型**。C 语言的数据类型如图 3.13 所示。

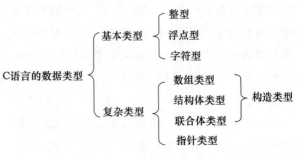

图 3.13　C 语言中的数据类型

C 函数中的**形式参数**可以是基本类型变量名、构造类型变量名和指针类型变量名。对于不同类型的形式参数，其传递参数的方式不同，总体来说分为两种：**按值传递**和**按地址传递**。当形参是基本类型变量名时，采用按值传递方式；当形参是指针类型变量名或构造类型变量名时，采用按地址传递方式。显然，上面的 add 过程采用的是按值传递方式。

下面通过例子说明两种方式的差别。图 3.14 给出了两个相似的程序。

```
程序一：
#include <stdio.h>
main()
{
    int a=15, b=22;
    printf("a=%d\tb=%d\n", a, b);
    swap(&a, &b);
    printf("a=%d\tb=%d\n", a, b);
}
swap(int *x, int *y)
{
    int t=*x;
    *x=*y;
    *y=t;
}
```

```
程序二：
#include <stdio.h>
main()
{
    int a=15, b=22;
    printf("a=%d\tb=%d\n", a, b);
    swap(a, b);
    printf("a=%d\tb=%d\n", a, b);
}
swap(int x, int y)
{
    int t=x;
    x=y;
    y=t;
}
```

图 3.14　按值传递参数和按地址传送参数的程序示例

上述图 3.14 中两个程序的输出结果如图 3.15 所示。

```
程序一的输出：
    a=15        b=22
    a=22        b=15
```

```
程序二的输出：
    a=15        b=22
    a=15        b=22
```

图 3.15　图 3.14 中程序的输出结果

从图 3.15 可看出，程序一实现了 a 和 b 的值的交换，而程序二并没有实现对 a 和 b 的值进行交换的功能。下面从这两个程序的机器级代码来分析为何它们之间有这种差别。

图 3.16 中给出了两个程序对应的参数传递代码（AT&T 格式），不同之处用粗体字表示。给出的代码假定 swap 函数的局部变量 t 分配在 EDX 中。

```
程序一  汇编代码片段:
main:
   ......
   leal -8(%ebp), %eax
   movl %eax, 4(%esp)
   leal -4(%ebp), %eax
   movl %eax, (%esp)
   call swap
   ......
   ret
```

```
程序二  汇编代码片段:
main:
   ......
   movl -8(%ebp), %eax
   movl %eax, 4(%esp)
   movl -4(%ebp), %eax
   movl %eax, (%esp)
   call swap
   ......
   ret
```

图 3.16　两个程序中传递 swap 过程参数的汇编代码片段

从图 3.16 可看出，在给 swap 过程传递参数时，程序一用了 leal 指令，而程序二用的是 movl 指令，因而程序一传递的是 a 和 b 的地址，而程序二传递的是 a 和 b 的内容。

图 3.17 给出了执行 swap 之前 main 的栈帧状态。在 main 过程中，因为没有用到任何被调用者保存寄存器，所以不需要保存这些寄存器内容到栈帧中；非静态局部变量只有 a 和 b，分别分配在 main 栈帧的 R［ebp］-4 和 R［ebp］-8 的位置。因此，这两个程序对应栈中的状态，仅在于调用 swap() 函数前压入栈中的参数不同。在图 3.17a 所示的程序一的栈帧中，main 函数把变量 a 和 b 的地址作为实参压入了栈中，而在图 3.17b 所示的程序二的栈帧中，则把变量 a 和 b 的值作为实参压入了栈中。图 3.17 的粗体字处，给出了这两个程序对应栈帧的差别。

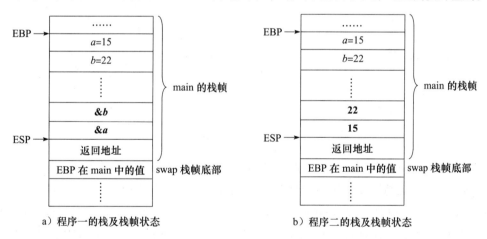

a）程序一的栈及栈帧状态　　　　　　　　b）程序二的栈及栈帧状态

图 3.17　执行 swap 之前 main 的栈帧状态

程序一和程序二对应的 swap 函数的机器级代码也不同。图 3.18 中给出两个程序中 swap 函数对应的汇编代码。

从图 3.18 可看出，程序一的 swap 过程体比程序二的 swap 过程体多了三条指令。而且，由于程序一的 swap 过程体更复杂，使用了较多的寄存器，除了三个调用者保存寄存器外，还使用了被调用者保存寄存器 EBX，它的值必须在准备阶段被保存到栈中，而在结束阶段从栈中恢复。因而它比程序二又多了一条 push 指令和一条 pop 指令。

图 3.19 反映了执行 swap 过程后 main 的栈帧中的状态，与图 3.17 中反映的执行 swap 前的情况进行对照发现，粗体字处发生了变化。

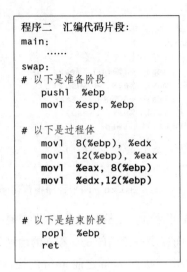

图 3.18   两个程序中 swap 函数对应的汇编代码

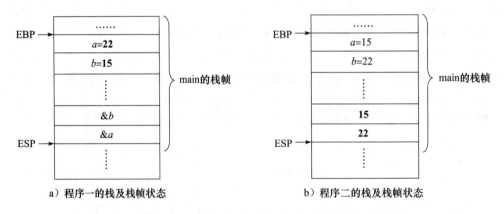

图 3.19   执行 swap 之后 main 的栈帧状态

因为程序一的 swap 函数的形式参数 x 和 y 用的是指针型变量名，相当于间接寻址，需要先取出地址，然后根据地址再存取 x 和 y 的值，因而改变了调用过程 main 的栈帧中局部变量 a 和 b 所在位置的内容，如图 3.19a 中粗体字所示；而程序二中的 swap 函数的形参 x 和 y 用的是基本数据类型变量名，直接存取 x 和 y 的内容，因而改变的是 swap 函数的入口参数 x 和 y 所在位置的值，如图 3.19b 中粗体字所示。

至此，我们分析了程序一和程序二之间明显的差别。由这些差别造成的最终结果的不同是重要的。这个不同就是，程序一中调用 swap 后回到 main 执行时，a 和 b 的值已经交换过了，而在程序二的执行中，swap 过程实际上交换的是其两个入口参数所在位置上的内容，并没有真正交换 a 和 b 的值。由此，也就不难理解为什么会出现如图 3.15 所示的两个程序的执行结果了。

从上面对例子的分析中可以看出，编译器并不为形式参数分配存储空间，而是给形式参数对应的实参分配空间，形式参数实际上只是被调用函数使用实参时的一个名称而已。不管是按值传递参数还是按地址传递参数，在调用过程用 CALL 指令调用被调用过程时，对应的实参应该都已有具体的值，并已将实参的值存放到调用过程的栈帧中作为入口参数，以等待被调用过程中的指令所用。例如，在图 3.14 所示的程序一中，main 函数调用 swap 函数的实参是 &a 和 &b，在执行 CALL 指令调用 swap 之前，&a 和 &b 的值分别是 R[ebp] − 4 和 R[ebp] − 8。在如图 3.14 所示的程序二中，main 函数调用 swap 函数的实参是 a 和 b，在执行 CALL 指令调用 swap 之前，a 和 b 的值分别是 15 和 22。

需要说明的是，i386 System V ABI 规范规定，栈中参数按 4 字节对齐，因此，若栈中存放的参数的类型是 char、unsigned char 或 short、unsigned short，也都分配 4 个字节。因而，在被调用函数的执行过程中，可以使用 R[ebp] + 8、R[ebp] + 12、R[ebp] + 16、……作为有效地址来访问函数的入口参数。

例 3.9 以下是两个 C 语言函数：

```
1   void test(int x, int *ptr)
2   {
3       if (x > 0 && *ptr > 0)
4           *ptr += x;
5   }
6
7   void caller(int a, int y)
8   {
9       int x = a > 0 ? a : a + 100;
10      test(x, &y);
11  }
```

假定调用 caller 的过程为 P，P 中给出的对应 caller 中形参 a 和 y 的实参分别是常数 100 和 200，对于上述两个 C 语言函数，画出相应的栈帧中的状态，并回答下列问题。

① test 的形参是按值传递还是按地址传递？test 的形参 ptr 对应的实参是一个什么类型的值？

② test 中被改变的 $*ptr$ 的结果如何返回给它的调用过程 caller？

③ caller 中被改变的 y 的结果能否返回给过程 P？为什么？

解 P、caller 和 test 对应的栈帧状态如图 3.20 所示。根据图 3.20 中所反映的栈帧状态，可以比较容易地给出以下答案。

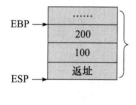

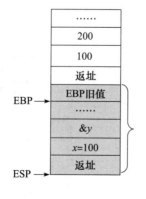

a）执行caller之前过程P的栈帧状态　　b）执行test之前过程caller的栈帧状态　　c）test过程返回前的栈帧状态

图 3.20　执行 caller 之前和执行 test 之前的栈帧状态

① test 的两个形参中，前者是基本数据类型变量名，后者是指针类型变量名，因此前者按值传递，后者按地址传递。形参 *ptr* 是指向 int 型的一个指针，因而对应的实参一定是一个地址。形参 *ptr* 对应的实参的值反映了实参所指向的目标数据所在的存储地址。若这个地址是栈区的某个地址，则说明这个目标数据是个非静态局部变量；若是静态数据区的某个地址，则说明这个目标数据是个全局变量或静态变量。此例中，形参 *ptr* 对应的实参所指目标数据就是栈中的 *y*（即 200），即实参为 *y* 所在的存储单元地址，因而在 caller 中用一条取地址指令 lea 可以得到这个地址，这个地址就是 &*y*。

② test 执行的结果反映在对形参 *ptr* 对应实参所指向的目标单元进行的修改，这里是将 200 修改为 300。因为所修改的存储单元不在 test 的栈帧内，不会因 test 栈帧的释放而丢失，因而 *y* 的值可在 test 执行结束后继续在 caller 中使用。也即第 10 行语句执行后，*y* 的值为 300。

③ caller 执行过程中对 *y* 所在单元内容的改变不能返回给它的调用过程 P。caller 执行的结果就是调用 test 后由 test 留下的对地址 &*y* 处所做的修改，也即 200 被修改为 300，虽然这个修改结果不会因为 caller 栈帧的释放而丢失，似乎在过程 P 中可以访问到这个结果，但是，当从 caller 回到过程 P 后，caller 的形参 *y* 并不能被 P 所用。P 中无法通过 *y* 对存储单元 &*y* 进行引用。因而 *y* 的值 300 不能在 caller 执行结束后继续传递到 P 中。 ∎

9. 递归过程调用

过程调用中使用的栈机制和寄存器使用约定，使得可以进行过程的**嵌套调用**和**递归调用**。下面用一个简单的例子来说明递归调用过程的执行。

以下是一个计算自然数之和的递归函数（自然数求和可以直接用公式计算，这里的程序仅是为了说明问题而给出的）。

```
1   int nn_sum(int n)
2   {
3       int result;
4       if (n <=0)
5           result =0;
6       else
7           result = n +nn_sum (n-1);
8       return result;
9   }
```

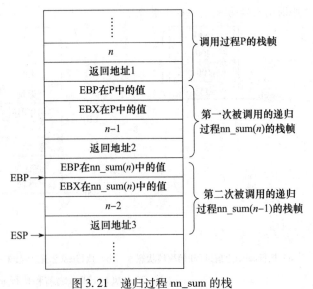

上述递归函数对应的汇编代码（AT&T 格式）如下。图 3.21 给出了第 3 次进入递归调用（即第 3 次执行完 "call nn_sum" 指令）时栈帧中的状态，假定最初调用 nn_sum 函数的是过程 P。

```
1 nn_sum:
2   pushl    %ebp
3   movl     %esp, %ebp
4   pushl    %ebx
5   subl     $4, %esp
6   movl     8(%ebp), %ebx
```

图 3.21 递归过程 nn_sum 的栈

```
 7  movl    $0, %eax
 8  cmp     $0, %ebx
 9  jle     .L2
10  leal    -1(%ebx), %eax
11  movl    %eax, (%esp)
12  call    nn_sum
13  addl    %ebx, %eax
14 .L2
15  addl    $4, %esp
16  popl    %ebx
17  popl    %ebp
18  ret
```

递归过程 nn_sum 对应的汇编代码中，用到了一个被调用者保存寄存器 EBX，所以其栈帧中除了保存常规的 EBP 外，还要保存 EBX。过程的入口参数只有一个，因此，序号5对应的指令 "subl $4, %esp" 实际上是为参数 $n-1$（或 $n-2$ 或…或 1 或 0）在栈帧中申请了 4 字节的空间，递归过程直到参数为 0 时才第一次退出 nn_sum 过程，并回到序号为 12 的指令 call nn_sum 的后面一条指令（序号为 13 的指令）执行。在递归调用过程中，应该每次都回到同样的地方执行，因此，图 3.21 中的返回地址 2 和返回地址 3 是相同的，但不同于返回地址 1，因为返回地址 1 是过程 P 中指令 call nn_sum 的后面一条指令的地址。

图 3.22 给出了上述递归过程的执行流程。

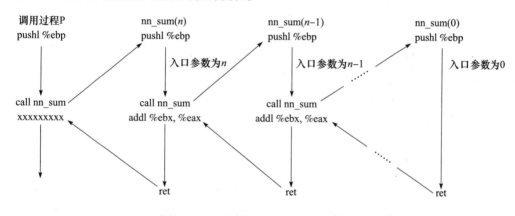

图 3.22　递归过程 nn_sum 的执行流程

从图 3.22 可看出，递归调用过程的执行一直要等到满足跳出过程的条件时才结束，这里跳出过程的条件是入口参数为 0，只要入口参数不为 0，就一直递归调用 nn_sum 函数自身。因此，在递归调用 nn_sum 的过程中，栈中最多会形成 $n+1$ 个 nn_sum 栈帧。每个 nn_sum 栈帧占用了 16 字节的空间，因而 nn_sum 过程在执行中至少占用 $(16n+12)$ 字节的栈空间（以入口参数为 0 调用 nn_sum 时，没有返回地址入栈，故只分配 12 字节）。虽然占用的栈空间都是临时的，过程执行结束后其所占的所有栈空间都会被释放，但是，如果递归深度非常大的时候，栈空间的开销还是比较大的。操作系统为程序分配的栈会有默认的大小限制。若栈大小为 2MB，则在不考虑其他调用过程所用栈帧的情况下，当递归深度 n 达到大约 $2MB/16B=2^{17}=131\ 072$ 时，发生**栈溢出**（stack overflow）。

此外，过程调用的时间开销也不得不考虑。虽然过程的功能由过程体中的指令来实现，但是，为了支持过程调用，每个过程中还包含了准备阶段和结束阶段。每增加一次过程调用，就要增加许多条包含在准备阶段和结束阶段的额外指令，这些额外指令的执行时间开销对程序的性能影响很大，因而，应该尽量避免不必要的过程调用，特别是递归调用。

10. 非静态局部变量的存储分配

对于非静态局部变量的分配顺序，C 标准规范中没有规定必须是按顺序从大地址到小地址分配，或是从小地址到大地址分配，因而它属于**未定义行为**（undefined behavior），不同的编译器有不同的处理方式。

编译器在给非静态局部变量分配空间时，通常将其占用的空间分配在本过程的栈帧中。有些编译器在编译优化的情况下，也可能会把属于基本的简单数据类型的非静态局部变量分配在通用寄存器中，但是，对于复杂的数据类型变量，如数组、结构和联合等数据类型变量，则一定会分配在栈帧中。

以下是一个 C 语言程序的例子，可以看出，在 Linux 系统和 Windows 系统平台下的处理方式不同，即使在 Windows 系统下不同的编译器的处理方式也不同。

已知某 C 语言源程序如下：

```
1   #include <stdio.h>
2   void func(int param1,int param2,int param3)
3   {
4       int var1 = param1;
5       int var2 = param2;
6       int var3 = param3;
7       printf("%p\n",&param1);
8       printf("%p\n",&param2);
9       printf("%p\n\n",&param3);
10      printf("%p\n",&var1);
11      printf("%p\n",&var2);
12      printf("%p\n\n",&var3);
13  }
14  void main()
15  {
16      func(1,3,5);
17  }
```

在 IA-32 + Linux + GCC 平台下处理该程序，其运行结果是：func() 函数的参数 param1 ~ param3 的地址分别为 0xffff2b50、0xffff2b54 和 0xffff2b58；func() 函数的非静态局部变量 var1 ~ var3 的地址分别为 0xffff2b34、0xffff2b38 和 0xffff2b3c。可以看出，函数参数的地址大于局部变量的地址，因为参数在调用 func() 函数之前已存入栈中，而局部变量在调用 func() 函数的过程中才存入栈中，因而栈是从高地址向低地址方向增长的。该例中，局部变量的空间是按顺序连续地从小地址到大地址分配。

但是，在同样的 IA-32 + Linux + GCC 平台下，有些程序的局部变量却是按大地址→小地址方向分配。例如，在例 3.10 中的局部变量就是按大地址→小地址方向分配的。也有些编译器为了节省空间，并不一定完全按变量声明的顺序分配空间。

事实上，C 语言标准和 ABI 规范都没有定义按何种顺序分配变量的空间。相反，C 语言标准明确指出，对不同变量的地址进行除 == 和 != 之外的关系运算都属于未定义行为。因此，不可依赖变量所分配的顺序来确定程序的行为，例如，语句"if(&var1 < &var2){...};"属

于未定义行为，程序员应注意不要编写出此类代码。

例3.10 某 C 程序 main. c 如下：

```
1   #include < stdio. h >
2   void main( )
3   {
4       unsigned int a = 1;
5       unsigned short b = 1;
6       char c = - 1;
7       int d;
8       d = (a > c) ? 1 : 0;
9       printf("%d\n",d);
10      d = (b > c) ? 1 : 0;
11      printf("%d\n",d);
12  }
```

假定对应的可执行文件通过 objdump − d 命令反汇编得到结果如下。

```
1   0804841c < main > :
2    804841c:      55                       push       %ebp
3    804841d:      89 e5                    mov        %esp,%ebp
4    804841f:      83 e4 f0                 and        $0xfffffff0,%esp
5    8048422:      83 ec 20                 sub        $0x20,%esp
6    8048425:      c7 44 24 1c 01 00 00     movl       $0x1,0x1c(%esp)
7    804842c:      00
8    804842d:      66 c7 44 24 1a 01 00     movw       $0x1,0x1a(%esp)
9    8048434:      c6 44 24 19 ff           movb       $0xff,0x19(%esp)
10   8048439:      0f be 44 24 19           movsbl     0x19(%esp),%eax
11   804843e:      3b 44 24 1c              cmp        0x1c(%esp),%eax
12   8048442:      0f 92 c0                 setb       %al
13   8048445:      0f b6 c0                 movzbl     %al,%eax
14   8048448:      89 44 24 14              mov        %eax,0x14(%esp)
15   804844c:      8b 44 24 14              mov        0x14(%esp),%eax
16   8048450:      89 44 24 04              mov        %eax,0x4(%esp)
17   8048454:      c7 04 24 20 85 04 08     movl       $0x8048520,(%esp)
18   804845b:      e8 a0 fe ff ff           call       8048300 < pintf@ plt >
19   8048460:      0f b7 54 24 1a           movzwl     0x1a(%esp),%edx
20   8048465:      0f be 44 24 19           movsbl     0x19(%esp),%eax
21   804846a:      39 c2                    cmp        %eax,%edx
22   804846c:      0f 9f c0                 setg       %al
23   804846f:      0f b6 c0                 movzbl     %al,%eax
24   8048472:      89 44 24 14              mov        %eax,0x14(%esp)
25   8048476:      8b 44 24 14              mov        0x14(%esp),%eax
26   804847a:      89 44 24 04              mov        %eax,0x4(%esp)
27   804847e:      c7 04 24 20 85 04 08     movl       $0x8048520,(%esp)
28   8048485:      e8 76 fe ff ff           call       8048300 < printf@ plt >
29   804848a:      c9                       leave
30   804848b:      c3                       ret
```

根据源程序代码和反汇编结果，回答下列问题或完成下列任务。

① 局部变量 a、b、c、d 在栈中的存放地址各是什么？

② 在反汇编得到的机器级代码中，分别找出 C 程序第 8 行和第 10 行语句对应的指令序列，并解释每条指令的功能。这两行语句执行后，d 的值分别为多少？为什么？

③ 第 13 ~ 17 行指令的功能各是什么？

④ 画出局部变量和 printf() 函数入口参数在栈帧中的存放情况。

解 ① 局部变量 a、b、c、d 在栈中的存放地址各是 R[esp]+0x1c、R[esp]+0x1a、R[esp]+0x19、R[esp]+0x14。

② C 程序第 8 行语句对应的指令序列为第 10~12 行指令。第 10 行指令 "movsbl 0x19(%esp),%eax" 的功能是将变量 c 符号扩展为 32 位后送到 EAX 中；第 11 行指令 "cmp 0x1c(%esp),%eax" 的功能是通过将变量 c 与 a 相减做比较，标志信息记录在 EFLAGS 中；第 12 行指令 "setb %al" 的功能是按无符号整数比较，若小于（CF=1 且 ZF=0）则 AL 中置 1，否则清 0。

第 8 行语句执行后，d 的值为 0。这里，变量 c 是 char 型（IA-32 中的 GCC 编译器将 char 视为带符号整型），故按符号扩展。因为 a 为 unsigned int 型，故 c 和 a 按无符号整数比较大小。变量 c 符号扩展后为全 1，而变量 a 为 1，因此 $c>a$，因而 $d=0$。

C 程序第 10 行语句对应的指令序列为第 19~22 行指令。第 19 行指令 "movzwl 0x1a(%esp),%edx" 的功能是将变量 b 零扩展为 32 位后送到 EDX 中；第 20 行指令 "movsbl 0x19(%esp),%eax" 的功能是将变量 c 符号扩展为 32 位后送到 EAX 中；第 21 行指令 "cmp %eax,%edx" 的功能是通过将变量 b 与 c 相减做比较，标志信息记录在 EFLAGS 中；第 22 行指令 "setg %al" 的功能是按带符号整数比较，若大于（SF=OF 且 ZF=0）则 AL 中置 1，否则清 0。

第 10 行语句执行后，d 的值为 1。这里，char 型变量 c 符号扩展后结果为全 1，而变量 b 是 unsigned short 型，故按零扩展，结果为 1。在 b 和 c 比较时，unsigned short 和 char 型都应提升为 int 型，故按带符号整数比较大小，结果为 $b>c$，因而 $d=1$。

③ 第 13~17 行指令用于将函数 printf() 的参数存储到栈帧中相应的地方。第 13 和 14 行指令将 AL 中内容零扩展 32 位后，存到局部变量 d 所对应的存储单元 R[esp]+0x14；第 15 和 16 行指令将存储单元 R[esp]+0x14 中的变量 d 作为参数，存到栈帧中 R[esp]+4 处；第 17 行指令将字符串 "%d\n" 所在的首地址 0x8048520 作为参数，存到栈帧中 R[esp] 处。

④ 局部变量和 printf() 函数入口参数在 main 栈帧中的存放情况如图 3.23 所示。■

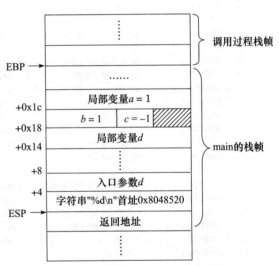

图 3.23　main 栈帧中的内容

3.4.2　选择语句的机器级表示

C 语言主要通过选择结构（条件分支）和循环结构语句来控制程序中语句的执行顺序，有 9 种流程控制语句，分成三类：选择语句、循环语句和辅助控制语句，如图 3.24 所示。

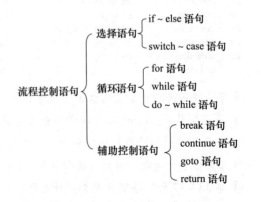

图 3.24　C 语言中的流程控制语句

1. 条件运算表达式的机器级表示

C 语言中唯一的三目运算符是由符号 "?" 和 ":" 组成的, 它可以构成一个条件运算表达式, 这个条件运算表达式的值可以赋值给一个变量。其通用形式如下:

```
x = cond_expr ? then_expr : else_expr;
```

对应的机器级代码可以使用比较指令、条件传送指令或条件设置指令, 如例 3.10 中的第 11、12 行指令序列。

2. if ~ else 语句的机器级表示

if ~ (then)、if ~ (then) ~ else 选择结构根据判定条件来控制一些语句是否被执行。其通用形式如下。

```
if (cond_expr)
      then_statement
else
      else_statement
```

其中, cond_expr 是条件表达式, 根据其值为非 0(真) 或 0(假), 分别选择 then_statement 或 else_statement 执行。通常, 编译后得到的对应汇编代码可以有如下两种不同的结构, 如图 3.25 所示。

```
c=cond_expr;
if(!c)
      goto false_label;
then_statement
goto done;
false_label:
      else_statement
done:
```

```
c=cond_expr;
if(c)
      goto true_label;
else_statement
goto done;
true_label:
      then_statement
done:
```

图 3.25　if ~ else 语句对应的汇编代码结构

图 3.25 中的 "if() goto⋯" 语句对应条件转移指令, "goto⋯" 语句对应无条件转移指令。编译器可以使用在底层 ISA 中提供的各种条件标志设置功能、条件转移指令、条件设置指令、条件传送指令、无条件转移指令等相应的机器级程序支持机制 (参见 3.3.4 节有关内容) 来实现这类选择语句。

例3.11　以下是一个 C 语言函数:

```
1  int get_lowaddr_content(int *p1, int *p2)
2  {
3      if (p1 > p2)
4        return *p2;
5      else
6        return *p1;
7  }
```

已知形式参数 p1 和 p2 对应的实参已被压入调用函数的栈帧, p1 和 p2 对应实参的存储地址分别为 R[ebp] +8、R[ebp] +12, 这里, EBP 指向当前栈帧底部。返回结果存放在 EAX 中。请写出上述函数体对应的汇编代码, 要求用 GCC 默认的 AT&T 格式书写。

解　因为 p1 和 p2 是指针类型参数，所以指令助记符中的长度后缀是 l，比较指令 cmpl 的两个操作数应该都来自寄存器，故应先将 p1 和 p2 对应的实参从栈中取到通用寄存器中，比较指令执行后得到各个条件标志位，程序需要根据条件标志的组合条件值选择执行不同的指令，因此需要用到条件转移指令，转移目标地址用标号 .L1 和 .L2 等标识。

以下汇编代码能够正确完成上述函数的功能（不包括过程调用的准备阶段和结束阶段）。

```
1    movl    8(%ebp), %eax      # R[eax]←M[R[ebp]+8]，即 R[eax] = p1
2    movl    12(%ebp),%edx      # R[edx]←M[R[ebp]+12]，即 R[edx] = p2
3    cmpl    %edx,%eax          # 比较 p1 和 p2，即根据 p1－p2 的结果置标志
4    jbe     .L1               # 若 p1 <= p2，则转 L1 处执行
5    movl    (%edx), %eax       # R[eax]←M[R[edx]]，即 R[eax] = M[p2]
6    jmp     .L2               # 无条件跳转到 L2 执行
7    .L1:
8    movl    (%eax), %eax       # R[eax]←M[R[eax]]，即 R[eax] = M[p1]
9    .L2
```

上述汇编代码中，#后面的文字给出的是对指令的功能说明，其中的 p1 和 p2 实际上是函数的形式参数 p1 p2 对应的实参。本例中函数的形式参数 p1 和 p2 都是指针型变量，因此是按地址调用的情况。序号为 3 的 cmpl 指令实际上是两个地址大小的比较，随后序号 4 对应的指令应该使用无符号整数比较转移指令。参照表 3.6 中的条件转移指令可知，其对应的条件转移指令是 jbe。

对于条件转移指令，它在条件满足时会跳转到其他地方执行，因而会破坏程序既定的执行流程，这在用流水线方式执行程序的情况下，就会破坏流水线的执行，导致流水线停顿，从而影响程序执行的性能。那么，用条件传送指令来代替条件转移指令是否更好呢？

在 3.3.4 节中介绍过条件传送指令 CMOVcc，该指令的功能是，在满足指定条件时，将源数据送到目的地，否则什么也不做。也就是说，该指令执行完后，CPU 还是继续执行它后续的指令，不会改变程序既定的执行流程，因而不会破坏指令流水线的执行，这样看来好像使用条件传送指令比使用条件转移指令更好。

实际上，条件传送指令并不比条件转移指令更好，不建议使用条件传送指令来代替条件转移指令。这是因为 CMOVcc 指令会使指令之间的依赖性加大，因此在乱序执行指令时使用 CMOVcc 指令反而会降低程序执行效率。这是因为现代处理器的微结构实现中有一个分支预测器，在绝大多数情况下能保证条件转移指令不破坏流水线的执行，所以大部分情况下条件转移执行的开销很低。而在某些 IA-32 架构中（如 Core 2 架构），CMOVcc 指令实现则较复杂，导致在有分支预测器的情况下，执行一条 CMOVcc 指令比执行条件转移指令需要花更多的时间，反而会降低程序执行效率。不过，一些先进的微结构设计改进了 CMOVcc 指令的实现方式，使得 CMOVcc 能提高程序执行的效率。因此，编译器在选择指令时也需要将微结构的因素考虑进来，选择对当前微架构而言性能较优的指令。此外，在基于条件传送指令实现的机器级代码中，由于两个分支表达式的值都需要计算，特别是当运算表达式比较复杂时，计算量会增加较多，因而也不宜用条件传送指令。

例3.12　以下是两个 C 语言函数：

```
1    void test(int x, int *ptr)
```

```
 2  {
 3      if (x > 0 && *ptr > 0)
 4        *ptr += x;
 5  }
 6
 7  void caller(int a, int y)
 8  {
 9      int x = a > 0 ? a : a + 100;
10      test (x, &y);
11  }
```

对于上述两个 C 语言函数，完成下列任务（汇编代码用 AT&T 格式）。

① 写出函数 test 的过程体对应的汇编代码。

② 基于条件传送指令写出行号为 9 的语句对应的汇编代码（假定 x 被分配在寄存器 EAX 中）。

解 ① 以下给出能正确完成 test 函数体功能的汇编代码（不包括过程调用的准备阶段和结束阶段）。

```
1    movl   8(%ebp),  %eax      # R[eax]←M[R[ebp]+8],即 R[eax] = x
2    movl   12(%ebp), %edx      # R[edx]←M[R[ebp]+12],即 R[edx] = ptr
3    testl  %eax, %eax          # 根据 x 与 x 相"与"的结果置标志
4    jle    .L1                 # 若 x <=0,则转 L1 处执行
5    movl   (%edx), %ecx        # R[ecx]←*ptr
6    testl  %ecx, %ecx          # 根据*ptr 与*ptr 相"与"的结果置标志
7    jle    .L1                 # 若*ptr <=0,则转 L1 处执行
8    addl   %eax, (%edx)        # 实现*ptr += x 的功能
9  .L1:
```

这里有两个条件转移指令，分别用来判断条件表达式"(x > 0 && *ptr > 0)"分解出来的两个结果为"假"的条件"x <=0"和"*ptr <=0"，这两个条件下都不会执行"*ptr += x"的功能。

② 行号为 9 的语句"x = a > 0 ? a : a + 100;"对应的汇编代码如下，其中第 5 条为条件传送指令。

```
1    movl   8(%ebp), %edx       # R[edx]←M[R[ebp]+8],即 R[edx] = a
2    movl   %edx, %eax          # R[eax]←R[edx],即 R[eax] = a
3    addl   $100, %eax          # R[eax]←a + 100
4    testl  %edx, %edx          # 根据 a 与 a 相"与"的结果置标志
5    cmovg  %edx, %eax          # 若 a > 0,则 R[eax]←R[edx],即 R[eax] = a
```

3. switch 语句的机器级表示

解决多分支选择问题可以用连续的 if ~ else ~ if 语句，不过，这种情况下，只能按顺序一一测试条件，直到满足条件时才执行对应分支的语句。因而，通常用 switch 语句来实现多分支选择功能，它可以直接跳到某个条件处的语句执行，而不用一一测试条件。那么，switch 语句对应的机器级代码是如何实现直接跳转的呢？下面用一个简单的例子来说明 switch 语句的机器级表示。图 3.26a 是一个含有 switch 语句的过程，图 3.26b 是对应的过程体的汇编表示和跳转表。

由图 3.26a 可知，过程 switch_test 的 switch 语句中共有 6 个 case 分支，在机器级代码中分别用标号 .L1、.L2、.L3、.L3、.L4、.L5 来标识这 6 个分支，它们分别对应条件 $a = 15$、$a = 10$、$a = 12$、$a = 17$、$a = 14$ 和其他情况，其中，$a = 15$ 时所执行的语句（与 .L1 分支对应）包含了

$a = 10$ 时的语句（与 .L2 分支对应）；$a = 12$ 和 $a = 17$ 时所执行的语句一样，都是对应 .L3 分支；默认（default）时包含了 $a = 11$ 或 $a = 13$ 或 $a = 16$ 或 $a > 17$ 的几种情况，与 .L5 分支对应。因而，可以用一个跳转表来实现 a 的取值与跳转标号之间的对应关系。将 a 的值减去 10 以后，其值从 0 开始，可以将 $a - 10$ 得到的值作为跳转表的索引，每个跳转表中存放的是一个段内直接近转移的 4 字节偏移地址，因而跳转表中每个表项的偏移量分别为 0、4、8、12、16、20、24 和 28，即偏移量等于"索引值×4"。这个偏移量与跳转表的首地址（由标号 .L8 指定）相加就是转移目标地址。因此，可以用图 3.26b 中第 5 行指令"jmp *.L8(, %eax, 4)"来实现直接跳转，这里寄存器 EAX 中存放的就是索引值。从上述示例可以看出，对 switch 语句进行编译转换的关键是构造跳转表，并正确设置索引值。图 3.26b 中右边的跳转表属于只读数据，即数据段属性为".rodata"，并且在跳转表中的每个跳转地址都必须在 4 字节边界上，即"align 4"方式。

```
1   int switch_test(int a, int b, int c)
2   {
3        int result;
4        switch(a) {
5        case 15:
6             c=b&0x0f;
7        case 10:
8             result=c+50;
9             break;
10       case 12:
11       case 17:
12            result=b+50;
13            break;
14       case 14:
15            result=b;
16            break;
17       default:
18            result=a;
19       }
20       return result;
21  }
```

```
1        movl  8(%ebp), %eax          1    .section .rodata
2        subl  $10, %eax              2    .align 4
3        cmpl  $7, %eax               3  .L8
4        ja    .L5                    4    .long  .L2
5        jmp   *.L8( , %eax, 4)       5    .long  .L5
6   .L1:                             6    .long  .L3
7        movl  12(%ebp), %eax         7    .long  .L5
8        andl  $15, %eax              8    .long  .L4
9        movl  %eax, 16(%ebp)         9    .long  .L1
10  .L2:                            10    .long  .L5
11       movl  16(%ebp), %eax       11    .long  .L3
13       addl  $50, %eax
14       jmp   .L7
15  .L3:
16       movl  12(%ebp), %eax
17       addl  $50, %eax
18       jmp   .L7
19  .L4:
20       movl  12(%ebp), %eax
21       jmp   .L7
22  .L5:
23       addl  $10, %eax
24  .L7:
```

a）switch语句所在的函数　　　　　　　　b）switch语句对应的汇编代码表示

图 3.26　switch 语句与对应的汇编表示

当然，当 case 的条件值相差较大时，例如，case 10、case 100、case 1000 等，编译器还是会生成分段跳转代码，而不会采用构造跳转表的方式来进行跳转。

3.4.3　循环结构的机器级表示

图 3.24 中总结了 C 语言中的所有程序控制语句，其中循环结构有三种：for 语句、while 语句和 do ~ while 语句。大多数编译程序将这三种循环结构都转换为 do ~ while 形式来产生机器级代码，下面按照与 do ~ while 结构相似程度由近到远的顺序来介绍三种循环语句的机器级表示。

1. do ~ while 循环的机器级表示

C 语言中的 do ~ while 语句形式如下。

```
do
{
    loop_body_statement
} while (cond_expr);
```

该循环结构的执行过程可以用以下更接近于机器级语言的低级行为描述结构来描述。

```
loop:
    loop_body_statement
    c = cond_expr;
    if (c) goto loop;
```

上述结构对应的机器级代码中，loop_body_statement 用一个指令序列来完成，然后用一个指令序列实现对 cond_expr 的计算，并将计算或比较的结果记录在标志寄存器中，然后用一条条件转移指令来实现 "if (c) goto loop;" 的功能。

2. while 循环的机器级表示

C 语言中的 while 语句形式如下。

```
while (cond_expr)
    loop_body_statement
```

该循环结构的执行过程可以用以下更接近于机器级语言的低级行为描述结构来描述。

```
    c = cond_expr;
    if (!c) goto done;
loop:
    loop_body_statement
    c = cond_expr;
    if (c) goto loop;
done:
```

从上述结构可看出，与 do ~ while 循环结构相比，while 循环仅在开头多了一段计算条件表达式的值并根据条件选择是否跳出循环体执行的指令序列，其余地方与 do ~ while 语句一样。

3. for 循环的机器级表示

C 语言中的 for 语句形式如下。

```
for (begin_expr; cond_expr; update_expr)
    loop_body_statement
```

for 循环结构的执行过程大多可以用以下更接近于机器级语言的低级行为描述结构来描述。

```
    begin_expr;
    c = cond_expr;
    if (!c) goto done;
loop:
    loop_body_statement
    update_expr;
    c = cond_expr;
    if (c) goto loop;
done:
```

从上述结构可看出，与 while 循环结构相比，for 循环仅在两个地方多了一段指令序列。一个是开头多了一段循环变量赋初值的指令序列，另一个是循环体中多了更新循环变量值的指令序列，其余地方与 while 语句一样。

在 3.4.1 节中，我们以计算自然数之和的递归函数为例说明了递归过程调用的原理，这个递归函数仅是为了说明原理而给出的，实际上可以直接用公式计算。同样，这里为了说明循环结构的机器级表示，我们用 for 语句来实现这个功能。

```
1   int nn_sum(int n)
2   {
3       int i;
4       int result = 0;
5       for (i = 1; i <= n; i ++)
6           result += i;
7       return result;
8   }
```

根据上述对应 for 循环的低级行为描述结构，不难写出上述过程对应的汇编表示，以下是其过程体的 AT&T 格式汇编代码。

```
1    movl   8(%ebp), %ecx
2    movl   $0, %eax
3    movl   $1, %edx
4    cmp    %ecx, %edx
5    jg     .L2
6   .L1:
7    addl   %edx, %eax
8    addl   $1, %edx
9    cmpl   %ecx, %edx
10   jle    .L1
11  .L2
```

从上述汇编代码可以看出，过程 nn_sum 中的非静态局部变量 i 和 *result* 被分别分配在寄存器 EDX 和 EAX 中，ECX 中始终存放入口参数 n，返回参数在 EAX 中。这个过程体中没有用到被调用过程保存寄存器。因而，可以推测在该过程的栈帧中仅保留了 EBP 的原值，即其栈帧仅占用了 4 字节的空间，而 3.4.1 节给出的递归方式则占用了 $(16n + 12)$ 字节的栈空间，多用了 $(16n + 8)$ 字节的栈空间。特别是每次过程调用都要执行 16 条指令，递归情况下一共多了 n 次过程调用，因而，递归方式比非递归方式至少多执行了 $16n$ 条指令。由此可以看出，为了提高程序的性能，可能的话最好用非递归方式。

例 3.13 一个 C 语言函数被 GCC 编译后得到的过程体对应的汇编代码如下。

```
1    movl   8(%ebp), %ebx
2    movl   $0, %eax
3    movl   $0, %ecx
4   .L12:
5    leal   (%eax,%eax), %edx
6    movl   %ebx, %eax
7    andl   $1, %eax
8    orl    %edx, %eax
9    shrl   %ebx
10   addl   $1, %ecx
```

```
11    cmpl  $32, %ecx
12    jne   .L12
```

该 C 语言函数的整体框架结构如下。

```
int func_test(unsigned x)
{
    int result = 0;
    int i;
    for (_____①_____ ; _____②_____ ; _____③_____ ) {
                        _____④_____
    }
    return result;
}
```

根据对应的汇编代码填写函数中缺失的①、②、③和④部分。

解　从对应汇编代码来看，因为 ECX 初始为 0，在比较指令 cmpl 之前 ECX 做了一次加 1 操作后，再与 32 比较，最后根据比较结果选择是否转到 .L12 继续执行，所以，可以很明显地看出循环变量 i 被分配在 ECX 中，①处为 "$i = 0$"，②处为 "$i! = 32$"，③处为 "$i + +$"。

第 5~9 行汇编指令对应④处的语句，入口参数 x 在 EBX 中，返回参数 $result$ 在 EAX 中。第 5 条指令 leal 实现 "$2 * result$"，相当于将 $result$ 左移一位；第 6 和第 7 条指令则实现 "x&0x01"；第 8 条指令实现 "$result = (result \ll 1) \mid (x \& 0x01)$"；第 9 条指令实现 "$x \gg= 1$"。综上所述，④处的两条语句是 "$result = (result \ll 1) \mid (x \& 0x01)$；$x \gg= 1$；"。　■

因为本例中循环终止条件是 "$i! = 32$"，而循环变量 i 的初值为 0，可以确定第一次终止条件肯定不满足，所以可以省掉循环体前面一次条件判断。从本例中给出的汇编代码来看，它确实只有一个无符号整数条件转移指令，而不像最初给出的 for 循环对应的低级行为描述结构那样有两处条件转移指令。显然，本例中给出的结构更简洁。

3.5　复杂数据类型的分配和访问

本节以 C 语言为例说明复杂类型数据在机器级的处理，包括在寄存器和存储器中的存储与访问。在机器级代码中，基本类型对应的数据通常通过单条指令就可以访问和处理，这些数据在指令中或者是以立即数的方式出现，或者是以寄存器数据的形式出现，或者是以存储器数据的形式出现；而对于构造类型的数据，由于其包含多个基本类型数据，因而不能直接用单条指令来访问和运算，通常需要特定的代码结构和寻址方式对其进行处理。本节主要介绍构造类型和指针类型的数据在机器级程序中的访问和处理。

3.5.1　数组的分配和访问

数组可以将同类基本类型数据组合起来形成一个大的数据集合。数组是一个数据集合，因而不可能放在一个寄存器中或作为立即数存放在指令中，它一定被分配在存储器中，数组中的每个元素在存储器中连续存放，可以用一个索引值来访问数据元素。对于数组的访问和处理，编译器最重要的是要找到一种简便的数组元素地址的计算方法。

1. 数组元素在存储空间的存放和访问

在程序中使用数组，必须遵循定义在前，使用在后的原则。一维数组定义的一般形式如下。

存储类型 数据类型 数组名[元素个数];

其中，存储类型可以缺省。例如，定义一个具有 4 个元素的静态存储型 short 数据类型数组 A，可以写成 "static short A[4];"。这 4 个数组元素为 $A[0]$、$A[1]$、$A[2]$ 和 $A[3]$，它们连续存放在静态数据存储区中，每个数组元素都为 short 型数据，故占用 2 个字节，数组 A 共占用 8 个字节，数组首地址就是第一个元素 $A[0]$ 的地址，因而通常用 $\&A[0]$ 表示，也可简单以 A 表示数组 A 的首地址，第 $i(0 \leq i \leq 3)$ 个元素的地址计算公式为 $\&A[0]+2*i$。

假定数组 A 的首地址存放在 EDX 中，i 存放在 ECX 中，现需要将 $A[i]$ 取到 AX 中，则可用以下汇编指令来实现。

```
movw (%edx, %ecx, 2), %ax
```

表 3.7 给出了若干数组的定义以及它们在内存中的存放情况的说明。

表 3.7　数组定义及其内存存放情况示例

数组定义	数组元素类型	元素大小（B）	数组大小（B）	起始地址	元素 i 的地址
char S[10]	char	1	10	$\&S[0]$	$\&S[0]+i$
char *SA[10]	char *	4	40	$\&SA[0]$	$\&SA[0]+4*i$
double D[10]	double	8	80	$\&D[0]$	$\&D[0]+8*i$
double *DA[10]	double *	4	40	$\&DA[0]$	$\&DA[0]+4*i$

表 3.7 给出的 4 个数组定义中，数组 SA 和 DA 中每个元素都是一个指针，SA 中每个元素指向一个 char 型数据，DA 中每个元素指向一个 double 型数据。

2. 数组的存储分配和初始化

数组可以定义为静态存储型（static）、外部存储型（extern）、自动存储型（auto），或者定义为全局静态区数组，其中，只有 auto 型数组被分配在栈中，其他存储型数组都分配在静态数据区。

数组的初始化就是在定义数组时给数组元素赋初值。例如，以下声明可以对数组 A 的 4 个元素进行初始化。

```
static short A[4] = {3,80,90,65};
```

因为在编译、链接时就可以确定在静态区中的数组的地址，所以在编译、链接阶段就可将数组首地址和数组变量建立关联。对于分配在静态区的已初始化的数组，机器级指令中可通过数组首地址和数组元素的下标来访问相应的数组元素。例如，对于下面给出的例子：

```
int buf[2] = {10, 20};
int main()
{
    int i, sum = 0;
    for (i = 0; i < 2; i ++)
            sum += buf[i];
    return sum;
}
```

该例中，*buf* 是一个在静态区分配的可被其他程序模块使用的全局静态区数组，编译、链接后 *buf* 在可执行目标文件的数据段中分配了相应的空间。假定分配给 *buf* 的地址为

0x8048908，则在该地址开始的 8 个字节空间中存放数据的情况如下：

```
1  08048908 < buf >:
2  08048908:  0A 00 00 00 14 00 00 00
```

编译器在处理语句"sum += buf[i];"时，假定 i 分配在 ECX 中，sum 分配在 EAX 中，则该语句可转换为指令"addl buf(, %ecx, 4), %eax"，其中 buf 的值为 0x8048908。

对于 auto 型数组，由于被分配在栈中，因此数组首地址通过 ESP 或 EBP 来定位，机器级代码中数组元素地址由首地址与数组元素的下标值进行计算得到。例如，对于下面给出的例子：

```
int adder()
{
    int buf[2] = {10, 20};
    int i, sum = 0;
    for (i = 0; i < 2; i ++)
            sum += buf[i];
    return sum;
}
```

该例中，buf 是一个在栈区分配的非静态局部数组，在栈中分配了相应的 8 字节空间。假定调用 adder 的函数为 P，并且在 adder 中没有使用被调用者保存寄存器 EBX、ESI、EDI，局部变量 i 和 sum 分别分配在寄存器 ECX 和 EAX 中，则函数 adder 对应的栈帧中的情况如图 3.27 所示。

在处理 auto 型数组赋初值的语句"int buf[2] = {10,20};"时，编译器可以生成以下指令序列：

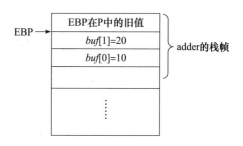

图 3.27 adder 的栈帧

```
1  movl   $10, -8(%ebp)      # buf[0]的地址为 R[ebp]-8,将 10 赋给 buf[0]
2  movl   $20, -4(%ebp)      # buf[1]的地址为 R[ebp]-4,将 20 赋给 buf[1]
3  leal   -8(%ebp), %edx     # buf[0]的地址为 R[ebp]-8,将 buf 的首地址送 EDX
```

执行完上述指令序列后，数组 buf 的首地址在 EDX 中，在处理语句"sum += buf[i];"时，编译器可以将该语句转换为机器级指令"addl (%edx, %ecx, 4), %eax"。

3. 数组与指针

C 语言中指针与数组之间的关系十分密切，它们均用于处理存储器中连续存放的一组数据，因而在访问存储器时两者的地址计算方法是统一的，数组元素的引用可以用指针来实现。

在指针变量的目标数据类型与数组元素的数据类型相同的前提条件下，指针变量可以指向数组或者数组中的任意元素。例如，对于存储器中连续的 10 个 int 型数据，可以用数组 a 来说明，也可以用指针变量 ptr 来说明。以下两个程序段的功能完全相同，都是使指针 ptr 指向数组 a 的第 0 个元素 $a[0]$。同时数组变量 a 的值就是其首地址，即 $a = \&a[0]$，因而 $a = ptr$，从而有 $\&a[i] = ptr + i = a + i$ 以及 $a[i] = ptr[i] = *(ptr + i) = *(a + i)$。

```
# 程序段一
int a[10];
int *ptr = &a[0];
# 程序段二
```

```
int a[10], *ptr;
    ptr = &a[0];
```

假定 0x8048A00 处开始的存储区有 10 个 int 型数据，部分内容如图 3.28 所示，以小端方式存放。

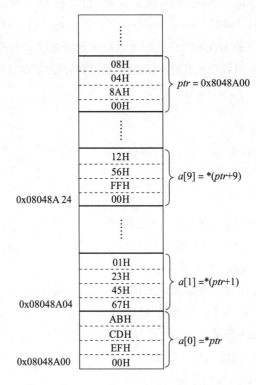

图 3.28 用指针和数组表示连续存放的一组数据

图 3.28 给出了用数组和指针表示的存储器中连续存放的数据，以及指针和数组元素之间的关系。图中 $a[0] = 0xABCDEF00$、$a[1] = 0x01234567$、$a[9] = 0x1256FF00$。数组首地址 0x8048A00 存放在指针变量 ptr 中，从图中可以看出，$ptr + i$ 的值并不是用 0x8048A00 加 i 得到，而是等于 $0x8048A00 + 4 * i$。

表 3.8 给出了一些数组元素或指针变量的表达式及其计算方式。假定 sizeof(int) = 4，表中数组 A 为 int 型，其首地址 SA 在 ECX 中，数组的下标变量 i 在 EDX 中，表达式的结果在 EAX 中。

表 3.8 关于数组元素和指针变量的表达式计算示例

序号	表达式	类型	值的计算方式	汇编代码
1	A	int *	SA	leal (%ecx), %eax
2	A[0]	int	$M[SA]$	movl (%ecx), %eax
3	A[i]	int	$M[SA + 4 * i]$	movl (%ecx, %edx, 4), %eax
4	&A[3]	int *	$SA + 12$	leal 12(%ecx), %eax
5	&A[i] − A	int	$(SA + 4 * i − SA)/4 = i$	movl %edx, %eax
6	*(A + i)	int	$M[SA + 4 * i]$	movl (%ecx, %edx, 4), %eax
7	*(&A[0] + i − 1)	int	$M[SA + 4 * i − 4]$	movl −4(%ecx, %edx, 4), %eax
8	A + i	int *	$SA + 4 * i$	leal (%ecx, %edx, 4), %eax

表 3.8 中序号为 2、3、6 和 7 的表达式都是引用数组元素，其中 3 和 6 是等价的。对应的汇编指令都需要有访存操作，指令中源操作数的寻址方式分别是"基址""基址加比例变址""基址加比例变址"和"基址加比例变址加位移"的方式，因为数组元素的类型都为 int 型，故比例因子都为 4。

序号为 1、4 和 8 的表达式都是有关数组元素地址的计算，都可以用取有效地址指令 leal 来实现。对于序号为 1 的表达式，也可以用指令"movl %ecx, %eax"实现。

序号为 5 的表达式则是计算两个数组元素之间相差的元素个数，也即两个指针之间的运算，因此，表达式的值的类型应该是 int，运算时应该是两个数组元素地址之差再除以 4，结果就是 i。

4. 指针数组和多维数组

由若干个指向同类目标的指针变量组成的数组称为指针数组。在 C 程序中使用指针数组必须事先定义，其定义的一般形式如下。

存储类型 数据类型 *指针数组名[元素个数];

指针数组中每个元素都是指针，每个元素指向的目标数据类型都相同，就是上述定义中的数据类型，存储类型通常是缺省的。例如，"int *a[10];"定义了一个指针数组 a，它有 10 个元素，每个元素都是一个指向 int 型数据的指针。

一个指针数组可以实现一个二维数组。以下用一个简单的例子来说明指针数组和二维数组之间的关联，并说明如何在机器级程序中访问指针数组元素所指的目标数据和二维数组元素。

以下是一个 C 语言程序，用来计算一个两行四列整数矩阵中每一行数据的和。

```
1    #include <stdio.h>
2    main()
3    {
4        static short num[ ][4] = { {2, 9, −1, 5}, {3, 8, 2, −6}};
5        static short *pn[ ] = {num[0], num[1]};
6        static short s[2] = {0, 0};
7        int i, j;
8        for (i = 0; i < 2; i ++) {
9            for (j = 0; j < 4; j ++)
10               s[i] += *pn[i] ++;
11           printf("sum of line %d:%d\n", i, s[i]);
12       }
13   }
```

该例中，*num* 是一个在静态区分配的静态数组，因而在可执行目标文件的数据段中分配了相应的空间。假定分配给 *num* 的地址为 0x8049300，则在该地址开始的一段存储区中存放数据的情况如下。

```
1    08049300 <num> :
2    08049300:   02 00 09 00 ff ff 05 00 03 00 08 00 02 00 fa ff
3    08049310 <pn> :
4    08049310:   00 93 04 08 08 93 04 08
```

因此，$num = num[0] = \&num[0][0] = 0x8049300$，$pn = \&pn[0] = 0x8049310$，$pn[0] = num[0] = 0x8049300$，$pn[1] = num[1] = 0x8049308$。编译器在处理第 10 行语句"s[i] +=

*pn[i]++;"时,若 i 在 ECX, s[i] 在 AX,则可通过指令"movl pn(,%ecx,4),%edx"先将 pn[i] 送到 EDX 中,再通过以下两条指令实现其功能。

```
addw (%edx), %ax
addl $2, pn(, %ecx, 4)
```

执行上述第一条加法指令 addw 时,pn[i] 已在 EDX 中,因为是 short 型数据,所以数据宽度为 16 位,即指令助记符长度后缀为 w;因为 pn 为指针数组,所以在引用 pn 的元素时其比例因子为 4。例如,当 i = 1 时,pn[i] = *(pn + i) = M[pn + 4 * i] = M[0x8049310 + 4] = M[0x8049314] = 0x8049308。

第二条加法指令 addl 用来实现"pn[i] + 1→pn[i]"的功能,因为 pn[i] 是指针,故"pn[i] + 1→pn[i]"是指针运算,因此,操作数长度为 4B,助记符长度后缀为 l,实际应加指针变量的目标数据长度,即 short 型数据的宽度,也就是指令中的立即数 2。

3.5.2　结构体数据的分配和访问

C 语言的结构体(也称结构)可以将不同类型的数据结合在一个数据结构中。组成结构体的每个数据称为结构体的成员或字段。

1. 结构体成员在存储空间的存放和访问

结构体中的数据成员存放在存储器中一段连续的存储区中,指向结构的指针就是其第一个字节的地址。编译器在处理结构型数据时,根据每个成员的数据类型获得相应的字节偏移量,然后通过每个成员的字节偏移量来访问结构成员。

例如,以下是一个关于个人联系信息的结构体:

```
struct cont_info {
    char id[8];
    char name[12];
    unsigned post;
    char address[100];
    char phone[20];
}
```

该结构体定义了关于个人联系信息的一个数据类型 struct cont_info,可以把一个变量 x 定义成这个类型,并赋初值,例如,在定义了上述数据类型 struct cont_info 后,可以对变量 x 进行如下声明。

```
struct cont_info x = {"0000000", "ZhangS", 210022,
                    "273 long street, High Building #3015", "12345678"};
```

与数组一样,分配在栈中的 auto 型结构类型变量的首地址由 EBP 或 ESP 来定位,分配在静态存储区的静态和外部型结构体变量首地址是一个确定的静态存储区地址。

结构体变量 x 的每个成员的首地址等于 x 加上一个偏移量。假定上述变量 x 分配在地址 0x8049200 开始的区域,那么,x = &(x.id) = 0x8049200,其他成员的地址计算如下。

$$\&(x.name) = 0x8049200 + \mathbf{8} = 0x8049208$$

$$\&(x.post) = 0x8049200 + \mathbf{8} + \mathbf{12} = 0x8049214$$

$$\&(x.address) = 0x8049200 + \mathbf{8} + \mathbf{12} + \mathbf{4} = 0x8049218$$

$$\&(x.phone) = 0x8049200 + \mathbf{8} + \mathbf{12} + \mathbf{4} + \mathbf{100} = 0x804927C$$

可以看出 x 初始化后，对于 name 字段，在地址 0x8049208 ~ 0x804920D 处存放的是字符串 "ZhangS"，0x804920E 处存放的是字符 '\0'，在地址 0x804920F ~ 0x8049213 处存放的都是空字符。

访问结构体变量的成员时，对应的机器级代码可以通过"基址加偏移量"的寻址方式来实现。例如，假定编译器在处理语句"unsigned xpost = x.post；"时，x 被分配在 EDX 中，*xpost* 被分配在 EAX 中，则转换得到的汇编指令为"movl 20（%edx），%eax"。这里的基址就是 0x8049200，它被存放在 EDX 中，偏移量为 8 + 12 = 20。

2. 结构体数据作为入口参数

当结构体变量需要作为一个函数的形式参数时，形式参数和调用函数中的实参应该具有相同的结构。和普通变量传递参数的方式一样，它也有按值传递和按地址传递两种方式。如果采用按值传递方式，则结构的每个成员都要被复制到栈中参数区，这既增加时间开销，又增加空间开销，因而对于结构体变量通常采用按地址传递的方式。也就是说，对于结构类型参数，通常不会直接作为参数，而是把指向结构的指针作为参数。这样，在执行 call 指令之前，就无须把结构成员复制到栈中的参数区，而只要把相应的结构体首地址送到参数区，也即仅传递指向结构体的指针而不复制每个成员。

例如，以下是处理学生电话信息的两个函数：

```
1   void stu_phone1(struct cont_info *stu_info_ptr)
2   {
3     printf("%s phone number: %s", (*stu_info_ptr).name, (*stu_info_ptr).phone);
4   }
5
6   void stu_phone2(struct cont_info stu_info)
7   {
8     printf("%s phone number: %s", stu_info.name, stu_info.phone);
9   }
```

函数 stu_phone1 按地址传递参数，而 stu_phone2 按值传递参数。对于上述结构体变量 x，若需调用函数 stu_phone1，则调用函数使用的语句应该为"stu_phone1（&x）；"；若需调用函数 stu_phone2，则调用函数使用的语句应该为"stu_phone2（x）；"。这两种情况下对应的栈中状态如图 3.29 所示。

如图 3.29a 所示，对于按地址传递结构体数据方式，调用函数将会把 x 的地址 0x8049200 作为实参存到参数区，此时，$M[R[ebp]+8] = 0x8049200$。在函数 stu_phone1 中，使用表达式 (*stu_info_ptr).name 来引用结构体成员 name，也可以将 (*stu_info_ptr).name 写成 stu_info_ptr -> name。实现将表达式 (*stu_info_ptr).name 的结果送 EAX 的指令序列如下：

```
movl    8(%ebp), %edx
leal    8(%edx), %eax
```

执行完上述两条指令，EAX 中存放的是字符串"ZhangS"在静态存储区内的首地址 0x8049208。

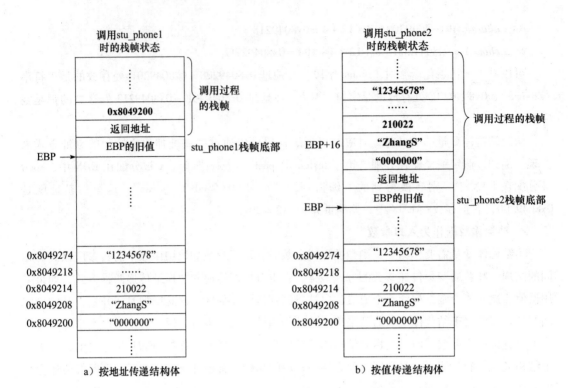

图 3.29   按地址传递和按值传递结构体数据

如图 3.29b 所示，如果是按值传递结构体数据，那么调用函数将会把 x 的所有成员值作为实参存到参数区，此时，形参 stu_info 的地址为 R[ebp]+8。在函数 stu_phone2 中，使用表达式 stu_info.name 来引用结构体成员 name。实现将表达式 stu_info.name 的结果送 EAX 的指令序列如下：

```
leal    8(%ebp), %edx
leal    8(%edx), %eax
```

上述两条指令的功能实际上是将 R[ebp]+16 的值送到 EAX 中，EAX 中存放的是字符串"ZhangS"在栈中参数区内的首地址。

从上述图 3.29 可以看出，虽然调用 stu_phone1 和 stu_phone2 可以实现完全相同的功能，但是两种方式下的时间和空间开销都不一样。显然，后者的开销大，因为它需要对结构体成员整体从静态存储区复制到栈中。若对结构体信息进行修改的话，前者因为是在静态区进行修改，因而修改结果一直有效；而后者是对栈帧中作为参数的结构体进行修改，因而修改结果不能带回到调用过程。

3.5.3 联合体数据的分配和访问

与结构体类似的还有一种联合体（也称联合）数据类型，它也是不同数据类型的集合，不过它与结构体数据相比，在存储空间的使用方式上不同。结构体的每个成员占用各自的存储空间，而联合体的各个成员共享存储空间，也就是说，在某一时刻，联合体的存储空间中仅存有一个成员数据。因此，联合体也称为共用体。

因为联合体的每个成员所占的存储空间大小可能不同，因而分配给它的存储空间总是按最大数据长度成员所需空间大小为目标。例如，对于以下联合体数据结构：

```
union uarea {
    char   c_data;
    short  s_data;
    int    i_data;
    long   l_data;
};
```

在 IA-32 上编译时，因为 long 的长度和 int 的长度一样，都是 32 位，所以数据类型 uarea 所占存储空间大小为 4 字节。而对于与 uarea 有相同成员的结构体数据类型来说，其占用的存储空间大小至少有 $1+2+4+4=11$ 字节，如果考虑数据对齐的话，则占用的空间更多。

联合体数据结构通常用在一些特殊的场合，例如，当事先知道某种数据结构中的不同字段（成员）的使用时间是互斥的，就可以将这些字段声明为联合，以减少分配的存储空间。但有时这种做法可能会得不偿失，它可能只会减少少量的存储空间却大大增加处理复杂性。

利用联合体数据结构，还可以实现对相同位序列进行不同数据类型的解释。例如，以下函数可以对一个 float 型数据重新解释为一个无符号整数。

```
1  unsigned float2unsign(float f)
2  {
3      union {
4          float f;
5          unsigned u;
6      } tmp_union;
7      tmp_union.f = f;
8      return tmp_union.u;
9  }
```

上述函数的形式参数是 float 型，按值传递参数，因而从调用过程传递过来的实参是一个 float 型数据，该数据被赋值给了一个非静态局部变量 *tmp_union* 中的成员 f，由于成员 u 和成员 f 共享同一个存储空间，所以在执行序号为 8 的 return 语句后，32 位的浮点数被转换成了 32 位无符号整数。函数 float2unsign 的过程体中主要的指令就是"movl 8(%ebp)，%eax"，它实现了将存放在地址 R[ebp]+8 处的入口参数 *f* 送到返回值所在寄存器 EAX 的功能。

从上述例子可以看出，机器级代码在很多时候并不区分所处理对象的数据类型，不管高级语言中将其说明成 float 型还是 int 型或 unsigned 型，都把它当成一个 0/1 序列来处理。明白这一点非常重要！

联合体数据结构可以嵌套，以下是一个关于联合体数据结构 node 的定义：

```
union node {
    struct {
        int *ptr;
        int data1
    } node1
    struct {
        int data2;
        union node *next;
    } node2;
}
```

可以看出数据结构 node 是一个如图 3.30 所示的链表，在这个链表中除了最后一个节点采用 node1 结构类型外，前面节点的数据类型都是 node2 结构，其中有一个字段 next 又指向了一个 node 结构。

图 3.30   node 数据结构示意图

有一个处理 node 数据结构的过程 node_proc 如下：

```
1   void node_proc(union node *np)
2   {
3       np -> node2.next -> node1.data1 = *(np -> node2.next -> node1.ptr) + np -> node2.data2;
4   }
```

过程 node_proc 中的形式参数是一个指向 node 联合数据结构的指针，显然，它采用按地址传递参数方式，因此，在调用过程栈帧的参数区存放的实参是一个地址，这个地址是一个 node 型数据（即链表）的首地址。假定处理的链表被分配在某个存储区（通常像链表这种动态生成的数据结构都被分配在动态的堆区），其首地址为 0xf0493000。根据过程 node_proc 中第 3 行语句可知，所处理的链表共有两个节点，其中第一个节点是 node2 型结构，第二个节点是 node1 型结构，图 3.31 给出了其存放情况示意。

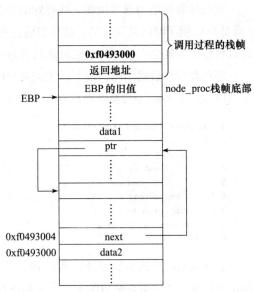

图 3.31   过程 node_proc 处理的 node 链表存放情况示意

过程 node_proc 的过程体对应的汇编代码如下。

```
1   movl    8(%ebp), %ecx       # 将实参(链表首址 0xf0493000)送 ECX
2   movl    4(%ecx), %edx       # 将地址 0xf0493004 中的 next 送 EDX
3   movl    (%edx), %eax        # 将 next 所指单元的内容 ptr 送 EAX
4   movl    (%eax), %eax        # 将 ptr 所指单元的内容送 EAX
5   addl    (%ecx), %eax        # 将 EAX 内容与 data2 相加
6   movl    %eax, 4(%edx)       # 将相加结果送 data1 所在单元
```

显然，执行完上述机器级指令后，ECX 中存放的内容是链表首地址 0xf0493000，EDX 中存放的是指针 next。

3.5.4   数据的对齐

可以把存储器看作由连续的位（cell）构成，每 8 位为一个字节，每个字节有一个地址编号，称为按字节编址。假定计算机系统中访存机制限制每次访存最多只能读写 64 位，即 8 个字节，那么，第 0 ~ 7 字节可以同时读写，第 8 ~ 15 字节可以同时读写，以此类推，这种称为 8

字节宽的存储器机制。因此，如果一条指令要访问的数据不在地址为 $8i \sim 8i+7\,(\,i=0,1,2,\cdots\,)$ 之间的存储单元内，那么就需要多次访存，因而延长了指令的执行时间。例如，若访问的数据在第 6、7、8、9 这四个字节中，则需要访问存储器两次。因此，数据在存储器中存放时需要进行对齐，以避免多次访存而带来指令执行效率的降低。

当然，对于底层机器级代码来说，它应该能够支持按任意地址访问存储器数据的功能，因此，无论数据是否对齐，IA-32 都能正确工作，只是在对齐方式下程序的执行效率更高。为此，操作系统通常按照对齐方式分配管理内存，编译器也按照对齐方式转换代码。

最简单的对齐策略是，要求不同的基本类型按照其数据长度进行对齐，例如，int 型数据长度是 4 字节，因此规定 int 型数据的地址是 4 的倍数，称为 4 字节边界对齐，简称 4 字节对齐。同理，short 型数据的地址是 2 的倍数，double 和 long long 型数据的地址是 8 的倍数，float 型数据的地址是 4 的倍数，char 型数据则无须对齐。微软 Windows 采用的就是这种对齐策略，具体对齐策略在 Windows 遵循的 ABI 规范中有明确定义。这种情况下，对于 8 字节宽的存储器机制来说，所有基本类型数据都仅需要访存一次。Linux 采用的对齐策略更为宽松一点，i386 System V ABI 中定义的对齐策略规定：short 数据的地址是 2 的倍数，其他的如 int、float、double 和指针等类型数据的地址都是 4 的倍数。这种情况下，对于 8 字节宽的存储器机制来说，double 型数据就可能需要进行两次存储器访问。对于扩展精度浮点数，IA-32 中规定长度是 80 位，即 10 字节，为了使随后的相同类型数据能够落在 4 字节地址边界上，i386 System V ABI 规范定义 long double 型数据长度为 12 字节，因而 GCC 遵循该定义，为其分配 12 字节。

例如，对于以下 C 语言程序：

```
#include <stdio.h>
void main()
{
    int a;
    char b;
    int c;
    printf("0x%08x\n",&a);
    printf("0x%08x\n",&b);
    printf("0x%08x\n",&c);
}
```

在 IA-32 + Windows 系统中，VS 编译器下运行结果为 0x0012ff7c、0x0012ff7b 和 0x0012ff80；Dev-C++ 编译器下运行结果为 0x0022ff7c、0x0022ff7b 和 0x0022ff74 。可以看出，这两种编译器下，变量 *a* 和 *c* 的地址都是 4 的倍数，而变量 *b* 没有对齐。VS 编译器下，调整了变量的分配顺序，并没有对 *a*、*b*、*c* 按小地址→大地址（或大地址→小地址）进行分配，而是将无须对齐的变量 *b* 先分配一个字节，然后再依次分配 *a* 和 *c* 的空间。需要注意的是，ABI 规范只定义了变量的对齐方式，并没有定义变量的分配顺序，编译器可以自由决定使用何种顺序来分配变量。

对于由基本数据类型构造而成的 struct 结构体数据，为了保证其中每个成员都满足对齐要求，i386 System V ABI 对 struct 结构体数据的对齐方式有如下几条规则：① 整个结构体变量的对齐方式与其中对齐方式最严格的成员相同；② 每个成员在满足其对齐方式的前提下，取最小的可用位置作为成员在结构体中的偏移量，这可能导致内部插空；③ 结构体大小应为对齐边界长度的整数倍，这可能导致尾部插空。前两条规则是为了保证结构体中的任意成员都能以对齐的方式访问。

例如，考虑下面的结构定义：

```
struct SD {
    int i;
    short si;
    char c;
    double d;
}
```

如果不按照对齐方式分配空间，那么，SD 所占的存储空间大小为 4 + 2 + 1 + 8 = 15 字节，每个成员的首地址偏移如图 3.32a 所示，成员 i、si、c 和 d 的偏移地址分别是 0、4、6 和 7，因此，即使 SD 的首地址按 4 字节边界对齐，成员 d 也不满足 4 字节或 8 字节对齐要求。根据上述第②条规则，需要在成员 c 后面插入一个空字节，以使成员 d 的偏移从 8 开始，此时，每个成员的首地址偏移如图 3.32b 所示。根据上述第①条规则，应保证 SD 首地址按 4 字节边界对齐，这样所有成员都能按要求对齐。而且，因为 SD 所占空间大小为 16 字节，所以，当定义一个数据元素为 SD 类型的结构数组时，每个数组元素也都能在 4 字节边界上对齐。

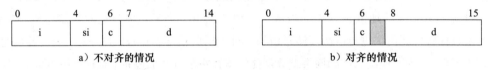

图 3.32　结构 SD 的存储分配情况

上述第③条规则是为了保证结构体数组中的每个元素都能满足对齐要求，例如，对于下面的结构体数组定义：

```
struct SDT {
    int i;
    short si;
    double d;
    char c;
} sa[10];
```

如果按照图 3.33a 的方式在字段中插空，那么对于第一个元素 $sa[0]$ 来说，能够保证每个成员的对齐要求，但是，因为 SDT 所占总长度为 17 字节，所以，对于 $sa[1]$ 来说，其首地址就不是按 4 字节方式对齐，因而导致 $sa[1]$ 中各成员不能满足对齐要求。若编译器遵循上述第③条规则，在 SDT 结构的最后成员后面插入 3 字节的空间，如图 3.33b 所示。此时，SDT 总长度变为 20 字节，保证了结构体数组中所有元素的首地址都是 4 的倍数。

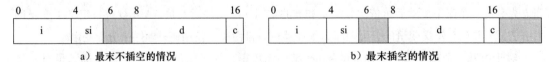

图 3.33　结构 SDT 的存储分配情况

例 3.14 假定 C 语言程序中定义了以下结构体数组。

```
1   struct {
2       chara;
```

```
3        int b;
4        char c;
5        short d;
6    } record[100];
```

在对齐方式下该结构体数组 *record* 占用的存储空间为多少字节？每个成员的偏移量为多少？如何调整成员变量的顺序使得 *record* 占用空间最少？

解 数组 *record* 的每个元素是结构类型，在对齐方式下，不管是在 Windows 还是 Linux 系统中，该结构占用的存储空间为 12B，因此，数组 *record* 共占 1200B。为了保证每个数组元素都能对齐存放，该数组的起始地址一定是 4 的倍数，并且成员变量 a、b、c、d 的偏移量分别为 0、4、8、10。

为了使得 *record* 占用的空间最少，可以按照从短到长（或从长到短）调整成员变量的声明顺序。从短到长调整后的声明如下：

```
1    struct {
2        char a;
3        charc;
4        short d;
5        int b;
6    } record[100];
```

调整后每个数组元素占 8B，数组共占 800B 空间，比原来节省 400B。 ■

3.6 越界访问和缓冲区溢出

3.5.1 节中介绍了 C 语言中数组的分配和访问，C 语言中的数组元素可以使用指针来访问，因而对数组的引用没有边界约束，也即程序中对数组的访问可能会有意或无意地超越数组存储区范围而无法发现。C 语言标准规定，数组越界访问属于未定义行为，访问结果是不可预知的：可能访问了一个空闲的内存位置；可能访问了某个不该访问的变量；也可能访问了非法地址而导致程序异常终止。这种情况下，就有可能存在一些安全漏洞，导致被恶意攻击。

3.6.1 缓冲区溢出

3.4.1 节介绍了有关 C 语言过程调用的机器级代码表示。在 C 语言程序执行过程中，当前正在执行的过程（即函数）在栈中会形成本过程的栈帧，一个过程的栈帧中除了保存 EBP 和被调用者保存寄存器的值外，还会保存本过程的非静态局部变量和过程调用的返回地址。如果在非静态局部变量中定义了数组变量，那么，有可能在对数组元素访问时发生超越数组存储区的越界访问。通常把这种数组存储区看成是一个缓冲区，这种超越数组存储区范围的访问称为**缓冲区溢出**。例如，对于一个有 10 个元素的 char 型数组，其定义的缓冲区有 10 个字节。如果写一个字符串到这个缓冲区，那么只要写入的字符串多于 9 个字符（结束符 '\0' 占一个字节），则这个缓冲区就会发生"写溢出"。缓冲区溢出会带来程序执行结果错误，甚至存在相当危险的安全漏洞。

以下就是由于缓冲区溢出而导致程序发生错误的一个例子。某 C 语言函数 fun() 的源程序如下：

```
double fun(int i)
```

```
{
    volatile double d[1]={3.14};
    volatile long int a[2];
    a[i]=1073741824;  /*  1073741824=2³⁰*/
    return d[0];
}
```

在 IA-32 + Linux 平台上，函数 fun() 在 i = 1、2、3、4 四种情况下的执行结果为：fun(1) = 3.14；fun(2) = 3.139 999 866 485 6；fun(3) = 2.000 000 610 351 56；fun(4) = 3.14 且随后发生存储保护错（segmentation fault）。

在 IA-32 + Linux 平台上对上述程序进行编译，得到对应的机器级代码如下：

```
< fun > :
 1   push    %ebp
 2   mov     %esp,%ebp
 3   sub     $0x10,%esp
 4   fldl    0x8048518
 5   fstpl   −0x8(%ebp)
 6   mov     0x8(%ebp),%eax
 7   movl    $0x40000000,−0x10(%ebp,%eax,4)
 8   fldl    −0x8(%ebp)
 9   leave
10   ret
```

编译器通常将浮点类型的常数（如程序中的 3.14）分配在 . rodata 节（即只读数据节），而只读数据节在链接时将被映射到虚拟地址空间的只读代码段（起始地址为 0x8048000）中，从上述机器级代码可以看出，从 0x8048518 开始的 8 个字节就是 3.14 的 double 类型表示。有关只读数据节、虚拟地址空间等相关概念在第 4 章中介绍。

第 4 和 5 行指令用于将浮点类型常数 3.14 存入栈帧中 R[ebp] −8 那个位置。第 4 行 fldl 指令的功能是，将存储单元 0x8048518 开始的 8 个字节装入浮点寄存器 ST(0)；第 5 行 fstpl 指令的功能是，将浮点寄存器 ST(0) 中的数据装入地址为 R[ebp] −8 的 8 个存储单元中。

第 6 和 7 行指令用于将整数类型常数 1 073 741 824（2^{30} = 4000 0000H）存入 $a[i]$ 中。其中，数组 a 的起始地址为 R[ebp] −16。

根据上述对机器级代码的分析可知，函数 fun() 的栈帧中数据的存放情况如图 3.34 所示。图中 $d_{63}d_{62}\cdots d_{33}d_{32}d_{31}d_{30}\cdots d_1d_0$ 为 double 型数据 3.14 的机器数。

从图 3.34 可以看出，当 i = 1 时，程序将 0x4000 0000 存入 $a[1]$ 处，数组 a 没有发生缓冲区溢出，fun() 返回值为 3.14，结果正确；当 i > 1 时，数组 a 发生缓冲区溢出，程序执行结果发生错误，甚至出现存储保护错。

当 i = 2 时，程序将 0x4000 0000 存入 $a[1]$ 之上的 4 个单元，从而把 $d_{31}d_{30}\cdots d_1d_0$ 替换为 0x4000 0000，破坏了 3.14 对应机器数的尾数低位部分，故 fun() 返回值为 3.139 999 866 485 6；

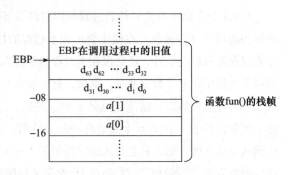

图 3.34　函数 fun 的栈帧中的内容

当 i = 3 时，程序将 $d_{63}d_{62}\cdots d_{33}d_{32}$ 替换为 0x4000 0000，破坏了 3.14 对应机器数的高位部分，误

差比 $i=2$ 时更大，返回值为 2.000 000 610 351 56；当 $i=4$ 时，程序将 EBP 在调用过程中的旧值替换为 0x4000 0000，虽然 fun() 能够返回 d[0] 处的 3.14，但是，返回到调用过程后，在调用过程中使用 EBP 作为基址寄存器访问数据时，访问的是地址 0x4000 0000 附近的单元，本例中，在地址 0x4000 0000 附近的存储区应该属于没有内容的"空洞"页面，对"空洞"页面的访问会导致发生存储保护错。关于地址空间划分和存储保护等内容请参看第 6 章。

3.6.2 缓冲区溢出攻击

缓冲区溢出是一种非常普遍、非常危险的漏洞，在各种操作系统、应用软件中广泛存在。**缓冲区溢出攻击**是利用缓冲区溢出漏洞所进行的攻击行为。缓冲区溢出攻击可以导致程序运行失败、系统关机、重新启动等后果。如果有人恶意利用在栈中分配的缓冲区的写溢出，悄悄地将一个恶意代码段的首地址作为"返回地址"覆盖地写到原先正确的返回地址处，那么，程序就会在执行 ret 指令时悄悄地转到这个恶意代码段执行，从而可以轻易取得系统特权，进而进行各种非法操作。

造成缓冲区溢出的原因是程序没有对栈中作为缓冲区的数组进行越界检查。下面用一个简单的例子说明攻击者如何利用缓冲区溢出跳转到自己设定的程序 hacker 去执行。

以下是在文件 test.c 中的三个函数，假定编译、链接后的可执行代码为 test。

```
 1   #include < stdio.h >
 2   #include "string.h"
 3
 4    void outputs(char *str)
 5   {
 6        char buffer[16];
 7        strcpy(buffer, str);
 8        printf("%s \n", buffer);
 9   }
10
11   void hacker(void)
12   {
13        printf("being hacked\n");
14   }
15
16   int main(int argc, char *argv[])
17   {
18        outputs(argv[1]);
19        return 0;
20   }
21
```

上述函数 outputs 是一个有漏洞的程序，当命令行中给定的字符串超过 25 个字符时，使用 strcpy 函数就会使缓冲区造成写溢出。首先来看一下使用反汇编工具得到的 outputs 汇编代码。

```
 1   0x080483e4 < outputs +0 >:     push      %ebp
 2   0x080483e5 < outputs +1 >:     mov       %esp, %ebp
 3   0x080483e7 < outputs +3 >:     sub       $0x18, %esp
 4   0x080483ea < outputs +6 >:     mov       0x8(%ebp), %eax
 5   0x080483ed < outputs +9 >:     mov       %eax, 0x4(%esp)
 6   0x080483f1 < outputs +13 >:    lea       0xfffffff0(%ebp), %eax
 7   0x080483f4 < outputs +16 >:    mov       %eax, (%esp)
```

8	0x080483f7 < outputs + 19 > :	call	0x8048330 < __gmon_start__@ plt + 16 >
9	0x080483fc < outputs + 24 > :	lea	0xfffffff0(%ebp), %eax
10	0x080483ff < outputs + 27 > :	mov	%eax, 0x4(%esp)
11	0x08048403 < outputs + 31 > :	movl	$0x8048500, (%esp)
12	0x0804840a < outputs + 38 > :	call	0x8048310
13	0x0804840f < outputs + 43 > :	leave	
14	0x08048410 < outputs + 44 > :	ret	

第 3 行指令说明编译器在栈帧中分配了 0x18 = 24 个字节空间；在第 8 行 call 指令调用 strcpy 函数之前，栈中存放了两个参数，一个是 outputs 函数的入口参数 *str*（存放在栈中地址为 R[ebp] + 8 之处），另一个是 *buffer* 数组在栈中的首地址 R[ebp] − 16，可以看出第 6 行指令中的偏移量为 0xfffffff0（真值为 − 16）；第 12 行用 call 指令调用 printf 函数。根据上述分析，可以画出如图 3.35 所示的 outputs 的栈帧状态。

图 3.35 中传递给 strcpy 的实参 M[R[ebp] + 8] 实际上就是在 main 函数中指定的命令行参数首地址，它是一个字符串的首址，此程序中函数 strcpy 实现的功能就是，将命令行中指定的字符串复制到缓冲区 buffer 中，如果攻击者在命令行中构造一个长度为 16 + 4 + 4 + 1 = 25 个字符的字符串，并将 hacker 函数的首地址置于结束符 '\0' 前面的 4 个字节，则在执行完 strcpy 函数后 hacker 代码段首地址被置于过程 main 栈帧最后的返回地址处，当执行到 outputs 代码的第 14 行 ret 指令时，便会转到 hacker 函数实施攻击。这里，25 个字符中的前 16 个字符填满 buffer 区，4 个字符覆盖掉 EBP 的旧值，4 个字节的 hacker 函数首地址覆盖返回地址，还有一个是字符串结束符。

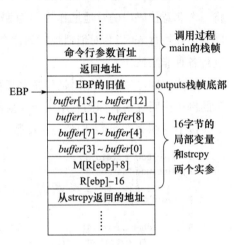

图 3.35 outputs 栈帧中的内容

假定 hacker 代码首地址为 0x8048411，则可编写如下的攻击代码实施攻击。

```
1    #include "stdio.h"
2
3    char code[ ] =
4    "0123456789ABCDEFXXXX"
5    "\x11\x84\x04\x08"
6    "\x00";
7    int main(void)
8    {
9        char *arg[3];
10       arg[0] = "./test";
11       arg[1] = code;
12       arg[2] = NULL;
13       execve(arg[0], arg, NULL);
14       return 0;
15   }
```

执行上述程序时，通过系统调用 execve() 可装入 test 可执行文件，并将 code 中的字符串作为命令行参数来启动执行 test。因此，字符串中前 16 个字符 '0'、'1'、'2'、'3'、'4'、

'5'、'6'、'7'、'8'、'9'、'A'、'B'、'C'、'D'、'E'、'F' 被复制到 buffer 中，4 个字符 'X' 覆盖掉 EBP 的旧值，地址 0x08048411 覆盖掉返回地址。

执行上述攻击程序后的输出结果为：

```
0123456789ABCDEFXXXX □□□□
being hacked
Segmentation fault
```

输出结果中第一行为执行 outputs 函数后的结果，其中后面 4 个为不可显示字符（对应 ASCII 码 11H、84H、x04H 和 08H）；执行完 outputs 后程序被恶意地跳转到 hacker 函数执行，因此会显示第二行字符串；最后一行显示 "Segmentation fault（段错误）"，其原因是在调用 hacker 函数时并没有保存其调用函数的返回地址，所以在执行到 hacker 过程的 ret 指令时取到的 "返回地址" 是一个不可预知的值，因而可能跳转到数据区或系统区或其他非法访问的存储区去执行，造成段错误。

上面的错误主要是 strcpy() 函数没有进行缓冲区边界检查而直接把 str 所指的内容复制到 buffer 造成的。存在像 strcpy 这样问题的标准函数还有 strcat()、sprintf()、vsprintf()、gets()、scanf() 等。

缓冲区溢出攻击有多种英文名称：buffer overflow，buffer overrun，smash the stack，trash the stack，scribble the stack，mangle the stack，memory leak，overrun screw 等。第一个缓冲区溢出攻击是 Morris 蠕虫，发生在 30 年前，它曾造成全世界 6000 多台网络服务器瘫痪。

随便往缓冲区中填东西造成它溢出一般只会出现段错误，而不能达到攻击的目的。最常见的手段是通过制造缓冲区溢出使程序运行一个用户 shell，再通过 shell 执行其他命令。如果该程序属于 root 且有 suid 权限的话，攻击者就获得了一个有 root 权限的 shell，就可以对系统进行任意操作了。

缓冲区溢出攻击之所以成为一种常见安全攻击手段，其原因在于缓冲区溢出漏洞太普遍，并且易于实现。而且，缓冲区溢出成为远程攻击的主要手段，其原因在于缓冲区溢出漏洞使攻击者能够植入并且执行攻击代码。被植入的攻击代码以一定的权限运行有缓冲区溢出漏洞的程序，从而得到被攻击主机的控制权。

3.6.3　缓冲区溢出攻击的防范

缓冲区溢出攻击的存在给计算机的安全带来了很大的威胁，对于缓冲区溢出攻击，主要可以从两个方面来采取相应的防范措施，一个是从程序员角度，另一个是从编译器和操作系统方面。

对于程序员来说，应该尽量编写出没有漏洞的正确代码。当然，对于编写像 C 这种语法灵活、风格自由的高级语言程序，如果要编写出正确代码，通常需要花费较多的时间精力。为了帮助经验不足的程序员编写安全、正确的程序，人们开发了一些辅助工具和技术。最简单的方法就是用 grep 来搜索源代码中容易产生漏洞的库函数调用，比如对 strcpy 和 sprintf 的调用，这两个函数都不会检查输入参数的长度；此外，人们还开发了一些高级的查错工具，如 fault injection 等，这些工具的目的在于通过人为随机地产生一些缓冲区溢出来寻找代码的安全漏洞；还有一些静态分析工具用于侦测缓冲区溢出的存在。虽然这些工具能帮助程序员开发更安全的程序，但是，由于

C 语言的特点，这些工具不一定能找出所有缓冲区溢出漏洞，只能用来减少缓冲区溢出的可能。

对于编译器和操作系统来说，应该尽量生成没有漏洞的安全代码。现代编译器和操作系统已经采用了多种机制来保护缓冲区免受缓冲区溢出的攻击和影响，例如，有地址空间随机化、栈破坏检测和可执行代码区域限制等方式。

1. 地址空间随机化

地址空间随机化（Address Space Layout Randomization，简称 ASLR）是一种比较有效的防御缓冲区溢出攻击的技术，目前在 Linux、FreeBSD 和 Windows Vista 等主流操作系统中都使用了该技术。

基于缓冲区溢出漏洞的攻击者必须了解缓冲区的起始地址，以便将一个"溢出"的字符串以及指向攻击代码的指针植入具有漏洞的程序的栈中。对于早先的系统，每个程序的栈位置是固定的，在不同机器上生成和运行同一个程序时，只要操作系统相同，则栈的位置就完全一样。因而，程序中函数的栈帧首地址非常容易预测。如果攻击者可以确定一个有漏洞的常用程序所使用的栈地址空间，就可以设计一个针对性的攻击，在使用该程序的很多机器上实施攻击。

地址空间随机化的基本思路是，将加载程序时生成的代码段、静态数据段、堆区、动态库和栈区各部分的首地址进行随机化处理（起始位置在一定范围内是随机的），使得每次启动执行时，程序各段被加载到不同的地址起始处。由此可见，在不同机器上运行相同的程序时，程序加载的地址空间是不同的，显然，这种不同包括了栈地址空间的不同，因此，对于一个随机生成的栈起始地址，基于缓冲区溢出漏洞的攻击者不太容易确定栈的起始位置。通常将这种使程序加载的栈空间的起始位置随机变化的技术称为**栈随机化**。下面的例子说明在 Linux 系统中采用了栈随机化机制。

对于以下 C 语言程序：

```
1   #include < stdio.h >
2   void main()
3   {
4       int a = 10;
5       double *p = (double* )&a;
6       printf("%e\n", *p);
7   }
```

上述程序在一个 IA-32 + Linux 系统中进行编译、汇编和链接后，生成了一个可执行文件。运行该可执行文件多次，每次都得到不同的结果。

根据该可执行文件反汇编的结果发现，局部变量 a 和 p 在栈帧中分别分配在 R[esp] + 0x28、R[esp] +0x2c 的位置，显然，p 在高地址上，a 在低地址上，且存储位置相邻。因而 $*p$ 对应的 double 型数据就是 &a 开始的 64 位数据，其中的高 32 位就是 p 的值（即 &a），低 32 位就是 a 的值（即 10 = 0AH）。

因采用栈随机化策略，所以每次 main 栈帧的栈顶指针 ESP 发生随机变化，从而使得局部变量 a 和 p 所分配的地址也随机变化，&a 的变化使得 $*p$ 的高 32 位每次都不同，因而打印结果每次不同。不过，因为随机变化的地址限定在一定范围内，所以每次打印出来的 $*p$ 的值仅在一定范围内变化。例如其中的 3 次结果为 $-4.083169e-02$、$-1.102164e-02$、$-3.986657e-02$，对应的 &a 分别为 BFA4 E7E4H、BF86 9284H、BFA4 6964H。可以验证：机器数为 BFA4 E7E4 0000 000AH 的

double 型数据的值为 −4.083169e −02；机器数 BF86 9284 0000 000AH 对应的真值为 −1.102164e −02。

这里需要补充说明的是，C 语言标准规定，对于一个变量，通过与其类型不兼容的另一种类型去访问属于未定义行为。因此，上述程序使用 double 类型来访问一个 int 类型的变量，其行为是未定义的。在此给出这个程序，只是为了对栈随机化机制进行说明，程序员编写正规程序时应避免这种未定义行为。

对于栈随机化策略，如果攻击者使用蛮力多次反复使用不同的栈地址进行试探性攻击，那随机化防范措施还是有可能被攻破。这时就要用到下一步的栈破坏检测措施。

2. 栈破坏检测

如果在程序跳转到攻击代码执行之前，能够检测出程序的栈已被破坏，就可避免受到严重攻击。新的 GCC 版本在产生的代码中加入了一种**栈保护者**（stack protector）机制，用于检测缓冲区是否越界。主要思想是，在函数的准备阶段，在其栈帧中的缓冲区底部与保存的寄存器状态之间（例如，图 3.34 中 outputs 栈帧中的 *buffer*[15] 与保留的 EBP 之间）加入一个随机生成的特定值，称为**金丝雀（哨兵）值**；在函数的恢复阶段，在恢复寄存器并返回到调用函数前，先检查该值是否被改变。若值发生改变，则程序异常终止。因为插入在栈帧中的特定值是随机生成的，所以攻击者很难猜测出它是什么。

在 GCC 新版本中，会自动检测某种代码特性以确定一个函数是否容易遭受缓冲区溢出攻击，在确定有可能遭受攻击的情况下，自动插入栈破坏检测代码。如果不想让 GCC 插入栈破坏检测代码，则需用命令行选项"-fno-stack-protector"进行编译。

在 Windows 系统的 VS 开发环境中，也可以使用栈破坏检测技术。以下是某程序在 Debug 版本下 main 函数准备阶段的机器级代码（注意，VS 的汇编指令采用 Intel 格式，分号（;）后面的是注释）：

```
int main()
{
00CF17A0  push      ebp                                          ; EBP 内容压栈
00CF17A1  mov       ebp, esp                                     ; 使 EBP 指向当前栈帧底部
00CF17A3  sub       esp, 0DCh                                    ; 将当前栈帧大小增长 DCH = 220 字节
00CF17A9  push      ebx                                          ; 将被调用者保存寄存器 EBX 压栈
00CF17AA  push      esi                                          ; 将被调用者保存寄存器 ESI 压栈
00CF17AB  push      edi                                          ; 将被调用者保存寄存器 EDI 压栈
00CF17AC  lea       edi, [ebp −0DCh]                             ; 在 EDI 中设置重复传送首地址为当前栈顶
00CF17B2  mov       ecx, 37h                                     ; 在 ECX 中设置传送次数为 220/4 = 55 = 37H
00CF17B7  mov       eax, 0CCCCCCCCh;                             ; 在 EAX 中设置传送内容为 CCCC CCCCH
00CF17BC  rep stos  dword ptr es:[edi]                           ; 重复传送（EDI 加 4,ECX 减 1）直到 ECX = 0
00CF17BE  mov       eax, dword ptr [_security_cookie (0CF9004h)] ; 将 security cookie 送 EAX
00CF17C3  xor       eax, ebp                                     ; 将 EBP 内容和 security cookie 进行异或
00CF17C5  mov       dword ptr [ebp −4], eax                      ; 异或后的内容存入 R[ebp] −4 处
......
}
```

从上面的代码可以看出，在对栈帧用 0xCC 进行初始化以后，在 R[ebp] −4 的位置存入了一个由_security_cookie 处存放的内容（security cookie）和 R[ebp] 异或得到的特殊值，这个值就是金丝雀（哨兵）值。EBP 是当前栈帧底部指针，若采用栈随机化机制，则 EBP 内容每次都是一个随机值，而且_security_cookie 所在区域通常设置为不可更改的"只读"区，攻击者很难猜测这个值。

3. 可执行代码区域限制

通过将程序的数据段地址空间设置为不可执行，从而使得攻击者不可能执行被植入在输入缓冲区的代码，这种技术也被称为**非执行的缓冲区技术**。早期 UNIX 系统只允许程序代码在代码段中执行，也即只有代码段的访问属性是可执行，其他区域的访问属性是可读或可读可写。但是，近来 UNIX 和 Windows 系统由于要实现更好的性能和功能，往往允许在数据段中动态地加入可执行代码，这是缓冲区溢出攻击的根源。当然，为了保持程序的兼容性，不可能使所有数据段都设置成不可执行。不过，可以将动态的栈段设置为不可执行，这样可以既保证程序的兼容性，又可以有效防止把代码植入栈（自动变量缓冲区）的溢出攻击。因为除了信息传递等少数情况下会使栈中存在可执行代码外，几乎没有任何合法的程序会在栈中存放可执行代码，所以这种做法几乎不产生任何兼容性问题。

不幸的是，栈的"不可执行"保护对于将攻击代码植入堆或者静态数据段的攻击没有效果，通过引用一个驻留程序的指针，就可以跳过这种保护措施。

3.7 兼容 IA-32 的 64 位系统

随着计算机技术及应用领域的不断发展，32 位处理器逐步开始向 64 位处理器过渡，最早的 64 位微处理器架构是 Intel 提出的采用全新指令集的 IA-64，而最早兼容 IA-32 的 64 位架构是 AMD 提出的 x86-64。

3.7.1 x86-64 的发展简史

Intel 最早推出的 64 位架构是基于**超长指令字**（Very Long Instruction Word，VLIW）技术的 IA-64 体系结构，Intel 称其为**显式并行指令计算机**（Explicitly Parallel Instruction Computer，EPIC）。Intel 的安腾（Itanium）和安腾 2（Itanium 2）处理器分别在 2000 年和 2002 年问世，它们是 IA-64 体系结构的最早的具体实现。安腾体系结构试图完全脱离 IA-32 CISC 架构的束缚，最大限度地提高软件和硬件之间的协同性，力求将处理器的处理能力和编译软件的功能结合起来，在指令中将并行执行信息以明显的方式告诉硬件。但是，这种思路被证明是不易实现的，而且，安腾采用了全新的指令集，虽然可以在兼容模式中执行 IA-32 代码，但是性能不太好，因而安腾并没有在市场上获得成功。

AMD 公司利用 Intel 公司在 IA-64 架构上的失败，抢先在 2003 年推出了兼容 IA-32 的 64 位版本指令集 x86-64，它在保留 IA-32 指令集的基础上，增加了新的数据格式及其操作指令，寄存器长度扩展为 64 位，并将通用寄存器个数从 8 个扩展到 16 个。通过 x86-64，AMD 获得了以前属于 Intel 的一些高端市场。AMD 后来将 x86-64 更名为 AMD 64。

Intel 发现用 IA-64 直接替换 IA-32 行不通，于是，在 2004 年推出了 IA32-EM64T（Extended Memory 64 Technology，64 位内存扩展技术），它支持 x86-64 指令集。Intel 为了表示 EM64T 的 64 位模式特点，又使其与 IA-64 有所区别，2006 年开始把 EM64T 改名为 Intel 64。因此，Intel 64 是与 IA-64 完全不同的体系结构，它与 IA-32 和 AMD 64 兼容。

目前，AMD 的 64 位处理器架构 AMD 64 和 Intel 的 64 位处理器架构 Intel 64 都支持 x86-64 指

令集，因而，通常人们直接使用 x86-64 代表 64 位 Intel 指令集架构。x86-64 有时也简称为 x64。

3.7.2　x86-64 的基本特点

对于编译器来说，对高级语言程序进行编译可以有两种选择，一种是按 IA-32 指令集将目标编译成 IA-32 代码，一种是按 x86-64 指令集将目标编译成 x86-64 代码。通常，在 IA-32 架构上运行的是 32 位操作系统，GCC 默认生成 IA-32 代码；在 x86-64 架构上运行的是 64 位操作系统，GCC 默认生成 x86-64 代码。Linux 和 GCC 将前者称为"i386"平台，将后者称为"x86-64"平台。

与 IA-32 代码相比，x86-64 代码主要有以下几个方面的特点。

① 比 IA-32 具有更多的通用寄存器个数。新增的 8 个 64 位通用寄存器名称分别为 R8、R9、R10、R11、R12、R13、R14 和 R15。它们可以作为 8 位寄存器（R8B ~ R15B）、16 位寄存器（R8W ~ R15W）或 32 位寄存器（R8D ~ R15D）使用，以访问其中的低 8 位、低 16 位或低 32 位。

② 比 IA-32 具有更长的通用寄存器位数，从 32 位扩展到 64 位。在 x86-64 中，所有通用寄存器（GPR）都从 32 位扩充到了 64 位，名称也发生了变化。8 个 32 位通用寄存器 EAX、EBX、ECX、EDX、EBP、ESP、ESI 和 EDI 对应的扩展为 64 位的寄存器分别被命名为 RAX、RBX、RCX、RDX、RBP、RSP、RSI 和 RDI。

在 IA-32 中，四个寄存器 EBP、ESP、ESI 和 EDI 的低 8 位不能使用，而在 x86-64 架构中，可以使用这些寄存器的低 8 位，其对应的寄存器名称为 BPL、SPL、SIL 和 DIL。

整数操作不仅支持 8、16、32 位数据类型，还支持 64 位数据类型。所有算术逻辑运算、寄存器与内存之间的数据传输，都能以最多 64 位为单位进行操作。栈的压入和弹出操作都以 8 字节为单位进行。

③ 字长从 32 位变为 64 位，因而逻辑地址从 32 位变为 64 位。指针（如 char* 型）和长整型（long 型）数据从 32 位扩展到 64 位，与 IA-32 平台相比，理论上其数据访问的空间大小从 $2^{32}B = 4GB$ 扩展到了 $2^{64}B = 16EB$。不过，目前仅支持 48 位逻辑地址空间，即逻辑地址从 4GB 增加到了 256TB。

④ 对于 long double 型数据，虽然还是采用与 IA-32 相同的 80 位扩展精度格式，但是，所分配的存储空间从 IA-32 的 12 字节扩展为 16 字节。也即，此类数据的边界从 4B 对齐改为 16B 对齐，不管是分配 12 字节还是 16 字节，都只会用到低位 10 字节。

⑤ 过程调用时，对于入口参数只有 6 个以内的整型变量和指针型变量的情况，通常就用通用寄存器而不是用栈来传递，因而，很多过程可以不用访问栈，这样，使得大多数情况下执行时间比 IA-32 代码更短。

⑥ 128 位的 XMM 寄存器从原来的 8 个增加到了 16 个，浮点操作采用基于 SSE 的面向 XMM 寄存器的指令集，而不采用基于浮点寄存器栈 ST(0) ~ ST(7) 的指令集。

3.7.3　x86-64 的基本指令和对齐

x86-64 指令集在兼容 IA-32 的基础上，还能支持 64 位数据操作指令，大部分操作数指示符与 IA-32 一样，所不同的是，当指令中的操作数为存储器操作数时，其基址寄存器或变址寄存器都必须是 64 位寄存器；此外，在运算类指令中，除了支持原来 IA-32 中的寻址方式以外，

x86-64 还支持 PC 相对寻址方式。

1. 数据传送指令

在 x86-64 中, 提供了一些在 IA-32 中没有的新的数据传送指令, 例如, movabsq 指令用于将一个 64 位立即数送到一个 64 位通用寄存器中; movq 指令用于传送一个 64 位的四字; movsbq、movswq、movslq 用于将源操作数进行符号扩展并传送到一个 64 位寄存器或存储单元中; movzbq、movzwq 用于将源操作数进行零扩展后传送到一个 64 位寄存器或存储单元中; leaq 用于将有效地址加载到 64 位寄存器; pushq 和 popq 分别是四字压栈和四字出栈指令。汇编指令中指令助记符结尾处的 "q" 表示操作数长度为四字 (64 位)。

在 x86-64 中, movl 指令的功能与在 IA-32 中有点不同, 它在传送 32 位寄存器内容的同时, 还会将目的寄存器的高 32 位自动清 0, 因此, 在 x86-64 中, movl 指令的功能相当于 movzlq 指令, 因而在 x86-64 中不需要 movzlq 指令。

例3.15 以下是一个 C 语言函数, 其功能是将类型为 source_type 的参数转换为 dest_type 类型的数据并返回。

```
dest_type convert(source_type x){
    dest_type y = (dest_type)x;
    return y;
}
```

根据过程调用时的参数传递约定可知, x 存放在寄存器 RDI 对应的适合宽度的寄存器 (如 RDI、EDI、DI 和 DIL) 中, y 存放在 RAX 对应宽度的寄存器 (RAX、EAX、AX 或 AL) 中。表 3.9 中给出了 source_type 和 dest_type 的类型组合, 请给出相应的汇编指令, 以实现 convert 函数中的赋值语句。

表 3.9 例 3.15 中 source_type 和 dest_type 的类型

source_type	dest_type
char	long
int	long
long	long
long	int
unsigned int	unsigned long
unsigned long	unsigned int
unsigned char	unsigned long

解 根据 x86-64 数据传输指令的功能, 得到对应表 3.9 所示类型的汇编指令见表 3.10, 表中汇编指令为 AT&T 格式。在表 3.10 中, 将 long 型数据转换为 int 型数据时, 可以用两种不同的指令 movslq 和 movl。虽然执行这两种指令得到的 RAX 中高 32 位内容可能不同, 但是, EAX 中的结果是一样的。因为函数返回的是 int 型数据, 所以 RAX 中高 32 位的值没有意义, 只要 EAX 中的 32 位值正确即可。

表 3.10 例 3.15 的答案

source_type	dest_type	汇 编 指 令	
char	long	movsbq %dil, %rax	
int	long	movslq %edi, %rax	
long	long	movq %rdi, %rax	
long	int	movslq %edi, %rax	# 符号扩展到 64 位, 使 RAX 中高 32 位为符号
		movl %edi, %eax	# 零扩展到 64 位, 使 RAX 中高 32 位为 0
unsigned int	unsigned long	movl %edi, %eax	# 零扩展到 64 位, 使 RAX 中高 32 位为 0
unsigned long	unsigned int	movl %edi, %eax	# 零扩展到 64 位, 使 RAX 中高 32 位为 0
unsigned char	unsigned long	movzbq %dil, %rax	# 零扩展到 64 位, 使 RAX 中高 56 位为 0

2. 算术逻辑运算指令

在 x86-64 中，增加了操作数长度为四字的运算类指令（长度后缀为 q），例如，addq（四字相加）、subq（四字相减）、imulq（带符号整数四字相乘）、mulq（无符号整数四字相乘）、orq（64 位相或）、incq（增 1）、decq（减 1）、negq（取负）、notq（各位取反）、salq（算术左移）等。

例 3.16 以下是 C 语言赋值语句 "x = a * b + c * d;" 对应的 x86-64 汇编代码，已知 x、a、b、c 和 d 分别在寄存器 RAX、RDI、RSI、RDX 和 RCX 对应宽度的寄存器中。根据以下汇编代码，推测变量 x、a、b、c 和 d 的数据类型。

```
1  movslq %ecx, %rcx
2  imulq  %rdx, %rcx
3  movsbl %sil, %esi
4  imull  %edi, %esi
5  movslq %esi, %rsi
6  leaq   (%rcx, %rsi), %rax
```

解 根据第 1 行可知，在 ECX 中的变量 d 从 32 位符号扩展为 64 位，因此，变量 d 的数据类型为 int 型；根据第 2 行可知，在 RDX 中的变量 c 为 64 位整型，即 c 的数据类型为 long 型；根据第 3 行可知，在 SIL 中的变量 b 为 char 型数据；根据第 4 行可知，在 EDI 中的 a 是 int 型数据；根据第 5 行和第 6 行可知，存放在 RAX 中的 x 是 long 型数据。■

3. 数据对齐

与 IA-32 一样，x86-64 中各种类型数据应该遵循一定的对齐规则，而且要求更加严格。因为 x86-64 中存储器的访问接口被设计成以 8 字节或 16 字节为单位进行存取，其对齐规则是，任何 K 字节宽的基本类型数据和指针类型数据的起始地址一定是 K 的倍数。因此，long 型、double 型数据和指针型变量都必须按 8 字节边界对齐；long double 型数据必须按 16 字节边界对齐。具体的对齐规则可以参考 AMD 64 System V ABI 手册。

3.7.4 x86-64 的过程调用

在 x86-64 中，过程调用通过寄存器传送参数，因而寄存器的功能有一点变化。首先，在 x86-64 中，可以不用帧指针寄存器 RBP 作为栈帧底部，此时，使用 RSP 作为基址寄存器来访问栈帧中的信息，而 RBP 可作为普通寄存器使用；其次，传送入口参数的寄存器依次为 RDI、RSI、RDX、RCX、R8 和 R9，返回参数存放在 RAX 中；第三，调用者保存寄存器为 R10 和 R11，被调用者保存寄存器为 RBX、RBP、R12、R13、R14 和 R15；第四，RSP 用于指向栈顶元素；第五，RIP 用于指向正在执行或即将执行的指令。

如果入口参数是整数类型或指针类型且少于等于 6 个，则无须用栈来传递参数，如果同时该过程无须在栈中存放局部变量和被调用者保存寄存器的值，那么，该过程就不需要栈帧。传递参数时，如果参数是 32 位、16 位或 8 位，则参数被置于对应宽度的寄存器部分。例如，若第一个入口参数是 char 型，则放在 RDI 中对应字节宽度的寄存器 DIL 中；若返回参数是 short 型，则放在 RAX 中对应 16 位宽度的寄存器 AX 中。表 3.11 给出了每个入口参数和返回参数所在的对应寄存器。

表 3.11 过程调用时参数对应的寄存器

操作数宽度（字节）	入口参数						返回参数
	1	2	3	4	5	6	
8	RDI	RSI	RDX	RCX	R8	R9	RAX
4	EDI	ESI	EDX	ECX	R8D	R9D	EAX
2	DI	SI	DX	CX	R8W	R9W	AX
1	DIL	SIL	DL	CL	R8B	R9B	AL

在 x86-64 中，最多可以有 6 个整型或指针型入口参数通过寄存器传递，超过 6 个入口参数时，后面的通过栈来传递，在栈中传递的参数若是基本类型数据，则不管是什么基本类型都被分配 8 个字节。当入口参数少于 6 个或者当入口参数已经被用过而不再需要时，存放对应参数的寄存器可以被函数作为临时寄存器使用。对于存放返回结果的 RAX 寄存器，在产生最终结果之前，也可以作为临时寄存器被函数重复使用。关于 x86-64 的调用约定的详细内容，可以参考 AMD 64 System V ABI 手册。

在 x86-64 中，调用指令 call（或 callq）将一个 64 位返回地址保存在栈中并执行 R[rsp]←R[rsp]−8。返回指令 ret 也是从栈中取出 64 位返回地址并执行 R[rsp]←R[rsp]+8。

例 3.17 写出以下 C 语言函数 caller 对应的 x86-64 汇编代码，并画出第 4 行语句执行结束时栈中信息存放情况。

```
1   long caller(long x)
2   {
3       long a =1000;
4       long b = test(&a,2000);
5       return x*32 + b;
6   }
```

解 函数 caller 的汇编代码如下：

```
1   caller:
2       pushq   %rbx              # 被调用者保存寄存器 RBX 入栈
3       subq    $16, %rsp         # R[rsp]←R[rsp]−16,生成栈帧
4       movq    %rdi, %rbx        # R[rbx]←入口参数 x
5       movq    $1000, 8(%rsp)    # M[R[rsp]+8]←1000,对变量 a 赋值
6       movl    $2000, %esi       # R[esi]←2000,第二个参数送 ESI 寄存器
7       leaq    8(%rsp), %rdi     # R[rdi]←R[rsp]+8,第一个参数送 RDI 寄存器
8       callq   test              # 调用 test(R[rsp]←R[rsp]−8,R[rip]←test)
9       movq    %rax, (%rsp)      # M[R[rsp]]←R[rax],test 返回结果存入 b 处
10      salq    $5, %rbx          # R[rbx]←R[rbx]<<5,计算 x* 32
11      movq    (%rsp), %rax      # R[rax]←M[R[rsp]],取局部变量 b 的内容
12      addq    %rbx, %rax        # R[rax]←R[rax]+ R[rbx],计算 x* 32 + b
13      addq    $16, %rsp         # R[rsp]←R[rsp]+16,释放栈帧
14      popq    %rbx              # 被调用者保存寄存器 RBX 出栈
15      ret
```

第 4 行 C 语句执行结束相当于执行完上述第 8 行汇编指令。此时，栈中信息存放情况如图 3.36 所示。在汇编代码中，因为将入口参数 x（按约定存放在寄存器 RDI 中）分配在寄存器 RBX 中，而 RBX 为被调用者保存寄存器，因而，在 caller 栈帧中应最先保存 RBX 的内容；然后，给局部变量 a 和 b 分配空间，各占 8 个字节，共 16 字节，因此，第 3 行汇编指令中，将 RSP 的内容

图 3.36 例 3.17 的栈中信息存放

减 16。

在执行调用指令"callq test"前，应先准备好入口参数，在 x86-64 架构中，前 6 个入口参数都通过寄存器进行传递，因此，这里的两个参数分别存放在 RDI 和 ESI 寄存器中，前者存放一个指针类型的参数 &a，后者存放一个 int 型常数 2000。在执行调用指令 callq 的过程中，会将返回地址压栈，也即执行完 callq 指令后，RSP 寄存器指向栈中返回地址处，并跳转到 test 过程执行。从 test 过程返回后，RSP 又回到指向图 3.36 中所示的位置。test 过程返回的结果在 RAX 中。　　　　　　　　　　　　　　　　　　　　　　　　　　　　　　　　　　　　　　■

例 3.18 以下是函数 caller 和 test 的 C 语言源程序。

```
1  long caller()
2  {
3      char a = 1; short b = 2; int c = 3; long d = 4;
4      test(a, &a, b, &b, c, &c, d, &d);
5      return a*b + c*d;
6  }
7  void test(char a, char *ap, short b, short *bp, int c, int *cp, long d, long *dp)
8  {
9      *ap += a; *bp += b; *cp += c; *dp += d;
10 }
```

假定上述源程序对应的 x86-64 汇编代码如下。

函数 caller 的汇编代码如下：

```
1  caller:
2    subq      $32, %rsp          # R[rsp]←R[rsp]−32
3    movb      $1, 16(%rsp)       # M[R[rsp]+16]←1
4    movw      $2, 18(%rsp)       # M[R[rsp]+18]←2
5    movl      $3, 20(%rsp)       # M[R[rsp]+20]←3
6    movq      $4, 24(%rsp)       # M[R[rsp]+24]←4
7    leaq      24(%rsp), %rax     # R[rax]←R[rsp]+24
8    movq      %rax, 8(%rsp)      # M[R[rsp]+8]←R[rax]
9    movq      $4, (%rsp)         # M[R[rsp]]←4
10   leaq      20(%rsp), %r9      # R[r9]←R[rsp]+20
11   movl      $3, %r8d           # R[r8d]←3
12   leaq      18(%rsp), %rcx     # R[rcx]←R[rsp]+18
13   movw      $2, %dx            # R[dx]←2
14   leaq      16(%rsp), %rsi     # R[rsi]←R[rsp]+16
15   movb      $1, %dil           # R[dil]←1
16   call      test
17   movslq    20(%rsp), %rcx     # R[rcx]←M[R[rsp]+20], 符号扩展
18   movq      24(%rsp), %rdx     # R[rdx]←M[R[rsp]+24]
19   imulq     %rdx, %rcx         # R[rcx]←R[rcx]×R[rdx]
20   movsbw    16(%rsp), %ax      # R[ax]←M[R[rsp]+16], 符号扩展
21   movw      18(%rsp), %dx      # R[dx]←M[R[rsp]+18]
22   imulw     %dx, %ax           # R[ax]←R[ax]×R[dx]
23   movswq    %ax, %rax          # R[rax]←R[ax], 符号扩展
24   leaq      (%rax,%rcx), %rax  # R[rax]←R[rax]+R[rcx]
25   addq      $32, %rsp          # R[rsp]←R[rsp]+32
26   ret
```

函数 test 的汇编代码如下：

```
1  test:
2    movq      16(%rsp), %r10     # R[r10]←M[R[rsp]+16]
```

```
3    addb    %dil,(%rsi)      # M[R[rsi]]←M[R[rsi]]+R[dil]
4    addw    %dx,(%rcx)       # M[R[rcx]]←M[R[rcx]]+R[dx]
5    addl    %r8d,(%r9)       # M[R[r9]]←M[R[r9]]+R[r8d]
6    movq    8(%rsp),%rax     # R[rax]←M[R[rsp]+8]
7    addq    %rax,(%r10)      # M[R[r10]]←M[R[r10]]+R[rax]
8    ret
```

要求根据上述汇编代码，分别画出在执行到 caller 函数的 call 指令时、执行到 test 函数的 ret 指令时栈中信息的存放情况，并说明 caller 是如何把实参传递给 test 中的形参的，而 test 执行时其每个入口参数又是如何获得的。

解 从 caller 汇编代码可以看出，栈指针寄存器 RSP 仅在第 2 行做了一次减法，申请了 32 字节的空间，在最后第 25 行恢复 RSP 之前一直没有变化，说明 caller 栈帧就是 32 字节。第 3～6 行用来在栈帧中分配局部变量 a、b、c 和 d，并将初值存入相应单元。可以看出，这 4 个变量一共占用了 16 个字节。第 7～15 行用来将实参存入 test 入口参数对应的寄存器中，因为有 8 个入口参数，所以还有两个参数需要通过栈进行传递，其中第 7～8 行用于在栈中存入第 8 个参数，第 9 行用于在栈中存入第 7 个参数，第 10～15 行分别用于在相应的寄存器中存入第 6、第 5、第 4、第 3、第 2 和第 1 个参数。因此，在执行到第 16 行 call 指令之时，前 6 个参数分别在寄存器 DIL、RSI、DX、RCX、R8D 和 R9 中，第 7 和第 8 个参数在栈中的位置分别由 R[rsp] 和 R[rsp]+8 指出。图 3.37a 给出了此时 caller 栈帧中信息的存放情况。

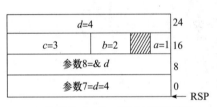
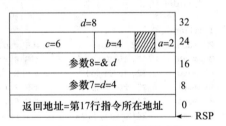

a) 执行到caller的call指令时栈中情况   b) 执行到test的ret指令时栈中情况

图 3.37   caller 和 test 执行时栈中信息存放情况

在 caller 中的 call 指令执行后，栈指针寄存器 RSP 的内容减 8，并将 call 指令下面一条指令的地址（第 17 行指令所在地址）作为返回地址存入当前 RSP 所指单元，然后跳转到 test 执行。在 test 执行过程中，第 2 行指令用来取出第 8 个参数，第 3～5 行分别用于实现赋值语句 "*ap += a;" 和 "*bp += b;" 以及 "*cp += c;"。其中，指针类型变量 ap、bp 和 cp 的值分别是 caller 中局部变量 a、b 和 c 在栈中的地址，即 *ap = a、*bp = b、*cp = c。执行完第 3～5 行指令后，栈中 a、b 和 c 处的内容为原来内容的两倍。第 6 行指令用来取出第 7 个参数（其值为 4），第 7 行指令用来将 4 加到第 8 个参数所指单元 d 处，使得 d 处的内容变为 8。综上所述，在执行到 test 的 ret 指令时，栈中信息存放情况如图 3.37b 所示。■

这里需要特别说明的是，即使在栈中传递的最后两个参数不是 long 型或指针类型，也都被分配 8 个字节。例如，假定上述 test 函数的原型为 "void test(char a, char *ap, short b, short *bp, long d, long *dp, int c, int *cp)"，即在栈中传递的最后两个参数类型是 4 字节的 int 型和 8 字节的指针型，它们在栈中所占的空间也都是 8 个字节。

3.7.5　x86-64 的浮点操作与 SIMD 指令

在 x86-64 中，浮点运算采用基于 SSE 的面向 XMM 寄存器的 SIMD 指令，浮点数存放在 128 位的 XMM 寄存器中，而不是存放 x87 FPU 的 80 位浮点寄存器栈中。

例 3.19　以下是一段 C 语言代码：

```
1  #include <stdio.h>
2
3  main()
4  {
5      double a = 10;
6      printf("a = %d\n", a);
7  }
```

上述代码在 IA-32 平台上运行时，打印出来的结果总是 $a = 0$，但是在 x86-64 平台上运行时，打印出来的 a 却是一个不确定的值，请问为什么？

解　本题给出的代码的主要功能是，将一个 64 位双精度浮点数'10'转换为一个 32 位二进制数，然后以十进制数形式打印出来。

IEEE 754 双精度浮点数由 64 位组成，最高位为符号位 s，随后的 11 位为阶码 e，其偏置常数为 1023，余下 52 位为尾数 f。因为 $10 = 1010B = 1.01B \times 2^3$，所以 $s = 0$，$e = 1023 + 3 = 100\ 0000\ 0010$，$f = 0100\cdots0$。也即 64 位机器数为 0 100 0000 0010 0100 0000 0000 0000 0000 0000 0000 0000 0000 0000 0000 0000 0000，因此，a 的机器数用十六进制形式表示的字节序列为 40H、24H、00H、00H、00H、00H、00H、00H。将其高 32 位转换为十进制数，其值为 1 076 101 120，低 32 位的值为 0。

在 IA-32 中，过程之间采用栈传递参数。图 3.38 给出了在 IA-32 中 printf 的参数在栈中的存放情况。因为 IA-32 是小端方式，所以 a 的高位部分在栈中的高地址上，低位部分在栈中的低地址上。

当 printf 将变量 a 的值使用"%d"输出时，对应的数据类型是 int 型，因此取 a 中低 4 字节作为第 2 个参数。显然，printf 会从栈中 R[ebp] + 12 的位置开始从低地址到高地址读取 4 个字节作为 int 型数据来解释并输出，因此，代码打印输出的结果为"$a = 0$"。

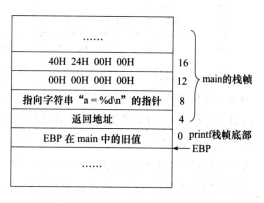

图 3.38　IA-32 平台使用栈进行参数传递

在 x86-64 中，过程之间采用通用寄存器传递参数，由于该题 printf 共有两个参数且使用"%d"输出，因此，这两个参数应该各自通过 RDI 和 ESI 进行传递，其中 RDI 中存放字符串"a = %d\n"的首地址，而 ESI 中存放 a 的低 32 位，printf 函数会到默认的 RDI 和 ESI 中去取相应的参数进行处理。但是，因为本题中 a 是一个 double 型的浮点数据，所以，在 x86-64 中会把 a 的值送到浮点寄存器 XMM 中，而不会传到 ESI 中，因此，在 printf 执行时，当从 ESI 中读取要打印的 int 型变量时，实际上不会得到 a 的低 32 位，而是当时 ESI 寄存器中的内容。每次执行上述代码时，ESI 中的内容都可能发生变化，因而每次打印出来的值都可能不同。　　■

以下是在某个 x86-64 平台上对上述源代码进行编译的结果。

（以下代码来自网页 http://www.2cto.com/kf/201211/172355.html）

```
1       .file   "double_as_int.c"
2       .section    .rodata.str1.1,"aMS",@progbits,1
3   .LC1:
4       .string "a = %d\n"
5       .text
6   .globl main
7       .type main, @function
8   main:
9   .LFB11:
10      .cfi_startproc
11      subq    $8, %rsp
12      .cfi_def_cfa_offset 16
13      movsd   .LC0(%rip), %xmm0
14      movl    $.LC1, %edi
15      movl    $1, %eax
16      call    printf
17      addq    $8, %rsp
18      .cfi_def_cfa_offset 8
19      ret
20      .cfi_endproc
21  .LFE11:
22      .size   main, .-main
23      .section    .rodata.cst8,"aM",@progbits,8
24      .align 8
25  .LC0:
26      .long   0
27      .long   1076101120
28      .ident  "GCC: (GNU) 4.4.6 20120305 (Red Hat 4.4.6 - 4)"
29      .section    .note.GNU - stack,"",@progbits
```

从上述汇编代码中可以看出，第 13 行的 movsd 指令用来将标号 .LC0 处的双精度浮点数 10.0（其机器数的低 32 位值为 0，高 32 位值为 1 076 101 120）送入 XMM0 寄存器，第 14 行的 movl 指令将标号 .LC1 的值（指向字符串 "a = %d\n"）送入 EDI 寄存器。这里并没有任何指令将变量 a 的低 32 位送到 ESI 寄存器中。事实上，C 语言标准规定，当 printf 函数的格式说明符和参数类型不匹配时，输出结果是未定义的。给出这个例子只是为了分析调用约定相关知识，程序员编写正规程序时应该注意避免这种未定义行为。

3.8　小结

本章对 C 语言中的各类语句、各种数据类型以及运算在 IA-32 和 x86-64 上的机器级实现做了比较详细的介绍。虽然高级语言选用了 C 语言，机器级表示选用了 IA-32 和 x86-64 架构，但是，实际上从其他高级语言到其他体系结构的对应关系也是类似的。

为了系统地说明 C 语言程序在 IA-32 体系结构上的机器级表示，首先介绍了 IA-32 支持的数据类型、寄存器组织、寻址方式、常用指令类型、指令格式和指令的功能。然后，对过程调用、选择语句、循环结构、复杂数据类型操作等所对应的机器级表示进行了介绍。最后还简单介绍了兼容 IA-32 的 x86-64 指令集体系结构，并简单说明了 C 语言程序在 x86-64 架构上的机器级表示。

从本章内容可以看出，编译器在将高级语言源程序转换为机器级代码时，必须对目标代码对应的指令集体系结构有充分的了解。编译器需要决定高级语言程序中的变量和常量应该使用哪种数据表示格式，需要为高级语言程序中的常数和变量合理地分配寄存器或存储空间，需要确定哪些变量应该分配在静态数据区，哪些变量应该分配在动态的堆区或栈区，需要选择合适的指令序列来实现选择结构和循环结构。对于过程调用，编译器需要按约定实现参数传递、保存和恢复寄存器的状态等。由于 C 语言对数组边界没有约束检查，容易导致缓冲区溢出漏洞，因此，需要程序员、操作系统和编译器采用相应的防范措施。

如果一个应用程序员能够熟练掌握应用程序所运行的平台与环境，包括指令集体系结构、操作系统和编译工具，并且能够深刻理解高级语言程序与机器级程序之间的对应关系，那么，就能更容易理解程序的行为和执行结果，更容易编写出高效、安全、正确的程序，并在程序出现问题时能够较快地定位错误发生的根源。

习题

1. 给出以下概念的解释说明。

机器语言程序	机器指令	汇编语言	汇编指令
汇编语言程序	汇编助记符	汇编程序	反汇编程序
机器级代码	通用寄存器	变址寄存器	基址寄存器
栈指针寄存器	指令指针寄存器	标志寄存器	条件标志（条件码）
寻址方式	立即寻址	寄存器寻址	相对寻址
存储器操作数	实地址模式	保护模式	有效地址
比例变址	非比例变址	比例系数（比例因子）	MMX 指令
SSE 指令集	SIMD	多媒体扩展通用寄存器	栈
调用者保存寄存器	被调用者保存寄存器	帧指针寄存器	当前栈帧
按值传递参数	按地址传递参数	嵌套调用	递归调用
缓冲区溢出	缓冲区溢出攻击	栈随机化	金丝雀值

2. 简单回答下列问题。

（1）一条机器指令通常由哪些字段组成？各字段的含义分别是什么？

（2）将一个高级语言源程序转换成计算机能直接执行的机器代码通常需要哪几个步骤？

（3）IA-32 中的逻辑运算指令如何生成条件标志？移位指令可能会改变哪些条件标志？

（4）执行条件转移指令时所用到的条件标志信息从何而来？请举例说明。

（5）无条件转移指令和调用指令的相同点和不同点是什么？

（6）按值传递参数和按地址传递参数两种方式有哪些不同点？

（7）为什么在递归深度较深时递归调用的时间开销和空间开销都会较大？

(8) 为什么数据在存储器中最好按地址对齐方式存放？

(9) 造成缓冲区溢出的根本原因是什么？

3. 对于以下 AT&T 格式汇编指令，根据操作数的长度确定对应指令助记符中的长度后缀，并说明每个操作数的寻址方式。

 (1) mov 8(%ebp, %ebx, 4), %ax

 (2) mov %al, 12(%ebp)

 (3) add (, %ebx,4), %ebx

 (4) or   (%ebx), %dh

 (5) push $0xF8

 (6) mov $0xFFF0, %eax

 (7) test %cx, %cx

 (8) lea 8(%ebx, %esi), %eax

4. 使用汇编器处理以下各行 AT&T 格式代码时都会产生错误，请说明每一行存在什么错误。

 (1) movl 0xFF, (%eax)

 (2) movb %ax, 12(%ebp)

 (3) addl %ecx, $0xF0

 (4) orw $0xFFFF0, (%ebx)

 (5) addb $0xF8, (%dl)

 (6) movl %bx, %eax

 (7) andl %esi, %esx

 (8) movw 8(%ebp, , 4), %ax

5. 假设变量 *x* 和 *ptr* 的类型声明如下：

```
src_type  x;
dst_type *ptr;
```

这里，src_type 和 dst_type 是用 typedef 声明的数据类型。有以下 C 语言赋值语句：

```
*ptr = (dst_type) x;
```

若 *x* 存储在寄存器 EAX 或 AX 或 AL 中，*ptr* 存储在寄存器 EDX 中，则对于下表中给出的 src_type和 dst_type 的类型组合，写出实现上述赋值语句的机器级代码。要求用 AT&T 格式汇编指令表示机器级代码。

src_type	dst_type	机器级表示
char	int	
int	char	
int	unsigned	
short	int	
unsigned char	unsigned	
char	unsigned	
int	int	

6. 假设某个 C 语言函数 func 的原型声明如下：

```
void func(int *xptr, int *yptr, int *zptr);
```

函数 func 的过程体对应的机器级代码用 AT&T 汇编形式表示如下：

```
1   movl   8(%ebp), %eax
2   movl   12(%ebp), %ebx
3   movl   16(%ebp), %ecx
4   movl   (%ebx), %edx
5   movl   (%ecx), %esi
6   movl   (%eax), %edi
7   movl   %edi, (%ebx)
8   movl   %edx, (%ecx)
9   movl   %esi, (%eax)
```

请回答下列问题或完成下列任务。

（1）在过程体开始时三个入口参数对应实参所存放的存储单元地址是什么？（提示：当前栈帧底部由帧指针寄存器 EBP 指示。）

（2）根据上述机器级代码写出函数 func 的 C 语言代码。

7. 假设变量 x 和 y 分别存放在寄存器 EAX 和 ECX 中，请给出以下每条指令执行后寄存器 EDX 中的结果。

（1）leal   (%eax), %edx

（2）leal   4(%eax, %ecx), %edx

（3）leal   (%eax, %ecx, 8), %edx

（4）leal   0xC(%ecx, %eax, 2), %edx

（5）leal   (, %eax, 4), %edx

（6）leal   (%eax, %ecx), %edx

8. 假设以下地址以及寄存器中存放的机器数如下表所示。

地址	机器数	寄存器	机器数
0x0804 9300	0xffff fff0	EAX	0x0804 9300
0x0804 9400	0x8000 0008	EBX	0x0000 0100
0x0804 9384	0x80f7 ff00	ECX	0x0000 0010
0x0804 9380	0x908f 12a8	EDX	0x0000 0080

分别说明执行以下指令后，哪些地址或寄存器中的内容会发生改变？改变后的内容是什么？条件标志 OF、SF、ZF 和 CF 会发生什么改变？

（1）addl   (%eax), %edx

（2）subl   (%eax, %ebx), %ecx

（3）orw   4(%eax, %ecx, 8), %bx

（4）testb $0x80, %dl

（5）imull $32, (%eax, %edx), %ecx

（6）mulw   %bx

（7）decw   %cx

9. 假设函数 operate 的部分 C 代码如下：

```
1   int operate(int x, int y, int z, int k)
2   {
3       int v = _____ ;
4       return v;
5   }
```

以下汇编代码用来实现第 3 行语句的功能，请写出每条汇编指令的注释，并根据以下汇编代码，填写 operate 函数缺失的部分。

```
1   movl    12(%ebp), %ecx
2   sall    $8, %ecx
3   movl    8(%ebp), %eax
4   movl    20(%ebp), %edx
5   imull   %edx, %eax
6   movl    16(%ebp), %edx
7   andl    $65520, %edx
8   addl    %ecx, %edx
9   subl    %edx, %eax
```

10. 假设函数 product 的 C 语言代码如下，其中 num_type 是用 typedef 声明的数据类型。

```
1   void product(num_type *d, unsigned x, num_type y ){
2       *d = x*y;
3   }
```

函数 product 的过程体对应的主要汇编代码如下：

```
1   movl    12(%ebp), %eax
2   movl    20(%ebp), %ecx
3   imull   %eax, %ecx
4   mull    16(%ebp)
5   leal    (%ecx, %edx), %edx
6   movl    8(%ebp), %ecx
7   movl    %eax, (%ecx)
8   movl    %edx, 4(%ecx)
```

请给出上述每条汇编指令的注释，并说明 num_type 是什么类型。

11. 已知 IA-32 是小端方式处理器，根据给出的 IA-32 机器代码的反汇编结果（部分信息用 x 表示）回答问题。

（1）已知 je 指令的操作码为 0111 0100，je 指令的转移目标地址是什么？call 指令中的转移目标地址 0x80483b1 是如何反汇编出来的？

```
804838c:  74 08              je       xxxxxxx
804838e:  e8 1e 00 00 00     call     0x80483b1 < test >
```

（2）已知 jb 指令的操作码为 0111 0010，jb 指令的转移目标地址是什么？movl 指令中的目的地址是如何反汇编出来的？

```
8048390:  72 f6                      jb       xxxxxxx
8048392:  c6 05 00 a8 04 08 01       movl     $0x1, 0x804a800
8048399:  00 00 00
```

（3）已知 jle 指令的操作码为 0111 1110，mov 指令的地址是什么？

```
xxxxxxx:  7e 16              jle      0x80492e0
xxxxxxx:  89 d0              mov      %edx, %eax
```

（4）已知 jmp 指令的转移目标地址采用相对寻址方式，jmp 指令操作码为 1110 1001，其转移目标地址是什么？

```
8048296:    e9 00 ff ff ff          jmp     xxxxxxx
804829b:    29 c2                   sub     %eax, %edx
```

12. 已知函数 comp 的 C 语言代码及其过程体对应的汇编代码如下：

```
1    void comp(char x, int *p)
2    {
3        if(p && x<0)
4            *p += x;
5    }
```

```
1    movb    8(%ebp), %dl
2    movl    12(%ebp), %eax
3    testl   %eax, %eax
4    je      .L1
5    testb   $0x80, %dl
6    je      .L1
7    addb    %dl, (%eax)
8  .L1:
```

要求回答下列问题或完成下列任务。

（1）给出每条汇编指令的注释，并说明为什么 C 代码只有一个 if 语句而汇编代码有两条条件转移指令。

（2）按照图 3.25 给出的 "if()goto…" 语句形式写出汇编代码对应的 C 语言代码。

13. 已知函数 func 的 C 语言代码框架及其过程体对应的汇编代码如下，根据对应的汇编代码填写 C 代码中缺失的表达式。

```
1    int func(int x, int y)
2    {
3        int z =  _____ ;
4        if(_____) {
5            if( _____ )
6                z =  _____ ;
7            else
8                z =  _____ ;
9        } else if( _____ )
10           z =  _____ ;
11       return z;
12   }
```

```
1    movl    8(%ebp), %eax
2    movl    12(%ebp), %edx

4    jg      .L1
5
6    jle     .L2
7    addl
8    jmp     .L3
9  .L2:
10   subl    %edx, %eax
11   jmp     .L3
12 .L1:
13   cmpl    $16, %eax
14   jl      .L4
15   andl    %edx, %eax
16   jmp     .L3
17 .L4:
18   imull   %edx, %eax
19 .L3:
```

14. 已知函数 do_loop 的 C 语言代码如下：

```
1  short do_loop(short x, short y, short k) {
2      do {
3          x*=(y%k);
4          k--;
5      } while ((k>0) && (y>k));
6      return x;
7  }
```

函数 do_loop 的过程体对应的汇编代码如下：

```
1    movw    8(%ebp), %bx
2    movw    12(%ebp), %si
3    movw    16(%ebp), %cx
```

```
4    .L1:
5        movw     %si, %dx
6        movw     %dx, %ax
7        sarw     $15, %dx
8        idiv     %cx
9        imulw    %dx, %bx
10       decw     %cx
11       testw    %cx, %cx
12       jle      .L2
13       cmpw     %cx, %si
14       jg       .L1
15   .L2:
16       movswl   %bx, %eax
```

请回答下列问题或完成下列任务。

（1）给每条汇编指令添加注释，并说明每条指令执行后，目的寄存器中存放的是什么内容？

（2）上述函数过程体中用到了哪些被调用者保存寄存器和哪些调用者保存寄存器？在该函数过程体前面的准备阶段哪些寄存器必须保存到栈中？

（3）为什么第 7 行中的 DX 寄存器需要算术右移 15 位？

15. 已知函数 f1 的 C 语言代码框架及其过程体对应的汇编代码如下，根据对应的汇编代码填写 C 代码中缺失的部分，并说明函数 f1 的功能。

```
1    int f1(unsigned x)
2    {
3            int y = 0 ;
4            while ( _____ ){
5                    _____ ;
6            }
7            return _____ ;
8    }
```

```
1        movl     8(%ebp), %edx
2        movl     $0, %eax
3        testl    %edx, %edx
4        je       .L1
5    .L2:
6        xorl     %edx, %eax
7        shrl     $1, %edx
8        jne      .L2
9    .L1:
10       andl     $1, %eax
```

16. 已知函数 sw 的 C 语言代码框架如下：

```
int sw(int x){
    int  v = 0;
    switch (x){
        /* switch 语句中的处理部分省略 */
    }
    return v;
}
```

对函数 sw 进行编译，得到函数过程体中开始部分的汇编代码以及跳转表如下：

```
1        movl     8(%ebp), %eax
2        addl     $3, %eax
3        cmpl     $7, %eax
4        ja       .L7
5        jmp      *.L8( , %eax, 4)
6    .L7:
7        ......
8        ......
```

```
1    .L8:
2            .long    .L7
3            .long    .L2
4            .long    .L2
5            .long    .L3
6            .long    .L4
7            .long    .L5
8            .long    .L7
9            .long    .L6
```

回答下列问题: 函数 sw 中的 switch 语句处理部分标号的取值情况如何? 标号的取值在什么情况下执行 default 分支? 哪些标号的取值会执行同一个 case 分支?

17. 已知函数 test 的入口参数有 a、b、c 和 p, C 语言过程体代码如下:

```
*p = a;
return b*c;
```

函数 test 过程体对应的汇编代码如下:

```
1  movl    20(%ebp), %edx
2  movsbw  8(%ebp), %ax
3  movw    %ax, (%edx)
4  movzwl  12(%ebp), %eax
5  movzwl  16(%ebp), %ecx
6  mull    %ecx, %eax
```

写出函数 test 的原型, 给出返回参数的类型以及入口参数 a、b、c 和 p 的类型和顺序。

18. 已知函数 funct 的 C 语言代码如下:

```
1  int funct(void){
2      int x, y;
3      scanf("%x %x", &x, &y);
4      return x - y;
5  }
```

函数 funct 对应的汇编代码如下:

```
1  funct:
2  pushl   %ebp
3  movl    %esp, %ebp
4  subl    $40, %esp
5  leal    -8(%ebp), %eax
6  movl    %eax, 8(%esp)
7  leal    -4(%ebp), %eax
8  movl    %eax, 4(%esp)
9  movl    $.LC0, (%esp)    # 将指向字符串"%x %x"的指针入栈
10 call    scanf
11 movl    -4(%ebp), %eax
12 subl    -8(%ebp), %eax
13 leave
14 ret
```

假设函数 funct 开始执行时 R[esp] = 0xbc00 0020, R[ebp] = 0xbc00 0030, 执行第 10 行 call 指令后, scanf 从标准输入读入的值为 0x16 和 0x100, 指向字符串 "%x %x" 的指针为 0x804c000。回答下列问题或完成下列任务。

(1) 执行第 3、10 和 13 行的指令后, 寄存器 EBP 中的内容分别是什么?

(2) 执行第 3、10 和 13 行的指令后, 寄存器 ESP 中的内容分别是什么?

(3) 局部变量 x 和 y 所在存储单元的地址分别是什么?

(4) 画出执行第 10 行指令后 funct 的栈帧, 指出栈帧中的内容及其地址。

19. 已知递归函数 refunc 的 C 语言代码框架如下:

```
1  int refunc(unsigned x){
2      if (_____ )
3          return _____ ;
4      unsigned nx = _____ ;
5      int rv = refunc(nx);
6      return _____ ;
7  }
```

上述递归函数过程体对应的汇编代码如下：

```
1  movl   8(%ebp), %ebx
2  movl   $0, %eax
3  testl  %ebx, %ebx
4  je     .L2
5  movl   %ebx, %eax
6  shrl   $1, %eax
7  movl   %eax, (%esp)
8  call   refunc
9  movl   %ebx, %edx
10 andl   $1, %edx
11 leal   (%edx, %eax), %eax
12 .L2:
      ......
   ret
```

根据对应的汇编代码填写 C 代码中缺失的部分，并说明函数的功能。

20. 填写下表，说明每个数组的元素大小、整个数组的大小以及第 i 个元素的地址。

数组	元素大小（B）	数组大小（B）	起始地址	元素 i 的地址
char A[10]			&A[0]	
int B[100]			&B[0]	
short *C[5]			&C[0]	
short **D[6]			&D[0]	
long double E[10]			&E[0]	
long double *F[10]			&F[0]	

21. 假设 short 型数组 S 的首地址 A_S 和数组下标（索引）变量 i（int 型）分别存放在寄存器 EDX 和 ECX 中，下列给出的表达式的结果存放在 EAX 或 AX 中，仿照例子填写下表，说明表达式的类型、值和相应的汇编代码。

表达式	类型	值	汇编代码
S			
S + i			
S[i]	short	$M[A_S + 2*i]$	movw (%edx, %ecx, 2), %ax
&S[10]			
&S[i+2]	short *	$A_S + 2*i + 4$	leal 4(%edx, %ecx, 2), %eax
&S[i] − S			
S[4*i+4]			
*(S + i − 2)			

22. 假设函数 sumij 的 C 代码如下，其中，M 和 N 是用#define 声明的常数。

```
1  int a[M][N], b[N][M];
2
3  int sumij(int i, int j){
4      return a[i][j] + b[j][i];
5  }
```

已知函数 sumij 的过程体对应的汇编代码如下：

```
1   movl    8(%ebp), %ecx
2   movl    12(%ebp), %edx
3   leal    (,%ecx, 8), %eax
4   subl    %ecx, %eax
5   addl    %edx, %eax
6   leal    (%edx, %edx, 4), %edx
7   addl    %ecx, %edx
8   movl    a(, %eax, 4), %eax
9   addl    b(,%edx, 4), %eax
```

根据上述汇编代码，确定 *M* 和 *N* 的值。

23. 假设函数 st_ele 的 C 代码如下，其中，*L*、*M* 和 *N* 是用#define 声明的常数。

```
1   int a[L][M][N];
2
3   int st_ele(int i, int j, int k, int *dst) {
4       *dst = a[i][j][k];
5       return sizeof(a);
6   }
```

已知函数 st_ele 的过程体对应的汇编代码如下：

```
1    movl    8(%ebp), %ecx
2    movl    12(%ebp), %edx
3    leal    (%edx,%edx, 8), %edx
4    movl    %ecx, %eax
5    sall    $6, %eax
6    subl    %ecx, %eax
7    addl    %eax, %edx
8    addl    16(%ebp), %edx
9    movl    a(, %edx, 4), %eax          # a 表示数组 a 的首地址
10   movl    20(%ebp), %edx
11   movl    %eax, (%edx)
12   movl    $4536, %eax
```

根据上述汇编代码，确定 *L*、*M* 和 *N* 的值。

24. 假设函数 trans_matrix 的 C 代码如下，其中，*M* 是用#define 声明的常数。

```
1    void trans_matrix(int a[M][M]){
2        int i, j, t;
3        for (i = 0; i < M; i++)
4            for (j = 0; j < M; j++){
5                t = a[i][j];
6                a[i][j] = a[j][i];
7                a[j][i] = t;
8            }
9    }
```

已知采用优化编译（选项-O2）后函数 trans_matrix 的内循环对应的汇编代码如下：

```
1    .L2:
2      movl    (%ebx), %eax
3      movl    (%esi, %ecx, 4), %edx
4      movl    %eax, (%esi, %ecx, 4)
5      addl    $1, %ecx
6      movl    %edx, (%ebx)
7      addl    $76, %ebx
8      cmpl    %edi, %ecx
9      jl      .L2
```

根据上述汇编代码，回答下列问题或完成下列任务。

（1）M 的值是多少？常数 M 和变量 j 分别存放在哪个寄存器中？

（2）写出上述优化编译所生成的汇编代码对应的函数 trans_matrix 的 C 代码。

25. 假设结构类型 node 的定义、函数 np_init 的部分 C 代码及其对应的部分汇编代码如下：

```
struct node {
    int *p;
    struct {
        int x;
        int y;
    } s;
    struct node *next;
};
```

```
void np_init(struct node *np)
{
        np->s.x = _____ ;
        np->p = _____ ;
        np->next= _____ ;
}
```

```
movl   8(%ebp), %eax
movl   8(%eax), %edx
movl   %edx, 4(%eax)
leal   4(%eax), %edx
movl   %edx, (%eax)
movl   %eax, 12(%eax)
```

回答下列问题或完成下列任务。

（1）结构 node 所需存储空间有多少字节？成员 p、s.x、s.y 和 next 的偏移地址分别为多少？

（2）根据汇编代码填写 np_init 中缺失的表达式。

26. 假设联合类型 utype 的定义如下：

```
typedef union {
    struct {
        int    x;
        short  y;
        short  z;
    } s1
     struct {
        short  a[2];
        int    b;
        char   *p;
    } s2
} utype;
```

若存在具有如下形式的一组函数：

```
void getvalue(utype *uptr, TYPE *dst) {
    *dst = EXPR;
}
```

该组函数用于计算不同表达式 EXPR 的值，返回值的数据类型根据表达式的类型确定。假设函数 getvalue 的入口参数 *uptr* 和 *dst* 分别被装入寄存器 EAX 和 EDX 中，仿照例子填写下表，说明在不同的表达式下的 TYPE 类型以及表达式对应的汇编指令序列（要求尽量只用 EAX 和 EDX，不够用时再使用 ECX）。

表达式 EXPR	TYPE 类型	汇编指令序列
uptr -> s1. x	int	movl (%eax), %eax movl %eax, (%edx)
uptr -> s1. y		
&uptr -> s1. z		
uptr -> s2. a		
uptr -> s2. a[uptr -> s2. b]		
*uptr -> s2. p		

27. 给出下列各个结构类型中每个成员的偏移量、结构总大小以及在 IA-32/Linux 下结构起始位置的对齐要求。

（1）struct S1 {short s; char c; int i; char d;};

（2）struct S2 {int i; short s; char c; char d;};

（3）struct S3 {char c; short s; int i; char d;};

（4）struct S4 {short s[3]; char c; };

（5）struct S5 {char c[3]; short *s; int i; char d; double e;};

（6）struct S6 {struct S1 c[3]; struct S2 *s; char d;};

28. 以下是结构 test 的声明：

```
struct {
    char        c;
    double      d;
    int         i;
    short       s;
    char        *p;
    long        l;
    long long   g;
    void        *v;
} test;
```

假设在 Windows 平台上编译，则这个结构中每个成员的偏移量是多少？结构总大小为多少字节？如何调整成员的先后顺序使得结构所占空间最小？

29. 以下是函数 getline 存在漏洞和问题的 C 语言代码实现，右边是其对应的反汇编部分结果：

```
char *getline()
{
    char buf[8];
    char *result;
    gets(buf);
    result=malloc(strlen(buf));
    strcpy(result, buf);
    return result;
}
```

```
1  0804840c <getline>:
2  804840c:  55              push    %ebp
3  804840d:  89 e5           mov     %esp, %ebp
4  804840f:  83 ec 28        sub     $0x28, %esp
5  8048412:  89 5d f4        mov     %ebx, -0xc(%ebp)
6  8048415:  89 75 f8        mov     %esi, -0x8(%ebp)
7  8048418:  89 7d fc        mov     %edi, -0x4(%ebp)
8  804841b:  8d 75 ec        lea     -0x14(%ebp), %esi
9  804841e:  89 34 24        mov     %esi, (%esp)
10 8048421:  e8 a3 ff ff ff  call    80483c9 <gets>
```

假定过程 P 调用了函数 getline，其返回地址为 0x80485c8，为调用函数 getline 而执行 call 指令时，部分寄存器内容如下：R[ebp] = 0xbffc 0800，R[esp] = 0xbffc 07f0，R[ebx] = 0x5，R[esi] = 0x10，R[edi] = 0x8。执行程序时从标准输入读入的一行字符串为 “0123456789ABCDEF0123456789 \n”，此时，程序会发生段错误（segmentation fault）并终止执行，经调试确认错误是在执行 getline 的 ret 指令时发生的。回答下列问题或完成下列任务。

（1）画出执行第 7 行指令后栈中的信息存放情况。要求给出存储地址和存储内容，并指出存储内容的含义（如返回地址、EBX 旧值、局部变量、入口参数等）。

（2）画出执行第 10 行指令并调用 gets 函数后回到第 10 行指令的下一条指令执行时栈中的信息存放情况。

（3）当执行到 getline 的 ret 指令时，假如程序不发生段错误，则正确的返回地址是什么？发生段错误是因为执行 getline 的 ret 指令时得到了什么样的返回地址？

（4）执行完 gets 函数后，哪些寄存器的内容已被破坏？

（5）除了可能发生缓冲区溢出以外，getline 的 C 代码还有哪些错误？

30. 假定函数 abc 的入口参数有 a、b 和 c，每个参数都可能是带符号整数类型或无符号整数类型，而且它们的长度也可能不同。该函数具有如下过程体：

```
*b += c;
*a += *b;
```

在 x86-64 机器上编译后的汇编代码如下：

```
1  abc:
2    addl    (%rdx), %edi
3    movl    %edi, (%rdx)
4    movslq  %edi, %rdi
5    addq    %rdi, (%rsi)
6    ret
```

分析上述汇编代码，以确定三个入口参数的顺序和可能的数据类型，写出函数 abc 可能的 4 种合理的函数原型。

31. 函数 lproc 的过程体对应的汇编代码如下：

```
1    movl    8(%ebp), %edx
2    movl    12(%ebp), %ecx
3    movl    $255, %esi
4    movl    $-2147483648, %edi
5  .L3:
6    movl    %edi, %eax
7    andl    %edx, %eax
8    xorl    %eax, %esi
9    shrl    %cl, %edi
10   testl   %edi, %edi
11   jne     .L3
12   movl    %esi, %eax
```

上述代码根据以下 lproc 函数的 C 代码编译生成：

```
1  int  lproc(int x, int k)
2  {
3      int val = _____ ;
4      int i;
5      for (i = _____ ; i _____ ; i = _____) {
6          val ^= _____ ;
7      }
8      return val;
9  }
```

回答下列问题或完成下列任务。

（1）给每条汇编指令添加注释。

（2）参数 x 和 k 分别存放在哪个寄存器中？局部变量 val 和 i 分别存放在哪个寄存器中？

（3）局部变量 val 和 i 的初始值分别是什么？

（4）循环终止条件是什么？循环控制变量 i 是如何被修改的？

（5）填写 C 代码中缺失的部分。

32. 假设你需要维护一个大型 C 语言程序，其部分代码如下：

```
1   typedef struct {
2       unsigned    l_data;
3       line_struct x[LEN];
4       unsigned    r_data;
5   } str_type;
6
7   void  proc(int i, str_type *sptr) {
8       unsigned val = sptr->l_data + sptr->r_data;
9       line_struct *xptr = &sptr->x[i];
10      xptr->a[xptr->idx] = val;
11  }
```

编译时常量 LEN 以及结构类型 line_struct 的声明都在一个你无权访问的文件中，但是，你有代码的 .o 版本（可重定位目标）文件，通过 OBJDUMP 反汇编该文件后，得到函数 proc 对应的反汇编结果如下，根据反汇编结果推断常量 LEN 的值以及结构类型 line_struct 的完整声明（假设其中只有成员 a 和 idx）。

```
1   00000000 <proc >:
2        0:   55                  push   %ebp
3        1:   89 e5               mov    %esp, %ebp
4        3:   53                  push   %ebx
5        4:   8b 45 08            mov    0x8(%ebp), %eax
6        7:   8b 4d 0c            mov    0xc(%ebp), %ecx
7        a:   6b d8 1c            imul   $0x1c, %eax, %ebx
8        d:   8d 14 c5 00 00 00 00  lea  0x0(, %eax, 8), %edx
9       14:   29 c2               sub    %eax, %edx
10      16:   03 54 19 04         add    0x4(%ecx, %ebx, 1), %edx
11      1a:   8b 81 c8 00 00 00   mov    0xc8(%ecx), %eax
12      20:   03 01               add    (%ecx), %eax
13      22:   89 44 91 08         mov    %eax, 0x8(%ecx, %edx, 4)
14      26:   5b                  pop    %ebx
15      27:   5d                  pop    %ebp
16      28:   c3                  ret
```

33. 假设嵌套的联合数据类型 node 声明如下：

```
1   union node {
2       struct {
3           int *ptr;
4           int data1;
5       } n1;
6       struct {
7           int data2;
8           union  node *next;
9       } n2;
10  };
```

有一个进行链表处理的过程 chain_proc 的部分 C 代码如下：

```
1   void chain_proc(union node *uptr) {
2       uptr->_____ = *(uptr->_____) - uptr->_____;
3   }
```

过程 chain_proc 的过程体对应的汇编代码如下：

```
1   movl    8(%ebp), %edx
2   movl    4(%edx), %ecx
3   movl    (%ecx), %eax
4   movl    (%eax), %eax
5   subl    (%edx), %eax
6   movl    %eax, 4(%ecx)
```

回答下列问题或完成下列任务。

（1）node 类型中结构成员 n1.ptr、n1.data1、n2.data2、n2.next 的偏移量分别是多少？

（2）node 类型总大小占多少字节？

（3）根据汇编代码写出 chain_proc 的 C 代码中缺失的表达式。

34. 以下声明用于构建一棵二叉树：

```
1   typedef struct TREE *tree_ptr;
2   struct TREE {
3       tree_ptr  left;
4       tree_ptr  right;
5       long  val;
6   };
```

有一个进行二叉树处理的函数 trace 的原型为"long trace(tree_ptr tptr) ;"，其过程体对应的 x86-64 汇编代码（64 位版本）如下：

```
1   trace:
2       movl    $0, %eax
3       testq   %rdi, %rdi
4       je      .L2
5   .L3:
6       movq    16(%rdi), %rax
7       movq    (%rdi), %rdi
8       testq   %rdi, %rdi
9       jne     .L3
10  .L2:
11      rep     #在此相当于空操作指令,避免使 ret 指令作为跳转目标指令
12      ret
```

回答下列问题或完成下列任务。

（1）函数 trace 的入口参数 *tptr* 通过哪个寄存器传递？

（2）写出函数 trace 完整的 C 语言代码。

（3）说明函数 trace 的功能。

35. 对于以下 C 语言程序：

```
1   #include < stdio.h >
2   int main()
3   {
4       int a = 10;
5       double *p = (double* )&a;
6       printf("%f\n", *p);
7       printf("%f\n", (double(a)));
8   return 0;
9   }
```

分别在 Linux、Windows 系统的各种开发平台上生成相应的可执行文件并运行，回答以下

问题。

（1）说明第 6、7 这两行中 printf() 语句的差别。

（2）在 Linux 和 Windows 系统中，该程序的执行结果是否完全一样？

（3）在 Linux 系统中，执行同一个可执行文件多次，每次的结果是否一样？

（4）在 Windows 系统中，使用 VS 和 Dev-C ++ 等不同的编译开发工具，得到的执行结果是否完全相同？

（5）在 Windows 下的 VS 开发环境中，Debug 和 Release 版本的执行结果是否完全相同？

（6）利用反汇编出来的机器级代码来解释你所得到的结果。

（7）在对程序机器级代码进行分析的过程中，你发现了哪些预防缓冲区溢出攻击的措施？

第 **4** 章

程序的链接

一个大的程序往往会分成多个源程序文件来编写，因而需要对各个不同源程序文件分别进行编译或汇编，以生成多个不同的目标代码文件，这些目标代码文件中包含指令、数据和其他说明信息。此外，在程序中还会调用一些标准库函数。为了生成一个可执行文件，需要将所有关联到的目标代码文件，包括用到的标准库函数目标文件，按照某种形式组合在一起，形成一个具有统一地址空间的可被加载到存储器直接执行的程序。这种将一个程序的所有关联模块对应的目标代码文件结合在一起，以形成一个可执行文件的过程称为**链接**。在早期计算机系统中，链接是手动完成的，而现在则由专门的**链接程序**（linker，也称为**链接器**）来实现。

了解链接器的工作原理和可执行文件的存储器映像，将有助于养成良好的程序设计习惯，增强程序调试能力，并能够深入理解进程的虚拟地址空间概念。本章主要内容包括：静态链接的概念、目标文件格式、符号及符号表、符号解析、使用静态库链接、重定位信息及重定位过程、可执行文件的存储器映像、可执行文件的加载和共享库动态链接等。

4.1 编译、汇编和静态链接

链接概念早在高级编程语言出现之前就已存在。例如，在汇编语言代码中，可以用一个标号表示某个转移目标指令的地址（即给定了一个标号的定义），而在另一条转移指令中引用该标号；也可以用一个标号表示某个操作数的地址，而在某条使用该操作数的指令中引用该标号。因而，在对汇编语言源程序进行汇编的过程中，对每个标号的引用，需要找到该标号对应的定义，建立每个标号的引用和其定义之间的关联关系，从而在引用标号的指令中正确地填入对应的地址码字段，以保证能访问到所引用的符号定义处的信息。

在高级编程语言出现之后，程序功能越来越复杂，规模越来越大，需要多人开发不同的程序模块。在每个程序模块中，包含一些变量和子程序（函数）的定义。这些被定义的变量和子程序的起始地址就是符号定义，子程序（函数或过程）的调用或者在表达式中使用变量进行计算就是符号引用。某一个模块中定义的符号可以被另一个模块引用，因而最终必须通过链接将程序包含的所有模块合并起来，合并时须在符号引用处填入定义处的地址。

4.1.1 编译和汇编

在第 1 章和第 3 章中都提到过，将高级语言源程序文件转换为可执行目标文件通常分为预处理、编译、汇编和链接四个步骤。前面三个步骤用来对每个模块（即源程序文件）生成**可重定位目标文件**（relocatable object file）。GCC 生成的可重定位目标文件为 .o 后缀，VS 输出的可重定位目标文件为 .obj 后缀。最后一个步骤为链接，用来将若干可重定位目标文件（可能包括若干标准库函数目标模块）组合起来，生成一个**可执行目标文件**（executable object file）。本书有时将可重定位目标文件和可执行目标文件分别简称可重定位文件和可执行文件。

下面以 GCC 处理 C 语言程序为例来说明处理过程。可以通过 -v 选项查看 GCC 每一步的处理结果。如果想得到每个处理过程的结果，则可以分别使用 -E、-S 和 -c 选项来进行预处理、编译和汇编，对应的处理工具分别为 cpp、cc1 和 as，处理后得到的文件的文件名后缀分别是 .i、.s 和 .o。

1. 预处理

预处理是从源程序变成可执行程序的第一步，C 预处理程序为 cpp（即 C Preprocessor），主要用于 C 语言编译器对各种预处理命令进行处理，包括对头文件的包含、宏定义的扩展、条件编译的选择等，例如，对于 #include 指示的处理结果，就是将相应 .h 文件的内容插入到源程序文件中。

GCC 中的预处理命令是"gcc -E"或"cpp"，例如，可用命令"gcc -E main.c -o main.i"或"cpp main.c -o main.i"将 main.c 转换为预处理后的文件 main.i。预处理后的文件是可显示的文本文件。

2. 编译

C 编译器在进行具体的程序翻译之前，会先对源程序进行词法分析、语法分析和语义分析，然后根据分析的结果进行代码优化和存储分配，最终把 C 语言源程序翻译成汇编语言程序。编译器通常采用对源程序进行多次扫描的方式进行处理，每次扫描集中完成一项或几项任务，也可以将一项任务分散到几次扫描去完成。例如，可以按照以下四趟扫描进行处理：第一趟扫描进行词法分析；第二趟扫描进行语法分析；第三趟扫描进行代码优化和存储分配；第四趟扫描生成代码。

GCC 可以直接产生机器语言代码，也可以先产生汇编语言代码，然后再通过汇编程序将汇编语言代码转换为机器语言代码。

GCC 中的编译命令是"gcc -S"或"cc1"，例如，可使用命令"gcc -S main.i -o main.s"或"cc1 main.i -o main.s"对 main.i 进行编译并生成汇编代码文件 main.s，也可以使用命令"gcc -S main.c -o main.s"或"gcc -S main.c"直接对 main.c 预处理并编译生成汇编代码文件 main.s。

3. 汇编

汇编的功能是将编译生成的汇编语言代码转换为机器语言代码。因为通常最终的可执行目标文件由多个不同模块对应的机器语言目标代码组合而形成，所以，在生成单个模块的机器语言目标代码时，不可能确定每条指令或每个数据最终的地址，也即，单个模块的机器语言目标代码需要重新定位，因此，通常把汇编生成的机器语言目标代码文件称为可重定位目标文件。

GCC 中的汇编命令是"gcc -c"或"as"。例如，可用命令"gcc -c main.s -o main.o"或"as main.s -o main.o"对汇编语言代码文件 main.s 进行汇编，以生成可重定位目标文件 main.o。也可以使用命令"gcc -c main.c -o main.o"或"gcc -c main.c"直接对 main.c 进行预处理并编译

生成可重定位目标文件 main.o。

4.1.2　可执行目标文件的生成

链接的功能是将所有关联的可重定位目标文件组合起来，以生成一个可执行文件。例如，对于图 4.1 所示的两个模块 main.c 和 test.c，假定通过预处理、编译和汇编，分别生成了可重定位目标文件 main.o 和 test.o，则可以用命令"gcc -o test main.o test.o"或"ld -o test main.o test.o"来生成可执行文件 test。这里，ld 是静态链接器命令。

```
1    int add(int, int);
2    int main()
3    {
4        return add(20, 13);
5    }
```

a) main.c文件

```
1    int add(int i, int j)
2    {
3        int x=i+j;
4        return x;
5    }
```

b) test.c文件

图 4.1　两个源程序文件组合成一个可执行目标文件示例

当然，也可以用一个命令"gcc -o test main.c test.c"来实现对源程序文件 main.c 和 test.c 的预处理、编译和汇编，并将两个可重定位目标文件 main.o 和 test.o 进行链接，最终生成可执行目标文件 test。命令"gcc -o test main.c test.c"的功能如图 4.2 所示。

可重定位目标文件和可执行目标文件都是机器语言目标文件，所不同的是前者是单个模块生成的，而后者是多个模块组合而成的。因而，对于前者，代码总是从

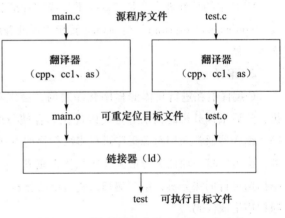

图 4.2　可执行目标文件 test 的生成过程

0 开始，而对于后者，代码在 ABI 规范规定的虚拟地址空间中产生。有关虚拟地址空间的概念在第 6 章介绍。

例如，通过"objdump -d test.o"命令显示的可重定位目标文件 test.o 的结果如下。

```
00000000 < add >:
   0:   55              push    %ebp
   1:   89 e5           mov     %esp, %ebp
   3:   83 ec 10        sub     $0x10, %esp
   6:   8b 45 0c        mov     0xc(%ebp), %eax
   9:   8b 55 08        mov     0x8(%ebp), %edx
   c:   8d 04 02        lea     (%edx,%eax,1), %eax
   f:   89 45 fc        mov     %eax, −0x4(%ebp)
  12:   8b 45 fc        mov     −0x4(%ebp), %eax
  15:   c9              leave
  16:   c3              ret
```

通过"objdump -d test"命令显示的可执行目标文件 test 的结果如下。

```
080483d4 <add>:
 80483d4:    55                    push    %ebp
 80483d5:    89 e5                 mov     %esp, %ebp
 80483d7:    83 ec 10              sub     $0x10, %esp
 80483da:    8b 45 0c              mov     0xc(%ebp), %eax
 80483dd:    8b 55 08              mov     0x8(%ebp), %edx
 80483e0:    8d 04 02              lea     (%edx,%eax,1), %eax
 80483e3:    89 45 fc              mov     %eax, -0x4(%ebp)
 80483e6:    8b 45 fc              mov     -0x4(%ebp), %eax
 80483e9:    c9                    leave
 80483ea:    c3                    ret
```

上述给出的通过 objdump 命令输出的结果包括指令的地址、指令机器代码和反汇编出来的汇编指令代码。可以看出，在可重定位目标文件 test.o 中 add 函数的起始地址为 0；而在可执行目标文件 test 中 add 函数的起始地址为 0x80483d4。

实际上，可重定位目标文件和可执行目标文件都不是可以直接显示的文本文件，而是不可显示的二进制文件，它们都按照一定的格式以二进制字节序列构成一种目标文件，其中包含二进制代码区、只读数据区、已初始化数据区和未初始化数据区等，每个信息区称为一个节（section），如代码节（.text）、只读数据节（.rodata）、已初始化全局数据节（.data）和未初始化全局数据节（.bss）等。

静态链接器将多个可重定位目标文件合成一个可执行目标文件，主要完成以下两个任务。

（1）符号解析

符号解析的目的是将每个**符号的引用**与一个确定的**符号定义**建立关联。符号包括全局静态变量名和函数名，而非静态局部变量名则不是符号。例如，对于图 4.1 所示的两个源程序文件 main.c 和 test.c，在 main.c 中定义了符号 main，并引用了符号 add；在 test.c 中则定义了符号 add，而 i、j 和 x 都不是符号。链接时需要将 main.o 中引用的符号 add 和 test.o 中定义的符号 add 建立关联。对于全局变量声明"int *xp = &x;"，可看成引用符号 x 对符号 xp 进行定义。编译器将所有符号存放在可重定位目标文件的**符号表**中。

（2）重定位

可重定位目标文件中的代码区和数据区都是从地址 0 开始的，链接器需要将不同模块中相同的节合并起来生成一个新的单独的节，并将合并后的代码区和数据区按照 ABI 规范确定的**虚拟地址空间划分**（也称**存储器映像**）来重新确定位置。例如，对于 32 位 Linux 系统存储器映像，其只读代码段总是从地址 0x8048000 开始，而可读可写数据段总是在代码段后面的第一个 4KB 对齐的地址处开始。因而链接器需要重新确定每条指令和每个数据的地址，并且在指令中需要明确给定所引用符号的地址，这种重新确定代码和数据的地址并更新指令中被引用符号地址的工作称为**重定位**（relocation）。

使用链接的第一个好处就是"**模块化**"，它能使一个程序被划分成多个模块，由不同的程序员进行编写，并且可以构建公共的函数库（如数学函数库、标准 I/O 函数库等）以提供给不同的程序进行重用。采用链接的第二个好处是"**效率高**"，每个模块可以分开编译，在程序修改时只需重新编译那些修改过的源程序文件，然后再重新链接，因而从时间上来说能够提高程序开发的效率；同时，因为源程序文件中无须包含共享库的所有代码，只要直接调用即可，而且在可执行文件运行时的内存中，也只需要包含所调用函数的代码而不需要包含整个共享库，所以链接也有效地提高了空间利用率。

4.2   目标文件格式

目标代码（object code）指编译器或汇编器处理源代码后所生成的机器语言目标代码。**目标文件**（object file）指存放目标代码的文件。

4.2.1   ELF 目标文件格式

目标文件中包含可直接被 CPU 执行的机器代码以及代码在运行时使用的数据，还有其他的如重定位信息和调试信息等。不过，目标文件中唯一与运行时相关的要素是机器代码及其使用的数据，例如，用于嵌入式系统的目标文件可能仅仅含有机器代码及其使用数据。

目标文件格式有许多不同的种类。最初，不同的计算机都拥有自身独特的格式，但随着 UNIX 和其他可移植操作系统的问世，人们定义了一些标准目标文件格式，并在不同的系统上使用它们。最简单的目标文件格式是 DOS 操作系统的 COM 文件格式，它是一种仅由代码和数据组成的文件，而且始终被加载到某个固定位置。其他的目标文件格式（如 COFF 和 ELF）都比较复杂，由一组严格定义的数据结构序列组成，这些复杂格式的规范说明书一般会有许多页。System V UNIX 的早期版本使用的是**通用目标文件格式**（Common Object File Format，简称 COFF）。Windows 使用的是 COFF 的一个变种，称为**可移植可执行格式**（Portable Executable，简称 PE）。现代 UNIX 操作系统，如 Linux、BSD UNIX 等，主要使用**可执行可链接格式**（Executable and Linkable Format，简称 ELF），本章采用 ELF 标准二进制文件格式进行说明。

目标文件既可用于程序的链接，也可用于程序的执行。图 4.3 说明了 ELF 目标文件格式的基本框架。图 4.3a 是**链接视图**，主要由不同的**节**（section）组成，节是 ELF 文件中具有相同特征的最小可处理信息单位，不同的节描述了目标文件中不同类型的信息及其特征，例如，代码节（.text）、只读数据节（.rodata）、已初始化全局数据节（.data）、未初始化全局数据节（.bss）等。图 4.3b 是**执行视图**，主要由不同的**段**（segment）组成，描述了目标文件中的节如何映射到存储空间的段中。可以将多个节合并后映射到同一个段，例如，可以合并节 .data 和节 .bss 的内容，并映射到一个可读可写数据段中。

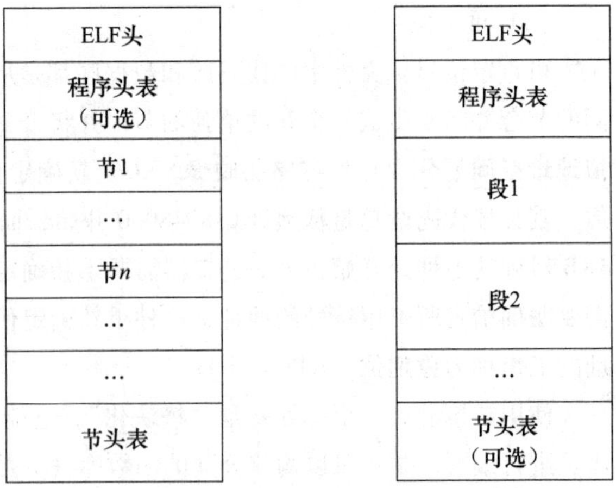

a）链接视图   b）执行视图

图 4.3   ELF 目标文件的两种视图

前面提到通过预处理、编译和汇编三个步骤后，可生成可重定位目标文件，多个关联的可重定位目标文件经过链接后生成可执行目标文件。这两类目标文件对应的 ELF 视图不同，显然，可重定位目标文件对应链接视图，而可执行目标文件对应执行视图。

节头表包含文件中各节的说明信息，每个节在该表中都有一个与之对应的项，每一项都指定了节名和节大小之类的信息。用于链接的目标文件必须具有节头表，例如，可重定位目标文件就一定要有节头表。**程序头表**用来指示系统如何创建进程的存储器映像。用于创建进程存储器映像的可执行文件和共享库文件必须具有程序头表，而可重定位目标文件不需要程序头表。

4.2.2 可重定位目标文件格式

可重定位目标文件主要包含代码部分和数据部分，它可以与其他可重定位目标文件链接，从而创建可执行目标文件、共享库文件。如图 4.4 所示，ELF 可重定位目标文件由 ELF 头、节头表以及夹在 ELF 头和节头表之间的各个不同的节组成。

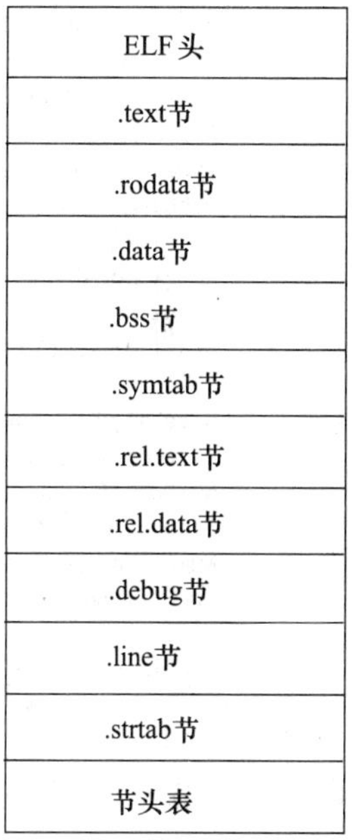

1. ELF 头

ELF 头位于目标文件的起始位置，包含文件结构说明信息。ELF 头的数据结构分 32 位系统对应结构和 64 位系统对应结构。

以下是 32 位系统对应的数据结构，共占 52 字节。

```
#define EI_NIDENT            16
typedef struct {
        unsigned char        e_ident[EI_NIDENT];
        Elf32_Half           e_type;
        Elf32_Half           e_machine;
        Elf32_Word           e_version;
        Elf32_Addr           e_entry;
        Elf32_Off            e_phoff;
        Elf32_Off            e_shoff;
        Elf32_Word           e_flags;
        Elf32_Half           e_ehsize;
        Elf32_Half           e_phentsize;
        Elf32_Half           e_phnum;
        Elf32_Half           e_shentsize;
        Elf32_Half           e_shnum;
        Elf32_Half           e_shstrndx;
} Elf32_Ehdr;
```

图 4.4 ELF 可重定位
目标文件

文件开头几个字节称为魔数，通常用来确定文件的类型或格式。在加载或读取文件时，可用魔数确认文件类型是否正确。在 32 位 ELF 头的数据结构中，字段 e_ident 是一个长度为 16 的字节序列，其中，最开始的 4 字节为魔数，用来标识是否为 ELF 文件，第一个字节为 0x7F，后面三个字节分别为 'E'、'L'、'F'。再后面的 12 个字节中，主要包含一些标识信息，例如，标识是 32 位还是 64 位格式、标识数据按小端还是大端方式存放、标识 ELF 头的版本号等。字段 e_type 用于说明目标文件的类型是可重定位文件、可执行文件、共享库文件，还是其他类型文件。字段 e_machine 用于指定机器结构类型，如 IA-32、SPARC V9、AMD 64 等。字段 e_version 用于标识目标文件版本。字段 e_entry 用于指定系统将控制权转移到的起始虚拟地址（入口点），如果文件没有关联的入口点，则为零。例如，对于可重定位文件，此字段为 0。字段 e_ehsize 用于说明 ELF 头的大小（以字节为单位）。字段 e_shoff 指出节头表在文件中的偏移量（以字节为单位）。字段 e_shentsize 表示节头表中一个表项的大小（以字节为单位），所有表项大小相同。字段 e_shnum 表示节头表中的项数。因此 e_shentsize 和 e_shnum 共同指定了节头表的大小（以字节为单位）。仅 ELF 头在文件中具有固定位置，即总是在最开始的位置，其他部分的位置由 ELF 头和节头表指出，不需要具有固定的顺序。

可以使用 readelf -h 命令对某个可重定位目标文件的 ELF 头进行解析。例如，以下是通过"readelf -h main. o"对某 main. o 文件进行解析的结果。

```
ELF Header:
    Magic:    7f 45 4c 46 01 01 01 00 00 00 00 00 00 00 00 00
    Class:    ELF32
    Data:     2's complement, little endian
    Version:  1 (current)
    OS/ABI:   UNIX — System V
    ABI Version:  0
    Type:     REL (Relocatable file)
    Machine:  Intel 80386
    Version:  0x1
    Entry point address:  0x0
    Start of program headers:  0 (bytes into file)
    Start of section headers:  516 (bytes into file)
    Flags:    0x0
    Size of this header:  52 (bytes)
    Size of program headers:  0 (bytes)
    Size of section headers:  40 (bytes)
    Number of section headers:  15
    Section header string table index: 12
```

从上述解析结果可以看出，该 main. o 文件中，ELF 头长度（e_ehsize）为 52 字节，因为是可重定位文件，所以字段 e_entry(Entry point address) 为 0，无程序头表（Size of program headers =0）。节头表离文件起始处的偏移（e_shoff）为 516 字节，每个表项大小（e_shentsize）占 40 字节，表项数（e_shnum）为 15 个。字符串表（. strtab 节）在节头表中的索引（e_shstrndx）为 12。

2. 节

节（section）是 ELF 文件中的主体信息，包含了链接过程所用的目标代码信息，包括指令、数据、符号表和重定位信息等。一个典型的 ELF 可重定位目标文件中包含下面几个节。

.text：目标代码部分。

.rodata：只读数据，如 printf 语句中的格式串、开关语句（如 switch-case）的跳转表等。

.data：已初始化的全局变量。

.bss：未初始化的全局变量。因为未初始化变量没有具体的值，所以无须在目标文件中分配用于保存值的空间，也即它在目标文件中不占据实际的磁盘空间，仅仅是一个占位符。目标文件中区分已初始化和未初始化全局变量是为了提高空间利用率。

对于 auto 型局部变量，因为它们在运行时被分配在栈中，所以既不出现在 .data 节，也不出现在 .bss 节。

.symtab：符号表（symbol table）。程序中定义的函数名和全局静态变量名都属于**符号**，与这些符号相关的信息保存在符号表中。每个可重定位目标文件都有一个 .symtab 节。

.rel.text：.text 节相关的可重定位信息。当链接器将某个目标文件和其他目标文件组合时，.text 节中的代码被合并后，一些指令中引用的操作数地址信息或跳转目标指令位置信息等都可能要被修改。通常，调用外部函数或者引用全局变量的指令中的地址字段需要修改。

.rel.data：.data 节相关的可重定位信息。当链接器将某个目标文件和其他目标文件组合时，.data 节中的代码被合并后，一些全局变量的地址可能被修改。

.debug：调试用符号表，有些表项定义的局部变量和类型定义进行说明，有些表项对定义和引用的全局静态变量进行说明。只有使用带 -g 选项的 gcc 命令才会得到这张表。

.line：C 源程序中的行号和 .text 节中机器指令之间的映射。只有使用带 -g 选项的 gcc 命令才会得到这张表。

.strtab：字符串表，包括 .symtab 节和 .debug 节中的符号以及节头表中的节名。字符串表就是以 null 结尾的字符串序列。

3. 节头表

节头表由若干个表项组成，每个表项描述相应的一个节的节名、在文件中的偏移、大小、访问属性、对齐方式等，目标文件中的每个节都有一个表项与之对应。除 ELF 头之外，节头表是 ELF 可重定位目标文件中最重要的一部分内容。

以下是 32 位系统对应的数据结构，节头表中每个表项占 40 字节。

```
typedef struct {
        Elf32_Word    sh_name;         // 节名字符串在 .strtab 中的偏移
        Elf32_Word    sh_type;         // 节类型:无效/代码或数据/符号/字符串/…
        Elf32_Word    sh_flags;        // 该节在存储空间中的访问属性
        Elf32_Addr    sh_addr;         // 若可被加载,则对应虚拟地址
        Elf32_Off     sh_offset;       // 在文件中的偏移,.bss 节则无意义
        Elf32_Word    sh_size;         // 节在文件中所占的长度
        Elf32_Word    sh_link;
        Elf32_Word    sh_info;
        Elf32_Word    sh_addralign;    // 节的对齐要求
        Elf32_Word    sh_entsize;      // 节中每个表项的长度
} Elf32_Shdr;
```

可以使用 readelf -S 命令对某个可重定位目标文件的节头表进行解析。例如，以下是通过"readelf -S test.o"对某 test.o 文件进行解析的结果。

```
There are 11 section headers, starting at offset 0x120:
Section Headers:
    [Nr] Name              Off      Size    ES  Flg  Lk  Inf  Al
    [ 0]                    000000   000000  00        0   0    0
    [ 1] .text             000034   00005b  00  AX    0   0    4
    [ 2] .rel.text         000498   000028  08        9   1    4
    [ 3] .data             000090   00000c  00  WA    0   0    4
    [ 4] .bss              00009c   00000c  00  WA    0   0    4
    [ 5] .rodata           00009c   000004  00  A     0   0    4
    [ 6] .comment          0000a0   00002e  00        0   0    1
    [ 7] .note.GNU-stack   0000ce   000000  00        0   0    1
    [ 8] .shstrtab         0000ce   000051  00        0   0    1
    [ 9] .symtab           0002d8   000120  10        10  13   4
    [10] .strtab           0003f8   00009e  00        0   0    1
Key to Flags:
    W (write), A (alloc), X (execute), M (merge), S (strings)
    I (info), L (link order), G (group), x (unknown)
    ......
```

从上述解析结果可以看出，该 test.o 文件中共有 11 个节，节头表从 120 字节处开始。其中，.text、.data、.bss 和 .rodata 节需要在存储器中分配空间，.text 节是可执行的，.data 和 .bss 两个节是可读写的，而 .rodata 节则是只读不可写的。

根据每个节在文件中的偏移地址和长度，可以画出可重定位目标文件 test.o 的结构，如图 4.5 所示，图中左边是对应节的偏移地址，右边是对应节的长度。例如，.text 节从文件的第 0x34 = 52 字节开始，共占 0x5b = 91 字节。从节头表的解析结果看，.bss 节和 .rodata 节的偏移地址都是 0x00009c，占用区域重叠，因此可推断出 .bss 节在文件中不占用空间，但节头表中记录了 .bss 节的长度为 0x0c = 12，因而，需在主存中给 .bss 节分配 12 字节空间。

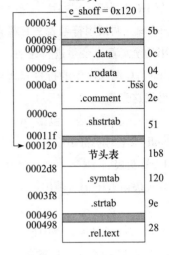

图 4.5   test.o 文件结构

4.2.3   可执行目标文件格式

链接器将相互关联的可重定位目标文件中相同的代码和数据节（如 .text 节、.rodata 节、.data 节和 .bss 节）合并，以形成可执行目标文件中对应的节。因为相同的代码和数据节合并后，在可执行目标文件中各条指令之间、各个数据之间的相对位置就可以确定，因而所定义的函数（过程）和变量的起始位置就可以确定，也即每个符号的定义（即符号所在的首地址）即可确定，从而在符号的引用处可以根据确定的符号定义进行重定位。

ELF 可执行目标文件由 ELF 头、程序头表、节头表以及夹在程序头表和节头表之间的各个不同的节组成，如图 4.6 所示。

可执行文件格式与可重定位文件格式类似，例如，这两种格式中，ELF 头的数据结构一样，.text 节、.rodata 节和 .data 节中除了有些重定位地址不同以外，大部分都相同。与 ELF 可重定位目标文件格式相比，ELF 可执行目标文件的不同点主要有：

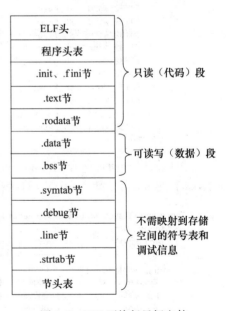

图 4.6   ELF 可执行目标文件

① ELF 头中字段 e_entry 给出系统将控制权转移到的起始虚拟地址（入口点），即执行程序时第一条指令的地址。而在可重定位文件中，此字段为 0。

② 通常情况下，会带有一个 .init 节和一个 .fini 节，其中 .init 节定义了一个_init 函数，用于可执行目标文件开始执行时的初始化工作，当程序开始运行时，系统会在进程进入主函数之前，先执行这个节中的指令代码。.fini 节中包含进程终止时要执行的指令代码，当程序退出时，系统会执行这个节中的指令代码。

③ 少了 .rel.text 和 .rel.data 等重定位信息节。因为可执行目标文件中的指令和数据已被重定位，故可去掉用于重定位的节。

④ 多了一个**程序头表**，也称**段头表**（segment header table），它是一个结构数组。

可执行目标文件中所有代码位置连续，所有只读数据位置连续，所有可读可写数据位置连续。如图 4.6 所示，在可执行文件中，ELF 头、程序头表、.init 节、.fini 节、.text 节和 .rodata 节合起来可构成一个**只读代码段**（read-only code segment）；.data 节和 .bss 节合起来可构成一个**可读写数据段**（read/write data segment）。显然，在可执行文件启动运行时，这两个段必须装入内存且需要为之分配存储空间，因而称为**可装入段**。

为了在可执行文件执行时能够在内存中访问到代码和数据，必须将可执行文件中这些连续的、具有相同访问属性的代码和数据段映射到存储空间（通常是虚拟地址空间）中。程序头表就用于描述这种映射关系，一个表项对应一个连续的存储段或特殊节。程序头表表项大小和表项数分别由 ELF 头中的字段 e_phentsize 和 e_phnum 指定。

32 位系统的程序头表中每个表项具有以下数据结构：

```
typedef struct {
        Elf32_Word      p_type;
        Elf32_Off       p_offset;
        Elf32_Addr      p_vaddr;
        Elf32_Addr      p_paddr;
        Elf32_Word      p_filesz;
        Elf32_Word      p_memsz;
        Elf32_Word      p_flags;
        Elf32_Word      p_align;
} Elf32_Phdr;
```

p_type 描述存储段的类型或特殊节的类型。例如，是否为可装入段（PT_LOAD），是否是特殊的动态节（PT_DYNAMIC），是否是特殊的解释程序节（PT_INTERP）。p_offset 指出本段的首字节在文件中的偏移地址。p_vaddr 指出本段首字节的虚拟地址。p_paddr 指出本段首字节的物理地址，因为物理地址由操作系统根据情况动态确定，所以该信息通常是无效的。p_filesz 指出本段在文件中所占的字节数，可以为 0。p_memsz 指出本段在存储器中所占字节数，也可以为 0。p_flags 指出存取权限。p_align 指出对齐方式，用一个模数表示，为 2 的正整数幂，通常模数与页面大小相关，若页面大小为 4KB，则模数为 2^{12}。

图 4.7 给出了使用 "readelf-l main" 命令显示的可执行目标文件 main 的程序头表信息。

```
Program Headers:
  Type           offset   VirtAddr   PhysAddr   FileSiz  MemSiz   Flg Align
  PHDR           0x000034 0x08048034 0x08048034 0x00100  0x00100  R E 0x4
  INTERP         0x000134 0x08048134 0x08048134 0x00013  0x00013  R   0x1
      [Requesting program interpreter: /lib/ld-linux.so.2]
  LOAD           0x000000 0x08048000 0x08048000 0x004d4  0x004d4  R E 0x1000
  LOAD           0x000f0c 0x08049f0c 0x08049f0c 0x00108  0x00110  RW  0x1000
  DYNAMIC        0x000f20 0x08049f20 0x08049f20 0x000d0  0x000d0  RW  0x4
  NOTE           0x000148 0x08048148 0x08048148 0x00044  0x00044  R   0x4
  GNU_STACK      0x000000 0x00000000 0x00000000 0x00000  0x00000  RW  0x4
  GNU_RELRO      0x000f0c 0x08049f0c 0x08049f0c 0x000f4  0x000f4  R   0x1
```

图 4.7 可执行文件 main 的程序头表中部分信息

图 4.7 给出的程序头表中有 8 个表项，其中有两个是可装入段（Type = LOAD）对应的表项信息。第一个可装入段对应可执行目标文件中第 0x00000 ～ 0x004d3 字节的内容（包括 ELF 头、程序头表以及 .init、.text 和 .rodata 节等），被映射到从虚拟地址 0x8048000 开始的长度为 0x004d4 字节的区域，按 $0x1000 = 2^{12} = 4KB$ 对齐，具有只读/执行权限（Flg = RE），它是一个只读代码段。第二个可装入段对应可执行目标文件中第 0x000f0c 开始的长度为 0x00108 字节的内容（即 .data 节），被映射到从虚拟地址 0x8049f0c 开始的长度为 0x00110 字节的存储区域，在 0x00110 = 272 字节的存储区中，前 0x00108 = 264 字节用 .data 节的内容来初始化，而后面的 272 − 264 = 8 个字节对应 .bss 节，被初始化为 0，该段按 0x1000 = 4KB 对齐，具有可读可写权限（Flg = RW），因此，它是一个可读写数据段。

从这个例子可以看出，.data 节在可执行目标文件中占用了相应的磁盘空间，在存储器中也需要给它分配相同大小的空间；而 .bss 节在文件中不占用磁盘空间，但在存储器中需要给它分配相应大小的空间。

4.2.4　可执行文件的存储器映像

对于特定的系统平台，可执行目标文件与虚拟地址空间之间的**存储器映像**（memory mapping）是由 ABI 规范定义的。例如，对于 IA-32 + Linux 系统，i386 System V ABI 规范规定，只读代码段总是映射到从虚拟地址为 0x8048000 开始的一段区域；可读写数据段映射到只读代码段后面按 4KB 对齐的高地址上，其中 .bss 节所在存储区在运行时被初始化为 0。**运行时堆**（run-time heap）则在可读写数据段后面 4KB 对齐的高地址处，通过调用 malloc 库函数动态向高地址分配空间，而**运行时用户栈**（run-time user stack）则是从用户空间的最大地址往低地址方向增长。堆区和栈区中间有一块空间保留给共享库目标代码，栈区以上的高地址区是操作系统内核的虚拟存储区。

对于图 4.7 所示的可执行文件 main，对应的存储器映像如图 4.8 所示，其中，左边为可执行文件 main 中的存储信息，右边为虚拟地址空间中的存储信息。可以看出，可执行文件最开始长度为 0x004d4 的可装入段映射到从虚拟地址 0x8048000 开始的只读代码段；可执行文件中从 0x00f0c 到 0x01013 之间为 .data 节和 .bss 节（实际上都是 .data 节信息，而 .bss 节不占磁盘空间），映射到从虚拟地址 0x8049000 开始的可读写数据段，其中 .data 节从 0x8049f0c 开始，共占 0x00108 = 264 字节，随后的 8 个字节空间分配给 .bss 节中定义的变量，初值为 0。

当启动一个可执行目标文件执行时，首先会通过某种方式调出常驻内存的一个称为**加载器**（loader）的操作系统程序来进行处理。例如，任何 UNIX 程序的加载执行都是通过调用 execve 系统调用函数来启动加载器进行的。加载器根据可执行目标文件中的程序头表信息，将可执行目标文件中相关节的内容与虚拟地址空间中的只读代码段和可读写数据段通过页表建立映射，然后启动可执行目标文件中的第一条指令执行。

根据 ABI 规范，特定的系统平台中的每个可执行目标文件都采用统一的存储器映像，映射到一个统一的**虚拟地址空间**，使得链接器在重定位时可以按照一个统一的虚拟存储空间来确定每个符号的地址，而不用关心其数据和代码将来存放在主存或磁盘的何处。因此，引入统一的虚拟地址空间简化了链接器的设计和实现。

同样，引入虚拟地址空间也简化了程序加载过程。因为统一的虚拟地址空间映像使得每个可执行目标文件的只读代码段都映射到从 0x8048000 开始的一块连续区域，而可读写数据段也映射到虚拟地址空间中的一块连续区域，因而加载器可以非常容易地对这些连续区域进行分页，并初始化相应页表项的内容。IA-32 中页大小通常是 4KB，因而，这里的可装入段都按 $2^{12} = 4KB$ 对齐。

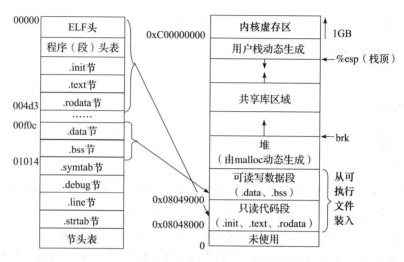

图 4.8　Linux 下可执行目标文件运行时的存储器映像

加载时，只读代码段和可读写数据段对应的页表项都被初始化为"未缓存页"（即有效位为 0），并指向磁盘中可执行目标文件中适当的地方。因此，程序加载过程中，实际上并没有真正从磁盘上加载代码和数据到主存，而是仅仅创建了只读代码段和可读写数据段对应的页表项。只有在执行代码过程中发生了"缺页"异常时，才会真正从磁盘加载代码和数据到主存。有关虚拟存储管理、虚拟地址空间、页表、缺页异常等相关内容见 6.5 节。

4.3　符号表和符号解析

4.3.1　符号和符号表

链接器在生成一个可执行目标文件时，必须完成符号解析，而要进行符号解析，则需要用到符号表。通常目标文件中都有一个符号表，表中包含了在程序模块中被定义的所有符号的相关信息。对于某个 C 程序模块 m 来说，包含在符号表中的符号有以下三种不同类型。

① 在模块 m 中定义并被其他模块引用的**全局符号**（global symbol）。这类符号包括非静态的函数名和被定义为不带 static 属性的全局变量名。

② 由其他模块定义并被 m 引用的**外部符号**（external symbol），包括在其他模块定义的外部函数名和外部变量名。

③ 在模块 m 中定义并在 m 中引用的**本地符号**（local symbol）。这类符号包括带 static 属性的函数名和全局变量名。这类在一个过程（函数）内部定义的带 static 属性的本地变量不在栈中管理，而是被分配在静态数据区，即编译器为它们在节 .data 或 .bss 中分配空间。如果在模

块 m 内有两个函数使用了同名 static 本地变量，则需要为这两个变量都分配空间，并作为两个不同的符号记录到符号表中。

例如，对于以下同一个模块中的两个函数 func1 和 func2，假定它们都定义了 static 本地变量 x 且都被初始化，则编译器在该模块的 .data 节中同时为这两个变量分配空间，并在符号表中构建两个符号 func1.x 和 func2.x 的关联信息。

```
1   int func1()
2   {
3        static  int x = 0;
4        return x;
5   }
6
7   int func2()
8   {
9        static  int x = 1;
10       return x;
11  }
```

注意上述三类符号不包括分配在栈中的非静态局部变量（auto 变量），链接器不需要这类变量的信息，因而它们不包含在由节 .symtab 定义的符号表中。

例如，对于图 4.9 给出的两个源程序文件 main.c 和 swap.c 来说，在 main.c 中的全局符号有 buf 和 main，外部符号有 swap；在 swap.c 中的全局符号有 bufp0 和 swap，外部符号有 buf，本地符号有 bufp1。swap.c 中的 *temp* 是局部变量，是在运行时动态分配的，因此，它不是符号，不会被记录在符号表中。

```
1   extern void swap(void);
2
3   int buf[2] = {1, 2};
4
5   int main()
6   {
7      swap();
8      return 0;
9   }
```

a）main.c 文件

```
1   extern int buf[];
2
3   int *bufp0 = &buf[0];
4   static int *bufp1;
5
6   void swap()
7   {
8      int temp;
9      bufp1 = &buf[1];
10     temp = *bufp0;
11     *bufp0 = *bufp1;
12     *bufp1 = temp;
13  }
```

b）swap.c 文件

图 4.9　两个源程序文件模块

ELF 文件中包含的符号表中每个表项具有以下数据结构。

```
typedef struct {
        Elf32_Word        st_name;
        Elf32_Addr        st_value;
        Elf32_Word        st_size;
        unsigned char     st_info;
        unsigned char     st_other;
        Elf32_Half        st_shndx;
} Elf32_Sym;
```

字段 st_name 给出符号在字符串表中的索引（字节偏移量），指向在字符串表（.strtab 节）中的一个以 null 结尾的字符串，即符号。st_value 给出符号的值，在可重定位目标文件中，是指符号所在位置相对于所在节起始位置的字节偏移量。例如，图 4.9 中 main.c 的符号 buf 在 .data 节中，其偏移量为 0。在可执行目标文件和共享目标文件中，st_value 则是符号所在的虚拟地址。st_size 给出符号所表示对象的字节个数。若符号是函数名，则是指函数所占字节个数；若符号是变量名，则是指变量所占字节个数。如果符号表示的内容没有大小或大小未知，则值为 0。

字段 st_info 指出符号的类型和绑定属性，从以下定义的宏可以看出，符号类型占低 4 位，符号绑定属性占高 4 位。

```
#define ELF32_ST_BIND(info)        ((info) >> 4)
#define ELF32_ST_TYPE(info)        ((info) & 0xf)
#define ELF32_ST_INFO(bind, type)  (((bind)<<4)+((type)&0xf))
```

符号类型可以是未指定（NOTYPE）、变量（OBJECT）、函数（FUNC）、节（SECTION）等。当类型为"节"时，其表项主要用于重定位。绑定属性可以是本地（LOCAL）、全局（GLOBAL）、弱（WEAK）等。其中，本地符号指在包含其定义的目标文件的外部是不可见的，名称相同的本地符号可存在于多个文件中而不会相互干扰。全局符号对于合并的所有目标文件都可见。弱符号与全局符号类似，但其定义具有较低的优先级，详见 4.3.2 节。

字段 st_other 指出符号的可见性。通常在可重定位目标文件中指定可见性，它定义了当符号成为可执行目标文件或共享目标库的一部分后访问该符号的方式。字段 st_shndx 用于指出符号所在节在节头表中的索引。有些符号属于三种特殊伪节（pseudo section）之一，伪节在节头表中没有相应的表项，无法表示其索引值，因而用以下特殊的索引值表示：ABS 表示该符号不会由于重定位而发生值的改变，即不应该被重定位；UNDEF 表示未定义符号，即在本模块引用而在其他模块定义的外部符号；COMMON 表示还未被分配位置的未初始化的变量，即 .bss 中的变量。对于 COMMON 类型的符号，其 st_value 字段给出的是对齐要求，而 st_size 给出的是最小长度。

可通过 GNU READELF 工具显示符号表。例如，对于图 4.9 给出的两个源程序模块文件 main.c 和 swap.c，可使用命令"readelf - s main.o"查看 main.o 中的符号表，其最后三个表项显示结果如图 4.10 所示。

Num:	Value	Size	Type	Bind	Ot	Ndx	Name
8:	0	8	OBJECT	GLOBAL	0	3	buf
9:	0	17	FUNC	GLOBAL	0	1	main
10:	0	0	NOTYPE	GLOBAL	0	UND	swap

图 4.10　main.o 中部分符号表信息

从显示结果可看出，main 模块的三个全局符号中，buf 是变量（Type = OBJECT），它位于节头表中第三个表项（Ndx = 3）对应的 .data 节中偏移量为 0（Value = 0）处，占 8 个字节（Size = 8）；main 是函数（Type = FUNC），它位于节头表中第一个表项对应的 .text 节中偏移量为 0 处，占 17 个字节；sawp 是未指定（NOTYPE）且无定义（UND）的符号，说明 swap 是在

main 中被引用的由外部模块定义的符号。

使用 GNU READELF 工具显示可重定位目标文件 swap.o 符号表中最后四个表项结果如图 4.11 所示。

Num:	Value	Size	Type	Bind	Ot	Ndx	Name
8:	0	4	OBJECT	GLOBAL	0	3	bufp0
9:	0	0	NOTYPE	GLOBAL	0	UND	buf
10:	0	39	FUNC	GLOBAL	0	1	swap
11:	4	4	OBJECT	LOCAL	0	COM	bufp1

图 4.11 swap.o 中部分符号表信息

可以看出，swap 模块的四个符号中，有三个全局符号和一个本地符号。其中 bufp0 是全局变量，它位于节头表中第三个表项对应的 .data 节中偏移量为 0 处，占 4 个字节；buf 是未指定的且无定义的全局符号，说明 buf 是在 swap 中被引用的由外部模块定义的符号；swap 是函数，它位于节头表中第一个表项对应的 .text 节中偏移量为 0 处，占 39 个字节；bufp1 是未分配位置且未初始化（Ndx = COM）的本地变量，按 4 字节边界对齐，至少占 4 个字节，当 swap 模块被链接时，bufp1 将作为 .bss 节中的一个变量来分配空间。注意，swap 模块中的变量 *temp* 是函数内的局部变量，因而不在符号表中说明。

4.3.2　符号解析

符号解析的目的是将每个模块中引用的符号与某个目标模块中的定义符号建立关联。每个定义符号在代码段或数据段中都被分配了存储空间，因此，将引用符号与对应的定义符号建立关联后，就可以在重定位时将引用符号的地址重定位为相关联的定义符号的地址。

对于在一个模块中定义且在同一个模块中被引用的本地符号，链接器的符号解析会比较容易进行，因为编译器会检查每个模块中的本地符号是否具有唯一的定义，所以，只要找到第一个本地定义符号与之关联即可。对于跨模块的全局符号的解析，则比较困难。

编译器在对源程序编译时，会把每个全局符号输出到汇编代码文件中，每个全局符号或者是强符号或者是弱符号。汇编器把全局符号的强、弱特性隐含地编码在可重定位目标文件的符号表中，以供链接时符号解析所用。

1. 全局符号的强、弱特性

强、弱符号的定义如下：函数名和已初始化的全局变量名是**强符号**，未初始化的全局变量名是**弱符号**。例如，在图 4.9 中的两个模块中，main、buf、swap 和 bufp0 是强符号，bufp1 为本地符号，而本地符号没有强弱之分，*temp* 则是局部变量，不包含在符号表中。

链接器根据以下强符号和弱符号的处理规则来处理**多重定义符号**。

规则 1：强符号不能多次定义。也即强符号只能被定义一次，否则链接错误。

规则 2：若一个符号被说明为一次强符号定义和多次弱符号定义，则按强符号定义为准。

规则 3：若有多个弱符号定义，则任选其中一个。

例如，对于图 4.12 所示的两个模块 main.c 和 p1.c，因为强符号 *x* 被重复定义了两次，所以链接器将输出一条出错信息。

```
int x=10;
int p1(void);
int main()
{
    x=p1();
    return x;
}
```

a）main.c文件

```
int x=20;
int p1()
{
    return x;
}
```

b）p1.c文件

图 4.12　两个强符号定义的例子

考察图 4.13 所示例子中的符号 y 和符号 z 的情况。

```
#include <stdio.h>
int y=100;
int z;
void p1(void);
int main()
{
    z=1000;
    p1() ;
    printf("y=%d, z=%d\n ,"y, z);
    return 0;
}
```

a）main.c文件

```
int y;
int z;

void p1()
{
    y=200;
    z=2000;
}
```

b）p1.c文件

图 4.13　同类型定义符号的例子

图 4.13 中，符号 y 在 main.c 中是强符号，在 p1.c 中是弱符号，根据规则 2 可知，链接器将 main.o 符号表中的符号 y 作为其唯一定义符号，而在 p1 模块中的 y 作为引用符号，其地址等于 main 模块中定义符号 y 的地址，也即这两个 y 是同一个变量。在 main 函数调用 p1 函数后，y 的值从初始化的 100 被修改为 200，因而，在 main 函数中用 printf 打印出来后 y 的值为 200，而不是 100。

对于符号 z，情况也类似。符号 z 在 main 和 p1 模块都没有初始化，因此，在两个模块中都是弱符号，按照规则 3 可知，链接器将其中的一个符号作为唯一定义符号，如果按先后顺序来定，则链接器将 main 模块中定义的符号 z 作为唯一定义符号，而 p1 模块中的 z 作为引用符号，符号 z 的地址为 main 模块中定义的地址。在 main 函数调用 p1 函数后，z 的值从 1000 被修改为 2000，因而，在 main 函数中用 printf 打印出来后 z 的值为 2000，而不是 1000。

上述例子说明，如果在两个不同模块定义相同变量名，那么很可能会发生程序员意想不到的结果。

特别当两个重复定义的变量具有不同类型时，更容易出现难以理解的结果。例如，对于图 4.14所示的例子，全局变量 d 在 main 模块中为 int 型强符号，在 p1 中是 double 型弱符号。根据规则 2 可知，链接器将 main.o 符号表中的符号 d 作为其唯一定义符号，因而其地址和所占字节数等于 main 模块中定义符号 d 的地址和字节数，因此符号长度为 int 型大小，即 4 个字节，而不是 double 型变量的 8 个字节。由于 p1.c 中的 d 为引用符号，因而其地址与 main 中变量 d 的地址相同，在 main 函数调用 p1 函数后，地址 &d 中存放的是 double 型浮点数 1.0 对应的低 32 位机器数 0000 0000H，地址 &x 中存放的是 double 型浮点数 1.0 对应的高 32 位机器数

3FF0 0000H（对应真值为 1 072 693 248），如图 4.14c 所示。因而，在 main 函数中用 printf 打印出来后 d 的值为 0，x 的值是 1 072 693 248。可见 x 的值被 p1.c 中的变量 d 给冲掉了。这里，double 型浮点数 1.0 对应的机器数为 3FF0 0000 0000 0000H。

```
1    #include <stdio.h>
2    int d=100;
3    int x=200;
4    void p1(void);
5    int main()
6    {
7        p1();
8        printf("d=%d,x=%d\n",d,x);
9        return 0;
10   }
```

```
1    double d;
2
3    void p1()
4    {
5        d=1.0;
6    }
```

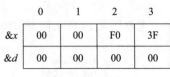

	0	1	2	3
&x	00	00	F0	3F
&d	00	00	00	00

a）main.c 文件　　　　　　b）p1.c 文件　　　　c）p1 执行后变量 d 和 x 中的内容

图 4.14　不同类型定义符号例子

上述由于多重定义变量引起的值的改变往往是在没有任何警告的情况下发生的，而且通常是在程序执行了一段时间后才表现出来，并且远离错误发生源，甚至错误发生源在另一个模块。对于由成百上千个模块组成的大型程序的开发，这种问题将更加麻烦，如果没有对变量定义进行规范，那将很难避免这类错误的发生。最好使用相应的选项命令（如 -fno-common）来告诉链接器在遇到多重定义符号时输出警告信息。

解决上述问题的办法是，尽量避免使用全局变量，一定需要用的话，就把全局变量定义为 static，这样就没有强弱之分，而且不会和其他全局符号产生冲突，如果其他模块需要引用它，就将它封装成函数。此外，尽量要给全局变量赋初值使其变成强符号，而外部全局变量则尽量使用 extern。对于程序员来说最好能了解链接器是如何工作的，如果不了解，那么就要养成良好的编程习惯。

2. 符号解析过程

编译系统通常会提供一种将多个目标模块打包成一个单独的库文件的机制，这个库文件就是**静态库**（static library）。在构建可执行文件时只需指定库文件名，链接器会自动到库中寻找那些应用程序用到的目标模块，并且只把用到的模块从库中拷贝出来。

程序中的符号包括全局静态变量名和函数名，它们在程序中可能出现在定义处，称为**符号的定义**；也可能出现在引用处，称为**符号的引用**。为叙述方便起见，本教材将定义处的符号和引用处的符号分别称为**定义符号**和**引用符号**。例如，对于图 4.14 中的符号 d，在 main.c 第 2 行中是定义符号，其余地方都是引用符号，在 main.c 中有一处（第 8 行）引用，在 p1.c 中有一处（第 5 行）引用。

链接器按照所有可重定位目标文件和静态库文件出现在命令行中的顺序从左至右依次扫描它们，在此期间它要维护多个集合。其中，集合 E 是指将被合并到一起组成可执行文件的所有目标文件集合；集合 U 是未解析符号的集合，**未解析符号**是指还未与对应定义符号关联的引用符号；集合 D 是指当前为止已被加入到 E 的所有目标文件中定义符号的集合。

符号解析开始时，集合 E、U、D 中都是空的。然后按照以下过程进行符号解析。

① 对命令行中的每一个输入文件 f，链接器确定它是目标文件还是库文件，如果它是目标文件，就把 f 加入到 E，根据 f 中未解析符号和定义符号分别对 U、D 集合进行修改，然后处理下一个输入文件。例如，对于图 4.14 中的符号 d，在处理 main.o 文件时，因为 d 是定义符号，所以 d 被加入到 D 中；而对于 d 的引用，因为是可以与 d 的定义关联的，故 d 不被加入到 U 中。然后，再处理目标文件 p1.o，因为其对 d 的引用可以与 D 中已有的定义符号 d 建立关联，所以，也不会将 d 加入到 U 中。

② 如果 f 是一个库文件，链接器会尝试把 U 中的所有未解析符号与 f 中各目标模块定义的符号进行匹配。如果某个目标模块 m 定义了一个 U 中的未解析符号 x，那么就把 m 加入到 E 中，并把符号 x 从 U 移入 D 中。不断地对 f 中的所有目标模块重复这个过程直到 U 和 D 不再变化为止。那些未加入到 E 中的 f 里的目标模块就被简单地丢弃，链接器继续处理下一输入文件。

③ 如果处理过程中往 D 加入一个已存在的符号（出现双重定义符号），或者当扫描完所有输入文件时 U 非空，则链接器报错并停止动作。否则，链接器把 E 中的所有目标文件进行重定位后合并在一起，以生成可执行目标文件。

4.3.3　与静态库的链接

在类 UNIX 系统中，静态库文件采用一种称为**存档档案**（archive）的特殊文件格式，使用 .a 后缀。例如，标准 C 函数库文件名为 libc.a，其中包含一组广泛使用的标准 I/O 函数、字符串处理函数和整数处理函数，如 atoi、printf、scanf、strcpy 等，libc.a 是默认的用于静态链接的库文件，无须在链接命令中显式指出。还有其他的函数库，例如浮点数运算函数库，文件名为 libm.a，其中包含 sin、cos 和 sqrt 函数等。

用户也可以自定义一个静态库文件。以下通过一个简单例子来说明如何生成自己的静态库文件。

假定有两个源文件 myproc1.c 和 myproc2.c，如图 4.15 所示。

```
#include <stdio.h>
void myfunc1()
{
    printf("%s","This is myfunc1 from mylib!\n");
}
```

```
#include <stdio.h>
void myfunc2()
{
    printf("%s","This is myfunc2 from mylib!\n");
}
```

a）myproc1.c 文件　　　　　　　　　　b）myproc2.c 文件

图 4.15　静态库 mylib 中包含的函数的源文件

可以使用 AR 工具生成静态库，在此之前需要用"gcc -c"命令将静态库中包含的目标模块先生成可重定位目标文件。以下两个命令可以生成静态库文件 mylib.a，其中包含两个目标模块 myproc1.o 和 myproc2.o。

```
gcc – c myproc1.c
gcc – c myproc2.c
ar rcs mylib.a myproc1.o myproc2.o
```

假定有一个 main.c 程序，其中调用了静态库 mylib.a 中的函数 myfunc1。

```
1    void myfunc1(void);
2    int main()
3    {
4        myfunc1();
5        return 0;
6    }
```

为了生成可执行文件 myproc，可以先将 main.c 编译并汇编为可重定位目标文件 main.o，然后再将 main.o 和 mylib.a 以及标准 C 函数库 libc.a 进行链接。以下两条命令可以完成上述功能。

```
gcc − c main.c
gcc − static − o myproc main.o ./mylib.a
```

命令中使用-static 选项指示链接器应生成一个完全链接的可执行目标文件，即生成的可执行文件应能直接加载到存储器执行，而不需要在加载或运行时再动态链接其他目标模块。

命令 "gcc -static -o myproc main.o ./mylib.a" 中符号解析过程如下。

一开始 E、U、D 都是空集，链接器首先扫描到 main.o，把它加入 E，同时把其中未解析符号 myfun1 加入 U，把定义符号 main 加入 D，而且因为 main.o 的默认静态链接库是 libc.a，所以 libc.a 被加入到当前输入文件列表的末尾。

处理完 main.o，接着扫描到 mylib.a，因为这是个静态库文件，所以会拿当前 U 中的所有符号（本例中就一个符号 myfunc1）与 mylib.a 中的所有目标模块（本例中有两个目标模块 myproc1.o 和 myproc2.o）依次匹配，看是否有哪个模块定义了 U 中的符号，结果发现在 myproc1.o 中定义了 myfunc1，于是 myproc1.o 被加入到 E，myfunc1 从 U 转移到 D。在 myproc1.o 中发现还有未解析符号 printf，因而将其加到 U 中。同样，mylib.a 指定的默认标准库还是 libc.a，它已经被加到当前输入文件列表的末尾，因此在此可以忽略它。不断地在静态库 mylib.a 的各模块上进行迭代以匹配 U 中的符号，直到 U、D 都不再变化。显然，此时 U 和 D 就不再发生变化，U 中只有一个未解析符号 printf，而 D 中有 main 和 myfunc1 两个定义符号。因为模块 myproc2.o 没有被加入 E 中，因而它被丢弃。

接着扫描下一个输入文件，就是默认的库文件 libc.a。链接器发现 libc.a 中的目标模块 printf.o 定义了符号 printf，于是 printf 也从 U 移到 D，同时 printf.o 被加入到 E，并把它定义的所有符号都加入 D，而所有未解析符号加入 U。链接器还会把每个程序都要用到的一些初始化操作所在的目标模块（如 crt0.o 等）以及它们所引用的模块（如 malloc.o、free.o 等）自动加入到 E 中，并更新 U 和 D 以反映这个变化。事实上，标准库中各目标模块里的未解析符号都可以在标准库内其他模块中找到定义，因此当链接器处理完 libc.a 时，U 一定是空的。此时，链接器合并 E 中的目标模块并输出可执行目标文件。

图 4.16 概括了上面描述的链接器中符号解析的全过程。

从上述描述的符号解析过程来看，符号解析结果与命令行中指定的输入文件的顺序相关。如果上述链接命令改为以下形式，则会发生链接错误。

```
gcc − static − o myproc ./mylib.a main.o
```

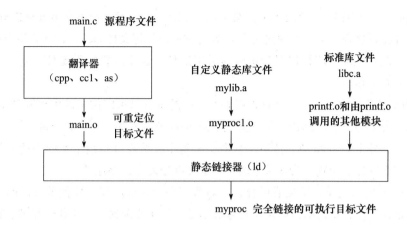

图 4.16 可重定位目标文件与静态库的链接

因为一开始先扫描到 mylib.a，而 mylib.a 为静态库文件，所以，会根据其中是否存在 U 中的未解析符号对应的定义符号来确定是否将相应的目标模块加入 E 中，显然，开始时 U 是空的，因而在 mylib.a 中没有任何一个目标模块被加入 E 中，当扫描到 main.o 时，其引用符号 myfunc1 便不能被解析，所以被加入 U 中，这样，U 中的 myfunc1 在后面将一直无法得到解析，最终因为 U 不空而导致链接器输出错误信息并终止。

关于静态库的链接顺序问题，通常的准则是将静态库文件放在命令行文件列表的后面，如果有多个静态库文件，则根据这些静态库文件的目标模块中的符号是否有引用关系来确定顺序。若相互之间都没有引用关系，则说明它们之间相互独立，此时顺序可以任意，只要都放在后面即可；若相互之间有引用关系，则必须按照引用关系在命令行中排列静态库文件，使得对于每个静态库目标模块中的外部引用符号，在命令行中至少有一个包含其定义的静态库文件排在后面。例如，假设 func.o 调用了静态库 libx.a 和 liby.a 中的函数，而 libx.a 又调用了 libz.a 中的函数，且 libx.a 和 liby.a 之间、liby.a 和 libz.a 之间是相互独立的，则命令行中 libx.a 必须在 libz.a 之前，而 libx.a 和 liby.a 之间、liby.a 和 libz.a 之间无须考虑顺序关系，即以下几个命令行都是可行的。

```
gcc -static -o myfunc func.o libx.a liby.a libz.a
gcc -static -o myfunc func.o liby.a libx.a libz.a
gcc -static -o myfunc func.o libx.a libz.a liby.a
```

如果两个静态库的目标模块有相互引用关系，则在命令行中可以重复静态库文件名。例如，假设 func.o 调用了静态库 libx.a 中的函数，而 libx.a 又调用了 liby.a 中的函数，同时，liby.a 也调用了 libx.a 中的函数，则可用以下命令进行链接。

```
gcc -static -o myfunc func.o libx.a liby.a libx.a
```

4.4 重定位

重定位的目的是在符号解析的基础上将所有关联的目标模块（即上述集合 E 中的模块）合并，并确定运行时每个定义符号在虚拟地址空间中的地址，在定义符号的引用处重定位引用的地址。例如，对于图 4.16 中的例子，编译 main.c 时，因为编译器还不知道函数 myproc1 的地址，所以编译器只是将一个"临时地址"放到可重定位目标文件 main.o 的 call 指令中，在链接阶段，这个"临时地址"将被修正为正确的引用地址，这个过程叫**重定位**。具体来说，重定位有以下两方面工作。

① 节和定义符号的重定位。链接器将相互关联的所有可重定位文件中相同类型的节合并，生成一个同一类型的新节。例如，所有模块中的 .data 节合并为一个大的 .data 节，它就是生成的可执行目标文件中的 .data 节。然后链接器根据每个新节在虚拟地址空间中的起始位置以及新节中每个定义符号的位置，为新节中的每个定义符号确定存储地址。

② 引用符号的重定位。链接器对合并后新代码节（.text）和新数据节（.data）中的引用符号进行重定位，使其指向对应的定义符号起始处。为了实现这一步工作，显然，链接器要知道目标文件中哪些引用符号需要重定位、所引用的是哪个定义符号等，这些称为**重定位信息**，放在重定位节（.rel.text 和 .rel.data）中。

4.4.1 重定位信息

在可重定位目标文件的 .rel.text 节和 .rel.data 节中，存放着每个需重定位的符号的重定位信息。.rel.text 节和 .rel.data 节采用的数据类型是结构数组，每个数组元素是一个表项，每个表项对应一个需重定位的符号，表项的数据结构如下：

```
typedef struct {
        Elf32_Addr      r_offset;
        Elf32_Word      r_info;
} Elf32_Rel;
```

字段 r_offset 指出当前需重定位的位置相对于所在节起始位置的字节偏移量。若重定位的是变量的位置，则所在节为 .data 节；若重定位的是函数的位置，则所在节是 .text 节。r_info 指出当前需重定位的符号所引用的符号在符号表中的索引值以及相应的重定位类型。从以下的宏定义中可以看出，符号索引（r_sym）是 r_info 的高 24 位，重定位类型（r_type）是其低 8 位。

```
#define ELF32_R_SYM(info)        ((info)>>8)
#define ELF32_R_TYPE(info)       ((unsigned char)(info))
#define ELF32_R_INFO(sym, type)  (((sym)<<8)+(unsigned char)(type))
```

重定位类型与特定的处理器有关，具体由 ABI 规范定义。IA-32 处理器的重定位类型有多种，最基本的是以下两种。

① R_386_PC32：指明引用处采用 PC 相对寻址方式，即有效地址为 PC 内容加上重定位后的 32 位地址，PC 的内容是下条指令地址。例如，调用指令 call 中的转移目标地址就采用相对寻址方式。

② R_386_32：指明引用处采用绝对地址方式，即有效地址就是重定位后的 32 位地址。

重定位表的信息可以用命令"readelf -r"来显示，例如，可用命令 readelf -r main.o 来显示 main.o 中的重定位表项。为方便起见，以下叙述中把重定位后的 32 位地址简称为**重定位值**。

4.4.2 重定位过程

重定位过程需要对 .text 节和 .data 节中由相应的重定位节 .rel.text 和 .rel.data 的重定位表项

指出的每一处按顺序执行。

对于图 4.9 所示例子，main.o 的 .rel.text 节中有一个表项：r_offset = 0x7，r_sym = 10，r_type = R_386_PC32，该表项说明，需要在其 .text 节中偏移量为 0x7 的地方按照 PC 相对地址方式进行重定位，所引用的符号为 main.o 的符号表中第 10 个表项代表的符号，根据图 4.10 可知，该符号为 swap。

对于图 4.9 所示例子，swap.o 的 .rel.data 中有一个表项：r_offset = 0x0，r_sym = 9，r_type = R_386_32，该表项说明，需要在其 .data 节中偏移量为 0 的地方按绝对地址方式进行重定位，所引用的符号为 swap.o 符号表中第 9 个表项代表的符号，根据图 4.11 可知，该符号为 buf。

1. R_386_PC32 方式的重定位

对于图 4.9 所示例子，模块 main.o 的 .text 节中主要是 main 函数的机器代码，其中有一处需要重定位，就是与 main.c 中第 7 行 swap 函数对应的调用指令中的目标地址。

图 4.17 给出了 main.o 中 .text 节和 .rel.text 节的内容通过 OBJDUMP 工具反汇编出来的结果。

```
1    Disassembly of section .text:
2    00000000 <main>:
3      0: 55                        push   %ebp
4      1: 89 e5                     mov    %esp,%ebp
5      3: 83 e4 f0                  and    $0xfffffff0,%esp
6      6: e8 fc ff ff ff            call   7 <main+0x7>
7             7: R_386_PC32 swap
8      b: b8 00 00 00 00            mov    $0x0,%eax
9     10: c9                        leave
10    11: c3                        ret
```

图 4.17　main.o 中 .text 节和 .rel.text 节内容

从图 4.17 可以看出，符号 main 的定义从 .text 节中偏移量为 0 处开始，共占 18（0x12）个字节。.rel.text 节中有一个重定位表项：r_offset = 0x7，r_sym = 10，r_type = R_386_PC32，被 OBJDUMP 工具以 "7: R_386_PC32 swap" 的可重定位信息显示在需重定位的 call 指令的下一行。call 指令中需重定位的是离 .text 节头偏移量为 0x7 的 4 字节地址，采用 PC 相对地址方式，重定位后应指向符号 swap 的定义处（swap 函数的首地址）。

假定链接后在可执行文件中 main 函数对应的机器代码从 0x8048380 开始，紧跟在 main 后的是 swap 函数的机器代码，且首地址按 4 字节边界对齐，则 swap 的机器代码将从 0x8048394 开始，即符号 swap 的定义处首地址为 0x8048394（因为 0x8048380 + 0x12 = 0x8048392，要求 4 字节对齐的情况下就是 0x8048394）。

IA-32 中转移目标地址（即有效地址）计算公式为：转移目标地址 = PC + 偏移地址。这里 PC 是下条指令地址。call 指令中的重定位值就是偏移地址，因此重定位值 = 转移目标地址 − PC。这里的转移目标地址为符号 swap 的定义处首地址 0x8048394，PC 内容为 0x8048380 + 0x7 + 4 = 0x804838b，所以，重定位值应为 0x8048394 − 0x804838b = 0x9。因此，在可执行文件的 .text 节中，main 函数机器代码中 call 指令的代码修改为 "e8 09 00 00 00"。

根据图 4.17 中 call 指令的机器代码"e8 fc ff ff ff"可知，需重定位的 4 字节地址的初始值（init）为 0xffff fffc（注意，IA-32 为小端方式），即 −4。汇编器用 −4 作为偏移量，其原因是，在 call 指令的执行过程中，需要进行转移目标地址计算，此时，PC 指向的是 call 指令的下条指令开始处，此处相对于需重定位的地址偏移为 4 个字节。

从上面分析过程可以看出，PC 相对地址方式下的重定位值计算公式为：

$$ADDR(r\_sym) - ((ADDR(.text) + r\_offset) - init)$$

其中 ADDR(r_sym) 表示符号 r_sym 在运行时的存储地址。ADDR(.text) 表示节 .text 在运行时的起始地址，它加上偏移量 r_offset 后得到需重定位处的地址，再减初始值 init（相当于加 4）后，便得到 PC 值。ADDR(r_sym) 减 PC 值就是重定位值。例如，在上述例子中，ADDR(swap) = 0x8048394，ADDR(.text) = 0x8048380，r_offset = 0x7，init = −4。

2. R_386_32 方式的重定位

对于图 4.9 所示例子，因为 main.c 中只有一个已初始化的全局定义符号 buf，并且 buf 的定义没有引用其他符号，所以 main.o 中的 .data 节对应的重定位节 .rel.data 中没有任何重定位表项。main.o 中的 .data 节和 .rel.data 节的内容通过 OBJDUMP 工具反汇编出来的结果如图 4.18a 所示。

对于图 4.9 所示例子中的 swap.c，其中第 3 行有一个对全局变量 bufp0 赋初值的语句，bufp0 被初始化为外部数组变量 buf 的首地址。因而，在 swap.o 的 .data 节中有相应的对 bufp0 的定义，在 .rel.data 节中有对应的重定位表项。图 4.18b 给出了 swap.o 中 .data 节和 .rel.data 节的内容通过 OBJDUMP 工具反汇编出来的结果。

```
Disassembly of section .data:

00000000 <buf>:
   0:   01 00 00 00 02 00 00 00
```

```
Disassembly of section .data:

00000000 <bufp0>:
   0:   00 00 00 00
         0: R_386_32 buf
```

a）main.o 中 .data 节和 .rel.data 节内容　　　　　b）swap.o 中 .data 节和 .rel.data 节内容

图 4.18　main.o 和 swap.o 中 .data 节和 .rel.data 节内容

从图 4.18b 可以看出，目标模块 swap 中全局符号 bufp0 的定义在 .data 节中偏移量为 0 处开始，占 4 个字节，初始值（init）为 0x0。对应重定位节 .rel.data 中有一个重定位表项：r_offset = 0x0，r_sym = 9，r_type = R_386_32，OBJDUMP 工具解释后显示为"0：R_386_32 buf"。重定位类型是 R_386_32，即绝对地址方式，因而重定位值应是初始值加所引用符号地址。假定所引用符号 buf 在运行时的存储地址 ADDR(buf) = 0x8049620，则在可执行目标文件中重定位后的 bufp0 的内容变为 0x8049620，即"20 96 04 08"。

可执行目标文件中的 .data 节是将 main.o 中的 .data 节和 swap.o 中的 .data 节合并后生成的，经过重定位后得到合并后的 .data 节的内容，如图 4.19 所示。

```
Disassembly of section .data:

08049620 <buf>:
 8049620:        01 00 00 00 02 00 00 00

08049628 <bufp0>:
 8049628:        20 96 04 08
```

图 4.19　可执行目标文件中的 .data 节内容

可以看出，链接器进行重定位后，确定了运行时 .data 节在虚拟存储空间中的首地址为 0x8049620，这个地址就是 main.o 中定义的 buf 数组的第一个元素的地址，buf 有两个 int 型元素，因而占用了 8 个字节。从 swap.o 的 .data 节合并过来的 bufp0 从 0x8049628 开始，其内容为 buf 的首地址 0x8049620。

图 4.20 给出了 swap.o 中的 .text 节和 .rel.text 节的内容通过 OBJDUMP 工具反汇编出来的结果（大括弧部分是后加的功能说明）。

```
 1    Disassembly of section .text:
 2    00000000 <swap>:
 3      0: 55                        push    %ebp
 4      1: 89 e5                     mov     %esp,%ebp
 5      3: 83 ec 10                  sub     $0x10,%esp
 6      6: c7 05 00 00 00 00 04      movl    $0x4,0x0    ⎫
 7      d: 00 00 00                                      ⎬  bufp1=&buf[1]
 8                 8: R_386_32       .bss                ⎭
 9                 c: R_386_32       buf
10     10: a1 00 00 00 00            mov     0x0,%eax    ⎫
11                11: R_386_32       bufp0               ⎬  temp=*bufp0
12     15: 8b 00                     mov     (%eax),%eax ⎪
13     17: 89 45 fc                  mov     %eax,-0x4(%ebp) ⎭
14     1a: a1 00 00 00 00            mov     0x0,%eax    ⎫
15                1b: R_386_32       bufp0               ⎪
16     1f: 8b 15 00 00 00 00         mov     0x0,%edx    ⎪
17                21: R_386_32       .bss                ⎬  *bufp0=*bufp1
18     25: 8b 12                     mov     (%edx),%edx ⎪
19     27: 89 10                     mov     %edx,(%eax) ⎭
20     29: a1 00 00 00 00            mov     0x0,%eax    ⎫
21                2a: R_386_32       .bss                ⎪
22     2e: 8b 55 fc                  mov     -0x4(%ebp),%edx ⎬  *bufp1=temp
23     31: 89 10                     mov     %edx,(%eax) ⎪
24     33: c9                        leave               ⎭
25     34: c3                        ret
```

图 4.20　swap.o 中的 .text 节和 .rel.text 节的内容

从图 4.20 可看出，符号 swap 从 .text 节中偏移为 0 处开始，占 52 字节。在对应的 .rel.text 节中有 6 个表项，分别指出需要在第 0x8、0xc、0x11、0x1b、0x21 和 0x2a 处（即指令中加粗部分）进行重定位，全部为绝对地址方式（即 R_386_32），分别引用符号 bufp1、buf、bufp0、bufp0、bufp1、bufp1 的存储地址，而符号 bufp1 的地址就是链接合并后 .bss 节的首地址。

由图 4.19 可知，buf 和 bufp0 的存储地址分别是 0x8049620 和 0x8049628，符号 bufp1 的地址为 .bss 节首地址，假定为 0x8049700，则链接生成的可执行文件的 .text 节中的内容如下所示。

```
08048380 <main>:
 8048380:  55                  push    %ebp
 8048381:  89 e5               mov     %esp,%ebp
 8048383:  83 e4 f0            and     $0xfffffff0,%esp
 8048386:  e8 09 00 00 00      call    8048394 <swap>
 804838b:  b8 00 00 00 00      mov     $0x0,%eax
 8048390:  c9                  leave
 8048391:  c3                  ret
 8048392:  90                  nop
```

```
 8048393:   90                    nop

08048394 <swap>:
 8048394:   55                    push    %ebp
 8048395:   89 e5                 mov     %esp,%ebp
 8048397:   83 ec 10              sub     $0x10,%esp
 804839a:   c7 05 00 97 04 08 24  mov     $0x8049624,0x8049700
 80483a1:   96 04 08
 80483a4:   a1 28 96 04 08        mov     0x8049628,%eax
 80483a9:   8b 00                 mov     (%eax),%eax
 80483ab:   89 45 fc              mov     %eax,-0x4(%ebp)
 80483ae:   a1 28 96 04 08        mov     0x8049628,%eax
 80483b3:   8b 15 00 97 04 08     mov     0x8049700,%edx
 80493b9:   8b 12                 mov     (%edx),%edx
 80493bb:   89 10                 mov     %edx,(%eax)
 80493bd:   a1 00 97 04 08        mov     0x8049700,%eax
 80493c2:   8b 55 fc              mov     -0x4(%ebp),%edx
 80493c5:   89 10                 mov     %edx,(%eax)
 80493c7:   c9                    leave
 80493c8:   c3                    ret
```

上述可执行目标文件中的 .text 节是由 main.o 和 swap.o 两个目标模块中的 .text 节合并而来的，在可执行目标文件的 .text 节中真正存储的信息只是中间的机器代码，左边的地址和右边的汇编指令都是 OBJDUMP 工具根据图 4.7 所示的可执行目标文件中的程序头表信息和指令代码本身反汇编出来的。合并过程如图 4.21 所示。从图 4.21 可以看出，在可执行目标文件的 .text 节和 .data 节中还分别包含系统代码（system code）和系统数据（system data）。

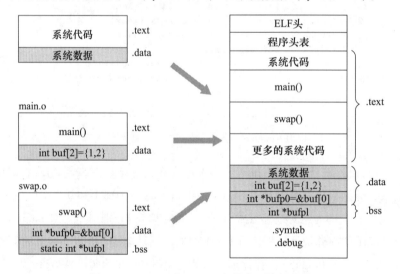

图 4.21   main.o 和 swap.o 合并成可执行文件

4.5 动态链接

前面介绍了可重定位目标文件和可执行目标文件，还有一类目标文件是**共享目标文件**（shared object file），也称为**共享库文件**。它是一种特殊的可重定位目标文件，其中记录了相应的代码、数据、重定位和符号表信息，能在可执行目标文件装入或运行时被动态地装入内存并自动被链接，该过程称为**动态链接**（dynamic link），由一个称为**动态链接器**（dynamic linker）的程序来完成。类 UNIX 系统中共享库文件采用 .so 后缀，Windows 系统中称其为**动态链接库**（Dynamic Link Library，简称 DLL），采用 .dll 后缀。

4.5.1 动态链接的特性

对于 4.3.3 节介绍的静态链接方式，因为库函数代码被合并、包含在可执行文件中，因而会造成磁盘空间和主存空间的极大浪费。例如，静态库 libc.a 中的 printf 模块会在静态链接时被合并到每个引用 printf 的可执行文件中，其中的 printf 代码会各自占用不同的磁盘空间。通常磁盘上存放有数千个可执行文件，因而静态链接方式会造成磁盘空间的极大浪费；在引用 printf 的应用程序同时在系统中运行时，这些程序中的 printf 代码也都会占用内存空间，对于并发运行几十个进程的系统来说，会造成极大的主存资源浪费。

此外，静态链接方式下，程序员还需要定期维护和更新静态库，关注它是否有新版本出现，在出现新版本时需要重新对程序进行链接操作，以将静态库中最新的目标代码合并到可执行文件中。因此，静态链接方式更新困难、使用不便。

针对上述静态链接方式下的这些缺点，提出了一种共享库的动态链接方式。共享库以动态链接的方式被正在加载或执行中的多个应用程序共享，因而，共享库的动态链接有两个方面的特点：一是"共享性"，二是"动态性"。

"共享性"是指共享库中的代码段在内存只有一个副本，当应用程序在其代码中需要引用共享库中的符号时，在引用处通过某种方式确定指向共享库中对应定义符号的地址即可。例如，对于动态共享库 libc.so 中的 printf 模块，内存中只有一个 printf 副本，所有应用程序都可以通过动态链接 printf 模块来使用它。因为内存中只有一个副本，磁盘中也只有共享库中一份代码，所以能节省主存资源和磁盘空间。

"动态性"是指共享库只在使用它的程序被加载或执行时才加载到内存，因而在共享库更新后并不需要重新对程序进行链接，每次加载或执行程序时所链接的共享库总是最新的。可以利用共享库的这个特性来实现软件分发或生成动态 Web 网页等。

动态链接有两种方式，一种是在程序加载过程中加载和链接共享库，另一种是在程序执行过程中加载和链接共享库。

4.5.2 程序加载时的动态链接

在类 UNIX 系统中，共享库文件使用 .so 后缀。例如，标准 C 函数库文件名为 libc.so。用户也可以自定义一个动态共享库文件。例如，对于图 4.15 所示的两个源程序文件 myproc1.c 和 myproc2.c，可以使用以下 GCC 命令生成动态链接的共享库 mylib.so。

```
gcc – shared – fPIC – o mylib.so myproc1.c myproc2.c
```

上述命令中-shared 选项告诉链接器生成一个共享库目标文件；-fPIC 选项告诉编译器生成与位置无关的代码（Position Independent Code，PIC），使得共享库在被任何不同的程序引用时都不需要修改其代码。这保证了共享库代码的存储位置可以是不确定的，而且即使共享库代码的长度发生改变也不会影响调用它的程序。

假定有一个 main.c 程序，其中调用了 mylib.so 中的函数 myfunc1。

```
void myfunc1(void);
int main()
{
    myfunc1();
    return 0;
}
```

为了生成可执行目标文件 myproc，可以先将 main.c 编译并汇编为可重定位目标文件 main.o，然后再将 main.o 和 mylib.so 以及标准 C 函数共享库 libc.so 进行链接。以下命令可以完成上述功能：

```
gcc - o myproc main.c ./mylib.so
```

通过上述命令得到可执行目标文件 myproc，这个命令与静态链接命令 " gcc - static - o myproc main.c mylib.a" 的执行过程不同。静态链接生成的可执行目标文件在加载后可以直接运行，因为所有外部函数都已包含在可执行目标文件中，而动态链接生成的可执行目标文件在加载执行过程中需要和共享库进行动态链接，否则不能运行。这是因为在动态链接生成可执行目标文件时，其中对外部函数的引用地址是未知的。因此，在动态链接生成的可执行目标文件运行前，系统会首先将动态链接器以及所使用的共享库文件加载到内存。动态链接器和共享库文件的路径都包含在可执行目标文件中，其中，动态链接器由加载器加载，而共享库由动态链接器加载。

图 4.22 给出了动态链接的全过程。整个过程被分成两步：首先，进行静态链接以生成部分链接的可执行目标文件 myproc，该文件中仅包含共享库（包括指定的共享目标文件 mylib.so 和默认的标准共享库文件 libc.so）中的符号表和重定位表信息，而共享库中的代码和数据并没有被合并到 myproc 中；然后，在加载 myproc 时，由加载器将控制权转移到指定的动态链接器，由动态链接器对共享目标文件 libc.so、mylib.so 和 myproc 中的相应模块内的代码和数据进行重定位并加载共享库，以生成最终的存储空间中完全链接的可执行目标，在完成重定位和加载共享库后，动态链接器把控制权转移到程序 myproc。在执行 myproc 的过程中，共享库中的代码和数据在存储空间的位置一直是固定的。

在上述过程中，有一个重要的问题是，如何在加载过程中将控制权从加载器转移到动态链接器？参看图 4.7 可以发现，在可执行目标文件的程序头表中有一个 Type = INTERP 的段。因此，这个问题的解决可通过在可执行目标文件 myproc 中加入一个特殊的 .interp

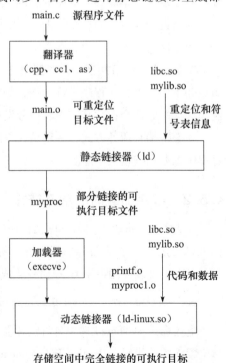

图 4.22　采用加载时动态链接的过程

节来实现。当加载 myproc 时，加载器会发现在 myproc 的程序头表中包含了 .interp 节构成的段，其 p_type 字段取值为 PT_INTERP，该节中包含了动态链接器的路径名，而动态链接器本身也是一个共享目标，在 Linux 系统中为 ld-linux.so 文件，.interp 节中有这个文件的路径信息，因而可以由加载器根据指定的路径来加载并启动动态链接器运行。动态链接器完成相应的重定位工作后再把控制权交给 myproc，启动其第一条指令执行。

4.5.3　程序运行时的动态链接

图 4.22 描述的是在程序被加载时对共享库进行动态链接的过程，实际上，共享库也可以在程序运行过程中进行动态链接。在一些类 UNIX 系统中，提供了一个动态链接器接口，其中定义了相应的几个函数，如 dlopen、dlsym、dlerror、dlclose 等，其头文件为 dlfcn.h。以下给出一个例子，用以说明如何在应用程序中使用动态链接器接口函数对共享库进行动态链接。

图 4.23 给出了一个运行时进行动态链接的应用程序示例 main.c。对于由图 4.15 所示的两个源程序文件 myproc1.c 和 myproc2.c 生成的共享库 mylib.so，在 main.c 中调用了共享库 mylib.so 中的函数 myfunc1。

```
1    #include <stdio.h>
2    #include <dlfcn.h>
3    int main()
4    {
5          void *handle;
6          void (*myfunc1)();
7          char *error;
8
9          /* 动态装入包含函数myfunc1()的共享库文件 */
10         handle = dlopen("./mylib.so", RTLD_LAZY);
11         if (!handle) {
12               fprintf(stderr, "%s\n", dlerror());
13               exit(1);
14         }
15
16         /* 获得一个指向函数myfunc1()的指针myfunc1*/
17         myfunc1 = dlsym(handle, "myfunc1");
18         if ((error = dlerror()) != NULL) {
19               fprintf(stderr, "%s\n", error);
20               exit(1);
21         }
22
23         /* 现在可以像调用其他函数一样调用函数myfunc1() */
24         myfunc1();
25
26         /* 关闭（卸载）共享库文件 */
27         if (dlclose(handle) < 0) {
28               fprintf(stderr, "%s\n", dlerror());
29               exit(1);
30         }
31         return 0;
32    }
```

图 4.23　采用运行时动态链接的应用程序 main.c

要编译该程序并生成可执行文件 myproc，通常用以下 GCC 命令：

```
gcc - rdynamic - o myproc main.c - ldl
```

选项-rdynamic 指示链接器在链接时使用共享库中的函数，选项-ldl 说明采用动态链接器接口中的 dlopen、dlsym 等函数进行运行时的动态链接。

如图 4.23 中源程序 main.c 所示，一个应用程序如果要在运行时动态链接一个共享库并引用库中的函数或变量，则必须经过以下几个步骤。

① 首先，通过 dlopen 函数加载和链接共享库，如图 4.23 中第 10 行所示。第 10 行的含义是启动动态链接器来加载并链接当前目录中的共享库文件 mylib.so，这里 dlopen 函数的第二个参数为 RTLD_LAZY，用来指示链接器对共享库中外部符号的引用不在加载时进行重定位，而是延迟到第一次函数调用时进行重定位，称为**延迟绑定**（lazy binding）技术。若 dlopen 函数出错，则返回值为 NULL；否则返回指向共享库文件句柄的指针。

② 在 dlopen 函数正常返回的情况下，通过 dlsym 函数获取共享库中所需函数。如图 4.23 中第 17 行所示。第 17 行的含义是指示动态链接器返回指定共享库 mylib.so 中指定符号 myfunc1 的地址。若指定共享库中不存在指定的符号，则返回 NULL。dlsym 函数的第一个参数是指定共享库的文件句柄，第二个参数用来标识指定符号的字符串，通常是后面将要使用的函数的函数名。

③ 在 dlsym 函数正常返回的情况下，就可以使用共享库中的函数，如图 4.23 中第 24 行所示。函数对应代码的首地址由 dlsym 函数返回。

④ 在使用完程序所需的所有共享库内函数或变量后，使用 dlclose 函数卸载这个共享库。如图 4.23 中第 27 行所示。若卸载成功，返回为 0，否则为 - 1。

若调用 dlopen、dlsym 和 dlclose 时发生出错，则出错信息可通过调用 dlerror 函数获得。

4.5.4 位置无关代码

共享库代码在磁盘上和内存中都只有一个备份，在磁盘上就是一个共享库文件，如类 UNIX 系统中的 .so 文件或 Windows 系统中的 .dll 文件。为了让一份共享库代码可以和不同的应用程序进行链接，共享库代码必须与地址无关，也就是说，在生成共享库代码时，要保证将来不管共享库代码加载到哪个位置都能够正确执行，也即共享库代码的加载位置可以是不确定的，而且共享库代码的长度发生变化也不影响调用它的程序。满足上述这种特征的代码称为**位置无关代码**（Position-Independent Code，PIC）。显然，共享库文件必须是位置无关代码，因而在生成共享库文件时，须使用 GCC 选项-fPIC 来生成位置无关代码。

符号之间的所有引用包含以下四种情况：① 模块内过程调用和跳转；② 模块内数据引用；③ 模块间数据引用；④ 模块间过程调用和跳转。

对于前两种情况，因为是在模块内进行函数（过程）和数据的引用，因而采用 PC 相对偏移寻址方式就可以方便地实现位置无关代码。对于后面两种情况，由于涉及模块之间的访问，所以无法通过 PC 相对偏移寻址来生成位置无关代码，需要有专门的实现机制。

1. 模块内过程调用和跳转

图 4.24 给出了一个源程序代码，其中，函数 foo 调用了模块内的一个函数 bar，因此属于

模块内的过程调用。因为 foo 和 bar 在同一个模块中，因而这两个函数的代码都在同一个 .text 节中，相对位置固定，只要在实现过程调用的 call 指令中采用 PC 相对偏移寻址方式，即可生成位置无关代码。显然，不管so中的代码加载到哪里，call 指令中的偏移量都不变。

以下是图 4.24 中源程序经编译后得到的部分机器级代码示例。

```
0000344 < bar >:
  0000344:    55             pushl %ebp
  0000345:    89 e5          movl  %esp, %ebp
      ......
  0000362:    c3             ret
  0000363:    90             nop
0000364   < foo >:
  0000364:    55             pushl %ebp
      ......
  0000374:    e8 db ff ff ff    call 0000344 < bar >
  0000379:
      ......
```

```
static int a;
static int b;
extern void ext();

void bar()
{
    a=1;
    b=2;
}
void foo()
{
    bar();
    ext();
}
```

图 4.24　模块内过程调用

编译器在生成 call 指令时，只要根据被引用函数 bar 的起始位置和 call 指令下条指令的起始位置之间的位移量就可算出偏移地址为 0x0000344 − 0x0000379 = 0xffff ffcb = − 0x35。同样，模块内的跳转也可用 jmp 指令通过 PC 相对寻址方式来生成位置无关代码。

2. 模块内数据引用

在图 4.24 中，函数 bar 引用了模块内的静态变量 a 和 b，因此属于模块内的数据访问。因为在同一个模块内数据段总是紧跟在代码段后面，因而任何引用某符号的指令与数据段起始处之间的位移量，以及本地局部符号在数据段内的位移量都是确定的。编译器可以利用这些特性生成位置无关代码。

以下是图 4.24 中源程序经编译后得到的部分机器级代码示例，主要给出了赋值语句 "a = 1;" 的编译结果。可以看出，为了生成位置无关代码，编译器对语句 "a = 1;" 生成了多条指令，这里假设 call 指令的下条指令到数据段起始位置之间的位移量为 0x118c，数据段起始位置到变量 a 之间的位移量为 0x28。

```
0000344 < bar >:
  0000344:    55             pushl %ebp
  0000345:    89 e5          movl  %esp, %ebp
  0000347:    e8 50 00 00 00    call  39c < __get_pc >
  000034c:    81 c1 8c 11 00 00  addl  $ 0x118c, %ecx
  0000352:    c7 81 28 00 00 00  movl  $ 0x1, 0x28(%ecx)
      ......
  0000362:    c3             ret

000039c < __get_pc >:
  000039c:    8b 0c 24       movl  (%esp), %ecx
  000039f:    c3             ret
```

上述机器级代码 0000347 处开始的三条指令对应函数 bar 中语句 "a = 1;"。首先，通过指令 "call 39c < __get_pc >" 将下条指令的地址保存在栈顶位置，然后再通过 000039c 处的 "movl(%esp), %ecx" 指令将当前栈顶位置送到 ECX 中，这样，不管这段共享代码加载到哪里，都会将引用 a 的指令的地址记录在 ECX 中。下一条指令再将该地址值加上 0x118c，得到数据段首地址送 ECX，然后再通过"基址加偏移量"的方式得到 a 的地址，从而实现对静态变量 a 的引用。通常，生成位置无关代码会带来一些额外的开销，可以看出，模块内数据访问情况下的位置无关代码多用了 4 条指令。在 x86-64 中，因为允许将 RIP 寄存器作为基址寄存器，所以使用一条指令即可实现模块内数据引用，从而可以减少额外开销。

3. 模块间数据引用

图 4.25 给出了一个源程序部分代码，其中，函数 bar 中的赋值语句"b = 2;"引用了模块外的一个外部变量 b，因此属于模块间的数据访问。因为变量 b 是外部符号，所以在对赋值语句"b = 2;"进行编译转换时，无法事先计算出变量 b 到引用 b 的指令之间的相对距离。不过，因为任何引用符号的指令与本模块数据段起始处之间的位移量是确定的，因而，可以在数据段开始处设置一个表，只要在程序执行时外部变量 b 的地址已记录在这个表中，那么引用 b 的指令就可以通过访问这个表中的地址来实现对 b 的引用。

```
static int a;
extern int b;
extern void ext();
void bar()
{
    a=1;
    b=2;
}
......
```

图 4.25   模块间数据引用

以下是图 4.25 中源程序经编译后得到的部分机器级代码示例。此例中，假设引用 b 的指令序列开始处（即 popl 指令起始处）到变量 b 所在的表项之间的位移量为 0x1180。

```
0000344 < bar >:
  0000344:    55                push1    %ebp
  ......
  0000357:    e8 00 00 00 00    call     000035c
  000035c:    5b                pop1     %ebx
  000035d:                      add1     $0x1180, %ebx
  ......                        mov1     (%ebx), %eax
  ......                        mov1     $2, (%eax)
```

上述代码段中，通过 0000357 处开始的"call 000035c"和"popl %ebx"指令，将赋值语句"b = 2;"对应的指令序列首地址送 EBX；通过加上位移量 0x1180，得到外部变量 b 的地址所存放的位置值送 EBX；然后根据 EBX 访问变量 b 所对应的表项，得到变量 b 的地址送 EAX；最后通过 EAX 引用变量 b。

这个设置在数据段起始处的用于存放全局变量地址的表称为**全局偏移量表**（Global Offset Table，GOT），其中每个表项对应一个全局变量，用于在动态链接时记录对应的全局变量的地址。

ABI 规范定义了 GOT 的具体结构与相应的处理过程。编译器为 GOT 中每一个表项生成一个重定位项，指示动态链接器在加载并进行动态链接时必须对这些 GOT 表项中的内容进行重定位，也即在动态链接时需要对这些表项绑定一个符号定义，并填入所引用的符号的地址。例如，对于上述例子，在加载并进行动态链接时，动态链接器应将符号 b 在其他模块中定义的地址，填入到本模块 GOT 中变量 b 对应的表项中。这样，在指令执行时，就可以从 GOT 中取到变量 b 在外部模块中的地址了。

同样，模块间数据访问时的位置无关代码也有缺陷，除了多用 4 条指令外，还增加了用于实现 GOT 的空间和时间，并多使用了一个被调用者保存寄存器 EBX。

4. 模块间过程调用和跳转

图4.26 给出了一个源程序部分代码，其中，函数 foo 调用了一个外部函数 ext，因此，属于模块间过程调用。与模块间数据引用一样，模块间过程调用也可以通过在数据段起始处增加一个全局偏移量表 GOT 来解决位置无关代码的生成问题，只要在 GOT 中增加外部函数对应的表项即可。

对于图4.26 所示的源程序，可以在 GOT 中设置一个与外部函数 ext 对应的表项。以下是该源程序经编译后得到的部分机器级代码示例。此例中，假设调用 ext 函数的指令序列起始处（即 popl 指令起始处）与 GOT 中 ext 对应表项之间的位移量为 0x1204。

```
000050c < foo >:
  000050c:    55                    pushl    %ebp
    ......
  0000557:    e8 00 00 00 00        call     000055c
  000055c:    5b                    popl     %ebx
  000055d:                          addl     $0x1204, %ebx
    ......                          call     *(%ebx)
    ......
```

```
static int a;
extern int b;
extern void ext();
void foo()
{
    bar();
    ext();
}
......
```

图4.26　模块间过程调用

上述代码中，从 0000557 开始的三条指令用于将数据段起始处的 GOT 中 ext 对应表项的地址送 EBX，000055d 处随后的"call *(%ebx)"指令将 EBX 所指向的 GOT 表项中的地址作为调用函数的目标地址，转到 ext 函数去执行。这里，*(%ebx) 为间接地址，即通过"R[eip]←M[R[ebx]]"实现过程调用。

与模块间数据引用一样，编译器也要为 GOT 中 ext 对应表项生成一个重定位项，GOT 中的 ext 函数地址也是在加载时通过动态链接进行重定位而得到的。

从上述代码可以看出，每次进行模块间过程调用都要额外执行三条指令。如果存在大量这种模块间过程调用的话，就会额外执行大量指令。为此，GCC 编译器采用了一种延迟绑定技术，以减少额外指令条数。

延迟绑定（lazy binding）技术的基本思想是：对于模块间过程的引用不在加载时进行重定位，而是延迟到第一次函数调用时进行重定位。延迟绑定技术除了需要使用 GOT 外，还需要使用**过程链接表**（Procedure Linkage Table，PLT）。其中，GOT 是 .data 节（包含在数据段中）的一部分，而 PLT 是 .text 节（包含在代码段中）的一部分，如图4.27 所示，图中给出了图4.26 对应可执行文件 foo 中的 PLT 和 GOT。

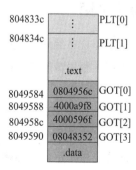

804833c		PLT[0]
804834c		PLT[1]
	.text	
8049584	0804956c	GOT[0]
8049588	4000a9f8	GOT[1]
804958c	4000596f	GOT[2]
8049590	08048352	GOT[3]
	.data	

图4.27　可执行文件中的 PLT 和 GOT

采用延迟绑定技术时，GOT 中开始三项总是固定的，含义如下：GOT[0] 为 .dynamic 节首址，该节中包含动态链接器所需的基本信息，如符号表位置、重定位表位置等；GOT[1] 为动态链接器的标识信息；GOT[2] 为动态链接器延迟绑定代码的入口地址。此外，所有被调用的外部函数在 GOT 中都有对应的表项，例如，图4.27 中的 GOT[3] 就是外部函数 ext 对应的表项。

PLT 中每个表项占 16 字节，它是 .text 节的一部分，每个表项中实际上包含的是 3 条指令。除 PLT[0] 外，其余各项各自对应一个共享库函数，例如，以下的 PLT[1] 对应 ext 函数。

```
PLT[0]
0804833c:  ff 35 88 95 04 08   pushl   0x8049588
 8048342:  ff 25 8c 95 04 08   jmp     *0x804958c
 8048348:  00 00 00 00

PLT[1] < ext >
0804834c:  ff 25 90 95 04 08   jmp     *0x8049590
 8048352:  68 00 00 00 00      pushl   $0x0
 8048357:  e9 e0 ff ff ff      jmp     804833c
```

编译器在处理外部过程 ext 的调用时，首先在 GOT 和 PLT 中填入以上相应信息，然后生成以下机器级代码：

```
804845b:  e8 ec fe ff ff   call  804834c < ext >
```

启动对应的可执行文件运行后，当第一次执行到上述这条 call 指令时，将根据目标地址 0x804834c，转到 PLT[1] 处执行。第一条间接跳转指令的执行过程是，先根据地址 0x8049590 找到 ext 对应的表项 GOT[3]，然后根据其中的内容再跳转到 0x08048352 处执行。此处是一条 pushl 指令，用于将 ext 对应的 ID 压栈，然后执行 jmp 指令，跳转到 0x804833c 处的 PLT[0] 处执行。

PLT[0] 中第一条指令将 GOT[1] 的地址 0x8049588 压栈，然后通过间接跳转指令，转到 GOT[2] 指出的动态链接器延时绑定代码处执行。这样，动态链接器延时绑定代码将根据 GOT[1] 中记录的动态链接器标识信息和 ext 对应的 ID 信息，对外部过程 ext 进行重定位，即在 GOT[3] 中填入真正的外部过程 ext 的地址，并控制程序转 ext 过程执行。

这样，以后再调用外部过程 ext 时，每次都只要执行 "jmp * 0x8049590" 就可以直接跳转到 ext 执行了，仅仅多执行了一条 jmp 指令，而不是多执行三条指令。

可以看出，延迟绑定技术的开销主要在第一次过程调用，需要额外执行多条指令，而以后每次都只是多执行一条指令，这对于同一个外部过程被多次调用的情况非常有益。

4.6 小结

链接器位于编译器、指令集体系结构和操作系统的交叉点上，涉及指令系统、代码生成、机器语言、程序转换和虚拟存储管理等诸多概念，因而它对于理解整个计算机系统概念来说是非常重要的。

链接处理涉及三种目标文件格式：可重定位目标文件、可执行目标文件和共享库目标文件。共享库文件是一种特殊的可重定位目标文件。ELF 目标文件格式有链接视图和执行视图两种，前者是可重定位目标格式，后者是可执行目标格式。链接视图中包含 ELF 头、各个节以及节头表；执行视图中包含 ELF 头、程序头表（段头表）以及各种节组成的段。

链接分为静态链接和动态链接两种，静态链接处理的是可重定位目标文件，它将多个可重定位目标模块中相同类型的节合并起来，以生成完全链接的可执行目标文件，其中所有符号的引用都是确定的在虚拟地址空间中的最终地址，因而可以直接被加载执行。而动态链接方式下的可执行目标文件是部分链接的，还有一部分符号的引用地址没有确定，需要利用共享库中定义的符号进行重定位，因而需要由动态链接器来加载共享库并重定位可执行文件中部分符号的引用。动态链接有两种方式，一种是可执行目标文件加载时进行共享库的动态链接；另一种是可执行目标文件在执行时进行共享库的动态链接。

链接过程需要完成符号解析和重定位两方面的工作，符号解析的目的就是将符号的引用与符号的定义关联起来，重定位的目的是分别合并代码和数据，并根据代码和数据在虚拟地址空间中的位置，确定每个符号的最终存储地址，然后根据符号的确切地址来修改符号的引用处的地址。

在不同的目标模块中可能会定义相同的符号，因为相同的多个符号只能分配一个地址，所以链接器需要确定以哪个符号为准。编译器通过对定义符号标识其为强符号还是弱符号，由链接器根据一套规则来确定多重定义符号中哪个是唯一的定义符号，如果不了解这些规则，则可能无法理解程序执行的有些结果。

加载器在加载可执行目标文件时，实际上只是把可执行目标文件中的只读代码段和可读写数据段通过页表映射到了虚拟地址空间中确定的位置，并没有真正把代码和数据从磁盘装入主存。

习题

1. 给出以下概念的解释说明。

链接	可重定位目标文件	可执行目标文件	符号解析
重定位	ELF 目标文件格式	ELF 头	节头表
程序头表（段头表）	只读代码段	可读写数据段	全局符号
外部符号	本地符号	强符号	弱符号
多重定义符号	静态库	符号的定义	符号的引用
未解析符号	重定位信息	运行时堆	用户栈
动态链接	共享库（目标）文件	位置无关代码（PIC）	全局偏移量表（GOT）
延迟绑定	过程链接表（PLT）		

2. 简单回答下列问题。
   - （1）如何将多个 C 语言源程序模块组合起来生成一个可执行目标文件？简述从源程序到可执行机器代码的转换过程？
   - （2）引入链接的好处是什么？
   - （3）可重定位目标文件和可执行目标文件的主要差别是什么？
   - （4）静态链接方式下，静态链接器主要完成哪两方面的工作？
   - （5）可重定位目标文件的 .text 节、.rodata 节、.data 节和 .bss 节中分别主要包含什么信息？
   - （6）可执行目标文件的 .text 节、.rodata 节、.data 节和 .bss 节中分别主要包含什么信息？

（7）可执行目标文件中有哪两种可装入段？哪些节组合成只读代码段？哪些节组合成可读写数据段？

（8）加载可执行目标文件时，加载器根据其中的哪个表的信息对可装入段进行映射？

（9）在可执行目标文件中，可装入段被映射到虚拟存储空间，这种做法有什么好处？

（10）静态链接和动态链接的差别是什么？

3. 假设一个 C 语言程序有两个源文件：main.c 和 test.c，它们的内容如图 4.28 所示。

```
1    /* main.c */
2    int sum();
3
4    int a[4]={1, 2, 3, 4};
5    extern int val;
6    int main()
7    {
8        val=sum();
9        return val;
10   }
```

```
1    /* test.c */
2    extern int a[];
3    int val=0;
4    int sum()
5    {
6        int i;
7        for (i=0; i<4; i++)
8            val += a[i];
9        return val;
10   }
```

图 4.28　题 3 用图

对于编译生成的可重定位目标文件 test.o，填写下表中各符号的情况，说明每个符号是否出现在 test.o 的符号表（.symtab 节）中，如果是的话，定义该符号的模块是 main.o 还是 test.o，该符号的类型是全局、外部还是本地，该符号出现在 test.o 中的哪个节（.text、.data 或 .bss）？

符号	是否在 test.o 的符号表中	定义模块	符号类型	节
a				
val				
sum				
i				

4. 假设一个 C 语言程序有两个源文件：main.c 和 swap.c，其中，main.c 的内容如图 4.9a 所示，而 swap.c 的内容如下：

```
1    extern int buf[];
2    int *bufp0 = &buf[0];
3    static int *bufp1;
4
5    static void incr() {
6        static int count = 0;
7        count ++;
8    }
9    void swap() {
10       int temp;
11       incr();
12       bufp1 = &bufp[1];
13       temp = *bufp0;
14       *bufp0 = *bufp1;
15       *bufp1 = temp;
16   }
```

对于编译生成的可重定位目标文件 swap.o，填写下表中各符号的情况，说明每个符号是否出现在 swap.o 的符号表（.symtab 节）中，如果是的话，定义该符号的模块是 main.o 还是 swap.o，该符号的类型是全局、外部还是本地，该符号出现在 swap.o 中的哪个节（.text、.data 或 .bss）？

符号	是否在 swap.o 的符号表中	定义模块	符号类型	节
buf				
bufp0				
bufp1				
incr				
count				
swap				
temp				

5. 假设一个 C 语言程序有两个源文件：main.c 和 proc1.c，它们的内容如图 4.29 所示。

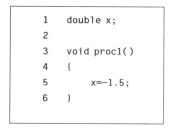

```
 1    #include <stdio.h>
 2    unsigned x=257;
 3    short y,z=2;
 4    void proc1(void);
 5    void main()
 6    {
 7        proc1();
 8        printf("x=%u,z=%d\n", x, z);
 9        return 0;
10    }
```
a）main.c 文件

```
 1    double x;
 2
 3    void proc1()
 4    {
 5        x=-1.5;
 6    }
```
b）proc1.c 文件

图 4.29　题 5 用图

回答下列问题。

（1）在上述两个文件中出现的符号哪些是强符号？哪些是弱符号？

（2）程序执行后打印的结果是什么？请分别画出执行第 7 行的 proc1() 函数调用前、后，在地址 &x 和 &z 中存放的内容。若第 3 行改为 "short $y=1$, $z=2$;"，打印结果是什么？

（3）修改文件 proc1，使得 main.c 能输出正确的结果（即 $x=257$，$z=2$）。要求修改时不能改变任何变量的数据类型和名字。

6. 以下每一小题给出了两个源程序文件，它们被分别编译生成可重定位目标模块 m1.o 和 m2.o。在模块 mj 中对符号 x 的任意引用与模块 mi 中定义的符号 x 关联记为 REF（mj.x）→DEF（mi.x）。请在下列空格处填写模块名和符号名以说明给出的引用符号所关联的定义符号，若发生链接错误则说明其原因，若从多个定义符号中任选则给出全部可能的定义符号，若是局部变量则说明不存在关联。

（1）
```
/* m1.c */
int p1(void);
int main()
{
    int p1 = p1();
    return p1;
}
```

```
/* m2.c */
static int main = 1;
int p1()
{
    main ++ ;
    return main;
}
```

① REF(m1.main)→DEF(_____ . _____)
② REF(m2.main)→DEF(_____ . _____)
③ REF(m1.p1)→DEF(_____ . _____)
④ REF(m2.p1)→DEF(_____ . _____)

（2）
```
/* m1.c */
int x = 100;
int p1(void);
int main()
{
    x = p1();
    return x;
}
```

```
/* m2.c */
float x = 100.0;
int main = 1;
int p1()
{
    main ++ ;
    return main;
}
```

① REF(m1.main)→DEF(_____ . _____)
② REF(m2.main)→DEF(_____ . _____)
③ REF(m1.x)→DEF(_____ . _____)

（3）
```
/* m1.c */
int p1(void);
int p1;
int main()
{
    int x = p1();
    return x;
}
```

```
/* m2.c */
int x = 10;
int main;
int p1()
{
    main = 1;
    return x;
}
```

① REF(m1.main)→DEF(_____ . _____)
② REF(m2.main)→DEF(_____ . _____)
③ REF(m1.p1)→DEF(_____ . _____)
④ REF(m1.x)→DEF(_____ . _____)
⑤ REF(m2.x)→DEF(_____ . _____)

（4）
```
/* m1.c */
int p1(void);
int x, y;
int main()
{
    x = p1();
    return x;
}
```

```
/* m2.c */
double x = 10;
int y;
int p1()
{
    y = 1;
    return y;
}
```

① REF(m1.x)→DEF(_____ . _____)

② REF(m2.x)→DEF(_____ . _____)

③ REF(m1.y)→DEF(_____ . _____)

④ REF(m2.y)→DEF(_____ . _____)

7. 以下由两个目标模块 m1 和 m2 组成的程序，经编译、链接后在计算机上执行，结果发现即使 p1 中没有对数组变量 main 进行初始化，最终也能打印出字符串 "0x5589\n"。为什么？要求解释原因。

```
1  /* m1.c */              1  /* m2.c */
2  void p1(void);          2  #include < stdio.h >;
3                          3  char main[2];
4  int main()             4
5  {                       5  void p1()
6      p1();               6  {
7      return 0;           7      printf("0x%x%x\n", main[0], main[1]);
8  }                       8  }
```

8. 图 4.30 中给出了用 OBJDUMP 显示的某个可执行目标文件的程序头表（段头表）的部分信息，其中，可读写数据段（Read/write data segment）的信息表明，该数据段对应虚拟存储空间中起始地址为 0x8049448、长度为 0x104 个字节的存储区，其数据来自可执行文件中偏移地址 0x448 开始的 0xe8 个字节。这里，可执行目标文件中的数据长度和虚拟地址空间中的存储区大小之间相差了 28 字节。请解释可能的原因。

```
Read-only code segment
  LOAD off     0x00000000 vaddr 0x08048000 paddr 0x08048000 align 2**12
       filesz 0x00000448 memsz 0x00000448 flags r-x

Read/write data segment
  LOAD off     0x00000448 vaddr 0x08049448 paddr 0x08049448 align 2**12
       filesz 0x000000e8 memsz 0x00000104 flags rw-
```

图 4.30 某可执行目标文件程序头表的部分内容

9. 假定 a 和 b 是可重定位目标文件或静态库文件，a→b 表示 b 中定义了一个被 a 引用的符号。对于以下每一小题出现的情况，给出一个最短命令行（含有最少数量的可重定位目标文件或静态库文件参数），使得链接器能够解析所有的符号引用。

（1）p.o→libx.a→liby.a

（2）p.o→libx.a→liby.a 同时 liby.a→libx.a

（3）p.o→libx.a→liby.a→libz.a 同时 liby.a→libx.a→libz.a

10. 图 4.17 给出了图 4.9a 所示的 main 源代码对应的 main.o 文件中 .text 节和 .rel.text 节的内容，图中显示其 .text 节中有一处需重定位。假定链接后 main 函数代码起始地址是 0x8048386，紧跟在 main 后的是 swap 函数的代码，且首地址按 4 字节边界对齐。要求根据对图 4.17 的分析，指出 main.o 的 .text 节中需重定位的符号名、相对于 .text 节起始位置的位移、所在指令行号、重定位类型、重定位前的内容、重定位后的内容，并给出重定位值的计算过程。

11. 图 4.20 给出了图 4.9b 所示的 swap 源代码对应的 swap.o 文件中 .text 节和 .rel.text 节的内容，图中显示 .text 节中共有 6 处需重定位。假定链接后生成的可执行目标文件中 buf 和 bufp0 的存储地址分别是 0x80495c8 和 0x80495d0，bufp1 的存储地址位于 .bss 节的开始，为 0x8049620。根据对图 4.20 的分析，仿照例子填写下表，指出各个重定位的符号名、相对于 .text 节起始位置的位移、所在指令行号、重定位类型、重定位前的内容、重定位后的内容。

序号	符号	位移	指令所在行号	重定位类型	重定位前内容	重定位后内容
1	bufp1 （.bss）	0x8	6 ~ 7	R_386_32	0x00000000	0x8049620
2						
3						
4						
5						
6						

PART 2

第二部分

可执行目标文件的运行

程序的执行

计算机所有功能都通过执行程序完成，程序由指令序列构成。现代计算机最突出的特点之一是采用"存储程序"的工作方式，因此，程序被启动后，计算机能自动逐条取出程序中的指令并执行。数据通路在控制器产生的控制信号控制下完成特定的指令功能。数据通路和控制器是中央处理器（Central Processing Unit，简称 CPU）中最基本的部件。本书中有时将中央处理器简称为处理器。

一个处理器能够处理的指令集合及其涉及的指令格式、寻址方式、操作数的定义、操作数所存放的寄存器以及存储器的相关规定就是处理器的指令集体系结构（ISA）。不同的处理器系列具有不同的指令集体系结构。例如，Intel 的 x86 系列处理器具有相同或相互兼容的 ISA，称之为 IA-32，ARM 系列处理器具有相同或相互兼容的 ISA。不同厂商只要按照相同的 ISA 来设计制造处理器芯片，那么这些处理器芯片就是相互兼容的，可以在机器中互换。

按照 ISA 的复杂程度来分，有**复杂指令集计算机**（Complex Instruction Set Computer，简称 CISC）和**精简指令集计算机**（Reduced Instruction Set Computer，简称 RISC）两种类型。IA-32 属于前者，其相应的数据通路比较复杂，为简化机器指令执行原理的讲解，本章采用 RICS 风格的 MIPS 处理器作为模型机。

本章主要介绍指令的执行过程、CPU 的基本功能和基本组成、数据通路的工作原理和设计方法以及流水线方式下指令的执行过程。

5.1 程序执行概述

5.1.1 程序及指令的执行过程

从第 3 章和第 4 章介绍的有关机器级代码的生成与表示可以看出，指令按顺序存放在存储空间的连续单元中，正常情况下，指令按其存放顺序执行，遇到需要改变程序执行流程的情况，用相应的转移类指令（包括无条件转移指令、条件转移指令、调用指令和返回指令等）来改变程序执行流程。可以通过把即将执行的转移目标指令所在存储单元的地址送程序计数器 PC 来改变程序执行流程。CPU 取出并执行一条指令的时间称为**指令周期**。不同指令所要完成的功能不同，因而所用的时间可能不同，因此不同指令的指令周期可能不同。

例如，对于第 4 章 4.3.1 节图 4.9 中的例子，其链接生成的可执行目标文件的 .text 节中的

main 函数包含的指令序列如下。

```
1   08048380 <main>:
2   8048380:        55                   push    %ebp
3   8048381:        89 e5                mov     %esp,%ebp
4   8048383:        83 e4 f0             and     $0xfffffff0,%esp
5   8048386:        e8 09 00 00 00       call    8048394 <swap>
6   804838b:        b8 00 00 00 00       mov     $0x0,%eax
7   8048390:        c9                   leave
8   8048391:        c3                   ret
```

可以看出，指令按顺序存放在地址 0x08048380 开始的存储空间中，每条指令的长度可能不同，如 push、leave 和 ret 指令各占一个字节，第 3 行的 mov 指令占两个字节，第 4 行 and 指令占三个字节，第 5 行和第 6 行指令都占 5 个字节。每条指令对应的 0/1 序列的含义有不同的规定，如"push %ebp"指令为 55H = 0101 0101B，其中高 5 位 01010 为 push 指令操作码，后三位 101 为 EBP 的编号，"leave"指令为 C9H = 1100 1001B，没有显式操作数，8 位都是指令操作码。指令执行的顺序是：第 2～5 行指令按顺序执行，第 5 行指令执行后跳转到 swap 函数执行，执行完 swap 函数后回到第 6 行指令执行，然后顺序执行到第 8 行指令，执行完第 8 行指令后，再转到另一处开始执行。

CPU 为了能完成指令序列的执行，它必须解决以下一系列问题：如何判定每条指令有多长？如何判定指令操作类型、寄存器编号、立即数等？如何区分第 3 行和第 6 行 mov 指令的不同？如何确定操作数是在寄存器中还是在存储器中？一条指令执行结束后如何正确地读取到下一条指令？

通常，CPU 执行一条指令的大致过程如图 5.1 所示，分成取指令、指令译码、计算源操作数地址并取操作数、执行数据操作、计算目的操作数地址并存结果、计算下条指令地址这几个步骤。

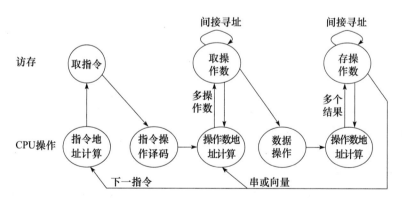

图 5.1　指令执行过程

① 取指令。马上将要执行的指令的地址总是在程序计数器（PC）中，因此，取指令的操作就是从 PC 所指出的存储单元中取出指令送到指令寄存器（IR）。例如，对于上述 main 函数的执行，刚开始时，PC（即 IA-32 中的 EIP）中存放的是首地址 0x0804 8380，因此，CPU 根据 PC 的值取到一串 0/1 序列送 IR，可以每次总是取最长指令字节数，假定最长指令是 4 个字节，即 IR 为 32 位，此时，从 0x0804 8380 开始取 4 个字节到 IR 中，也即，将 55H、89H、E5H 和

83H 送到 IR 中。

② 对 IR 中的指令操作码进行译码。不同指令其功能不同，即指令涉及的操作过程不同，因而需要不同的操作控制信号。例如，上述第 6 行"mov \$0x0,%eax"指令要求将立即数 0x0 送寄存器 EAX 中；而上述第 3 行"mov %esp,%ebp"指令则要求从寄存器 ESP 中取数，然后送寄存器 EBP 中。因而，CPU 应该根据不同的指令操作码译出不同的控制信号。例如，对取到 IR 中的 5589 E583H 进行译码时，可根据对最高 5 位（01010）的译码结果得到 push 指令的控制信号。

③ 源操作数地址计算并取操作数。根据寻址方式确定源操作数地址计算方式，若是存储器数据，则需要一次或多次访存，例如，当指令为间接寻址或两个操作数都在存储器的双目运算时，就需要多次访存；若是寄存器数据，则直接从寄存器取数后转到下一步进行数据操作。

④ 执行数据操作。在 ALU 或加法器等运算部件中对取出的操作数进行运算。

⑤ 目的操作数地址计算并存结果。根据寻址方式确定目的操作数地址计算方式，若是存储器数据，则需要一次或多次访存（间接寻址时）；若是寄存器数据，则在进行数据操作时直接存结果到寄存器。

如果是串操作或向量运算指令，则可能会并行执行或循环执行第③~⑤步多次。

⑥ 指令地址计算并将其送 PC。顺序执行时，下条指令地址的计算比较简单，只要将 PC 加上当前指令长度即可，例如，当对 IR 中的 5589 E583H 进行操作码译码时，得知是 push 指令，指令长度为一个字节，因此，指令译码生成的控制信号会控制使 PC 加 1（即 0x0804 8380 + 1），得到即将执行的下条指令的地址为 0x0804 8381。如果译码结果是转移类指令时，则需要根据条件标志、操作码和寻址方式等确定下条指令地址。

对于上述过程的第①步和第②步，所有指令的操作都一样；而对于第③~⑤步，不同指令的操作可能不同，它们完全由第②步译码得到的控制信号控制。也即指令的功能由第②步译码得到的控制信号决定。对于第⑥步，若是定长指令字，处理器会在第①步取指令的同时计算出下条指令地址并送 PC，然后根据指令译码结果和条件标志决定是否在第⑥步修改 PC 的值，因此，在顺序执行时，实际上是在取指令时计算下条指令地址，第⑥步什么也不做。

根据对上述指令执行过程的分析可知，每条指令的功能总是通过对以下四种基本操作进行组合来实现的，也即，每条指令的执行可以分解成若干个以下基本操作。

① 读取某存储单元内容（可能是指令或操作数或操作数地址），并将其装入某个寄存器。

② 把一个数据从某个寄存器存储到给定的存储单元中。

③ 把一个数据从某个寄存器传送到另一个寄存器或者 ALU。

④ 在 ALU 中进行某种算术运算或逻辑运算，并将结果传送到某个寄存器。

5.1.2　CPU 的基本功能和组成

CPU 的基本职能是周而复始地执行指令，上一节介绍的机器指令执行过程中的全部操作都是由 CPU 中的控制器控制执行的。随着超大规模集成电路技术的发展，更多的功能逻辑被集成到 CPU 芯片中，包括 cache、MMU、浮点运算逻辑、异常和中断处理逻辑等，因而 CPU 的内部组成越来越复杂，甚至可以在一个 CPU 芯片中集成多个处理器核。但是，不管 CPU 多复杂，它最基本的部件是数据通路和控制部件。控制部件根据每条指令功能的不同生成对数据通路的控制信号，并正确控制指令的执行流程。

为了在教学上遵循由简到难的原则，我们首先从 CPU 最基本的组成开始了解。CPU 的基本功能决定了 CPU 的基本组成，图 5.2 所示是 CPU 的基本组成原理图。

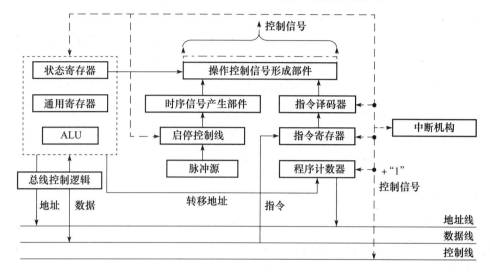

图 5.2　CPU 基本组成原理图

图 5.2 中的**地址线**、**数据线**和**控制线**并不属于 CPU，构成系统总线的这三组线主要用来使 CPU 与 CPU 外部的部件（主要是主存储器）交换信息，交换的信息包括地址、数据和控制三类，分别通过地址线、数据线和控制线进行传送，这里，数据信息包含指令，也即数据和指令都看成是数据，因为对总线和存储器来说，指令和数据在形式上没有区别，而且数据和指令的访存过程也完全一样。除了地址和数据（包括指令）以外的所有信息都属于控制信息。地址线是单向的，由 CPU 送出地址，用于指定需要访问的指令或数据所在的存储单元地址。

图 5.2 所示的数据通路非常简单，只包括最基本的执行部件，如 ALU、通用寄存器和状态寄存器等，其余都是控制逻辑或与其密切相关的逻辑，主要包括以下几个部分。

① 程序计数器（PC）。PC 又称**指令计数器**或**指令指针寄存器**（IP），用来存放即将执行指令的地址。正常情况下，指令地址的形成有两种方式：

- 顺序执行时，PC +"1"形成下条指令地址（这里的"1"是指一条指令的字节数）。在有的机器中，PC 本身具有"+1"计数功能，也有的机器借用运算部件完成 PC +"1"。
- 需要改变程序执行顺序时，通常会根据转移类指令提供的信息生成转移目标指令的地址，并将其作为下条指令地址送 PC。每个程序开始执行之前，总是把程序中第一条指令的地址送到 PC 中。

② **指令寄存器**（IR）。IR 用以存放现行指令。上文提到，每条指令总是先从存储器取出后才能在 CPU 中执行，指令取出后存放在指令寄存器中，以便送指令译码器进行译码。

③ **指令译码器**（ID）。ID 对指令寄存器中的操作码部分进行分析解释，产生相应的译码信号提供给操作控制信号形成部件，以产生控制信号。

④ 启停控制逻辑。脉冲源产生一定频率的脉冲信号作为整个机器的**时钟脉冲**，它是 CPU 时序的基准信号。**启停控制逻辑**在需要时能保证可靠地开放或封锁时钟脉冲，控制时序信号的发生与停止，并实现对机器的启动与停机。

⑤ 时序信号产生部件。该部件以时钟脉冲为基础，产生不同指令对应的周期、节拍、工作脉冲等时序信号，实现机器指令执行过程的时序控制。

⑥ 操作控制信号形成部件。该部件综合时序信号、指令译码信号和执行部件反馈的条件标志（如 CF、SF、ZF 和 OF）等，形成不同指令的操作所需要的控制信号。

⑦ **总线控制逻辑**。实现对总线传输的控制，包括对数据和地址信息的缓冲与控制。CPU 对于存储器的访问通过总线进行，CPU 将存储访问命令（即读写控制信号）送到控制线，将要访问的存储单元地址送到地址线，并通过数据线取指令或者与存储器交换数据信息。

⑧ 中断机构。实现对异常情况和外部中断请求的处理。

5.1.3 打断程序正常执行的事件

从开机后 CPU 被加电开始，到断电为止，CPU 自始至终就一直重复做一件事情：读出 PC 所指存储单元的指令并执行它。每条指令的执行都会改变 PC 中的值，因而 CPU 能够不断地执行新的指令。

正常情况下，CPU 按部就班地按照程序规定的顺序一条指令接着一条指令执行，或者按顺序执行，或者跳转到转移类指令设定的转移目标指令执行，这两种情况都属于正常执行顺序。

当然，程序并不总是能按正常顺序执行，有时 CPU 会遇到一些特殊情况而无法继续执行当前程序。例如，以下事件可能会打断程序的正常执行。

- 对指令操作码进行译码时，发现是不存在的"非法操作码"，因此，CPU 不知道如何实现当前指令而无法继续执行。
- 在访问指令或数据时，发现"段错误（segmentation fault）"或"缺页（page fault）"，因此，CPU 没有获得正确的指令和数据而无法继续执行当前指令。
- 在 ALU 中运算的结果发生溢出，或者整数除法指令的除数为 0，因此，CPU 发现运算结果不正确而无法继续执行程序。
- 在执行指令过程中，CPU 外部发生了采样计时时间到、网络数据包到达网络适配器、磁盘完成数据读写等外部事件，要求 CPU 中止当前程序的执行，转去执行专门的外部事件处理程序。

因此，CPU 除了能够正常地不断执行指令以外，还必须具有程序正常执行被打断时的处理机制，这种机制被称为**异常控制**，也被称为**中断机制**，CPU 中相应的异常和中断处理逻辑称为**中断机构**，如图 5.2 中所示。

计算机中很多事件的发生都会中断当前程序的正常执行，使 CPU 转到操作系统中预先设定的与所发生事件相关的处理程序执行。有些事件处理完后可回到被中断的程序继续执行，此时相当于执行了一次过程调用；有些事件处理完后则不能回到原被中断的程序继续执行。所有这些打断程序正常执行的事件被分成两大类：内部异常和外部中断。

1. 内部异常

内部异常（exception）是指由 CPU 内部的异常引起的意外事件。根据其发生的原因又分为硬故障中断和程序性异常。**硬故障中断**是由于硬连线路出现异常而引起的，如主存校验线路错等；**程序性异常**是由 CPU 执行某个指令而引起的发生在 CPU 内部的异常事件，如除数为 0、溢出、断点、单步跟踪、寻址错、访问超时、非法操作码、堆栈溢出、缺页、地址越界（段错误）等。

2. 外部中断

程序执行过程中，若外设完成任务或发生某些特殊事件，例如，打印机缺纸、定时采样计数时间到、键盘缓冲区已满、从网络中接收到一个信息包、从磁盘读入了一块数据等，设备控制器会向 CPU 发中断请求，要求 CPU 对这些情况进行处理。通常，每条指令执行完后，CPU都会主动去查询有没有中断请求，有的话，则将下条指令地址作为**断点**保存，然后转到用来处理相应中断事件的“**中断服务程序**”执行，结束后回到断点继续执行。这类事件与执行的指令无关，由 CPU 外部的 I/O 子系统发出，所以称为**I/O 中断**或**外部中断**（interrupt），需要通过外部中断请求线向 CPU 请求。

有关内部异常和外部中断更详细的内容参见第 7 章。显然，内部异常和外部中断都会破坏流水线的执行，引起指令流水线的阻塞。指令流水线中的异常和中断处理是非常具有挑战性的工作，已超出本书讨论的范围，请参考其他相关资料。

5.2　数据通路基本结构和工作原理

机器指令的执行是在数据通路中完成的，通常将指令执行过程中数据所经过的路径（包括路径上的部件）称为**数据通路**。ALU、通用寄存器、状态寄存器、cache、MMU、浮点运算逻辑、异常和中断处理逻辑等都是指令执行过程中数据流经的部件，都属于数据通路的一部分。通常把数据通路中专门进行数据运算的部件称为**执行部件**（execution unit）或**功能部件**（function unit）。数据通路由控制部件进行控制。

从 1946 年冯·诺依曼及其同事在普林斯顿高级研究院开始设计存储程序计算机（被称为 IAS 计算机，它是后来通用计算机的原型）以来，数据通路的结构发生了较大变化，从 IAS 计算机中 CPU 内部的分散连接结构，到基于单总线、双总线或三总线的总线式 CPU 结构，再到基于简单流水线和超标量/动态调度流水线 CPU 结构，直至近几年又出现了多核 CPU 结构。特别是近几年，执行程序的底层硬件还出现了 CPU + GPU 或 CPU + MIC 协处理器等新的执行架构。不管执行机器指令的数据通路有多么复杂，其基本工作原理都是相通的。为简化问题，本节采用简单的总线式数据通路、单周期数据通路和基本流水线数据通路来讲解数据通路的基本工作原理，有关现代计算机数据通路设计的一些复杂问题，请参看其他相关资料。

5.2.1　数据通路基本结构

指令执行所用到的元件有两类：**组合逻辑元件**（也称**操作元件**）和**时序逻辑元件**（也称**状态元件**或**存储元件**）。连接这些元件的方式有两种：总线连接方式和分散连接方式。数据通路就是由操作元件和存储元件通过总线或分散方式连接而成的进行数据存储、处理和传送的路径。

1. 操作元件

组合逻辑元件的输出只取决于当前的输入。若输入一样，其输出也一样。组合电路的定时不受时钟信号的控制，所有输入信号到达后，经过一定的逻辑门延迟，输出端的值被改变，并一直保持其值不变，直到输入信号改变。数据通路中常用的组合逻辑元件有**多路选择器**（MUX）、**加法器**（Adder）、**算术逻辑部件**（ALU）、**译码器**（Decoder）等，其符号表示如图 5.3 所示。有关这些组合逻辑元件的功能和结构请参看附录。

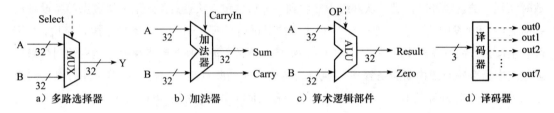

a）多路选择器   b）加法器   c）算术逻辑部件   d）译码器

图 5.3   数据通路中的常用组合逻辑元件

图 5.3 中虚线表示控制信号，多路选择器需要控制信号 Select 来确定选择哪个输入被输出；加法器不需要控制信号进行控制，因为它的操作是确定的；算术逻辑部件需要有操作控制信号 OP，由它确定 ALU 进行哪种操作；译码器通过对指令操作码进行译码，输出译码后得到的控制信号 out0、out1、…、out7，译码器无须控制信号进行控制。

2. 状态元件

状态元件具有存储功能，输入状态在时钟控制下被写到电路中，并保持电路的输出值不变，直到下一个时钟到达。输入端状态由时钟决定何时被写入，输出端状态随时可以读出。最简单的状态单元是 <u>D 触发器</u>，有时钟输入 Clk、状态输入端 D 和状态输出端 Q。图 5.4 是 D 触发器的定时示意图。

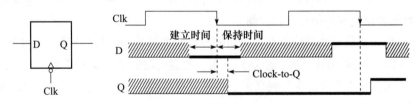

图 5.4   D 触发器定时示意图

图 5.4 中的 D 触发器采用时钟下降沿（负跳变）触发，要使输出状态能正确地随着输入状态改变，必须满足以下时间约束：① 在时钟下降沿到来前的一定时间内，输入端 D 的状态必须稳定有效，这段时间被称为**建立时间**（Setup Time）；② 在时钟下降沿到来后的一定时间内，输入端 D 的状态必须继续保持稳定不变，这段时间被称为**保持时间**（Hold Time）。在上述两个约束条件满足的情况下，经过时钟下降沿到来后的一段延迟时间，输出端 Q 的状态改变为输入端 D 的状态，并一直保持不变，直到下个时钟到来。通常，将触发边沿开始到输出端 Q 的状态改变为止的时间称为**Clock-to-Q 时间**（"Clock-to-Q"），也称为触发器的**锁存延迟**

（Latch Prop），这段时间远小于保持时间。

数据通路中的寄存器是一种典型的状态存储元件，由 n 个 D 触发器可构成一个 n 位寄存器。根据功能和实现方式的不同，有各种不同类型的寄存器。

5.2.2 数据通路的时序控制

指令执行过程中的每个操作步骤都有先后顺序，为了使计算机能正确执行指令，CPU 必须按正确的时序产生操作控制信号。由于不同指令对应的操作序列长短不一，序列中各操作的执行时间也不相同，因此，需要考虑用怎样的时序方式来控制。

早期计算机通常采用机器周期、节拍和脉冲三级时序对数据通路操作进行定时控制。一个指令周期可分为取指令、读操作数、执行并写结果等多个基本工作周期，称为**机器周期**。因此，有取指令、存储器读、存储器写、中断响应等不同类型的机器周期。每个机器周期的实际时间长短可能不同，例如，存储器读或存储器写周期比 CPU 中的操作时间长得多。所以，机器周期的宽度通常以主存工作周期为基础来确定。一个机器周期内要进行若干步动作。例如，存储器读周期有：送地址到地址线、送读命令到控制线、检测数据有无准备好、从数据线取数据等。因此，有必要将一个机器周期再划分成若干节拍，每个动作在一个节拍内完成。为了产生操作控制信号并使某些操作能在一拍时间内配合工作，常在一个节拍内再设置一个或多个工作脉冲。

现代计算机中，已不再采用三级时序系统，机器周期的概念已逐渐消失。整个数据通路中的定时信号就是**时钟信号**，一个时钟周期就是一个**节拍**。

如图 5.5 所示，数据通路可看成由组合逻辑元件（即操作元件）和状态元件（即存储元件）交替组合而成，即数据通路的基本结构为 "…—状态元件—操作元件（组合逻辑）—状态元件—…"。

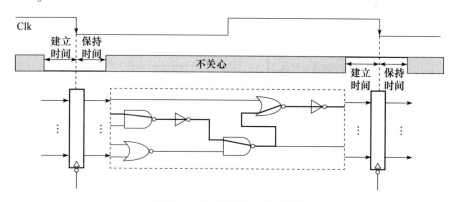

图 5.5　数据通路和时钟周期

只有状态元件能存储信息，所有操作元件都须从状态元件接收输入，并将输出写入状态元件中。所有状态元件在同一个时钟信号控制下写入信息。假定采用下降沿触发方式，则所有状态元件在时钟下降沿到来时开始写入信息，经过触发器的锁存延迟（即 Clk-to-Q 时间）后输出开始有效。假定每个时钟的下降沿是一个时钟周期的开始时刻，则一个时钟周期内整个处理过程如下：经过 Clk-to-Q 时间，前一个时钟周期内生成的信号被写入状态元件，并输出到随后的操作元件进行处理，经过若干级门延迟，得到的处理结果被送到下一级状态元件的输入端，然后再稳定一段时间（建立时间）才能开始下个时钟周期，并在时钟信号到达后还要保持一段时间（保持时间）。

假定所有各级操作元件中最长操作延迟时间为 Longest Delay，考虑**时钟偏移**（clock skew）[⊖]，根据上述分析可知，数据通路的时钟周期为：

$$Cycle\ Time = Clk\text{-}to\text{-}Q\ 时间 + Longest\ Delay + 建立时间 + 时钟偏移$$

5.2.3 总线式数据通路

通用计算机的原型是 IAS 计算机，它所使用的数据通路中，除了主存 M 外，主要有累加器 AC、乘商寄存器 MQ、指令寄存器 IR、程序计数器 PC 等。它采用了累加器型指令系统，因而数据通路较简单，部件之间采用**分散连接方式**，即部件之间通过专用的连接线互连。数据通路中的部件之间也可通过**总线方式**连接。

总线式数据通路是指数据通路中的主要部件，如通用寄存器、ALU 和各种内部寄存器都连接在 CPU 的内部总线上。若 ALU 的两个输入端和一个输出端都直接或间接连接到一个内总线上，则为单总线结构数据通路；若 ALU 的两个输入端和一个输出端分别连接到三个内总线上，则为三总线数据通路。

1. 单总线数据通路

如图 5.6 所示，可将 ALU 及所有寄存器通过一条内部的公共总线连接起来，以构成单总线结构的数据通路。因为此总线在 CPU 内部，所以称为 CPU 的**内总线**，请不要把它与 CPU 外部的用于连接 CPU、存储器和 I/O 模块的系统总线（如处理器总线、存储器总线）相混淆。

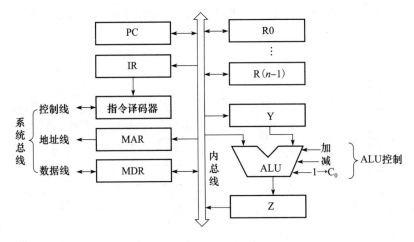

图 5.6 单总线数据通路

图 5.6 中，寄存器 R0 ~ R(n−1) 是程序员可见的通用寄存器，而寄存器 Y 和 Z 是对程序员透明的内部寄存器，仅用作某些指令执行期间存放中间结果。指令寄存器 IR 和指令译码器是 CPU 内部控制器的主要部件。存储器经由存储器总线连到**存储器数据寄存器**（Memory Data

---

⊖ 时钟偏移：由于器件工艺和走线延迟等原因造成的同步系统中时钟信号的偏差，这种时间偏差使得时钟信号不能同时到达不同的状态元件而导致同步定时错误，所以需要在时钟周期中增加时钟偏移时间来避免这种错误。也有人把 clock skew 翻译为时钟扭斜或时钟歪斜。

Register，简称 MDR）和**存储器地址寄存器**（Memory Address Register，简称 MAR），从而实现存储器和 CPU 之间的信息传送。

在图 5.6 所示的单总线数据通路结构中，组成所有指令功能的四种基本操作过程说明如下。

（1）在通用寄存器之间传送数据

总线是一组共享的传输信号线，它不能存储信息，某一时刻也只能有一个部件能把信息送到总线上。在图 5.6 所示的单总线数据通路中，连到 CPU 内总线上的各个部件之间通过内总线传送数据。源寄存器将信息送到内总线上，经过内总线上一定的时间延迟，被传送到目的寄存器并被存储在目的寄存器中。

图 5.7 给出了寄存器中的一位触发器和内总线相连时的控制电路和控制信号，对于一个由 n 个触发器构成的 n 位寄存器，其原理是一样的。

在图 5.7 中，D 触发器的数据输入端连到一个二路选择器的输出，当控制信号 $R_{in} = 1$ 时，选择内总线上的信息输出到 D 触发器的输入端，当时钟信号的触发边沿到达时，被存入触发器；当 $R_{in} = 0$ 时，触发器的值保持不变。触发器的输出端通过一个三态门与内总线相连，当控制信号 $R_{out} = 1$ 时，

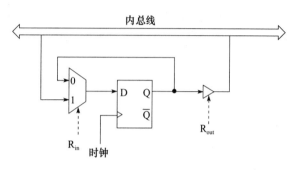

图 5.7　一位寄存器的输入/输出控制

三态门被打开，触发器的输出被送到总线上；当 $R_{out} = 0$ 时，三态门的输出端呈高阻态，触发器与内总线断开。

通常在寄存器和内总线之间有两个控制信号：R_{in} 和 R_{out}。当 $R_{in} = 1$ 时，控制将内总线上的信息存到寄存器 R 中；当 $R_{out} = 1$ 时，控制寄存器 R 将信息送到内总线上。例如，在图 5.6 所示的数据通路中，要将寄存器 R0 的内容传送到寄存器 Y，则对应的控制信号取值为：$R0_{out} = 1$，$Y_{in} = 1$，其余寄存器的 R_{in} 和 R_{out} 信号都为 0，通常称取值为 1 的 R_{in} 和 R_{out} 信号为**有效控制信号**，在描述控制信号取值时，只写出有效控制信号，例如，上述情况下写为"$R0_{out}$，Y_{in}"。

（2）完成算术或逻辑运算

ALU 是一个没有记忆功能的组合逻辑电路，若要进行正确的运算，必须将两个操作数都送到 ALU 的输入端，并在正确的 ALU 控制信号的控制下进行。ALU 控制信号可以是"加（add）"、"减（sub）"、"与（and）"、"或（or）"、"传送（mov）"、"取反（not）"、"取负（neg）"等。在图 5.6 所示的数据通路中，Y 寄存器存放其中一个操作数，另一个操作数被置于内总线上。运算结果被临时存放在寄存器 Z 中。因此，要实现操作："$R[R3] \leftarrow R[R1] + R[R2]$"，即寄存器 R1 的内容与 R2 的内容相加，结果送寄存器 R3，则有效控制信号序列如下：

① $R1_{out}$，Y_{in}

② $R2_{out}$，add（Z_{in}）

③ Z_{out}，$R3_{in}$

以上三步不能同时执行，因为任何时刻只能将一个寄存器的内容送到内总线，任何一步结

束时结果要送到某个寄存器的输入端（即保存到寄存器）。因此，该操作需要三个时钟周期（节拍）。

在上述第②步加法操作中，控制信号 $R2_{out}$ 被置 1 后，R2 的输出三态门被接通，数据沿内总线传送到 ALU 的输入端，并在 add 信号的控制下，在 ALU 中与已经在另一个输入端的数据（即 Y 中的内容）做加法运算，最后将结果写入 Z。在图 5.6 所示的数据通路中，实际上并没有控制信号 Z_{in}，因为 ALU 的输出只有一个出口，即寄存器 Z。通常情况下，ALU 的结果会直接送 Z 寄存器。这里在第②步写上 Z_{in}，表示此时 ALU 运算的结果被存入寄存器 Z 中。为了能正确实现这一步操作，$R2_{out}$、add 信号必须在一定的时间内保持有效。

如图 5.8 所示，由于指令译码线路等控制逻辑的延迟，控制信号总是在时钟信号开始一段时间之后才有效，我们把这段时间记为 Clk-to-Signal，它的时延一定大于锁存延迟 Clk-to-Q，因此，在控制信号开始有效的 t_0 时刻，寄存器 R2 的输出已经有效，此时，$R2_{out}$ 开始作用于三态门，到达 t_1 时刻三态门打开，R2 的内容被送到内总线上，经过总线传输和 ALU 延迟，在 t_3 时刻运算结果到达寄存器 Z 的输入端，再经过一段建立时间，在 t_4 时刻稳定，下个时钟到来后就开始写寄存器 Z。为了正确写入 Z，运算结果还必须在 Z 的输入端继续稳定一段保持时间。因此，为了保证能正确完成 ALU 运算并将运算结果正确写入 Z 寄存器，$R2_{out}$ 必须至少保持三态门接通时间、总线传输时间、ALU 延迟、寄存器 Z 的建立和保持时间之和，即 $R2_{out}$ 必须持续保持到 t_5 时刻，同样，add 信号也必须持续保持到 t_5 时刻。

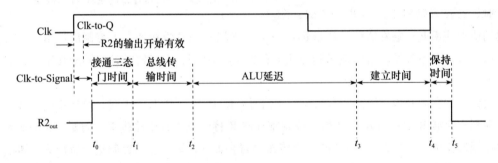

图 5.8　ALU 操作控制信号的定时

（3）从主存读取一个字（指令或数据或数据的地址）

早期的计算机，其 CPU 和主存之间采用"**异步**"方式进行通信。对于读操作，首先，CPU 送出一个读信号（read）来启动一次主存读操作，然后等待主存完成读操作。主存一旦完成读操作（即把数据放到 MDR 中），就向 CPU 发回一个存储功能完成（Memory Function Completed，简称 MFC）信号，使 CPU 结束等待状态，并继续执行指令。CPU 在等待期间，每个时钟到来时都会采样 MFC 信号，若检测到 MFC 信号有效，则表明存储器已将数据读出。为了使 CPU 能从执行指令状态转入等待状态，需要有一个控制信号，这里用 WMFC（Wait MFC）表示该控制信号。

假定需要在某条指令中实现操作：R[R2]←M[R[R1]]，该操作的含义是，将寄存器 R1 所指的主存单元内容装入寄存器 R2，则在图 5.6 所示的数据通路中完成该操作的有效控制信号序列如下：

① R1$_{out}$，MAR$_{in}$

② read，WMFC

③ MDR$_{out}$，R2$_{in}$

第①步通过内总线将 R1 的内容送到 MAR 的输入端，操作在一个时钟周期内完成。在时钟边沿到来后经过一个锁存延迟 Clk-to-Q，MAR 输入端的地址被送到系统总线上。第②步在 CPU 发出 read 命令的同时，通过 WMFC 控制信号使 CPU 转入等待状态，处于等待状态的时间取决于所用存储器的速度。通常，从主存读取一个字的时间比在 CPU 内部进行一个运算所用时间要长得多，需要多个时钟周期。因此，这一步不能在一个时钟周期内完成。第③步当 CPU 采样到 MFC 信号有效后，就直接将 MDR 中的内容通过内总线送到 R2，这一步操作在一个时钟周期内完成。

目前，由于主存基本上采用 SDRAM 芯片（同步的动态存储器芯片），所以主存与 CPU 之间大多采用"**同步**"方式进行通信。同步方式下，存储器总是在读信号 read 发出后的固定几个时钟周期内准备好数据，因而 CPU 不必等待主存发回 MFC 信号，也即，同步方式下第②步不需要 WMFC 信号。

（4）把一个字（数据）写入主存

操作 M[R[R2]]←R[R1] 的含义是，将寄存器 R1 的内容写入寄存器 R2 所指的主存单元中。在图 5.6 所示的数据通路中完成该操作的有效控制信号序列如下：

① R1$_{out}$，MDR$_{in}$

② R2$_{out}$，MAR$_{in}$

③ write，WMFC

第③步和上述读内存操作的第②步一样，通常要有多个时钟周期。此外，若主存采用像 SDRAM 芯片这样的同步 DRAM 芯片，则不需要 WMFC 信号。

如果第①步和第②步两个传送不使用相同的物理通道，例如，不送到同一组总线上，则可同时执行。显然，在图 5.6 所示的单总线结构中，这是不允许的。

例 5.1 某计算机字长 16 位，采用 16 位定长指令字结构，部分数据通路结构如图 5.9 所示。假设 MAR 的输出一直处于使能状态。加法指令"ADD（R1），R0"的功能为 M[R[R1]]← M[R[R1]]＋R[R0]。

表 5.1 给出了上述指令取指和译码阶段每个节拍（时钟周期）的功能和有效控制信号，请按表中描述方式列出指令执行阶段每个节拍的功能和有效控制信号，并说明需要多少个节拍。

表 5.1　取指令阶段的控制信号

时钟	功能	有效控制信号
C1	MAR←(PC)	PC$_{out}$，MAR$_{in}$
C2	MDR←M(MAR)	MemR
	PC←(PC)＋1	PC＋1
C3	IR←(MDR)	MDR$_{out}$，IR$_{in}$
C4	指令译码	无

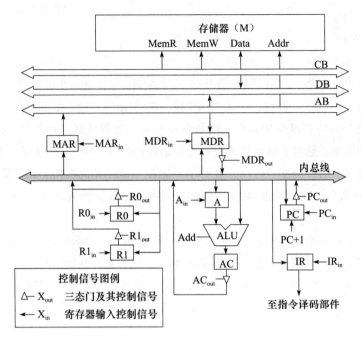

图5.9 例5.1中的数据通路

解 题目给出的取指令阶段的控制信号中，存储器读控制信号 MemR 有效时，并没有伴随出现 WMFC 控制信号，所以，应该将 CPU 和存储器之间看成是"同步"通信方式。加法指令"ADD（R1），R0"的执行阶段每个节拍的功能和有效控制信号如表5.2所示。

表5.2 指令执行阶段的控制信号

时钟	功能	有效控制信号
C5	MAR←(R1)	$R1_{out}$，MAR_{in}
C6	MDR←M(MAR)	MemR
	A←(R0)	$R0_{out}$，A_{in}
C7	AC←A + (MDR)	MDR_{out}，Add
C8	MDR←(AC)	AC_{out}，MDR_{in}
C9	M(MAR)←MDR	MemW

从表5.2可看出，在 C6 节拍中同时进行了存储器读和寄存器间传送操作，这样，该指令的执行阶段共有5个节拍。当然，也可将存储器读和寄存器间传送操作安排在不同的节拍内进行，这样得到表5.3。此时，执行阶段共有6个节拍。

表5.3 指令执行阶段的控制信号

时钟	功能	有效控制信号
C5	MAR←(R1)	$R1_{out}$，MAR_{in}
C6	MDR←M(MAR)	MemR
C7	A←(MDR)	MDR_{out}，A_{in}
C8	AC←A + (R0)	$R0_{out}$，Add
C9	MDR←(AC)	AC_{out}，MDR_{in}
C10	M(MAR)←MDR	MemW

2. 三总线数据通路

为提高计算机性能，必须尽量减少每条指令执行所用的时钟周期数。单总线数据通路中一个时钟周期内只允许在内总线上传送一个数据，因而其指令执行效率很低。为此，可采用多总线数据通路结构。

图 5.10 给出了三总线数据通路结构示意图。所有通用寄存器在一个**双口寄存器堆**（dual-port register file）中。允许两个寄存器的内容同时输出到 A 总线和 B 总线。

和单总线结构相比，多总线结构在执行指令时所需要的步骤大为减少。例如，假定三操作数指令"op R1，R2，R3"的功能为 R[R3]←R[R1]op R[R2]，则可用内总线 A 和 B 传送源操作数，内总线 C 传送目的操作数。源总线 A 和 B 与目的总线 C 之间的连接通过 ALU 实现。假定所需操作通过 ALU 一次就可完成，那么，该三操作数指令的执行可在一个时钟周期内完成，所需的有效控制信号为："R1$_{outA}$，R2$_{outB}$，op，R3$_{inC}$"，其含义是，将 R1 内容送内总线 A 的同时，将 R2 内容送内总线 B，同时控制在 ALU 中进行相应的 op 操作，并将 ALU 的输出送到内总线 C 上。

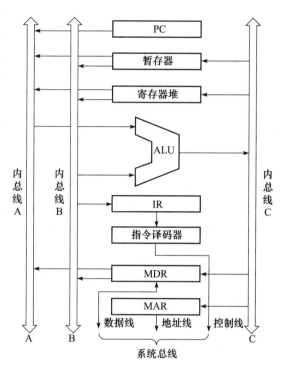

图 5.10　三总线数据通路

该数据通路中，若将一个寄存器内容传送到另一个寄存器，则需要通过 ALU 来完成，只要控制 ALU 进行"直送（mov）"操作即可。像图 5.6 所示单总线结构中的 Y 和 Z 这样的临时寄存器，在多总线结构中可以不要，这是因为 ALU 的输入通路分别是内总线 A 和 B，输出通路为内总线 C，三者无冲突，而在图 5.6 所示的单总线数据通路中，如果缺少了 Y 或 Z，则 ALU 的输入操作数和输出结果中必定有两个数据同时被送到同一个内总线上，因而会发生总线数据冲突。

目前，几乎所有 CPU 都采用流水线方式执行指令，而采用上述单总线或三总线方式连接的数据通路很难实现指令的流水执行。为了更好地理解 CPU 设计技术，下面简单介绍一下单周期数据通路和简单流水线数据通路的基本结构和工作原理。

5.2.4　单周期数据通路

最简单的非总线结构处理器是单周期处理器。所谓单周期处理器是指其所有指令的指令周期都为一个时钟周期。单周期数据通路即单周期处理器中的数据通路。因而，在单周期数据通路中，取指令、指令译码、取操作数、执行运算、存结果、更新 PC 等所有操作都需在一个时钟周期内完成。

为叙述方便起见，我们以一个简单的指令系统 MIPS 为例进行介绍。MIPS 指令字为 32 位固定长度，MIPS 指令系统每条指令占 4 个单元，按字节编址，指令格式仅三种，分别是 R 型、I 型和 J 型，每种类型的格式如图 5.11 所示。

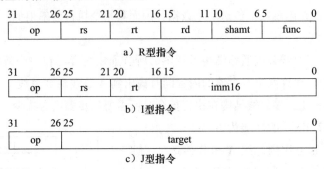

图 5.11　MIPS 指令格式

图 5.11 中 op 为操作码；rs、rt 和 rd 是 5 位寄存器编号，MIPS 中有 32 个 32 位寄存器，编号为 0 ~ 31；shamt 是移位位数；func 是 R 型指令的功能码；imm16 是 16 位立即数；target 是跳转指令的转移目标地址。

R 型指令对应的汇编形式为"op(func)rd, rs, rt"，功能为 $R[rd] \leftarrow R[rs] op(func) R[rt]$，其中寄存器助记符用编号或寄存器名前加 $ 的形式，例如，"sub $8, $9, $10"表示 $R[8] \leftarrow R[9] - R[10]$。R 型指令涉及在 ALU 中对 rs 和 rt 内容的运算，并把 ALU 运算的结果送目的寄存器 rd。

I 型带立即数的运算类指令（汇编形式如"addi rt, rs, imm16"）涉及对 16 位立即数 imm16 进行符号扩展或零扩展，然后与 rs 的内容进行运算，最终把 ALU 的运算结果送目的寄存器 rt。显然，I 型运算类指令的功能与 R 型指令类似。

lw 指令（汇编形式为"lw rt, imm16 (rs)"）的功能为 $R[rt] \leftarrow M[R[rs] + SignExt(imm16)]$，即把存储单元的内容装入寄存器 rt 中，这里存储单元的地址为 rs 的内容与 16 位立即数符号扩展后的数相加得到。

beq 指令（汇编形式为"beq rs, rt, imm16"）是一条分支指令（即条件转移指令），指令的功能是"若相等则转移"，具体操作如下：

```
if  R[rs]=R[rt]
    PC←PC+4+4×imm16
else
    PC←PC+4
```

这里，转移目标地址为 PC + 4 + 4 × imm16。4 × imm16 的功能可以通过对 16 位立即数左移 2 位来实现。

图 5.12 给出了一个执行 MIPS 指令的单周期数据通路的简单结构。

图 5.12 中所有带下划线的都是控制信号，由指令译码及控制信号生成器产生。控制信号处用虚线表示所对应的控制点。例如，Extop 是一个控制信号，用于控制扩展器进行符号扩展（Extop = 1 时）还是零扩展（Extop = 0 时），因此，该控制信号连接到扩展器。

下面以 MIPS 指令系统中的 lw 指令为例，说明在图 5.12 所示的单周期数据通路中一条指令的执行过程。假定 lw 指令的地址已经在程序计数器 PC 中，则 lw 指令的执行过程如下。

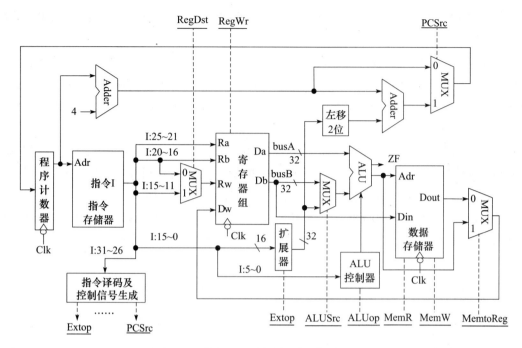

图 5.12 执行 MIPS 指令的单周期数据通路

第一步：取指令并执行 PC 加 4。将 PC 的内容作为地址访问指令存储器，经过一段时间后读出指令 I；同时，在加法器（Adder）中执行 PC 加 4。

第二步：指令译码并取操作数。将指令 I 中的 op 字段（I: 31 ~ 26）送到指令译码器进行译码，产生各种控制信号，例如，Extop = 1，RegWr = 1，MemR = 1，MemW = 0 等；同时，将指令 I 中的 rs 字段（I: 25 ~ 21）、rt 字段（I: 20 ~ 16）分别送通用寄存器组的 Ra、Rb 输入端，经过一段时间后，寄存器 Ra、Rb 中的内容分别从 Da、Db 输出端被送到 busA 和 busB。此外，指令 I 中的立即数字段（I: 15 ~ 0）被送到扩展器。

第三步：计算操作数地址。在 Extop = 1 的控制下进行符号扩展，在 ALUSrc 的控制下选择扩展器的输出结果与 busA 送来的操作数在 ALU 中进行"加"运算。ALU 的操作控制信号（例如"加"运算控制信号）由 ALU 控制器根据控制信号 ALUop 和 func 字段（I: 5 ~ 0）产生。

第四步：读出操作数。将 ALU 中"加"运算的结果作为地址访问数据存储器，在 MemR = 1 和 MemW = 0 的控制下进行存储器读操作，经过一段时间后，在 Dout 输出端得到读出的操作数。

第五步：写结果。指令执行的结果可能是 ALU 运算的结果，也可能是从数据存储器读出的数据，到底哪个作为结果，由控制信号 MemtoReg 来控制二路选择器输出（lw 指令应选择从 Dout 处输出的数据作为结果，因而控制信号 MemtoReg = 0），并送到通用寄存器组的 Dw 输入端；目的寄存器可能是 rt 字段（I: 20 ~ 16），也可能是 rd 字段（I: 15 ~ 11），到底哪个是目的寄存器，由控制信号 RegDst 来控制二路选择器输出（lw 指令应选择 rt 字段作为目的寄存器，因此控制信号 RegDst = 0），并送到通用寄存器的 Rw 输入端。最后在"寄存器写使能"控制信号 RegWr（lw 指令时 RegWr = 1）的控制下，将 Dw 处的数据写入 Rw 寄存器中。

从图 5.12 可以看出，PC 的更新值有多种可能。显然，顺序执行时，下条指令地址是"PC + 4"；而在分支指令（如 beq、bne 等指令）时，下条指令地址应是"PC + 4 + 立即数 << 2"。这由控制信号 PCSrc 进行控制。lw 指令执行后应按顺序执行下条指令，因而该指令对应的 PCSrc = 0。

在图 5.12 所示的单周期数据通路中，有三种状态元件：PC、通用寄存器组和数据存储器。它们由时钟信号 Clk 进行写入定时，指令执行结果总是在下个时钟到来时开始保存在通用寄存器、数据存储器或 PC 中，因而每条指令的指令周期为一个时钟周期。

为了保证单周期数据通路的所有指令都在一个时钟周期内完成，其时钟周期应该以最复杂指令所用的指令周期为准，所以单周期处理器的时钟周期特别长，指令执行速度很慢。

5.3　流水线方式下指令的执行

上一节介绍了总线式数据通路的基本工作原理，显然，在总线式数据通路中，一条指令的执行需要多个时钟周期才能完成，而且指令的执行都是串行的。串行方式下，CPU 总是在执行完一条指令后才取出下条指令执行。这种串行方式没有充分利用执行部件的并行性，因而指令执行效率低。与现实生活中的许多情况一样，指令的执行也可以采用流水线方式，即将多条指令的执行相互重叠起来，以提高 CPU 执行指令的效率。

5.3.1　指令流水线的基本原理

为叙述方便起见，我们以简单的 MIPS 指令系统为例来对指令流水线的工作原理进行介绍。一条指令的执行可被分成若干个阶段。例如，对于 MIPS 指令"sub $8，$9，$10"，首先应该从 PC 所指的指令存储器中取出指令，然后进行译码，随后的执行过程由指令译码所生成的控制信号进行控制。具体的操作包括：从通用寄存器堆中取出 9 号寄存器和 10 号寄存器的内容；然后将取出的这两个数分别送到 ALU 的两个输入端，并控制 ALU 做减法；最后，将 ALU 的输出送到 8 号寄存器的输入端并保持一段时间，这个过程称为将结果写入寄存器。由此看出，一条指令的执行过程中，每个阶段都在相应的功能部件中完成。如果将各阶段看成相应的**流水段**，则指令的执行过程就构成了一条**指令流水线**。例如，假定一条指令流水线由如下 5 个流水段组成。

取指令（IF）：根据 PC 的值从存储器取出指令。

指令译码（ID）：产生指令执行所需的控制信号。

取操作数（OF）：读取存储器操作数或寄存器操作数。

执行（EX）：对操作数完成指定操作。

写回（WB）：将操作结果写入存储器或寄存器。

进入流水线的指令流，由于后一条指令的第 i 步与前一条指令的第 $i + 1$ 步同时进行，从而使一串指令总的完成时间大为缩短。如图 5.13 所示，在理想状态下，完成 4 条指令的执行只用了 8 个时钟周期，若是非流水线方式的串行执行处理，则需要 20 个时钟周期。

从图 5.13 可看出，理想情况下，每个时钟周期都有一条指令进入流水线；从第 6 时钟周期开始，每个时钟周期都有一条指令完成。由此可以看出，理想情况下，每条指令的时钟周期数（即 CPI）都为 1。为了更加清楚地了解流水线的执行效率，下面用一个例子来比较流水线数据通路和单周期数据通路的指令执行情况。

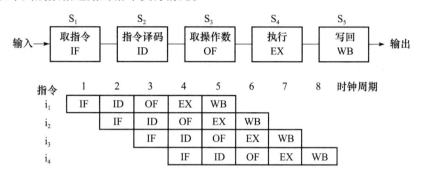

图 5.13 一个 5 段指令流水线

假定指令系统中最复杂的指令需要用以下 5 个阶段完成操作。① 取指：200ps；② 译码和读操作数：50ps；③ ALU 操作：100ps；④ 读存储器：200ps；⑤ 结果写寄存器：50ps。不考虑控制单元、PC 访问、信号传递等延迟，那么，这条指令的总执行时间为 200 + 50 + 100 + 200 + 50 = 600ps。

在前面图 5.12 所示的支持 MIPS 指令系统的单周期数据通路中，所有指令的执行都是先在一个组合逻辑组成的操作元件中完成规定的所有操作，指令执行结果总是在下个时钟到来时开始保存在通用寄存器或 PC 中。因此单周期数据通路可以看成由组合逻辑和状态元件（如寄存器）组成。图 5.14 给出了单周期数据通路的简化结构以及相应的指令执行过程。

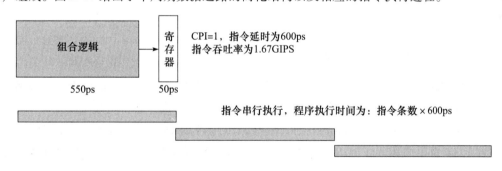

图 5.14 单周期数据通路结构示意及相应指令执行过程

如图 5.14 所示，在单周期数据通路中，对于上述给定的指令系统，最复杂指令执行时，前面四个阶段包括取指令、译码和读操作数、ALU 操作以及读存储器，总共是 550ps，这些操作都可以在组合逻辑电路中完成，最后一步将结果写入寄存器。实际上是将前面四步得到的结果送到寄存器的输入端并稳定 50ps。按照最复杂指令所用延时来设计单周期数据通路，能够保证每条指令的执行都能在一个时钟周期内正确完成。每条指令的执行都是分两步：首先，在组合逻辑中进行处理，需要最多 550ps 的时间；然后，将组合逻辑处理结果送到寄存器输入端并稳定 50ps。时钟周期就是最复杂指令的指令周期，在此，就是 $550 + 50 = 600$ps。指令吞吐率为 $1/(600 \times 10^{-12}) = 1.67$GIPS（1GIPS 表示每秒执行 10^9 条指令）。

按照指令流水线设计原则，该流水线应有 5 个流水段，每个流水段包括一个组合逻辑和一个寄存器，寄存器用来保存对应组合逻辑处理的结果，如图 5.15 所示。根据 MIPS 指令的执行过程可知，这里组合逻辑 A 中有取指令部件、B 中有译码器和通用寄存器组读口、C 中有 ALU、D 中有存储器、E 中有多路选择器和通用寄存器写口。**流水线数据通路**的设计原则是：指令流水段个数以最复杂指令所用的功能段个数为准；流水段的长度以最复杂功能段的操作所用时间为准。考虑实现上述指令系统的流水线数据通路，最复杂指令有 5 个功能段，最复杂功能段的时间为 200ps。因此，这里组合逻辑延时为 200ps，寄存器延时为 50ps。

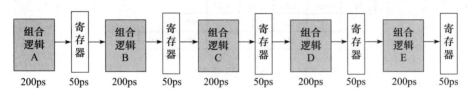

CPI=1，指令延时为1.25ns，指令吞吐率为4GIPS

图 5.15 流水线数据通路结构示意及相应指令执行过程

流水线数据通路按照最复杂指令所用时间来划分流水段。例如，在图 5.15 中，虽然组合逻辑 B 的执行时间只需 50ps，组合逻辑 C 只需 100ps，但是，为了使得指令流水线能够顺畅流动，必须按照最长流水段进行划分，也即流水线处理器的时钟周期按照最长流水段时间来确定。这样，组合逻辑 B 和 C 中得到的结果会在不到 200ps 的时间内就先被送到寄存器的输入端，一直到当前时钟周期结束、下个时钟周期到来，再开始进入下一级流水段继续执行。这样，各段组合逻辑可以完全并行工作，在最长 200ps 的延时后，各组合逻辑的处理结果被送到各自对应的寄存器输入端并稳定 50ps，因此，在不考虑控制单元、PC 访问、信号传递等延迟的情况下，时钟周期为 $200 + 50 = 250$ps。

比较图 5.14 和图 5.15 可以发现，图 5.14 中的组合逻辑应该对应图 5.15 中的组合逻辑 A、B、C 和 D 的总合，也即图 5.15 中流水线数据通路多了一个组合逻辑 E，这是因为有些指令在组合逻辑 D 的执行阶段读出存储单元的值后，可能还要进行像多路选择甚至 ALU 运算等操作。为了使流水线数据通路的时钟周期尽量短，需要再增加一个流水段。不然的话，需要把多路选择器或 ALU 等电路加到组合逻辑 D 中，使得组合逻辑 D 无法在 200ps 内完成相应的功能，这样时钟周期就会大于 250ps，从而影响指令吞吐率。因此，每条指令都被划分为 5 个流水段，每条指令的延时为 $250ps \times 5 = 1.25ns$，比单周期数据通路串行执行方式增加了 650ps，这其中一部分时间是由于每个流水段后增加了一个写寄存器操作造成的，这是额外开销，流水线划分得越细这个额外开销越大。此外，由于流水段并不是均匀划分，有些流水段中的组合逻辑（如组合逻辑 B、C 和 E）本来能够更早完成功能，但为了使流水线流畅，必须让其等待，因而浪费了一些时间。可以看出，流水线方式并不能缩短一条指令的执行时间，流水线也不是划分得越细越好，而是划分得越均匀越好。在划分比较均匀的情况下，可以大大提高整个程序执行的指令吞吐率。对于图 5.15 中的指令流水线，在理想情况下，因为每个时钟周期有一条指令执行完，所以指令吞吐率为 $1/(250 \times 10^{-12}) = 4GIPS$，吞吐率大约是单周期数据通路的 $4/1.67 = 2.4$ 倍。

5.3.2　适合流水线的指令集特征

按流水线方式执行指令的关键是，将指令系统中所有指令执行过程都分成相同数目的功能段，并让每个功能段的执行时间都相同，因而，指令流水段个数以最复杂指令所用的功能段个数为准，流水段的长度以最复杂功能段的操作所花时间为准。具有什么特征的指令系统有利于实现指令流水线呢？

首先，指令长度应尽量一致。这样，有利于简化取指令和指令译码操作，例如，MIPS 架构的指令都是 32 位，每条指令占 4 个存储单元，因此，每次取指令都是读取 4 个单元，且下址计算也方便，只要 PC + 4 即可；而 IA-32 指令从 1 字节到 15 字节不等，使取指令部件极其复杂，取指令所用时间也长短不一，而且也不利于指令译码。

其次，指令格式应尽量规整，尽量保证源操作数寄存器的位置相同。这样，有利于在指令未译码时就可以读取寄存器操作数。例如，MIPS 指令格式中，源操作数寄存器 rs 和 rt 的位置总是分别固定在指令的第 25 ~ 21 位和第 20 ~ 16 位，因此，在指令译码的同时就可读取寄存器 rs 和 rt 的内容。若像 IA-32 那样源操作数寄存器的位置随指令不同而不同，那么必须先译码后才能确定指令中各寄存器编号的位置，这样，从寄存器取数的工作就不能提前到和译码操作同时进行。

第三，采用 load/store 型指令风格。所谓 **load/store 型指令风格**，是指指令集中只有 load 指令和 store 指令能访问存储器，其他指令一律不能访问，load 指令用来把数据从存储单元读出并装入寄存器（如 MIPS 指令系统中的 lw 指令），store 指令用来把寄存器的内容写入存储单元（如 MIPS 指令系统中的 sw 指令）。显然，这种风格的指令集中每条指令的功能强弱比较一致，可以保证除 load 和 store 指令外的其他指令（如运算指令）在执行阶段都不访问存储器，这样，可把 load 和 store 指令的地址计算和运算指令的执行步骤规整在同一个流水段中，有利于减少操作步骤，以规整流水线。在 IA-32 这种非 load/store 型风格的指令系统中，运算类指令的操作数可以是存储器数据，这样，在这类指令的执行过程中，需要有存储器地址计算、存储器读和写以及运算等，因而这类指令的执行要多出一些功能段，与简单指令的功能段划分相差很大，不利于流水线的规划。例如，IA-32 中的简单指令可以是寄存器之间传送（如"mov

%ebx，%eax"指令），最多用三个功能段就可以完成，而有的指令要先按照复杂的寻址方式计算存储单元地址，然后再取出存储单元中的内容，与某个寄存器内容进行运算，最后再写到存储单元中（如"add %eax，4(%ebp，%ebx，4)"指令），因此，至少要用6个功能段才能完成，其中有三个功能段都需要访问存储单元。

第四，为了便于以流水线方式执行指令，数据和指令在存储器中要"对齐"存放。这样，有利于减少访存次数，使所需数据在一个流水段内就能从存储器中得到。

总之，指令集体系结构（ISA）的规整、简单和一致等特性有利于指令的流水线执行。

5.3.3　CISC 和 RISC 风格指令集

显然，对于像 IA-32 这种指令格式不规整、寻址方式复杂多样、指令功能强弱不均的指令集来说，用流水线方式来实现比较困难。Intel 为了保持市场占有率，必须保持指令系统的兼容，因而不能改变其指令系统设计风格，但明摆着用流水线方式执行指令肯定比串行执行方式好，那该怎么办呢？Intel 采用了一种称为"CISC 壳、RISC 核"的设计策略，这里的 CISC 和 RISC 是指两种不同的指令系统风格。也就是说 IA-32 架构在指令集体系结构层面是 CISC 风格的指令系统，但是在执行指令的微体系结构层面采用的是 RISC 风格的微操作流水线执行机制。它将一条复杂的 CISC 风格的机器指令分解为多个 RISC 风格的微操作，对于每个微操作再用流水线方式来实现。

那么，CISC 和 RISC 具体是指什么呢？

1. CISC 风格指令系统

随着 VLSI 技术的迅速发展，计算机硬件成本不断下降，软件成本不断上升。为此，人们在设计指令系统时增加了越来越多功能强大的复杂指令，以使机器指令的功能接近高级语言语句的功能，给软件提供较好的支持。例如，VAX 11/780 指令系统包含了 16 种寻址方式、9 种数据格式、303 条指令，而且一条指令包含 1～2 个字节的操作码和后续 N 个操作数说明符，而一个操作数说明符的长度可达 1～10 个字节。我们称这类计算机为**复杂指令集计算机**（Complex Instruction Set Computer，简称 CISC）。

CISC 指令系统设计的主要特点如下。

① 指令系统复杂。指令条数多，寻址方式多，指令格式多而复杂，指令长度可变，操作码长度可变。

② 指令周期长。绝大多数指令需要多个时钟周期才能完成。

③ 相关指令会产生显式的条件码，存放在专门的标志寄存器（或称状态寄存器）中，可用于条件转移和条件传送等指令。

④ 指令周期差距大。各种指令都能访问存储器，有些指令还需要多次访问存储器，使得简单指令和复杂指令所用的时钟周期数相差很大，不利于指令流水线的实现。

⑤ 难以进行编译优化。由于编译器可选指令序列增多，使得目标代码组合增加，从而增加了目标代码优化的难度。

复杂指令系统使得其实现越来越复杂，不仅增加了研制周期和成本，而且难以保证正确性，甚至因为指令太复杂而无法采用**硬连线路控制器**，只能采用慢速的**微程序控制器**，从而降低了系统性能。

> #### 小贴士
>
> **控制器**是整个 CPU 的指挥控制中心，也称为**控制部件**、**控制逻辑**或**控制单元**，其作用是对指令进行译码，将译码结果与状态/标志信号和时序信号等进行组合，产生指令执行过程中所需的控制信号。
>
> **控制信号**被送到 CPU 内部或通过系统总线送到主存或 I/O 模块。送到 CPU 内部的控制信号用于控制 CPU 内部数据通路的执行，送到主存或 I/O 模块的信号控制 CPU 和主存之间或者 CPU 和 I/O 模块之间的信息交换。指令的执行过程就是数据通路中信息的流动过程。数据通路中信息的流动受控制信号的控制。不同的指令得到不同的控制信号取值，以规定数据通路完成不同的信息流动过程。各个功能部件中都有一些控制点，这些控制点接收不同的控制信号，使得功能部件完成不同的操作。例如：功能部件 ALU 的操作控制点可以接收 "add"、"sub"、"and"、"or"、"mov" 等不同的控制信号，以控制 ALU 完成加、减、与、或、传送等不同的操作。
>
> 根据不同的控制描述方式，可以有硬连线路控制器和微程序控制器两种实现方式。
>
> **硬连线路控制器**的基本实现思路是，将指令执行过程中每个时钟周期所包含的控制信号取值组合看成一个状态，每来一个时钟周期，控制信号会有一组新的取值，也就是一个新的状态，这样，所有指令的执行过程就可以用一个有限状态转换图来描述。实现时，用一个组合逻辑电路（一般为 PLA 电路）来生成控制信号，用一个状态寄存器实现状态之间的转换。
>
> **微程序控制器**的基本实现思路是，仿照程序设计方法，将每条指令的执行过程用一个**微程序**来表示，将指令执行过程中每个时钟周期所包含的控制信号取值组合看成是由多个微命令组成的一条**微指令**，每条微指令实际上就是一个 0/1 序列，一个微程序由若干条微指令组成。每个控制信号对应一个**微命令**，控制信号取不同的值，就发出不同的微命令。指令执行时，先找到对应的第一条微指令，然后按照特定的顺序取出后续的微指令执行。每来一个时钟周期，执行一条微指令。实现时，每条指令对应的微程序事先存放在一个只读存储器（称为**控制存储器**，简称**控存**）中，用一个 PLA 电路或 ROM 来生成每条指令对应的微程序的第一条微指令地址，用相应的微程序定序器来控制微指令执行流程。微程序定序器的实现有**计数器法**和**断定法**（即**下址字段法**）两种。
>
> 显然，硬连线路控制器速度快，适合于实现简单、规整的指令系统，如 MIPS 指令系统。硬连线路控制器是一个多输入/多输出的复杂、巨大的网状逻辑，对于 CISC 这种复杂指令系统来说，由于其控制逻辑极其复杂，因而实现起来非常困难，而且维护、扩充和修改都不容易，像 VAX11/780 这种极其复杂的指令系统，甚至都可能无法用有限状态机描述。而微程序控制器因为采用软件设计思想，不管指令多复杂，只要事先将其包含的操作所用的控制信号存储在控存中，就可以在指令执行时将控制信号取出，以控制指令的执行。因而，CISC 指令系统大多用微程序控制器实现。

对大量典型的 CISC 程序调查结果表明，各种指令的使用频率相当悬殊，最常使用的是只占指令系统 20% 的一些简单指令，它们占程序代码的 80% 以上，而需要大量硬件逻辑支持的复杂指令在程序中的出现频率却很低，造成了硬件资源的大量浪费。在微程序控制的计算机中，占程序中指令总数 20% 的最复杂的指令占用了微程序控制存储器容量的 80%。因此，1975 年 IBM 公司开始研究指令系统的合理性问题，John Cocke 领导的一个研究小组提出了**精简指令集计算机**（Reduced Instruction Set Computer，简称 RISC）的概念。

2. RISC 风格指令系统

RISC 的着眼点不是简单地放在简化指令系统上，而是通过简化指令系统使计算机结构更加简单合理，从而提高指令执行的性能。与 CISC 相比，RISC 指令系统的主要特点如下。

① 指令数目少。只包含使用频度高的简单指令。

② 指令格式规整。寻址方式少，指令格式少，指令长度一致，指令中操作码和寄存器编号等位置固定，便于取指令、指令译码以及提前读取寄存器中操作数等。

③ 采用 load/store 型指令设计风格。一条指令的执行阶段最多只有一次存储器访问操作。

④ 采用流水线方式执行指令。规整的指令格式有利于采用流水线方式执行，除 load/store 指令外，其他指令都只需一个或小于一个时钟周期就可完成，指令周期短。

⑤ 采用大量通用寄存器。编译器可将更多的局部变量分配到寄存器中，并且在过程调用时通过寄存器进行参数传递而不是通过栈进行传递，以减少访存次数。

⑥ 采用硬连线路控制器。指令少而规整使得控制器的实现变得简单，可以不用或少用微程序控制器。

⑦ 实现细节对机器级程序可见。例如，有些 RISC 机器禁止一些特殊的指令序列，有些则规定条件转移指令后面必须填充若干条必须执行的指令等，这些都给编译器的设计和优化设定了相应的约束条件。

由于 RISC 指令系统简单，所以其 CPU 的控制逻辑大大简化，芯片上可设置更多的通用寄存器，也可以采用速度较快的硬连线控制器，且更适合于采用指令流水技术，这些都可以使指令的执行速度进一步提高。指令数量少，固然使编译工作量加大，但由于指令系统中的指令都是精选的，编译时间少，反过来对编译程序的优化又是有利的。

20 世纪 70 年代中期，IBM 公司、斯坦福大学、加州大学伯克利分校等机构先后开始对 RISC 技术进行研究，其成果分别用于 IBM、SUN、MIPS 等公司的产品中，如加州大学伯克利分校的 RISC I、斯坦福大学的 MIPS、IBM 公司的 IBM 801 相继宣告完成，这些机器被称为第一代 RISC 机。到 20 世纪 80 年代中期，RISC 技术蓬勃发展并广泛使用，先后出现了 PowerPC、MIPS、Sun SPARC、Compaq Alpha 等高性能 RISC 芯片以及相应的计算机。这时不少 RISC 的支持者开始对传统的 CISC 计算机（如 VAX、Intel、IBM 大型机）进行攻击，认为未来的发展非 RISC 莫属。当然，这也遭遇到计算机体系结构主流派的反对，这种争论延续了数年。

虽然 RSIC 技术在性能上有优势，但最终 RISC 机并没有在市场上占优势，反而 Intel 一直保持处理器市场的较大份额，这是为什么呢？其原因主要有两点：首先，因为软件的向后兼容性，许多用户先期花了很多钱投资购买了在 Intel 系列机上开发的软件，如果换成 RISC 机，就意味着所有软件要重新投资；其次，随着处理器速度和芯片密度等的不断提高，RISC 系统也日趋复杂，而 CISC 采用了部分 RISC 技术，使其性能更加提高，例如，Intel 许多处理器的微体系结构采用了由硬件动态地将 CISC 指令翻译成类 RISC 指令的微操作，然后由流水线来执行微操作的做法。虽然这种混合方案不如纯 RISC 方案速度快，但是它却能在保证软件兼容的前提下达到具有较强竞争力的整体性能，而且 RISC 架构将许多底层实现细节暴露给机器级程序的思想也被证明是不明智的做法。不过，随着后 PC 时代的到来，个人移动设备的使用和嵌入式系统的应用越来越广泛，像 ARM 处理器等这些采用 RICS 技术的产品又迎来了新的机遇，目前在嵌入式系统中占有绝对优势。

5.3.4 指令流水线的实现

假定 MIPS 指令系统的执行微结构采用如图 5.15 所示的流水线数据通路，分成以下 5 个流水线功能段。

取指（Ifetch）：组合逻辑 A 中有指令存储器，该阶段实现取指令功能。

译码/取数（Reg/Dec）：组合逻辑 B 中有寄存器堆，该阶段读取寄存器内容并对指令译码。

执行（ALU）：组合逻辑 C 中有 ALU，该阶段实现算术和逻辑运算操作。

访存（Mem）：组合逻辑 D 中有数据存储器，该阶段实现存储器读或写操作。

写回（Write）：组合逻辑 E 中有多路选择器，该阶段选择存入寄存器的结果并将其在寄存器输入端稳定保持一段建立时间。

指令译码结果在第二个阶段才能得到，对于 MIPS 指令系统，每条指令前两个功能段的操作都一样。其中，Ifetch 段用于取指令并计算 PC + 4；Reg/Dec 段用于读取 rs 和 rt 寄存器的内容并对指令操作码进行译码，而后面三个功能段随各指令功能的不同而不同。

典型 MIPS 指令在 5 段流水线数据通路中的执行过程以及功能段的划分说明如下。

R 型指令（汇编形式如"sub rd, rs, rt"）涉及在 ALU 中对 rs 和 rt 内容的运算，并把 ALU 运算的结果送目的寄存器 rd。因此，在 Ifetch 和 Reg/Dec 两个公共的功能段后，ALU 功能段在 ALU 中计算；Mem 功能段为空操作；Write 功能段将 ALU 运算结果写寄存器 rd。

I 型带立即数的运算类指令（汇编形式如"addi rt, rs, imm16"）涉及对 16 位立即数 imm16 进行符号扩展或零扩展，然后和 rs 的内容进行运算，最终把 ALU 的运算结果送目的寄存器 rt。显然，I 型运算类指令的功能段划分与 R 型指令类似。

lw 指令（汇编形式为"lw rt, imm16(rs)"）的功能为"$R[rt] \leftarrow M[R[rs] + \text{SignExt}(imm16)]$"，即把存储单元的内容装入寄存器中。除两个公共的功能段外，ALU 功能段在 ALU 中计算存储单元地址；Mem 功能段从存储单元中读数据；Write 功能段将数据写寄存器 rt。

beq 指令（汇编形式为"beq rs, rt, imm16"）是一条分支指令（即条件转移指令），指令的功能如下：

```
if  R[rs] = R[rt]
    PC←PC + 4 + 4 × imm16
else
    PC←PC + 4
```

因此，除两个公共的功能段外，beq 指令的 ALU 功能段对 R[rs] 和 R[rt] 做减法，同时计算转移目标地址 PC + 4 + 4 × imm16；Mem 功能段根据 R[rs] 和 R[rt] 是否相等来确定是否将转移目标地址送 PC；Write 功能段为空操作。

图 5.16 是流水线在理想情况下的正常执行过程示意图，实际上流水线的执行可能会被破坏。

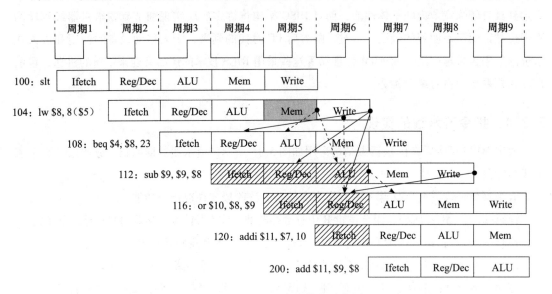

图 5.16　MIPS 流水线执行示意图

如图 5.16 所示，假定某段时间执行的指令序列为 slt、lw、beq、sub、or、addi、…、add，其中，slt、sub、or 和 add 是 R 型指令，addi 为 I 型运算类指令。该指令序列在流水线中执行时，可能会遇到一些情况，使流水线无法正确、按时执行后续指令，从而引起**流水线阻塞**或**停顿**（stall），我们称这种现象为**流水线冒险**（hazard）。在图 5.16 中可能存在的流水线冒险包括结构冒险、数据冒险和控制冒险。

1. 结构冒险

结构冒险（structural hazard）也称为**硬件资源冲突**（hardware resource conflict），引起结构冒险的原因在于同一个部件同时被不同指令所用，也就是说它是由硬件资源竞争造成的。

对于图 5.15 所示的 MIPS 流水线数据通路，如果组合逻辑 A 中的指令存储器和组合逻辑 D 中的数据存储器是同一个存储器的话，则在第 5 时钟周期（周期 5）会发生结构冒险。因为图 5.16 中地址为 104 的 lw 指令在 Mem 阶段取数据的同时，随后第三条指令（116 处的 or 指令）正好在取指令阶段 Ifetch，此时两条指令都要访问同一个存储器，因而发生**访存冲突**，引起结构冒险。

解决结构冒险的策略有两个方面：① 规定一个部件每条指令只能使用一次，且只能在特定阶段使用。② 通过设置多个独立的部件来避免资源冲突。例如，对于访存冲突，可把指令存储器和数据存储器分开，也即组合逻辑 A 中有一个独立的指令存储器，组合逻辑 D 中有一个独立的数据存储器，并且指令存储器只能在 Ifetch 阶段使用，数据存储器只能在 Mem 阶段使用。事实上，现代计算机都引入了高速缓冲存储器（cache），而且一级 cache 中采用了数据 cache 和代码 cache 分开设置的方式，这样就避免了访存冲突引起的结构冒险。

2. 数据冒险

数据冒险（data hazard）也称为**数据相关**（data dependency）。引起数据冒险的原因在于，后面指令用到前面指令的运算结果时，前面指令的结果还没产生。例如，图 5.16 中实线箭头处所示的是数据冒险现象，即指令 lw 和 beq 之间关于寄存器 $8、lw 和 sub 之间关于寄存器 $8、lw 和 or 之间关于寄存器 $8、sub 和 or 之间关于寄存器 $9，这些都是数据冒险的情况。

指令 "lw $8, 8($5)" 的功能为 R[$8]←M[R[$5]+8]。从图 5.16 可以看出，从存储器读出的数据在第 6 个时钟周期写入到 8 号寄存器 $8，因此它在第 7 个时钟周期开始才能被读出使用，可是，lw 指令随后的 beq 和 sub 指令分别在第 4 和第 5 时钟周期就要读 $8，如果不阻塞流水线或采取相应措施的话，读到的就是 $8 的旧值，从而产生数据冒险。

解决数据冒险的策略有以下多种。

① 最简单的是由编译器在数据相关的指令之间加若干 nop 指令（即**空操作指令**，除修改 PC 外其他什么操作都不做）。例如，在 beq 指令前加三条 nop 指令，使得 beq 指令取数阶段延迟到第 7 周期执行。显然这种方式简化了硬件，但增加了时间开销（执行 nop 指令的时间）和空间开销（nop 指令所占的空间）。

② 采用**数据转发**（forwarding）机制，在数据通路中一旦产生运算结果或一旦存储器读出数据，就把它们通过一条**旁路**（bypass）直接送到相关后续指令在 ALU 阶段的 ALU 输入端，这样，后续相关指令不必等到前面指令把结果写到寄存器后再从寄存器读出。

③ 对于像图 5.16 中指令 lw 和 beq 之间的这种数据相关，无法通过数据转发来解决，因为 lw 指令在 Mem 阶段结束才能取到数据，此时已经是第 5 时钟周期结束，而 beq 指令在 ALU 阶段中的 ALU 输入端应该在第 5 时钟周期开始时就需要操作数，显然，这种情况下数据来不及转发。这种 load 指令装入的数据在随后一条指令就需要使用的情况称为**load-use 数据冒险**，它不能用转发来解决。这种情况下，可通过硬件阻塞的方式（插入气泡）来延迟 load 指令随后一条指令的执行。有关 load-use 数据相关检测和硬件阻塞机制已经超出本书范围，请参看其他相关资料。

④ 对于像图 5.16 中 lw 和 or 之间关于寄存器 $8 这样的数据相关问题，则可以通过对通用寄存器的读写操作进行特殊处理，保证在一个时钟的前半周期进行寄存器写，在后半周期进行寄存器读，这样，lw 指令在第 6 时钟周期的前半周期将从存储器取出的内容写入寄存器 $8，而 or 指令则在后半周期从寄存器 $8 中取数。

图 5.17 给出了一个对寄存器 $1 的内容进行转发执行的例子，该例中所有数据相关都可用转发解决。

3. 控制冒险

正常情况下，指令在流水线中总是按顺序执行，当遇到改变指令执行顺序的情况时，流水线中指令的正常执行会被阻塞。这种由于发生了指令执行顺序改变而引起的流水线阻塞称为**控制冒险**。各种转移类指令（包括条件转移、无条件转移、调用、返回指令等）以及第 7 章介绍的异常和中断等事件都会改变指令执行顺序，因而都可能会引发控制冒险。

例如，在图 5.16 中，在 108 处的 beq 指令在 ALU 阶段对 R[rs] 和 R[rt] 做减法，同时计算转移目标地址；在 Mem 阶段根据 R[rs] 和 R[rt] 是否相等确定是否将转移目标地址送 PC。若 R[rs] = R[rt]，则在图 5.16 所示流水线中，beq 指令在第 6 时钟周期将转移目标地址 PC + 4 + 4 × 23 = 104 + 96 = 200 送到 PC 的输入端，在第 7 时钟信号到来后，取出 200 号单元的指令 "add $11, $9, $8" 执行。此时，紧跟在 beq 后面的三条指令已在流水线中被执行了一部分

（图5.16中加斜线的流水段）。显然，正确的执行流程应该是 beq 指令执行完后直接转移到200号单元处执行，因而应该把不该执行的三条指令从流水线中冲刷掉，否则指令流水线的执行便发生问题。通常把由于流水线阻塞而带来的延迟执行周期数称为**延迟损失时间片**。显然，这里的延迟损失时间片 $C=3$。

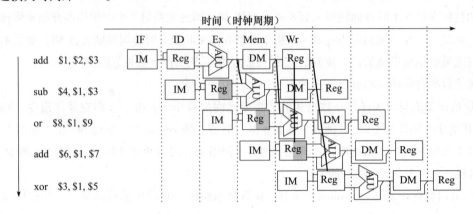

图 5.17　利用转发解决数据冒险的例子

由于分支指令而引起的控制冒险也称为**分支冒险**（branch hazard）。对于分支冒险，可采用和前面解决数据冒险一样的硬件阻塞方式（插入气泡）或软件阻塞方式（插入空操作指令）。也即，假设延迟损失时间片为 C，则在数据通路中检测到分支指令时，就在分支指令后插入 C 个气泡，或在编译时在分支指令后填入 C 条 nop 指令。

不过，插入气泡和插入空操作指令这两种都是消极的方式，效率较低。结合分支预测可以降低由于分支冒险带来的时间损失，分支预测有静态预测和动态预测两种。此外，延迟分支方式也可部分解决分支冒险问题。有关这些内容已经超出本书讨论的范围，请参看其他相关资料。

5.3.5　高级流水线实现技术

高级流水线技术充分利用**指令级并行**（Instruction-Level Parallelism，简称为 ILP）来提高流水线的性能。有两种增加指令级并行的策略。

一种是**超流水线**（super-pipelining）技术，通过增加流水线级数来使更多的指令同时在流水线中重叠执行。超流水线并没有改变 CPI 的值，CPI 还是1，但是，因为理想情况下流水线的加速比与流水段的数目成正比，流水段越多，时钟周期越短，指令吞吐率越高，所以超流水线的性能比普通流水线好。然而，流水线级数越多，用于流水段寄存器的开销就越大，因而流水线级数是有限制的，不可能无限增加。

另一种是**多发射流水线**（multiple issue pipelining）技术，通过同时启动多条指令（如整数运算、浮点运算、存储器访问等）独立运行来提高指令并行性。要实现多发射流水线，其前提是数据通路中有多个执行部件，如定点、浮点、乘除、取数/存数部件等。多发射流水线的 CPI 能达到小于1，因此，有时用 CPI 的倒数 IPC 来衡量其性能。IPC（Instructions Per Cycle）是指每个时钟周期内完成的指令条数。例如，4路多发射流水线的理想 IPC 为4。

实现多发射流水线必须完成以下两个任务：指令打包和冒险处理。指令打包任务就是将能够并行处理的多条指令同时发送到发射槽中，因此处理器必须知道每个周期能发射几条指令，哪些指令可以同时发射。这通过**推测**（speculation）技术来完成，可以由编译器或处理器通过猜测指令执行结果来调整指令执行顺序，使指令的执行能达到最大可能的并行。指令打包的决策依赖于"推测"的结果，主要根据指令间的相关性来进行推测，与前面指令不相关的指令可以提前执行，例如，如果可以推测出一条 load 指令和它之前的 store 指令引用的不是同一个存储地址，则可以将 load 指令提前到 store 指令之前执行；也可对分支指令进行推测以提前执行分支目标处的指令。不过，推测仅是"猜测"，有可能推测结果是错误的，故需有推测错误检测和回退机制，在检测到推测错误时，能回退被错误执行的指令。因此，错误推测会导致额外开销。推测需要结合软件推测和硬件推测来进行，**软件推测**指编译器通过推测来静态重排指令，此种推测一定要正确，而**硬件推测**指处理器在程序执行过程中通过推测来动态调度指令。

根据推测任务主要由编译器静态完成还是由处理器动态执行，可将多发射技术分为两类：静态多发射和动态多发射。

静态多发射主要通过编译器静态推测来辅助完成"指令打包"和"冒险处理"。指令打包的结果可看成将同时发射的多条指令合并到一个长指令中。通常将一个时钟周期内发射的多个指令看成一条多个操作的长指令，称为一个"发射包"。所以，静态多发射指令最初被称为**"超长指令字"**（Very Long Instruction Word，VLIW），采用这种技术的处理器被称为**VLIW 处理器**。Intel 的 IA-64 架构采用这种方法，Intel 称其为 EPIC（Explicitly Parallel Instruction Computer，显式并行指令计算机）。

动态多发射由处理器硬件动态进行流水线调度来完成"指令打包"和"冒险处理"，能在一个时钟周期内执行一条以上指令。采用动态多发射流水线技术的处理器称为**超标量**（super-scalar）处理器。在简单的超标量处理器中，指令按顺序发射，每个周期由处理器决定是发射一条或多条指令，显然，在这种处理器上要达到较好的性能，很大程度上依赖于编译器。为了更好地发挥超标量处理器的性能，多数超标量处理器都结合**动态流水线调度**（dynamic pipeline scheduling）技术，处理器通过指令相关性检测和动态分支预测等手段，投机性地不按指令顺序执行，当发生流水线阻塞时，根据指令的依赖关系，动态地到后面找一些没有依赖关系的指令提前执行。这种指令执行方式称为**乱序执行**（out-of-order execution）。

有关高级流水线的实现技术的内容已经超出本书讨论范围，请参看其他相关资料。

5.4　小结

本章主要介绍程序中一条一条指令在机器上的执行过程以及执行指令的数据通路的基本工作原理和基本实现原理。主要内容包括 CPU 的主要功能和内部结构、指令的执行过程、数据通路的基本组成、数据通路中信息的流动过程、内部异常和外部中断的基本概念、流水线的基本实现原理等。

CPU 的基本功能是周而复始地执行指令，并处理内部异常和外部中断。CPU 最基本的部分是数据通路和控制单元。数据通路中包含组合逻辑元件和存储信息的状态元件。组合逻辑元件（如加法器、ALU、扩展器、多路选择器以及状态元件的读操作逻辑等）用于对数据进行处理；

状态元件包括触发器、寄存器和存储器等，用于对指令执行的中间状态或最终结果进行存储。控制单元对取出的指令进行译码，与指令执行得到的条件标志或当前机器的状态、时序信号等组合，生成对数据通路进行控制的控制信号。

指令执行过程主要包括取指、译码、取数、运算、存结果。通常把取出并执行一条指令的时间称为指令周期，它由机器周期或直接由时钟周期组成。现代计算机已经没有机器周期的概念，其每个指令周期直接由时钟周期（节拍）组成。时钟信号是 CPU 中用于控制信号同步的信号。

每条指令的功能不同，因此每条指令执行时数据在数据通路中所经过的部件和路径也可能不同。但是，每条指令在取指令阶段都一样。

早期计算机中数据通路采用总线方式，通过 CPU 的内总线把 CPU 中的通用寄存器、ALU、暂存器、指令寄存器等互连，有单总线、双总线和三总线结构数据通路。

现代计算机的数据通路都采用流水线方式实现，将每条指令的执行过程分解成功能段相同的几个流水段，每个流水段的执行时间也被设置成完全相同。流水线方式下，同时有多条指令重叠执行，因此程序的执行时间比串行执行方式下缩短很多。指令流水线在有些情况下会发生流水线冒险，包括结构冒险、数据冒险和控制冒险三类。

习题

1. 给出以下概念的解释说明。

指令周期	机器周期	控制信号	控制部件
功能部件	执行部件	操作元件	状态元件
多路选择器	程序计数器（PC）	指令寄存器（IR）	指令译码器（ID）
硬连线控制器	微程序控制器	控制存储器（CS）	微指令
微程序	内部异常	外部中断	指令流水线
指令吞吐率	流水段寄存器	流水线冒险	结构冒险
数据冒险	控制冒险	流水线阻塞	空操作
转发（旁路）	延迟时间损失片	静态多发射	动态多发射
超流水线	超长指令字（VLIW）	超标量流水线	动态流水线调度
乱序执行			

2. 简单回答下列问题。

（1）CPU 的基本组成和基本功能各是什么？

（2）如何控制一条指令执行结束后能够接着另一条指令执行？

（3）通常一条指令的执行要经过哪些步骤？每条指令的执行步骤都一样吗？

（4）取指令部件的功能是什么？控制器的功能是什么？

（5）为什么按异步方式访问存储器时需要 WMFC 信号，而按同步方式访存时不需要 WMFC 信息？

（6）硬连线控制器和微程序控制器的特点各是什么？

（7）为什么 CISC 大多用微程序控制器实现，RISC 大多用硬连线控制器实现？

（8）流水线方式下，一条指令的执行时间缩短了还是加长了？程序的执行时间缩短了还是加长了？

（9）具有什么特征的指令集易于实现指令流水线？

3. 假定图 5.8 中总线传输延迟和 ALU 运算时间分别是 20ps 和 200ps，寄存器建立时间为 10ps，寄存器保持时间很小，可忽略不计，寄存器的锁存延迟（Clk-to-Q）为 4ps，控制信号生成的延迟时间（Clk-to-Signal）为 7ps，三态门接通时间为 3ps，则从当前时钟到达开始算起，完成以下操作的最短时间是多少？

（1）将数据从一个寄存器传送到另一个寄存器。

（2）将程序计数器 PC 加 1。

4. 图 5.18 给出了某 CPU 内部结构的一部分，MAR 和 MDR 直接连到存储器总线（图中省略）。在总线 A 和 B 之间的所有数据传送都需经过算术逻辑部件 ALU。ALU 的部分控制信号及其功能如下：

MOVa: F = A;　　　MOVb: F = B;

INCa: F = A + 1;　　INCb: F = B + 1;

DECa: F = A − 1;　　DECb: F = B − 1。

其中 A 和 B 是 ALU 的输入，F 是 ALU 的输出。假定该 CPU 的指令系统中调用指令 CALL 占两个字，第一个字是操作码，第二个字给出子程序的起始地址，返回地址保存在主存的栈中，用 SP 指向栈顶，存储器按字编址，每次按同步方式从主存读取一个字，请写出读取并执行 CALL 指令所要求的控制信号序列（提示：当前指令地址已在 PC 中）。

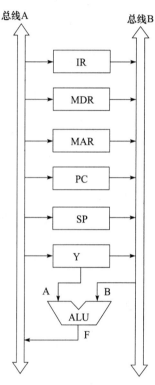

图 5.18　题 4 用图

5. 假定某计算机字长 16 位，CPU 内部结构如图 5.6 所示，CPU 和存储器之间采用同步方式通信，按字编址。指令采用定长指令字格式，由两个字组成，第一个字指明操作码和寻址方式，第二个字包含立即数 imm16。若一次存储器访问所用时间为两个 CPU 时钟周期，每次存储器访问存取一个字，取指令阶段第二次访将 imm16 取到 MDR 中，请写出下列指令在指令执行阶段（不考虑取指令阶段）的控制信号序列，并说明需要几个时钟周期。

（1）将立即数 imm16 加到寄存器 R1 中，此时，imm16 为立即操作数。即
    $R[R1] \leftarrow R[R1] + imm16$

（2）将地址为 imm16 的存储单元的内容加到寄存器 R1 中，此时，imm16 为直接地址。即
    $R[R1] \leftarrow R[R1] + M[imm16]$

（3）将存储单元 imm16 的内容作为地址所指的存储单元的内容加到寄存器 R1 中。此时，imm16 为间接地址。即
    $R[R1] \leftarrow R[R1] + M[M[imm16]]$

6. 假定在一个如图 5.15 所示的 5 级流水线处理器中，各主要功能单元的操作时间如下：存储单元为 200ps；ALU 或加法器为 150ps；寄存器堆读口或写口为 50ps。回答下列问题。

（1）若执行阶段 EXE 所用的 ALU 操作时间缩短20%，则能否加快流水线执行速度？如果能的话，能加快多少？如果不能的话，为什么？

（2）若 ALU 操作时间增加20%，对流水线的性能有何影响？

（3）若 ALU 操作时间增加40%，对流水线的性能又有何影响？

7. 假定某计算机工程师想设计一个新的 CPU，一个典型程序的核心模块有一百万条指令，每条指令执行时间为100ps。请问：

（1）在非流水线处理器上执行该程序需要花多长时间？

（2）若新 CPU 采用20级流水线，执行上述同样的程序，理想情况下，它比非流水线处理器快多少？

（3）实际流水线并不是理想的，流水段之间的数据传送会有额外开销。这些开销是否会影响指令执行时间和指令吞吐率？

8. 假定最复杂的一条指令所用的组合逻辑分成六部分，依次为 A ~ F，其延迟分别为80ps、30ps、60ps、50ps、70ps、10ps。在这些组合逻辑块之间插入必要的流水段寄存器就可实现相应的指令流水线，寄存器延迟为20ps。理想情况下，以下各种方式所得到的时钟周期、指令吞吐率和指令执行时间各是多少？应该在哪里插入流水段寄存器？

（1）插入一个流水段寄存器，得到一个两级流水线。

（2）插入两个流水段寄存器，得到一个3级流水线。

（3）插入三个流水段寄存器，得到一个4级流水线。

（4）指令吞吐率最大的流水线。

9. 以下 MIPS 指令序列中，哪些指令对之间发生数据相关？假定采用"取指、译码/取数、执行、访存、写回"五段流水线方式，那么不采用"转发"技术的话，需要在发生数据相关的指令前加入几条 nop 指令才能使这段程序避免数据冒险？如果采用"转发"是否可以完全解决数据冒险？（注：指令中的 t1 ~ t2、s0 ~ s3 是 MIPS 寄存器名，//后是注释。）

```
addu    $s2, $s1, $s0        // R[$s2]←R[$s1] + R[$s0]
addu    $t2, $s2, $s2        // R[$t2]←R[$s2] + R[$s2]
lw      $t1, 0($t2)          // R[$t1]←M[R[$t2] + 0]
add     $s3, $t1, $t2        // R[$s3]←R[$t1] + R[$t2]
```

10. 假设一个程序的 MIPS 指令序列为"lw, add, lw, add, …"。add 指令仅依赖它前面的 lw 指令，而 lw 指令也仅依赖它前面的 add 指令，寄存器写口和寄存器读口分别在一个时钟周期的前、后半个周期内独立工作。回答下列问题。

（1）在带转发的5级流水线中执行该程序，其 CPI 为多少？

（2）在不带转发的5级流水线中执行该程序，其 CPI 为多少？

11. 假定在一个带转发的五段流水线中执行以下 MIPS 程序段，则怎样调整指令序列使其性能达到最好？

```
loop:   lw      $2, 100($6)       // R[$2]←M[R[$6] +100]
        add     $2, $2, $3        // R[$2]←R[$2] + R[$3]
        lw      $3, 200($7)       // R[$3]←M[R[$7] +200]
        add     $6, $4, $7        // R[$6]←R[$4] + R[$7]
        sub     $3, $4, $6        // R[$3]←R[$4] + R[$6]
        lw      $2, 300($8)       // R[$2]←M[R[$8] +300]
        beq     $2, $8, loop      // if R[$2] = R[$8] goto loop
```

第 **6** 章

层次结构存储系统

计算机采用"存储程序"工作方式，意味着在程序执行时所有指令和数据都是从存储器中取出来执行的。存储器是计算机系统中的重要组成部分，相当于计算机的"仓库"，用来存放各类程序及其处理的数据。计算机中所用的存储元件有多种类型，如触发器构成的寄存器、半导体静态 RAM 和动态 RAM、Flash 存储器、磁盘、磁带和光盘等，它们各自有不同的速度、容量和价格，各类存储器按照层次化方式构成计算机的存储器整体结构。

本章主要介绍构成层次化存储结构的几类存储器的工作原理和组织形式。主要包括：半导体随机存取存储器、只读存储器、Flash 存储器、磁盘存储器等不同类型存储器的特点，存储器芯片和 CPU 的连接，高速缓存的基本原理，以及虚拟存储器系统的实现技术等。

6.1 存储器概述

6.1.1 存储器的分类

根据存储器的特点和使用方法的不同，可以有以下几种分类方法。

1. 按存储元件分类

存储元件必须具有截然不同且相对稳定的两个物理状态，才能被用来表示二进制代码 0 和 1。目前使用的存储元件主要有半导体器件、磁性材料和光介质。用半导体器件构成的存储器称为**半导体存储器**；磁性材料存储器主要是**磁表面存储器**，如磁盘存储器和磁带存储器；光介质存储器称为**光盘存储器**。

2. 按存取方式分类

（1）随机存取存储器

随机存取存储器（Random Access Memory，简称 RAM）的特点是按地址访问存储单元，因为每个地址译码时间相同，所以，在不考虑芯片内部缓冲的前提下，每个单元的访问时间是一个常数，与地址无关。不过，现在的 DRAM 芯片内都具有行缓冲，因而有些数据可能因为已在行缓冲中而缩短了访问时间。随机存取存储器的存储介质是半导体存储器件。

（2）顺序存取存储器

顺序存取存储器（Sequential Access Memory，简称 SAM）的特点是信息按顺序存放和读出，其存取时间取决于信息存放位置，以记录块为单位编址。**磁带存储器**就是一种顺序存取存储器，其存储容量大，但存取速度慢。

（3）直接存取存储器

直接存取存储器（Direct Access Memory，简称 DAM）的存取方式兼有随机访问和顺序访问的特点。首先直接定位到需读写信息所在区域的开始处，然后按顺序方式存取，**磁盘存储器**就是如此。

（4）相联存储器

上述三类存储器 RAM、SAM 和 DAM 都是按所需信息的地址来访问，但有些情况下可能不知道所访问信息的地址，只知道要访问信息的内容特征，此时，只能按内容检索到存储位置进行读写。这种存储器称为**按内容访问存储器**（Content Addressed Memory，简称 CAM）或**相联存储器**（Associative Memory，简称 AM）。如 6.5.3 节提到的快表（TLB）就是一种相联存储器。

3. 按信息的可更改性分类

按信息可更改性分**读写存储器**和**只读存储器**（Read Only Memory，简称 ROM）。读写存储器中的信息可以读出和写入，RAM 芯片是一种读写存储器；只读存储器 ROM 芯片中的信息一旦确定，通常在联机情况下只能读不能写，但在某些情况下也可重新写入。

RAM 芯片和 ROM 芯片都采用随机存取方式进行信息的访问。

4. 按断电后信息的可保存性分类

按断电后信息的可保存性分成**非易失性存储器**（Nonvolatile Memory）和**易失性存储器**（Volatile Memory）。非易失性存储器也称不挥发性存储器，其信息可一直保留，不需电源维持，例如，ROM、磁表面存储器、光盘存储器等都是非易失性存储器；易失性存储器也称挥发性存储器，在电源关闭时信息自动丢失，例如，RAM、cache 等都是易失性存储器。

5. 按功能分类

（1）高速缓冲存储器

高速缓冲存储器（cache）简称**高速缓存**，位于主存和 CPU 之间，目前主要由静态 RAM 芯片组成，其存取速度接近 CPU 的工作速度，用来存放当前 CPU 经常使用到的指令和数据。

（2）主存储器

指令直接面向的存储器是主存储器，简称主存。CPU 执行指令时给出的存储地址最终必须转换为主存地址，若不采用虚拟存储管理，则 CPU 直接给出主存地址。主存是存储器分层结构中的核心存储器，用来存放系统中启动运行的程序及其数据，主存目前一般用 MOS 管半导体存储器构成。

（3）辅助存储器

把系统运行时直接和主存交换信息的存储器称为**辅助存储器**，简称**辅存**。磁盘存储器比磁带和光盘存储器速度快，因此，目前大多用磁盘存储器作为辅存，辅存的内容需要调入主存后才能被 CPU 访问。

（4）海量后备存储器

磁带存储器和光盘存储器的容量大、速度慢，主要用于信息的备份和脱机存档，因此被用作**海量后备存储器**。

辅存和海量后备存储器统称为**外部存储器**，简称**外存**。

6.1.2 主存储器的组成和基本操作

如图 6.1 所示是主存储器（Main Memory，简称 MM）的基本框图。其中由一个个存储 0 或 1 的**记忆单元**（cell）构成的存储阵列是存储器的核心部分。这种记忆单元也称为**存储元、位元**，它是具有两种稳态的能表示二进制 0 和 1 的物理器件。**存储阵列**（bank）也称为**存储体、存储矩阵**。为了存取存储体中的信息，必须对存储单元编号，所编号码就是地址。**编址单位**（addressing unit）是指具有相同地址的那些位元构成的一个单位，可以是一个字节或一个字。对各存储单元进行编号的方式称为**编址方式**（addressing mode），可以**按字节编址**，也可以**按字编址**。现在大多数通用计算机都采用字节编址方式，此时，存储体内一个地址中有一个字节。也有许多专用于科学计算的大型计算机采用 64 位编址，这是因为科学计算中数据大多是 64 位浮点数。

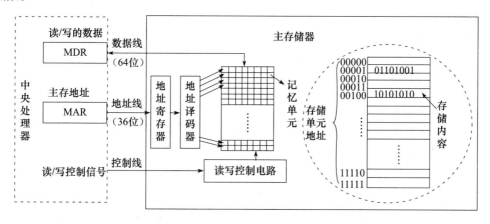

图 6.1 主存储器基本框图

如图 6.1 所示，指令执行过程中需要访问主存时，CPU 首先把欲访问的主存单元的地址送到**主存地址寄存器**（Memory Address Register，简称 MAR）中，然后通过地址线将主存地址送到主存中的**地址寄存器**，以便**地址译码器**进行译码后选中相应单元，同时，CPU 将**读/写控制信号**通过控制线送到主存的读写控制电路。如果是写操作，CPU 同时将要写的信息送**主存数据寄存器**（Memory Data Register，简称 MDR）中，在读写控制电路的控制下，经数据线将信息写入选中的单元；如果是读操作，则主存读出选中单元的内容送数据线，然后送到 MDR 中。数据线的宽度与 MDR 的宽度相同，地址线的宽度与 MAR 的宽度相同。图中采用 64 位数据线，因此，在字节编址方式下，每次最多可以存取 8 个字节的内容。地址线的位数决定了主存地址空间的**最大可寻址范围**，例如，36 位地址的最大可寻址范围为 $0 \sim 2^{36} - 1$。注意：在计算机中所有地址的编号总是从 0 开始。

6.1.3 存储器的主要性能指标

虽然在计算机出现至今的几十年内，存储器介质和特性有了很大变化，但评价其性能的主要指标仍然是容量、速度和价格。

存储器速度可用访问时间、存储周期或存储带宽来表示。**访问时间**一般用读出时间 T_A

及写入时间 T_W 来描述。**读出时间** T_A 是指从存储器接到读命令开始至信息被送到数据线上所需的时间；**写入时间** T_W 是指存储器接到写命令开始至信息被写入存储器所需的时间。**存储周期**是指存储器进行一次读写操作所需要的全部时间，也就是存储器进行连续读写操作所允许的最短间隔时间，它应等于访问时间加上下一次存取开始前所要求的附加时间，一般用 T_M 表示。存储器中由于读出放大器、驱动电路等都有一段稳定恢复时间，读出后不能立即进行下一次访问，所以，一般 T_M、T_A 和 T_W 存在以下关系：$T_M > T_A$、$T_M > T_W$。**存储器带宽** B 表示存储器被连续访问时可以提供的数据传送速率，通常用每秒传送信息的位数（或字节数）来衡量。

6.1.4　各类存储元件的特点

目前使用的存储器基本元件主要有半导体器件、磁性材料和光介质。如图 6.2 所示，半导体存储器芯片分成可读可写（RWM）芯片和只读（ROM）芯片两大类。可读可写芯片习惯上称为**RAM 芯片**，分**静态 RAM**（Static RAM，简称 SRAM）和**动态 RAM**（Dynamic RAM，简称 DRAM）两种。只读芯片有不可

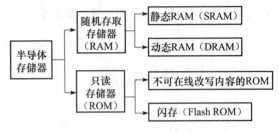

图 6.2　半导体存储器芯片类型

在线改写内容的 ROM 和 Flash ROM（闪存）两类。有关半导体存储器元件的基本结构和基本读写原理，请参看附录中相关内容。

SRAM 要用 6 个晶体管实现一个二进位，所用 MOS 管多，占硅片面积大，因而功耗大，集成度低，价格昂贵；但是，由于它采用一个正负反馈触发器电路来存储信息，所以读写速度快且无须刷新和读后再生。因而，SRAM 适合做高速小容量的半导体存储器，如高速缓冲存储器。

DRAM 只要一个晶体管就能实现一个二进位，所用 MOS 管少，占硅片面积小，因而功耗小，集成度高，价格相对便宜；但是，由于它采用电容储存电荷来存储信息，所以速度较慢，且必须定时刷新和读后再生。因而 DRAM 适合做慢速大容量的半导体存储器，如主存储器。

不可在线改写内容的 ROM 有多种类型，可分为 MROM、PROM、EPROM 和 EEPROM（E^2PROM）等。这种芯片与 RAM 芯片一样，也以随机存取方式工作；信息用特殊方式写入，一经写入，就可长久保存，不受断电影响，故这种芯片做成的存储器是非易失性存储器。这类存储器用来存放一些固定程序，如监控程序、启动程序等；也可作为控制存储器，存放微程序；还可作为函数发生器和代码转换器；在输入/输出设备中，被用作字符发生器，汉字库等；在嵌入式设备中用来存放固化的程序。

Flash 存储器也称为**闪存**，是高密度非易失性读写存储器，它兼有 RAM 和 ROM 的优点，而且功耗低、集成度高，不需后备电源。这种器件可在计算机内进行擦除和编程写入，因此又称为**快擦型电可擦除重编程 ROM**。目前被广泛使用的 U 盘和存储卡等都属于 Flash 存储器，也用于存放 BIOS。

磁表面存储器中信息的存取主要由磁层和磁头来完成。磁层是存放信息的介质，磁头是实现“磁－电”和“电－磁”转换的元件。磁表面存储器读写时，一般使磁头固定，而磁层（载磁体）做高速回转或匀速直线运动。在这种相对运动中，通过磁头进行信息存取。因此，

其信息存取过程属于机械运动，速度很慢。目前，DRAM 的读写速度比磁盘快 10～100 万倍，SRAM 比磁盘快 100 万倍以上；但是一个磁盘的容量则是一个 DRAM 芯片的几百到几千倍。

6.1.5　存储器的层次结构

存储器容量和性能应随着处理器速度和性能的提高而同步提高，以保持系统性能的平衡。然而，在过去 20 多年中，随着时间的推移，处理器和存储器在性能发展上的差异越来越大，存储器在容量尤其是访问延时方面的性能增长越来越跟不上处理器性能发展的需要。为了缩小存储器和处理器两者之间在性能方面的差距，通常在计算机内部采用层次化的存储器体系结构。

某一种元件制造的存储器很难同时满足大容量、高速度和低成本的要求。比如 SRAM 的存取速度快，但是难以构成大容量存储器；而大容量、低成本的磁表面存储器的存取速度又远远低于半导体存储器，并且难以实现随机存取。因此，在计算机中有必要把各种不同容量和不同存取速度的存储器按一定的结构有机地组织在一起，形成层次化的存储器结构，把程序和数据按不同的层次存放在各级存储器中，使得整个存储系统在速度、容量和价格等方面具有较好的综合性能指标。图 6.3 是存储系统层次结构示意图，其中列出的典型存取时间和典型容量是过去某个时间点的情况，它们会随着时间而变化，不过，这些数据反映出来的速度和容量之间的数量级关系通常不会随着时间而发生大的变化。

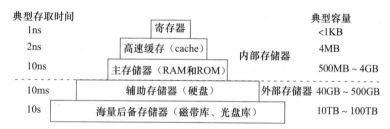

图 6.3　存储器层次化体系结构示意图

图中辅助存储器几年前大多采用硬磁盘（HDD）实现，最近几年开始采用固态硬盘（SSD）实现。从图 6.3 中可以看出，速度越快则容量越小、越靠近 CPU。CPU 可以直接访问内部存储器，而外部存储器的信息则要先取到主存，然后才能被 CPU 访问。CPU 执行指令时，需要的操作数大部分都来自寄存器；当需要从（向）存储器中取（存）数据时，先访问cache，如果不在 cache 中，则访问主存，如果不在主存中，则访问硬盘，此时，操作数从硬盘中读出送到主存，然后从主存送到 cache。

数据使用时一般只在相邻两层之间复制传送，而且总是从慢速存储器复制到快速存储器。传送的单位是一个定长块，因此需要确定定长块的大小，并在相邻两层间建立块之间的映射关系。

6.2　主存与 CPU 的连接及其读写操作

6.2.1　主存芯片技术

动态 RAM 主要用作主存，目前主存常用的是基于 SDRAM（Synchronous DRAM）芯片技术的内存条，包括 DDR SDRAM、DDR2 SDRAM 和 DDR3 SDRAM 等。SDRAM 芯片与当年 Intel 推出的芯片组中北桥芯片的前端总线同步运行，因此，称为**同步 DRAM**。

1. DRAM 芯片技术

目前，动态存储芯片大多采用双译码结构。地址译码器分为 X 和 Y 方向两个译码器。如图 6.4 所示的就是二维双译码结构，其中的存储阵列有 4096 个单元，需要 12 根地址线，用 $A_{11} \sim A_0$ 表示。其中 $A_{11} \sim A_6$ 送至 X 译码器，有 64 条译码输出线，各选择一行单元；$A_5 \sim A_0$ 送至 Y 译码器，它也有 64 条译码输出线，分别控制一列单元的位线控制门。假如输入的 12 位地址为 $A_{11} A_{10} \cdots A_0 = 000001000000$，则 X 译码器的第 2 根译码输出线（$x_1$）为高电平，与它相连的 64 个存储单元的字选择 W 线为高电平。Y 译码器的第 1 根译码输出线（y_0）为高电平，打开第一列的位线控制门。在 X、Y 译码的联合作用下，存储阵列中（1，0）单元被选中。

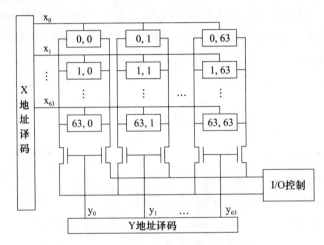

图 6.4   二维双译码结构（位片式芯片）

在选中的行和列交叉点上的单元只有一位，因此，采用二维双译码结构的存储器芯片被称为**位片式芯片**。有些芯片的存储阵列采用三维结构，用多个位平面构成存储阵列，不同位平面在同一行、列交叉点上的多位构成一个存储字，被同时读出或写入。

在双译码结构中，一条 X 方向的选择线要控制在其上的各个存储单元的字选择线，所以负载较大，因此需要在译码器输出后加驱动电路。此外，I/O 控制电路则用以控制被选中的单元的读出或写入，具有放大信息的作用。

图 6.5 是某 4M×4 位 DRAM 芯片示意图。DRAM 芯片容量较大，因而地址位数较多。为了减少芯片的地址引脚数，从而减小体积，大多采用地址引脚复用技术。行地址和列地址通过相同的引脚分先后两次输入，这样地址引脚数可减少一半。

图 6.5a 给出了芯片的引脚，共有 11 根地址引脚线 $A_{10} \sim A_0$，在**行地址选通信号** RAS 和**列地址选通信号 CAS**（低电平有效）的控制下，用于分时传送行、列地址；此外，有 4 根数据引脚线 $D_4 \sim D_1$，因此，每个芯片同时读出 4 位数据；WE 为读写控制引脚，低电平时为写操作；OE 为输出使能驱动引脚，低电平有效，高电平时断开输出。

图 6.5b 给出了芯片内部的逻辑结构图，芯片存储阵列采用三维结构，芯片容量为 2048 × 2048×4 位。因此，行地址和列地址各是 11 位，有 4 个位平面，在每个行、列交叉处的 4 个位

平面数据同时进行读写。行地址缓冲器和刷新计数器通过一个多路选择器 MUX，将选择的行地址输出到行译码器，刷新计数器的位数也是 11 位，一次刷新相当于对一行数据进行一次读操作，通过对这一行数据读后再生进行刷新。

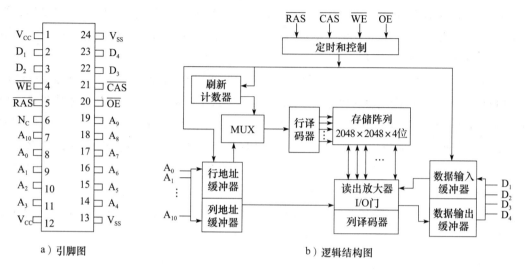

图 6.5   4M ×4 位 DRAM 芯片

2. 基本 SDRAM 芯片技术

SDRAM 的工作方式与传统的 DRAM 有很大不同。传统 DRAM 与 CPU 之间采用异步方式交换数据，CPU 发出地址和控制信号后，经过一段延迟时间，数据才读出或写入。在这段时间里，CPU 不断采样 DRAM 的完成信号，在没有完成之前，CPU 插入等待状态而不能做其他工作。而 SDRAM 芯片则不同，其读写受外部系统时钟（即前端总线时钟 CLK）控制，因此与 CPU 之间采用同步方式交换数据。它将 CPU 或其他主设备发出的地址和控制信息锁存起来，经过确定的几个时钟周期后给出响应。因此，主设备在这段时间内，可以安全地进行其他操作。

SDRAM 的每一步操作都在外部系统时钟 CLK 的控制下进行，支持**突发传输**（burst）方式。只要在第一次存取时给出首地址，以后按地址顺序读写即可，而不再需要地址建立时间和行、列预充电时间，就能连续快速地从行缓冲器中输出一连串数据。内部的工作方式寄存器（也称模式寄存器）可用来设置传送数据的长度以及从收到读命令（与 CAS 信号同时发出）到开始传送数据的延迟时间等，前者称为**突发长度**（Burst Length，简称 BL），后者称为**CAS 潜伏期**（CAS Latency，简称 CL）。根据所设定的 BL 和 CL，CPU 可以确定何时开始从总线上取数以及连续取多少个数据。在开始的第一个数据读出后，同一行的所有数据都被送到行缓冲器中，因此，以后每个时钟可从 SDRAM 读取一个数据，并在下一个时钟内通过总线传送到 CPU。

基于 SDRAM 技术的芯片的工作过程大致如下。

① 在 CLK 时钟上升沿片选信号（CS）和行地址选通信号（RAS）有效。

② 经过一段延时 t_{RCD}（RAS to CAS delay），列选通信号 CAS 有效，并同时发出读或写命令，此时，行、列地址被确定，已选中具体的存储单元。

③ 对于读操作，再经过一个 CAS 潜伏期后，输出数据开始有效，其后的每个时钟都有一

个或多个数据连续从总线上传出，直到完成突发长度 BL 指定的所有数据的传送。对于写操作，则没有 CL 延时而直接开始写入。

由于只有读操作才有 CL，所以 CL 又被称为**读取潜伏期**（Read Latency，简称 RL）。t_{RCD} 和 CL 都是以时钟周期 T_{CK} 为单位，例如，对于 PC100 SDRAM 来说，当 T_{CK} 为 10ns，CL 为 2 时，则 CAS 潜伏期时延为 20ns。BL 可用的选项为 1、2、4、8 等，当 BL 为 1 时，则是非突发传输方式。

3. DDR SDRAM 芯片技术

DDR（Double Data Rate）SDRAM 是对标准 SDRAM 的改进设计，通过芯片内部 I/O 缓冲（I/O Buffer）中数据的两位预取功能，并利用存储器总线上时钟信号的上升沿与下降沿进行两次传送，以实现一个时钟内传送两次数据的功能。例如，采用 DDR SDRAM 技术的 PC3200（DDR400）存储芯片内 CLK 时钟的频率为 200MHz，意味着存储器总线上的时钟频率也为 200MHz，利用存储芯片内部的两位预取技术，使得一个时钟内有两个数据被取到 I/O 缓冲中。因为存储器总线在每个时钟内可以传送两次数据，而存储器总线中的数据线位宽为 64，即每次传送 64 位，因而存储器总线上数据的最大传输率（即带宽）为 $200\text{MHz} \times 2 \times 64\text{b}/8\,(\text{b/B}) = 3.2\text{GB/s}$。

4. DDR2 SDRAM 芯片技术

DDR2 SDRAM 内存条采用与 DDR 类似的技术，如图 6.6 所示，利用芯片内部的 I/O 缓冲可以进行 4 位预取。例如，采用 DDR2 SDRAM 技术的 PC2 - 3200（DDR2 - 400）存储芯片内部 CLK 时钟的频率为 200MHz，意味着存储器总线上的时钟频率应为 400MHz，利用存储芯片内部的 4 位预取技

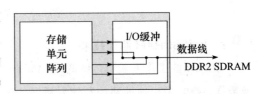

图 6.6　DDR2 SDRAM 芯片的数据预取

术，使得一个时钟内有 4 个数据被取到 I/O 缓冲中，存储器总线在每个时钟内传送两次数据，若每次传送 64 位，则存储器总线的最大数据传输率（即带宽）为 $200\text{MHz} \times 4 \times 64\text{b}/8\,(\text{b/B}) = 400\text{MHz} \times 2 \times 64\text{b}/8\,(\text{b/B}) = 6.4\text{GB/s}$。

5. DDR3 SDRAM 芯片技术

DDR3 SDRAM 芯片内部 I/O 缓冲可以进行 8 位预取。如果存储芯片内部 CLK 时钟的频率为 200MHz，意味着存储器总线上的时钟频率应为 800MHz，存储器总线在每个时钟内可传送两次数据，若每次传送 64 位，则对应存储器总线的最大数据传输率（即带宽）为 $200\text{MHz} \times 8 \times 64\text{b}/8\,(\text{b/B}) = 800\text{MHz} \times 2 \times 64\text{b}/8\,(\text{b/B}) = 12.8\text{GB/s}$。

6.2.2　主存与 CPU 的连接及其读写

主存与 CPU 之间的连接如图 6.7 所示。CPU 通过其芯片内的总线接口部件（即总线控制逻辑）与处理器总线 ⊖ 相连，然后再通过总线之间的 I/O 桥接器、存储器总线连接到主存。

⊖　国内教材中系统总线通常指连接 CPU、存储器和各种 I/O 模块等主要部件的总线统称，而 Intel 公司推出的芯片组中，对系统总线赋予了特定的含义，特指 CPU 连接到北桥芯片的总线，也称为处理器总线或前端总线（Front Side Bus，简称 FSB）。

总线是连接其上的各部件共享的传输介质，通常由控制线、数据线和地址线构成。如图 6.7 所示，计算机中各部件之间通过总线相连，例如，CPU 通过处理器总线和存储器总线与主存相连。在 CPU 和主存之间交换信息时，CPU 通过总线接口部件把地址信息和总线控制信息分别送到地址线和控制线，CPU 和主存之间交换的数据则通过数据线传输。

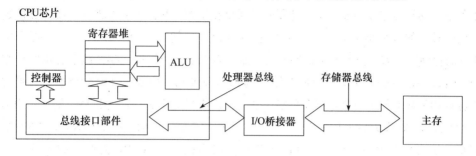

图 6.7 主存与 CPU 的连接

受集成度和功耗等因素的限制，单个芯片的容量不可能很大，所以往往通过存储器芯片扩展技术，将多个芯片做在一个**内存模块**（即**内存条**）上，然后由多个内存模块以及主板或扩充板上的 RAM 芯片和 ROM 芯片组成一台计算机所需的主存空间，再通过总线、桥接器等和 CPU 相连，如图 6.8 所示。图 6.8a 是内存条和内存条插槽（slot）示意图，图 6.8b 是**存储控制器**（memory controller）、存储器总线、内存条和 DRAM 芯片之间的连接关系示意图。存储控制器可以包含在图 6.7 所示的 I/O 桥接器中。

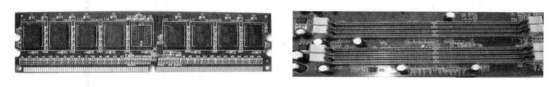

a）内存条和内存条插槽

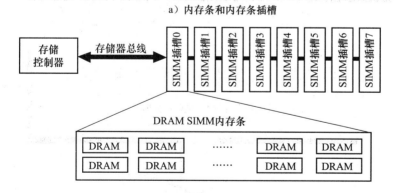

b）存储控制器、存储器总线、内存条和 DRAM 芯片之间的连接

图 6.8 DRAM 芯片在系统中的位置及其连接关系

如图 6.8b 所示，内存条插槽就是存储器总线，内存条中的信息通过内存条的引脚，再通过插槽内的引线连接到主板上，通过主板上的导线连接到北桥芯片或 CPU 芯片。现在的计算机中可以有多条存储器总线同时进行数据传输，支持两条总线同时进行传输的内存条插槽为双

通道内存插槽，还有三通道、四通道内存插槽，其总线的传输带宽可以分别提高到单通道的两倍、三倍和四倍。例如，图6.8a所示的内存条插槽支持双通道内存条，相同颜色的插槽可以并行传输，因此，对于6.8a所示的内存条插槽情况，如果只有两个内存条，则应该插在两个颜色相同的内存条插槽上，其传输带宽可以增大一倍。

由若干个存储器芯片构成一个存储器时，需要在字方向和位方向上进行扩展。**位扩展**指用若干片位数较少的存储器芯片构成给定字长的存储器。例如，用8片4K×1位的芯片构成4K×8位的存储器，需在位方向上扩展8倍，而字方向上无须扩展。**字扩展**是容量的扩充，位数不变。例如，用16K×8位的存储芯片在字方向上扩展4倍，构成一个64K×8位的存储器。当芯片在容量和位数上都不满足存储器要求的情况下，需要对字和位同时扩展。例如，用16K×4位的存储器芯片在字方向上扩展4倍、位方向上扩展2倍，可构成一个64K×8位的存储器。

图6.9是用8个16M×8位的DRAM芯片扩展构成一个128MB内存条的示意图。每片DRAM芯片中有一个4096×4096×8位的存储阵列，所以，行地址和列地址各12位（$2^{12} = 4096$），有8个位平面。

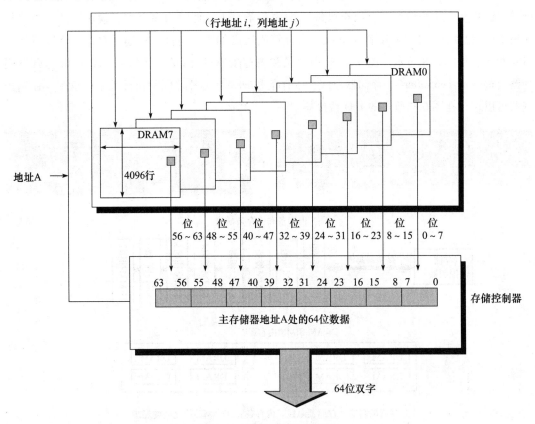

图6.9　DRAM芯片的扩展

内存条通过存储器总线连接到存储控制器，CPU通过存储控制器对内存条中的DRAM芯片进行读写，CPU要读写的存储单元地址通过总线被送到存储控制器，然后由存储控制器将存储单元地址转换为DRAM芯片的**行地址** i 和**列地址** j，分别在行地址选通信号RAS和列地址选通信号CAS的控制下，通过DRAM芯片的地址引脚，分时送到DRAM芯片内部的**行地址译码**

器和**列地址译码器**，以选择行、列地址交叉点 (i, j) 的 8 位数据同时进行读写，8 个芯片就可同时读取 64 位，组合成总线所需要的 64 位传输宽度，再通过存储器总线进行传输。

现代通用计算机大多按字节编址，因此，在图 6.9 所示的存储器结构中，同时读出的 64 位可能是第 0 ~ 7 单元、第 8 ~ 15 单元、…、第 $8*k$ ~ $8*k+7$ 单元，以此类推。因此，如果访问的一个 int 型数据不对齐，假定在第 6、7、8、9 这四个存储单元中，则需要访问两次存储器；如果数据对齐的话，即起始地址是 4 的倍数，则只要访问一次即可。这就是数据需要对齐的原因。显然，了解存储器结构可以更好地理解第 3 章提到的数据对齐问题。

若一个 $2^n \times b$ 位 DRAM 芯片的存储阵列是 r 行 $\times c$ 列，则该芯片容量为 $2^n \times b$ 位且 $2^n = r \times c$，芯片内的地址位数为 n，其中行地址位数为 $\log_2 r$，列地址位数为 $\log_2 c$，n 位地址中高位部分为行地址，低位部分为列地址。为提高 DRAM 芯片的性价比，通常设置的 r 和 c 满足 $r \le c$ 且 $|r-c|$ 最小。例如，对于 $8K \times 8$ 位 DRAM 芯片，其存储阵列设置为 2^6 行 $\times 2^7$ 列，因此行地址和列地址的位数分别为 6 位和 7 位，13 位芯片内地址 $A_{12}A_{11} \cdots A_1 A_0$ 中，行地址为 $A_{12}A_{11} \cdots A_7$，列地址为 $A_6 \cdots A_1 A_0$。

图 6.10 是 DRAM 芯片内部结构示意图。图中芯片容量为 16×8 位，存储阵列为 4 行 $\times 4$ 列，地址引脚采用复用方式，因而仅需 2 根地址引脚，在 RAS 和 CAS 的控制下分时传送 2 位行地址和 2 位列地址。每个**超元**（supercell）有 8 位，需 8 根数据引脚，有一个**内部行缓冲**（row buffer），用来缓存指定行中每一列的数据，通常用 SRAM 元件实现。

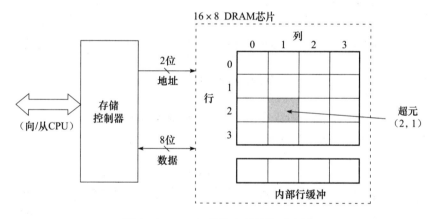

图 6.10　DRAM 芯片内部结构示意图

图 6.11 是 DRAM 芯片读写原理示意图。图 6.11a 反映存储控制器在 RAS 有效时将行地址"2"送到行译码器后选中第"2"行时的状态，此时，整个一行数据被送到内部行缓冲中。图 6.11b 反映存储控制器在 CAS 有效时将列地址"1"送到列译码器后选中第"1"列时的状态，此时，将内部行缓冲中第"1"列的 8 位数据超元（2，1）读到数据线，并继续向 CPU 传送。

6.2.3　"装入"指令和"存储"指令操作过程

访存指令主要有两类：装入（load）指令用于将存储单元内容装入 CPU 的寄存器中，如 IA-32 中的"movl 8(%ebp)，%eax"指令等；存储（store）指令用于将 CPU 寄存器内容存储到存储单元中，如 IA-32 中的"movl %eax，8(%ebp)"指令等。

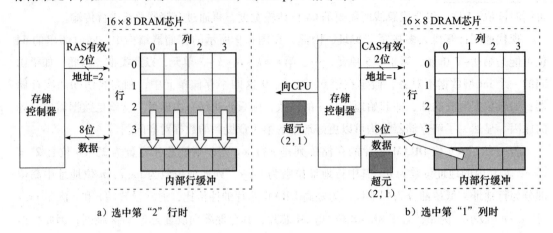

a）选中第"2"行时   b）选中第"1"列时

图 6.11   DRAM 芯片读写原理示意图

假定装入指令"movl 8(%ebp)，%eax"中存储器操作数"8(%ebp)"对应的主存地址为 A，则取数过程如图 6.12 所示。

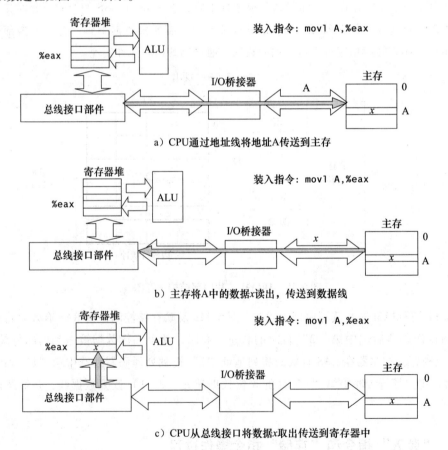

a）CPU通过地址线将地址A传送到主存

b）主存将A中的数据x读出，传送到数据线

c）CPU从总线接口将数据x取出传送到寄存器中

图 6.12   从主存单元取数到寄存器的操作过程

图 6.12a 表示取数操作第一步，CPU 将主存地址 A 通过总线接口送到地址线，然后由存储

控制器将地址 A 分解成行、列地址按分时方式送 DRAM 芯片；图 6.12b 表示取数操作第二步，主存将地址 A 中的数据 x 通过数据线送到总线接口部件中；图 6.12c 表示取数操作第三步，CPU 从总线接口部件中取出 x 存放到寄存器 EAX 中。实际上，上述过程的第一步同时还会把"存储器读"控制命令通过控制线送到主存，这在图 6.12a 中没有表示出来。

假定存储指令"movl %eax, 8(%ebp)"中主存操作数"8(%ebp)"的主存地址为 A，则存数操作过程如图 6.13 所示。

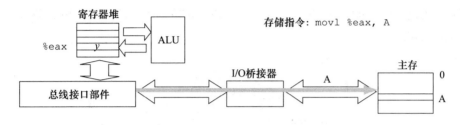

a）CPU通过地址线将地址A传送到主存

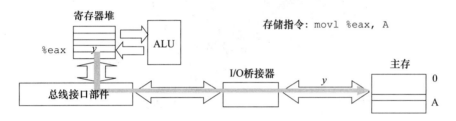

b）CPU将数据 y 传送到数据线

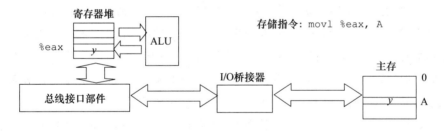

c）主存将数据 y 存放到主存单元A中

图 6.13　将寄存器内容存储到主存单元的操作过程

图 6.13a 表示存数操作第一步，其过程与图 6.12a 相同；图 6.13b 表示存数操作第二步，CPU 将寄存器 EAX 中的数据 y 通过总线接口部件送到数据线；图 6.13c 表示存数操作第三步，主存将数据线上的 y 存到主存单元 A 中。实际上，上述过程的第一步同时还会把"存储器写"控制命令通过控制线送到主存，这在图 6.13a 中没有表示出来，而且，第二步将数据 y 送数据线也可以和第一步同时进行。

上述两条指令的执行过程中，在取数或存数前，需要根据"8(%ebp)"计算主存地址 A，其计算操作在 CPU 中完成，它涉及 IA-32 中的分段和分页存储管理机制，具体过程将在 6.6 节中说明。

6.3　硬盘存储器

6.3.1　磁盘存储器的结构

磁盘存储器主要由磁记录介质、磁盘驱动器、磁盘控制器三大部分组成。**磁盘控制器**（disk controller）包括控制逻辑、时序电路、"并→串"转换和"串→并"转换电路。磁盘驱动器包括读写电路、读/写转换开关、读/写磁头与磁头定位伺服系统。图6.14是**磁盘驱动器**的物理组成示意图。

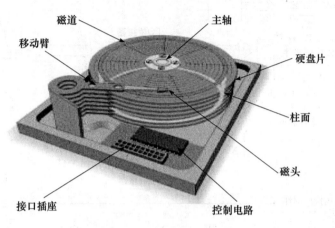

图6.14　磁盘驱动器的物理组成

如图6.14所示，磁盘驱动器主要由多张硬盘片、主轴、主轴电机、移动臂、磁头和控制电路等部分组成，通过接口与磁盘控制器连接，每个盘片的两个面上各有一个**磁头**，因此，**磁头号**就是**盘面号**。磁头和盘片相对运动形成的圆构成一个**磁道**（track），磁头位于不同的半径上，则得到不同的磁道。多个盘片上相同磁道形成一个**柱面**（cylinder），所以，**磁道号**就是**柱面号**。信息存储在盘面的磁道上，而每个磁道被分成若干**扇区**（sector），以扇区为单位进行磁盘读写。在读写磁盘时，总是写完一个柱面上所有的磁道后，再移到下一个柱面。磁道从外向里编址，最外面的为磁道0。

图6.15所示是磁盘驱动器的内部逻辑。

磁盘读写是指根据主机访问控制字中的**盘地址**（柱面号、磁头号、扇区号）读写目标磁道中的指定扇区。因此，其操作可归纳为寻道、旋转等待和读写三个步骤。如图6.15所示的操作过程如下。

① **寻道**操作：磁盘控制器把盘地址送到磁盘驱动器的磁盘地址寄存器后，便产生寻道命令，启动磁头定位伺服系统，根据磁头号和柱面号，选择指定的磁头移动到指定的柱面。此操作完成后，发出寻道结束信号给磁盘控制器，并转入旋转等待操作。

② **旋转等待**操作：盘片旋转时，首先将扇区计数器清零，以后每来一个扇区标志脉冲，扇区计数器加1，把计数内容与磁盘地址寄存器中的扇区地址进行比较，如果一致，则输出扇区符合信号，说明要读写的信息已经转到磁头下方。

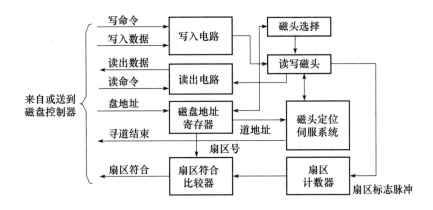

图 6.15　磁盘驱动器的内部逻辑结构

③ **读写**操作：扇区符合信号送给磁盘控制器后，磁盘控制器的读写控制电路开始动作。如果是写操作，就将数据送到写入电路，写入电路根据记录方式生成相应的写电流脉冲；如果是读操作，则由读出放大电路读出内容送磁盘控制器。

磁盘控制器是主机与磁盘驱动器之间的接口。磁盘存储器是高速外设，所以磁盘控制器和主机之间采用成批数据交换方式。

数据在磁盘上的记录格式分定长记录格式和不定长记录格式两种。目前大多采用定长记录格式。图 6.16 是温切斯特磁盘的磁道格式示意图，它采用定长记录格式。最早的硬盘由 IBM 公司开发，称为**温切斯特盘**（Winchester 是一个地名），简称**温盘**，它是几乎所有现代硬盘产品的原型。

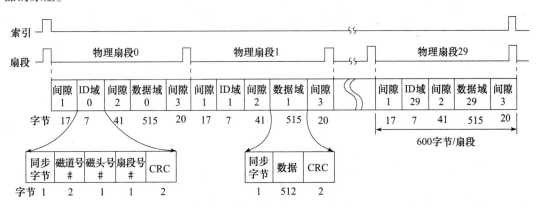

图 6.16　温切斯特磁盘的磁道记录格式

如图 6.16 所示，每个磁道由若干个扇区（也称**扇段**）组成，每个扇区记录一个数据块，每个扇区由头空（间隙 1）、ID 域、间隙 2、数据域和尾空（间隙 3）组成。头空占 17 个字节，不记录数据，用全 1 表示，磁盘转过该区域的时间是留给磁盘控制器作准备用的；ID 域由同步字节、磁道号、磁头号、扇段号和相应的 CRC 码组成，同步字节标志 ID 域的开始；数据域占 515 个字节，由同步字节、数据和相应的 CRC 码组成，其中真正的数据区占 512 字节；尾空是在数据块的 CRC 码后的区域，占 20 个字节，也用全 1 表示。

6.3.2 磁盘存储器的性能指标

（1）记录密度

记录密度可用道密度和位密度来表示。在沿磁道分布方向上单位长度内的磁道数目叫**道密度**。在沿磁道方向上，单位长度内存放的二进制信息数目叫**位密度**。如图 6.17 所示是磁盘盘面上的道密度和位密度示意图。左边采用的是**低密度存储**方式，所有磁道上的扇区数相同，所以每个磁道上的位数相同，因而内道上的位密度比外道位密度高；右边采用的是**高密度存储**方式，每个磁道上的位密度相同，所以外道上的扇区数比内道上扇区数多，因而整个磁盘的容量比低密度盘高得多。

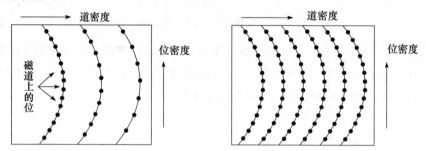

图 6.17　磁盘盘面上的记录密度示意图

（2）存储容量

存储容量指整个存储器所能存放的二进制信息量，它与磁表面大小和记录密度密切相关。

硬盘的未格式化容量是指按道密度和位密度计算出来的容量，它包括了头空、ID 域、CRC 码等信息，是可利用的所有磁化单元的总数，**未格式化容量**（或**非格式化容量**）比格式化后的实际容量要大。

对于低密度存储方式，因为每个磁道的容量相等，所以，其未格式化容量的计算方法为：

$$磁盘总容量＝记录面数 \times 理论柱面数 \times 内圆周长 \times 最内道位密度$$

由于磁盘每面的有效记录区域是一个环，磁道在这个环内沿径向分布，所以柱面数的理论公式为：

$$柱面数＝（有效记录区外径－有效记录区内径）\div 2 \times 道密度$$

此外，对于每个磁道具有同样多信息的磁盘，其内圆磁道的记录密度最大，一个磁道能记录的二进制信息位的理论值应等于内圆周长 × 最内道位密度。

格式化后的实际容量只包含数据区。通常，**记录面数**约为盘片数的两倍。假定按每个扇区 512 字节算，则磁盘实际数据容量（也称**格式化容量**）的计算公式为：

$$磁盘实际数据容量＝2 \times 盘片数 \times 磁道数/面 \times 扇区数/磁道 \times 512B/扇区$$

近 30 年来扇区大小一直是 512 字节，但最近几年正在逐步更换到更大、更高效的 4096 字节扇区，通常称为**4KB 扇区**。国际硬盘设备与材料协会（IDEMA）将之称为高级格式化。

（3）数据传输速率

数据传输速率（data transfer rate）是指磁表面存储器完成磁头定位和旋转等待以后，单位时间内从存储介质上读出或写入的二进制信息量。为区别于外部数据传输率，通常称之为**内部**

传输速率（internal transfer rate），也称为**持续传输速率**（sustained transfer rate）。而**外部传输速率**（external transfer rate）是指主机中的外设控制接口从（向）外存储器的缓存读出（写入）数据的速度，由外设采用的接口类型决定。通常称外部传输速率为**突发数据传输速率**（burst data transfer rate）或**接口传输速率**。

由于磁盘在同一时刻只有一个磁头进行读写，所以内部数据传输速率等于单位时间内磁头划过的磁道弧长乘以位密度。即

$$内部数据传输速率 = 每分钟转速 \div 60 \times 内圆周长 \times 最内道位密度$$

（4）平均存取时间

磁盘响应读写请求的过程如下：首先将读写请求在队列中排队，出队列后由磁盘控制器解析请求命令，然后进行寻道、旋转等待和读写数据三个过程。

因此，总响应时间的计算公式为：

$$响应时间 = 排队延迟 + 控制器时间 + 寻道时间 + 旋转等待时间 + 数据传输时间$$

磁盘上的信息以扇区为单位进行读写，上式中后面三个时间之和称为**存取时间**。即

$$存取时间 = 寻道时间 + 旋转等待时间 + 数据传输时间$$

寻道时间为磁头移动到指定磁道所需时间；**旋转等待时间**指要读写的扇区旋转到磁头下方所需要的时间；**数据传输时间**（transfer time）指传输一个扇区的时间（大约0.01ms/扇区）。由于磁头原有位置与要寻找的目的位置之间远近不一，故寻道时间和旋转等待时间只能取平均值。磁盘的**平均寻道时间**一般为5~10ms，**平均等待时间**取磁盘旋转一周所需时间的一半，大约4~6ms。假如磁盘转速为6000转/分，则平均等待时间约为5ms。因为数据传输时间相对于寻道时间和等待时间来说非常短，所以，磁盘的**平均存取时间**通常近似等于平均寻道时间和平均等待时间之和。而且，磁盘第一位数据的读写延时非常长，相当于平均存取时间，而以后各位数据的读写则几乎没有延迟。

6.3.3　磁盘存储器的连接

现代计算机中，通常将复杂的磁盘物理扇区抽象成固定大小的**逻辑块**，物理扇区和逻辑块之间的映射由磁盘控制器来维护。磁盘控制器是一个内置固件的硬件设备，它能将主机送来的请求**逻辑块号**转换为磁盘的物理地址（柱面号、磁头号、扇区号），并控制磁盘驱动器进行相应的动作。

图6.18是磁盘驱动器（简称磁盘）通过磁盘控制器与CPU、主存储器连接的示意图。磁盘控制器连接在I/O总线上，**I/O总线**与其他系统总线（如处理器总线、存储器总线）之间用桥接器连接。磁盘驱动器与磁盘控制器之间的接口有多种，一般文件服务器使用SCSI接口，而普通的PC前些年多使用并行ATA（即IDE）接口，目前大多使用串行ATA（即SATA）接口。

磁盘与主机交换数据的最小单位是扇区，因此，磁盘总是按**成批数据交换**方式进行读写，这种高速成批数据交换设备采用**直接存储器存取**（Direct Memory Access, DMA）方式进行数据的输入输出。该输入输出方式用专门的DMA接口硬件来控制外设与主存间的直接数据交换，数据不通过CPU。通常把专门用来控制总线进行DMA传送的接口硬件称为**DMA控制器**。在进行DMA传送时，CPU让出总线控制权，由DMA控制器控制总线，通过"窃取"一个主存周

期完成和主存之间的一次数据交换，或独占若干个主存周期完成一批数据的交换。有关 DMA 方式的实现参见 8.3.4 节。

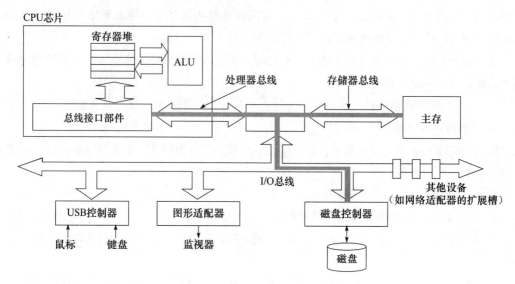

图 6.18 磁盘与 CPU、主存的连接

6.3.4 固态硬盘

近年来，一种称为**固态硬盘**（Solid State Disk，简称 SSD）的新产品开始在市场上出现（也被称为**电子硬盘**）。这种硬盘并不是一种磁表面存储器，而是一种使用 NAND 闪存组成的外部存储系统，与 U 盘并没有本质差别，只是容量更大，存取性能更好。它用闪存颗粒代替了磁盘作为存储介质，利用闪存的特点，以区块写入和擦除的方式进行数据的读取和写入。

固态硬盘的接口规范和定义、功能及使用方法与传统硬盘完全相同，在产品外形和尺寸上也与普通硬盘一致。目前接口标准使用 USB、SATA 和 IDE，因此 SSD 通过标准磁盘接口与 I/O 总线互连。在 SSD 中有一个**闪存翻译层**，它将来自 CPU 的逻辑磁盘块读写请求翻译成对底层 SSD 物理设备的读写控制信号。因此，这个闪存翻译层相当于磁盘控制器。

SSD 中一个闪存芯片由若干个区块组成，每个区块由若干页组成。通常，页大小为 512B ~ 4KB，每个区块由 32 ~ 128 个页组成，因而区块大小为 16KB ~ 512KB。数据可以按页为单位进行读写。当需要写某页信息时，必须先对该页所在的区块进行擦除操作。一旦一个区块被擦除过，区块中的每一页就可以直接再写一次。若某一区块进行了大约 100 000 次重复写之后，就会被磨损而变成坏的区块，不能再被使用。因此，闪存翻译层中有一个专门的均化磨损（wear leveling）逻辑电路，试图将擦除操作平均分布在所有区块上，以最大限度地延长 SSD 的使用寿命。

电信号的控制使得固态硬盘的内部传输速率远远高于常规硬盘。SSD 随机读访问时间（延时）大约为几十微秒，而随机写的访问时间（延时）大约为几百微秒。硬盘由于需要寻道和旋转等待，所以其访问时间大约是几毫秒到几十毫秒，因此，SSD 随机读写延时比硬盘要低两个数量级。有测试显示，使用固态硬盘以后，Windows 的开机速度可以提升至 20 秒以内，这是基于常规硬盘的计算机系统难以达到的速度性能。

与常规硬盘相比，除速度性能外，固态硬盘还具有抗震性好、安全性高、无噪声、能耗低、发热量低和适应性高的特点。由于不需要电机、盘片、磁头等机械部分，固态硬盘工作过程中没有任何机械运动和震动，因而抗震性好，使数据安全性成倍提高，并且没有常规硬盘的噪声；由于不需要电机，固态硬盘的能耗也得到了成倍的降低，只有传统硬盘的 1/3 甚至更低，延长了靠电池供电的设备的连续运转时间；而且由于没有电机等机械部件，其发热量大幅降低，延长了其他配件的使用寿命。此外，固态硬盘的工作温度范围很宽（-40 ~ 85℃），因此，其适应性上也远高于常规硬盘。

固态硬盘在刚出现时与最高速的常规硬盘相比在读写性能方面各有上下，而且价格也较高。但随着相应技术的不断发展，目前固态硬盘的读写性能基本上超越了常规硬盘，且价格也不断下降。由于固态硬盘具有以上优点，加上其今后的发展潜力比传统硬盘要大得多，因而固态硬盘有望逐步取代传统硬盘。

6.4 高速缓冲存储器

由于 CPU 和主存所使用的半导体器件工艺不同，两者速度上的差距导致快速的 CPU 等待慢速的主存储器，为此需要想办法提高 CPU 访问主存的速度。除了提高 DRAM 芯片本身的速度和采用并行结构技术以外，加快 CPU 访存速度的主要方式之一是在 CPU 和主存之间增加**高速缓冲存储器**（简称**高速缓存**或 **cache**）。

6.4.1 程序访问的局部性

对大量典型程序运行情况分析的结果表明，在较短时间间隔内，程序产生的地址往往集中在存储空间的一个很小范围，这种现象称为**程序访问的局部性**。这种局部性可细分为时间局部性和空间局部性。**时间局部性**是指被访问的某个存储单元在一个较短的时间间隔内很可能又被访问。**空间局部性**是指被访问的某个存储单元的邻近单元在一个较短的时间间隔内很可能也被访问。

出现程序访问的局部性特征的原因不难理解：程序是由指令和数据组成的，指令在主存按顺序存放，其地址连续，循环程序段或子程序段通常被重复执行，因此，指令具有明显的访问局部化特征；而数据在主存一般也是连续存放，特别是数组元素，常常被按序重复访问，因此，数据也具有明显的访问局部化特征。

例如，以下是一个 C 高级语言程序段。

```
1   sum = 0;
2   for (i = 0; i < n; i ++)
3       sum += a[i];
4   *v = sum;
```

上述程序段对应的汇编程序段可由 10 条指令组成，用中间语言描述如下。

```
I0          sum ← 0
```

```
I1           ap ← A              ;A 是数组的起始地址
I2           i ← 0
I3           if (i >= n) goto done
I4    loop:  t ← (ap)            ;数组元素 a[i]的值
I5           sum ← sum + t       ;累加值在 sum 中
I6           ap ← ap + 4         ;计算下一个数组元素的地址
I7           i ← i + 1
I8           if (i < n) goto loop
I9    done:  V ← sum             ;累加结果保存至地址 V
```

上述描述中的变量 sum、ap、i、n、t 均可认为存放在通用寄存器中，A 和 V 为主存地址。假定每条指令占 4 字节，每个数组元素占 4 字节，按字节编址，则指令和数组元素在主存中的存放情况如图 6.19 所示。

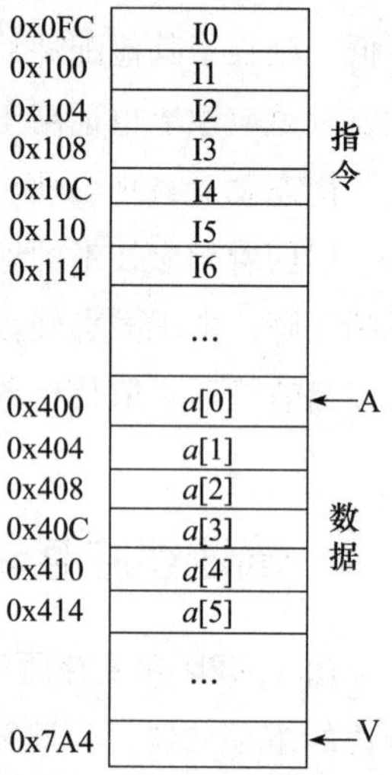

在程序执行过程中，首先，按指令 I0 ～ I3 的顺序执行，然后，指令 I4 ～ I8 按顺序被循环执行 n 次。只要 n 足够大，程序在一段时间内，就一直在该局部区域内执行。对于取指令来说，程序对主存的访问过程是：

$$0x0FC(I0) \rightarrow \cdots \rightarrow 0x108(I3) \rightarrow 0x10C(I4) \rightarrow \cdots \rightarrow 0x11C(I8) \rightarrow 0x120(I9)$$

↑　　　n 次　　　｜

上述程序对数组的访问在指令 I4 中进行，每次循环数组下标加 4，即每次按 4 字节连续访问主存。因为数组元素在主存按 $a[0]$，$a[1]$，$\cdots$，$a[n-1]$ 的顺序连续存放，所以，该程序对数据的访问过程是：

$$0x400 \rightarrow 0x404 \rightarrow 0x408 \rightarrow 0x40C \rightarrow \cdots \rightarrow 0x7A4$$

地址	内容	
0x0FC	I0	
0x100	I1	
0x104	I2	指
0x108	I3	令
0x10C	I4	
0x110	I5	
0x114	I6	
	...	
0x400	a[0]	←A
0x404	a[1]	
0x408	a[2]	数
0x40C	a[3]	据
0x410	a[4]	
0x414	a[5]	
	...	
0x7A4		←V

图 6.19　指令和数组在主存的存放

由此可见，在一段时间内，访问的数据也在局部的连续区域内。

为了更好地利用程序访问的空间局部性，通常把当前访问单元以及邻近单元作为一个主存块一起调入 cache。这个主存块的大小以及程序对数组元素的访问顺序等都对程序的性能有一定的影响。

例 6.1　假定数组元素按行优先方式存放在主存，针对以下两段伪代码程序段 P1 和 P2，回答下列问题。

① 对于数组 a 的访问，哪一个空间局部性更好？哪一个时间局部性更好？

② 变量 sum 的空间局部性和时间局部性各如何？

③ 对于指令访问来说，for 循环体的空间局部性和时间局部性如何？

程序段 P1：

```
1   int sum-array-rows (int a[M][N])
2   {
3       int i, j, sum = 0;
4       for  (i = 0; i < M; i ++)
5           for (j = 0; j < N; j ++)
6               sum += a[i][j];
7       return sum;
8   }
```

程序段 P2：

```
1   int sum – array – cols (int a[M][N])
2   {
3       int i, j, sum = 0;
4       for (j = 0; j < N; j++)
5           for (i = 0; i < M; i++)
6               sum += a[i][j];
7       return sum;
8   }
```

解 假定 M、N 都为 2048，按字节编址，每条指令和每个数组元素各占 4 个字节，则指令和数据在主存的存放情况如图 6.20 所示。图中 A 是数组 a 的首地址。

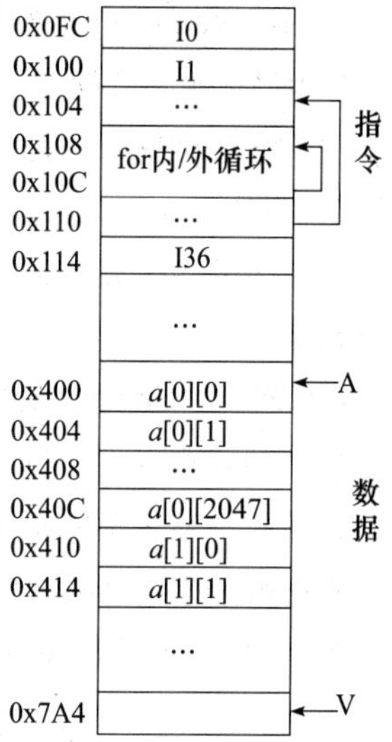

① 对于数组 a，程序段 P1 和 P2 的空间局部性相差较大。程序段 P1 对数组 a 的访问顺序为 $a[0][0], a[0][1], \cdots, a[0][2047]$，$a[1][0], a[1][1], \cdots, a[1][2047], \cdots$。由此可见，访问顺序与存放顺序是一致的，故空间局部性好；而程序段 P2 对数组 a 的访问顺序为 $a[0][0], a[1][0], \cdots, a[2047][0], a[0][1]$，$a[1][1], \cdots, a[2047][1], \cdots$。由此可见，访问顺序与存放顺序不一致，每次访问都要跳过 2048 个数组元素，即 8196 个单元，若主存与 cache 的交换单位小于 8KB，则每次装入一个主存块到 cache 时，下个要访问的数组元素总不能被装入 cache，因而没有空间局部性。

数组 a 的时间局部性在程序段 P1 和 P2 中都很差，因为每个数组元素都只被访问一次。

图 6.20 指令和二维数组在主存的存放

② 对于变量 sum，在程序段 P1 和 P2 中的访问局部性是一样的。空间局部性对单个变量来说没有意义；而时间局部性在 P1 和 P2 中都较好，因为 sum 变量在 P1 和 P2 的每次循环中都要被访问。不过，通常编译器都会将 sum 分配在寄存器中，循环执行时只要取寄存器内容进行运算，最后再把寄存器的值写回存储单元中，这种情况下就无须考虑 sum 的访问局部性问题。

③ 对于 for 循环体，程序段 P1 和 P2 中的访问局部性是一样的。因为循环体内指令按序连续存放，所以空间局部性好；内循环体被连续重复执行 2048×2048 次，因此时间局部性也好。 ■

从上述分析可以看出，虽然程序段 P1 和 P2 的功能相同，但因为内、外两重循环的顺序不同而导致两者对数组 a 访问的空间局部性相差较大，从而带来执行时间的不同。曾有人将这两个程序段（$M = N = 2048$）放在 2GHz Pentium 4 上执行以进行比较，其实际运行结果为：程序段 P1 的执行只需要 59 393 288 个时钟周期，而程序段 P2 则需要 1 277 877 876 个时钟周期。P1 比 P2 快 21.5 倍！

6.4.2 cache 的基本工作原理

cache 是一种小容量高速缓冲存储器，由快速的 SRAM 组成，直接制作在 CPU 芯片内，速度较快，几乎与 CPU 处于同一个量级。在 CPU 和主存之间设置 cache，总是把主存中被频繁访问的活跃程序块和数据块复制到 cache 中。由于程序访问的局部性，大多数情况下，CPU 能直接从 cache 中取得指令和数据，而不必访问慢速的主存。

为便于 cache 和主存间交换信息，cache 和主存空间都被划分为相等的区域。例如，将主存按照每 512 字节划分成一个区域，同时把 cache 也划分成同样大小的区域，这样主存中的信息就可按照 512 字节为单位送到 cache 中。我们把主存中的区域称为**块**（block），也称为**主存块**，它是 cache 和主存之间的信息交换单位；cache 中存放一个主存块的区域称为**行**（line）或**槽**（slot），也称**cache 行**（**槽**）。

1. cache 的有效位

在系统启动或复位时，每个 cache 行都为空，其中的信息无效，只有在 cache 行中装入了主存块后才有效。为了说明 cache 行中的信息是否有效，每个 cache 行需要一个"**有效位**"（valid bit）。

有了有效位，就可通过将有效位清 0 来淘汰某 cache 行中的主存；装入一个新主存块时，再使有效位置 1。

2. CPU 在 cache 中的访问过程

CPU 执行程序过程中，需要从主存取指令或读写数据时，先检查 cache 中有没有要访问的信息，若有，就直接在 cache 中读写，而不用访问主存储器；若没有，再从主存中把当前访问信息所在的一个主存块复制到 cache 中，因此，cache 中的内容是主存中部分内容的副本。

图 6.21 给出了带 cache 的 CPU 执行一次访存操作的过程。

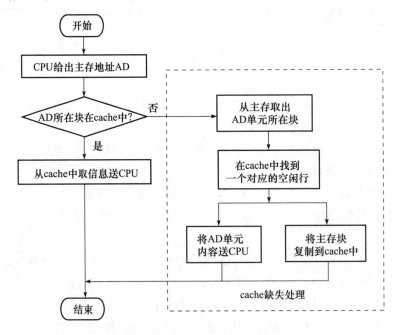

图 6.21   带 cache 的 CPU 的访存操作过程

如图 6.21 所示，整个访存过程包括：判断信息是否在 cache 中，从 cache 取信息或从主存取一个主存块到 cache 等，在对应 cache 行已满的情况下还要替换 cache 中的信息。这些工作要求在一条指令执行过程中完成，因而只能由硬件来实现。cache 对程序员来说是透明的，程序员编程时根本不知道有 cache 的存在，更不用考虑信息存放在主存还是在 cache，因此，cache 位于微体系结构层面。在 ISA 层面，需要考虑提供"刷新 cache"等特权指令，这些指令只能在操作系统内核态使用。

3. cache—主存层次的平均访问时间

如图 6.21 所示，在访存过程中，需要判断所访问信息是否在 cache 中。若 CPU 访问单元所在的主存块在 cache 中，则称**cache 命中**（hit），命中的概率称为**命中率** p（hit rate），它等于命中次数与访问总次数之比；若不在 cache 中，则为**不命中**（miss）[⊖]，其概率称为**缺失率**（miss rate），它等于不命中次数与访问总次数之比。命中时，CPU 在 cache 中直接存取信息，所用的时间开销就是 cache 访问时间 T_c，称为**命中时间**（hit time）；缺失时，需要从主存读取一个主存块送 cache，并同时将所需信息送 CPU，因此，所用时间开销为**主存访问时间** T_m 和 **cache 访问时间** T_c 之和。通常把从主存读入一个主存块到 cache 的时间 T_m 称为**缺失损失**（miss penalty）。

CPU 在 cache-主存层次的平均访问时间为：

$$T_a = p \times T_c + (1 - p) \times (T_m + T_c) = T_c + (1 - p) \times T_m$$

由于程序访问的局部性特点，cache 的命中率可以达到很高，接近于 1。因此，虽然缺失损失 $\gg$ 命中时间，但最终的平均访问时间仍可接近 cache 的访问时间。

例 6.2 假定处理器时钟周期为 2ns，某程序由 3000 条指令组成，每条指令执行一次，其中的 4 条指令在取指令时没有在 cache 中找到，其余指令都能在 cache 中取到。在执行指令过程中，该程序需要 1000 次主存数据访问，其中，6 次没有在 cache 中找到。试问：

① 执行该程序得到的 cache 命中率是多少？

② 若 cache 中存取一个信息的时间为 1 个时钟周期，缺失损失为 10 个时钟周期，则 CPU 在 cache-主存层次的平均访问时间为多少？

解 ① 执行该程序时的总访问次数为 3000 + 1000 = 4000，未命中次数为 4 + 6 = 10，故 cache 命中率为（4000 − 10)/4000 = 99.75%。

② 平均访问时间为 1 + (1 − 99.75%) × 10 = 1.025 个时钟周期，即 1.025 × 2ns = 2.05ns，与 cache 访问时间相近。 ∎

6.4.3 cache 行和主存块的映射

cache 行中的信息取自主存中的某个块。在将主存块复制到 cache 行时，主存块和 cache 行之间必须遵循一定的映射规则，这样，CPU 要访问某个主存单元时，可以依据映射规则到 cache 对应的行中查找要访问的信息，而不用在整个 cache 中查找。

根据不同的映射规则，主存块和 cache 行之间有以下三种映射方式。

① 直接（direct）：每个主存块映射到 cache 的固定行中。

② 全相联（full associate）：每个主存块映射到 cache 的任意行中。

⊖ 国内教材对"不命中"的说法有多种，如"失效""失靶""缺失"等，其含义一样，本教材使用"缺失"一词。

③ 组相联（set associate）：每个主存块映射到 cache 的固定组的任意行中。

以下分别介绍这三种映射方式。

1. 直接映射

直接映射的基本思想是，把主存每一块映射到一个固定 cache 行中，也称**模映射**，其映射关系如下：

$$\text{cache 行号} = \text{主存块号 mod cache 行数}$$

例如，假定 cache 共有 16 行，根据 100 mod 16 = 4，可知主存第 100 块应映射到 cache 的第 4 行中。

直接映射方式下，主存地址被分成标记、cache 行号和块内地址三个字段。

标记	cache 行号	块内地址

假定 cache 共有 2^c 行，主存共有 2^m 块，主存块大小占 2^b 字节，按字节编址，则 cache 行号占 c 位、主存块号占 m 位，块内地址有 b 位。因为 m 位主存块号被分解成**标记字段**和**cache 行号字段**，因而标记字段占 $t = m - c$ 位。

图 6.22a 给出了直接映射方式下主存块和 cache 行之间的映射示意，图中主存第 0、1、…、$2^c - 1$ 块分别映射到 cache 第 0、1、…、$2^c - 1$ 行；主存第 2^c、$2^c + 1$、…、$2^{c+1} - 1$ 块也分别映射到 cache 第 0、1、…、$2^c - 1$ 行；等等。每个 cache 行中还应包含一个有效位，图 6.22 所示的 cache 行中省略了有效位。

直接映射方式下，CPU 访存过程如图 6.22b 所示。首先根据主存地址中间的 c 位，直接找到对应的 cache 行，将对应 cache 行中的标记和主存地址的高 t 位标记进行比较，若相等且有效位为 1，则访问 cache "命中"，此时，根据主存地址中低 b 位的块内地址，在对应的 cache 行中存取信息；若不相等或有效位为 0，则 cache "缺失"，此时，CPU 从主存中读出该主存地址所在的一块信息通过系统总线送到对应的 cache 行中，将有效位置 1，并将标记设置为该地址的高 t 位，同时将该地址中的内容送 CPU。

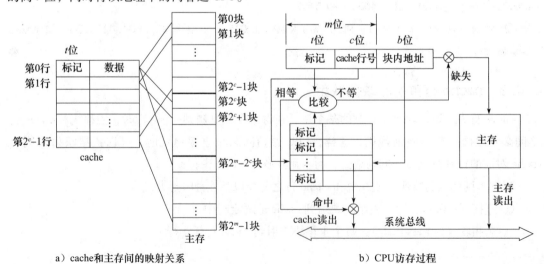

a）cache 和主存间的映射关系　　　　　　　　　　b）CPU访存过程

图 6.22　cache 和主存之间的直接映射方式

CPU 访存时，读操作和写操作的过程有一些不同，相对来说，读操作比写操作简单。因为 cache 行中的信息是某主存块的副本，所以，在写操作时会出现 cache 行和主存块数据的一致性问题。下面通过例子来说明 cache 设计中的一些问题。

例 6.3 假定主存按字编址，主存块与 cache 行之间采用直接映射方式，块大小为 512 字。cache 数据区容量为 8K 字，主存空间大小为 1M 字。问：主存地址如何划分？要求用图表示主存块和 cache 行之间的映射关系，假定 cache 当前为空，说明 CPU 对主存单元 0240CH 的访问过程。

解 cache 数据区容量为 8K 字 $=2^{13}$ 字 $=2^4$ 行 $\times 512$ 字/行 $=16$ 行 $\times 512$ 字/行。因为主存每 16 块和 cache 的 16 行一一对应，所以可将主存每 16 块看成一个块群，因而，得到主存空间地址划分为 1M 字 $=2^{20}$ 字 $=2^{11}$ 块 $\times 512$ 字/块 $=2^7$ 块群 $\times 2^4$ 块/块群 $\times 2^9$ 字/块。所以，主存地址位数 n 为 20，标记位数 t 为 7，cache 行号位数 c 为 4，块内地址位数 b 为 9。主存地址划分以及主存块和 cache 行的对应关系如图 6.23 所示。

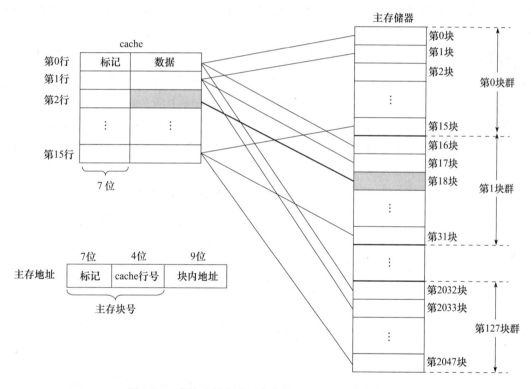

图 6.23　直接映射方式下主存块和 cache 行的对应关系

主存地址 0240CH 展开为二进制数为 0000 0010 0100 0000 1100，所以主存地址划分如下：

0000 001	0010	0 0000 1100

根据主存地址划分可知，该地址所在块号是 0000 001 0010（第 18 块），所属块群号为 0000 001（第 1 块群），映射到的 cache 行号为 0010（第 2 行）。

假定 cache 开始为空，访问 0240CH 单元的过程为：首先根据地址中间的 4 位 0010，找到 cache 第 2 行，因为 cache 为空，所以，每个 cache 行的有效位都为 0，因此，不管第 2 行的标志是否等于 0000 001，都不命中。此时，将 0240CH 单元所在的主存第 18 块复制到 cache 第 2

行，并置有效位为1，置标记为0000 001（表示信息取自主存的第1块群）。 ■

直接映射的优点是容易实现，命中时间短，但由于多个块号"同余"的主存块只能映射到同一个 cache 行，当访问集中在"同余"的主存块时，就会引起频繁的调进调出，即使其他 cache 行都空闲，也毫无帮助。很显然，直接映射方式不够灵活，使得 cache 存储空间得不到充分利用，命中率较低。例如，对于上述例6.3，如果需要将主存第0块与第16块同时调入 cache，由于它们都只对应 cache 第0行，即使其他行空闲，也总有一个主存块不能调入 cache，因此会产生频繁的调进调出。

2. 全相联映射

全相联映射的基本思想是一个主存块可装入 cache 任意一行中。全相联映射 cache 中，每行的标记用于指出该行取自主存的哪个块。因为一个主存块可能在任意一个 cache 行中，所以，需要比较所有 cache 行的标记，因此，主存地址中不需要 cache 行索引，只有标记和块内地址两个字段。全相联映射方式下，只要有空闲 cache 行，就不会发生冲突，因而**块冲突概率低**。

例6.4 假定主存按字编址，主存块与 cache 行之间采用全相联映射，块大小为512字。cache 数据区容量为8K字，主存地址空间为1M字。问：主存地址如何划分？要求用图表示主存块和 cache 行之间的映射关系，并说明 CPU 对主存单元 0240CH 的访问过程。

解 cache 数据区容量为 8K 字 = 2^{13} 字 = 2^4 行 × 512 字/行 = 16 行 × 2^9 字/行。主存地址空间为 1M 字 = 2^{20} 字 = 2^{11} 块 × 512 字/块。20 位的主存地址划分为两个字段：标记位数 t 为 11，块内地址位数 b 为 9。

主存地址划分以及主存块和 cache 行之间的对应关系如图6.24所示。

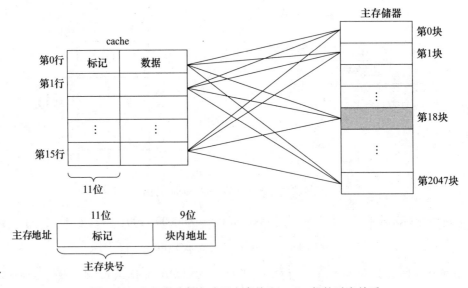

图6.24   全相联映射方式下主存块和 cache 行的对应关系

主存地址 0240CH 展开为二进制数为 0000 0010 0100 0000 1100，所以主存地址划分为：

0000 0010 010	0 0000 1100

访问 0240CH 单元的过程为：首先将高 11 位标记 0000 0010 010 与 cache 中每个行的标记进行比较，若有一个相等并且对应有效位为 1，则命中，此时，CPU 根据块内地址 0 0000 1100 从该行中取出信息；若都不相等，则不命中，此时，需要将 0240CH 单元所在的主存第 0000 0010 010 块（即第 18 块）复制到 cache 的任何一个空闲行中，并置有效位为 1，置标记为 0000 0010 010（表示信息取自主存第 18 块）。　■

为了加快比较的速度，通常每个 cache 行都设置一个比较器，比较器位数等于标记字段的位数。全相联 cache 访存时根据标记字段的内容来访问 cache 行中的主存块，它查找主存块的过程是一种"按内容访问"的存取方式，因此，它是一种"相联存储器"。全相联映射方式的时间开销和所用元件开销都较大，实现起来比较困难，不适合容量较大的 cache。

3. 组相联映射

前面介绍了直接映射和全相联映射，它们的优缺点正好相反，两者结合可以取长补短。将两种方式结合起来产生组相联映射方式。

组相联映射的主要思想是，将 cache 分成大小相等的组，每个主存块被映射到 cache 固定组中的任意一行，也即采用组间模映射、组内全映射的方式。映射关系如下：

$$cache \ 组号 = 主存块号 \ mod \ cache \ 组数$$

若 cache 共 16 行，分成 8 组，则每组有 2 行，此时，主存第 100 块应映射到 cache 第 4 组的任意一行中，因为 100 mod 8 = 4。

组相联方式下，主存地址被划分为标记、cache 组号和块内地址三个字段。

标记	cache 组号	块内地址

假定 cache 共有 2^c 行，被分成 2^q 组，则每组有 $2^c/2^q = 2^{c-q}$ 行。设 $s = c - q$，则 cache 映射方式称为 2^s 路组相联映射，即 $s = 1$ 为 **2 路组相联**；$s = 2$ 为 **4 路组相联**，以此类推。若主存共有 2^m 块，主存块大小占 2^b 字节，按字节编址，则块内地址有 b 位，cache 组号有 q 位，标记和 cache 组号共 m 位，因而标记占 $t = m - q$ 位。

s 的选取决定了块冲突的概率和相联比较的复杂性。s 越大，则 cache 发生块冲突的概率越低，而相联比较的电路越复杂。选取适当的 s，可使组相联映射的成本比全相联的低得多，而性能上仍可接近全相联方式。早几年，由于 cache 容量不大，所以通常 $s = 1$ 或 2，即 2 路或 4 路组相联较常用，但随着技术的发展，cache 容量不断增加，s 的值有增大的趋势，目前有许多处理器的 cache 采用 8 路或 16 路组相联方式。

图 6.25 所示的是采用 2 路组相联映射的 cache，其中每个 cache 行都有对应的有效位 V、标记 Tag 和数据 Data。整个访存过程为：① 根据主存地址中的 cache 组号找到对应组；② 将主存地址中的标记与对应组中每个行的标记 Tag 进行比较；③ 将比较结果和有效位 V 相"与"；④ 若有一路比较相等并有效位为 1，则输出"Hit"（命中）为 1，并选中这一路 cache 行中的主存块；⑤ 在"Hit"为 1 的情况下，根据主存地址中的块内地址从选中的一块内取出对应单元的信息，若"Hit"不为 1，则 CPU 要到主存去读一块信息到 cache 行中。

例 6.5 假定主存按字编址，主存块与 cache 行之间采用 2 路组相联映射，块大小为 512 字。cache 数据区容量为 8K 字，主存地址空间为 1M 字。问：主存地址如何划分？要求用图表

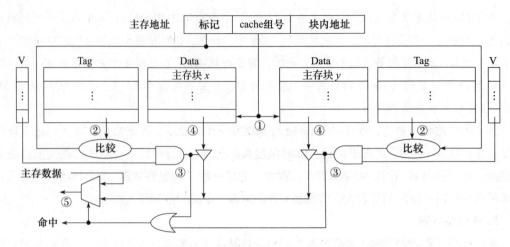

图 6.25　组相联映射方式的硬件实现

示主存块和 cache 行之间的映射关系，并说明 CPU 对主存单元 01202H 的访问过程。

解　cache 数据容量为 8K 字 = 2^{13} 字 = 2^3 组 × 2^1 行/组 × 512 字/行。主存地址空间为 1M 字 = 2^{20} 字 = 2^{11} 块 × 512 字/块 = 2^8 组群 × 2^3 块/组群 × 2^9 字/块。因此，主存地址位数 n 为 20，标记位数 t 为 8，组号位数 q 为 3，块内地址位数 b 为 9。

主存地址划分以及主存块和 cache 行的对应关系如图 6.26 所示。

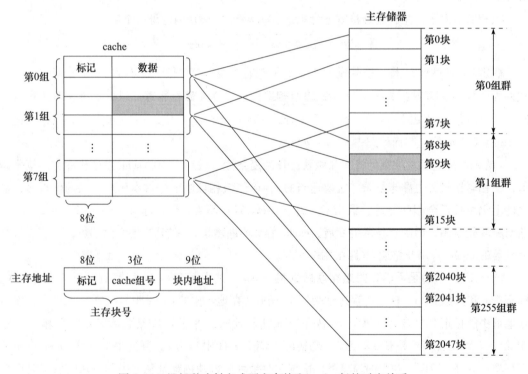

图 6.26　组相联映射方式下主存块和 cache 行的对应关系

主存地址 01202H 展开为二进制数是 0000 0001 0010 0000 0010，所以主存地址划分为：

0000 0001	001	0 0000 0010

访问 01202H 单元的过程为：根据地址中间 3 位 001，找到 cache 第 1 组，将标记 0000 0001 与第 1 组中两个 cache 行的标记同时进行比较。若有一个相等并且有效位是 1，则命中，此时，根据低 9 位块内地址从对应行中取出单元内容送 CPU；若都不相等或有一个相等但有效位为 0，则不命中，此时，将 01202H 单元所在的主存第 0000 0001 001 块（即第 9 块）复制到 cache 第 001 组（即第 1 组）的任意一个空闲行中，并置有效位为 1，置标记为 0000 0001（表示信息取自主存第 1 组群）。　■

组相联映射方式结合了直接映射和全相联映射的优点。当 cache 的组数为 1 时，变为全相联映射；当每组只有一个 cache 行时，则变为直接映射。组相联映射的冲突概率比直接映射低，由于只有组内各行采用全相联映射，所以比较器的位数和个数都比全相联映射少，易于实现，查找速度也快得多。

6.4.4　cache 中主存块的替换算法

cache 行数比主存块数少得多，因此，往往多个主存块会映射到同一个 cache 行中。当新的一个主存块复制到 cache 时，cache 中的对应行可能已经全部被占满，此时，必须选择淘汰掉一个 cache 行中的主存块。例如，对于例 6.5 中的 2 路组相联映射 cache，假定第 0 组的两个 cache 行分别被主存第 0 块和第 8 块占满，此时若需调入主存第 16 块，根据映射关系，它只能存放到 cache 第 0 组，因此，已经在第 0 组的主存第 0 块和第 8 块这两个主存块，必须选择调出其中的一块。到底调出哪一块呢？这就是**淘汰策略**问题，也称为**替换算法**或**替换策略**。

常用的替换算法有：先进先出（First-In-First-Out，简称 FIFO）、最近最少用（Least-Recently Used，简称 LRU）、最不经常用（Least-Frequently Used，简称 LFU）和随机替换等。可以根据实现的难易程度以及是否能获得较高的命中率这两方面来决定采用哪种算法。

1. 先进先出算法

FIFO 算法的基本思想是：总是选择最早装入 cache 的主存块被替换掉。这种算法实现起来较方便，但不能正确反映程序的访问局部性，由于最先进入的主存块也可能是目前经常要用的，因此，这种算法有可能产生较大的缺失率。

2. 最近最少用算法

LRU 算法的基本思想是：总是选择近期最少使用的主存块被替换掉。这种算法能比较正确地反映程序的访问局部性，因为当前最少使用的块一般来说也是将来最少被访问的。它的实现比 FIFO 算法要复杂一些。采用 LRU 算法的每个 cache 行有一个计数器，用计数值来记录主存块的使用情况，通过硬件修改计数值，并根据计数值选择淘汰某个 cache 行中的主存块。这个计数值称为 **LRU 位**，其位数与 cache 组大小有关。2 路组相联时有 1 位 LRU 位，4 路组相联时有 2 位 LRU 位。

为简化上述 LRU 位计数的硬件实现，通常采用一种近似的 LRU 位计数方式来实现 LRU 算法。近似 LRU 计数方法仅区分哪些是新调入的主存块，哪些是较长时间未用的主存块，然后，在较长时间未用的块中选择一个被替换出去。

3. 最不经常用算法

LFU 算法的基本思想是：替换掉 cache 中引用次数最少的块。LFU 也用与每个行相关的计数器来实现。这种算法与 LRU 有点类似，但不完全相同。

4. 随机替换算法

从候选行的主存块中随机选取一个淘汰掉，与使用情况无关。模拟试验表明，随机替换算法在性能上只稍逊于基于使用情况的算法，而且代价低。

6.4.5　cache 一致性问题

由于 cache 中的内容是某些主存块的副本，因此，当 CPU 进行写操作需对 cache 中的内容进行更新时，就存在 cache 和主存如何保持一致的问题。除此之外，以下情况也会出现 cache 一致性问题。

① 当多个设备都允许访问主存时。例如，像磁盘这类高速 I/O 设备可通过 DMA 方式直接与主存交换数据，如果 cache 中的内容被 CPU 修改而主存块没有更新的话，则从主存传送到 I/O 设备的内容就无效；若 I/O 设备修改了主存块的内容，则对应 cache 行中的内容就无效。

② 当多个 CPU 都带有各自的 cache 而共享主存时。在多 CPU 系统中，若某个 CPU 修改了自身 cache 中的内容，则对应的主存块和其他 CPU 中对应的 cache 行的内容都变为无效。

解决 cache 一致性问题的关键是处理好写操作。通常有两种写操作方式。

1. 全写法

全写法（write through）的基本做法是：当 CPU 执行写操作时，若写命中，则同时写 cache 和主存；若写不命中，则有以下两种处理方式。

① 写分配法（write allocate）。先在主存块中更新相应存储单元，然后分配一个 cache 行，将更新后的主存块装入分配的 cache 行中。这种方式可以充分利用空间局部性，但每次写不命中都要从主存读一个块到 cache 中，增加了读主存块的开销。

② 非写分配法（not write allocate）。仅更新主存单元而不把主存块装入 cache 中。这种方式可以减少读入主存块的时间，但没有很好利用空间局部性。

由此可见，全写法实际上采用的是对主存块信息及其所有副本信息全都直接同步更新的做法，因此通常被称为通写法或直写法，也有教材称之为写直达法。

显然，全写法在替换时不必将被替换的 cache 内容写回主存，而且 cache 和主存的一致性能得到充分保证。但是，这种方法会大大增加写操作的开销。例如，假定一次写主存需要 100 个 CPU 时钟周期，那么 10% 的存储（store）指令就使得 CPI 增加了 $100 \times 10\% = 10$ 个时钟周期。

为了减少写主存的开销，通常在 cache 和主存之间加一个写缓冲（write buffer）。在 CPU 写 cache 的同时，也将信息写入写缓冲，然后由存储控制器将写缓冲中的内容写入主存。写缓冲是一个 FIFO 队列，一般只有几项，在写操作频率不是很高的情况下，因为 CPU 只需要将信息写入快速的写缓冲而不需要写慢速的主存，因而效果较好。但是，如果写操作频繁发生，则会使写缓冲饱和而发生阻塞。

2. 回写法

回写法（write back）的基本做法是：当 CPU 执行写操作时，若写命中，则信息只被写入 cache 而不被写入主存；若写不命中，则在 cache 中分配一行，将主存块调入该 cache 行中并更新 cache 中相应单元的内容。因此，该方式下在写不命中时，通常采用写分配法进行写操作。

在 CPU 执行写操作时，回写法不会更新主存单元，只有当 cache 行中的主存块被替换时，才将该主存块内容一次性写回主存。这种方式的好处在于减少了写主存的次数，因而大大降低了主存带宽需求。为了减少写回主存块的开销，每个 cache 行设置了一个**修改位**（dirty bit，有时也称为"**脏位**"）。若修改位为 1，则说明对应 cache 行中的主存块被修改过，替换时需要写回主存；若修改位为 0，则说明对应主存块未被修改过，替换时不需要写回主存。

由此可见，该方式实际上采用的是回头再写或最后一次性写的做法，因此通常被称为**回写法**或**一次性写方式**，也有教材称之为**写回法**。

由于回写法没有同步更新 cache 和主存内容，所以存在 cache 和主存内容不一致而带来的潜在隐患。通常需要其他的同步机制来保证存储信息的一致性。

6.4.6　影响 cache 性能的因素

决定系统访存性能的重要因素之一是 cache 命中率，它与许多因素有关。命中率与关联度有关，关联度越高，命中率越高。**关联度**反映一个主存块对应的 cache 行的个数，显然，直接映射的关联度为 1；2 路组相联映射的关联度为 2；4 路组相联映射的关联度为 4；全相联映射的关联度为 cache 行数。同时，命中率与 cache 容量也有关。显然，cache 容量越大，命中率就越高。此外，命中率还与主存块的大小有一定关系。采用大的交换单位能很好地利用空间局部性，但是，较大的主存块需要花费较多的时间来存取，因此，缺失损失会变大。由此可见，主存块的大小必须适中，不能太大，也不能太小。

除了上述提到的这些因素外，设计 cache 时还要考虑以下因素：采用单级还是多级 cache，数据 cache 和指令 cache 是分开还是合在一起，主存—总线—cache—CPU 之间采用什么互连结构等，甚至主存 DRAM 芯片的内部结构、存储器总线的总线事务类型等，也都与 cache 设计有关，都会影响系统总体性能。下面对这些问题进行简单分析说明。

1. 单级/多级 cache、联合/分离 cache 的选择问题

早期采用的是单级片外 cache，近年来，多级片内 cache 系统已成为主流。目前 cache 基本上都在 CPU 芯片内，且使用 L1 和 L2 cache，甚至有 L3 cache，CPU 的访问顺序为 L1 cache、L2 cache 和 L3 cache。通常 L1 cache 采用分离 cache，即**数据 cache** 和**指令 cache** 分开设置，分别存放数据和指令。指令 cache 有时称为**代码 cache**（code cache）。L2 cache 和 L3 cache 为联合 cache，即数据和指令放在一个 cache 中。

由于多级 cache 中各级 cache 所处的位置不同，使得对它们的设计目标有所不同。例如，假定是两级 cache。那么，对于 L1 cache，通常更关注速度而不要求有很高的命中率，因为，即使不命中，还可以到 L2 cache 中访问，L2 cache 的速度比主存速度快得多；而对于 L2 cache，则要求尽量提高其命中率，因为若不命中，则必须到慢速的主存中访问，其缺失损失会很大而影响总体性能。

2. 主存—总线—cache 间的连接结构问题

在主存和 cache 之间传输的单位是主存块，要使缺失损失最小，必须在主存、总线和 cache 之间

构建快速的传输通道。什么样的连接结构才能使主存块在主存和 cache 之间的传输速度最快呢？

为了计算将主存块传送到 cache 所用的时间，必须先了解 CPU 从主存取一块信息到 cache 的过程。从主存读一块数据到 cache，一般包含以下三个阶段。

- 发送地址和读命令到主存：假定用 1 个时钟周期；
- 主存准备好一个数据：假定用 10 个时钟周期；
- 从总线传送一个数据：假定用 1 个时钟周期。

主存、总线和 cache 之间可以有三种连接方式：① 窄型结构，即在主存、总线和 cache 之间每次按一个字的宽度进行传送；② 宽型结构，即在它们之间每次传送多个字；③ 交叉存储结构，即主存采用多模块交叉存取方式，在主存、总线和 cache 之间每次按一个字的宽度进行传送，例如 DDR、DDR2 和 DDR3 SDRAM 芯片分别采用了 2、4 和 8 个模块交叉存取方式。假定一个主存块有 4 个字，那么对于这三种结构，其缺失损失各是多少呢？

图 6.27 给出了三种方式下的主存块传送过程。图 6.27a 对应于窄型结构，连续进行"送地址—读出—传送"4 次，每次一个字，其缺失损失为 $4 \times (1 + 10 + 1) = 48$ 个时钟周期。图 6.27b 对应于宽度为两个字的宽型结构，连续进行"送地址—读出—传送"两次，每次两个字，其缺失损失为 $2 \times (1 + 10 + 1) = 24$ 个时钟周期；假定宽型结构的宽度为 4 个字，则只要进行"送地址—读出—传送"一次，其缺失损失为 $1 \times (1 + 10 + 1) = 12$ 个时钟周期。图 6.27c 对应于 4 个模块交叉存储结构，在首地址送出后，每隔一个时钟启动一个存储模块，第 1 个模块用 10 个时钟周期准备好第 1 个字，然后在总线上传送第 1 个字，同时，第 2 个模块准备好第 2 个字，总线上传输第 2 个字的同时，第 3 个模块准备好第 3 个字，总线上传输第 3 个字的同时，第 4 个模块准备好第 4 个字，最后总线传送第 4 个字，因此，其缺失损失为 $1 + 1 \times 10 + 4 \times 1 = 15$ 个时钟周期。通过以上分析可看出，交叉存储结构的性价比最好。

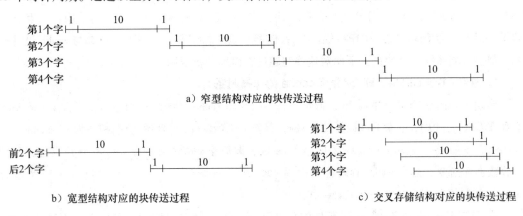

a）窄型结构对应的块传送过程

b）宽型结构对应的块传送过程

c）交叉存储结构对应的块传送过程

图 6.27 主存块在主存—总线—cache 之间的传送过程

6.4.7 IA-32 的 cache 结构举例

现代计算机系统中几乎都使用 cache 机制，以下以 Intel 公司微处理器中的 cache 为例来说明具体的 cache 结构。

Pentium 微处理器在芯片内集成了一个代码 cache 和一个数据 cache。片内 cache 采用两路组相联结构，共 128 组，每组两行。片内 cache 采用 LRU 替换策略，每组有一个 LRU 位，用来表示该组哪一路中的 cache 行被替换。Pentium 处理器有两条单独的指令来清除或回写 cache。Pentium 处理器采用片外二级 cache，可配置为 256KB 或 512KB，也采用两路组相联方式，每行数据有 32B、64B 或 128B。

Pentium 4 微处理器芯片内集成了一个 L2 cache 和两个 L1 cache。L2 cache 是联合 cache，数据和指令存放在一起，所有从主存获取的指令和数据都先送到 L2 cache 中。它有三个端口，一个对外，两个对内。对外的端口通过预取控制逻辑和总线接口部件，与处理器总线相连，用来和主存交换信息。对内的端口中，一个以 256 位位宽与 L1 数据 cache 相连；另一个以 64 位位宽与指令预取部件相连，由指令预取部件取出指令，送指令译码器，指令译码器再将指令转换为微操作序列，送到指令 cache 中。Intel 称该指令 cache 为踪迹高速缓存（Trace Cache，简称 TC），其中存放的并不是指令，而是指令对应的微操作序列。

Intel Core i7 采用的 cache 结构如图 6.28 所示，每个核内有各自私有的 L1 cache 和 L2 cache。其中，L1 指令 cache 和数据 cache 都是 32KB 数据区，皆为 8 路组相联，存取时间都是 4 个时钟周期；L2 cache 是联合 cache，共有 256KB 数据区，8 路组相联，存取时间是 11 个时钟周期。该多核处理器中还有一个供所有核共享的 L3 联合 cache，其数据区大小为 8MB，16 路组相联，存取时间是 30 ~ 40 个时钟周期。Intel Core i7 中所有 cache 的块大小都是 64B。

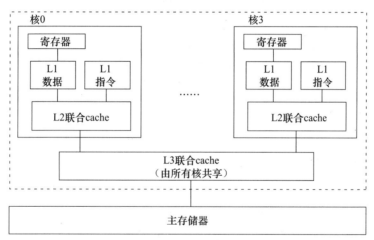

图 6.28 Intel Core i7 处理器的 cache 结构

6.4.8 cache 和程序性能

程序的性能指执行程序所用的时间，显然，程序的性能与程序执行时访问指令和数据所用的时间有很大关系，而指令和数据的访问时间与相应的 cache 命中率、命中时间和缺失损失有关。对于给定的计算机系统而言，命中时间和缺失损失是确定的，因此，指令和数据的访存时间主要由 cache 命中率决定，而 cache 命中率则主要由程序的空间局部性和时间局部性决定。因此，为了提高程序的性能，程序员须编写出具有良好访问局部性的程序。

考虑程序的访问局部性通常是在数据的访问局部性上下功夫，而数据的访问局部性又主要是指数组、结构等类型数据访问时的局部性，这些数据结构的数据元素访问通常是通过循环语句进行的，所以，如何合理地处理循环，特别是内循环，对于数据访问局部性来说是非常重要的。下面通过几个例子来说明不同的循环处理将带来不同的程序性能。

例6.6 某计算机的主存地址空间大小为256MB，按字节编址。指令cache和数据cache分离，均有8个cache行，主存与cache交换的块大小为64B，数据cache采用直接映射方式。现有两个功能相同的程序A和B，其伪代码如图6.29所示。

```
程序A:
    int a[256][256];
    ......
    int sum_array1( )
    {
        int i, j, sum = 0;
        for ( i = 0; i < 256; i++)
            for (j = 0; j < 256; j++)
                sum += a[i][j];
        return sum;
    }
```

```
程序B:
    int a[256][256];
    ......
    int sum_array2( )
    {
        int i, j, sum = 0;
        for ( j = 0; j <256; j++)
            for ( i = 0; i < 256; i++)
                sum += a[i][j];
        return sum;
    }
```

图6.29　例6.6的伪代码程序

假定int类型数据用32位补码表示，程序编译时 i、j、sum 均分配在寄存器中，数组 a 按行优先方式存放，其首地址为320（十进制数）。请回答下列问题，要求说明理由或给出计算过程。

① 若不考虑用于cache一致性维护和替换算法的控制位，则数据cache的总容量为多少？

② 数组元素 $a[0][31]$ 和 $a[1][1]$ 各自所在主存块对应的cache行号分别是多少（行号从0开始）？

③ 程序A和B的数据访问命中率各是多少？哪个程序的执行时间更短？

解 ① cache中的每一行信息除了用于存放主存块的数据区外，还有有效位、标记信息以及用于cache一致性维护的修改位（dirty bit）和用于替换算法的使用位（如LRU位）等控制位。因为主存地址空间大小为256MB，按字节编址，故主存地址为28位；因为主存块大小为64B，故块内地址占6位；因为数据cache共8行，故cache行号（行索引）为3位。因此，标志信息有 $28-6-3=19$ 位。在不考虑用于cache一致性维护和替换算法的控制位的情况下，数据cache的总容量为 $8 \times (19+1+64 \times 8)=4256$ 位 $=532$ 字节。

② 对于某个数组元素所在主存块对应的cache行号的计算方法有以下三种。

方法一：要得到某个数组元素所在块对应的cache行号，最简单的做法就是把该数组元素的地址计算出来，然后根据地址求出主存块号，最后用主存块号除以行数8再取余数，即主存块号 mod 8 就是对应的cache行号。因为每个数组元素为一个32位int型变量，故占4个字节。因此，$a[0][31]$ 的地址为 $320+4 \times 31=444$，所以 $a[0][31]$ 对应的主存块号为 $[444/64]=6$（取整）。因为 6 mod 8 =6，所以对应的cache行号为6。

方法二：将地址转换为28位二进制数，然后取出其中的行索引（即行号）字段的值，得到对应行号。也即，将地址444转换为二进制表示为0000 0000 0000 0000 000 110 111100，中间 3 位 110 为行号（行索引），因此，对应的 cache 行号为 6。

方法三：用画图的方式也可以清楚地表示 cache 行和主存块之间的映射关系。

同理，数组元素 $a[1][1]$ 对应的 cache 行号为 $[(320+4\times(1\times256+1))/64]\bmod 8=5$。

③ 编译时 i、j、sum 均分配在寄存器中，故数据访问命中率仅需要考虑数组 a 的访问情况。

- 程序 A 的数据访问命中率。计算程序 A 的数据访问命中率可采用以下两种方法。

    方法一：由于程序 A 中数组访问顺序与存放顺序相同，故依次访问的数组元素位于相邻单元；程序共访问 256×256 次 $=64K$ 次，占 $64K\times4B/64B=4K$ 个主存块；因为首地址正好位于一个主存块的边界，故每次将一个主存块装入 cache 时，总是第一个数组元素缺失，其他都命中，共缺失 4K 次。因此，数据访问的命中率为 $(64K-4K)/64K=93.75\%$。

    方法二：因为每个主存块的命中情况都一样，所以也可以按每个主存块的命中率计算。主存块大小为 64B，包含有 16 个数组元素，因此，共访存 16 次，其中第一次不命中，以后 15 次全命中，因而命中率为 $15/16=93.75\%$。

- 程序 B 的数据访问命中率。由于程序 B 中的数组访问顺序与存放顺序不同，依次访问的数组元素分布在相隔 $256\times4=1024$ 的单元处，例如，$a[i][0]$ 和 $a[i+1][0]$ 之间相差 1024B，即 16 块，因为 $16\bmod 8=0$。因此，它们相继被映射到同一个 cache 行中。访问后面数组元素时，总是把上一次装入 cache 中的主存块覆盖掉。由此可知，所有访问都不能命中，命中率为 0。

程序 A 的命中率高，因此，程序 A 的执行时间比程序 B 的执行时间短。 ■

例 6.7 通过对方格中每个点设置相应的 CMYK 值就可以将方格涂上相应的颜色。图 6.30 中的三个程序段都可实现对一个 8×8 的方格中涂上黄颜色的功能。

假设 cache 数据区大小为 512B，采用直接映射方式，块大小为 32B，存储器按字节编址，$sizeof(int)=4$。编译时变量 i 和 j 分配在寄存器中，数组 sq 按行优先方式存放在 0000 0C80H 开始的连续区域中，主存地址为 32 位。要求：

① 对三个程序段 A、B、C 中数组访问的时间局部性和空间局部性进行分析比较。

② 画出主存中的数组元素和 cache 行的对应关系图。

③ 计算三个程序段 A、B、C 中数组访问的写操作次数、写不命中次数和写缺失率。

解 ① 程序段 A、B 和 C 中，都是每个数组元素只被访问一次，所以都没有时间局部性。程序段 A 中数组元素的访问顺序和存放顺序一致，所以，空间局部性好；程序段 B 中数组元素的访问顺序和存放顺序不一致，所以，空间局部性不好；程序段 C 中数组元素的访问顺序和存放顺序部分一致，所以空间局部性的优劣介于程序 A 和 B 之间。

② cache 行数为 512B/32B = 16。数组首地址为 0000 0C80H，因为 0000 0C80H 正好是主存第 110 0100B（100）块的起始地址，所以数组从主存第 100 块开始存放。一个数组元素占 $4\times4B=16B$，所以每 2 个数组元素占用一个主存块。8×8 的数组共占用 32 个主存块，正好是 cache 数据区大小的 2 倍。因为 $100\bmod 16=4$，所以主存第 100 块映射的 cache 行号为 4。主存中的数组元素与 cache 行的映射关系如图 6.31 所示。

```
struct pt_color {
        int c;
        int m;
        int y;
        int k;
}
struct pt_color sq[8][8];
int i, j;
for (i=0; i<8; i++) {
        for (j=0; j<8; j++) {
                sq[i][j].c = 0;
                sq[i][j].m = 0;
                sq[i][j].y = 1;
                sq[i][j].k = 0;
        }
}
```

a) 程序段A

```
struct pt_color {
        int c;
        int m;
        int y;
        int k;
}
struct pt_color sq[8][8];
int i, j;
for (i=0; i<8; i++) {
        for (j=0; j<8; j++) {
                sq[j][i].c = 0;
                sq[j][i].m = 0;
                sq[j][i].y = 1;
                sq[j][i].k = 0;
        }
}
```

b) 程序段B

```
struct pt_color {
        int c;
        int m;
        int y;
        int k;
}
struct pt_color sq[8][8];
int i, j;
for (i=0; i<8; i++)
        for (j=0; j<8; j++)
                sq[i][j].y = 1;
for (i=0; i<8; i++)
        for (j=0; j<8; j++) {
                sq[i][j].c = 0;
                sq[i][j].m = 0;
                sq[i][j].k = 0;
        }
```

c) 程序段C

图 6.30   例 6.7 中的伪代码程序

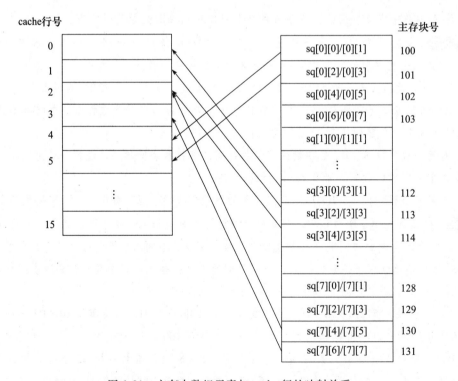

图 6.31   主存中数组元素与 cache 行的映射关系

③ 对于程序段 A：每两个数组元素（共涉及 8 次写操作）装入一个 cache 行中，总是第一

次访问时未命中，后面 7 次都命中，因而写缺失率为 $1/8 = 12.5\%$。

对于程序段 B：每两个数组元素（共涉及 8 次写操作）装入一个 cache 行中，总是只有一个数组元素（涉及 4 次写操作）在淘汰之前被访问，并且总是第一次不命中，后面 3 次命中，因而写缺失率为 $1/4 = 25\%$。

对于程序段 C：第一个循环共访问 64 次，每次装入两个数组元素，第一次不命中，第二次命中；第二个循环共访问 64×3 次，每两个数组元素（共涉及 6 次写操作）装入一个 cache 行中，并且总是第一次不命中，后面 5 次命中。所以总的写不命中次数为 $32 + (3 \times 64) \times 1/6 = 64$ 次，因而总的写缺失率为 $64/(64 \times 4) = 25\%$。■

6.5　虚拟存储器

目前计算机主存主要由 DRAM 芯片构成，由于技术和成本等原因，主存的存储容量受到限制，并且各种不同计算机所配置的物理内存容量多半也不相同，而程序设计时人们显然不希望受到特定计算机的物理内存大小的制约，因此，如何解决这两者之间的矛盾是一个重要问题；此外，现代操作系统都支持多道程序运行，如何让多个程序有效而安全地共享主存是另一个重要问题。

为了解决上述两个问题，计算机中采用了虚拟存储技术。其基本思想是，程序员在一个不受物理内存空间限制并且比物理内存空间大得多的虚拟的逻辑地址空间中编写程序，就好像每个程序都独立拥有一个巨大的存储空间一样。程序执行过程中，把当前执行到的一部分程序和相应的数据调入主存，其他暂不用的部分暂时存放在硬盘上。

6.5.1　虚拟存储器的基本概念

在不采用虚拟存储机制的计算机系统中，CPU 执行指令时，取指令和存取操作数所用的地址都是主存的物理地址，无须进行地址转换，因而计算机硬件结构比较简单，指令执行速度较快。实时性要求较高的嵌入式微控制器大多不采用虚拟存储机制。

目前，在服务器、台式机和笔记本等各类通用计算机系统中都采用**虚拟存储**技术。在采用虚拟存储技术的计算机中，指令执行时，通过**存储器管理部件**（Memory Management Unit，简称 MMU）将指令中的**逻辑地址**（也称**虚拟地址**或**虚地址**，简写为 VA）转化为主存的**物理地址**（也称**主存地址**或**实地址**，简写为 PA）。在地址转换过程中由硬件检查是否发生了访问信息不在主存或地址越界或访问越权等情况。若发现信息不在主存，则由操作系统将数据从硬盘读到主存。若发生地址越界或访问越权，则由操作系统进行相应的异常处理。由此可以看出，虚拟存储技术既解决了编程空间受限的问题，又解决了多道程序共享主存带来的安全等问题。图 6.32 是具有虚拟存储机制的 CPU 与主存的连接示意图，从图中可知，CPU 执行指令时所给出的是指令或操作数的虚拟地址，需要通过 MMU 将虚拟地址转换为主存的物理地址才能访问主存，MMU 包含在 CPU 芯片中。图中显示 MMU 将一个虚拟地址 4100 转换为物理地址 4，从而将第 4、5、6、7 这四个单元的数据组成 4 字节数据送到 CPU。图 6.32 仅是一个简单示意图，其中没有考虑 cache 等情况。

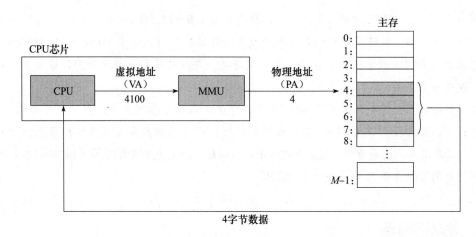

图 6.32　具有虚拟存储机制的 CPU 和主存的连接

　　虚拟存储机制（简称**虚存机制**）由硬件与操作系统共同协作实现，涉及计算机系统许多层面，包括操作系统中的许多概念，如进程、存储器管理、虚拟地址空间、缺页处理等。

　　进程是一个具有一定独立功能的程序关于某个数据集合的一次运行活动，简单来说，进程就是程序的一次执行过程。每一个进程都有它自己的地址空间，一般情况下，地址空间包括只读区（代码和只读数据）、可读可写数据区（初始化数据和未初始化数据）、动态的堆区和栈区。一个静态的程序（可执行目标文件）只有被加载运行后，它才成为一个活动的实体，才能被称为进程。进程是与一个用户程序（即应用程序）对应的概念，因此，很多时候也称其为**用户进程**。

6.5.2　虚拟地址空间

　　在 4.2.4 节中提到，每个高级语言源程序经编译、汇编、链接等处理生成可执行的二进制机器目标代码时，都被映射到一个统一的**虚拟地址空间**（参见图 4.8）。所谓"统一"是指不同的可执行文件所映射的虚拟地址空间大小一样，地址空间中的区域划分结构也相同。

　　图 6.33 给出了在 IA-32 + Linux 系统中一个进程对应的虚拟地址空间映像。

　　虚拟地址空间分为两大部分：**内核虚拟存储空间**和**用户虚拟存储空间**，分别简称为**内核空间**（kernel space）和**用户空间**（user space）。

　　内核空间在 0xc0000000 以上的高端地址上，用来存放操作系统内核代码和数据等，其中内核代码和数据区在每个进程的地址空间中都相同。用户程序没有权限访问内核区。

　　用户空间用来存放进程的代码和数据等，

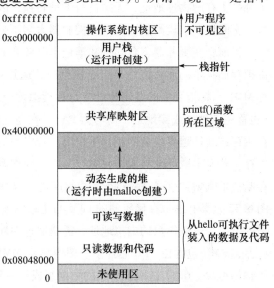

图 6.33　Linux 虚拟地址空间

它又被分为以下几个区域。

① **用户栈**（user stack）。用来存放程序运行时过程调用的参数、返回地址、过程局部变量等，随着程序的执行，该区会不断动态地从高地址向低地址增长或向反方向减退。

② **共享库**（shared library）。用来存放公共的共享函数库代码，如 hello 中的 printf() 函数等。

③ **堆**（heap）。用于动态申请存储区，例如，C 语言中用 malloc() 函数分配的存储区，或 C++ 中用 new 操作符分配的存储区。申请一块内存时，动态地从低地址向高地址增长，可用 free() 函数或 delete 操作符释放相应的一块内存区。

④ **可读写数据区**。存放进程中的静态全局变量，堆区从该区域的结尾处开始向高地址增长。

⑤ **只读数据和代码区**。存放进程中的代码和只读数据，如 hello 进程中的程序代码和字符串 "hello, world\n"。

每个区域都有相应的起始位置，堆区和栈区相向生长，栈区从内核起始位置 0xc0000000 开始向低地址增长，栈区和堆区合起来称为**堆栈**，其中的共享库映射区从 0x40000000 开始向高地址增长。只读代码区（代码和只读数据）从 0x8048000 开始向高地址增长。

为了便于对存储空间的管理和存储保护，在确定存储器映像时，通常将内核空间和用户空间分在两端。在用户空间中又把动态区域和静态区域分在两端，动态区域中把过程调用时的动态局部信息（栈区）和动态分配的存储区（堆区）分在两端，静态区中把可读写数据区和只读代码区分在两端。这样的存储映像，便于每个区域的访问权限设置，因而有利于存储保护和存储管理。

所有进程的虚拟地址空间大小和结构一致，这简化了链接器的设计和实现，也简化了程序的加载过程。

虚拟存储管理机制为程序提供了一个极大的虚拟地址空间（也称为**逻辑地址空间**），它是主存和硬盘存储器的抽象。虚存机制带来了一个假象，使得每个进程好像都独占使用主存，并且主存空间极大。这有三个好处：① 每个进程具有一致的虚拟地址空间，从而可以简化存储管理；② 它把主存看成是硬盘存储器的一个缓存，在主存中仅保存当前活动的程序段和数据区，并根据需要在硬盘和主存之间进行信息交换，通过这种方式，使有限的主存空间得到了有效利用；③ 每个进程的虚拟地址空间是私有的、独立的，因此，可以保护各自进程不被其他进程破坏。

6.5.3 虚拟存储器的实现

对照前面介绍的 cache 机制（cache 是主存的缓存），可以把 DRAM 构成的主存看成是硬盘存储器的缓存。因此，要实现虚拟存储器，也必须考虑交换块大小问题、映射问题、替换问题、写一致性问题等。根据对这些问题解决方法的不同，虚拟存储器分成三种不同类型：分页式、分段式和段页式。

1. 分页式虚拟存储器

在虚拟存储系统中，生成可执行文件时，会通过可执行文件中的程序头表，将可执行文件中具有相同访问属性的代码和数据段映射到虚拟地址空间中。

如图 6.34 所示,每个用户程序都有各自独立的虚拟地址空间,用户程序以可执行文件方式存在磁盘上。假定某一时刻用户程序 1、用户程序 2 和用户程序 k 都已经被加载到系统中运行,那么,在这一时刻主存中就会同时有这些用户程序中的代码和相应的数据。CPU 在执行某个用户程序时,只知道该程序中指令和数据在虚拟地址空间中的地址,怎么知道到哪个主存单元去取指令或访问数据呢?可执行文件中的指令代码和数据都在磁盘中,如何建立磁盘物理空间中的指令代码及数据信息与主存物理空间之间的关联呢?

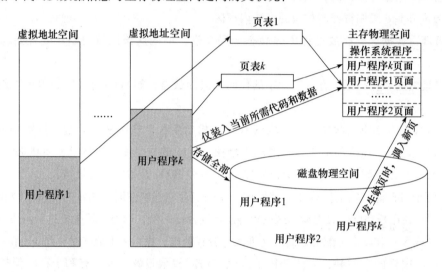

图 6.34　分页式虚拟存储管理

在分页式虚拟存储系统中,虚拟地址空间被划分成大小相等的页面,硬盘和主存之间按**页面**(page)为单位交换信息。虚拟地址空间中的页称为**虚拟页**、**逻辑页**或**虚页**,简称为 VP(Virtual Page);主存空间也被划分成同样大小的**页框**(**页帧**),有时把页框也称为**物理页**或**实页**,简称为 PF(Page Frame)或 PP(Physical Page)。

虚拟存储管理采用"**请求分页**"思想,每次访问指令或数据仅将当前需要的页面从硬盘调入主存某页框中,而进程中其他不活跃的页面保留在硬盘上。当访问某个信息所在页不在主存时发生**缺页异常**,此时,从硬盘将缺失页面装入主存。

虚拟地址空间中有一些"空洞"的没有内容的页面。例如,堆区和栈区都是动态生长的,因而在栈和共享库映射区之间、堆和共享库映射区之间都可能没有内容存在。这些没有和任何内容相关联的页称为"**未分配页**";对于代码和数据等有内容的区域所关联的页面,称为"**已分配页**"。已分配页中又有两类:已调入主存而被缓存在 DRAM 中的页面称为"**缓存页**";未调入主存而存在硬盘上的页称为"**未缓存页**"。因此,任何时刻一个进程中的所有页面都被划分成三个不相交的页面集合:未分配页集合、缓存页集合和未缓存页集合。

在主存和 cache 之间的交换单位为主存块,在硬盘和主存之间的交换单位为页面。与主存块大小相比,页面大小要大得多。因为 DRAM 比 SRAM 大约慢 10～100 倍,而磁盘比 DRAM 大约慢 100 000 多倍,所以进行缺页处理所花的代价要比 cache 缺失损失大得多。而且,根据磁盘的特性,磁盘扇区定位所用的时间要比磁盘读写一个数据的时间长大约 100 000 倍,也即对扇区第一个数据的读写比随后数据的读写要慢 100 000 倍。考虑到缺页代价的巨大和磁盘访问第一个数据的开销,通常将主存和磁盘之间交换的页的大小设定得比较大,典型的有 4KB 和 8KB 等,而且有越来越大的趋势。

因为缺页处理代价较大,所以提高命中率是关键,因此,在主存页框和虚拟页之间采用全相联映射方式。此外,当进行写操作时,由于磁盘访问速度很慢,所以,不能每次写操作都同时写 DRAM 和磁盘,因而,在处理一致性问题时,采用回写(write back)方式,而不用全写(write through)方式。

在虚拟存储机制中采用全相联映射,每个虚拟页可以存放到主存任何一个空闲页框中。因此,与 cache 一样,必须要有一种方法来建立各个虚拟页与所存放的主存页框号或磁盘上存储位置之间的关系,通常用**页表**(page table)来描述这种对应关系。

(1)页表

进程中的每个虚拟页在页表中都有一个对应的表项,称为**页表项**。页表项内容包括该虚拟页的存放位置、装入位(valid)、修改位(dirty)、使用位、访问权限位和禁止缓存位等。

页表项中的存放位置字段用来建立虚拟页和物理页框之间的映射,用于进行虚拟地址到物理地址的转换。**装入位**也称为**有效位**或**存在位**,用来表示对应页面是否在主存,若为"1",表示该虚拟页已从外存调入主存,是一个"缓存页",此时,存放位置字段指向主存**物理页号**(即**页框号**或**实页号**);若为"0",则表示没有被调入主存,此时,若存放位置字段为 null,则说明是一个"未分配页",否则是一个"未缓存页",其存放位置字段给出该虚拟页在磁盘上的起始地址。**修改位**(也称**脏位**)用来说明页面是否被修改过,虚存机制中采用回写策略,利用修改位可判断替换时是否需写回磁盘。**使用位**用来说明页面的使用情况,配合替换策略来设置,因此也称**替换控制位**,例如,是否最先调入(FIFO 位),是否最近最少用(LRU 位)等。**访问权限位**用来说明页面是可读可写、只读还是只可执行等,用于存储保护。**禁止缓存位**用来说明页面是否可以装入 cache,通过正确设置该位,可以保证磁盘、主存和 cache 数据的一致性。

图 6.35 给出了一个页表的示例,其中有 4 个缓存页:VP1、VP2、VP5 和 VP7;有两个未分配页:VP0 和 VP4;有两个未缓存页:VP3 和 VP6。

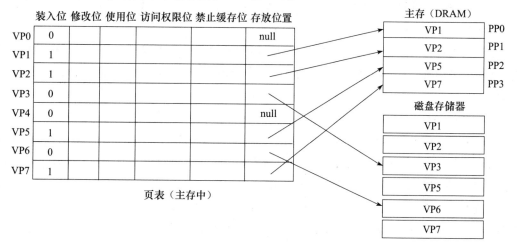

图 6.35   主存中的页表示例

对于图 6.35 所示的页表，假如 CPU 执行一条指令要求访问某个数据，若该数据正好在虚拟页 VP1 中，则根据页表得知，VP1 对应的装入位为 1，该页的信息存放在物理页 PP0 中，因此，可通过地址转换部件将虚拟地址转换为物理地址，然后到 PP0 中访问该数据；若该数据在 VP6 中，则根据页表得知，VP6 对应的装入位为 0，表示页面缺失，发生缺页异常，需要调出操作系统的缺页异常处理程序进行处理。**缺页异常处理程序**根据页表中 VP6 对应表项的存放位置字段，从磁盘中将所缺失的页面读出，然后找一个空闲的物理页框存放该页信息。若主存中没有空闲的页框，则还要选择一个页面淘汰出来替换到磁盘上。因为采用回写策略，所以页面淘汰时，需根据修改位确定是否要写回磁盘。缺页处理过程中需要对页表进行相应的更新，缺页异常处理结束后，程序回到原来发生缺页的指令继续执行。

对于图 6.35 所示的页表，虚拟页 VP0 和 VP4 是未分配页，但随着进程的动态执行，可能会使这些未分配页中有了具体的数据。例如，调用 malloc 函数会使堆区增长，若新增的堆区正好与 VP4 对应，则操作系统内核就在磁盘上分配一个存储空间给 VP4，用于存放新增堆区中的内容，同时，对应 VP4 的页表项中的存放位置字段被填上该磁盘空间的起始地址，VP4 从未分配页转变为未缓存页。

系统中每个进程都有一个页表，如图 6.34 所示，页表 1 为用户程序 1 对应进程的页表，页表 k 为用户程序 k 对应进程的页表。操作系统在加载程序时，根据可执行文件中的程序头表，确定每个可分配段（如只读代码段、可读写数据段）所在的虚页号及其磁盘存放位置，在主存生成一个初始页表，初始页表中对应的装入位都是 0。在程序执行过程中，通过缺页异常处理程序，将磁盘上的代码或数据页面装入所分配的主存页框中，并修改页表中相应页表项，例如，将存放位置改为主存页框号，将装入位置 1。

页表属于**进程控制信息**，位于虚拟地址空间的内核空间，页表在主存的首地址记录在**页表基址寄存器**中。页表的项数由虚拟地址空间大小决定。前面提到，虚拟地址空间是一个用户编程不受其限制的足够大的地址空间。因此，页表项数会很多，因而会带来页表过大的问题。例如，在 Intel x86 系统中，虚拟地址为 32 位，页面大小为 4KB，因此，一个进程有 $2^{32}/2^{12} = 2^{20}$ 个页面，也即每个进程的页表可达 2^{20} 个页表项。若每个页表项占 32 位，则一个页表的大小为 4MB。显然，这么大的页表全部放在主存中是不适合的。

解决页表过大的方法有很多，可以采用限制大小的一级页表或者两级页表、多级页表方式，也可以采用哈希方式的倒置页表等方案。如何实现主要是操作系统考虑的问题，在此不多赘述。

（2）地址转换

对于采用虚存机制的系统，指令中给出的地址是虚拟地址，CPU 执行指令时，首先要将虚拟地址转换为主存物理地址，才能到主存取指令和数据。**地址转换**（address translation）工作由 CPU 中的存储器管理部件（MMU）来完成。

假设每个进程的虚拟地址空间有 m 页，主存中有 n 个页框（通常情况下 $m \geq n$）。由于页大小是 2 的幂次，所以，每一页的起点都落在低位字段为零的地址上。虚拟地址分为两个字段：高位字段为**虚拟页号**（即**虚页号**或**逻辑页号**），低位字段为**页内偏移地址**（简称**页内地**

址）。主存物理地址也分为两个字段：高位字段为物理页号，低位字段为页内偏移地址。由于虚拟页和物理页的大小一样，所以两者的页内偏移地址是相等的。

页式虚拟存储管理方式下，地址转换过程如图 6.36 所示。首先根据页表基址寄存器的内容，找到主存中对应的页表起始位置，然后以虚拟地址高位字段的虚页号作为索引，找到对应的页表项。若装入位为 1，则取出物理页号，并与虚拟地址中的页内地址拼接，形成访问主存时实际的物理地址；若装入位为 0，则说明缺页，需要操作系统进行缺页处理。

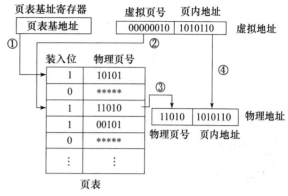

图 6.36　页式虚存的地址转换

（3）快表

从上述地址转换过程可看出，访存时首先要到主存查页表，然后才能根据转换得到的物理地址再访问主存。如果缺页，则还要进行页面替换、页表修改等，访问主存的次数就更多。因此，采用虚拟存储机制后，使得访存次数增加了。为了减少访存次数，往往把页表中最活跃的几个页表项复制到高速缓存中，这种在高速缓存中的页表项组成的页表称为**后备转换缓冲器**（Translation Lookaside Buffer，简称 TLB），通常称为**快表**，相应地称主存中的页表为**慢表**。

这样，在地址转换时，首先到快表中查页表项，如果命中，则无须访问主存中的页表。因此，快表是减少访存时间开销的有效方法。

快表比页表小得多，为提高命中率，快表通常具有较高的关联度，大多采用全相联或组相联方式。每个表项的内容由页表项内容加上一个 TLB 标记字段组成，**TLB 标记字段**用来表示该表项取自页表中哪个虚拟页对应的页表项。因此，TLB 标记字段的内容在全相联方式下就是该页表项对应的虚拟页号；组相联方式下则是对应虚拟页号的高位部分，而虚拟页号的低位部分作为 **TLB 组索引**用于选择 TLB 组。

图 6.37 是一个具有 TLB 和 cache 的多级层次化存储系统示意图，图中 TLB 和 cache 都采用组相联映射方式。

在图 6.37 中，CPU 给出的是一个 32 位的虚拟地址，首先，由 CPU 中的 MMU 进行虚拟地址到物理地址的转换；然后，由处理 cache 的硬件根据物理地址进行存储访问。

MMU 对 TLB 查表时，20 位的虚拟页号被分成标记（Tag）和组索引两部分，首先由组索引确定在 TLB 的哪一组进行查找。查找时将虚拟页号的标记部分与 TLB 中该组每个标记字段同时进行比较，若有某个相等且对应有效位 V 为 1，则 TLB 命中，此时，可直接通过 TLB 进行地址转换；否则 TLB 缺失，此时，需要访问主存去查慢表。图中所示的是**两级页表方式**，虚拟页号被分成**页目录索引**和**页表索引**两部分，根据这两部分可得到对应的页表项，从而进行地址转换，并将对应页表项的内容送入 TLB 形成一个新的 TLB 表项，同时，将虚拟页号的高位部分作为 TLB 标记填入新的 TLB 表项中。若 TLB 已满，还要进行 TLB 替换，为降低替换算法开销，TLB 常采用随机替换策略。

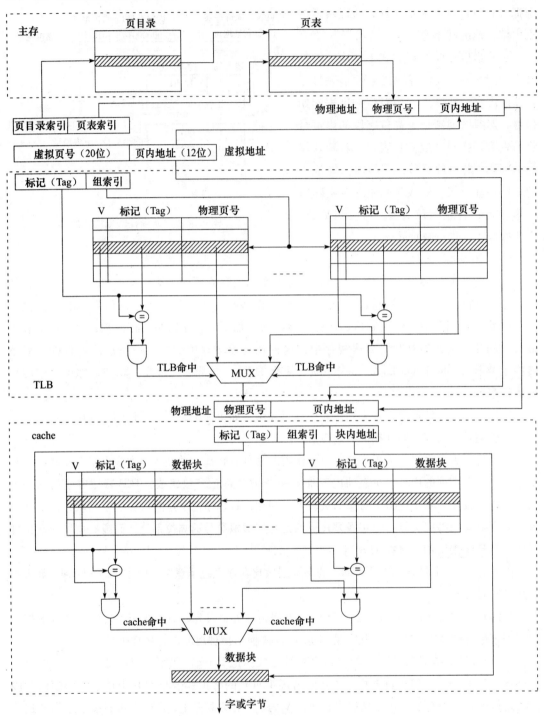

图 6.37 TLB 和 cache 的访问过程

在 MMU 完成地址转换后，cache 硬件根据映射方式将转换得到的主存物理地址划分成多个
字段，然后，根据 cache 索引，找到对应的 cache 行或 cache 组，将对应各 cache 行中的标记与

物理地址中的高位地址进行比较，若相等且对应有效位为 1，则 cache 命中，此时，根据块内地址取出对应的字，需要的话，再根据字节偏移量从字中取出相应字节送 CPU。

目前 TLB 的一些典型指标为：TLB 大小为 16 ~ 512 项，块大小为 1 ~ 2 项（每个表项 4 ~ 8B），命中时间为 0.5 ~ 1 个时钟周期，缺失损失为 10 ~ 100 个时钟周期，命中率为 90% ~ 99%。

（4）CPU 访存过程

在一个具有 cache 和虚拟存储器的系统中，CPU 的一次访存操作可能涉及 TLB、页表、cache、主存和磁盘的访问，其访问过程如图 6.38 所示。

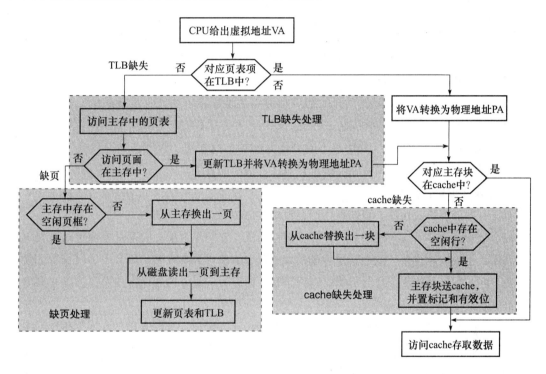

图 6.38 CPU 访存过程

从图 6.38 可以看出，CPU 访存过程中存在以下三种缺失情况。

① TLB 缺失（TLB miss）：要访问的虚拟页对应的页表项不在 TLB 中。

② cache 缺失（cache miss）：要访问的主存块不在 cache 中。

③ 缺页（page miss）：要访问的虚拟页不在主存中。

表 6.1 给出了三种缺失的几种组合情况。

表 6.1　TLB、page、cache 三种缺失组合

序号	TLB	page	cache	说　　明
1	hit	hit	hit	可能，TLB 命中则页一定命中，信息在主存，就可能在 cache 中
2	hit	hit	miss	可能，TLB 命中则页一定命中，信息在主存，但可能不在 cache 中
3	miss	hit	hit	可能，TLB 缺失但页可能命中，信息在主存，就可能在 cache 中
4	miss	hit	miss	可能，TLB 缺失但页可能命中，信息在主存，但可能不在 cache 中
5	miss	miss	miss	可能，TLB 缺失，则页也可能缺失，信息不在主存，一定也不在 cache

（续）

序号	TLB	page	cache	说　明
6	hit	miss	miss	不可能，页缺失，说明信息不在主存，TLB 中一定没有该页表项
7	hit	miss	hit	不可能，页缺失，说明信息不在主存，TLB 中一定没有该页表项
8	miss	miss	hit	不可能，页缺失，说明信息不在主存，cache 中一定也没有该信息

很显然，最好的情况是第 1 种组合，此时，无须访问主存；第 2、3 两种组合都需要访问一次主存；第 4 种组合要访问两次主存；第 5 种组合会发生"缺页"异常，需访问磁盘，并至少访问主存两次。

cache 缺失处理由硬件完成；缺页处理由软件完成，操作系统通过缺页异常处理程序来实现；而对于 TLB 缺失，则既可以用硬件也可以用软件来处理。用软件方式处理时，操作系统通过专门的 **TLB 缺失异常处理程序** 来实现。

对于分页式虚拟存储器，其页面的起点和终点地址固定。因此，实现简单，开销少。但是，由于页面不是逻辑上独立的实体，因此，对于那些不采用对齐方式存储的计算机来说，可能会出现一个数据或一条指令分跨在不同页面等问题，使处理、管理、保护和共享等都不方便。采用下面介绍的段式虚拟存储器就可避免这种情况的发生。

2. 分段式虚拟存储器

根据程序的模块化性质，可按程序的逻辑结构划分成多个相对独立的部分，例如，过程、数据表、数据阵列等。这些相对独立的部分被称为段，它们作为独立的逻辑单位可以被其他程序段调用，形成段间连接，从而产生规模较大的程序。段通常有段名、段起点、段长等。**段名** 可用用户名、数据结构名或段号标识，以便于程序的编写、编译器的优化和操作系统的调度管理等。

可以把段作为基本信息单位在主存—辅存之间传送和定位。分段方式下，将主存空间按实际程序中的段来划分，每个段在主存中的位置记录在 **段表** 中，段的长度可变，所以段表中需有长度指示，即段长。每个进程有一个段表，每个段在段表中有一个 **段表项**，用来指明对应段在主存中的位置、段长、访问权限、使用和装入情况等。段表本身也是一个可再定位段，可以存在外存中，需要时调入主存，但一般驻留在主存中。

在分段式虚拟存储器中，虚拟地址由 **段号** 和 **段内地址** 组成。通过段表把虚拟地址转换成主存物理地址，其转换过程如图 6.39 所示。

每个进程的段表在内存的首地址存放在 **段表基址寄存器** 中，根据虚拟地址中的段号，可找到对应段表项，以检查是否存在以下三种异常情况。

① 缺段（段不存在）：装入位 =0。

② 地址越界：偏移量超出最大段长。

③ 访问越权：操作方式与指定访问权限不符。

若发生以上三种情况，则调用相应的异常处理程序，否则，将段表项中的段首址与虚拟

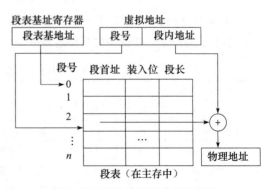

图 6.39　分段式虚存的地址转换

地址中的段内地址相加，生成访问主存时的物理地址。

因为段本身是程序的逻辑结构所决定的一些独立部分，因而分段对程序员（实际上是编译器）来说是不透明的；而分页方式则对编译器透明，即编译器不需知道程序如何分页。

分段式管理系统的优点是段的分界与程序的自然分界相对应；段的逻辑独立性使它易于编译、管理、修改和保护，也便于多道程序共享；某些类型的段（如堆、栈、队列等）具有动态可变长度，允许自由调度以便有效利用主存空间。但是，由于段的长度各不相同，段的起点和终点不定，给主存空间分配带来麻烦，而且容易在主存中留下许多空白的零碎空间，造成浪费。

分段式和分页式存储管理各有优缺点，因此可采用两者相结合的段页式存储管理方式。

3. 段页式虚拟存储器

在段页式虚拟存储器中，程序按模块分段，段内再分页，用段表和页表（每段一个页表）进行两级定位管理。段表中每个表项对应一个段，每个段表项中包含一个指向该段页表起始位置的指针，以及该段其他的控制和存储保护信息，由页表指明该段各页在主存中的位置以及是否装入、修改等状态信息。

程序的调入调出按页进行，但它又可以按段实现共享和保护。因此，它兼有分页式和分段式存储管理的优点。它的缺点是在地址映象过程中需要多次查表。

6.5.4　存储保护

为避免主存中多道程序相互干扰，防止某进程出错而破坏其他进程的正确性，或某进程不合法地访问其他进程的代码或数据区，应该对每个进程进行存储保护。

为了对操作系统的存储保护提供支持，硬件必须具有以下三种基本功能。

① 使部分 CPU 状态只能由操作系统内核程序写，而用户进程只能读不能写。

例如，对于页表首地址、TLB 内容等，只有操作系统内核程序才能用特殊指令（一般称为**管态指令**或**特权指令**）来写。常用的特权指令有刷新 cache、刷新 TLB、改变特权模式、停止处理器执行等。

② 支持至少两种**特权模式**。

操作系统内核程序比用户程序具有更多的特权，例如，内核程序可以执行用户程序不能执行的特权指令，内核程序可以访问用户程序不能访问的存储空间等，为了区分这种特权，需要为内核程序和用户程序设置不同的特权级别或运行模式。

执行内核程序时处理器所处的模式称为**管理模式**（supervisor mode）、**内核模式**（kernel mode）、**超级用户模式**或**管理程序状态**，简称**管态**、**管理态**、**内核态**或者**核心态**；执行用户程序时处理器所处的模式称为**用户模式**（user mode）、**用户状态**或**目标程序状态**，简称为**目态**或**用户态**。本教材中将分别使用内核态和用户态表示两个特权模式。

需要说明的是，这里的特权模式与 IA-32 处理器的工作模式不是一回事，但是两者之间具有非常密切的关系。IA-32 工作在实地址模式下不区分特权级，只有在保护模式下才区分特权级。IA-32 支持 4 个特权级，但操作系统通常只使用第 0 级（内核态）和第 3 级（用户态）。

③ 提供让 CPU 在内核态和用户态之间相互转换的机制。

如果用户进程需要访问内核代码和数据，那么必须通过**系统调用**接口（执行**陷阱指令**）

来间接访问。响应异常和中断可使 CPU 从用户态转到内核态。异常和中断处理后的**返回指令**（return from exception）可使 CPU 从内核态转到用户态。有关异常和中断的详细内容在第 7 章和第 8 章介绍。

硬件通过提供相应的专用寄存器、专门的指令、专门的状态/控制位等，与操作系统一起实现上述三个功能。通过这些功能，并把页表保存在操作系统的地址空间中，操作系统就可更新页表，并防止用户进程改变页表，以确保用户进程只能访问由 OS 分配给它的存储空间。

存储保护包括以下两种情况：访问权限保护和存储区域保护。

1. 访问权限保护

访问权限保护就是看是否发生了**访问越权**。若实际访问操作与访问权限不符，则发生存储保护错。通常通过在页表或段表中设置访问权限位来实现这种保护。一般规定：各程序对本程序所在的存储区可读可写；对共享区或已获授权的其他用户信息可读不可写；而对未获授权的信息（如 OS 内核、页表等）不可访问。通常，数据段可指定为可读可写或只读；程序段可指定只可执行或只读。

2. 存储区域保护

存储区域保护就是看是否发生了**地址越界**，也即是否访问了不该访问的区域。通常有以下几种常用的存储区域保护方式。

① **加界重定位**。每个程序或程序段都记录有起始地址和终止地址，分别称为**上界**和**下界**。对虚拟地址加界（即加基准地址）生成物理地址后，如果物理地址超过了上界和下界规定的范围，则地址越界。有些系统用专门的一对上界寄存器和下界寄存器来记录上界和下界，在分段式虚存中，通过段表来记录段的上界和下界。

② **键保护**。操作系统为主存的每一个页框分配一个存储键，为每个用户进程设置一个程序键。进程运行时，将程序状态字寄存器中的键（程序键）和所访问页的键（存储键）进行核对，相符时才可访问，这两个键如同"锁"与"钥匙"的关系。为使某个页框能被所有进程访问，或某个进程可访问任何一个页框，可规定键标志为 0，此时不进行核对工作。例如，操作系统有权访问所有页框中的页面，因此，可让内核进程的程序键为 0。

③ **环保护**。主存中各进程按其重要性分为多个保护级，各级别构成同心环，最内环的进程保护级别最高，向外逐次降低。内环进程可以访问外环和同环进程的地址空间，而外环不得访问内环进程的地址空间。内核程序的保护级别最高，环号最小，而用户程序都处于外环上。IA-32 就采用该方案，操作系统内核工作在第 0 环（内核态），操作系统其他部分工作在第 1 环，用户进程工作在第 3 环（用户态），留下第 2 环给中间软件使用。实际上，Linux 等操作系统只用了第 0 环和第 3 环。

*6.6　IA-32 + Linux 中的地址转换

保护模式是 IA-32 微处理器最常用的工作模式。系统启动后总是先进入实地址模式，对系统进行初始化，然后才转入保护模式进行操作。这种工作模式提供了多任务环境下的各种复杂功能以及对存储器的虚拟管理机制。

在保护模式下，IA-32 采用段页式虚拟存储管理方式，存储空间采用**逻辑地址**、**线性地址**和**物理地址**来进行描述。逻辑地址就是通常所说的虚拟地址，IA-32 中的逻辑地址由 48 位组成，包含 16 位的**段选择符**和 32 位的**段内偏移量**（即**有效地址**）。为了便于多用户、多任务下的存储管理，IA-32 采用在分段基础上的分页机制。分段过程实现将逻辑地址转换为线性地址，分页过程再实现将线性地址转换为物理地址。

6.6.1 逻辑地址到线性地址的转换

为了说明逻辑地址到线性地址的转换过程，首先简要介绍段选择符、段描述符、段描述符表以及段描述符表寄存器等基本概念。

1. 段选择符和段寄存器

段选择符格式如图 6.40 所示，其中 TI 表示段选择符选择哪一个段描述符表，若 TI = 0，表示选择**全局描述符表**（GDT），若 TI = 1，表示选择**局部描述符表**（LDT）；RPL 用来定义段选择符的特权等级，若 RPL = 00，则为第 0 级，是最高级的内核态，若 RPL = 11，则为第 3 级，是最低级的用户态；高 13 位的索引值用来确定当前使用的段描述符在描述符表中的位置，表示是其中的第几个段表项。

15 14	...	3	2	1	0
索引			TI	RPL	

图 6.40 段选择符格式

段选择符存放在**段寄存器**中，共有 6 个段寄存器：CS、SS、DS、ES、FS 和 GS。其中，以下 3 个段寄存器具有专门的功能：

CS：**代码段寄存器**，指向程序代码所在的段。

SS：**栈段寄存器**，指向栈区所在的段。

DS：**数据段寄存器**：指向程序的全局静态数据区所在的段。

其他 3 个段寄存器可以指向任意的数据段。

CS 寄存器中的 RPL 字段表示正在执行的程序的**当前特权级**（Current Privilege Level，CPL），Linux 只使用 0 级（最高级）和 3 级（最低级），分别为内核态和用户态。

2. 段描述符

段描述符是一种数据结构，实际上就是分段方式下的**段表项**。根据段描述符的用途，可以将其分为两种类型：一种是普通的代码段或数据段描述符，包括用户进程或内核的代码段和数据段描述符；另一种是系统控制段描述符。系统控制段描述符比较复杂，按照不同的用途又可将其分为两种类型：一种是特殊的系统控制段描述符，包括局部描述符表描述符和任务状态段描述符；另一种是控制转移描述符，包括调用门描述符、任务门描述符、中断门描述符和陷阱门描述符。

一个段描述符占用 8 个字节，其一般格式如图 6.41 所示，包括 32 位的**基地址**（B31 ~ B0）、20 位的**限界**（L19 ~ L0）和**访问权限**及**特征位** G、D 和 P 等，其中 20 位的限界表示段中最大页号。

特征位和访问权限的含义说明如下：

G：表示粒度大小。G = 1 说明段以页（4KB）为基本单位；G = 0 则段以字节为基本单位。

由于界限为 20 位，所以当 G = 0 时，最大的段为 $2^{20} \times 1\text{B} = 1\text{MB}$；当 G = 1 时，最大的段为 $2^{20} \times 4\text{KB} = 4\text{GB}$。

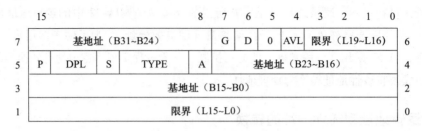

图 6.41 段描述符的一般格式

D：D = 1 表示地址和数据为 32 位宽，D = 0 表示地址和数据为 16 位宽。

P：说明段是否已存在主存中。P = 1 表示存在，P = 0 表示不存在。Linux 总是把 P 置 1，因为它从来不会把一个段交换到磁盘上，而是以页为单位进行交换。

DPL：访问段时对当前特权级的最低等级要求。因此，只有 CPL 为 0（内核态）时才可访问 DPL 为 0 的段，任何进程（CPL = 3 或 0）都可以访问 DPL 为 3 的段。

S：S = 0 表示是系统控制段描述符，S = 1 表示是普通的代码段或数据段描述符。

TYPE：指示段的访问权限或系统控制段描述符的类型。通常包含字段 A。

A：说明段是否已被访问过。A = 1 表示该段已被访问过，A = 0 表示未被访问过。

AVL：可以由操作系统定义使用。Linux 忽略该字段。

3. 段描述符表

段描述符表实际上就是分段方式下的**段表**，由段描述符组成，主要有三种类型：**全局描述符表**（GDT）、**局部描述符表**（LDT）和**中断描述符表**（IDT）。其中，GDT 只有一个，用来存放系统内每个任务都可能访问的描述符，例如，后面提到的内核代码段、内核数据段、用户代码段、用户数据段以及任务状态段（TSS）等都属于 GDT 中描述的段；LDT 则用于存放某一个任务（即用户进程）专用的段描述符；IDT 则包含 256 个中断门、陷阱门和任务门描述符。有关 IDT 的详细说明将在第 7 章 7.2.5 节中介绍。

4. 用户不可见寄存器

为了支持 IA-32 的分段机制，除了提供 6 个段寄存器外，还提供了多个用户进程不可直接访问的内部寄存器，它们包括描述符 cache、任务寄存器（TR）、局部描述符表寄存器（LDTR）、全局描述符表寄存器（GDTR）和中断描述符表寄存器（IDTR），如图 6.42 所示。

图 6.42 中虚线内的寄存器是用户程序感觉不到的，因此称为**用户不可见寄存器**，但是操作系统通过特权指令可对寄存器 TR、LDTR、GDTR 和 IDTR 进行读写。

描述符 cache 是一组用来存放当前段描述符信息的高速缓存，每当段寄存器装入新的段选择符时，处理器将段选择符指定的一个段描述符中部分信息装入相应的描述符 cache 中。这样，在进行逻辑地址到线性地址的转换过程中，MMU 就直接用对应描述符 cache 中保存的段地址来形成线性地址 LA，而不必每次都去主存访问段表，从而大大节省访问存储器的时间。

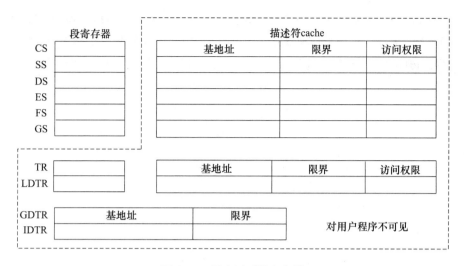

图 6.42　用户不可见寄存器

装入段选择符时，会进行特权级检查，若被装入的段选择符指定段描述符中的 DPL 的值大于等于当前特权级 CPL 的值，即 DPL 的特权级别不高于 CPL（级别越高，值越小），则不会发生"访问越级"。否则发生"访问越级"存储保护错。

每当一个段寄存器中被装入新的段选择符时，CPU 需要将段选择符指定的一个段描述符装入相应的描述符 cache 中，因此 CPU 需要知道段描述符表的首地址。为此，在 CPU 内设置了相应的**全局描述符表寄存器**（GDTR）和**中断描述符表寄存器**（IDTR）。GDTR 和 IDTR 的高 32 位分别存放 **GDT 首地址**和 **IDT 首地址**，低 16 位存放限界，即最大字节数，因而两个描述符表 GDT 和 IDT 的最大长度可达 $2^{16}B = 64KB$。例如，GDT 就有 64KB，因为每个段描述符占 8B，所以 GDT 共有 64KB/8B = 8K = 2^{13} 个表项，段选择符中高 13 位的索引值用来确定是哪一个表项。

局部描述符表寄存器（LDTR）是 16 位寄存器，存放局部描述符表 LDT 的段选择符，通过该选择符可把在 GDT 中的 **LDT 描述符**中部分信息（包含 LDT 首地址、LDT 界限和访问权限等）装入 **LDT 描述符 cache** 中，从而使 CPU 可以快速访问 LDT。**任务寄存器**（TR）也是 16 位，用来存放**任务状态段**（TSS）的段选择符。通过该段选择符可把 GDT 中的 **TSS 描述符**中部分信息（包含 TSS 首地址、TSS 界限和访问权限等）装入 **TSS 描述符 cache** 中，从而可以方便地对**任务**（即用户进程）的状态信息进行访问。

5. 逻辑地址向线性地址的转换

逻辑地址向线性地址的转换过程如图 6.43 所示。

逻辑地址包含 16 位的段选择符和 32 位的段内偏移量。如图 6.43 所示，MMU 首先根据段选择符中的 TI 确定选择全局描述符表（GDT）还是局部描述符表（LDT）。若 TI = 0，选用 GDT；否则，选用 LDT。确定描述符表后，再通过段选择符内的 13 位索引值，从被选中的描述符表中找到对应的段描述符。因为每个段描述符占 8 个字节，所以位移量为索引值乘 8，加上描述符表首地址（其中，GDT 首地址从 GDTR 的高 32 位获得，LDT 首地址从 LDTR 对应的 LDT 描述符 cache 中高 32 位获得），就可以确定选中的段描述符的地址，从中取出 32 位的基地址（B31～B0），与逻辑地址中32位的段内偏移量相加，就得到32位线性地址。MMU在计算线性地址LA的过程中，可以根据**段限界**（即**段限**）和段的**存取权限**（也称**访问权限**）判断是否**地址越界**或**访问越权**（访问越权是指对指定单元所进行的操作类型不符合存取权限，例如，对存取权限为"只读"的页面进行了写操作），以实现存储保护。

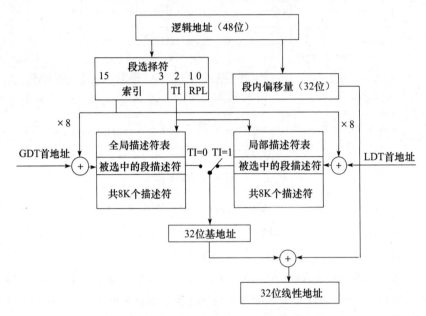

图 6.43   逻辑地址向线性地址转换的过程

通常情况下，MMU并不需要到主存中去访问GDT或LDT，而只要根据如图6.42所示的段寄存器对应的描述符cache中的基地址、限界和存取权限来进行逻辑地址到线性地址的转换，如图6.44所示。

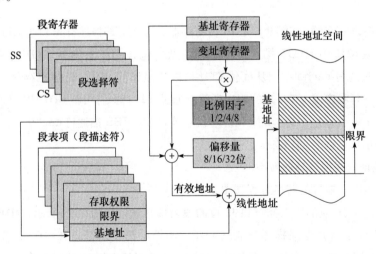

图 6.44   线性地址 LA 的形成过程

逻辑地址中32位的段内偏移量即是有效地址EA，它由指令中的寻址方式来确定如何得到，有关IA-32的寻址方式可参见3.2.2节中图3.4。从图6.44可看出，IA-32中有效地址的形成方式有以下几种：偏移量、基址、变址、比例变址、基址加偏移量、基址加变址、基址加比例变址、基址加变址加偏移量、基址加比例变址加偏移量等。比例变址时，变址值等于变址寄存器的内容乘以比例因子。例如，对于汇编指令"movl 0x1000(%ebp,%esi,4),%eax"，其源操作数的有效地址的形成方式是"基址加比例变址加偏移量"，即通过将基址寄存器 EBP 的内容、比例变址值（变址寄存器 ESI 的内容乘以比例因子 4）、偏移量（即位移 1000H）三者相加得到有效地址。

Linux 操作系统为了使得它能够移植到绝大多数流行的处理器平台，简化了段页式虚拟存储管理。因为 RISC 体系结构对分段的支持非常有限，所以 Linux 仅使用了 IA-32 架构中的分页机制，而对于分段机制，则通过在初始化时将所有段描述符的基地址全部设为 0 来简化其功能。

我们把运行在用户态的所有用户进程使用的代码段和数据段分别称为**用户代码段**和**用户数据段**；把运行在内核态的所有 Linux 内核代码段和数据段分别称为**内核代码段**和**内核数据段**。Linux 初始化时，将上述 4 个段的段描述符中各字段设置成表 6.2 中的值。

表 6.2　Linux 中设置的 4 个段描述符部分字段的内容

段	基地址	G	限界	S	TYPE	DPL	D	P
用户代码段	0x0000 0000	1	0xFFFFF	1	10	3	1	1
用户数据段	0x0000 0000	1	0xFFFFF	1	2	3	1	1
内核代码段	0x0000 0000	1	0xFFFFF	1	10	0	1	1
内核数据段	0x0000 0000	1	0xFFFFF	1	2	0	1	1

注：表中 TYPE 字段包含 A 字段，因而占 4 位。

从表 6.2 可以看出，用户态和内核态的每个段的线性地址都是从基地址 0 开始，都是以 4KB 为粒度（G = 1）来计算最大段内地址，因而最大段内地址为 $4K \times 0xFFFFF = 2^{32} - 1 = 0xFFFF FFFF$，也即每个段的线性地址空间大小都是 4GB，与逻辑地址中的段内偏移量形成的空间大小一样。在 Linux 系统中，因为所有代码段和数据段的基地址都为 0，所以，所有逻辑地址中的段内偏移量（即有效地址）就是其线性地址。

例 6.8　已知变量 y 和数组 a 都是 int 型，a 的首地址为 0x8048a00。假设编译器将 a 的首地址分配在 ECX 中，数组的下标变量 i 分配在 EDX 中，y 分配在 EAX 中，C 语言赋值语句"$y = a[i]$;"被编译为指令"movl (%ecx, %edx, 4), %eax"。若在 IA-32 + Linux 环境下执行指令地址为 0x80483c8 的该指令时，CS 段寄存器对应的描述符 cache 中存放的是表 6.2 中所示的用户代码段信息且 CPL = 3，DS 段寄存器对应的描述符 cache 中存放的是表 6.2 中所示的用户数据段信息，则当 $i = 100$ 时，取指令操作过程中 MMU 得到的指令的线性地址是多少？取数操作过程中 MMU 得到的操作数的线性地址是多少？

解　IA-32 执行指令"movl (%ecx, %edx, 4), %eax"需两次存储访问操作，一次是取指令操作，一次是取数操作，在保护模式下每次存储访问操作 MMU 都要对访存地址进行逻辑地址到线性地址的转换。

取指令操作中，MMU 将 CS 对应的段描述符中的基地址与指令地址（指令地址即为指令在代码段的段内偏移量）相加，得到线性地址为 0x0 + 0x80483c8 = 0x80483c8。

在取数操作中，MMU 将 DS 对应的段描述符中的基地址与操作数有效地址相加得到线性地址。因为操作数"(%ecx, %edx, 4)"的寻址方式为"基址加比例变址加偏移量"，故有效地址 $EA = R[ecx] + R[edx] \times 4 + 0 = 0x8048a00 + 100 \times 4 = 0x8048b90$。因此，操作数的线性地址为 $0x0 + 0x8048b90 = 0x8048b90$。 ■

6.6.2 线性地址到物理地址的转换

IA-32 采用段页式虚拟存储管理方式，通过分段方式完成逻辑地址到线性地址的转换后，再进一步通过分页方式将线性地址转换为物理地址。IA-32 内部有多个 32 位控制寄存器，它们与分页阶段的地址转换过程相关，因此，在介绍线性地址到物理地址的转换之前，先介绍 IA-32 中的控制寄存器。

1. 控制寄存器

控制寄存器保存了机器的各种控制和状态信息，这些控制和状态信息将影响系统所有任务的运行，操作系统进行任务控制或存储管理时将使用这些控制和状态信息。主要的几个控制寄存器以及存放的控制、状态信息说明如下。

CR0 控制寄存器定义了多个控制位。① 保护模式允许位 PE。用来确定处理器工作于实地址模式还是保护模式。系统启动时 PE = 0，处于实地址模式。可用 MOV 指令将 PE 置 1，使机器进入保护模式。这个标志仅能开启段保护，并没有启用分页机制。② 分页允许位 PG。若 PG = 1，则启用分页部件工作；若 PG = 0 则禁止分页部件工作，此时线性地址被直接作为物理地址使用。若要启用分页机制，那么 PE 和 PG 标志都要置 1。③ 任务切换位 TS。每次任务切换时将其置 1，任务切换完毕则清 0，可用 CLTS 指令将其清 0。④ 对齐屏蔽位 AM。它可与 EFLAGS 中的 AC 位配合使用。若 AM = 1 且 AC = 1，则进行对齐检查；若 AM = 0，则禁止对齐检查。⑤ cache 功能控制位 NW(Not Write-through) 和 CD(Cache Disable)。只有当 NW 和 CD 均为 0 时，cache 才能工作。

CR2 是**页故障线性地址寄存器**，存放引起页故障（即缺页）的线性地址。只有在 CR0 中的 PG = 1 时，CR2 才有效。当**页故障处理程序**（也称**缺页异常处理程序**）被激活时，压入对应栈中的错误码将提供页故障的状态信息，页故障处理程序根据错误码进行不同的对应处理，有关内容参见第 7 章。

CR3 是**页目录基址寄存器**，用来保存页目录表在内存的起始地址。只有当 CR0 中的 PG = 1 时，CR3 才有效。

2. 线性地址向物理地址转换

图 6.45 所示的是分页部件将线性地址转换为物理地址的基本过程，为了解决页表过大的问题，采用了**两级页表方式**。

从图 6.45 可看出，在一个两级页表分页方式中，32 位线性地址由三个字段组成，它们分别是 10 位**页目录索引**（DIR）、10 位**页表索引**（PAGE）和 12 位**页内偏移量**（OFFSET）。

如图 6.45 所示，线性地址向物理地址的转换过程如下：首先，根据控制寄存器 CR3 中给出的页目录表首地址找到页目录表，由 DIR 字段提供的 10 位页目录索引找到对应的页目录项，每个页目录项大小为 4B；然后，根据页目录项中 20 位基地址指出的页表首地址找到对应页表，再根据线性地址中间的页表索引（PAGE 字段）找到页表中的页表项；最后，将页表项中的 20 位基地址和线性地址中 12 位页内偏移量组合成 32 位物理地址。

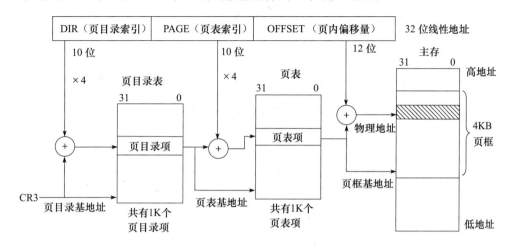

图 6.45　线性地址向物理地址转换的过程

上述转换过程中，10 位的页目录索引和 10 位的页表索引都要乘以 4，因为每个页目录项和页表项都是 32 位，占 4 个字节。**页目录项**和**页表项**的格式如图 6.46 所示。

31 　　　　　　　　　　　　　12	11　　10　9	8	7	6	5	4	3	2	1	0
基地址	AVL	0	0	D	A	PCD	PWT	U/S	R/W	P

图 6.46　页目录项和页表项的格式

页目录项和页表项中部分字段的含义简述如下。

P：P = 1 表示页表或页在主存中；P = 0 表示页表或页不在主存中，此时，发生页故障（即缺页异常），需将页故障线性地址记录在 CR2 中。操作系统在处理页故障时会将缺失的页表或页从硬盘装入主存中，并重新执行引起页故障的指令。

R/W：该位为 0 时表示页表或页只能读不能写；为 1 时表示可读可写。

U/S：该位为 0 时表示用户进程不能访问；为 1 时允许用户进程访问。该位可以保护操作系统所使用的页不受用户进程的破坏。

PWT：用来控制页表或页对应的 cache 写策略是全写（write through）还是回写（write back）。

PCD：用来控制页表或页能否被缓存到 cache 中。

A：A = 1 表示指定页表或页被访问过，初始化时操作系统将其清 0。利用该标志，操作系统可清楚地了解哪些页表或页正在使用，一般选择长期未用的页或近来最少使用的页调出主存。由 MMU 在进行地址转换时将该位置 1。

D：修改位或称脏位（dirty bit）。该位在页目录项中没有意义，只在页表项中有意义。D = 1 表示页被修改过；否则说明页面内容未被修改，因而在操作系统将页面替换出主存时，无须将页面写入硬盘。初始化时操作系统将其清 0，由 MMU 在进行写操作的地址转换时将该位置 1。

页目录项和页表项中的高 20 位是页表或页在主存中的首地址对应的页框号，即首地址的高 20 位。每个页表的起始位置都按 4KB 对齐。

由于页目录索引和页表索引均为 10 位，每个页目录项和页表项占用 4 个字节，因此页目录表和页表的长度均为 4KB，并分别含有 1024 个表项。这样，对于 12 位偏移地址，32 位的线性地址所映射的物理地址空间是 $1024 \times 1024 \times 4KB = 4GB$。

如果线性地址空间更大的话，可以将上述两级页表方式进一步扩展为三级页表或四级页表等方式。例如，下一节介绍的 Intel Core i7 中就采用了四级页表方式。

*6.7　实例：Intel Core i7 + Linux 存储系统

本节以一个具体的实例系统 Intel Core i7 + Linux 结尾，以对本章介绍的层次结构存储系统进行总结，主要介绍 64 位 Intel 处理器架构 Core i7 的层次化存储器结构、Core i7 的地址转换机制以及 Linux 系统的虚拟存储管理机制。本实例中的 Core i7 处理器采用 Nehalem 微架构，型号为 Core i7-965/975 Extreme Edition。虽然底层 Nehalem 微架构允许使用 64 位虚拟地址和物理地址空间，但 Core i7 体系结构采用 IA-32e 分页模式，支持 256TB（48 位）虚拟地址空间和 4PB（52 位）物理地址空间。

6.7.1　Core i7 的层次化存储器结构

图 6.47 给出了型号为 Core i7-965/975 Extreme Edition 的 Intel 处理器的存储器层次结构。该型号 Core i7 处理器芯片中包含 4 个核心（core），每个核心（简称"核"）内各自有一套寄存器、L1 数据 cache 和 L1 指令 cache、L1 数据 TLB 和 L1 指令 TLB，以及 L2 联合 cache 和 L2 联合 TLB。核心之间通过 QPI 总线相互连接，所有核心共享同一个 L3 联合 cache 和同一个 DDR3 存储器控制器。所有 L1 和 L2 高速缓存都是 8 路组相联，L3 高速缓存为 16 路组相联，L1、L2 和 L3 三类高速缓存大小分别为 32KB、256KB 和 8MB，主存块大小为 64 字节；所有 L1 和 L2 快表（TLB）都是 4 路组相连，L1 数据 TLB、L1 指令 TLB 和 L2 联合 TLB 的大小分别为 64 项、128 项和 512 项。系统启动时页大小可被配置为 4KB、2MB 或 1GB，Linux 系统采用 4KB 的页大小，故页内偏移量占 12 位。

6.7.2　Core i7 的地址转换机制

Core i7 的每个核心内都有各自的存储器管理部件（MMU），用于实现虚拟地址（VA）向物理地址（PA）的转换。CPU 通过分段方式得到相应的线性地址，这里线性地址就是虚拟地址。图 6.48 给出了 Core i7 中根据虚拟地址进行存储访问的过程。

前面提到，根据虚拟地址进行存储访问的过程分两个步骤：① 先通过 MMU 将虚拟地址转换为物理地址；② 根据物理地址访问 cache 和主存。为了并行执行这两个步骤，Core i7 中采用了一种巧妙的设计。Core i7 的 L1 cache 的数据区共有 32KB，主存块大小为 64B，8 路组相联，因此，共有 32KB/64B = 512 行，分成 512 行/8 路 = 64 组，因而 cache 组索引（CI）占 6 位，块内偏移量（CO）占 6 位，CI 和 CO 合起来为 12 位，它们实际上就是物理页内偏移量（PPO），也就是虚页内偏移量（VPO）。因而，在 CPU 需要将虚拟地址转换为物理地址时，它只要将高 36 位虚拟页号（VPN）送到 MMU，而将低 12 位 VPO 直接作为 CI 和 CO 送到 L1 cache。

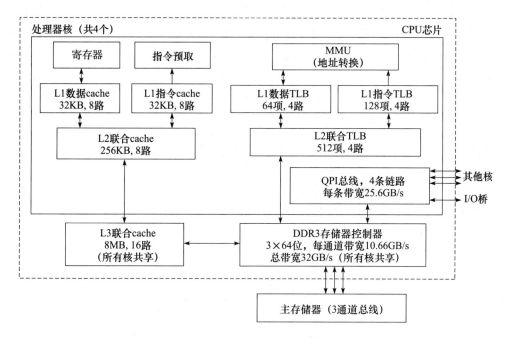

图 6.47 Core i7 的层次化存储器结构

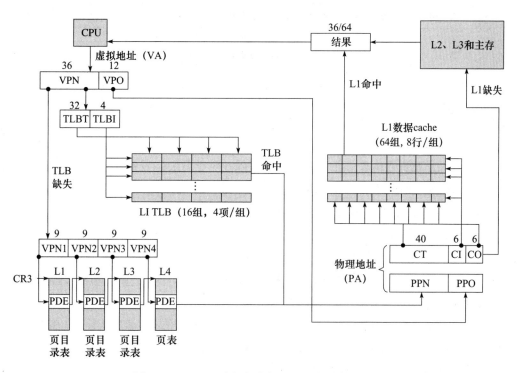

图 6.48 Core i7 中根据虚拟地址进行访存的过程

当 MMU 向 TLB 请求一个页表项的同时, L1 cache 可以根据 CI 查找对应的 cache 组, 并读出该组中的 8 个标志 (Tag)。当 MMU 从 TLB 得到物理页号 (PPN) 时, L1 cache 正好准备进行标志信息的比较, 此时, L1 cache 只要把 PPN 作为 CT, 与已经读出的 8 个标志进行比较, 并将标志相等的那一行中由 CO 指出的信息作为结果即可，若 8 个标志都不相等，则再根据物理地址访问 L2、L3 或主存。由此可见，访存过程中，TLB 和 L1 cache 的部分操作是并行的。按上述方式设计的 cache 称为 VIPT（Virtually Indexed Physically Tagged）cache。相应地，用物理地址作为索引（CI）进行访问的 cache 称为 PIPT cache。

如果地址转换过程中发生 TLB 缺失，那么，CPU 就需要访问主存中的页表（称为慢表）。Core i7 所用的 IA-32e 分页模式采用四级页表结构。如图 6.48 所示，MMU 将 36 位 VPN 分解成 4 个字段：VPN1、VPN2、VPN3 和 VPN4。每个字段占 9 位。四级页表结构分别由全局页目录表（一级页表 L1）、上层页目录表（二级页表 L2）、中层页目录表（三级页表 L3）和最后一级页表（四级页表 L4）组成。CR3 中存放的是全局页目录表在主存的物理地址，每个进程有各自的四级页表，因而 CR3 的内容是进程上下文的一部分。每次上下文切换时，CR3 中的内容被保存到进程的上下文中，并将 CR3 重置为新进程中相应的内容。

四级页表中前三级为页目录表，页目录项（PDE）的结构如图 6.49 所示。P = 1 时指出下级页表起始处对应的主存物理基址高 40 位（即页框号）。当 P = 0 时，硬件将忽略 PDE 中其他位的信息，由 OS 在其他位中保存下级页表在硬盘上的位置信息，该信息由 OS 使用。

图 6.49　Core i7 中前三级页目录项 PDE 的结构

图 6.49 中页目录项的信息的含义说明如下：

P：存在位，P = 1 表示对应的下级页表在主存中。

R/W：所表示范围内所有信息的读/写访问权限。对于页大小为 4KB 的情况，一级页表每个表项的表示范围为 $512 \times 512 \times 512 \times 4KB = 512GB$；二级页表每个表项的表示范围为 $512 \times 512 \times 4KB = 1GB$；三级页表每个表项的表示范围为 $512 \times 4KB = 2MB$。

U/S：所表示范围内所有信息是否可被用户进程访问。为 0 表示用户进程不能访问；为 1 表示允许用户进程访问。该位可以保护操作系统所使用的页表不受用户进程的破坏。

WT：用来控制下级页表对应的 cache 写策略是全写（write through）还是回写（write back）。

CD：用来控制下级页表能否被缓存到 cache 中。

A：A = 1 表示下级页表被访问过，初始化时操作系统将其清 0。利用该标志，操作系统可清楚地了解哪些页表正被使用，一般选择长期未用的或近来最少使用的页表调出主存。由 MMU 在进行地址转换时将该位置 1，由软件清 0。

PS：设置页大小为 4KB、2MB 或 1GB，仅在二级页表或三级页表的表项中有定义。

G：设置是否为全局页面。全局页面在进程切换时不会从 TLB 中替换出去。

页目录项第 51～12 位：用来表示下级页表在主存中的页框号，即主存地址的高 40 位，因此，这里默认每一级页表在主存中的起始地址低 12 位为全 0，即各级页表在主存都按 4KB 对齐。

四级页表中最后一级为真正的页表，页表项（PTE）的结构如图 6.50 所示。P = 1 时指出对应虚拟页在主存的物理基址高 40 位（即页框号）。当 P = 0 时，硬件将忽略 PTE 中其他位的信息，由 OS 在其他位中保存对应虚拟页在硬盘上的位置信息，该信息由 OS 使用。

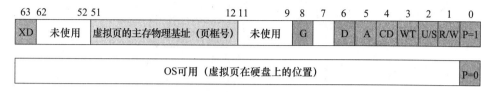

图 6.50　Core i7 中最后一级页表项 PTE 的结构

图 6.50 中页表项的信息的含义说明如下：

P：存在位，P = 1 表示对应的虚拟页在主存中。

R/W：所表示范围内所有信息的读/写访问权限。对于页大小为 4KB 的情况，所表示范围为对应的虚拟页面，大小为 4KB。

U/S：所表示范围内所有信息是否可被用户进程访问。为 0 表示用户进程不能访问；为 1 表示允许用户进程访问。该位可以保护操作系统所使用的页面不受用户进程的破坏。若用户进程欲访问操作系统页面，则会发生访问越级。

WT：用来控制对应页面的 cache 写策略是全写（write through）还是回写（write back）。

CD：用来控制对应页面能否被缓存到 cache 中。

A：A = 1 表示对应页面被访问过，初始化时操作系统将其清 0。利用该标志，操作系统可清楚地了解哪些页面正被使用，一般选择长期未用的页或近来最少使用的页调出主存。由MMU 在进行地址转换时将该位置 1，由软件清 0。

D：脏位（或称修改位），进行写操作时由 MMU 将该位置 1，由软件清 0。

G：设置是否为全局页面。全局页面在进程切换时不会从 TLB 中替换出去。

页表项第 51～12 位：用来表示对应页面在主存中的页框号，即主存地址的高 40 位，因此，所有页面在主存中的起始地址低 12 位为全 0，即所有页面在主存都按 4KB 对齐。

每次存储器访问，MMU 都要进行地址转换，在地址转换过程中，首先应在对应页表项中设置 A 位，也称为**使用位**或**引用位**（reference bit）。每次在页面中进行写操作时，都要设置 D位。内核可以根据 A 位实现替换算法，在选择某个页面被替换出主存时，如果对应页表项中的 D 位为 1，则必须把该页面写回到磁盘上，否则，可以不写回磁盘。内核可以使用一个特殊的特权指令来使 A 位和 D 位清 0。同样，在 MMU 进行地址转换的过程中，MMU 还会根据 R/W位和 U/S 位，判断当前指令是否发生了访问违例，包括访问越权和访问越级。

6.7.3　Linux 系统的虚拟存储管理

"进程"的引入除了为应用程序提供了一个独立的逻辑控制流，还为应用程序提供了一个私有的地址空间，使得程序员以为自己的程序在执行过程中独占拥有存储器，这个私有地址空间就是虚拟地址空间。

1. Linux 中进程的虚拟地址空间

图 6.51 给出了在 Intel 架构下 Linux 操作系统中的一个进程对应的虚拟地址空间。

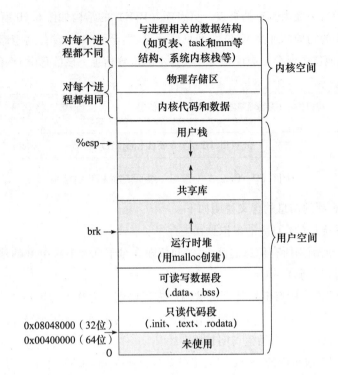

图 6.51   进程虚拟地址空间

整个虚拟地址空间分为两大部分：**内核虚拟存储空间**（简称**内核空间**）和**进程虚拟存储空间**（简称**用户空间**）。在采用虚拟存储器机制的系统中，每个程序的可执行目标文件都被映射到同样的虚拟地址空间上，也即，所有用户进程的虚拟地址空间是一致的，只是在相应的只读区域和可读写数据区域中映射的信息不同而已，它们分别映射到对应可执行目标文件中的只读代码段（节 .init、.text 和 .rodata 组成的段）和可读写数据段（节 .data 和 .bss 组成的段）。其中，.bss 节在可执行目标文件中没有具体内容，因此，在运行时由操作系统将该节对应的存储区初始化为 0。

虚拟地址空间分成内核空间和用户空间。内核空间用来映射到操作系统内核代码和数据、物理存储区，以及与每个进程相关的系统级上下文数据结构（如进程标识信息、进程现场信息、页表等进程控制信息以及内核栈等），其中内核代码和数据区在每个进程的地址空间中都相同。用户程序没有权限访问内核空间。用户空间用来映射到用户进程的代码、数据、堆和栈等用户级上下文信息。每个区域都有相应的起始位置，堆区和栈区相向生长，其中，栈从高地址往低地址生长。

对于 IA-32，内核虚拟存储空间在 0xc000 0000 以上的高端地址上，用户栈区从起始位置 0xc000 0000 开始向低地址增长，堆栈区中的共享库映射区域从 0x4000 0000 开始向高地址增长，只读代码区域从 0x0804 8000 开始向高地址增长，只读代码区域后面跟着可读写数据区域，其起始地址通常要求按 4KB 字节对齐。

对于 x86-64，其最开始的只读代码区域从 40 0000H 开始，用户空间的最大地址为 7FFF FFFF FFFFH，通常，共享库映射在 7FFF F000 0000H ~ 7FFF FFFF FFFFH 的区域内，从 7FFF F000 0000H 向下是用户运行时栈（runtime stack），一般限定栈大小为 8MB，整个用户空间大小为 2^{47} 字节（128TB）。内核空间在 8000 0000 0000H 以上的高端地址上，最大地址为 FFFF

FFFF FFFFH, 整个内核空间大小也是 2^{47} 字节 (128TB)。

> ✎ **小贴士**
>
> 目前比较新的 Linux 发行版, 如 ubuntu1 7.04 等, 其 gcc 默认会生成位置无关可执行文件 PIE (Position Independent Executables), 用 objdump 去查看这些可执行文件的反汇编代码, 会发现其代码起始地址并不是在 0x804 8000 (IA-32) 或者 0x40 0000 (x86-64), 而是在地址 0 附近。这主要是为了提高代码的安全性而采用了第 3 章提到的 ASLR (Address Space Layout Randomization) 技术, 即地址空间随机化技术。

2. Linux 虚拟地址空间中的区域

Linux 将进程对应的虚拟地址空间组织成若干"区域 (area)"的集合, 这些区域是指在虚拟地址空间中的一个有内容的连续区块 (即已分配的), 例如, 图 6.51 中的只读代码段、可读写数据段、运行时堆、用户栈、共享库等区域。每个区域可被划分成若干个大小相等的虚拟页面, 每个存在的虚拟页面一定属于某个区域。

Linux 内核为每个进程维护了一个进程描述符, 数据类型为 task_struct 结构。task_struct 中记录了内核运行该进程所需的所有信息, 例如, 进程的 PID、指向用户栈的指针、可执行目标文件的文件名等。如图 6.52 所示, task_struct 结构可对进程虚拟地址空间中的区域进行描述。

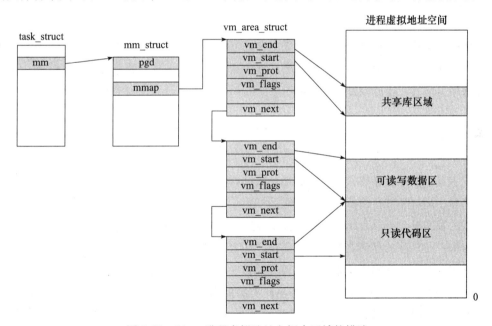

图 6.52 Linux 进程虚拟地址空间中区域的描述

task_struct 结构中有个指针 mm 指向一个 mm_struct 结构。mm_struct 描述了对应进程虚拟存储空间的当前状态, 其中, 有一个字段是 pgd, 它指向对应进程的第一级页表 (页目录表) 的首地址, 因此, 当处理器运行对应的进程时, 内核会将它传送到 CR3 控制寄存器中。mm_struct 中还有一个字段 mmap, 它指向一个由 vm_area_struct 构成的链表表头。Linux 采用链表方式管理用户空间中的区域, 使得内核不用记录那些不存在的"空洞"页面 (如图 6.51 中的灰色区中的页面），因而这种页面不占用主存、磁盘或内核本身任何额外资源。

每个 vm_area_struct 描述了对应进程虚拟存储空间中的一个区域，vm_area_struct 中部分字段如下：

- vm_start：指向区域的开始处。
- vm_end：指向区域的结束处。
- vm_prot：描述区域包含的所有页面的访问权限。
- vm_flags：描述区域包含的页面是否与其他进程共享等。
- vm_next：指向链表下一个 vm_area_struct。

3. Linux 中页故障处理

当 CPU 中的 MMU 在对某地址 VA 进行地址转换时，若检测到页故障，则转入操作系统内核进行页故障处理。Linux 内核可根据上述对虚拟地址空间中各区域的描述，将 VA 与 vm_area_struct 链表中每个 vm_start 和 vm_end 进行比较，以判断 VA 是否属于"空洞"页面。若是，则发生"段故障（segmentation fault）"；若不是，则再判断所进行的操作是否和所在区域的访问权限（由 vm_prot 描述）相符。若不相符，例如，假定 VA 属于代码区，访问权限为 PROT_EXE（可执行），但对地址 VA 的操作是"写"，那么就发生了"访问越权"；假定在用户态下访问属于内核的区域，访问权限为 PROT_NONE（不可访问），那么就发生了"访问越级"。段故障、访问越权和访问越级都会导致终止当前进程。

若不是上述几种情况，则内核判断发生了正常的缺页异常，此时，只需在主存中找到一个空闲的页框，从硬盘中将缺失的页面装入主存页框中。若主存中没有空闲页框，则根据页面替换算法，选择某个页框中的页面交换出去，然后从硬盘上装入缺失的页面到该页框中。从页故障处理程序返回后，将回到发生缺页的指令重新执行。

6.8   小结

本章主要包括存储器的分类、存储器分层结构、半导体存储器、主存储器与 CPU 的连接、硬盘存储器、高速缓冲存储器 cache 的基本原理、cache 和主存之间的地址映射、替换算法、虚拟存储器的基本概念、页表结构、缺页异常、后备转换缓冲器（TLB）等。

因为每一类单独的存储器都不可能又快、又大、又便宜，为了构建理想的存储器系统，计算机内部采用层次化存储器体系结构。按照速度从快到慢、容量从小到大、价格从贵到便宜、与 CPU 连接的距离由近到远的顺序，将不同类型的存储器设置在计算机中，其设置的顺序为寄存器→cache→主存→硬盘→光盘和磁带。

利用程序访问的局部性特点，通常把主存中的一块数据复制到靠近 CPU 的 cache 中。cache 和主存间的映射有直接映射、全相联映射和组相联映射。替换算法主要有 FIFO 和 LRU。写策略有回写法和全写法。

虚拟存储机制的引入，使得每个进程具有一个一致的、极大的、私有的虚拟地址空间。虚拟地址空间按等长的页来划分，主存也按等长的页框划分。进程执行时将当前用到的页面装入主存，其他暂时不用的部分放在硬盘上，通过页表建立虚拟页和主存页框之间的对应关系。不在主存的页面在页表中记录其在磁盘上的地址，在指令执行过程中，由特殊硬件（MMU）和操作系统一起实现存储访问。虚拟存储器有分页式、分段式、段页式三类。虚拟地址需转换成物理地址。每个进程有一个页表，每个页表项由有效（装入）位、使用位、修改位、访问权限位、禁止缓存位、存放位置字段（主存页框号或磁盘地址）等组成。为减少访问内存中页表的次数，通常将活跃页的页表项放到一个特殊的高速缓存 TLB（快表）中。虚拟存储机制能实现存储保护，通常有地址越界、访问越权和访问越级等存储保护错。

习题

1. 给出以下概念的解释说明。

随机存取存储器（RAM）	顺序存取存储器（SAM）	直接存取存储器（DAM）
相联存储器（AM）	只读存储器（ROM）	可读可写存储器
易失性存储器	记忆单元（cell）	存储阵列（bank）
编址单位	编址方式	最大可寻址范围
读出时间	写入时间	存储周期
存储器带宽	静态 RAM（SRAM）	动态 RAM（DRAM）
闪存（Flash 存储器）	同步 DRAM	行地址选通信号（RAS）
列地址选通信号（CAS）	超元（supercell）	内部行缓冲
磁盘驱动器	磁盘控制器	未格式化容量
格式化容量	寻道时间	旋转等待时间
数据传输时间	平均存取时间	固态硬盘（SSD）
多模块交叉存储	高速缓存（cache）	时间局部性
空间局部性	主存块	cache 行（槽）
命中率	命中时间	缺失率
缺失损失	直接映射	全相联映射
组相联映射	替换策略	FIFO 算法
LRU 算法	LRU 位	cache 一致性
回写法（write back）	全写法（write through）	关联度
虚拟地址（逻辑地址）	虚拟页号	物理地址
页框（页帧）	物理页号	未分配页
已分配页	未缓存页	已缓存页
请求分页	页故障（page fault）	页表
页表基址寄存器	有效位（装入位）	修改位（脏位）
访问权限位	快表（TLB）	段表
段页式	特权指令	特权模式
内核态（模式）	用户态（模式）	存储保护
地址越界	访问越权	访问越级

2. 简单回答下列问题。

    （1）计算机内部为何要采用层次结构存储体系？层次结构存储体系如何构成？

    （2）SRAM 芯片和 DRAM 芯片各有哪些特点？各自用在哪些场合？

    （3）为什么采用地址对齐方式能减少数据访问 DRAM 的时间？

    （4）为什么在 CPU 和主存之间引入 cache 能提高 CPU 的访存效率？

    （5）为什么说 cache 对程序员来说是透明的？

    （6）什么是 cache 映射的关联度？关联度与命中率、命中时间的关系各是什么？

    （7）为什么直接映射方式不需要考虑替换策略？

    （8）为什么要考虑 cache 的一致性问题？读操作时是否要考虑 cache 的一致性问题？为什么？

    （9）什么是物理地址？什么是逻辑地址？地址转换由硬件还是软件实现？为什么？

    （10）什么是页表？什么是快表（TLB）？

    （11）在存储器层次化结构中，"cache—主存""主存—磁盘"这两个层次有哪些不同？

3. 某计算机主存最大寻址空间为 4GB，按字节编址，假定用 64M×8 位的具有 8 个位平面的 DRAM 芯片组成容量为 512MB、传输宽度为 64 位的内存条（主存模块）。回答下列问题。

    （1）每个内存条需要多少个 DRAM 芯片？

    （2）构建容量为 2GB 的主存时，需要几个内存条？

    （3）主存地址共有多少位？其中哪几位用作 DRAM 芯片内地址？哪几位为 DRAM 芯片内的行地址？哪几位为 DRAM 芯片内的列地址？哪几位用于选择芯片？

4. 某计算机按字节编址，其中已配有 0000H ~ 7FFFH 的 ROM 区域，现在再用 16K×4 位的 RAM 芯片形成 32K×8 位的存储区域，CPU 地址线为 A_{15} ~ A_0。回答下列问题。

    （1）RAM 区的地址范围是什么？共需要多少 RAM 芯片？地址线中哪一位用来区分 ROM 区和 RAM 区？

    （2）假定 CPU 地址线改为 24 根，地址范围 00 0000H ~ 00 7FFFH 为 ROM 区，剩下的所有地址空间都用 16K×4 位的 RAM 芯片配置，则需要多少个这样的 RAM 芯片？

5. 假设一个程序重复完成将磁盘上一个 4KB 的数据块读出，进行相应处理后，写回到磁盘的另外一个数据区。各数据块内信息在磁盘上连续存放，数据块随机位于磁盘的一个磁道上。磁盘转速为 7200 转/分，平均寻道时间为 10ms，磁盘最大内部数据传输率为 40MB/s，磁盘控制器的开销为 2ms，没有其他程序使用磁盘和处理器，并且磁盘读写操作和磁盘数据的处理时间不重叠。若程序对磁盘数据的处理需要 20 000 个时钟周期，处理器时钟频率为 500MHz，则该程序完成一次数据块"读出—处理—写回"操作所需的时间为多少？每秒可以完成多少次这样的数据块操作？

6. 现代计算机中，SRAM 一般用于实现快速小容量的 cache，而 DRAM 用于实现慢速大容量的主存。以前超级计算机通常不提供 cache，而是用 SRAM 来实现主存（如，Cray 巨型机），请问：如果不考虑成本，你还这样设计高性能计算机吗？为什么？

7. 对于数据的访问，分别给出具有下列要求的程序或程序段的示例。

    （1）几乎没有时间局部性和空间局部性。

（2）有很好的时间局部性，但几乎没有空间局部性。

（3）有很好的空间局部性，但几乎没有时间局部性。

（4）空间局部性和时间局部性都好。

8. 假设某计算机主存地址空间大小为1GB，按字节编址，cache的数据区（即不包括标记、有效位等存储区）有64KB，块大小为128B，采用直接映射和全写（write-through）方式。回答下列问题。

（1）主存地址多少位？如何划分？要求说明每个字段的含义、位数和在主存地址中的位置。

（2）cache的总容量为多少位？

9. 假设某计算机的cache共16行，开始为空，主存块大小为1个字，采用直接映射方式，按字编址。CPU执行某程序时，依次访问以下地址序列：2，3，11，16，21，13，64，48，19，11，3，22，4，27，6和11。回答下列问题。

（1）访问上述地址序列得到的命中率是多少？

（2）若cache数据区容量不变，而主存块大小改为4个字，则上述地址序列的命中情况又如何？

10. 假设数组元素在主存按从左到右的下标顺序存放，N是用#define定义的常量。试改变下列函数中循环的顺序，使得其数组元素的访问与排列顺序一致，并说明为什么在N较大的情况下修改后的程序比原来的程序执行时间更短。

```
int sum_array (int a[N][N][N])
{
    int i, j, k, sum = 0;
    for (i = 0; i < N; i ++)
        for (j = 0; j < N; j ++)
            for (k = 0; k < N; k ++)  sum += a[k][i][j];
    return sum;
}
```

11. 分析比较以下三个函数中数组访问的空间局部性，并指出哪个最好，哪个最差。

```
# define N 1000
typedef struct {
        int vel[3];
        int acc[3];
    } point;
point p[N];
void clear1(point *p, int n)
{
    int i, j;
    for (i = 0; i < n; i++) {
        for (j = 0; j<3; j++)
            p[i].vel[j] = 0;
        for (j = 0; j<3; j++)
            p[i].acc[j] = 0;
    }
}
```

```
# define N 1000
typedef struct {
        int vel[3];
        int acc[3];
    } point;
point p[N];
void clear2(point *p, int n)
{
    int i, j;
    for (i=0; i<n; i++) {
        for (j=0; j<3; j++) {
            p[i].vel[j] = 0;
            p[i].acc[j] = 0;
        }
    }
}
```

```
# define N 1000
typedef struct {
        int vel[3];
        int acc[3];
    } point;
point p[N];
void clear3(point *p, int n)
{
    int i, j;
    for (j=0; j<3; j++) {
        for (i=0; i<n; i++)
            p[i].vel[j] = 0;
        for (i=0; i<n; i++)
            p[i].acc[j] = 0;
    }
}
```

12. 以下是计算两个向量点积的程序段：

```
float dotproduct (float x[8], float y[8])
{
  float sum = 0.0;
  int i,;
  for (i = 0; i < 8; i++) sum += x[i] * y[i];
  return sum;
}
```

回答下列问题或完成下列任务。

（1）试分析该段代码中访问数组 x 和 y 的时间局部性和空间局部性，并推断命中率的高低。

（2）假设该段程序运行的计算机中的数据 cache 采用直接映射方式，其数据区容量为 32B，主存块大小为 16B；编译程序将变量 sum 和 i 分配给寄存器，数组 x 存放在 0x8049040 开始的主存区域，数组 y 紧跟在 x 后。试计算该程序中数据访问的命中率，要求说明每次访问时 cache 的命中情况。

（3）将（2）中的数据 cache 改用 2 路组相联映射方式，主存块大小改为 8B，其他条件不变，则该程序数据访问的命中率是多少？

（4）在（2）中条件不变的情况下，将数组 x 定义为 "float x[12]"，则数据访问的命中率又是多少？

13. 以下是对矩阵进行转置的程序段：

```
typedef int array[4][4];
void transpose(array dst,  array src)
{
    int  i, j;
    for (i = 0; i < 4; i++)
         for (j = 0; j < 4; j++) dst[j][i] = src[i][j];
}
```

假设该段程序运行的计算机中 sizeof(int) = 4，且只有一级 cache，其中 L1 数据 cache 的数据区大小为 32B，采用直接映射、回写方式，块大小为 16B，初始为空。数组 dst 从主存地址 0x804c000 开始存放，数组 src 从主存地址 0x804c040H 开始存放。仿照例子填写下表，并说明数组元素 $src[row][col]$ 和 $dst[row][col]$ 各自映射到 cache 哪一行，访问是命中（hit）还是缺失（miss）。若 L1 数据 cache 的数据区容量改为 128B 时，重新填写下表中的内容。

	src 数组				dst 数组			
	col = 0	col = 1	col = 2	col = 3	col = 0	col = 1	col = 2	col = 3
row = 0	0/miss							
row = 1								
row = 2								
row = 3								

14. 假设某计算机的主存地址空间大小为 64MB，按字节编址。其 cache 数据区容量为 4KB，采用 4 路组相联映射、LRU 替换算法和回写（write back）策略，块大小为 64B。请问：

（1）主存地址字段如何划分？要求说明每个字段的含义、位数和在主存地址中的位置。

（2）该 cache 的总容量有多少位？

（3）假设 cache 初始为空，CPU 依次从 0 号地址单元顺序访问到 4344 号单元，重复按此序列共访问 16 次。若 cache 命中时间为 1 个时钟周期，缺失损失为 10 个时钟周期，则 CPU 访存的平均时间为多少时钟周期？

15. 假定某处理器可通过软件对高速缓存设置不同的写策略，那么，在下列两种情况下，应分别设置成什么写策略？为什么？

（1）处理器主要运行包含大量存储器写操作的数据访问密集型应用。

（2）处理器运行程序的性质与（1）相同，但安全性要求很高，不允许有任何数据不一致的情况发生。

16. 已知 cache 1 采用直接映射方式，共 16 行，块大小为 1 个字，缺失损失为 8 个时钟周期；cache 2 也采用直接映射方式，共 4 行，块大小为 4 个字，缺失损失为 11 个时钟周期。假定开始时 cache 为空，采用字编址方式。要求找出一个访问地址序列，使得 cache 2 具有更低的缺失率，但总的缺失损失反而比 cache 1 大。

17. 提高关联度通常会降低缺失率，但并不总是这样。请给出一个地址访问序列，使得采用 LRU 替换算法的 2 路组相联映射 cache 比具有同样大小的直接映射 cache 的缺失率更高。

18. 假定有三个处理器，分别带有以下不同的 cache。

cache 1：采用直接映射方式，块大小为 1 个字，指令和数据的缺失率分别为 4% 和 6%；

cache 2：采用直接映射方式，块大小为 4 个字，指令和数据的缺失率分别为 2% 和 4%；

cache 3：采用 2 路组相联映射方式，块大小为 4 个字，指令和数据的缺失率分别为 2% 和 3%。

在这些处理器上运行同一个程序，其中有一半是访存指令，在三个处理器上测得该程序的 CPI 都为 2.0。已知处理器 1 和 2 的时钟周期都为 420ps，处理器 3 的时钟周期为 450ps。若缺失损失为（块大小 +6）个时钟周期，请问：哪个处理器因 cache 缺失而引起的额外开销最大？哪个处理器执行速度最快？

19. 假定某处理器带有一个数据区容量为 256B 的 cache，其主存块大小为 32B。以下 C 语言程序段运行在该处理器上，设 sizeof(int) =4，编译器将变量 i、j、c、s 都分配在通用寄存器中，因此，只要考虑数组元素的访问情况。为简化问题，假定数组 a 从一个主存块开始处存放。若 cache 采用直接映射方式，则当 $s=64$ 和 $s=63$ 时，缺失率分别为多少？若 cache 采用 2 路组相联映射方式，则当 $s=64$ 和 $s=63$ 时，缺失率又分别为多少？

```
int i, j, c, s, a[128];
......
for (i = 0; i < 10000; i ++ )
    for (j = 0; j < 128; j=j+s)
        c = a[j];
```

20. 假定一个虚拟存储系统的虚拟地址为 40 位，物理地址为 36 位，页大小为 16KB。若页表中包括有效位、访问权限位、修改位、使用位，共占 4 位，磁盘地址不记录在页表中，则该存储系统中每个进程的页表大小为多少？如果按计算出来的实际大小构建页表，则会出现什么问题？

21. 假定一个计算机系统中有一个 TLB 和一个 L1 数据 cache。该系统按字节编址，虚拟地址 16 位，物理地址 12 位，页大小为 128B；TLB 采用 4 路组相联方式，共有 16 个页表项；L1 数据 cache 采用直接映射方式，块大小为 4B，共 16 行。在系统运行到某一时刻时，TLB、页表和 L1 数据 cache 中的部分内容如下：

组号	标记	页框号	有效位	标记	页框号	有效位	标记	页框号	有效位	标记	页框号	有效位
0	03	–	0	09	0D	1	00	–	0	07	02	1
1	13	2D	1	02	–	0	04	–	0	0A	–	0
2	02	–	0	08	–	0	06	–	0	03	–	0
3	07	–	0	63	0D	1	0A	34	1	72	–	0

a) TLB（4路组相联）：4组、16个页表项

虚页号	页框号	有效位
00	08	1
01	03	1
02	14	1
03	02	1
04	–	0
05	16	1
06	–	0
07	07	1
08	13	1
09	17	1
0A	09	1
0B	–	0
0C	19	1
0D	–	0
0E	11	1
0F	0D	1

行索引	标记	有效位	字节3	字节2	字节1	字节0
0	19	1	12	56	C9	AC
1	–	0	–	–	–	–
2	1B	1	03	45	12	CD
3	–	0	–	–	–	–
4	32	1	23	34	C2	2A
5	0D	1	46	67	23	3D
6	–	0	–	–	–	–
7	16	1	12	54	65	DC
8	24	1	23	62	12	3A
9	–	0	–	–	–	–
A	2D	1	43	62	23	C3
B	–	0	–	–	–	–
C	12	1	76	83	21	35
D	16	1	A3	F4	23	11
E	33	1	2D	4A	45	55
F	–	0	–	–	–	–

b) 部分页表（开始16项）　　　　　c) L1数据cache：直接映射，共16行，块大小为4B

请问（假定图中数据都为十六进制形式）：

（1）虚拟地址中哪几位表示虚拟页号？哪几位表示页内偏移量？虚拟页号中哪几位表示 TLB 标记？哪几位表示 TLB 组索引？

（2）物理地址中哪几位表示物理页号？哪几位表示页内偏移量？

（3）物理地址如何划分成标记字段、行索引字段和块内地址字段？

（4）若从虚拟地址 067AH 中读取一个 short 变量，则这个变量的值为多少？说明 CPU 读取虚拟地址 067AH 中内容的过程。

22. 对于第 3 章 3.6 节所介绍的缓冲区溢出漏洞，你认为可以采用本章提到的什么技术来防止。

23. 假设在 IA-32 + Linux 平台上运行一个 C 语言源程序 P 对应的用户进程，P 中有一条循环语句 S 如下：

```
for (i = 0; i < N; i ++) sum += a[i];
```

已知变量 *sum* 和数组 *a* 都是 long 型，链接后确定 *a* 的首地址为 0x8049300。假设编译器将 *a* 的首地址分配在 EDX 中，数组的下标变量 *i* 分配在 ECX 中，*sum* 分配在 EAX 中，赋值语句

"sum += a[i]；" 仅用一条指令 I 实现，指令 I 的地址为 0x8048c08。已知 IA-32 + Linux 平台采用图 6.45 所示的两级页表分页虚拟存储管理方式，页大小为 4KB，系统启动后控制寄存器 CR0 中的控制位 NW 和 CD 均为 0。假定系统中没有其他用户进程，该进程的页目录表首地址为 0x3d000，指令 I 对应页表项所在页表的首地址为 0x5c8000，指令 I 所在页在主存中分配的页框号为 1020，回答下列问题或完成下列任务。

(1) 假定常数 N 在 EBX 中，手工写出循环语句 S 对应的指令序列，与 GCC 生成的目标代码进行比较。

(2) 在执行到程序 P 时，控制寄存器 CR0 中的控制位 PE 和 PG 各是什么？

(3) 指令 I 对应的汇编形式（AT&T 格式）是什么？指令 I 中存储器操作数的寻址方式是哪种？

(4) 若执行指令 I 时，CS 段寄存器对应的描述符 cache 中存放的是表 6.2 中所示的用户代码段信息且 CPL = 3，DS 段寄存器对应的描述符 cache 中存放的是表 6.2 中所示的用户数据段信息，则当 i = 50 时，取指令操作过程中 MMU 得到的指令的线性地址是多少？指令 I 所在页的虚页号是什么？指令 I 的线性地址中，页目录索引、页表索引和页内偏移量分别是什么？指令 I 对应的页目录项和页表项分别在主存哪个单元？指令 I 在主存哪个单元？第一次执行指令 I 时，指令 I 对应页表项中，字段 P、R/W、U/S、A 和 D 的内容各是什么？

(5) 指令 I 在第一次执行过程中，有没有可能发生缺页异常？为什么？如果发生缺页异常的话，则页故障线性地址是什么？该地址会保存在哪个控制寄存器中？

(6) 指令 I 在第一次执行过程中，有没有可能发生 TLB 缺失？为什么？若指令 TLB 共有 16 个表项，采用 4 路组相联方式，则虚页号中哪几位为 TLB 标记？哪几位表示 TLB 组索引？若第一次执行到指令 I 时，指令 TLB 中的部分内容如下表所示（TLB 表项中部分字段缺失，内容以十六进制表示），则指令 I 所存放的主存地址是什么？

组号	标记	页框号	有效位	标记	页框号	有效位	标记	页框号	有效位	标记	页框号	有效位
0	03010	00A10	1	02101	0D001	1	00000	00000	0	00000	00000	0
1	02011	02D02	1	02012	028B0	1	04001	02012	1	00000	00000	0
2	02001	08902	1	02120	09200	0	02010	0340A	0	02301	0320A	1
3	01002	08770	1	00000	00000	0	0A001	02010	1	00000	00000	0

(7) 若指令 cache 的数据区容量为 8KB，主存块大小为 32B，采用 2 路组相联映射方式，则指令 I 在第一次执行时的取指令过程中，会不会发生 cache 缺失？指令 I 所在的主存块应映射到指令 cache 的哪一组中？

(8) 当 N = 2000 时，数组 a 占用几个页面？每个页的虚页号是什么？数组元素 a[1200] 在哪个页中？

第 7 章

异常控制流

一个程序的正常执行流程有两种顺序：一种是按指令存放的顺序执行，即新的 PC 值为当前指令地址加当前指令长度；一种是跳转到由转移类指令指出的转移目标地址处执行，即新的 PC 值为转移目标地址。CPU 所执行的指令的地址序列称为**CPU 的控制流**，通过上述两种方式得到的控制流为**正常控制流**。

在程序正常执行过程中，CPU 会因为遇到内部异常事件或外部中断事件而打断原来程序的执行，转去执行操作系统提供的针对这些特殊事件的处理程序。这种由于某些特殊情况引起用户程序的正常执行被打断所形成的意外控制流称为**异常控制流**（Exceptional Control of Flow，ECF）。显然，计算机系统必须提供一种机制，使得自身能够实现异常控制流。

在计算机系统的各个层面都有实现异常控制流的机制。例如，在底层的硬件层，CPU 中有检测异常和中断事件并将控制转移到操作系统内核执行的机制；在中间的操作系统层，内核能通过进程的上下文切换将一个进程的执行转移到另一个进程执行；在上层的应用软件层，一个进程可以直接发送信号到另一个进程，使得接收到信号的进程将控制转移到它的一个**信号处理程序**执行。

本章主要介绍硬件层和操作系统层中涉及的对于内部异常和外部中断的异常控制流实现机制。主要内容包括：进程与进程上下文切换，异常的类型、异常的捕获和处理、中断的捕获和处理，系统调用的实现机制等。

7.1　进程与进程的上下文切换

7.1.1　程序和进程的概念

任何一个应用问题描述为处理算法后，都要用某种编程语言表示出来。绝大多数情况下，都采用高级语言编写源程序，而高级语言源程序需要进行编译转换为目标程序，在链接之前的目标程序是可重定位目标程序形式，链接之后是可执行目标形式，其代码部分是一个机器指令序列，可以被计算机直接执行。对计算机来说，**程序**（program）就是代码和数据的集合，程序的代码是一个机器指令序列，因而程序是一种静态的概念。它可以作为目标模块存放在磁盘中，或者作为一个存储段存在于一个地址空间中。

简单来说，**进程**（process）就是程序的一次运行过程。更确切地说，进程是一个具有一定独立功能的程序关于某个数据集合的一次运行活动，因而进程具有动态的含义。计算机处理的所有**任务**实际上是由进程完成的。

　　每个应用程序在系统中运行时（用户进程）均有属于自己的存储空间，用来存储自己的程序代码和数据，包括只读区（代码和只读数据）、可读可写数据区（初始化数据和未初始化数据）、动态的堆区和栈区等。

　　进程是操作系统对处理器中程序运行过程的一种抽象。进程有自己的生命周期，它由于任务的启动而创建，随着任务的完成（或终止）而消亡，它所占用的资源也随着进程的终止而释放。

　　一个可执行目标文件可以被多次加载执行，也就是说，一个程序可能对应多个不同的进程。例如，在 Windows 系统中用 word 程序编辑一个文档时，相应的进程就是 winword.exe，如果多次启动同一个 word 程序，就得到多个 winword.exe 进程。

　　小贴士

　　　计算机系统中的任务通常指进程。例如，Linux 内核中把进程称为任务，每个进程主要通过一个称为**进程描述符**（process descriptor）的结构来描述，其结构类型定义为 task_ structure，包含了一个进程的所有信息。所有进程通过一个双向循环链表实现的**任务列表**（task list）来描述，任务列表中的每个元素是一个进程描述符。IA-32 中的任务状态段（TSS）、任务门（task gate）等概念中所称的任务，实际上也是指进程。

　　对于现代多任务操作系统，通常一段时间内会有多个不同的进程在系统中运行，这些进程轮流使用处理器并共享同一个主存储器。程序员在编写程序或者语言处理系统在编译并链接生成可执行目标文件时，并不用考虑如何和其他程序一起共享处理器和存储器资源，而只要考虑自己的程序代码和所用数据如何组织在一个独立的虚拟存储空间中。也就是说，程序员和语言处理系统可以把一台计算机的所有资源看成由自己的程序所独占，可以认为自己的程序是在处理器上执行的和在存储空间中存放的唯一的用户程序。显然，这是一种"错觉"。这种"错觉"带来了极大的好处，它简化了程序员的编程以及语言处理系统的处理，即简化了编程、编译、链接、共享和加载等整个过程。

　　"进程"的引入为应用程序提供了以下两方面的抽象：一个独立的逻辑控制流和一个私有的虚拟地址空间。每个进程拥有一个独立的逻辑控制流，使得程序员以为自己的程序在执行过程中独占使用处理器；每个进程拥有一个私有的虚拟地址空间，使得程序员以为自己的程序在执行过程中独占存储器。

　　为了实现上述两个方面的抽象，操作系统必须提供一整套的管理机制，包括处理器调度、进程的上下文切换、虚拟存储管理等。

7.1.2　进程的逻辑控制流

　　一个可执行目标文件被加载并启动执行后，就成为一个进程。不管是静态链接生成的完全链接可执行文件，还是动态链接后在存储器中形成的完全链接可执行目标，它们的代码段中的每条指令都有一个确定的地址，在这些指令的执行过程中，会形成一个指令执行的地址序列，对于确定的输入数据，其指令执行的地址序列也是确定的。这个确定的指令执行地址序列称为进程的**逻辑控制流**。

对于一个具有单处理器核的系统，如果在一段时间内有多个进程在其上运行，那么，这些进程会轮流使用处理器，也即处理器的**物理控制流**由多个逻辑控制流组成。例如，假定在某段时间内，**单处理器系统**中有三个进程 p_1、p_2 和 p_3 在运行，其运行轨迹如图 7.1 所示。图中水平方向为时间，垂直方向为指令的虚拟地址，不同进程的虚拟地址空间是独立的。

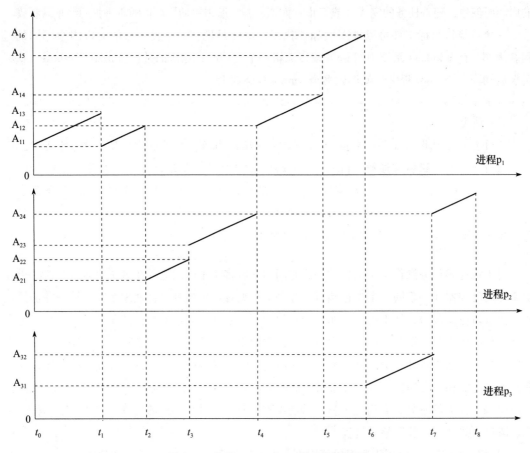

图 7.1 进程 p_1、p_2 和 p_3 的逻辑控制流

在图 7.1 中，进程 p_1 的执行过程为：从 t_0 到 t_1 时刻按序执行地址 A_{11} 到 A_{13} 处的指令，然后再跳转到 A_{11} 开始按序执行，直到 t_2 时刻执行到 A_{12} 处指令时被换下处理器，一直等到 t_4 时刻，又从上次被中断的 A_{12} 处被换上处理器开始执行，直到 t_6 时刻执行完成。一个进程的逻辑控制流总是确定的，不管中间是否被其他进程打断，也不管被打断几次或在哪里被打断，这样，就可以保证一个进程的执行不管怎么被打断其行为总是一致的。可以看出，进程 p_1 的逻辑控制流为 $A_{11} \sim A_{13}$、$A_{11} \sim A_{14}$、$A_{15} \sim A_{16}$。也即其执行轨迹总是先按序从 A_{11} 执行到 A_{13}；然后从 A_{13} 跳到 A_{11}，按序从 A_{11} 执行到 A_{14}；再从 A_{14} 跳到 A_{15}，按序从 A_{15} 执行到 A_{16}。在 p_1 整个逻辑控制流中，控制流在 A_{12} 处被 p_2 打断了一次。

进程 p_2 在 t_2 时刻被换上执行，在 t_4 时刻被换下处理器，然后在 t_7 时刻再次被换上处理器执行，直到 t_8 时刻执行完成。在 p_2 整个逻辑控制流中，控制流在 A_{24} 处被 p_1 打断了一次。

进程 p_3 则在 t_6 时刻被换上处理器执行，到 t_7 时刻执行完成。在 p_3 整个逻辑控制流中没有被打断。

从图 7.1 可以看出，有些进程的逻辑控制流在时间上有交错，通常把这种不同进程的逻辑控制流在时间上交错或重叠的情况称为**并发**（concurrency）。例如，进程 p_1 和 p_2 的逻辑控制流在时间上是交错的，因此，进程 p_1 和 p_2 是并发运行的，同样，p_2 和 p_3 也是并发的，而 p_1 和 p_3 不是并发的。并发执行的概念与处理器核数没有关系，只要两个逻辑控制流在时间上有交错或重叠都称为并发，而**并行**（parallelism）则是并发执行的一个特例，即并行执行的两个进程一定是并发的。我们称两个同时执行的进程的逻辑控制流是并行的，显然，并行执行的两个进程一定只能同时运行在不同的处理器或处理器核上。

从图 7.1 可以看出，三个进程的逻辑控制流在同一个时间轴上串行，也即进程是轮流在一个单处理器上执行的。连续执行同一个进程的时间段称为**时间片**（time slice）。例如，在图 7.1 中，从 t_0 到 t_2 为一个时间片，从 t_2 到 t_4 为一个时间片，从 t_4 到 t_6 为一个时间片。对于某一个进程来说，其逻辑控制流并不会因为中间被其他进程打断而改变，因为被打断后还能回到原被打断的"断点"处继续执行。这种能够从被其他进程打断的地方继续执行的功能是由进程的上下文切换机制实现的。时间片结束时，通过进程的上下文切换，换一个新的进程到处理器上执行，从而开始一个新的时间片，这个过程称为**时间片轮转处理器调度**。

7.1.3　进程的上下文切换

操作系统通过处理器调度让处理器轮流执行多个进程。实现不同进程中指令交替执行的机制称为进程的**上下文切换**（context switching）。

进程的物理实体（代码和数据等）和支持进程运行的环境合称为**进程的上下文**。由用户进程的程序块、数据块、运行时的堆和用户栈（统称为**用户堆栈**）等组成的**用户空间信息**被称为**用户级上下文**；由进程标识信息、进程现场信息、进程控制信息和系统内核栈等组成的**内核空间信息**被称为**系统级上下文**。进程的上下文包括了用户级上下文和系统级上下文。其中，用户级上下文地址空间和系统级上下文地址空间一起构成了一个进程的整个存储器映像，如图 7.2 所示，实际上它就是进程的虚拟地址空间。**进程控制信息**包含各种内核数据结构，例如，记录有关进程信息的进程表（process table）、页表、打开文件列表等。

处理器中各个寄存器的内容被称为**寄存器上下文**（也称**硬件上下文**）。上下文切换发生在操作系统调度一个新进程到处理器上运行时，它需要完成以下三件事：① 将当前处理器的寄存器上下文保存到当前进程的系统级上下文的现场信息中；② 将新进程系统级上下文中的现场信息作为新的寄存器上下文恢复到处理器的各个寄存器中；③ 将控制转移到新进程执行。这里，一个重要的上下文信息是 PC 的值，当前进程被打断的断点处的 PC 作为寄存器上下文的一部分被保存在进程现场信息中，这样，下次该进程再被调度到处理器上执行时，就可以

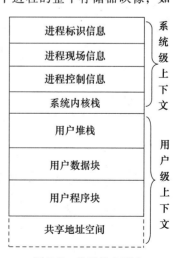

图 7.2　进程的上下文

从其现场信息中获得断点处的 PC，从而能从断点处开始执行。

下面给出的例子是一种典型的进程上下文切换场景。以下是经典的 hello.c 程序：

```
1  #include < stdio.h >
2
3  int main()
4  {
5      printf("hello, world\n");
6  }
```

对于上述高级语言源程序，首先，需先对其进行预处理并编译成汇编语言程序，然后再用汇编程序将其转换为可重定位的二进制目标程序，再和库函数目标模块 printf.o 进行链接，生成最终的可执行目标文件 hello。

假定在 UNIX 系统上启动 hello 程序，其 shell 命令行和 hello 程序运行的结果如下。

```
unix > ./hello [Enter]
hello, world
unix >
```

上下文切换指把正在运行的进程换下，换一个新进程到处理器执行。图 7.3 给出了上述 shell 命令行执行过程中 shell 进程和 hello 进程的上下文切换过程。首先运行 shell 进程，从 shell 命令行中读入字符串 "./hello" 到主存；当 shell 进程读到字符 "［Enter］" 后，shell 进程将通过系统调用从用户态转到内核态执行，由操作系统内核程序进行上下文切换，以保存 shell 进程的上下文并创建 hello 进程的上下文；hello 进程执行结束后，再转到操作系统完成将控制权从 hello 进程交回给 shell 进程的切换。

从上述过程可以看出，在一个进程的整个生命周期中，可能会有其他不同的进程在处理器中交替运行。例如，对于图 7.3 中的 hello 进程，用户感觉到的时间除 hello 进程本身的执行时间外，还包括了操作系统执行上下文切换的时间。对于图 7.1 所示的 p_1 进程，用户感觉到的时间除了包括操作系统执行上下文切换的时间外，还包括用户进程 p_2 的一段执行时间。因此，对于每个进程的运行很难凭感觉给出准确时间。

显然，处理器调度等事件会引起用户进程的正常执行被打断，因而形成了突变的异常控制流，而进程的上下文切换机制很好地解决了这类异常控制流，实现了从一个进程安全切换到另一个进程执行的过程。

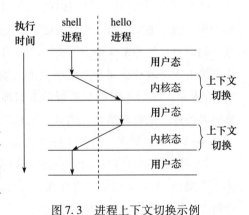

图 7.3　进程上下文切换示例

7.1.4　进程的存储器映射

本节以 Linux 系统为例，对进程的存储器映射进行介绍。进程的**存储器映射**（memory mapping）是指将进程的虚拟地址空间中的一个区域与硬盘上的一个对象建立关联，以初始化一个 vm_area_struct 结构（参见 6.7.3 节和图 6.52）中的信息。可以使用 mmap() 函数实现存储器映射。

1. mmap 函数的功能

在类 UNIX 系统中，可以使用 mmap() 函数进行存储器映射，创建某进程虚拟地址空间中的一个区域，从而可以据此生成一个 vm_area_struct 结构。

mmap() 函数的用法如下：

```
void *mmap(void *start, size_t length, int prot, int flags, int fd, off_t offset);
```

若该函数的返回值是 −1（MAP_FAILED），则表示出错；否则，返回值为指向映射区域的指针。该函数的功能是，将指定文件 *fd* 中偏移量 *offset* 开始的长度为 *length* 字节的一块信息，映射到虚拟地址空间中起始地址为 *start*、长度为 *length* 字节的一块区域。

参数 *prot* 指定该区域内页面的访问权限位，对应 vm_area_struct 结构中的 vm_prot 字段。可能的取值包括以下几种。

PROT_EXE：区域内页面由可执行的指令组成。

PROT_READ：区域内页面可读。

PROT_WRITE：区域内页面可写。

PROT_NONE：区域内页面不能被访问。

参数 *flags* 指定该区域所映射的对象的类型，对应 vm_area_struct 结构中的 vm_flags 字段，可以是以下两种类型中的一种。

① 普通文件。最典型的是可执行文件和共享库文件，可将文件中的一个数据或代码节（section）划分成页面大小的片，每一片就是一个虚拟页在内存页框中的初始内容。通常，映射到只读代码区域（. init、. text、. rodata）和已初始化数据区域（. data）的对象在可执行文件中，这些对象都属于**私有对象**，采用称为**写时拷贝**（copy-on-write）的技术映射到虚拟地址空间，所映射的区域称为**私有区域**，对应对象称为**私有的写时拷贝对象**，此时参数 *flags* 设置为 MAP_PRIVATE；映射到共享库区域的对象在共享库文件中，这些对象都属于**共享对象**，所映射的对应区域称为**共享区域**，此时，*flags* 设置为 MAP_SHARED。CPU 第一次访问对应虚拟页面时，内核将在主存中找到一个空闲页框（没有空闲页框时，选择淘汰一个已存在页面），然后从硬盘上的文件中装入所映射的对象信息，如果文件中的对象不是正好为页面大小的整数倍，内核将用零来填充余下的部分。

② 匿名文件。由内核创建，全部由 0 组成，对应区域中的每个虚拟页面称为**请求零的页**（demand-zero page）。CPU 第一次访问对应区域中的虚拟页面时，内核会在主存找到一个空闲页框（没有空闲页框时，选择淘汰一个已存在页面），用零覆盖所有内容并更新页表，将这个页面标记为驻留主存页面。显然，这种情况下，并没有在硬盘和主存之间进行实际的数据传送。若参数 *flags* 设置 MAP_ANON 位，则说明被映射的对象为一个匿名文件，相应的虚拟页为请求零的页。通常，未初始化数据区（.bss）、运行时堆和用户栈等区域中都为私有的、请求零的页，此时，*flags* 设置为 MAP_PRIVATE ｜ MAP_ANON。

在一个虚拟页第一次被装入内存页框后，不管是由普通文件还是匿名文件对其进行了初始化，以后都是在主存页框和硬盘中的**交换文件**（swap file）之间进行调进调出。交换文件由内核进行管理和维护，也被称为**交换分区**（swap area）或**交换空间**（swap space）。因为主存页框被系统中所有进程共享，所以，当系统中存在许多进程时，主存中很可能不存在空闲页框。此时，若一个进程需装入新的页面，则内核会根据相应的替换策略，选择淘汰某进程的一个页面。若被淘汰页面被修改过（dirty 位 = 1），则将其从所在的主存页框写到交换文件中；若以后再次访问该淘汰页面，则再从交换文件调入内存。

2. 共享对象和私有的写时拷贝对象

在第 4 章介绍动态链接时曾提到，共享库的动态链接具有"共享性"特点，虽然很多进程都调用共享库中的代码，但是共享库代码段在内存和硬盘中都只有一个副本。如何实现一个共享库副本由多个进程共享呢？这个功能实际上是通过存储器映射机制来实现的。

共享库文件中的共享对象可以映射到不同进程的用户空间区域中。如图 7.4a 所示，假设进程 1 先将一个共享对象映射到了自己的 VM 用户空间区域中，在进程 1 运行过程中，内核为这个共享对象在主存分配了若干个页框。这些页框在主存不一定连续，为简化示意图，图中所示页框是连续的。假定后来进程 2 也将这个共享对象映射到了自己的 VM 用户空间区域中，如图 7.4b 所示。显然，这个共享对象映射到两个进程的 VM 区域起始地址可能不同。

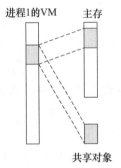 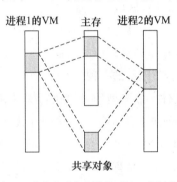

a）共享对象在进程1的VM空间的映射　　　　b）同一个共享对象在进程2的VM空间的映射

图 7.4　同一个共享对象在两个进程的 VM 空间中的映射

因为共享对象在硬盘上只有一个副本，也即对应的共享库文件名是唯一的，所以内核可以判断出进程 1 已经在主存给共享对象分配了页框，因而在进程 2 的加载运行过程中，内核只要将进程 2 对应区域内页表项中的页框号直接填上即可。在多个进程共享同一个共享对象时，在主存中仅保存一个副本，每个进程在访问各自的共享区域时，实际上都在同一个对应页框中存取信息。因此，一个进程对共享区域进行的写操作结果，对于所有共享同一个共享对象的进程都是可见的，而且结果也会反映在硬盘上对应的共享对象中。

前面介绍进程概念时提到，一个可执行文件可被多次加载执行以形成不同的进程，因而系统中多个进程可能有同样的只读代码区域和可读可写数据区域，也即不同进程的区域可能会映射到同一个对象。与共享库文件中的共享对象不同，可执行文件中的对象是私有的，映射到的是进程的私有区域。因此，在这种私有区域中的写操作结果，对于其他进程是不可见的，也不会反映在对应的硬盘对象中。要实现这种功能，内核可以为不同进程中对应区域的虚拟页在主存中分配各自独立的页框。但是，这样会浪费很多主存空间。

有没有一种技术既能节省主存空间，又能实现不同进程私有区域的独立性呢？这种技术就是私有对象的写时拷贝技术，以下通过一个例子来说明该技术的基本思想。

假设可执行文件 a. out 对应的两个进程在系统中并发执行，先启动的进程 1 会将 a. out 中的私有对象映射到自己 VM 用户空间区域中，内核将这些区域中的页面标记为**私有的写时拷贝页**，并将对应页表项中的访问权限标记为只读。在进程 1 运行过程中，内核为这个私有对象在主存分配了若干个页框。同样，后启动的进程 2 也会将 a. out 中的私有对象映射到自己的 VM 用户空间区域中，标记对应页为私有的写时拷贝页和只读访问权限，并使页表项中的页框号与进程 1 中对应的页框号相同，如图 7.5a 所示。若两个进程对某区域没有进行写操作，例如，只读代码区域就不会发生写操作，那么，该区域中的虚拟页在主存就只有一个副本，可以节省主存空间。

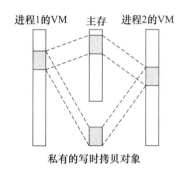
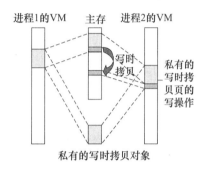

a）私有对象在两个进程的 VM 空间的映射 b）进程 2 在私有对象映射空间中执行写操作

图 7.5　同一个私有对象在两个进程的 VM 空间中的映射

若进程 2 对私有的写时拷贝页面（例如，可读可写数据区域所在页面）发生了写操作，那么就与只读访问权限不相符，发生保护异常，内核就会进行页故障处理。在处理过程中，内核判断出保护异常是由于进程试图对私有的写时拷贝页面进行写操作造成的，此时，内核就会在主存中为这个页面分配一个新页框，把页面内容拷贝到新页框中，并修改进程 2 中相应的页表项，填入新分配的页框号，将访问权限修改成可读可写，如图 7.5b 所示。

页故障处理结束后，回到发生故障的指令重新执行，此时，进程 2 就可以正常执行写操作了。写时拷贝技术通过延迟拷贝私有对象中写操作所在的页面，使得主存物理空间得到了最充分的使用。

7.1.5　程序的加载和运行

当启动一个可执行目标文件执行时，首先会通过某种方式调出常驻内存的一个称为**加载器**（loader）的操作系统程序来进行处理。在 UNIX/Linux 系统中，可以通过调用 execve() 函数来启动加载器。

execve() 函数的功能是在当前进程的上下文中加载并运行一个新程序。execve() 函数的用法如下：

```
int execve(char *filename, char *argv[], *envp[]);
```

该函数用来加载并运行可执行目标文件 *filename*，可带参数列表 *argv* 和环境变量列表 *envp*。若出现错误，如找不到指定的文件 *filename*，则返回 −1 并将控制权返回给调用程序；若函数功能执行成功，则不返回，而是将 PC（EIP）设定指向在可执行文件 ELF 头中定义的入口点 Entry Point（即符号_start 处）。符号_start 在启动例程 crtl. o 中定义，每个 C 程序都一样。

符号_start 处定义的启动代码主要是一系列过程调用。首先，依次调用__libc_init_first 和_init 两个初始化过程；随后通过调用 atexit() 过程对程序正常结束时需要调用的函数进行登记注册，这些函数被称为**终止处理函数**，将由 exit() 函数自动调用执行；然后，再调用可执行目标中的主函数 main()；最后调用_exit() 过程，以结束进程的执行，返回到操作系统内核。因此，启动代码的过程调用顺序为：__libc_init_first→_init→atexit()→main()（其中可能会调用 exit() 函数）→_exit()。

通常，主函数 main() 的原型形式如下：

```
int main(int argc, char **argv, char **envp);
```

或者是如下的等价形式：

```
int main(int argc, char *argv[], char *envp[]);
```

其中，参数列表 *argv* 可用一个以 null 结尾的指针数组表示，每个数组元素都指向一个用字符串表示的参数。通常，*argv*[0] 指向可执行目标文件名，*argv*[1] 是命令（以可执行目标文件名作为命令的名字）第一个参数的指针，*argv*[2] 是命令第二个参数的指针，以此类推。参数个数由 *argc* 指定。参数列表结构如图 7.6 所示。图中显示了命令行 "ld -o test main.o test.o" 对应的参数列表结构。

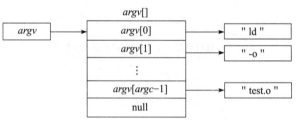

图 7.6　参数列表 *argv* 的组织结构

环境变量列表 *envp* 的结构与参数列表结构类似。也用一个以 null 结尾的指针数组表示，每个数组元素都指向一个用字符串表示的环境变量串。其中每个字符串都是一个形如 "NAME = VALUE" 的名 - 值对。

当 IA-32 + Linux 系统开始执行 main() 函数时，在虚拟地址空间的用户栈中具有如图 7.7 所示的组织结构。

如图 7.7 所示，用户栈的栈底是一系列环境变量串，然后是命令行参数串，每个串以 null 结尾，连续存放在栈中，每个串 *i* 由相应的 *envp*[*i*] 和 *argv*[*i*] 中的指针指示。在命令行参数串后面是指针数组 *envp* 的数组元素，全局变量 *environ* 指向这些指针中的第一个指针 *envp*[0]。然后是指针数组 *argv* 的数组元素。在栈的顶部是 main() 函数的三个参数：*envp*、*argv* 和 *argc*。在这三个参数所在单元的后面将生成 main() 函数的栈帧。

对于可执行文件 a. out 的加载执行，大致过程如下：

① shell 命令行解释器输出一个命令行提示符（如：unix >），并开始接受用户输入的命令行。

② 当用户在命令行提示符后输入命令行 "./a. out[Enter]" 后，开始对命令行进行解析，

获得各个命令行参数并构造传递给函数 execve() 的参数列表 *argv*，将参数个数送 *argc*。

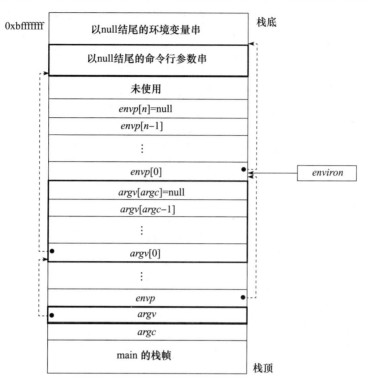

图 7.7　运行一个新程序的 main 函数时用户栈中的典型结构

③ 调用函数 fork()。fork() 函数的功能是，创建一个子进程并使新创建的子进程获得与父进程完全相同的虚拟空间映射和页表，也即子进程完全复制父进程的 mm_struct、vm_area_struct 数据结构和页表，并将父进程和子进程中每一个私有页的访问权限都设置成只读，将两个进程 vm_area_struct 中描述的私有区域中的页面说明为私有的写时拷贝页。这样，如果其中某一页发生写操作，则内核将使用写时拷贝机制在主存中分配一个新页框，并将页面内容拷贝到新页框中。

④ 以第②步命令行解析得到的参数个数 *argc*、参数列表 *argv* 以及全局变量 *environ* 作为参数，调用函数 execve()，从而实现在当前进程（新创建的子进程）的上下文中加载并运行 a.out 程序。在函数 execve() 中，通过启动加载器执行加载任务并启动程序运行。具体的过程包括：删除已有的 VM 用户空间中的区域结构 vm_area_struct 及其页表；根据可执行文件 a.out 的程序头表创建新进程 VM 用户空间中各个私有区域和共享区域，生成相应的 vm_area_struct 链表，并为每个区域页面生成相应的页表项。其中，私有区域包括只读代码、已初始化数据、未初始化数据（.data）、栈和堆。

如图 7.8 所示，a.out 进程用户空间中有 4 个区域（私有的只读代码区和已初始化数据区、共享的代码区和数据区）被映射到普通文件中的对象：只读代码区域（.text）和已初始化数据区域（.data）与可执行文件 a.out 中私有的写时拷贝对象进行映射；共享库的数据区域和代码区域与共享库文件中的共享对象（如 libc.so 中 .data 节和 .text 节等）分别进行映射。除上述区域外，未初始化数据（.bss）、栈和堆这三个区域都是私有的、请求零的页面，映射到匿名文件。未初始化数据区域长度由 a.out 中的信息提供，栈和堆对应区域的初始长度都为零。

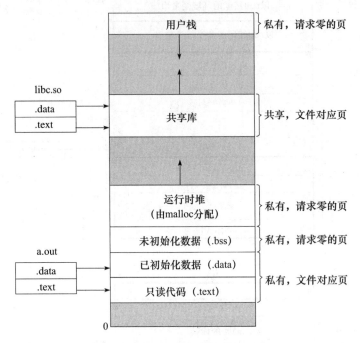

图 7.8   进程用户空间各区域页面类型

这里的"加载"实际上并没有将 a.out 文件中的代码和数据（除 ELF 头、程序头表等信息）从硬盘读入主存，而是根据可执行文件中的程序头表，对当前进程上下文中关于存储器映射的一些数据结构进行了初始化，包括页表以及各个 vm_area_struct 等信息，也即进行了存储器映射工作。当加载器执行完加载任务后，便将 PC 设定指向入口点 Entry Point（即符号_start处），从而开始转到 a.out 程序执行，从此，a.out 程序开始在新进程的上下文中运行。在运行过程中，一旦 CPU 检测到所访问的指令或数据不在主存（即缺页），则调用操作系统内核中的缺页处理程序执行。在处理过程中才将代码或数据真正从 a.out 文件装入主存。

7.2   异常和中断

一个进程在正常执行过程中，其逻辑控制流会因为各种特殊事件被打断，例如，上述 7.1 节中提到的操作系统进行的时间片轮转处理器调度，在每个时间片到时，当前进程的执行被新进程打断。除此之外，打断进程正常执行的特殊事件还有：用户按下 Ctrl + C 键、当前指令执行时发生了不能使指令继续执行的意外事件、I/O 设备完成了系统交给的任务需要系统进一步处理等。这些特殊事件统称为**异常**（exception）或**中断**（interrupt）。

当发生异常或中断时，正在执行进程的逻辑控制流被打断，CPU 转到具体的处理特殊事件的内核程序去执行。显然，这与上一节介绍的上下文切换一样，都会引起一个异常控制流。

不同计算机体系结构和教科书对异常和中断这两个概念规定了不同的内涵。例如，Power-

PC 体系结构用"异常"表示各种来自 CPU 内部和外部的意外事件,而用"中断"表示正常程序执行控制流被打断这个概念。在 Randal E. Bryant 等编著的《Computer System:A Programmer's Perspective》中,用"异常"表示所有来自 CPU 内部和外部的意外事件的总称,同时"异常"也表示程序正常执行控制流被打断这个概念,本教材主要以 IA-32 为教学模型机,将使用 Intel 体系结构规定的"中断"和"异常"的概念。

7.2.1 基本概念

在早期的 Intel 8086/8088 微处理器中,并不区分异常和中断,两者统称为中断,由 CPU 内部产生的意外事件称为"**内中断**",从 CPU 外部通过中断请求引脚 INTR 和 NMI 向 CPU 发出的中断请求为"**外中断**"。

从 80286 开始,Intel 统一把"内中断"称为异常,而把"外中断"称为中断。在 IA-32 架构说明文档中,Intel 对异常和中断进行了如下描述:处理器提供了异常和中断这两种打断程序正常执行的机制。中断是一种典型地由 I/O 设备触发的、与当前正在执行的指令无关的异步事件;而异常是处理器执行一条指令时,由处理器在其内部检测到的、与正在执行的指令相关的同步事件。

有时为了强调异常是 CPU 内部执行指令时发生,而中断是 CPU 外部的 I/O 设备向 CPU 发出的请求,特称异常为"**内部异常**",而称中断为"**外部中断**"。中断是外设的一种输入输出方式,有关中断的主要内容并不在本章中介绍,相关内容请参考第 8 章或其他有关教材。

实际上,异常和中断两者的处理过程基本上是相同的,这也是为什么在有些体系结构或教科书中将两者统称为"中断"或统称为"异常"的原因。

异常和中断引起的异常控制流如图 7.9 所示。图中反映了从 CPU 检测到用户进程发生异常或中断事件,到 CPU 改变指令执行控制流而转到操作系统中的异常或中断处理程序执行,再到从异常或中断处理程序返回用户进程执行的过程。

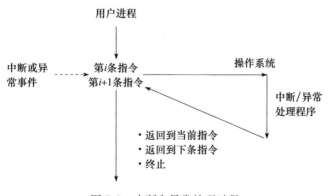

图 7.9 中断和异常处理过程

异常和中断处理的大致过程如下:当 CPU 在执行当前程序或任务(即用户进程)的第 i 条指令时检测到一个异常事件,或在执行第 i 条指令后发现有一个中断请求信号,则 CPU 会打断当前用户进程,然后转到相应的异常或中断处理程序去执行。若异常或中断处理程序能够解决相应问题,则在异常或中断处理程序的最后,CPU 通过执行"异常/中断返回指令"回到被打断的用户进程的第 i 条指令或第 $i+1$ 条指令继续执行;若异常或中断处理程序发现是不可恢复的致命错误，则终止用户进程。通常情况下，对于异常和中断事件的具体处理过程全部由操作系统（可能包括驱动程序）软件来完成。

通常，把处理异常事件的程序称为**异常处理程序**，把处理中断事件的程序称为**中断服务程序**，合在一起时本教材称其为**异常或中断处理程序**。

7.2.2 异常的分类

Intel 将内部异常分为三类：故障（fault）、陷阱（trap）和终止（abort）。

1. 故障

故障是引起故障的指令在执行过程中 CPU 检测到的一类与指令执行相关的意外事件。这种意外事件有些可以恢复，有些则不能恢复。例如，指令译码时出现"非法操作码"；取指令或数据时发生"页故障（page fault）"；执行除法指令时发现"除数为 0"等。

对于像溢出和非法操作码等这类故障，因为无法通过异常处理程序恢复，所以不能回到被中断的程序继续执行，通常异常处理程序在屏幕上显示一个对话框告知发生了某种故障，然后调用内核中的 abort 例程，以终止发生故障的当前进程。

对于除数为 0 的情况，根据是定点除法指令还是浮点除法指令有不同的处理方式。对于浮点数除 0，异常处理程序可以选择将指令执行结果用特殊的值（如 ∞ 或 NaN）表示，然后返回到用户进程继续执行除法指令后面的一条指令；而对于整数除 0，则会发生"整除 0"故障，通常调用 abort 例程来终止当前用户进程。

对于页故障，对应的页故障处理程序会根据不同的情况进行不同的处理。根据第 6 章有关内容可知，CPU 在执行指令过程中需要访问存储器时，首先由 MMU 进行地址转换，在查页表进行地址转换时，判断相应页表项中的有效位是否为 1，并且确定是否地址越界或访问越权，如果检测到有效位不为 1 或者地址越界或者访问越权，都会产生"page fault"异常，从而调出内核中相应的异常处理程序执行。因此，CPU 产生的"page fault"异常中包含了多种不同情况，需要页故障处理程序根据具体情况进行不同处理：首先检测是否发生地址越界或访问越权，如果是的话，则故障不可恢复；否则是真正的缺页故障，此时，可以通过从硬盘读入页面来恢复故障。Linux 中，不可恢复的访存故障（地址越界和访问越权）都称为"**段故障（segmentation fault）**"。

例 7.1 假设在 IA-32 + Linux 系统中一个 C 语言源程序 P 如下：

```
1   int a[1000];
2   int x;
3   void main()
4   {
5       a[10] = 1;
6       a[1000] = 3;
7       a[10000] = 4;
8   }
```

假设经过编译、汇编和链接以后，第 5、6 和 7 行源代码对应的指令序列如下：

```
5   8048300:    c7 05 28 90 04 08 01 00 00 00    movl    $0x1, 0x8049028
6   8048309:    c7 05 a0 9f 04 08 03 00 00 00    movl    $0x3, 0x8049fa0
7   8048313:    c7 05 40 2c 05 08 04 00 00 00    movl    $0x4, 0x8052c40
```

已知系统采用分页虚拟存储管理方式，页大小为 4KB。若在运行 P 对应的进程时，系统中没有其他进程在运行，则对于上述三条指令的执行，在取指令时是否可能发生页故障？在数据访问时分别会发生什么问题？哪些问题是可恢复的？哪些问题是不可恢复的？

解 对于上述三条指令的执行，访问指令时都不会发生缺页，因为在执行这些指令之前，一定执行过其他位于这些指令前面的指令，它们都位于起始地址为 0x08048000（是一个 4KB 页面的起始位置）的同一个页面，所以，在执行这三条指令之前，它们已经随着前面某条指令一起被装入了内存。因为没有其他进程在系统中运行，所以不会因为执行其他进程而使得调入主存的页面被调出到磁盘。综上所述，执行到这三条指令时，都不会在取指令时发生页故障。

对于第 5 行对应指令的执行，数据访问时会发生缺页异常，但是是可恢复的故障。因为，对于地址为 0x8049028 的 $a[10]$ 的访问，是对所在页面（起始地址为 0x08049000，是一个 4KB 页面的起始位置）的第一次访问，因而对应页面不在主存。当 CPU 执行到该指令时，检测到缺页异常，即发生了页故障，此时，CPU 暂停用户进程 P 的执行，将控制转移到操作系统内核，调出内核中的"页故障处理程序"执行。在页故障处理程序中，检查是否地址越界或访问越权，显然这里没有发生越界和越权情况，故将地址 0x8049028 所在页面从磁盘调入内存，处理结束后，再回到这条 movl 指令重新执行，此时，再访问数据就没有问题了。处理过程如图 7.10 所示。

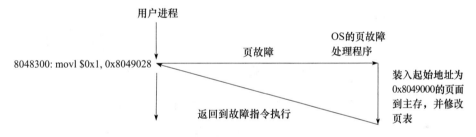

图 7.10 第 5 行指令执行时页故障处理过程

对于第 6 行对应指令的执行，数据访问时不会发生缺页，因为在执行上一条指令时，已经将起始地址为 0x8049000 的页面装入了内存，而地址 0x8049fa0 位于该页面中（因为 $4 \times 1000 + 4 = 4004 < 4K$），因而不会缺页。但是，因为数组 a 只有 1000 个元素，即 $a[0] \sim a[999]$，所以 $a[1000]$ 并不存在。不过，C 编译器可能不会检查数组边界，因而生成了第 6 行对应的指令 "movl \$0x3,0x8049fa0"，其中的地址 0x8049fa0 有可能是 x 的地址而不是 $a[1000]$ 的地址，即在该指令执行前，地址 0x8049fa0 中可能存放的是 0（对 x 初始化为 0），该指令执行后，不知不觉地将地址 0x8049fa0 中原来的 0 换成了 3。

对于第 7 行对应指令的执行，数据访问时很可能会发生页故障，而且是不可恢复的故障。显然，$a[10000]$ 并不存在，不过，C 编译器可能会生成第 7 行对应的指令 "movl \$0x4, 0x8052c40"，其中的地址 0x8052c40 偏离数组所在页首地址 0x8049000 已达 $4 \times 10000 + 4 = 40004$ 个单元，即偏离了 9 个页面，很可能超出了可读写数据区范围，因而当 CPU 执行该指令时，很可能发生地址越界或访问越权。若是这样的话，CPU 就通过异常响应机制转到操作系统内核，即调出内核中的页故障异常处理程序执行。在页故障处理程序中，检测到发生了地址越界或访问越权，因而页故障处理程序发送一个"段错误"信号（SIGSEGV）给用户进程，用户进程接收到该信号后就调出对应的信号处理程序执行。处理过程如图 7.11 所示。

图 7.11 第 7 行指令执行时页故障处理过程 ■

2. 陷阱

陷阱也称为**自陷**或**陷入**，与"故障"等其他异常事件不同，是预先安排的一种"异常"事件，就像预先设定的"陷阱"一样。当执行到**陷阱指令**（也称为**自陷指令**）时，CPU 就调出特定的程序进行相应的处理，处理结束后返回到陷阱指令的下一条指令执行。其处理过程如图 7.12 所示。

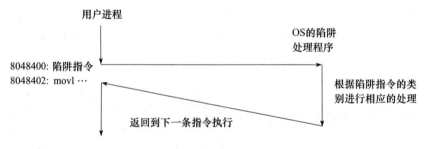

图 7.12 陷阱指令执行时的处理过程

陷阱的重要作用之一是在用户程序和内核之间提供一个像过程一样的接口，这个接口称为**系统调用**，用户程序利用这个接口可以方便地使用操作系统内核提供的一些服务。操作系统给每个服务编一个号，称为**系统调用号**，每个服务功能通过一个对应的**系统调用服务例程**提供。例如，在 Linux 系统中就提供了创建子进程（fork）、读文件（read）、加载并运行新程序（execve）、存储器映射（mmap）等服务功能，系统调用 fork、read、execve 和 mmap 的调用号分别是 1、3、11 和 90。

为了使用户程序在需要调用内核服务功能的时候，能够从用户态转到对应的系统调用执行，处理器会提供一个或多个特殊的系统调用指令，如 IA-32 处理器中的 sysenter 指令、MIPS 处理器中的 syscall 指令等。这些系统调用指令属于陷阱指令，当执行到这些指令时，CPU 通过一系列步骤自动调出内核中对应的系统调用服务例程执行。

此外，利用陷阱机制可以实现程序调试功能，包括设置断点和单步跟踪。

例如，在 IA-32 中，当 CPU 处于**单步跟踪状态**（TF = 1 且 IF = 1）时，每条指令都被设置成了陷阱指令，执行每条指令后，都会发生中断类型号为 1 的"调试"异常，从而转去执行特定的"**单步跟踪处理程序**"。该程序将当前指令执行的结果显示在屏幕上。单步跟踪处理前，CPU 会自动把标志寄存器压栈，然后将 TF 和 IF 清 0，这样，在单步跟踪处理程序执行过程中，CPU 能以正常方式工作。单步处理结束、返回到断点处执行之前，再从栈中取出标志，以恢复

TF 和 IF 的值，使 CPU 回到单步跟踪状态，这样，下条指令又是"陷阱"指令，将被跟踪执行。如此下去，每条指令都被跟踪执行，直到将 TF 或 IF 清 0 为止。注意，对于"单步跟踪"这类陷阱，当陷阱指令是转移指令时，处理后不能返回到转移指令的下条指令执行，而是返回到转移目标指令执行。

在 IA-32 中，用于程序调试的**"断点设置"**陷阱指令为 int 3，对应机器码为 CCH，**若调试程序在被调试程序**某处设置了断点，则调试程序就把该处指令第一字节改为 CCH。当 CPU 执行到该指令时，就会暂停当前被调试程序的运行，并发出一个"EXCEPTION_BREAKPOINT"异常，从而最终调出相应的调试程序来执行，执行结束后再回到被设定断点的被调试程序执行。

在 IA-32 中，陷阱指令引起的异常称为**编程异常**（programmed exception），这些指令包括 INT n、int 3、into（溢出检查）、bound（地址越界检查）等。通常将 INT n 称为软中断指令，执行该指令引起的"异常"通常也称为**软中断**（software interrupt）。在 IA-32 + Linux 系统中，可以使用快速系统调用指令 sysenter 或者软中断指令 int \$0x80（即 INT n 指令中 $n = 128$ 时）进行系统调用。

3. 终止

如果在执行指令过程中发生了严重错误，例如，控制器出现问题，访问 DRAM 或 SRAM 时发生校验错等，则程序将无法继续执行，只好终止发生问题的进程，在有些严重的情况下，甚至要重启系统。显然，这种异常是随机发生的，无法确定发生异常的是哪条指令。其处理过程如图 7.13 所示。

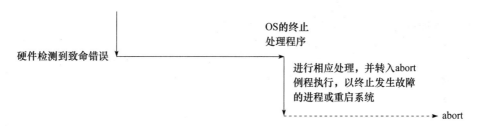

图 7.13　终止异常执行时的处理过程

7.2.3　中断的分类

中断是由外部 I/O 设备请求处理器进行处理的一种信号，它不是由当前执行的指令引起的。外部 I/O 设备通过特定的**中断请求信号线**向 CPU 提出中断申请。CPU 在执行指令的过程中，每执行完一条指令就查看中断请求引脚，如果中断请求引脚的信号有效，则进入中断响应周期。在**中断响应周期**中，CPU 先将当前 PC 值（称为断点）和当前的机器状态保存到栈中，并设置成"关中断"状态，然后，从数据总线读取**中断类型号**，根据中断类型号跳转到对应的中断服务程序执行。中断响应过程由硬件完成，而中断服务程序执行具体的中断处理工作，中断处理完成后，再回到被打断程序的"断点"处继续执行。中断的整个处理过程如图 7.14 所示。

Intel 将外部中断分成**可屏蔽中断**（maskable interrupt）和**不可屏蔽中断**（nonmaskable interrupt，NMI）。

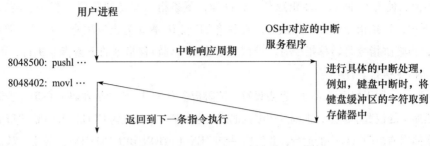

图 7. 14　外部中断的处理过程

1. 可屏蔽中断

可屏蔽中断是指通过**可屏蔽中断请求线** INTR 向 CPU 进行请求的中断，主要来自 I/O 设备的中断请求。CPU 可以通过在中断控制器中设置相应的屏蔽字来屏蔽它或不屏蔽它，若一个 I/O 设备的中断请求被屏蔽，则它的中断请求信号将不会被送到 CPU。

2. 不可屏蔽中断

不可屏蔽中断通常是非常紧急的硬件故障，通过专门的**不可屏蔽中断请求线** NMI 向 CPU 发出中断请求。如：电源掉电，硬件线路故障等，这类中断请求信号一旦产生，任何情况下它都不可以被屏蔽，因此一定会被送到 CPU，以便让 CPU 快速处理这类紧急事件。通常，这种情况下，中断服务程序会尽快保存系统重要信息，然后在屏幕上显示相应的消息或直接重启系统。

7.2.4　异常和中断的响应过程

每种处理器架构都会各自定义它所处理的异常和中断类型，而且，对于异常和中断的处理，不同的处理器/操作系统平台可能也有所不同，但是，它们之间的差别不大，基本原理相同。

在 CPU 执行指令过程中，如果发生了异常事件或中断请求，则 CPU 必须进行相应的处理。CPU 从检测到异常或中断事件，到调出相应的异常或中断处理程序开始执行，整个过程称为"**异常和中断的响应**"。CPU 对异常和中断的响应过程可以分为以下三个步骤：保护断点和程序状态、关中断、识别异常和中断事件并转到相应处理程序执行。

1. 保护断点和程序状态

前面提到，对于不同的异常事件，其返回地址（即**断点**）不同。例如，"缺页故障"异常的断点是发生页故障的当前指令的地址；"陷阱"异常的断点则是陷阱指令后面一条指令的地址。显然，断点与异常类型有关。为了能在异常处理后正确返回到原被中断的程序继续执行，数据通路必须能正确计算断点处的地址。保护断点时，只要将计算出来的断点地址送到栈中或特定的寄存器中即可。

为了能够支持异常或中断的嵌套处理，大多数处理器将断点保存在栈中，如 IA-32 处理器的断点被保存在栈中；如果硬件不支持嵌套处理，则可以将断点保存在特定寄存器中，而不需送到栈中保存，如 MIPS 处理器用 EPC 寄存器专门存放断点。显然，后者 CPU 用于中断响应的开销较小，因为访问栈就是访问存储器，它比访问寄存器所用的时间要长。

因为异常处理后可能还要回到原被中断的程序继续执行，所以，被中断时原程序的状态（如产生的各种标志信息、允许自陷标志等）都必须保存起来。通常每个正在运行程序的状态信息存放在一个专门的寄存器中，这些专门寄存器统称为**程序状态字寄存器**（PSWR），存放在 PSWR 中的信息称为**程序状态字**（Program Status Word，简称 PSW）。例如，在 IA-32 中，程序状态字寄存器就是**标志寄存器** EFLAGS。与断点一样，PSW 也要被保存到栈或特定寄存器中，在异常返回时，将保存的 PSW 恢复到 PSWR 中。

2. 关中断

如果中断处理程序在保存原被打断程序现场的过程中又发生了新的中断，那么，就会因为要处理新的中断，而把原被打断程序的现场以及已保存的断点和程序状态等破坏掉。因此，应该有一种机制来禁止在处理中断时再响应新的中断。通常通过设置"**中断允许位**"（"中断允许"触发器）来实现。若中断允许位置 1，则为**开中断**，表示允许响应中断；若中断允许位清 0，则为**关中断**，表示不允许响应中断。例如，IA-32 中的"中断允许位"就是 EFLAGS 寄存器中的中断标志位 IF。

在中断响应过程中，通常由 CPU 将中断允许位清 0，以进行关中断操作。例如，对于 IA-32 + Linux 平台，CPU 在中断响应过程中，会将标志寄存器 EFLAGS 中的 IF 清 0，以禁止响应新的可屏蔽中断。

除了在中断响应阶段可以由 CPU 对中断允许位进行设置外，也可以在异常或中断处理程序中执行相应的指令来设置或清除中断允许位。在 IA-32 中，可通过执行指令 sti 或 cli，将标志寄存器 EFLAGS 中的 IF 位置 1 或清 0，以使 CPU 处在开中断或关中断状态。

3. 识别异常和中断事件并转相应的处理程序执行

在调出异常和中断处理程序之前，必须知道发生了什么异常或哪个 I/O 设备发出了中断请求。一般来说，内部异常事件和外部中断源的识别方式不同，大多数处理器会将两者分开来处理。

内部异常事件的识别很简单。只要 CPU 在执行指令时把检测到的事件对应的异常类型号或标识异常类型的信息记录到特定的内部寄存器中即可。

外部中断源的识别比较复杂。由于外部中断的发生与 CPU 正在执行的指令没有必然联系，相对于指令来说，外部中断是不可预测的，与当前执行指令无关，因此并不能根据指令执行过程中的某些现象来判断是否发生了"中断"请求。对于外部中断，只能在每条指令执行完后、取下条指令之前去查询是否有中断请求。通常 CPU 通过采样对应的中断请求引脚（如 Intel 处理器的 INTR）来进行查询。如果发现中断请求引脚有效，则说明有中断请求，但是，到底是哪个 I/O 设备发出的请求，还需要进一步识别。通常是由 CPU 外部的中断控制器根据 I/O 设备的中断请求和中断屏蔽情况，结合中断响应优先级，来识别当前请求的中断类型号，并通过数据总线将中断类型号送到 CPU。有关中断响应处理的详细内容参见 8.3.4 节中的相关部分。

异常和中断源的识别可以采用**软件识别**或**硬件识别**两种方式。

软件识别方式是指，CPU 中设置一个原因寄存器，该寄存器中有一些标识异常原因或中断类型的标志信息。操作系统使用一个统一的异常或中断查询程序，该程序按一定的优先级顺序查询原因寄存器，先查询到的先被处理。例如，MIPS 就采用软件识别方式，CPU 中有一个 cause 寄存器，位于地址 0x80000180 处有一个专门的**异常/中断查询程序**，它通过查询 cause 寄存器来检测异常和中断类型，然后转到内核中相应的异常处理程序或中断服务程序进行具体的处理。

硬件识别方式称为**向量中断方式**。这种方式下，异常或中断处理程序的首地址称为**中断向量**，所有中断向量存放在一个表中，称为**中断向量表**。每个异常和中断都被设定一个**中断类型号**，中断向量存放的位置与对应的中断类型号相关，例如，类型 0 对应的中断向量存放在第 0 表项，类型 1 对应的中断向量存放在第 1 表项，以此类推，因而可以根据类型号快速找到对应的处理程序。IA-32 中的异常和中断识别就是采用这种向量中断方式。

*7.3   IA-32 + Linux 中的异常和中断

7.3.1   IA-32 的中断向量表

IA-32 采用向量中断方式，可以处理 256 种不同类型的异常和中断，每个异常或中断都有唯一的编号，称之为**中断类型号**（也称**向量号**），并且还有与其对应的异常处理程序或中断服务程序，其入口地址放在一个专门的中断向量表中。例如，类型 0 为"除法错"，类型 2 为"NMI 中断"，类型 14 为"缺页"等。

IA-32 中前 32 个中断类型（0~31）保留给处理器使用，剩余的可以由用户自行定义功能，这里的用户是指机器硬件的用户，实际上就是操作系统。通过执行指令 INT n（指令的第二字节给出中断类型号 n，$n = 0 \sim 255$）使 CPU 自动转到处理器的用户（即操作系统）编写的**中断服务程序**执行。

在实地址模式下，异常处理程序或中断服务程序的入口地址（由 16 位段地址和 16 位偏移地址组成）称为中断向量，用来存放 256 个中断向量的数据结构就是中断向量表。由于在实地址模式下每个中断向量占 4 个字节，其中高 16 位是段地址，低 16 位是偏移地址，因此 256 个中断向量组成的中断向量表需要 $256 \times 4B = 1KB$ 内存空间，并固定在 00000H~003FFH 的内存区域内。

📝 **小贴士**

实地址模式（Real Mode）是 Intel 为 80286 及其之后的处理器提供的一种**8086 兼容模式**。采用 20 位存储器地址空间，即可寻址空间为 1MB，不支持分页存储管理机制。每个存储单元地址由 16 位段地址左移 4 位后与 16 位偏移量相加而得到。

开机后系统首先在实地址模式下工作，因此，开机过程中，需要先准备在实地址模式下的中断向量表和中断服务程序。通常，这个准备工作是由固化在计算机主板上的一块 ROM 芯片中的**BIOS 程序**来完成的。BIOS 程序首先检测显卡、键盘、内存等，并在主存的 00000H~003FFH 区域建立中断向量表，同时，在中断向量所指的主存区域建立相应的中断服务程序。利用这些中断服务程序可以把操作系统内核程序从磁盘加载到内存中。例如，BIOS 可以通过执行指令 int 0x19 来调用中断向量 0x19 对应的中断服务程序，将启动盘上的 0 号磁头对应盘面的 0 磁道 1 扇区中的**引导程序**装入内存。

BIOS（Basic Input/Output System）是基本输入/输出系统的简称，是针对具体的主板设计的，与安装的操作系统无关。BIOS 中包含了各种基本设备的驱动程序，通过执行 BIOS 程序，这些**基本设备驱动程序**以中断服务程序的形式被加载到内存中，以提供基本 I/O 系统调用。一旦进入**保护模式**，就不再使用 BIOS。

7.3.2 IA-32 的中断描述符表

IA-32 的保护模式并不像实地址模式那样将异常处理程序或中断服务程序的入口地址直接填入 00000H ~ 003FFH 存储区，而是借助于中断描述符表来获得异常处理程序或中断服务程序的入口地址。

表 7.1 给出了 IA-32 中常见的中断和异常类型，表中内容包括类型（向量）号、助记符、含义、事件源。

表 7.1　IA-32 的异常/中断类型

类型号	助记符	含义描述	起因或事件源
0	#DE	除法出错	div 和 idiv 指令
1	#DB	单步跟踪	任何指令和数据引用
2		NMI 中断	不可屏蔽外部中断
3	#BP	断点	int 3 指令
4	#OF	溢出	into 指令
5	#BR	边界检测（BOUND）	bound 指令
6	#UD	无效操作码	不存在的指令操作码
7	#NM	协处理器不存在	浮点或 wait/fwait 指令
8	#DF	双重故障	处理一个异常时发生另一个
9	#MF	协处理器段越界	浮点指令
10	#TS	无效 TSS	任务切换或访问 TSS
11	#NP	段不存在	需装入段寄存器或访问系统段
12	#SS	栈段错	栈操作和装入 SS 段寄存器
13	#GP	一般性保护错（GPF）	存储器引用和其他保护检查
14	#PF	页故障	存储器引用
15		保留	
16	#MF	浮点错误	浮点或 wait/fwait 指令
17	#AC	对齐检测	存储器数据引用
18	#MC	机器检测异常	与机器具体型号有关
19	#XM	SIMD 浮点异常	SIMD 浮点指令
20 ~ 31		保留	
32 ~ 255		可屏蔽中断和软中断	INTR 中断或 INT n 指令

IA-32 中定义了 19 种确定的中断或异常类型，类型号为 0 ~ 14 和 16 ~ 19。在 19 种预定义的类型中，大部分都是故障类异常，主要是由于执行了特定的指令而引起的。例如，在执行整数除法指令 div 和 idiv 时，若发现除数为 0 或结果溢出，则发生 0 号异常，即除法错故障（#DE）。在执行每条指令时，若发现 TF = 1 且 IF = 1，则发生 1 号异常，即单步跟踪调试陷阱（#DB）。在执行 int 3 指令时，则发生 3 号异常，即断点陷阱（#BP）。在执行 into 指令时，若 OF = 1，则发生 4 号异常，即溢出故障（#OF）；在执行 bound 指令时，若发现数组下标越界，则发生 5 号异常，即范围越界故障（#BR）。在执行指令过程中，如果在引用存储器以访问指

令或数据时发生缺页，则产生 14 号异常，即页故障（#PF）。

除了 19 种确定的类型外，还有 224 种用户自定义类型，类型号为 32~255，其中一部分类型用于外部可屏蔽中断，一部分用于软中断。可屏蔽中断通过 CPU 的 INTR 引脚向 CPU 发出中断请求，对应中断请求号为 IRQ0、IRQ1、…、IRQ15 等。软中断指令 INT n 被设定为一种陷阱异常，例如，Linux 通过 int \$0x80 指令将 128 号设定为系统调用，而 Windows 通过 int \$0x2e 指令将 46 号设定为系统调用。

保护模式下，借助于中断描述符表来获得异常处理程序或中断服务程序的入口地址。**中断描述符表**（Interrupt Descriptor Table，IDT）是操作系统内核中的一个表，共有 256 个表项，对应表 7.1 所示的 256 个异常和中断，因为每个表项占 8 个字节，因而，IDT 共占用 256×8B = 2KB 内存空间。

每一个表项是一个**中断门描述符**、**陷阱门描述符**或**任务门描述符**，如图 7.15 所示是中断门描述符格式。

陷阱门描述符和任务门描述符的格式类似于中断门描述符，其中，都有一个字段 P 和字段 DPL，其含义与第 6 章 6.6.1 节中介绍的段描述符中规定的一致。P = 1 表示段存在，P = 0 表

偏移地址（A31~A16）															
P	DPL	0	1	1	1	0	0	0	0	0	0	0	0	0	0
段选择符															
偏移地址（A15~A0）															

图 7.15 中断门描述符格式

示段不存在。Linux 总是把 P 置 1，因为它从来不会把一个段交换到磁盘上，而是以页面为单位交换。DPL 给出访问本段要求的最低特权等级。因此，DPL 为 0 的段只能当 CPL 为 0（内核态）时才可访问，而对于 DPL 为 3 的段，则任何进程都可以访问。在 DPL 后面的一位都是 0，再后面 4 位用来标识门的类型（TYPE）。若是中断门，则 TYPE = 1110B；若是陷阱门，则 TYPE = 1111B；若是任务门，则 TYPE = 0101B。

中断门描述符和陷阱门描述符中都会给出一个 16 位的段选择符和 32 位的偏移地址。段选择符用来指示异常处理程序或中断服务程序所在段的段描述符在 GDT 或 LDT 中的位置，偏移地址则给出异常处理程序或中断服务程序第一条指令所在的偏移量。Linux 利用陷阱门来处理异常，利用中断门来处理中断。因为异常和中断对应的处理程序都属于内核代码段，所以，所有中断门和陷阱门的段选择符都指向 GDT 中的"内核代码段"描述符。有关 Linux 内核代码段描述符的设置可参见第 6 章的 6.6.1 节。通过中断门进入到一个中断服务程序时，CPU 会清除 EFLAGS 寄存器中的 IF 标志，即关中断；而在通过陷阱门进入一个异常处理程序时，CPU 不会修改 IF 标志。

任务门描述符中不包含偏移地址，只包含 TSS 段选择符，这个段选择符指向 GDT 中的一个 TSS 段描述符，CPU 根据 TSS 段中的相关信息装载 EIP 和 ESP 等寄存器，从而执行相应的异常处理程序。Linux 中，将类型号为 8 的双重故障（#DF）用任务门实现，而且它是唯一通过任务门实现的异常。双重故障 TSS 段描述符在 GDT 中位于索引值为 0x1f 的表项处，即 13 位索引为 0 0000 0001 1111，且其 TI = 0（指向 GDT），RPL = 00（内核级代码），根据图 6.40 的段选择符格式可知，任务门描述符中的段选择符为 00F8H。

7.3.3 IA-32 中异常和中断的处理

本节描述 IA-32 处理器如何处理异常和中断，假定操作系统内核已被初始化，因此，以下

描述的情形是处理器在保护模式下运行的情况。

在 IA-32 中，每条指令执行后，下条指令的逻辑地址（虚拟地址）由寄存器 CS 和 EIP 指示。在每条指令执行过程中会根据执行情况判定是否发生了某种内部异常事件，在每条指令执行结束时判定是否发生了外部中断，因此，在 CPU 根据 CS 和 EIP 去取下条指令之前，会根据检测的结果判断是否进入异常和中断响应阶段。

若检测到有异常或中断发生，则进入异常和中断响应阶段，在此期间 CPU 的控制逻辑完成以下工作。

① 确定检测到的异常/中断类型号 i，从 IDTR 指向的 IDT 中取出第 i 个表项 IDTi。

② 根据 IDTi 中的段选择符，从 GDTR 指向的 GDT 中取出相应的段描述符，得到对应异常处理程序或中断服务程序所在段的 DPL、基地址等信息。Linux 下，对应的段为表 6.2 中所示的内核代码段，所以 DPL 为 0，基地址为 0。

③ 将当前特权级 CPL(CS 寄存器最低两位，00 为内核特权级，11 为用户特权级）与段描述符中的 DPL 比较。若 CPL 小于 DPL，则产生 13 号异常（#GP）。Linux 中，内核代码段的 DPL 总是 0，因此不管怎样都不会发生 CPL 小于 DPL 的情况。

对于编程异常，还需进一步做以下检查：若 IDTi 门描述符中的 DPL 小于 CPL，则产生 13 号异常。这个检查主要是为了防止恶意应用程序通过 INT n 指令模拟非法异常和中断以进入内核态执行非法的破坏性操作。

④ 检查是否发生了特权级变化，即判断 CPL 是否与相应段描述符中的 DPL 不同。如果是的话，就需要从用户态切换至内核态，以使用内核对应的栈。Linux 中，若 CPL = DPL，则发生异常或中断的指令也在内核态执行；若 CPL > DPL，则从用户态转到内核态执行，因此，应从用户栈切换到内核栈。通过以下步骤完成栈的切换：

- 读 TR 寄存器，以访问正在运行进程的 TSS 段；
- 将 TSS 段中保存的内核栈的段选择符和栈指针分别装入寄存器 SS 和 ESP，然后在内核栈中保存原来的用户栈的 SS 和 ESP。

⑤ 如果发生的是故障，则将发生故障的指令的逻辑地址写入 CS 和 EIP，以保证故障处理后能回到发生故障的指令执行。

⑥ 在当前栈中保存 EFLAGS、CS 和 EIP 寄存器的内容。若是中断门，则将 EFLAGS 寄存器中的 IF 清 0。

⑦ 如果异常产生了一个硬件出错码，则将其保存在内核栈中。

⑧ 将 IDTi 中的段选择符装入 CS，IDTi 中的偏移地址装入 EIP，它们是异常处理程序或中断服务程序第一条指令的逻辑地址。

这样，从下一个时钟开始，就执行异常处理程序或中断服务程序的第一条指令。在异常处理程序或中断服务程序中，处理完异常或中断后，通过执行最后一条指令 IRET 回到原被中断的进程继续执行。

CPU 在执行 IRET 指令的过程中完成以下工作。

① 从内核栈中弹出 EIP、CS 和 EFLAGS，恢复断点和程序状态。

② 检查当前异常或中断处理程序的 CPL 是否等于 CS 中最低两位，若是，则说明异常或中

断响应前后都处于同一个特权级，IRET 指令完成操作；否则，再继续完成下一步工作。

③ 从内核栈中弹出 SS 和 ESP，以恢复到异常或中断响应前的特权级进程所使用的栈。

④ 检查 DS、ES、FS 和 GS 段寄存器的内容，若其中有某个寄存器的段选择符指向一个段描述符且其 DPL 小于 CPL，则将该段寄存器清 0。这是为了防止恶意应用程序（CPL = 3）利用内核以前使用过的段寄存器（DPL = 0）来访问内核地址空间。

显然，执行完 IRET 指令后，CPU 自然回到原来发生异常或中断的进程继续执行。

7.3.4 Linux 对异常和中断的处理

异常和中断的处理由 CPU 和操作系统协调完成。CPU 在执行指令过程中检测到异常或中断事件后，通过对异常和中断的响应，调出异常处理程序或中断服务程序来执行。其中，CPU 负责对异常和中断的检测与响应，而操作系统则负责初始化 IDT 以及编制好异常处理程序或中断服务程序。

1. IDT 的初始化

IA-32 提供了三种包含在 IDT 中的门描述符：中断门、陷阱门和任务门。Linux 运用 IA-32 提供的三种门描述符格式，构造了以下 5 种类型的门描述符。

① **中断门**（interrupt gate）：DPL = 0，TYPE = 1110B。所有 Linux 中断服务程序都通过中断门激活。

② **系统中断门**（system interrupt gate）：DPL = 3，TYPE = 1110B。Linux 使用系统中断门激活 3 号中断（即断点）的异常处理程序，对应指令 int 3。因为 DPL 为 3，故任何情况下 CPL ≤ DPL，所以用户态下可以使用 int 3 指令。

③ **系统门**（system gate）：DPL = 3，TYPE = 1111B。Linux 使用系统门激活三个陷阱型异常处理程序，它们的中断类型号是 4、5 和 128，分别对应指令 into、bound 和 int $0x80。因为 DPL 为 3，故任何情况下 CPL ≤ DPL，所以在用户态下可以使用这三条指令。

④ **陷阱门**（trap gate）：DPL = 0，TYPE = 1111B。Linux 用陷阱门阻止用户程序使用 INT n （$n \neq 128$ 或 3）指令模拟非法异常来陷入内核态运行。因为编程异常需要进一步检查门的 DPL 是否小于 CPL，若是的话，该指令将无法通过陷阱门，而出现 13 号异常（#GP，通用保护错）。这里将 DPL 设为 0，那么在执行用户程序中的 INT n（$n \neq 128$ 或 3）指令时，因为 CPL = 3，故 CPL 大于 DPL，因而 CPU 会检测到 #GP 异常，从而阻止非法 INT n 指令的执行。

⑤ **任务门**（task gate）：DPL = 0，TYPE = 0101B。Linux 中对 8 号中断（双重故障）用任务门激活。

Linux 内核在启用异常和中断机制之前，需要先设置好每个 IDT 的表项 IDTi（$0 \leq i < 256$），并把 IDT 的首地址存入 IDTR 寄存器。这个工作是在系统初始化时完成的。

系统初始化时，Linux 完成对 GDT、GDTR、IDT 和 IDTR 等的设置，这样，以后一旦发生异常或中断，则 CPU 可以通过异常和中断响应机制调出异常或中断处理程序执行。

Linux 对异常和中断的处理有不同的考虑。下面分别介绍 Linux 对异常和中断的处理。

2. 对异常的处理

对于 IA-32 产生的大部分异常，Linux 都解释为一种出错条件。当硬件检测到异常发生后，硬件通过异常响应机制调出对应的异常处理程序。所有异常处理程序的结构是一致的，都可以划分成以下三个部分。

① 准备阶段：在内核栈中保存各寄存器的内容（称为**现场信息**），这部分大多用汇编语言程序实现。

② 处理阶段：采用 C 函数进行具体的异常处理。执行异常处理的 C 函数名总是由 do_前缀和处理程序名组成，如 do_overflow 函数为溢出异常处理函数，其中 overflow 为类型号 4 的溢出异常处理程序名。其中的大部分异常处理函数会把**硬件出错码**和**类型号**保存在发生异常的当前进程的描述符中，然后向当前进程发送一个对应的信号。异常处理结束时，内核将检查是否发送过某种信号给当前进程。若没有发送，则继续第③ 步；若发送过信号，则强制当前进程接收信号，而异常处理结束。当前进程接收到一个信号后，如果有对应的**信号处理程序**，则转到信号处理程序执行，执行结束后，返回到当前进程的逻辑控制流的断点处继续执行；如果没有对应的信号处理程序，则调用内核的 abort 例程终止当前进程。

③ 恢复阶段：恢复保存在内核栈中的各个寄存器的内容，切换到用户态并返回到当前进程的逻辑控制流的断点处继续执行。

表 7.2 给出了 Linux 系统中每种异常对应的处理程序名以及信号名。

表 7.2　Linux 中异常对应的信号名和处理程序名

类型号	助记符	含义描述	处理程序名	信号名
0	#DE	除法出错	divide_error()	SIGFPE
1	#DB	单步跟踪	debug()	SIGTRAP
2		NMI 中断	nmi()	无
3	#BP	断点	int3()	SIGTRAP
4	#OF	溢出	overflow()	SIGSEGV
5	#BR	边界检测（BOUND）	bounds()	SIGSEGV
6	#UD	无效操作码	invalid()	SIGILL
7	#NM	协处理器不存在	device_not_available()	无
8	#DF	双重故障	doublefault()	无
9	#MF	协处理器段越界	coprocessor_segment_overrun()	SIGFPE
10	#TS	无效 TSS	invalid_tss()	SIGSEGV
11	#NP	段不存在	segment_not_present()	SIGBUS
12	#SS	栈段错	stack_segment()	SIGBUS
13	#GP	一般性保护错（GPF）	general_protection()	SIGSEGV
14	#PF	页故障	page_fault()	SIGSEGV
15		保留	无	无
16	#MF	浮点错误	coprocessor_error()	SIGFPE
17	#AC	对齐检测	alignment_check()	SIGSEGV
18	#MC	机器检测异常	machine_check()	无
19	#XM	SIMD 浮点异常	simd_coprocessor_error()	SIGFPE

例如，如果某个进程执行了一条带有非法操作码的指令，CPU 就产生一个 6 号异常（#UD），在对应的异常处理程序中，向当前进程发送一个 SIGILL 信号，以通知当前进程执行相应的信号处理程序或终止当前进程的运行。

从表 7.2 可以看出，所有对存储器的非法引用所对应的信号都是 SIGSEGV，所有与协处理器和浮点运算相关的异常，其对应的信号都是 SIGFPE，在 Linux 中，除法错（除数为 0 或带符

号整数除法结果无法表示）也归类为浮点异常。1 号（单步跟踪）和 3 号（断点）的信号都是
SIGTRAP，因而都转到一个专门的用于程序调试的信号处理程序去执行。

并不是所有异常处理都只是发送一个信号到发生异常的进程。例如，对于 14 号页故障异
常（#PF），在页故障处理程序中，需要判断是否是访问越级（如用户态下访问内核空间）、访
问越权（如修改只读区的信息）或访问越界（如访问了无效存储区）等。如果发生了这些无
法恢复的故障，则页故障处理程序发送 SIGSEGV 信号给发生页故障异常的进程；如果没有发
生无法恢复的故障而只是所需内容不在主存，则页故障处理程序负责把所缺失页面从硬盘装入
主存，然后返回到发生缺页故障的指令继续执行。

例7.2 假设一个 C 程序段 P 如下：

```
int a = 0x80000000;
int b = -1;
int c = a / b;
printf("%d\n", c);
```

上述程序段 P 所在的进程在 IA - 32 + Linux 系统中的运行结果为 "Floating point excep-
tion"，为什么？

解   因为变量 a 是一个最小负数，其值为 - 2 147 483 648，将它除以 - 1 后得到的值为
+ 2 147 483 648。显然，用 int 类型无法表示这个结果，也即除法结果发生了错误，即 CPU 检
测到了除法错异常，对应 0 号异常 #DE，因此，转相应的异常处理函数 do_divide_error() 执行。
由表 7.2 可知，在内核态执行该函数时，会向进程 P 发送信号 SIGFPE，从内核回到进程 P 后，
将根据信号类型 SIGFPE，转到相应的浮点异常信号处理程序执行，以显示异常出错信息
"Floating point exception"。 ∎

3. 信号处理和非本地跳转

程序员可自行定义信号处理函数来替换系统默认的信号处理程序，并可通过 signal 函数将
自定义信号处理函数注册到系统中。signal 函数的用法如下：

```
typedef void (*sighandler_t)(int);
sighandler_t signal (int signum, sighandler_t handler);
```

这里参数 *handler* 就是用户自定义的信号处理函数。signal 函数将这个自定义处理函数与信
号类型为 signum 的信号进行绑定，并登记到系统中以替换默认的信号处理程序。因此，只要
进程接收到一个类型为 signum 的信号，就会调用这个信号处理函数。

C 语言提供了一种**非本地跳转**（nonlocal jump）函数，可实现用户级异常控制流。通过使
用非本地跳转函数，可将控制直接从一个函数转移到另一个当前正在执行的函数，而不需要经
过正常的调用 - 返回（call-return）序列。

非本地跳转的一种应用场景是在信号处理程序中使用，通过 sigsetjmp 和 siglongjmp 函数实
现接收信号的进程和相应信号处理程序之间的跳转。sigsetjmp 函数只被调用一次，但返回多
次；而 siglongjmp 函数被调用一次，但不返回。调用 sigsetjmp 函数后，第一次返回值为 0，以
后将在调用 siglongjmp 函数后返回到 sigsetjmp 函数，且返回值为非 0。

以下程序段给出了一个自定义信号处理函数 FLPhandler 和主函数 main。在 main 函数中通

过 signal 函数将 FLPhandler() 函数注册为 SIGFPE 信号对应的信号处理函数。

```
sigjmp_buf buf;
void FLPhandler(int sig)
{
    printf("error type is SIGFPE! \n);
    siglongjmp(buf, 1);
}
int main()
{
    int a, t;
    signal(SIGFPE, FLPhandler);
    if (!sigsetjmp(buf,1)) {
        printf("starting\n");
        a = 100;
        t = 0;
        a = a/t;
    }
    printf("I am still alive……\n");
    exit(0);
}
```

上述例子的执行结果为：

```
starting
error type is SIGFPE!
I am still alive……
```

在 main 函数中调用 sigsetjmp 函数，返回值为 0，因而执行 if 分支中的一串语句，当执行到赋值语句 "a = a/t;" 时，发生整数除 0 异常，根据表 7.1 得知，内核中的异常处理程序将发送 SIGFPE 信号给该进程。因为该进程已经通过 signal 函数注册了 SIGFPE 信号对应的处理函数 FLPhandler，所以，只要进程接收到 SIGFPE 信号，就会异步跳转到 FLPhandler 信号处理函数执行。在 FLPhandler 函数中，当调用 siglongjmp 函数后，就返回到 main 函数中的 sigsetjmp 函数，且返回值为非 0，因此，会跳过 if 分支的执行。

如果将 main 函数中的语句 "signal(SIGFPE, FLPhandler);" 注释掉，则 SIGFPE 信号的处理程序就是系统默认的，上述程序的执行结果为：

```
starting
Floating point exception
```

Linux 采用向发生异常的进程发送信号的机制实现异常处理，其主要出发点是尽量缩短在内核态的处理时间，尽可能把异常处理过程放在用户态下的信号处理程序中进行。用信号处理程序来处理异常，使得用户进程有机会捕获并自定义异常处理方法。实际上，各种高级编程语言（如 C++）中的运行时环境中的异常处理机制就是基于信号处理来实现的，如果异常全部由内核来处理，那么高级编程语言的异常处理机制就无法实现。

4. 对中断的处理

对于大部分异常，Linux 只是给引起异常的当前进程发送一个信号就结束异常处理，这种情况下，具体的异常处理要等到当前进程接收到信号并转到信号处理程序才能进行，而且大部分情况下，异常对应的信号处理结果就是显示异常信息并终止当前进程。

显然，这种方式不适合中断的处理。因为中断事件的发生与正在执行的当前进程很可能没有关系，因而将一个信号发给当前进程是没有意义的。

Linux 中处理的中断有以下三种类型。① I/O 中断：由 I/O 外设发出的中断请求；② 时钟中断：由某个时钟产生的中断请求，告知一个固定的时间间隔到；③ 处理器中断：多处理器系统中其他处理器发出的中断请求。后面两种中断的情况超出了本教材的范围。

对于 I/O 中断，每个能够发出中断请求的外部设备控制器都有一条 IRQ 线，所有外设的 IRQ 线都会连接到一个可编程中断控制器（Programmable Interrupt Controller，PIC）中对应的 IRQ 引脚上，PIC 中每个 IRQ 引脚都有一个编号，如 IRQ0、IRQ1、…、IRQi，这里编号 i 就是 IRQ 的值，通常将与 IRQi 关联的中断的类型号设定为 $32 + i$，传统的方式是将两片 PIC 级联起来，每片有 8 个 IRQ 引脚，两片级联后共有 15 个 IRQ 引脚，因为有一个 PIC 上的 IRQ 引脚需要连到另一片的 INT 引脚上。有关 PIC 的基本结构见第 8 章的图 8.16。

PIC 需要对所有外设发来的 IRQ 请求按照优先级进行排队，如果至少有一个 IRQ 线有请求且未被屏蔽，则 PIC 向 CPU 的 INTR 引脚发中断请求。CPU 每执行完一条指令后都会查询 INTR 引脚，若发现有中断请求且 IF = 1，则进入中断响应过程，调出中断服务程序执行。

所有中断服务程序的结构类似，都可划分为以下三个阶段。

① 准备阶段：在内核栈中保存各寄存器的内容（称为现场信息）以及所请求 IRQ 的值等，并给发出中断请求信号的 PIC 回送应答信息，允许其发送新的中断请求信号。因为在响应中断的过程中，CPU 已经禁止了 PIC 发送中断请求的功能。

② 处理阶段：执行 IRQ 对应的中断服务例程（Interrupt Server Routine，ISR）。

③ 恢复阶段：恢复保存在内核栈中的各个寄存器的内容，切换到用户态并返回到当前进程的逻辑控制流的断点处继续执行。

有关中断处理的详细内容将在 8.3.4 节和 8.4.3 节介绍。

7.3.5   IA-32 + Linux 的系统调用

系统调用是一种特殊的"异常事件"，是操作系统为用户程序提供服务的一种手段。Linux 提供了几百种系统调用，主要分为以下几类：进程控制、文件操作、文件系统操作、系统控制、内存管理、网络管理、用户管理和进程通信。系统调用号用整数表示，它用来确定系统调用跳转表中的偏移量。跳转表中每个表项给出相应系统调用对应的系统调用服务例程的首地址。

表 7.3 给出了部分 Linux 系统调用的调用号、名称及其含义。

表 7.3   部分 Linux 系统调用示例

调用号	名称	类别	含义	调用号	名称	类别	含义
1	exit	进程控制	终止进程	12	chdir	文件系统	改变当前工作目录
2	fork	进程控制	创建一个新进程	13	time	系统控制	取得系统时间
3	read	文件操作	读文件	19	lseek	文件系统	移动文件指针
4	write	文件操作	写文件	20	getpid	进程控制	获取进程号
5	open	文件操作	打开文件	37	kill	进程通信	向进程或进程组发信号
6	close	文件操作	关闭文件	45	brk	内存管理	修改虚拟空间中的堆指针 brk
7	waitpid	进程控制	等待子进程终止	90	mmap	内存管理	建立虚拟页面到文件片段的映射
8	create	文件操作	创建新文件	106	stat	文件系统	获取文件状态信息
11	execve	进程控制	运行可执行文件	116	sysinfo	系统控制	获取系统信息

内核实现的系统调用是以一个软中断的形式（即陷阱指令，如 int $0x80）来提供的，如果高级语言编写的用户程序直接用陷阱指令来调用系统调用，则会很麻烦，因此，需要将系统调用封装成用户程序能直接调用的函数，如 exit()、read() 和 open()，这些都是标准 C 库中系统调用对应的**封装函数**。在用 C 语言编写的用户程序中，只要用#include 命令嵌入相应的头文件，就可以直接使用这些函数来调出操作系统内核中相应的系统调用服务例程，以完成与I/O、文件操作以及进程管理等相关的操作。在本书中将系统调用及对应的封装函数称为**系统级函数**。

从 C 语言编程者角度来看，系统级函数在形式上与普通的应用编程接口（API）以及普通的 C 语言函数没有差别。但是，实际上它们在机器级代码的具体实现上是不同的。例如，在IA-32 + Linux 中，普通函数（包括 API）使用 CALL 指令来实现过程调用，而系统调用则使用陷阱指令（如 int $0x80 或 sysenter）来实现。对于过程调用，执行 CALL 指令前后，处理器一直在用户态下执行指令，因而，所执行的指令是受限的，所能访问的存储空间也是受限的；而对于系统调用，一旦执行了发出系统调用的陷阱指令，处理器就从用户态转到内核态下运行，此时，CPU 可以执行特权指令并访问内核空间。

实现普通的 API 以及普通的库函数可能会使用一个或多个系统调用服务功能，也可能不需要使用系统调用服务功能，例如，对于数学库函数，就无须使用系统调用服务功能。

在 Linux 系统中，系统调用所用的参数通过寄存器传递，而不是像过程调用那样用栈来传递，因此，在封装函数对应的机器级代码中，将使用传送指令把系统调用所需要的参数传送到相应的寄存器。按照惯例，**系统调用号**存放在 EAX 中，传递参数的寄存器顺序依次为：EAX（调用号）、EBX、ECX、EDX、ESI、EDI 和 EBP，除调用号以外，最多 6 个参数。若参数个数超出寄存器个数，则将参数块所在存储区的首址放在寄存器中传递。

封装函数对应的机器级代码有一个统一的结构：总是若干条传送指令后跟上一条陷阱指令。传送指令用来传递系统调用所用的参数，陷阱指令（如 int $0x80）用来陷入内核进行处理。

例如，若用户程序希望将字符串 "hello, world!\n" 中的 14 个字符显示在标准输出设备文件 stdout 上，则可以调用系统调用 write(1, "hello, world!\n",14)，它的封装函数用以下机器级代码（用汇编指令表示）实现。

```
movl    $4, %eax        // 调用号为 4，送 EAX
movl    $1, %ebx        // 标准输出设备 stdout 的文件描述符为 1，送 EBX
movl    $string, %ecx   // 字符串"hello, world!\n"的首地址等于 string 的值，送 ECX
movl    $14, %edx       // 字符串的长度为 14，送 EDX
int     $0x80           // 系统调用
```

在 Linux 中，有一个系统调用的统一入口，即是**系统调用处理程序** system_call 的首地址，所以，CPU 执行指令 int $0x80 后，便转到 system_call 的第一条指令开始执行。在 system_call 中，将根据调用号跳转到当前系统调用对应的系统调用服务例程去执行。system_call 执行完后返回到 int $0x80 指令后面一条指令继续执行。返回参数在 EAX 中，为整数值，若是正数或 0 表示成功，负数表示出错码。

Intel 从 Pentium II 处理器开始，引入了指令 sysenter 和 sysexit，分别用于进入系统调用和退出系统调用。在 Intel 文档中，sysenter 被称为**快速系统调用指令**，它提供了从用户态到内核态的快速切换方式。

对于 Pentium II 以后的 IA-32 体系结构，在 Linux 和 Windows 等系统中，都可以通过两种方式发出或退出系统调用。在 Linux 系统中，可以通过执行指令 int $0x80 或 sysenter 来发出系统调用；相应地，可以通过执行指令 iret 或 sysexit 退出系统调用。在 Windows 系统中，可以通过执行指令 int $0x2e 或 sysenter 来发出系统调用；相应地，可以通过执行指令 iret 或 sysexit 退出系统调用。

以下给出在 IA-32 + Linux 系统中进入和退出系统调用的大致过程。

1. 通过软中断指令进入和退出系统调用

CPU 在用户空间执行软中断指令 int $0x80 的过程与 7.3.3 节描述的异常和中断响应过程一样，CPU 的运行状态从用户态切换为内核态；并从任务状态段 TSS 中将内核态对应的栈段寄存器内容和栈指针装入 SS 和 ESP；再依次将原先执行完软中断指令 int $0x80 时的栈段寄存器 SS、栈指针 ESP、标志寄存器 EFLAGS、代码段寄存器 CS、指令计数器 EIP 的内容（即返回地址或断点）保存到内核栈中，即当前 SS:ESP 所指之处；然后从中断描述符表 IDT 中的第 128（80H）个表项中取出相应的门描述符 IDTi（$i = 128$），将其中的段选择符装入 CS，偏移地址装入 EIP，这里，CS:EIP 即是系统调用处理程序 system_call 的第一条指令的逻辑地址。需要从系统调用返回时，则通过执行 iret 指令实现上述逆过程。

2. 通过快速系统调用指令进入和退出系统调用

因为系统调用属于陷阱类异常，所以通过软中断指令 INT n 进入和退出系统调用的处理过程，就是 7.3.3 节中描述的异常和中断的响应过程，需要进行一连串的一致性和安全性检查，因而速度较慢。

快速系统调用指令 sysenter 主要用于从用户态到内核态的快速切换。为了实现快速系统调用，Intel 在 Pentium II 以后的处理器中增加了以下三个特殊的**MSR 寄存器**。

SYSTEM_CS_MSR：存放内核代码段的段选择符。

SYSTEM_EIP_MSR：存放内核中系统调用处理程序的起始地址。

SYSTEM_ESP_MSR：存放内核栈的栈指针。

执行 sysenter 指令时，CPU 将 SYSTEM_CS_MSR、SYSTEM_EIP_MSR 和 SYSTEM_ESP_MSR 的内容分别复制到 CS、EIP 和 ESP，同时将 SYSTEM_CS_MSR 的内容加 8 的值设定到 SS。因此，CPU 执行完 sysenter 指令，即可切换到内核态，并开始执行系统调用处理程序的第一条指令。

MSR 寄存器的内容只能通过特权指令 rdmsr 和 wrmsr 进行读写。

7.4 小结

进程是一个具有一定独立功能的程序关于某个数据集的一次运行活动，每个进程都有其独立的逻辑控制流和私有的虚拟地址空间。每个进程的逻辑控制流是确定的，不管这个逻辑控制流在哪个指令地址处被打断。每个被打断的逻辑控制流处都发生了一个异常控制流。造成这种异常控制流的原因有多种，可能是操作系统进行进程的处理器调度引起的，可能是硬件在执行指令时检测到有异常或中断事件引起的，还可能是一个进程利用信号机制向另一个进程发送信号而引起的。异常控制流是并发执行的基本机制。

操作系统通过进程的处理器调度，将当前正在处理器上执行的一个进程换下，把另一个进程换上处理器执行，导致系统在当前进程的执行过程中发生了一个异常控制流，这种异常控制流通过进程的上下文切换来实现。

硬件在执行指令过程中，会随时监测有无异常发生。当发现当前执行的是陷阱指令，或有异常发生、有外部中断请求时，则当前进程发生异常控制流，转入一个特定的内核程序执行，以针对特定的异常或中断进行处理。

对于不同类型的异常或中断，其处理方式可能不同。对于陷阱指令，则相当于提供了一个过程调用，在陷阱指令执行结束后转入到一个特定的内核程序执行，执行结束后返回到陷阱指令的后面一条指令继续执行；对于无法恢复的故障类异常，如非法操作码、除法错、越界（或越权、越级）类访存错等，则相应的异常处理程序会向当前进程发送一个特定的信号，当前进程接收到信号后，就调用相应的信号处理程序执行（如果有对应的信号处理程序的话），或调用内核的 abort 例程终止当前进程（如果没有对应的信号处理程序的话）；对于可以恢复的故障类异常，则相应的异常处理程序处理完故障后，会回到当前进程的故障指令继续执行；对于外部中断，则在相应的中断服务程序执行后，回到当前进程的下一条指令继续执行。

习题

1. 给出以下概念的解释说明。

CPU 的控制流	正常控制流	异常控制流	进程	逻辑控制流
物理控制流	并发（concurrency）	并行（parallelism）	多任务	时间片
进程的上下文	系统级上下文	用户级上下文	寄存器上下文	进程控制信息
上下文切换	内核空间	用户空间	内核控制路径	异常处理程序
中断服务程序	故障（fault）	陷阱（trap）	陷阱指令	终止（abort）
中断请求信号	中断响应周期	中断类型号	开中断/关中断	可屏蔽中断
不可屏蔽中断	断点	程序状态字寄存器	程序状态字	向量中断方式
中断向量	中断向量表	异常/中断查询程序	中断描述符表	I/O 中断
时钟中断	处理器中断	现场信息	中断服务程序	中断服务例程
系统调用	系统调用号	系统调用处理程序	系统调用服务例程	

2. 简单回答下列问题。

（1）引起异常控制流的事件主要有哪几类？

（2）进程和程序之间最大的区别在哪里？

（3）进程的引入为应用程序提供了哪两个方面的假象？这种假象带来了哪些好处？

（4）"一个进程的逻辑控制流总是确定的，不管中间是否被其他进程打断，也不管被打断几次或在哪里被打断，这样，就可以保证一个进程的执行不管怎么被打断其行为总是一致的。"计算机系统主要靠什么机制实现这个能力？

（5）在进行进程上下文切换时，操作系统主要完成哪几项工作？

（6）在 IA-32 + Linux 系统平台中，一个进程的虚拟地址空间布局是怎样的？

（7）简述异常和中断事件形成异常控制流的过程。

（8）调试程序时的单步跟踪是通过什么机制实现的？

（9）在异常和中断的响应过程中，CPU（硬件）要保存一些信息，这些信息包含哪些内容？

（10）在执行异常处理程序和中断服务程序过程中，（软件）要保存一些信息，这些信息包含哪些内容？

（11）普通的过程（函数）调用和操作系统提供的系统调用之间有哪些相同之处？有哪些不同之处？

（12）在 IA-32 中，中断向量表和中断描述符表各自记录了什么样的信息？

3. 根据下表给出的 4 个进程运行的起、止时刻，指出每个进程对 P1-P2、P1-P3、P1-P4、P2-P3、P3-P4 中的两个进程是否并发运行？

进程	开始时刻	结束时刻
P1	1	7
P2	4	6
P3	3	8
P4	2	5

4. 假设在 IA-32 + Linux 系统中一个 main 函数的 C 语言源程序 P 如下：

```
1   unsigned short b[2500];
2   unsigned short k;
3   main()
4   {
5       b[1000]=1023;
6       b[2500]=2049%k;
7       b[10000]=20000;
8   }
```

经编译、链接后，第 5、6 和 7 行源代码对应的指令序列如下：

```
1   movw    $0x3ff, 0x80497d0        // b[1000]=1023
2   movw    0x804a324, %cx          // R[cx]=k
3   movw    $0x801, %ax             // R[ax]=2049
4   xorw    %dx, %dx                // R[dx]=0
5   div     %cx                     // R[dx]=2049%k
6   movw    %dx, 0x804a324          // b[2500]=2049%k
7   movw    $0x4e20, 0x804de20      // b[10000]=20000
```

假设系统采用分页虚拟存储管理方式，页大小为 4KB，第 1 行指令对应的虚拟地址为 0x80482c0，在运行 P 对应的进程时，系统中没有其他进程在运行，回答下列问题。

（1）对于上述 7 条指令的执行，是否可能在取指令时发生缺页故障？

（2）执行第 1、2、6 和 7 行指令时，在访问存储器操作数的过程中是否会发生页故障或其他什么问题？哪些指令中的问题是可恢复的？哪些指令中的问题是不可恢复的？分别画出第 1 行和第 7 行指令所发生故障的处理过程示意图。

(3) 执行第 5 条指令时会发生什么故障？该故障能否恢复？

5. 若用户程序希望将字符串 "hello, world!\n" 中的 14 个字符显示在标准输出设备文件 stdout 上，则可以使用系统调用 write 对应的封装函数 write(1, "hello, world!\n",14)，在 IA-32 + Linux 系统中，可以用以下机器级代码（用汇编指令表示）实现。

```
1  movl   $4, %eax        // 调用号为 4,送 EAX
2  movl   $1, %ebx        // 标准输出设备 stdout 的文件描述符为 1,送 EBX
3  movl   $string, %ecx   // 字符串"hello, world!\n"的首地址等于 string 的值,送 ECX
4  movl   $14, %edx       // 字符串的长度为 14,送 EDX
5  int    $0x80           // 系统调用
```

针对上述机器级代码，回答下列问题或完成下列任务。

(1) 执行该段代码时，系统处于用户态还是内核态？为什么？执行完第 5 行指令后的下一个时钟周期，系统处于用户态还是内核态？

(2) 第 5 行指令是否属于陷阱指令？执行该指令时，通过 5 种类型（中断门、系统门、系统中断门、陷阱门和任务门）门描述符中的哪种来激活异常处理程序？对应的中断类型号是多少？对应门描述符中的字段 P、DPL、TYPE 的内容分别是什么？根据对应门描述符中的段选择符取出的 GDT 中的段描述符中的基地址、限界以及字段 G、S、TYPE（包含 A）、DPL、D 和 P 分别是什么？

(3) 参考 7.3.3 节的内容，详细描述第 5 行指令的执行过程。

6. IA-32 和 Linux 分别代表了硬件和软件（操作系统内核），根据它们各自在整个异常和中断处理过程中所做的具体工作，归纳总结出硬件和软件在异常和中断处理过程中分别完成哪些工作。

第 8 章

I/O 操作的实现

在第 1 章介绍冯·诺依曼结构计算机时，提到输入/输出子系统（I/O 子系统）是计算机的重要组成部分。无论是在应用程序员编写用户程序时，还是在最终用户基于操作系统提供的人机交互功能使用计算机时，都会涉及如何让外部设备进行 I/O 的问题。

使用高级语言编写应用程序时，通常会利用专门的 I/O 库函数来实现外设的 I/O 功能，而 I/O 库函数通常将具体的 I/O 操作功能通过相应的陷阱指令（自陷指令，有时也称为"软中断指令"）以"系统调用"的方式转换为由操作系统内核来实现。也就是说，任何 I/O 操作过程最终都是由操作系统内核控制完成的。

本章主要介绍与 I/O 操作相关的软件和硬件方面的相关内容。主要包括：文件的概念，与 I/O 系统调用相关的函数，基本的 C 标准 I/O 库函数，常用外设控制器（I/O 接口）的基本功能和结构，I/O 端口的编址方式，外设与主机之间的 I/O 控制方式以及如何利用陷阱指令将用户 I/O 请求转换为操作系统的 I/O 处理过程。

8.1 I/O 子系统概述

I/O 子系统主要解决各种形式信息的输入和输出问题，即解决如何将所需信息（文字、图表、声音、视频等）通过不同外设输入到计算机中，或者计算机内部处理的结果如何通过相应外设输出给用户。

所有高级语言的运行时系统都提供了执行 I/O 功能的高级机制，例如，C 语言中提供了像 printf() 和 scanf() 等这样的标准 I/O 库函数，C ++ 语言中提供了如" << "（输入）和" >> "（输出）这样的重载 I/O 操作符。从用户在高级语言程序中通过 I/O 函数或 I/O 操作符提出 I/O 请求，到 I/O 设备响应并完成 I/O 请求，整个过程涉及多个层次的 I/O 软件和 I/O 硬件的协调工作。

> ✎ **小贴士**
>
> 运行时系统（runtime system）也称为运行时环境（runtime environment）或简称为运行时（runtime），它实现了一种计算机语言的核心行为。不管是被编译转换的语言，还是被解释执行的语言，或者是嵌入式领域特定的语言等，每一种计算机语言都实现了某种形

式的运行时系统。一个运行时系统除了要支持语言基本的低级行为之外，还要实现更高层次的行为，如库函数等，甚至提供类型检查、调试以及代码生成与优化等功能。

与计算机系统一样，I/O 子系统也采用层次结构。图 8.1 是 I/O 子系统层次结构示意图。

I/O 子系统包含 I/O 软件和 I/O 硬件两大部分。**I/O 软件**包括最上层提出 I/O 请求的**用户空间 I/O 软件**（称为**用户 I/O 软件**）和在底层操作系统中对 I/O 进行具体管理和控制的**内核空间 I/O 软件**（称为**系统 I/O 软件**）。系统 I/O 软件又分三个层次，分别是与设备无关的 I/O 软件层、设备驱动程序层和中断服务程序层。**I/O 硬件**在操作系统内核空间 I/O 软件的控制下完成具体的 I/O 操作。

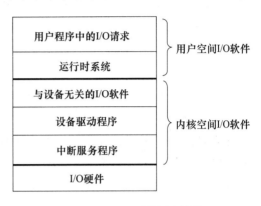

图 8.1　I/O 子系统层次结构

操作系统在 I/O 子系统中承担极其重要的作用，这主要是由 I/O 子系统的以下三个特性决定的。

① 共享性。I/O 子系统被多个进程共享，因此必须由操作系统对共享的 I/O 资源统一调度管理，以保证用户程序只能访问自己有权访问的那部分 I/O 设备或文件，并使系统的吞吐率达到最佳。

② 复杂性。I/O 设备控制的细节比较复杂，如果由最上层的用户程序直接控制，则会给广大的应用程序开发者带来麻烦，因而需操作系统提供专门的驱动程序进行控制，这样可以对应用程序员屏蔽设备控制的细节，简化应用程序的开发。

③ 异步性。I/O 子系统的速度较慢，而且不同设备之间的速度也相差较大，因而，I/O 设备与主机之间的信息交换方式通常使用异步的中断 I/O 方式。中断导致从用户态向内核态转移，因此，I/O 处理须在内核态完成，通常由操作系统提供中断服务程序来处理 I/O。

用户程序总是通过某种 I/O 函数或 I/O 操作符请求 I/O 操作。例如，用户程序需要读一个磁盘文件中的记录时，它可以通过调用 C 语言标准 I/O 库函数 fread()，也可以直接调用 read 系统调用的封装函数 read() 来提出 I/O 请求。不管用户程序中调用的是 C 库函数还是系统调用封装函数，最终都是通过操作系统内核提供的系统调用来实现 I/O。

图 8.2 给出了用户程序调用 printf() 来调出内核提供的 write 系统调用的过程。

图 8.2　用户程序、C 语言库和内核之间的关系

从图 8.2 可以看出，对于一个 C 语言用户程序，若在某过程（函数）中调用了 printf()，则

在执行到调用 printf() 的语句时,便会转到 C 语言库中对应的 I/O 标准库函数 printf() 去执行,而 printf() 最终又会转到调用函数 write() 执行;write() 函数对应一个指令序列,其中有一条陷阱指令,通过这条陷阱指令,CPU 从用户态转到内核态执行,内核程序在内核空间中找到 write 对应的**系统调用服务例程**来执行具体的打印显示任务。

每个系统调用的封装函数都会被转换为一组与具体机器架构相关的指令序列,这个指令序列中至少有一条陷阱指令,在陷阱指令之前可能还有若干条传送指令用于将 I/O 操作的参数送入相应的寄存器。

例如,在 IA-32 中,陷阱指令就是 INT n 指令,也称为软中断指令。在早期 IA-32 架构中,Linux 系统将 int $0x80 指令用作系统调用,在系统调用指令之前会有一串传送指令,用来将系统调用号等参数传送到相应的寄存器。系统调用号通常在 EAX 寄存器中,内核程序可根据系统调用号选择执行一个系统调用服务例程。这样,用户进程的 I/O 请求通过调出操作系统中相应的系统调用服务例程来实现。

I/O 子系统工作的大致过程如下:首先,CPU 在用户态执行用户进程,当 CPU 执行到系统调用封装函数对应的指令序列中的陷阱指令时,会从用户态陷入到内核态;转到内核态执行后,CPU 根据陷阱指令执行时 EAX 寄存器中的系统调用号,选择执行一个相应的系统调用服务例程;在系统调用服务例程的执行过程中可能需要调用具体设备的驱动程序;在**设备驱动程序**执行过程中启动外设工作,外设准备好后发出中断请求,CPU 响应中断后,就调出**中断服务程序**执行,在中断服务程序中控制主机与设备进行具体的数据交换。

图 8.3 是 Linux 系统中 write 操作的执行过程示意图。

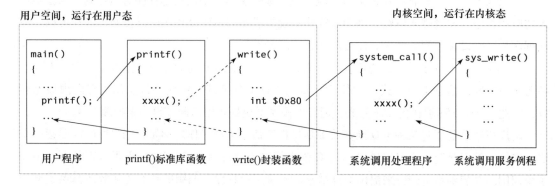

图 8.3   在 Linux 系统中 write 操作的执行过程

如图 8.3 所示,假定用户程序中有一个语句调用了库函数 printf(),在 printf() 函数中又通过一系列的函数调用,最终转到调用 write() 函数。在 write() 函数对应的指令序列中,一定有一条用于系统调用的陷阱指令,在 IA-32 + Linux 系统中就是指令 int $0x80 或 sysenter。该陷阱指令执行后,进程就从用户态陷入到内核态执行。Linux 中有一个系统调用的统一入口,即**系统调用处理程序** system_call()。CPU 执行陷阱指令后,便转到 system_call() 的第一条指令执行。在 system_call() 中,将根据 EAX 寄存器中的系统调用号跳转到当前系统调用对应的系统调用服务例程 sys_write() 去执行。system_call() 执行结束时,从内核态返回到用户态下的陷阱指令后面一条指令继续执行。

Linux 系统下 write() 函数的用法如下：

ssize_t write(int fd, const void *buf, size_t n);

这里的类型 size_t 和 ssize_t 分别是 unsigned int 和 int。字节数 n 通常是 unsigned 类型，但是，因为返回值还可能是 -1，所以，返回类型只能是带符号整数类型 int。

write() 封装函数的源代码编译后生成如图 8.4 所示的汇编代码。按照函数调用时压栈的顺序可知，在某函数中调用 write() 函数时，最先被压入栈中的参数是 n，其次是 buf，最后是 fd，参数压栈后执行调用指令 call，此时，再将返回地址压栈。在执行完 call 指令后，便跳转到图 8.4 所示的 write 过程执行。执行第 2 行的 push 指令后，当前栈指针寄存器内容 R[esp] 指向刚保存的 R[ebx]，R[esp]+4 指向返回地址，R[esp]+8 指向参数 fd，R[esp]+12 指向参数 buf，R[esp]+16 指向参数 n。

```
1    write:
2            pushl   %ebx              // 将EBX入栈
3            movl    $4, %eax          // 将系统调用号送EAX
4            movl    8(%esp), %ebx     // 将第1个参数fd送EBX
5            movl    12(%esp), %ecx    // 将第2个参数buf送ECX
6            movl    16(%esp), %edx    // 将第3个参数n送EDX
7            int     $0x80             // 进入系统调用处理程序system_call执行
8            cmpl    $-132, %eax       // 检查返回值，假定最大出错码为131
9            jbe     .L1               // 若无错误，则跳转至.L1
10           negl    %eax              // 将返回值取负送EAX
11           movl    %eax, error       // 将EAX的值送error
12           movl    $-1, %eax         // 将write函数返回值置-1
13   .L1:    popl    %ebx
14           ret
```

图 8.4　write() 封装函数对应的汇编代码

图 8.4 给出的汇编代码中，第 3 行到第 6 行用来将系统调用的参数送到不同的寄存器，其中，系统调用号 4 保存在寄存器 EAX 中。第 7 行是陷阱指令 int $0x80，CPU 执行到该指令时，将从用户态切换到内核态，调出系统调用处理程序 system_call() 执行。在 system_call() 中，根据系统调用号为 4，再跳转到相应的系统调用服务例程 sys_write() 执行，以完成将一个字符串写入文件的功能，其中，字符串的首地址由 ECX 指定，字符串的长度由 EDX 指出，写入文件的文件描述符由 EBX 指出。system_call() 执行结束时，从内核返回的参数存放在 EAX 中。若返回参数表明在内核中执行系统调用发生错误，则将 EAX 取负后得到错误码，存放在 error 中，并将 write() 函数的返回值置 -1；若没有发生错误，则 write() 函数的返回值就是从内核系统调用返回的值，它通常是真正写入文件的字节数。

8.2　用户空间 I/O 软件

I/O 软件包括图 8.1 所示的最上层提出 I/O 请求的用户空间 I/O 软件和在底层操作系统中

进行 I/O 具体控制的内核空间 I/O 软件。

8.2.1　用户程序中的 I/O 函数

在用户空间 I/O 软件中，用户程序可以通过调用特定的 I/O 函数提出 I/O 请求。在 UNIX/Linux 系统中，用户程序使用的 I/O 函数可以是 C 标准 I/O 库函数或系统调用封装函数，前者如文件 I/O 函数 fopen()、fread()、fwrite() 和 fclose() 或控制台 I/O 函数 printf()、scanf() 等，后者如 open()、read()、write() 和 close() 等。

标准 I/O 库函数比系统调用封装函数抽象层次更高，后者属于**系统级 I/O 函数**，前者是基于后者实现的。图 8.5 给出了两者之间的关系。

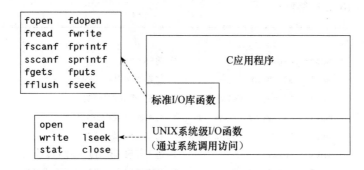

图 8.5　C 标准 I/O 库函数与 UNIX 系统级 I/O 函数之间的关系

通常情况下，C 程序员大多使用较高层次的标准 I/O 库函数，而很少使用底层的系统级 I/O 函数。使用标准 I/O 库函数得到的程序移植性较好，可以在不同体系结构和操作系统平台下运行，而且，因为标准 I/O 库函数中的文件操作使用了在内存中的文件缓存区，使得系统调用以及 I/O 次数显著减少，所以使用标准 I/O 库函数能提高程序执行效率。不过，使用 C 标准 I/O 库函数也有以下不足：① 所有 I/O 操作都是同步的，即程序必须等待 I/O 操作真正完成后才能继续执行；② 在一些情况下不适合甚至无法使用标准 I/O 库函数实现 I/O 功能，例如，C 标准 I/O 库中不提供读取文件元数据的函数；③ 更有甚者，标准 I/O 库函数还存在一些问题，使得用它进行网络编程会造成易于出现缓冲区溢出等风险，同时它也不提供对文件进行加锁和解锁等功能。

虽然在很多情况下使用标准 I/O 库函数就能解决问题，特别是对于磁盘和终端设备（键盘、显示器等）的 I/O 操作。但是，在 UNIX/Linux 系统中，有时用标准 I/O 库函数或系统级 I/O 函数对网络设备进行 I/O 操作时会出现一些问题，因此，也可以基于底层的系统级 I/O 函数自行构造高层次 I/O 函数，以提供适合网络 I/O 的读操作和写操作函数。

在 Windows 系统中，用户程序同样可以调用 C 标准 I/O 库函数，此外，还可以调用 Windows 提供的 API 函数，如文件 I/O 函数 CreateFile()、ReadFile()、WriteFile()、CloseHandle() 和控制台 I/O 函数 ReadConsole()、WriteConsole() 等。

表 8.1 给出了关于文件 I/O 和控制台 I/O 的部分函数对照列表，其中包含了 C 标准 I/O 库函数、UNIX/Linux 系统级 I/O 函数和用于 I/O 的 Windows API 函数。

表 8.1　关于 I/O 操作的部分函数或宏定义对照表

序号	C 标准库	UNIX/Linux	Windows	功能描述
1	getc，scanf，gets	read	ReadConsole	从标准输入读取信息
2	fread	read	ReadFile	从文件读入信息
3	putc，printf，puts	write	WriteConsole	在标准输出上写信息
4	fwrite	write	WriteFile	在文件上写入信息
5	fopen	open，creat	CreateFile	打开/创建一个文件
6	fclose	close	CloseHandle	关闭一个文件（Close-Handle 不限于文件）
7	fseek	lseek	SetFilePointer	设置文件读写位置
8	rewind	lseek（0）	SetFilePointer（0）	将文件指针设置成指向文件开头
9	remove	unlink	DeleteFile	删除文件
10	feof	无对应	无对应	停留到文件末尾
11	perror	strerror	FormatMessage	输出错误信息
12	无对应	stat，fstat，lstat	GetFileTime	获取文件的时间属性
13	无对应	stat，fstat，lstat	GetFileSize	获取文件的长度属性
14	无对应	fcnt	LockFile/UnlockFile	文件的加锁、解锁
15	使用 stdin、stdout 和 stderr	使用文件描述符 0、1 和 2	GetStdHandle	标准输入、标准输出和标准错误设备

　　从表 8.1 可以看出，C 标准库中提供的函数并没有涵盖所有底层操作系统提供的功能，如表中第 12、13 和第 14 项；不同的 C 标准库函数可能调用相同的系统调用，例如，表中第 1 和第 2 项中不同的 C 库函数是由同一个系统调用 read 实现的，同样，表中第 3 和第 4 项中不同的 C 库函数都是由 write 系统调用实现的；此外，C 标准 I/O 库函数、UNIX/Linux 和 Windows 的 API 函数所提供的 I/O 操作功能并不是一一对应的。虽然对于基本的 I/O 操作，它们有大致一样的功能，不过，在使用时还是要注意它们之间的不同。其中一个重要的不同点是，它们的参数中对文件的标识方式不同，例如，函数 read() 和 write() 的参数中指定的文件用一个整数类型的文件描述符来标识；而 C 标准库函数 fread() 和 fwrite() 的参数中指定的文件用一个指向特定结构的指针类型来标识。下一节简单介绍与文件相关的基本概念，而有关文件系统的细节内容请参看操作系统方面的书籍。

8.2.2　文件的基本概念

　　Linux 操作系统是一个类 UNIX 系统，其文件格式和有关文件操作方面的系统调用等与 UNIX 中的类似。在 UNIX 系统中，所有的 I/O 操作都是通过读写一个文件来实现的，所有外设，包括网络（套接字 socket）、终端设备（键盘和显示器）等，都被看成是一个文件。把所有不同的物理设备抽象成一个逻辑上统一的"文件"后，使得对于用户程序来说，访问一个物理设备与访问一个真正的磁盘文件是完全一致的，这样，就为用户程序和外设之间的信息交换提供了一个统一的处理接口。

　　在 UNIX 操作系统中，**文件**就是一个字节序列，因此，键盘可被看成是可以读取字节序列的输入设备文件，显示器看成是可以写入字节序列的输出设备文件，网络套接字是可以读取字节序列和写入字节序列的输入/输出设备文件。通常将键盘和显示器构成的设备称为**终端**（terminal），对应**标准输入文件**和**标准输出文件**。像磁盘、光盘等外存储器上的文件则是**普通文件**。

根据文件中的每个字节是否是可读的 ASCII 码，可将文件分成**ASCII 文件**和**二进制文件**两类。ASCII 文件也称为**文本文件**，可以由多个正文行组成，每行以换行符（'\n'）结束，其中每个字节是一个字符。通常，终端设备上的标准输入文件和标准输出文件是 ASCII 文件；磁盘上的普通文件则可能是文本文件或二进制文件，例如，磁盘上的可重定位目标文件和可执行文件都是二进制文件，而源程序文件则是 ASCII 文件。

对于系统中的文件，用户程序可以对其进行创建、打开、读写和关闭等操作。

1. 创建文件

在大多数情况下，在读或写一个文件之前，用户程序必须告知系统将要对该文件进行什么操作，是读、写、添加还是可读可写，这个告知操作通过打开一个文件或创建一个文件来实现。

对于一个已存在的文件，可以直接打开文件；对于一个不存在的文件，则应先创建。创建一个新文件时，用户应指定所创建文件的文件名和访问权限，系统返回一个非负整数，它被称为**文件描述符**（file descriptor）fd。文件描述符用于标识被创建的文件，在以后对文件的读写等操作时用文件描述符代表文件。

2. 打开文件

打开文件时，系统要检测文件是否存在、用户是否有访问文件的权限等。若这些操作都没有问题，则系统会返回一个非负整数作为文件描述符。

在 UNIX 中创建每个进程时，都会自动打开三个标准文件：**标准输入**（描述符为 0）、**标准输出**（描述符为 1）和**标准错误**（描述符为 2）。键盘和显示器可以分别抽象成标准输入文件和标准输出文件。

3. 设置文件读写位置

每个文件都有一个**当前读写位置**，它表示相对于文件最开始的字节偏移量，初始时为 0。用户程序中可以用 lseek 系统调用设置文件读写位置。

4. 读文件和写文件

一个新文件被创建后，用户程序可以将信息写到文件上。一个已存在的文件被打开后，用户程序可以从文件中读或写信息。写文件的操作从当前读写位置 $k(k \geq 0)$ 处写入 $n(n > 0)$ 个字节，因而写入后文件当前读写位置为 $k + n$。

读文件的操作从文件当前读写位置 $k(k \geq 0)$ 处读出 $n(n > 0)$ 个字节，因而读出后文件当前读写位置为 $k + n$。假设文件大小为 m 个字节，当执行读文件操作时，若 $k = m$，则当前位置为结尾处，这种情况称为**文件结束 EOF**（end of file）。

5. 关闭文件

当完成对文件的读写等操作后，用户程序需要通知内核关闭文件，表示用户程序不再对文件进行任何操作。关闭文件时将释放文件创建或打开时所创建的数据结构所在存储区，并回收文件描述符。不管一个进程因为何种原因终止，内核都会关闭所打开的文件，以释放其所用的存储资源。

8.2.3 系统级 I/O 函数

前面提到，与 I/O 操作相关的系统调用封装函数属于系统级 I/O 函数。在 UNIX/Linux 系统中，常用的这类函数有 creat()、open()、read()、write()、lseek()、stat()/fstat()、close() 等，它们的调用形式及其功能说明如下。使用以下函数时必须包含相应的头文件（如 unistd.h 等）。

1. creat 系统调用

用法：`int creat(char *name, mode_t perms);`

第一个参数 *name* 为需创建的新文件的名称，是一个表示路径名和文件名的字符串；第二个参数 *perms* 用于指定所创建文件的**访问权限**，共有 9 位，分别指定**文件拥有者**、**拥有者所在组成员**以及**其他用户**各自所拥有的读、写和执行权限。通常用一个八进制数字中的三位分别表示读、写和执行权限，例如，*perms* = 0755，表示拥有者具有读、写和执行权限（八进制的 7，即 111B），而拥有者所在组成员和其他用户都只有读和执行权限，没有写权限（八进制的 5，即 101B）。正常情况下，该函数返回一个文件描述符，若出错，则返回 −1。若文件已经存在，则该函数将把文件截断为长度为 0 的文件，也即，将文件原先的内容全部丢弃，因此，创建一个已存在的文件不会发生错误。

2. open 系统调用

用法：`int open(char *name, int flags, mode_t perms);`

除了默认的标准输入、标准输出和标准错误三种文件是自动打开以外，其他文件必须用相应的函数显式创建或打开后才能读写，可以用 open 系统调用显式打开文件。

正常情况下，open() 函数返回一个文件描述符，它是一个用以唯一标识进程中被打开文件的非负整数，若出错，则返回 −1。第一个参数 *name* 为需打开文件的名称，是一个表示路径名和文件名的字符串；第二个参数 *flags* 指出用户程序将会如何访问这个打开文件，例如：

O_RDONLY：只读。

O_WRONLY：只写。

O_RDWR：可读可写。

O_WRONLY│O_APPEND：可在文件末尾添加并且只写。

O_RDWR│O_CREAT：若文件不存在则创建一个空文件并且可读可写。

O_WRONLY│O_CREAT│O_TRUNC：若文件不存在则创建一个空文件，若文件存在则截断为空文件，并且可读可写。

上述这些带 O_ 的常数必须事先定义在某个头文件中，例如，在 System V UNIX 系统的头文件 fcntl.h 或 BSD 版本的头文件 sys/file.h 中都定义了这些常数。

假定用户程序将以只读方式使用文件 test.txt，则可以用以下语句打开文件：

```
fd = open("test.txt", O_RDONLY, 0);
```

第三个参数 *perms* 用于指定所创建文件的访问权限，通常在 open() 函数中该参数总是 0，除非以创建方式打开，此时，参数 *flags* 中应带有 O_CREAT 标志。不以创建方式打开一个文件时，若文件不存在，则发生错误。对于不存在的文件，可用 creat 系统调用来打开。

3. read 系统调用

用法：ssize_t read(int fd, void *buf, size_t n);

该函数功能是将文件 fd 中从当前读写位置 k 开始的 n 个字节读取到 buf 中，读操作后文件当前读写位置为 $k+n$。假定文件长度为 m，当 $k+n>m$ 时，则真正读取的字节数为 $m-k<n$，并且读操作后文件当前读写位置为文件尾。函数返回值为实际读取字节数，因而，当 $m=k$ (EOF) 时，返回值为 0；出错时返回值为 -1。

4. write 系统调用

用法：ssize_t write(int fd, const void *buf, size_t n);

该函数功能是将 buf 中的 n 字节写到文件 fd 中，从当前读写位置 k 处开始写入。返回值为实际写入字节数 m，写入后文件当前读写位置为 $k+m$。对于普通的磁盘文件，实际写入字节数 m 等于指定写入字节数 n。出错时返回值为 -1。

对于 read/write 系统调用，可以一次读/写任意字节，例如，每次读/写一个字节或一个物理块大小，如一个磁盘扇区（512 字节）或一个记录大小等。显然，按照一个物理块大小来读（写）比较好，可以减少系统调用的次数。

有些情况下，read/write 真正读/写的字节数比用户程序设定的所需字节数要少，这种情况并不被看成一种错误。通常，在读/写磁盘文件时，除非遇到 EOF，否则不会出现这种情况。但是，当读/写的是终端设备文件、网络套接字文件、UNIX 管道、Web 服务器等时，都可能出现这种情况。

5. lseek 系统调用

用法：long lseek(int fd, long offset, int origin);

当随机读写一个文件的信息时，当前读写位置可能并非正好是马上要读或写的位置，此时，需要用 lseek() 函数来调整文件的当前位置。第一个参数 fd 指出需调整位置的文件；第二个参数 $offset$ 指出相对字节数；第三个参数 $origin$ 指出 $offset$ 相对的基准，可以是文件开头（$origin=0$）、当前位置（$origin=1$）和文件末尾（$origin=2$）。例如：

```
lseek(fd, 0L, 2);    // 定位到文件末尾
lseek(fd, 0L, 0);    // 定位到文件开始
```

函数的返回值就是新的位置值，若发生错误，则返回 -1。

6. stat/fstat 系统调用

用法：int stat(const *name, struct stat *buf);
　　　　int fstat(int fd, struct stat *buf);

文件的所有属性信息，包括文件描述符、文件名、文件大小、创建时间、当前读写位置等都由操作系统内核来维护，这些信息也称为文件的**元数据**（metadata）。用户程序可以通过 stat() 或 fstat() 函数来查看文件元数据。stat 第一个参数指出的是文件名，而 fstat 指出的是文件描述符，这两个函数除了第一个参数类型不同外，其他方面全部一样。文件的元数据信息用 stat 数据结构描述如下：

```
struct stat {
    dev_t           st_dev;        /* 包含该文件的文件目录项的设备 ID */
```

```
    ino_t           st_ino;             /* 节点编号,在给定文件系统中能唯一标识该文件 */
    mode_t          st_mode;            /* 文件访问权限和文件类型 */
    nlink_t         st_nlink;           /* 连接链的数目 */
    uid_t           st_uid;             /* 文件拥有者的 ID */
    gid_t           st_gid;             /* 文件拥有者所在组的组 ID */
    dev_t           st_rdev;            /* 设备 ID,仅对于特殊的块设备和字符设备文件有效 */
    off_t           st_size;            /* 普通的磁盘文件的大小,对于特殊块设备和字符设备文件无效 */
    unsigned long   st_blksize;         /* 块大小 */
    unsigned long   st_blocks;          /* 分配的块数 */
    time_t          st_atime;           /* 最近一次访问的时间 */
    time_t          st_mtime;           /* 最近一次修改的时间 */
    time_t          st_ctime;           /* 最近一次修改文件状态的时间 */
};
```

7. close 系统调用

用法: `close(int fd);`

该函数的功能就是关闭文件 fd。

8.2.4　C 标准 I/O 库函数

在 8.2.1 节中提到,标准 I/O 库函数是基于系统级 I/O 函数实现的。本节通过若干例子介绍如何通过系统级 I/O 函数来实现 C 标准 I/O 库函数。

C 标准 I/O 库函数将一个打开的文件抽象为一个类型为 FILE 的 "流" 模型。上面曾提到,C 标准 I/O 库函数中,文件是用一个指向特定结构的指针来标识的,这个特定结构就是 FILE 结构,它描述了包含文件描述符在内的一组信息。FILE 结构在头文件 stdio.h 中描述,此外,stdio.h 文件中还对其他与标准 I/O 有关的常量、数据结构、函数和宏等进行了定义。

以下是从一个典型的 stdio.h 文件中摘录的部分内容 (摘自 Brian W. Kernighan, Dennis M. Ritchie,《The C Programming Language (Second Edition)》)。

```
#define    NULL       0
#define    EOF        (-1)
#define    BUFSIZ     1024              /* 缓冲区大小为 1024 字节 */
#define    OPEN_MAX   20                /* 可同时打开的最多文件数 */

typedef    struct    _iobuf{
    int  cnt;                           /* 剩余未读写字节数 */
    char *ptr;                          /* 下一个读写位置 */
    char *base;                         /* 缓冲区的起始地址 */
    int  flag;                          /* 文件的访问模式 */
    int  fd;                            /* 文件描述符 */
} FILE;
extern  FILE  _iob[OPEN_MAX];

#define    stdin    (&_iob[0])
#define    stdout   (&_iob[1])
#define    stderr   (&_iob[2])

enum  _flags {
    _READ  = 01,                        /* 打开的文件可读 */
    _WRITE = 02,                        /* 打开的文件可写 */
    _UNBUF = 04,                        /* 没有缓存区 */
    _EOF   = 010,                       /* 文件遇到结束标志 EOF */
```

```
    _ERR   = 020                    /* 文件发生了错误 */
);

int _fillbuf(FILE * );
int _flushbuf(int, FILE * );

#define    feof(p)      (((p) -> flag & _EOF) != 0)
#define    ferror(p)    (((p) -> flag & _ERR) != 0)
#define    fileno(p)    ((p) -> fd)

#define    getc(p)      (-- (p) -> cnt >= 0 ? (unsigned char)*(p)->ptr ++ : _fillbuf(p))
#define    putc(x,p)    (-- (p) -> cnt >= 0 ? *(p) -> ptr ++ = (x) : _flushbuf((x),p))

#define    getchar()    getc(stdin)
#define    putchar(x)   putc((x), stdout)
```

文件 fd 的**流缓冲区** FILE 由缓冲区起始位置 $base$、下一个可读写位置 ptr 以及剩下未读写的字节数 cnt 来描述。标准 I/O 库函数中表示文件的参数通常是一个指向 FILE 结构的指针 fp。

对于像 fread() 这种读文件的函数，其 FILE 是一个在内存的输入流缓冲区。图 8.6 给出了输入流缓冲区的工作原理。虽然 fread() 函数的功能是从文件中读信息，但实际上是从 FILE 缓冲区的 ptr 处开始读信息，而缓冲区中的信息则是从文件 fd 中预先读入的。每次执行读操作时，会先判断当前缓冲区中是否还有可读信息。若没有（即 $cnt = 0$），则从文件 fd 中读入 1024 字节（缓冲区大小 BUFSIZ = 1024）到缓冲区，并置 ptr 等于 $base$，cnt 等于 1024。若从缓冲区读入 n 字节，则新的 ptr 等于 ptr 加 n，cnt 等于 cnt 减 n。

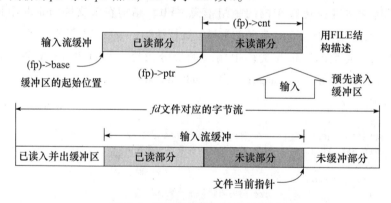

图 8.6　输入流缓冲区的工作原理

对于像 fwrite() 这种写文件的函数，其 FILE 是一个在内存的输出流缓冲区。图 8.7 给出了输出流缓冲区的工作原理。虽然 fwrite() 函数的功能是向文件中写信息，但实际上是写到 FILE 输出流缓冲区的 ptr 处。输出缓冲区的属性有三种：全缓冲 _IOFBF（fully buffered）、行缓冲 _IOLBF（line buffered）和非缓冲 _IO_NBF（no buffering）。普通文件的缓冲区属性为全缓冲（fully buffered），即使遇到换行符也不会写文件，只有当缓冲区满时才会将缓冲区内容真正写入文件 fd 中。

每次执行写操作时，会先判断当前缓冲区是否已写满（即 $cnt = 0$），对于行缓冲（line buffered）还要判断本次写的字节流中是否有换行符 \n。若是，则将缓冲区信息一次性写到文件 fd 中，并置 ptr 等于 $base$，cnt 等于 1024。若写入缓冲区 n 字节，则新的 ptr 等于 ptr 加 n，cnt

等于 cnt 减 n。

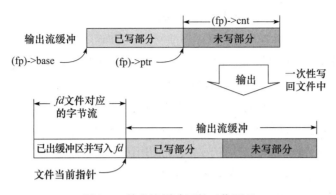

图 8.7 输出流缓冲区的工作原理

在上述 stdio.h 文件中，定义了三个特殊的标准文件，分别是**标准输入**（stdin）、**标准输出**（stdout）和**标准错误**（stderr），它们分别定义为打开的文件列表中的前三个文件，对应的文件描述符分别是 0、1 和 2，它们在结构数组_iob 中前三项的初始化定义如下：

```
FILE _iob[OPEN_MAX] = { /* stdin, stdout, stderr: */
    { 0, (char * ) 0, (char * ) 0, _READ, 0 },
    { 0, (char * ) 0, (char * ) 0, _WRITE, 1 },
    { 0, (char * ) 0, (char * ) 0, _WRITE | _UNBUF, 2 },
};
```

这三个标准文件的流缓冲区的初始化信息相同，其起始位置 base、下一个可读写位置 ptr 以及剩下未读写字节数 cnt 都被初始化为 0。标准输入 stdin 的访问模式是只读（_READ）。标准输出 stdout 和标准错误 stderr 的访问模式都为可写（_WRITE），但前者的缓冲区属性为行缓冲（line buffered），当缓冲区满或遇到换行符 \ n 时，将缓冲区数据写文件；而后者为非缓冲（no buffering），因此，每个字符直接写文件。

在 stdio.h 中还给出了 feof()、ferror()、fileno()、getc()、putc()、getchar()、putchar()等宏定义。

从 8.2.2 节和 8.2.3 节可知，系统级 I/O 函数中对文件的标识是文件描述符 fd，而 C 标准 I/O 库函数中对文件的标识是指向 FILE 结构的指针 fp，FILE 结构将文件 fd 封装成一个文件的流缓冲区，因而可以将文件中一批信息先读入缓冲区，然后再从缓冲区中一个一个读出，或者先写入缓冲区，写满缓冲区后再一次性把缓存信息写到文件中。

系统级 I/O 函数的功能通过执行内核中的系统调用服务例程来实现，在用户程序中每调用一次系统级 I/O 函数，就是进行一次系统调用。每次系统调用都有两次上下文切换，先从用户态切换到内核态，处理结束后再从内核态返回到用户态，因此，系统调用的开销非常高。例如，在 IA-32 中，因为系统调用属于陷阱类异常，所以从用户态切换到内核态的过程，正如 7.3.3 节中描述的关于异常和中断响应阶段所做的工作那样，需要进行一系列的操作；而从内核态切换到用户态的过程就是 7.3.3 节中描述的执行 IRET 指令的过程。由此可见，每次系统调用会增加许多额外开销，因此，如果能够不用系统调用则应尽量不用，或尽量减少系统调用次数。

在 C 标准 I/O 库函数中引入流缓冲区，可以尽量减少系统调用的次数。因为使用流缓冲区后，可以使用户程序仅和缓冲区进行信息交换，也即，可使文件的内容缓存在用户的缓冲区中，而不是每次都直接读写文件，从而减少执行系统调用的次数。

从 stdio.h 中可以看出，有了流缓冲区后，getc() 就只要对文件对应流缓冲区的指针进行修改（如 cnt 减 1，ptr 加 1）并返回缓冲区中当前所指字符即可。如果流缓冲区的 cnt 减 1 后为负数，则说明已经没有字符可读，此时调用函数 _fillbuf() 来填充缓冲区。

通常在第一次调用 getc() 时，需要调用 _fillbuf() 函数进行缓冲区填充。如图 8.8 所示，在 _fillbuf() 函数中，若发现文件的打开模式不是 _READ（对应 mode 为 'r' 的情况）时，就立即返回 EOF；否则，它会通过 malloc() 函数试图分配一个缓冲区（如果是带缓冲读写的情况）。一旦缓冲区建立后，_fillbuf() 就会执行 read 系统调用，以读入最多 1024（BUFSIZ = 1024）个字节到缓冲区中，并设定读写指针 ptr 和剩余字节数 cnt 等。图 8.8 中给出的 _fillbuf() 函数源代码摘自 Brian W. Kernighan 和 Dennis M. Ritchie 著的《The C Programming Language（Second Edition）》。

```
#include "syscalls.h"

/* _fillbuf: allocate and fill input buffer */
int _fillbuf(FILE *fp)
{
    int bufsize;

    if ((fp ->flag & ( _READ | _EOF | _ERR)) != _READ)
        return EOF;
    bufsize = (fp ->flag & _UNBUF) ? 1 : BUFSIZ;
    if ((fp -> base == NULL)   /* no buffer yet */
        if (( fp -> base = (char *) malloc(bufsize))== NULL)
            return EOF;      /* canÆt get buffer */
    fp -> ptr = fp -> base;
    fp -> cnt = read (fp->fd, fp->ptr, bufsize);
    if (--fp->cnt < 0) {
        if (fp->cnt == -1) fp->flag | = _EOF;
        else fp->flag | = _ERR;
        fp -> cnt =0;
        return EOF;
    }
    return (unsigned char ) *fp->ptr++;
}
```

图 8.8 分配并填充缓冲区函数 _fillbuf() 的实现

假定有一个重复调用 getc() 共 n 次的应用程序，第一次调用 getc() 时，实际上一下子通过 read() 读入了 1024 个字节到流缓冲区中，以后每次调用就只要从该流缓冲区读取并返回字符即可。这样，若 $n < 1024$，则执行 read 系统调用的次数为 1。如果应用程序直接调用系统调用函数 read() 且每次只读一个字符，那么，应用程序就要执行 n 次 read 系统调用，从而增加许多额外开销。

例8.1 假设函数 filecopy() 的功能是从一个输入文件复制信息到另一个输出文件，比较以下两种实现方式下系统调用的次数。

```
/* 方式一: getc/putc 版本 */
void filecopy(FILE *infp, FILE *outfp)
{
    int c;
    while ((c = getc(infp)) != EOF)
        putc(c,outfp);
}
```

```
/* 方式二：read/write 版本 */
void filecopy(int *infp, int *outfp)
{
    char c;
    while (read(infp,&c,1)! = 0)
        write(outfp,&c,1);
}
```

解 显然，方式二的系统调用次数更多，因为每次调用 read() 和 write() 都只进行一个字符的读和写，所以，对于文件长度为 n 的情况，共需执行 $2n$ 次系统调用。方式一用 getc 读取输入文件中的字符，第一次读取文件时会通过 read 系统调用将最多 1024 个字符一次读入流缓冲区中，这样，以后每次读取字符时就直接从流缓冲区读入，而无须调用 read 系统调用，因而，若输入文件长度小于 1024 字节，那么对于读操作只有一次系统调用。 ∎

前面提过，C 标准 I/O 库函数和宏是基于底层的系统调用函数实现的，从上述函数_fillbuf() 的实现也可以看出这一点。

以下用标准 I/O 库函数 fopen() 的实现作为例子来说明如何基于底层的系统级 I/O 函数实现 C 标准 I/O 库函数。fopen() 的用法如下：

```
#include <stdio.h>
FILE *fopen(char *name, char *mode);
```

fopen() 函数的功能是打开文件名为 *name* 的文件，具体来说，主要是分配一个 FILE 结构，并初始化其中的流缓冲区，返回指向该 FILE 结构的指针，不管由于什么原因不能打开文件，都返回 NULL。

参数 *mode* 指出用户程序将如何使用文件，可以是"rwab +"中的一个或多个字符构成的字符串，例如，'r'、'w'、'a'、'a + b'等。各字符的含义如下：

- 若 *mode* 中有 'a'（append），则数据只能写到文件末尾，且当前读写位置为文件尾。
- 若 *mode* 中有 'r'（read），则文件必须已经存在并包含了数据，若不存在或不能被打开，则返回 NULL；数据只能写到文件末尾，且当前读写位置为文件尾。
- 若 *mode* 中有 'w'（write），则对于已存在的文件就截断到 0 字节，对于不存在的文件就创建它。
- 若 *mode* 中有 ' + '（updata），则允许从该文件读取数据或写入数据。如果和 'r' 或 'w' 一起使用，则可以在任意一处从文件读取或写入。如果和 'a' 一起使用，则数据只能写入文件尾部。
- 若 *mode* 中有 'b'（binary），则表示文件按二进制形式打开，否则按文本形式打开。

假定系统级 I/O 函数定义包含在头文件 syscalls.h 中，C 标准 I/O 库函数 fopen() 的一个实现版本如图 8.9 所示（摘自 Brian W. Kernighan, Dennis M. Ritchie, 《The C Programming Language（Second Edition）》）。

图 8.9 给出的实现版本没有对所有访问模式进行处理，缺少了针对 'b' 和 ' + ' 情况的处理。从图 8.9 可以看出，fopen() 是通过系统调用 open 和 creat 来实现的。在用 fopen() 打开文件后，就可以对其进行读写。通常，第一次读取一个打开的文件时，会像函数_fillbuf() 实现的那样，先将文件中的一块数据读出填充到文件对应的流缓冲区，以后若需要读取这一块数据中

的信息时，就可以从对应的流缓冲区读取。

```c
#include <fcntl.h>
#include "syscalls.h"
#define PERMS 0666 /* RW for owner, group, others */

/* fopen: open files, return file ptr */
FILE *fopen(char *name, char *mode)
{
    int fd;
    FILE *fp;

    if (*mode !='r' && *mode !='w' && *mode !='a')
        return NULL;
    for (fp = _iob; fp < _iob + OPEN_MAX; fp++)
        if ((fp->flag & ( _READ | _WRITE )) == 0)
            break;   /* found free slot */
    if (fp >= _iob + OPEN_MAX )  /* no free slots */
        return NULL;

    if (*mode == 'w') fd = creat(name, PERMS);
    else if (*mode == 'a') {
            if ((fd = open(name, O_WRONLY, 0)) == -1)
                fd = creat(name, PERMS);
            lseek(fd, OL, 2);
        } else fd = open(name, O_RDONLY, 0);
    if (fd == -1) return NULL; /* 文件名 name 不存在 */
    fp->fd = fd;
    fp->cnt = 0;
    fp->base = NULL;
    fp->flag = (*mode == 'r') ? _READ : _WRITE;
    return fp;
}
```

图 8.9　标准 I/O 库函数 fopen() 的一种实现版本

8.2.5　用户程序中的 I/O 请求

在用户空间 I/O 软件中，用户程序可以使用 C 标准 I/O 库函数的方式提出 I/O 请求，也可以直接使用操作系统提供的系统级 I/O 函数或 API 函数提出 I/O 请求。

例如，对于一个简单的文件复制功能，可以使用多种不同的实现方式。例 8.1 中给出了两种实现方式，而如图 8.10 所示的是另一种方式，它使用 C 标准 I/O 库函数 fread() 和 fwrite() 来实现。

对于文件复制功能，还可用函数 fgetc() 和 fputc() 来实现，其程序类似图 8.10 所示的程序，所不同的只是将第 25 行到第 31 行替换为如下语句：

```c
while (!feof (srcfile)) fputc(fgetc(srcfile), dstfile);
```

在 Windows 系统中，除了使用 C 标准库函数实现以外，还可使用 API 函数 ReadFile() 和 WriteFile() 来实现文件复制功能。此外，操作系统还可能会提供一些更高级的 API 函数，它通过组合若干基本 API 函数而形成，是用于完成特定功能的、抽象度更高的 API 函数。例如，在 Windows 系统中，提供了一个特定的用于文件复制的函数 CopyFile()，它通过调用基本 API 函数 CreateFile()、ReadFile()、WriteFile() 和 CloseHandle() 来实现，用户程序可以直接使用 Copy-File() 函数来实现文件复制功能。

```c
1  #include <stdio.h>
2  #include <errno.h>
3
4  int main(int argc, char *argv[])
5  {
6      FILE *srcfile, *dstfile;
7      char  buf[BUFSIZ];
8      size_t srcsize, dstsize;
9
10     if ( argc != 3 ) {
11         printf( "usage: copyfile srcfile dstfile\n" );
12         return 1;
13     }
14     srcfile=fopen(argv[1], "rb");
15     if ( srcfile == NULL ) {
16         perror(argv[1]);
17         return 2;
18     }
19     dstfile=fopen(argv[2], "wb");
20     if ( dstfile == NULL ) {
21         perror(argv[2]);
22         return 3;
23     }
24
25     while ((srcsize=fread(buf, 1, BUFSIZ, srcfile)) > 0) {
26         dstsize=fwrite(buf, 1, srcsize, dstfile);
27         if (dstsize != srcsize) {
28             perror("Write Error.");
29             return 4;
30         }
31     }
32     fclose(srcfile);
33     fclose(dstfile);
34     return 0;
35 }
```

图 8.10　使用标准 C 库函数示例程序

上面就文件复制功能列举了多种不同的实现方式，不管用户空间 I/O 软件通过何种方式来提出 I/O 请求，编译器和汇编器最终都会将 I/O 请求转换为如图 8.4 中第 3 ~ 7 行所示的若干条指令。其中，传送指令用来准备系统调用的调用号和参数，通常，调用号被传送到 EAX 寄存器，而参数被传送到其他通用寄存器。例如，在 IA-32 + Linux 系统中，参数将依次被存放在 EBX、ECX、EDX 等通用寄存器中。也可以不将参数送到通用寄存器，而是将参数在栈中的起始地址送到特定的通用寄存器，这种做法在参数较多时比较合适。例如，在 IA-32 + Windows 系统中就是这样传递参数的，通常将第一个参数在栈中的地址送到 EDX 寄存器，因为调用系统调用封装函数时，参数已经按序压入栈中，所以，通过 EDX 可以访问到栈中所有参数。在传送指令后面是一条用于系统调用的陷阱指令，在 IA-32 + Linux 系统中，通常是"int $0x80"，在 IA-32 + Windows 系统中通常是"int $0x2e"指令。这两种系统也都可以用快速系统调用指令 sysenter 进行系统调用。

8.3 I/O 硬件与软件的接口

用户空间 I/O 软件中的 I/O 请求最终是通过一条陷阱指令转入内核由内核空间中的 I/O 软件来控制 I/O 硬件完成的。因为内核空间中底层 I/O 软件的编写与 I/O 硬件的结构密切相关，所以在介绍内核空间的 I/O 软件之前，先介绍 I/O 硬件的基本组成。对于编写内核空间 I/O 软件的程序员来说，所关心的是 I/O 硬件中与软件的接口部分，因此，本节主要介绍与软件相关的 I/O 硬件部分，而不是介绍如何设计和制造 I/O 硬件的物理部件。

I/O 硬件通常由机械部分和电子部分组成，并且两部分通常是可以分开的。机械部分是 I/O 设备本身，而电子部分则称为**设备控制器**或**I/O 适配器**。

8.3.1 I/O 设备

I/O 设备又称**外围设备**、**外部设备**，简称**外设**，是计算机系统与人类或其他计算机系统之间进行信息交换的装置。操作系统为了更好地对 I/O 设备进行统一管理，通常将 I/O 设备分成两类：字符设备和块设备。

字符设备是以字符为单位向主机发送或从主机接收一个字符流的设备。字符设备传送的字符流不能形成数据块，无法对其进行定位和寻址。

通常，大多数输入设备和输出设备都可以看作是一种字符设备。**输入设备**的功能是把数据、命令、字符、图形、图像、声音或电流、电压等信息，以计算机可以接受或识别的二进制代码形式输入到计算机中，例如，键盘、鼠标、触摸屏、跟踪球、控制杆、数字化仪、扫描仪、手写笔、光学字符阅读机等都是输入设备；**输出设备**的功能是把计算机处理的结果，变成最终可以被人理解的数据、文字、图形、图像和声音等信息，例如，显示器、打印机和绘图仪等都是输出设备。

还有一类主要用于计算机和计算机之间通信的设备，称为**机－机通信设备**，例如，网络接口、调制解调器、数/模和模/数转换器等。通常，大多数机－机通信设备也可看作是一种字符设备。

块设备以一个固定大小的数据块为单位与主机交换信息，通常，**外部存储器**是块设备，例如，磁盘驱动器、固态硬盘、光盘驱动器和磁带机等。块设备中的数据块的大小通常在 512 字节以上，它按照某种组织方式被写入或读出设备，每个数据块都有唯一的位置信息，因而是可寻址的。典型的块设备是硬盘和固态硬盘，有关硬盘存储器的结构、性能指标及其在计算机系统中的位置和连接等内容请参看 6.3 节。

操作系统将所有设备划分成字符设备和块设备两类，主要是为了便于操作系统对各种不同字符设备和不同块设备的共同特点进行抽象，从而在实现操作系统中的 I/O 软件时，可以尽可能多地划分出与设备无关的软件部分。例如，对于块设备，可以在文件系统只处理与设备无关的抽象块设备，而把与设备相关的部分放到更低层次的设备驱动程序中实现。

8.3.2 基于总线的互连结构

图 8.11 给出了一个传统的基于总线互连的计算机系统结构示意图,在其互连结构中,除了 CPU、主存储器以及各种接插在主板扩展槽上的 I/O 控制卡(如声卡、视频卡)外,还有北桥芯片和南桥芯片。这两块超大规模集成电路芯片组成一个"芯片组",是计算机中各个组成部分相互连接和通信的枢纽。主板上所有的存储器控制功能和 I/O 控制功能几乎都集成在芯片组内,它既实现了总线的功能,又提供了各种 I/O 接口及相关的控制功能。其中,北桥是一个主存控制器集线器(Memory Controller Hub,MCH)芯片,本质上是一个 DMA(Direct Memory Access)控制器,因此,可通过 MCH 芯片,直接访问主存和显卡中的显存。南桥是一个 I/O 控制器集线器(I/O Controller Hub,ICH)芯片,其中可以集成 USB 控制器、磁盘控制器、以太网络控制器等各种外设控制器,也可以通过南桥芯片引出若干主板扩展槽,用以接插一些 I/O 控制卡。

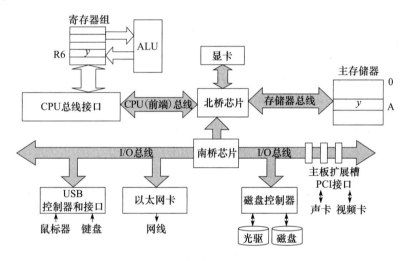

图 8.11 外设、设备控制器和 CPU 及主存的连接

如图 8.11 所示,CPU 与主存之间由处理器总线(也称为前端总线)和存储器总线相连,各类 I/O 设备通过相应的设备控制器(例如,USB 控制器、显示适配卡、磁盘控制器)连接到 I/O 总线上,而 I/O 总线通过芯片组与主存和 CPU 连接。

传统上,总线分为处理器 – 存储器总线和 I/O 总线。处理器 – 存储器总线比较短,通常是高速总线。有的系统将处理器总线和存储器总线分开,中间通过北桥芯片(桥接器)连接,CPU 芯片通过 CPU 插座插在处理器总线上,内存条通过内存条插槽插在存储器总线上。

下面对处理器总线、存储器总线和 I/O 总线进行简单说明。

1. 处理器总线

早期的 Intel 微处理器的处理器总线称为**前端总线**(Front Side Bus,FSB),它是主板上最快的总线,主要用于处理器与北桥芯片进行信息交换。

FSB 的**传输速率单位**实际上是 MT/s,表示每秒传输多少兆次。通常所说的总线传输速率单位 MHz 是习惯上的说法,实质是时钟频率单位。早期的 FSB 每个时钟周期传送一次数据,因此时钟频率与数据传输速率一致。但是，从 Pentium Pro 开始，FSB 采用 quad pumped 技术，在每个总线时钟周期内传 4 次数据，也就是说**总线的数据传输速率**等于总线时钟频率的 4 倍，若时钟频率为 333MHz，则数据传输速率为 1333MT/s，即 1.333GT/s，但习惯上称 1333MHz。例如，Intel Xeon 5400 处理器的前端总线运行速度可以是 266MHz（1066MT/s）、333MHz（1333MT/s）或者 400MHz（1600MT/s）。若前端总线的工作频率为 1333MHz（实际时钟频率为 333MHz），总线宽度为 64 位，则总线带宽为 10.66GB/s。对于多 CPU 芯片的多处理器系统，则多个 CPU 芯片通过一个 FSB 进行互连，也即多个处理器共享一个 FSB。

　　Intel 推出 Core i7 时，北桥芯片的功能被集成到了 CPU 芯片内，CPU 通过存储器总线（即内存条插槽）直接和内存条相连，而在 CPU 芯片内部的核与核之间、CPU 芯片与其他 CPU 芯片之间，以及 CPU 芯片与 IOH（Input/Output Hub）芯片之间，则通过 QPI（Quick Path Interconnect）总线相连。

　　第 6 章图 6.47 中给出了 Intel Core i7 中核与核之间、核与主存控制器之间以及各级 cache 之间的互连结构。从图中可以看出，一个 Core i7 处理器中有 4 个 CPU 核（core），每两个核之间都用 QPI 总线互连，并且每个核还有一条 QPI 总线可以与 IOH 芯片互连。处理器支持三通道 DDR3 SDRAM 内存条插槽，因此，处理器中包含 3 个内存控制器，并有 3 个并行传输的存储器总线，也意味着有 3 组内存插槽。

　　QPI 总线是一种基于包传输的串行高速点对点连接协议，采用差分信号与专门的时钟信号进行传输。QPI 总线有 20 条数据线，发送方（TX）和接收方（RX）有各自的时钟信号，每个时钟周期传输两次。一个 QPI 数据包包含 80 位，需要两个时钟周期或 4 次传输，才能完成整个数据包的传送。在每次传输的 20 位数据中，有 16 位是有效数据，其余 4 位用于循环冗余校验，以提高系统的可靠性。由于 QPI 是双向的，在发送的同时也可以接收另一端传输来的数据，这样，每个 QPI 总线的带宽计算公式如下：

$$每秒传输次数 \times 每次传输的有效数据 \times 2$$

　　QPI 总线的速度单位通常为 GT/s，若 QPI 的时钟频率为 2.4GHz，则速度为 4.8GT/s，表示每秒传输 4.8G 次数据，并称该 QPI 频率为 4.8GT/s。因此，QPI 频率为 4.8GT/s 的总带宽为 4.8GT/s×2B×2=19.2GB/s。QPI 频率为 6.4GT/s 的总带宽为 6.4GT/s×2B×2=25.6GB/s。

2. 存储器总线

　　早期的存储器总线由北桥芯片控制，处理器通过北桥芯片和主存储器、图形卡（显卡）以及南桥芯片进行互连。Core i7 以后的处理器芯片中集成了内存控制器，因而，存储器总线直接连接到处理器。

　　根据芯片组设计时确定的所能处理的主存类型的不同，存储器总线有不同的运行速度。如图 6.47 所示的计算机中，存储器总线宽度为 64 位，每秒传输 1333M 次，总线带宽为 1333M×64/8=10.66（GB/s），因而 3 个通道的总带宽为 32GB/s，与此配套的内存条型号为 DDR3-1333。

3. I/O 总线

　　I/O 总线用于为系统中的各种 I/O 设备提供输入/输出通路，在物理上通常是主板上的一些 I/O 扩展槽。早期的第一代 I/O 总线有 XT 总线、ISA 总线、EISA 总线、VESA 总线，这些

I/O 总线早已经被淘汰；第二代 I/O 总线包括 PCI、AGP、PCI- X；第三代 I/O 总线包括 PCI- Express。

与前两代 I/O 总线采用并行传输的同步总线不同，**PCI- Express 总线**采用串行传输方式。两个 PCI- Express 设备之间以一个链路（link）相连，每个链路可包含多条通路（lane），可能的通路数为 1、2、4、8、16 或 32，PCI- Express × n 表示具有 n 个通路的 PCI- Express 链路。

每条通路由发送和接收数据线构成，在发送和接收两个方向上都各有两条差分信号线，可同时发送和接收数据。在发送和接收过程中，每个数据字节实际上被转换成 10 位信息传输，以保证所有位都含有信号电平的跳变。这是因为在链路上没有专门的时钟信号，接收器使用锁相环（PLL）从进入的位流 0 – 1 和 1 – 0 跳变中恢复时钟。

PCI- Express 1.0 规范支持通路中每个方向的发送或者接收速率为 2.5Gb/s。因此，PCI- Express 1.0 总线的总带宽计算公式（单位为 GB/s）如下：

$$2.5Gb/s \times 2 \times 通路数 /10(b/B)$$

根据上述公式可知，在 PCI- Express 1.0 规范下，PCI- Express ×1 的总带宽为 0.5GB/s；PCI- Express ×2 的总带宽为 1GB/s；PCI- Express ×16 的总带宽为 8GB/s。

将北桥芯片功能集成到 CPU 芯片后，主板上的芯片组不再是传统的三芯片结构（CPU + 北桥 + 南桥）。根据不同的组合有多种主板芯片组结构，有的是双芯片结构（CPU + PCH），有的是三芯片结构（CPU + IOH + ICH）。其中，双芯片结构中的 PCH（Platform Controller Hub）芯片除了包含原来南桥（ICH）的 I/O 控制器集线器的功能外，以前北桥中的图形显示控制单元、管理引擎（Management Engine，ME）单元也集成到了 PCH 中，另外还包括 NVRAM（Non-Volatile Random Access Memory）控制单元等。也就是说，PCH 比以前南桥的功能要复杂得多。

图 8.12 给出了一个基于 Intel Core i7 系列三芯片结构的单处理器计算机系统互连示意图。图中 Core i7 处理器芯片直接与三通道 DDR3 SDRAM 主存储器连接，并提供一个带宽为 25.6GB/s 的 QPI 总线，与基于 X58 芯片组的 IOH 芯片相连。图中每个通道的存储器总线带宽为 $64/8 \times 533 \times 2 = 8.5(GB/s)$，因此所配内存条速度为 533MHz × 2 = 1066MT/s。

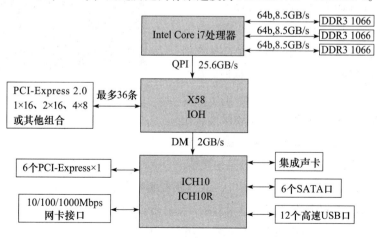

图 8.12　基于 Intel Core i7 系列处理器的计算机互连结构

图 8.12 中，IOH 的重要功能是提供对 PCI-Express 2.0 的支持，最多可支持 36 条 PCI-Express 2.0 通路，可以配置为一个或两个 PCI-Express 2.0×16 的链路，或者 4 个 PCI-Express 2.0×8 的链路，或者其他的组合，如 8 个 PCI-Express 2.0×4 的链路等。这些 PCI-Express 链路可以支持多个图形显示卡。

IOH 与 ICH 芯片（ICH10 或 ICH10R）通过 DMI（Direct Media Interface）总线连接。DMI 采用点对点的连接方式，时钟频率为 100MHz，因为上行与下行各有 1GB/s 的数据传输率，因此总带宽达到 2GB/s。ICH 芯片中集成了相对慢速的外设 I/O 接口，包括 6 个 PCI-Express×1 接口、10/100/1000Mbps 网卡接口、集成声卡（HD Audio）、6 个 SATA 硬盘控制接口和 12 个支持 USB 2.0 标准的 USB 接口。若采用 ICH10R 芯片，则还支持 RAID 功能，即 ICH10R 芯片中还包含 RAID 控制器，所支持的 RAID 等级有 SATA RAID 0、RAID 1、RAID 5、RAID 10 等。

外设的**I/O 接口**又称设备控制器或 I/O 控制器、I/O 控制接口，也称为**I/O 模块**，是介于外设和 I/O 总线之间的部分，不同的外设往往对应不同的设备控制器。设备控制器通常独立于 I/O 设备，可以集成在主板上（即 ICH 芯片内）或以插卡的形式插在 I/O 总线扩展槽上。例如，图 8.11 和图 8.12 中的磁盘控制器、以太网卡（网络控制器）、USB 控制器、声卡、视频卡等都是一种 I/O 接口。

8.3.3　I/O 接口的功能和结构

I/O 接口根据从 CPU 接收到的控制命令来对相应外设进行控制。它在主机一侧与 I/O 总线相连，在外设一侧提供相应的**连接器插座**，在插座上连上相应的连接外设的电缆，就可以将外设通过设备控制器连接到主机。

图 8.13 给出了常用的几种连接外设的插座。目前很多外设都可以连接在 USB 接口上，例如，键盘和鼠标可以连接在 PS/2 插座（图 8.13 中的键盘接口和鼠标器接口处的插座）上，也可以连在 USB 接口上。

I/O 接口的主要职能包括以下几个方面。

① 数据缓冲。主存和 CPU 寄存器的存取速度都非常快，而外设的速度则较低，在设备控制器中引入**数据缓冲寄存器**后，输出数据时，CPU 只要把数据送到数据缓冲寄存器即可；在输入数据时，CPU 只要从数据缓冲寄存器取数即可。在设备控制器控制将数据缓冲寄存器的数据输出到外设或从外设读入数据时，CPU 可以做其他事情。

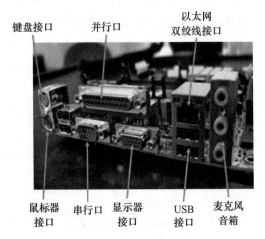

图 8.13　常用 I/O 设备插座

② 错误和就绪检测。提供了错误和就绪检测逻辑，并将结果保存在**状态寄存器**，以供 CPU 查用。状态信息包括各类就绪和错误信息，如：外设是否完成打印或显示、是否准备好输入数据以供 CPU 读取、打印机是否发生缺纸、磁盘数据是否发生检验错等。

③ 控制和定时。接收主机侧送来的控制信息和定时信号，根据相应的定时和控制逻辑，

向外设发送控制信号，以控制外设进行相应的处理。主机送来的控制信息存放在**控制寄存器**中。

④ 数据格式的转换。提供数据格式转换部件（如进行串 – 并转换的移位寄存器），使通过外部接口得到的数据转换为内部接口需要的格式，或在相反的方向进行数据格式转换。例如，从磁盘驱动器以二进制位的形式读出或写入后，在磁盘控制器中，应对读出的数据进行**串 – 并转换**，或对写入的数据进行**并 – 串转换**。

不同的 I/O 接口（设备控制器）在其复杂性和控制外设的数量上相差很大，不可能一一列举。图 8.14 给出了一个 I/O 接口的通用结构。

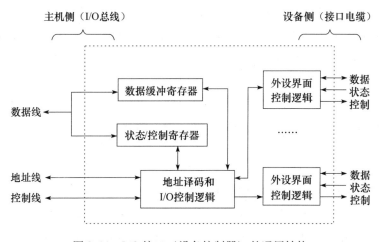

图 8.14 I/O 接口（设备控制器）的通用结构

如图 8.14 所示，设备控制器中包含数据缓冲寄存器、状态/控制寄存器等多个不同的寄存器，用于存放外设与主机交换的数据信息、控制信息和状态信息。因为状态信息和控制信息在传送方向上是相反的，而且 CPU 对它们的访问在时间上也是错开的，所以，在有些设备控制器中将它们合二为一。

设备控制器是连接外设和主机的一个"桥梁"，它在外设侧和主机侧各有一个接口。设备控制器在主机侧通过 I/O 总线和主机相连，实现将控制信息送控制寄存器、将状态寄存器中的状态信息取至 CPU 或在数据缓冲寄存器与 CPU 寄存器之间进行数据交换的功能；设备控制器在外设侧通过各种接口电缆（如 USB 线、网线、并行电缆等）和外设相连。因此，通过连接电缆、设备控制器、各类总线及其桥接器，可以在 I/O 硬件、主存和 CPU 之间建立一个信息传输"通路"。

有了设备控制器，底层 I/O 软件就可以通过设备控制器来控制外设，因而编写底层 I/O 软件的程序员只需要了解设备控制器的工作原理，包括：设备控制器中有哪些用户可访问的寄存器、控制/状态寄存器中每一位的含义、设备控制器与外设之间的通信协议等，而关于外设的机械特性，程序员则无须了解。

在底层 I/O 软件中，可以将控制命令送到控制寄存器来启动外设工作；可以读取状态寄存器来了解外设和设备控制器的状态；可以通过直接访问数据缓冲寄存器来进行数据的输入和输出。当然，这些对数据缓冲寄存器、控制/状态寄存器的访问操作是通过相应的指令来完成的，通常把这类指令称为I/O 指令。因为这些 I/O 指令只能在操作系统内核的底层 I/O 软件中使用，因而它们是一种特权指令。

例如，在 IA-32 中，提供了 4 条专门的 I/O 指令：in、ins、out 和 outs。其中 in 和 ins 指令用于将设备控制器中某个寄存器的内容取到 CPU 内的通用寄存器中；out 和 outs 用于将通用寄存器的内容输出到设备控制器的某个寄存器中。

8.3.4 I/O 端口及其编址

通常把设备控制器中的数据缓冲寄存器、状态/控制寄存器等统称为I/O 端口（I/O port）。数据缓冲寄存器简称为**数据端口**，状态/控制寄存器简称为**状态/控制端口**。为了便于 CPU 对外设的快速选择和对 I/O 端口的寻址，必须对 I/O 端口进行编址，所有 I/O 端口编号组成的空间称为I/O 地址空间。I/O 端口的编址方式有两种：统一编址方式和独立编址方式。

1. 统一编址方式

统一编址方式下，I/O 地址空间与主存地址空间统一编址，也即，将主存地址空间分出一部分地址给 I/O 端口进行编号，因为 I/O 端口和主存单元在同一个地址空间的不同分段中，因而根据地址范围就可区分访问的是 I/O 端口还是主存单元，因此也就无须设置专门的 I/O 指令，只要用一般的访存指令就可以存取 I/O 端口。因为这种方法是将 I/O 端口映射到主存空间的某个地址段上，所以也被称为"**存储器映射方式**"。

因为统一编址方式下 I/O 访问和主存访问共用同一组指令，所以它的保护机制可由分段或分页存储管理来实现，而不需要专门的保护机制。这种存储器映射方式给编程提供了非常大的灵活性。任何对内存存取的指令都可用来访问位于设备控制器中的 I/O 端口。例如，可用访存指令实现 CPU 中通用寄存器和 I/O 端口之间的数据传送；可用 AND、OR 或 TEST 等指令直接操作设备控制器中的控制寄存器或状态寄存器。

采用统一编址的另一个好处是便于扩大系统吞吐率，因为外设或 I/O 端口数目除了受总的可寻址空间大小的限制外，几乎不受其他因素的限制。这在大型控制或数据通信系统等特殊场合很有用。不过，因为 I/O 空间占用了一部分主存空间的地址，因而会减少可寻址的主存空间。此外，由于在识别 I/O 端口时全部地址线都需参与地址译码，使译码电路变复杂了，并需用较长时间进行地址译码，所以寻址时间变长了。

2. 独立编址方式

独立编址方式对所有的 I/O 端口单独进行编号，使它们成为一个独立的 I/O 地址空间。这种情况下，指令系统中需要有专门的 I/O 指令来访问 I/O 端口，I/O 指令中地址码部分给出 I/O 端口号。

独立编址方式中，I/O 地址空间和主存地址空间是两个独立的地址空间，因而无法从地址码的形式上区分 CPU 访问的是 I/O 端口还是主存单元，故需用专门的 I/O 指令来表明访问的是 I/O 地址空间。CPU 执行 I/O 指令时，会产生 I/O 读或 I/O 写总线事务，CPU 通过 I/O 读或 I/O 写总线事务访问 I/O 端口。

通常，I/O 端口数比存储器单元少得多，选择 I/O 端口时，只需少量地址线，因此，在设备控制器中的地址译码逻辑比较简单，寻址速度快。独立编址的另一好处是，因为使用专用

I/O 指令，使得程序的结构比较清晰，很容易判断出哪部分代码是用于 I/O 操作的，因而便于理解代码以及检查代码的正确性，不过，I/O 指令往往只提供简单的传输操作，故程序设计的灵活性差一些。

IA-32 采用独立编址方式，有专门的 I/O 指令：in（ins）和 out（outs）。在 IA-32 中，I/O 地址空间中共有 65 536 个 8 位的 I/O 端口，可以把两个连续的 8 位端口看成一个 16 位端口。

8.3.5 I/O 控制方式

通过连接电缆、设备控制器和各类总线及其桥接器，在 CPU、主存和 I/O 硬件之间建立了一个信息传输"通路"。底层 I/O 软件利用这个"通路"，通过读写设备控制器中的各类寄存器来控制设备进行输入输出。

I/O 操作可以有三种不同控制方式：程序直接控制、中断控制和 DMA 控制。

1. 程序直接控制 I/O 方式

程序直接控制 I/O 方式的基本实现思想是，直接通过**查询程序**来控制主机和外设的数据交换，因此，也称为程序**查询**或**轮询**（polling）方式。该方式在查询程序中安排相应的 I/O 指令，通过这些指令直接向设备控制器传送控制命令，并从状态寄存器中取得外设和设备控制器的状态后，根据状态来控制外设和主机的数据交换。

下面以打印输出一个字符串为例来说明其基本原理。假定一个用户程序 P 中调用了某个 I/O 函数，请求在打印机上打印一个具有 n 个字符的字符串。显然，用户进程 P 通过一系列过程调用后，会执行一个系统调用来打开打印机设备。若打印机空闲，则用户进程可正常使用打印机，因而用户进程就通过另一个系统调用来对打印机进行写操作，从而陷入操作系统内核进行字符串打印。

操作系统内核通常将用户进程缓冲区中的字符串首先复制到内核空间，然后查看打印机是否"就绪"。如果"就绪"，则将内核空间缓冲区中的一个字符输出到打印控制器的数据端口中，并发出"启动打印"命令，以控制打印机打印数据端口中的字符；如果打印机"未就绪"，则等待直到其"就绪"。上述过程循环执行，直到字符串中所有字符打印结束。图 8.15 中的程序段大致描述了上述过程。

```
copy_string_to_kernel(strbuf, kernelbuf, n);      //将字符串复制到内核缓冲区
for (i=0; i < n; i++) {                           //对于每个打印字符循环执行
    while (printer_status != READY);              //等待直到打印机状态为"就绪"
    *printer_data_port=kernelbuf[i];              //向数据端口输出一个字符
    *printer_control_port=START;                  //发送"启动打印"命令
}
return();                                          //返回
```

图 8.15 程序直接控制 I/O 的一个例子

打印机的"就绪"和"缺纸"等状态记录在打印控制器的状态端口中。"启动打印"命令被送到打印控制器的控制端口。打印控制器在每次打印完当前数据端口中的字符时，自动将

"就绪"状态置 1，以表明打印控制器中的数据端口已准备就绪，CPU 可以向数据端口送入新的欲打印字符。

程序直接控制 I/O 方式的特点是简单、易控制、设备控制器中的控制电路简单。但是，CPU 需要从设备控制器中读取状态信息，并在外设未就绪时一直处于**忙等待**。因为外设的速度比 CPU 慢得多，因此，在 CPU 等待外设完成任务的过程中浪费了大量的处理器时间。

2. 中断控制 I/O 方式

中断控制 I/O 方式的基本思想是，当需要进行 I/O 操作时，首先启动外设进行第一个数据的 I/O 操作，然后使 CPU 转去执行其他用户进程，而请求 I/O 的用户进程被阻塞。在 CPU 执行其他进程的过程中，外设在对应设备控制器的控制下进行数据的 I/O 操作。当外设完成 I/O 操作后，向 CPU 发送一个中断请求信号，CPU 检测到有中断请求信号后，就暂停正在执行的进程，并调出相应的中断服务程序执行。CPU 在中断服务程序中，再启动随后数据的 I/O 操作，然后返回到被打断的进程继续执行。

例如，对于上述请求打印字符串的用户进程 P 的例子，如果采用中断控制 I/O 方式，则操作系统处理 I/O 的过程如图 8.16 所示。

```
copy_string_to_kernel(strbuf, kernelbuf, n);      // 将字符串复制到内核缓冲区
enable_interrupts();                              // 开中断，允许外设发出中断请求
while (printer_status != READY);                  // 等待直到打印机状态为"就绪"
*printer_data_port = kernbuf[i];                  // 向数据端口输出第一个字符
*printer_control_port = START;                    // 发送"启动打印"命令
scheduler();                                      // 阻塞用户进程P，调度其他进程执行
```

a）"字符串打印"系统调用服务例程

```
if (n==0) {                                       // 若字符串打印完，则
    unblock_user();                               // 用户进程P解除阻塞，P进入就绪队列
} else {
    *printer_data_port = kernelbuf[i];            // 向数据端口输出一个字符
    *printer_control_port = START;                // 发送"启动打印"命令
    n = n-1;                                       // 未打印字符数减1
    i = i+1;                                       // 下一个打印字符指针加1
}
acknowledge_interrupt();                          // 中断回答（清除中断请求）
return_from_interrupt();                          // 中断返回
```

b）"字符打印"中断服务程序

图 8.16　中断控制 I/O 的一个例子

从图 8.16a 可以看出，在"字符串打印"系统调用服务例程中启动打印机后，它就调用处理器调度程序 scheduler 来调出其他进程执行，而将用户进程 P 阻塞。在 CPU 执行其他进程的同时，打印机在进行打印操作，CPU 和打印机并行工作。若打印机打印一个字符需要 5ms，则在打印一个字符期间，其他进程可以在 CPU 上执行 5ms 的时间。对于程序直接控制 I/O 方式，CPU 在这 5ms 的时间内只是不断地查询打印机状态，因而整个系统的效率很低。

✎ 小贴士

　　在多道程序（多任务）系统中，单个处理器可以被多个进程共享，即多个进程可以轮流使用处理器。为此，操作系统必须使用某种调度方法决定何时停止一个进程在处理器上的运行，转而使处理器运行另一个进程。操作系统中使用某种调度方法进行处理器调度的程序称为<u>处理器调度程序</u>。

　　简单来说，一个进程有三种状态：运行、就绪和阻塞。正在处理器上运行着的进程处于<u>运行态</u>；可以被调度到处理器运行但因为时间片到等原因被换下的进程处于<u>就绪态</u>；因为某种事件的发生而不能继续在处理器上运行的进程处于<u>阻塞态</u>。处于阻塞态的进程也称为<u>被挂起</u>，典型的处于阻塞态进程的例子就是等待 I/O 完成的进程，因为 I/O 操作没有完成的话，进程便无法继续运行下去。处于就绪态的进程可能有多个，为方便选择就绪态进程运行，通常将所有就绪态进程组成一个<u>就绪队列</u>，解除阻塞的进程可进入就绪队列。

　　中断控制 I/O 方式下，一旦外设完成任务，就会向 CPU 发中断请求。对于图 8.16 中的例子，当打印机完成一个字符的打印后，就会发中断请求，然后 CPU 暂停正在执行的其他进程，调出"字符打印"中断服务程序来执行。如图 8.16b 所示，中断服务程序首先判断是否已完成字符串中所有字符的打印，若是，则将用户进程 P 解除阻塞，使其进入就绪队列；否则，就向数据端口送出下一个欲打印字符，并启动打印，将未打印字符数减 1 和下一个打印字符指针加 1 后，执行中断返回，回到被打断的进程继续执行。

　　图 8.17 和图 8.18 描述了中断控制 I/O 的整个过程。

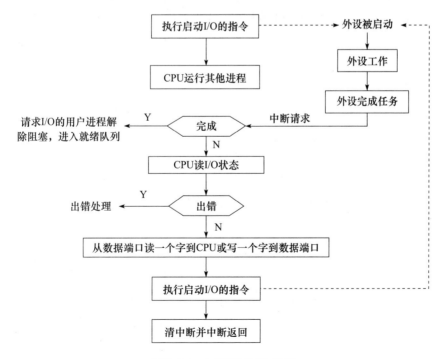

图 8.17　中断控制 I/O 过程

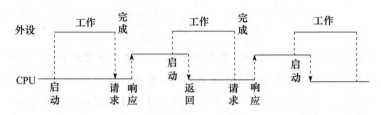

图 8.18　CPU 与外设并行工作

现代计算机系统的中断处理功能相当丰富，没有配置中断系统的计算机是令人无法想象的。每个计算机系统的中断功能可能不完全相同，但中断系统的基本功能无外乎以下几个方面：① 及时记录各种中断请求信号，通常用一个**中断请求寄存器**来保存；② 自动响应中断请求，CPU 在每条指令执行完后，会自动检测中断请求引脚，发现有中断请求后会自动响应中断；③ 在同时有多个中断请求时，能自动选择响应优先级最高的中断请求；④ 保护被中断程序的断点和现场，**断点**指中断返回时返回到被中断程序继续执行时那条指令的地址，而**现场**则是指被中断程序所使用的通用寄存器的内容，断点由 CPU 保存，现场由中断服务程序保存；⑤ 通过**中断屏蔽**实现**多重中断**的嵌套执行，中断屏蔽功能通常用一个**中断屏蔽字寄存器**来实现。

现代计算机系统大多采用**中断嵌套**技术。也就是说，中断系统允许 CPU 在执行某个中断服务程序时，被新的中断请求打断。但是并不是所有的中断处理都可被新的中断打断，对于一些重要的紧急事件的处理，就要设置成不可被其他新中断事件打断，这就是**中断屏蔽**的概念。中断系统中要有中断屏蔽机制，使得每个中断可以设置它允许被哪些中断打断，不允许被哪些中断打断。这个功能主要通过在中断系统中设置**中断屏蔽字**来实现。屏蔽字中的每一位对应某一个外设中断源，称为该中断源的**中断屏蔽位**，例如，用 "1" 表示允许中断，"0" 表示不允许中断（即屏蔽中断）。CPU 还可以通过在程序中执行相应的 I/O 指令来修改屏蔽字的内容，从而动态地改变中断处理的先后次序。

中断系统的基本结构如图 8.19 所示。

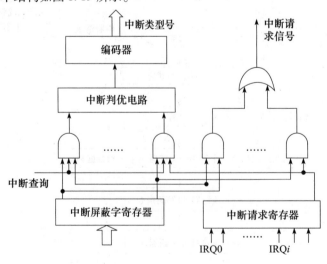

图 8.19　中断系统的基本结构

从图 8.19 可以看出，来自各个外设的**中断请求**记录在**中断请求寄存器**中的对应位，每个**中断源**有各自对应的中断屏蔽字，在进行相应的中断处理之前它被送到中断屏蔽字寄存器中。在 CPU 执行程序代码时，每当完成当前指令的执行、取出下一条指令之前，都会通过采样**中断请求信号引脚**（如 IA-32 中的 INTR）来自动查看有无中断请求信号。若有，则会发出一个相应的**中断回答信号**，启动图 8.19 中的"中断查询"线，在该信号线的作用下，所有未被屏蔽的中断请求信号一起送到一个**中断判优电路**中，判优电路根据**中断响应优先级**选择一个优先级最高的中断源，然后用一个编码器对该中断源进行编码，得到对应的**中断源设备类型号**（即中断源的标识信息，称为**中断类型号**）。CPU 取得中断源的标识信息后，经过一系列相应的转换，就可得到对应的中断服务程序的首地址，在下一个指令周期开始，CPU 执行相应的中断服务程序。

IA-32 系统中，中断系统的功能通过**可编程中断控制器**（Programmable Interrupt Controller，PIC）实现。每个能够发出中断请求的外部设备控制器都有一条**IRQ 线**，所有外设的 IRQ 线连到 PIC 对应的**IRQ 引脚**：IRQ0、IRQ1、…、IRQi、…。如果某个 IRQi 引脚信号有效，则 PIC 的中断请求寄存器中对应的那一位被置 1，从而将 IRQ 请求信号记录在中断请求寄存器中。PIC 对所有外设发来的 IRQ 请求按照优先级进行排队，如果至少有一个 IRQ 线有请求且未被屏蔽，则 PIC 向 CPU 的 INTR 引脚发中断请求。

在中断处理（即执行中断服务程序）过程中，若又有新的处理优先级更高的中断请求发生，那么 CPU 应立即暂停正在执行的中断服务程序，转去处理新的中断，这种情况被称为**多重中断**或**中断嵌套**，如图 8.20 所示。

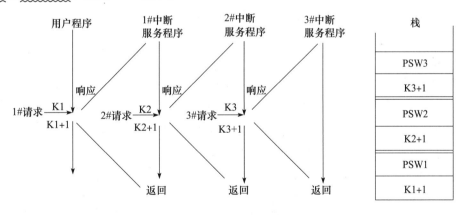

图 8.20 中断嵌套过程

图 8.20 中，假定在执行用户进程时，发生了 1#中断请求，因为用户进程不屏蔽任何中断，所以就响应 1#中断，将用户进程的断点保存在栈中，然后调出 1#中断服务程序执行，而在处理 1#中断的过程中，又发生了 2#中断，而 2#中断的处理优先级比 1#高，也即 1#中断的屏蔽字对 2#中断是开放的，此时，暂停 1#中断的处理，而响应 2#中断，把 1#中断的断点信息保存在栈中，调出 2#中断的中断服务程序执行。同样，3#中断也可以打断 2#中断的执行。当 3#中断处理完返回时，系统从栈顶取出返回的断点信息，这样，从 3#中断返回后，首先回到 2#中断的断点（K3 + 1）处，而不是回到 1#中断或用户进程执行。利用栈能正确地实现中断嵌套。

　　从上面描述的过程来看，中断系统中存在两种中断优先级。一种是中断响应优先级，另一种是中断处理优先级。**中断响应优先级**是由**中断查询程序**或**硬件判优电路**（如图8.19中的中断判优电路）决定的优先权，它反映的是多个中断同时请求时选择哪个先被响应；而**中断处理优先级**是由各自的中断屏蔽字（如图8.19中的中断屏蔽字寄存器的内容）来动态设定的，反映了本中断与其他所有中断之间的处理优先关系。在多重中断系统中通常用中断屏蔽字对中断处理优先权进行动态分配。

　　中断控制I/O方式下，每次执行中断服务程序仅处理一个数据的传送。例如，对于上述字符串打印的例子，每次中断都只打印一个字符，并且，为了响应中断请求和执行中断服务程序，CPU多执行了许多额外操作，包括保存断点、保存现场、开/关中断、设置中断屏蔽字等各种操作。对于像磁盘这种高速设备的I/O，如果采用中断控制方式，那么，由于外设数据传输速度快，因而频繁引起中断，而CPU响应和处理中断的额外开销又大，使得CPU用于设备I/O的时间百分比过大，影响整个系统的效率。

　　下面的例子说明中断控制I/O方式下，CPU用于磁盘I/O的开销。

例8.2　假定一个字长为32位的CPU的主频为500MHz，即CPU每秒产生500×10^6个时钟周期。硬盘使用中断控制I/O方式进行数据传送，其传输速率为4MB/s，每次中断传输一个16字节的数据，要求没有任何数据传输被错过。每次中断的开销（包括用于中断响应和中断处理的时间）是500个时钟周期。如果硬盘仅有5%的时间进行数据传送，那么，CPU用于硬盘数据传送的时间占整个CPU时间的百分比为多少？

解　硬盘数据传送采用中断控制I/O方式，每次中断传输一个16字节的数据。为保证没有任何数据传输被错过，CPU每秒应该至少执行$4MB/16B = 250 \times 10^3$次中断，每秒内用于硬盘数据传输的时钟周期数为$250 \times 10^3 \times 500 = 125 \times 10^6$，故CPU用于硬盘数据传送的时间占整个CPU时间的百分比为$125 \times 10^6 / (500 \times 10^6) = 25\%$。

　　从另外一个角度来考虑也可以得出同样的结论。由题意知，CPU通过中断控制方式进行硬盘数据的传送，硬盘每准备好一个16字节的数据，则发出中断请求。硬盘准备一个数据（16B）的时间为$16B/4MB = 4\mu s$，CPU用于一个数据输入/输出的时间（包括中断响应并处理的时间）是500个时钟周期，相当于$500/500M = 1\mu s$。由此可见，假定硬盘一直在工作的话，则硬盘每隔$4\mu s$申请一次中断，每次中断CPU花$1\mu s$的时间进行硬盘数据传送，因此，CPU用于硬盘数据传送的时间占整个CPU时间的1/4，即25%。

　　假定硬盘并不是一直在操作，而是仅有5%的时间在工作，则CPU用于硬盘数据传送的时间占整个CPU时间的百分比为$25\% \times 5\% = 1.25\%$。■

　　对于程序直接控制I/O方式，在外设准备数据时，由于CPU一直在等待外设完成，所以，在这个阶段CPU用于I/O的时间为100%。对于中断控制I/O方式，在外设准备数据时，CPU被安排执行其他程序，外设和CPU并行工作，因而CPU在外设准备数据时没有I/O开销，只有响应和处理中断而进行数据传送时CPU才需要花费时间为I/O服务。这就是中断控制I/O方式相对于程序直接控制I/O方式的优点。

　　但是，对于像硬盘这种高速外设的数据传送，如果还是用中断控制I/O方式的话，则CPU用于I/O的开销是无法忽视的。高速外设速度快，因而中断请求频率高，导致CPU被频繁地被打断，而且，由于需要保存断点和现场、开中断/关中断、设置中断屏蔽字等，使得中断响应和中断处理的额外开销很大，因此，在高速外设情况下，采用中断控制 I/O 方式传送数据是不合适的，通常采用**DMA 控制 I/O 方式**。

3. DMA 控制 I/O 方式

DMA（Direct Memory Access，**直接存储器访问**）控制 I/O 方式用专门的**DMA 接口硬件**来控制外设和主存之间的直接数据交换，数据不通过 CPU。通常把专门用来控制数据在主存和外设之间直接传送的接口硬件称为**DMA 控制器**。

DMA 控制器与设备控制器一样，其中也有若干个寄存器，包括**主存地址寄存器**、**设备地址寄存器**、**字计数器**、**控制寄存器**等，还有其他的控制逻辑，它能控制设备通过总线与主存直接交换数据。在 DMA 传送前，应先对 DMA 控制器初始化，将需要传送的数据个数、数据所在设备地址以及主存首地址、数据传送的方向（从主存到外设，还是从外设到主存）等参数送到 DMA 控制器。

DMA 控制 I/O 方式的基本思想是，首先对 DMA 控制器进行初始化，然后发送"**启动 DMA 传送**"命令以启动外设进行 I/O 操作，发送完"启动 DMA 传送"命令后，CPU 转去执行其他进程，而请求 I/O 的用户进程被阻塞。在 CPU 执行其他进程的过程中，DMA 控制器控制外设和主存进行数据交换。DMA 控制器每完成一个数据的传送，就将字计数器减 1，并修改主存地址，当字计数器为 0 时，完成所有 I/O 操作，此时，DMA 控制器向 CPU 发送一个"**DMA 完成**"中断请求信号，CPU 检测到有中断请求信号后，就暂停正在执行的进程，并调出相应的中断服务程序执行。CPU 在中断服务程序中，解除用户进程的阻塞状态而使用户进程进入就绪队列，然后中断返回，再回到被打断的进程继续执行。

DMA 控制 I/O 方式的处理过程如图 8.21 所示。

```
copy_string_to_kernel(strbuf, kernelbuf, n);   // 将字符串复制到内核缓冲区
initialize_DMA();                               // 初始化DMA控制器（准备传送参数）
*DMA_control_port=START;                        // 发送"启动DMA传送"命令
scheduler();                                    // 阻塞用户进程，调度其他进程执行
```

a）"字符打印"系统调用处理例程

```
acknowledge_interrupt();    // 中断回答（清除中断请求）
unblock_user();            // 用户进程P解除阻塞，进入就绪队列
return_from_interrupt();   // 中断返回
```

b）"DMA结束"中断服务程序

图 8.21　DMA 控制 I/O 过程

DMA 控制 I/O 方式下，CPU 只要在最初的 DMA 控制器初始化和最后处理"DMA 结束"中断时介入，而在整个一块数据传送过程中都不需要 CPU 参与，因而 CPU 用于 I/O 的开销非常小。

例 8.3 假定 CPU 的主频为 500MHz。硬盘采用 DMA 方式进行数据传送，其数据传输率为 4MB/s，每次 DMA 传输的数据量为 8KB，要求没有任何数据传输被错过。如果 CPU 在 DMA 初始化设置和启动硬盘操作等方面用了 1000 个时钟周期，并且在 DMA 传送完成后的中断处理需

要 500 个时钟，则在硬盘 100% 处于工作状态的情况下，CPU 用于硬盘 I/O 操作的时间占整个 CPU 时间的百分比大约是多少？

解 从硬盘上读/写 8KB 的数据所需时间为 $8KB/4MB/s = 2.048ms \approx 2ms$，如果硬盘一直处于工作状态的话，为了不错过任何数据，CPU 必须每秒有 $1/(2 \times 10^{-3}) = 0.5 \times 10^3$ 次 DMA 传送，一秒内 CPU 用于硬盘 I/O 操作的时钟周期数为 $0.5 \times 10^3 \times (1000 + 500) = 750 \times 10^3$。因此，CPU 用于硬盘 I/O 的时间占整个 CPU 时间的百分比大约为 $750 \times 10^3/(500 \times 10^6) = 1.5 \times 10^{-3} = 0.15\%$。

回顾例 8.2 中的中断控制 I/O 方式，其 CPU 用于硬盘 I/O 的占比为 25%，相比于 DMA 方式下的 0.15%，中断方式下，CPU 用于 I/O 的开销是 DMA 方式的 167 倍。 ■

DMA 方式下，数据传送不消耗任何处理器周期，所以即使硬盘一直在进行 I/O 操作，CPU 为它服务的时间也仅占 0.15%。事实上，硬盘在大多数时间内并不进行数据传送，因此，CPU 为 I/O 所花费的时间会更少。当然，如果 CPU 同时也要访问存储器的话，由于存储器用于 DMA 传送，因而 CPU 会被推迟与存储器交换数据。但通过使用 cache，CPU 可避免大多数访存冲突，因为 CPU 的大部分访存过程都在 cache 中进行，所以存储器带宽的大部分都可让给 DMA 使用。

8.4   内核空间 I/O 软件

所有用户程序中提出的 I/O 请求，最终都是通过系统调用实现的，通过系统调用封装函数中的陷阱指令转入内核空间的 I/O 软件执行。内核空间的 I/O 软件分三个层次，分别是与设备无关的 I/O 软件层、设备驱动程序层和中断服务程序层，其中，后两个层次与 I/O 硬件密切相关。

8.4.1   与设备无关的 I/O 软件

一旦通过陷阱指令调出系统调用处理程序（如 Linux 中的 system_call）执行，就开始执行内核空间的 I/O 软件。首先执行的是与具体设备无关的 I/O 软件，主要完成所有设备公共的 I/O 功能，并向用户层软件提供一个统一的接口。通常，它包括以下几个部分：设备驱动程序统一接口、缓冲处理、错误报告、打开与关闭文件以及逻辑块大小处理等。

1. 设备驱动程序统一接口

对于某个外设具体的 I/O 操作，通常需要通过执行**设备驱动程序**来完成。而外设的种类繁多，控制接口不一致，导致不同外设的设备驱动程序千差万别。如果计算机系统中每次出现一种新的外设，都要为添加一种新设备驱动程序而修改操作系统，那么就会给操作系统开发者和系统用户带来很大的麻烦。

为此，操作系统为所有外设的设备驱动程序规定了一个统一的接口，新设备驱动程序只要按照统一的接口规范来编制，就可以在不修改操作系统的情况下，在系统中添加新设备驱动程序并使用新的外设进行 I/O。

因为采用了统一的设备驱动程序接口，因而，内核中与设备无关的 I/O 软件包含了所有外设统一的公共接口中的处理部分。例如，在图 8.3 所示的 Linux 系统调用函数执行过程中，刚陷入内核后所执行的 system_call() 函数就是与设备无关的 I/O 软件的一部分。

为了简化对外设的处理，在内核高层 I/O 软件中，将所有外设都抽象成一个文件，**设备名**和**文件名**在形式上没有任何差别，因而被称为**设备文件名**。内核中与设备无关的 I/O 软件必须将不同的设备名和文件名映射到对应的设备驱动程序。例如，在 UNIX/Linux 系统中，一个设备名将能够唯一地确定一个**特殊文件**的 i 节点。一个 i 节点中包含了**主设备号**，而主设备号可用于定位相应的设备驱动程序。i 节点还包括**次设备号**，次设备号可作为参数传递给设备驱动程序，用来确定进行 I/O 操作的具体设备位置。有关文件管理和设备管理的细节请参看操作系统方面的参考资料。

> 📎 **小贴士**
>
> 在 UNIX/Linux 系统中，除了普通文件和目录文件以外，还有一类特殊文件，包括设备文件、链接文件等，设备特殊文件包含块设备特殊文件和字符设备特殊文件等，前者主要用于磁盘类设备，后者主要用于各类输入/输出设备，如终端、打印机、网络等。
>
> i 节点是一个固定长度的表，包含对应文件相关的各种信息，如文件大小、文件所有者、文件访问权限，以及文件是普通文件、目录文件还是特殊文件等，在 i 节点中最重要的一项是磁盘地址列表。
>
> 特殊设备文件对应的 i 节点中包含主设备号和次设备号，主设备号确定设备类型（如 USB 设备、硬盘设备），因而它被系统用来确定设备驱动程序，次设备号被驱动程序用来确定具体的设备。

2. 缓冲区处理

用户进程在提出 I/O 请求时，指定的用来存放 I/O 数据的缓冲区在用户空间中。例如，文件读函数 fread(buf, size, num, fp) 中的缓冲区 *buf* 在用户空间中。通过陷阱指令陷入到内核态后，内核通常会在内核空间中再开辟一个或两个缓冲区，这样，在底层 I/O 软件控制设备进行 I/O 操作时，就直接使用内核空间中的缓冲区来存放 I/O 数据。为何不直接使用用户空间缓冲区呢？因为，如果直接使用用户空间缓冲区，那么，在外设进行 I/O 期间，由于用户进程被挂起而使用户空间的缓冲区所在页面可能被替换出去，这样就无法获得缓冲区中的 I/O 数据。其他原因包括：可解决不同块设备读写单位的不一致、便于共享等。

每个设备的 I/O 都需要使用缓冲区，因而缓冲区的申请和管理等处理是所有设备公共的，可以包含在与设备无关的 I/O 软件部分。

此外，为了充分利用数据访问的局部性特点，操作系统通常在内核空间开辟高速缓存，将大多数最近从块设备读出或写入的数据保存在作为高速缓存的 RAM 区中。与设备无关的 I/O 软件会确定所请求的数据是否已经在**高速缓存 RAM 中**，如果存在的话，就可能不需要访问块设备。

3. 错误报告

在用户进程中，通常要对所调用的 I/O 库函数返回的信息进行处理，有时返回的是错误码。例如，fopen() 函数的返回值为 NULL 时，表示无法打开指定文件。

虽然很多错误与特定设备相关，必须由对应的设备驱动程序来处理，但是，所有 I/O 操作在内核态执行时所发生的错误信息，都是通过与设备无关的 I/O 软件返回给用户进程的，也就是说，错误处理的框架是与设备无关的。

有些错误属于编程错误。例如，请求了某个不可能的 I/O 操作；写信息到一个输入设备或从一个输出设备读信息；指定了一个无效的缓冲区地址或者参数；指定了不存在的设备。这些错误信息由设备无关的 I/O 软件检测出来并直接返回给用户进程，无须再进入底层的 I/O 软件处理。

还有一类是 I/O 操作错误。例如，写一个已被破坏的磁盘扇区；打印机缺纸；读一个已关闭的设备。这些错误由相应的设备驱动程序检测出来并处理，若驱动程序无法处理，则驱动程序将错误信息返回给设备无关的 I/O 软件，再由设备无关的 I/O 软件返回给用户进程。

4. 打开与关闭文件

对设备或文件进行打开或关闭等 I/O 函数所对应的系统调用，并不涉及具体的 I/O 操作，只要直接对 RAM 中的一些数据结构进行修改即可，这部分工作也是由设备无关软件来处理。

5. 逻辑块大小的处理

为了为所有的块设备和所有的字符设备分别提供一个统一的抽象视图，以隐藏不同块设备或不同字符设备之间的差异，与设备无关的 I/O 软件为所有块设备或所有字符设备设置了统一的逻辑块大小。例如，对于块设备，不管磁盘扇区和光盘扇区有多大，所有逻辑数据块的大小相同，这样一来，高层 I/O 软件就只需要处理简化的抽象设备，从而在高层软件中简化了数据定位等处理。

8.4.2　设备驱动程序

设备驱动程序是与设备相关的 I/O 软件部分。每个设备驱动程序只处理一种外设或一类紧密相关的外设。每个外设或每类外设都有一个设备控制器，其中包含各种 I/O 端口。通过执行设备驱动程序，CPU 可以向控制端口发送控制命令来启动外设，可以从状态端口读取状态来了解外设或设备控制器的状态，也可以从数据端口中读取数据或向数据端口发送数据等。显然，设备驱动程序中包含了许多 I/O 指令，通过执行 I/O 指令，CPU 可以访问设备控制器中的 I/O 端口，从而控制外设的 I/O 操作。

根据设备所采用的 I/O 控制方式不同，设备驱动程序的实现方式不同。

若采用程序直接控制 I/O 方式，那么设备驱动程序将采用如图 8.15 所示的处理过程来控制外设的 I/O 操作，驱动程序的执行与外设的 I/O 操作完全串行，驱动程序一直等到全部完成用户程序的 I/O 请求后结束。驱动程序执行完成后，返回到与设备无关的 I/O 软件，最后，再返回到用户进程。这种情况下，用户进程在 I/O 过程中不会被阻塞，内核空间的 I/O 软件一直代表用户进程在内核态进行 I/O 处理。

若采用中断控制 I/O 方式，则设备驱动程序将采用如图 8.16 所示的处理过程来控制外设的 I/O 操作。驱动程序启动第一次 I/O 操作后，将调用处理器调度程序 scheduler() 来调出其他进程执行，而申请 I/O 的进程被阻塞。在 CPU 执行其他进程的同时，外设进行 I/O 操作，此时，CPU 和外设并行工作。当外设完成 I/O 任务时，再向 CPU 提出中断请求，CPU 检测到中断请求后,会暂停正在执行的其他进程,转到如图 8.16b 所示的一个中断服务程序去执行,以启动下一次 I/O 操作。

若采用 DMA 控制 I/O 方式,那么,驱动程序将采用如图 8.21 所示的处理过程来控制外设的 I/O 操作。驱动程序对 DMA 控制器进行初始化后,便发送"启动 DMA 传送"命令,使设备控制器控制外设开始进行 I/O 操作,发送完启动命令后,将执行处理器调度程序 scheduler(),使 CPU 转去其他进程执行,而申请 I/O 的进程被阻塞。DMA 控制器完成所有 I/O 任务后,向 CPU 发送一个"DMA 完成"中断请求信号。CPU 在中断服务程序中,解除该进程的阻塞状态,然后中断返回。

中断控制 I/O 和 DMA 控制 I/O 两种方式下,在执行设备驱动程序过程中都会进行处理器调度,以使当前用户进程被阻塞;也都会产生中断请求信号,前者由设备在每完成一个数据的 I/O 后产生中断请求,后者由 DMA 控制器在完成整个数据块的 I/O 后产生中断请求。外设完成驱动程序要求的 I/O 操作后,设备控制器或 DMA 控制器会向 CPU 发出中断请求,从而调出中断服务程序执行。

8.4.3　中断服务程序

图 8.22 给出了整个中断过程,包括两个阶段:**中断响应**和**中断处理**。中断响应完全由硬件完成,而中断处理则由 CPU 执行一个中断服务程序完成。虽然不同的中断源对应的中断服务程序不同,但是,所有中断服务程序的结构是相同的。中断服务程序包含三个阶段:**准备阶段**、**处理阶段**和**恢复阶段**。

图 8.22 给出的是**多重中断系统**下的中断服务程序结构。从图中可以看出,在保存断点、保护现场和旧的屏蔽字、设置新屏蔽字的过程中,CPU 一直处于"中断禁止"("关中断")状态。CPU 响应中断的第一件事就是关中断,即由 CPU 直接将中断允许触发器清 0,在进行具体的中断服务之前,再通过执行"开中断"指令来使中断允许触发器置 1,因此,在进行具体中断服务过程中,若有新的未被屏蔽的中断请求出现,则 CPU 可以响应新的中断请求。同样,在恢复阶段也要让 CPU 关中断,并在中断返回前开中断,在中断处理阶段的开中断和关中断的功能,都是通过 CPU 执行相应的"开中断"和"关中断"指令(在 IA-32 中分别为 sti 指令和 cli 指令)实现的。

如果在准备阶段和恢复阶段 CPU 处在"开中断"状态,那么有可能在断点保存、现场和屏蔽字的保护和恢复等过程中响应新中断,这样,断点或现场及屏蔽字等重要信息就会被新的中断信息破坏,因而不能回到原来的断点继续执行或因为现场或屏蔽字被破坏而不能正确执行。

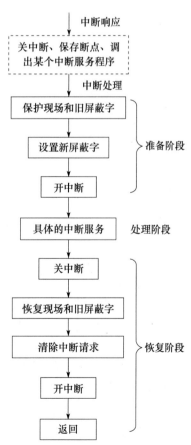

图 8.22　中断服务程序的典型结构

图 8.22 中的"保护现场和旧屏蔽字"和"恢复现场和旧屏蔽字"分别通过"压栈"和"出栈"指令来实现,"设置新屏蔽字"和"清除中断请求"通过执行 I/O 指令来实现,这些 I/O 指令将对可编程中断控制器(PIC)中的中断请求寄存器和中断屏蔽字寄存器进行访问,以使这些寄存器中相应的位清 0 或置 1。

在设备驱动程序和中断服务程序中使用到的 I/O 指令以及"开中断"和"关中断"指令都是特权指令,只能在操作系统内核程序中使用。

例 8.4 在 IA-32 + Linux 系统中,假设某用户程序 P 中有以下一段 C 代码:

```
1   int len, n, buf[BUFSIZ];
2   FILE *fp;
3   …
4   fp = fopen("bin_file.txt","r");
5   n = fread(buf, sizeof(int), BUFSIZ, fp);
6   …
```

假设文件 bin_file.txt 已经存在磁盘上且存有足够多的数据,以前未被读取过。回答下列问题或完成下列任务。

① 执行第 4 行语句时,从用户程序的执行到调出内核中的 I/O 软件执行的过程是怎样的?要求画出函数之间的调用关系,并用自然语言描述执行过程。

② 执行第 5 行语句时,从用户程序的执行到调出内核中的 I/O 软件执行的过程是怎样的?要求画出函数之间的调用关系。

③ 执行第 5 行语句时,通过陷阱指令陷入内核后,底层的内核 I/O 软件的大致处理过程是怎样的?

解 ① 执行第 4 行语句时,从用户程序的执行到调出内核中的 I/O 软件执行的过程如图 8.23 所示。

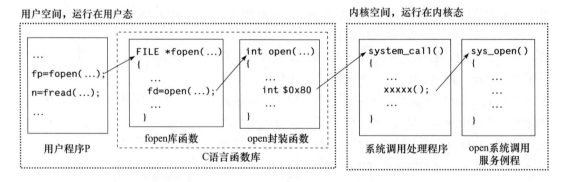

图 8.23   用户程序调用 fopen() 函数到内核 I/O 软件执行的过程

如图 8.23 所示,当执行到用户程序 P 中第 4 行语句时,将转入 C 标准库函数 fopen() 执行,根据图 8.9 所示的 fopen() 函数源代码可知,fopen() 将调用系统调用函数 open(),而 open 系统调用对应的指令序列中有一条陷阱指令 int $0x80(或 sysenter),当执行到该陷阱指令时,将从用户态陷入内核态执行,在内核态首先执行的是 system_call 程序,该程序中再根据系统调用号转到对应的 open 系统调用服务例程 sys_open 执行,文件打开的具体工作由

sys_open() 完成。因为将要打开的文件 bin_file.txt 已经存在, 所以, fopen() 函数将能成功
执行。

② 执行第 5 行语句时, 从用户程序 P 的执行到调出内核中的 I/O 软件执行的过程如
图 8.24 所示。

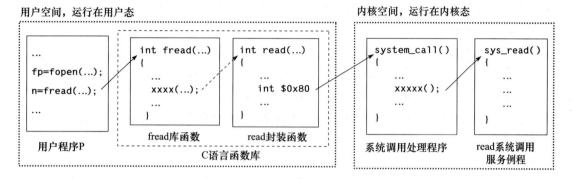

图 8.24　用户程序调用 fread() 函数到内核 I/O 软件执行的过程

③ 因为用户进程使用 fread() 函数读取的是一个普通的磁盘文件, 所以应采用 DMA 控制
I/O 方式进行磁盘读操作。通过系统调用陷入内核后, 底层的内核 I/O 软件的大致处理过程
如下:

- 首先, 由内核空间中与设备无关的 I/O 软件完成以下相关操作: 根据文件 bin_file 的文
件描述符 fd (执行 fopen() 函数后得到一个指向结构 FILE 的指针 fp, 在 fp 所指结构中
包含了打开文件的文件描述符 fd), 找到对应的文件描述信息, 根据相应的文件描述信
息可确定相应的磁盘设备驱动程序; 根据文件当前指针确定所读数据在抽象的块设备
中的逻辑块号; 检查用户所需数据是否在高速缓存 RAM 中, 以判断是否需要读磁盘。
因为文件 bin_file 未曾被读取过, 所以肯定不会在高速缓存 RAM 中, 同时也不会在用
户缓冲区, 因而需要调用相应的磁盘驱动程序执行读磁盘操作。

- 然后, 在磁盘驱动程序中, 将会完成以下操作: 检查磁盘驱动器的电机是否运转正常,
将逻辑块号转换为磁盘物理地址 (柱面号、磁头号、扇区号), 对将要接收磁盘数据
的主存空间进行初始化, 对 DMA 控制器中的各个 I/O 端口进行初始化; 然后, 发送
"启动 DMA 传送" 命令以启动具体的 I/O 操作; 最后调用处理器调度程序以挂起当前
用户进程 P, 并使 CPU 转而执行其他用户进程。

- 最终, 当 DMA 控制器完成 I/O 操作后, 向 CPU 发送一个 "DMA 完成" 中断请求信号,
CPU 调出相应的中断服务程序执行。CPU 在中断服务程序中, 解除用户进程 P 的阻塞
状态而使其进入就绪队列, 然后中断返回, 再回到被打断的进程继续执行。下次处理
器调度时用户进程 P 有可能会被调度到处理器上继续执行。　■

8.5　小结

本章主要介绍与 I/O 操作相关的软件和硬件方面的相关内容。主要包括: 文件的概念,

I/O 系统调用函数，基本的 C 标准 I/O 库函数，常用外设控制器（I/O 接口）的基本功能和结构，I/O 端口的编址方式，外设与主机之间的 I/O 控制方式，以及如何利用陷阱指令将用户 I/O 请求转换为操作系统的 I/O 处理过程。

用户程序通常通过调用编程语言提供的库函数或操作系统提供的 API 函数来实现 I/O 操作，这些函数最终都会调用系统调用封装函数，通过封装函数中的陷阱指令使用户进程从用户态转到内核态执行。

在内核态中执行的内核空间 I/O 软件主要包含三个层次，分别是与设备无关的操作系统软件、设备驱动程序和中断服务程序。具体 I/O 操作是通过设备驱动程序或中断服务程序控制 I/O 硬件来实现的。设备驱动程序的实现主要取决于具体的 I/O 控制方式。

程序直接控制 I/O 方式下，驱动程序实际上就是一个查询程序，而且不再调中断服务程序。

中断控制 I/O 方式下，驱动程序在启动完外设后，将调用处理器调度程序以调出其他进程执行，而使请求 I/O 的当前进程 P 阻塞；当外设完成任务后，则外设的设备控制器向 CPU 发出中断请求，CPU 调出中断服务程序执行；在中断服务程序中，进行新数据的读写或进行 I/O 操作的结束处理，以解除用户进程 P 的阻塞状态。

DMA 控制 I/O 方式下，驱动程序进行 DMA 传送初始化并发出"启动 DMA 传送"命令后，将调用处理器调度程序以调出其他进程执行，而使请求 I/O 的当前进程 P 阻塞；当 DMA 传送完成后，则 DMA 控制器向 CPU 发出"DMA 结束"中断请求，CPU 调出相应中断服务程序执行；在中断服务程序中，进行 DMA 结束处理，包括解除用户进程 P 的阻塞状态。

在设备驱动程序和中断服务程序中，通过执行 I/O 指令对设备控制器中的 I/O 端口进行访问。CPU 通过读取状态端口的状态来了解外设和设备控制器的状态，根据状态向控制端口发送相应的控制信息，以控制外设的读写和定位等操作，而外设的数据则通过数据端口来访问。I/O 端口的编址方式有两种：独立编址方式和统一编址（存储器映射）方式。

习题

1. 给出以下概念的解释说明。

I/O 硬件	I/O 软件	用户 I/O 软件	系统 I/O 软件
系统调用处理程序	系统调用服务例程	设备驱动程序	中断服务程序
流缓冲区	设备控制器	I/O 端口	控制端口
数据端口	状态端口	I/O 地址空间	独立编址
统一编址	存储器映射 I/O	I/O 指令	程序直接控制 I/O
就绪状态	中断控制 I/O	中断屏蔽字	中断请求寄存器
多重中断	中断嵌套	中断响应优先级	中断处理优先级
可编程中断控制器	DMA 控制 I/O 方式	DMA 控制器	设备无关的 I/O 软件

2. 简单回答下列问题。

（1）I/O 子系统的层次结构是怎样的？

（2）系统调用封装函数对应的机器级代码结构是怎样的？

（3）为什么系统调用的开销很大？

（4）C 标准 I/O 库函数是在用户态执行还是在内核态执行？

（5）与 I/O 操作相关的系统调用封装函数是在用户态执行还是内核态执行？

（6）I/O 端口的编址方式有哪两种？各有何特点？

（7）什么是程序直接控制 I/O 方式？说明其工作原理。

（8）什么是中断控制 I/O 方式？说明其工作原理。

（9）为什么中断控制器把中断类型号放在 I/O 总线的数据线上而不是放在地址线上？

（10）为什么在保护现场和恢复现场的过程中，CPU 必须关中断？

（11）DMA 控制 I/O 方式能够提高成批数据交换效率的主要原因何在？

（12）DMA 控制器在什么情况下发出中断请求信号？

3. 以下是在 IA-32 + Linux 系统中执行的用户程序 P 的汇编代码：

```
 1  # hello.s #
 2  # display a string "Hello, world."
 3
 4  .section .rodata
 5  msg:
 6  .ascii "Hello, world.\n"
 7
 8  .section .text
 9  .globl _start
10  _start:
11
12  movl $4, %eax          #系统调用号(sys_write)
13  movl $1, %ebx          #file descriptor(参数一):文件描述符(stdout)
14  movl $msg, %ecx        #string address(参数二):要显示的字符串的首地址
15  movl $14, %edx         #string length(参数三):字符串长度
16  int $0x80             #调用内核功能
17
18  movl $1, %eax          #系统调用号(sys_exit)
19  movl $0, %ebx          #参数一:退出代码
20  int $0x80             #调用内核功能
```

针对上述汇编代码，回答下列问题。

（1）程序的功能是什么？

（2）执行到哪些指令时会发生从用户态转到内核态执行的情况？

（3）该用户程序调用了哪些系统调用？

4. 第 3 题中用户程序的功能可以用以下 C 语言代码来实现：

```
1  int main()
2  {
3      write(1, "Hello, world.\n", 14);
4      exit(0);
5  }
```

针对上述 C 代码，回答下列问题或完成下列任务。

（1）执行 write() 函数时，传递给 write() 的实参在 main 栈帧中的存放情况怎样？要求画图说明。

（2）从执行 write() 函数开始到调出 write 系统调用服务例程 sys_write() 执行的过程中，其函

数调用关系是怎样的? 要求画图说明。

(3) 就程序设计的便捷性和灵活性以及程序执行性能等方面, 与第 3 题中的实现方式进行
比较。

5. 第 3 题和第 4 题中用户程序的功能可以用以下 C 语言代码来实现:

```
1  #include < stdio.h >
2  int main()
3  {
4      printf("Hello, world.\n");
5  }
```

假定源程序文件名为 hello.c, 可重定位目标文件名为 hello.o, 可执行目标文件名为 hello, 程
序用 GCC 编译驱动程序处理, 在 IA-32 + Linux 系统中执行。回答下列问题或完成下列任务。

(1) 为什么在 hello.c 的开头需加 "#include < stdio.h >"? 为什么 hello.c 中没有定义 printf()
函数, 也没它的原型声明, 但 main() 函数引用它时没有发生错误?

(2) 需要经过哪些步骤才能在机器上执行 hello 程序? 要求详细说明各个环节的处理过程。

(3) 为什么 printf() 函数中没有指定字符串的输出目的地, 但执行 hello 程序后会在屏幕上显
示字符串?

(4) 字符串"Hello, world.\n"在机器中对应的 0/1 序列 (机器码) 是什么? 这个 0/1 序列存
放在 hello.o 文件的哪个节中? 这个 0/1 序列在可执行目标文件 hello 的哪个段中?

(5) 若采用静态链接, 则需要用到 printf.o 模块来解析 hello.o 中的外部引用符号 printf,
printf.o 模块在哪个静态库中? 静态链接后, printf.o 中的代码部分 (.text 节) 被映射到
虚拟地址空间的哪个段中? 若采用动态链接, 则函数 printf() 的代码在虚拟地址空间中
的何处?

(6) 假定 printf() 函数最终调用的 write 系统调用封装函数 write() 的汇编代码如下:

```
804f8fa:    53              push    %ebx
804f8fb:    8b 54 24 10     mov     0x10(%esp),%edx
804f8ff:    8b 4c 24 0c     mov     0xc(%esp),%ecx
804f903:    8b 5c 24 08     mov     0x8(%esp),%ebx
804f907:    b8 04 00 00 00  mov     $0x4,%eax
804f90c:    cd 80           int     $0x80
804f90e:    5b              pop     %ebx
804f90f:    3d 01 f0 ff ff  cmp     $0xfffff001,%eax
804f914:    0f 83 f6 1f 00 00  jae   8051910 < __syscall_error >
804f91a:    c3              ret
```

请给出以上每条汇编指令的注释, 并说明该 Linux 系统中系统调用返回的最大错误号是
多少?

(7) 就程序设计的便捷性和灵活性以及程序执行性能等方面, 与第 3 题和第 4 题中的实现
方式分别进行比较, 并分析说明哪个执行时间更短。

6. 假定采用中断控制 I/O 方式, 则以下各项工作是在 4 个 I/O 软件层的哪一层完成的?

(1) 根据逻辑块号计算磁盘物理地址 (柱面号、磁头号、扇区号)。

(2) 检查用户是否有权读写文件。

(3) 将二进制整数转换为 ASCII 码以便打印输出。

(4) CPU 向设备控制器写入控制命令 (如 "启动工作" 命令)。

（5）CPU 从设备控制器的数据端口读取数据。

7. 假设某计算机带有 20 个终端同时工作，在运行用户程序的同时，能接收来自任意一个终端输入的字符信息，并将字符回送显示（或打印）。每一个终端的键盘输入部分有一个数据缓冲寄存器 RDBRi（$i = 1 \sim 20$），当在键盘上按下某一个键时，相应的字符代码即进入 RDBRi，并使它的"完成"状态标志 Done$i$（$i = 1 \sim 20$）置 1，要等 CPU 把该字符代码取走后，Done$i$ 标志才被自动清 0。每个终端显示（或打印）输出部分有一个数据缓冲寄存器 TDBRi（$i = 1 \sim 20$），并有一个 Ready$i$（$i = 1 \sim 20$）状态标志，该状态标志为 1 时，表示相应的 TDBRi 是空着的，准备接收新的输出字符代码，当 TDBRi 接收了一个字符代码后，Ready$i$ 标志才被自动清 0，并将字符代码送到终端显示（或打印），为了接收终端的输入信息，CPU 为每个终端设计了一个指针 PTRi（$i = 1 \sim 20$），用于指向为该终端保留的主存输入缓冲区。CPU 采用下列两种方案输入键盘代码，同时回送显示（或打印）。

（1）每隔一固定时间 T 转入一个状态检查程序 DEVCHC，顺序地检查全部终端是否有任何键盘信息要输入，如果有，则顺序完成之。

（2）允许任何有键盘信息输入的终端向处理器发出中断请求。全部终端采用共同的向量地址，利用它使处理器在响应中断后转入一个中断服务程序 DEVINT，由后者询问各终端状态标志，并为最先遇到的请求中断的终端服务，然后转向用户程序。

要求画出 DEVCHC 和 DEVINT 两个程序的流程图。

8. 某台打印机每分钟最快打印 6 个页面，页面规格为 50 行 × 80 字符。已知某计算机主频为 500MHz，若采用中断控制 I/O 方式进行字符打印，则每个字符申请一次中断且中断响应和中断处理时间合起来为 1000 个时钟周期。请问该计算机系统能否采用中断控制 I/O 方式来进行字符打印输出？为什么？

9. 假定某计算机的 CPU 主频为 500MHz，所连接的某个外设的最大数据传输率为 20KB/s，该外设接口中有一个 16 位的数据缓存器，相应的中断服务程序的执行时间为 500 个时钟周期，则是否可以用中断控制 I/O 方式进行该外设的输入输出？假定该外设的最大数据传输率改为 2MB/s，则是否可以用中断控制 I/O 方式进行该外设的输入输出？

10. 若某计算机有 5 级中断，中断响应优先级为 $1 > 2 > 3 > 4 > 5$，而中断处理优先级为 $1 > 4 > 5 > 2 > 3$。要求：

（1）设计各级中断处理程序的中断屏蔽位（假设 1 为屏蔽，0 为开放）。

（2）若在运行主程序时同时出现第 2、4 级中断请求，而在处理第 2 级中断过程中又同时出现 1、3、5 级中断请求，试画出此程序运行过程示意图。

11. 假定某计算机字长 16 位，没有 cache，运算器一次定点加法时间等于 100ns，配置的磁盘旋转速度为每分钟 3000 转，每个磁道上记录两个数据块，每一块有 8000 个字节，两个数据块之间间隙的越过时间为 2ms，主存周期为 500ns，存储器总线宽度为 16 位，总线带宽为 4MB/s，假定磁盘采用 DMA 方式进行 I/O，CPU 时钟周期等于主存周期。回答下列问题。

（1）磁盘读写数据时的最大数据传输率是多少？

（2）当磁盘按最大数据传输率与主机交换数据时，主存周期空闲百分比是多少？

（3）直接寻址的"存储器－存储器"SS 型加法指令在无磁盘 I/O 操作打扰时的执行时间

为多少? 当磁盘 I/O 操作与一连串这种 SS 型加法指令执行同时进行时, 则这种 SS 型加法指令的最快和最慢执行时间各是多少?

12. 假设某计算机所有指令都在两个总线周期内完成, 一个总线周期用来取指令, 另一个总线周期用来存取数据。总线周期为 250ns, 因而每条指令的执行时间为 500ns。若该计算机中配置的磁盘上每个磁道有 16 个 512 字节的扇区, 磁盘旋转一圈的时间是 8.192ms, 总线宽度 16 位, 采用 DMA 方式传送磁盘数据, 则在进行 DMA 传送时该计算机指令执行速度降低了百分之几?

13. 假设一个主频为 1GHz 的处理器需要从某个成块传送的 I/O 设备读取 1000 字节的数据到主存缓冲区中, 该 I/O 设备一旦启动即按 50KB/s 的数据传输率向主机传送 1000 字节数据, 每个字节的读取、处理并存入内存缓冲区需要 1000 个时钟周期, 则以下几种方式下, 在 1000 字节的读取过程中, CPU 花在该设备的 I/O 操作上的时间分别为多少? 占整个处理器时间的百分比分别是多少?

(1) 采用定时查询方式, 每次处理一个字节, 一次状态查询至少需要 60 个时钟周期。

(2) 采用独占查询方式, 每次处理一个字节, 一次状态查询至少需要 60 个时钟周期。

(3) 采用中断控制 I/O 方式, 外设每准备好一个字节发送一次中断请求。每次中断响应需要 2 个时钟周期, 中断服务程序的执行需要 1200 个时钟周期。

(4) 采用周期挪用 DMA 方式, 每挪用一次主存周期处理一个字节, 一次 DMA 传送完成 1000 字节数据的 I/O, DMA 初始化和后处理的时间为 2000 个时钟周期, CPU 和 DMA 没有访存冲突。

(5) 如果设备的速度提高到 5MB/s, 则上述 4 种方式中, 哪些是不可行的? 为什么? 对于可行的方式, 计算出 CPU 花在该设备 I/O 操作上的时间占整个处理器时间的百分比?

附录 **A**

数字逻辑电路基础

本附录主要介绍数字逻辑电路设计的基础知识，如果没有这些基础，可能会对本书中第 2、5、6 等章节中相关内容学习造成一定的障碍，因此，本附录的目的是为了帮助读者更好地理解本书正文中相关内容，而不是为了使读者获得逻辑电路设计能力。

本附录的主要内容包括：布尔代数、基本门电路、组合逻辑部件、时序逻辑部件和半导体存储器芯片。

A. 1 布尔代数

冯·诺依曼结构计算机的一个重要特征是计算机中的信息采用二进制编码，也就是计算机中存储、运算和传送的信息都是二进制形式。因此，关于数字 0 和 1 的一套数学运算体系是非常重要的。这个体系起源于 1850 年前后英国数学家乔治·布尔（George Boole，1815—1864）的工作，因此称为**布尔代数**。布尔注意到将 TRUE(真) 和 FALSE(假) 分别编码成 1 和 0，可以通过设计一种代数运算系统来研究逻辑推理的基本原则。

布尔代数中只有两个数字 0 和 1，分别表示**逻辑值** FALSE 和 TRUE，因此，布尔代数是在二元集合 $\{0,1\}$ 基础上定义的。最基本的**逻辑运算**有三种：与（AND）、或（OR）、非（NOT），**逻辑运算符**分别为"·"、"+"和"-"。图 A.1 给出了三种逻辑运算的定义。

A	B	$A \cdot B$	$A+B$	$\overline{A}$
0	0	0	0	1
0	1	0	1	1
1	0	0	1	0
1	1	1	1	0

图 A.1 三种基本布尔代数运算

从图 A.1 可以看出，**与运算**规则为：当且仅当输入值都为 1 时，结果为 1，与运算也称为**逻辑乘**；**或运算**规则为：只要输入值中有一个为 1，结果就为 1，或运算也称为**逻辑加**或**逻辑和**。**非运算**也称为**取反运算**，规则为：输入值为 1 时结果为 0，输入值为 0 时结果为 1，非运算也称为**逻辑反**。

常见的布尔代数定律如下：

① 恒等定律：$A +0 = A$，$A \cdot 1 = A$。

② 0/1 定律：$A+1=1$，$A \cdot 0=0$。

③ 互补律：$A+\overline{A}=1$，$\overline{A} \cdot A=0$。

④ 交换律：$A+B=B+A$，$A \cdot B=B \cdot A$。

⑤ 结合律：$A+(B+C)=(A+B)+C$，$A \cdot (B \cdot C)=(A \cdot B) \cdot C$。

⑥ 分配律：$A \cdot (B+C)=(A \cdot B)+(A \cdot C)$，$A+(B \cdot C)=(A+B) \cdot (A+C)$。

逻辑表达式就是用逻辑运算符连接逻辑值而得到的表达式，逻辑表达式的值仍为逻辑值。除了上述列出来的布尔代数定律，还有其他重要的布尔代数定律，如德摩根（De Morgan）定律等，利用这些布尔代数定律可以进行逻辑表达式的化简。

不难证明，任何一种逻辑表达式都可以写成三种基本运算的逻辑组合。例如，**异或**（XOR）运算的逻辑表达式为 $A \oplus B=\overline{A} \cdot B+A \cdot \overline{B}$。异或运算也称**不等价**运算。

上述逻辑表达式中的变量都是一个逻辑值，即只有一位。很多时候可能处理的是一个由 n 个逻辑值组成的向量，即按位逻辑运算。高级程序设计语言中都提供按位逻辑运算。例如，对于 C 语言中的按位逻辑运算，用"｜"表示按位"OR"运算；用"&"表示按位"AND"运算；用"~"表示按位"NOT"运算；用"^"表示按位"XOR"运算。

A.2　门电路

可以采用**逻辑门电路**来实现基本逻辑运算。例如，"**与门**"实现与操作，"**或门**"实现或操作，"**非门**"（也称为**反向器**）实现取反操作。一个与门和一个或门可以有多个输入端，但只有一个输出端，而一个反向器只有一个输入端和一个输出端。图 A.2 给出了三种门电路的符号表示。

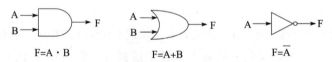

$$F=A \cdot B \qquad F=A+B \qquad F=\overline{A}$$

图 A.2　三种基本门电路符号

任何一种逻辑表达式都可以写成三种基本运算的逻辑组合，因而任何一个逻辑电路都可以用与门、或门和非门的组合来实现。例如，对于异或运算 $F=A \oplus B$，可以用图 A.3 中所示电路来实现，其中组合了两个非门、两个与门和一个或门。

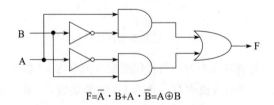

$$F=\overline{A} \cdot B+A \cdot \overline{B}=A \oplus B$$

图 A.3　异或逻辑门电路的实现

在逻辑电路图中表示取反操作时，通常都是在输入端或输出端上加一个"○"。例如，在图 A.3 中的或门输出端加一个"○"，则得到 $F=\overline{A \oplus B}=A \equiv B$，即实现"等价"逻辑运算。

  根据电路是否具有存储功能，将逻辑电路划分为两种类型：没有存储功能的电路称为**组合逻辑电路**，它的输出值仅依赖于当前输入值；含有存储功能的电路称为**时序逻辑电路**，它的输出值不仅依赖于当前输入值，还依赖于存储单元的当前状态。

  上述门电路实现的是一位运算，如果是 n 位逻辑值的运算，只要重复使用 n 个相同的门电路即可，在逻辑电路图中无须画出所有的门电路，只要在输入端和输出端标注位数即可。例如，对于 n 位逻辑值 $A = A_{n-1}A_{n-2}\cdots A_1A_0$ 和 $B = B_{n-1}B_{n-2}\cdots B_1B_0$ 的与运算 $F = A \cdot B$，实际上是按位相与，即 $F_i = A_i \cdot B_i (0 \leqslant i \leqslant n-1)$。假定逻辑值的位数为 n，则按位与、按位或、按位取反、按位异或的逻辑符号如图 A.4 所示。

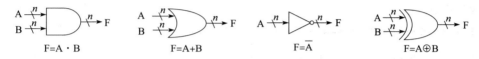

$$F=A \cdot B \qquad F=A+B \qquad F=\bar{A} \qquad F=A \oplus B$$

图 A.4 n 位逻辑门电路符号

A.3 组合逻辑部件

  可以利用基本逻辑门电路构成一些具有特定功能的组合逻辑部件，如译码器、编码器、多路选择器、加法器等。通常可以将一个功能部件的功能用一个**真值表**来描述，然后根据真值表确定逻辑表达式，最终根据逻辑表达式实现逻辑电路。真值表反映了功能部件的输入值和输出值之间的关系。

A.3.1 多路选择器

  在第 2 章的图 2.6 中使用了一个**多路选择器**（MUX），有两个输入端和一个输出端，并有一个控制端，是二选一的多路选择器，每个输入端和输出端都有 n 位，因此，这样的多路选择器称为**二路选择器**。二路选择器如图 A.5 所示，其中图 A.5a 中是符号表示，图 A.5b 中给出一位二路选择器的门电路实现。

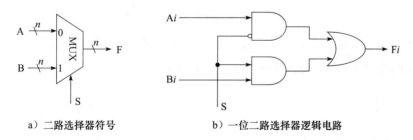

  a）二路选择器符号   b）一位二路选择器逻辑电路

图 A.5 异或逻辑门电路的实现

  从图 A.5 可以看出，一个二路选择器有一个控制端 S、两个输入端 A 和 B、一个输出端。其功能是：当 S 为 0 时，F = A；当 S 为 1 时，F = B。

  推广到 k **路选择器**，应该有 k 路输入，因而控制端 S 的位数应该是 $\lceil \log_2 k \rceil$。例如，对于 3 路或 4 路选择器，S 有两位；对于 5~8 路选择器，S 有 3 位。

A.3.2　无符号数加法器

在第 2 章的图 2.6 中使用了一个 n 位加法器，输入端有 3 个，分别是两个加数和一个低位来的进位；输出端有多个，除了和以外，还有向高位的进位以及多个标志，如溢出标志 OF、零标志 ZF 等。n 位加法器是由 n 个一位加法器构成的。同时考虑两个加数和低位进位的一位加法器称为**全加器**（Full Adder，简称 FA）。全加器的真值表如图 A.6 所示。

如图 A.6 所示，全加器的两个加数为 A 和 B，低位进位为 C_{in}，相加的和为 F，向高位的进位为 C_{out}。根据真值表得到的全加器的逻辑表达式如下：

$$F = \overline{A} \cdot \overline{B} \cdot C_{in} + \overline{A} \cdot B \cdot \overline{C_{in}} + A \cdot \overline{B} \cdot \overline{C_{in}} + A \cdot B \cdot C_{in}$$

$$C_{out} = \overline{A} \cdot B \cdot C_{in} + A \cdot \overline{B} \cdot C_{in} + A \cdot B \cdot \overline{C_{in}} + A \cdot B \cdot C_{in}$$

使用布尔代数定律对上述逻辑表达式化简后得到**全加和 F** 和**全加进位 C_{out}** 的逻辑表达式为：

$$F = A \oplus B \oplus C_{in}$$

$$C_{out} = A \cdot B + A \cdot C_{in} + B \cdot C_{in}$$

A	B	C_{in}	F	C_{out}
0	0	0	0	0
0	0	1	1	0
0	1	0	1	0
0	1	1	0	1
1	0	0	1	0
1	0	1	0	1
1	1	0	0	1
1	1	1	1	1

图 A.6　全加器真值表

根据全加器逻辑表达式，得到全加器逻辑电路如图 A.7 所示，其中图 A.7a 中是符号表示，图 A.7b 给出全加器的门电路实现。

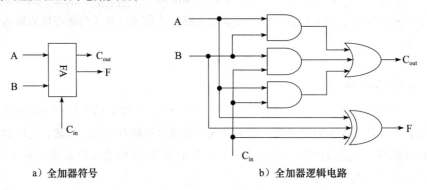

　　a）全加器符号　　　　　　　　　　　b）全加器逻辑电路

图 A.7　全加器逻辑门电路的实现

n **位无符号数加法器**可由 n 个全加器实现，其电路如图 A.8 所示，其中图 A.8a 中是符号表示，图 A.8b 中给出用全加器构成加法器的实现电路，C_i 是第 $i-1$ 位向第 i 位的进位。

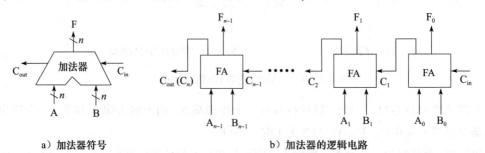

　　a）加法器符号　　　　　　　　　b）加法器的逻辑电路

图 A.8　用全加器实现 n 位无符号数加法器的电路

用全加器实现 n 位无符号数加法器，采用的是串行进位方式，因而速度很慢。可以采用其他进位方式来实现快速加法器，如采用先行进位方式的各类先行进位加法器等。

A.3.3　整数加/减运算器

n 位无符号数加法器只能用于两个 n 位二进制数相加，不能进行无符号整数的减运算，也不能进行带符号整数的加/减运算。要能够进行无符号整数的加/减运算和带符号整数的加/减运算，还需要在无符号数加法器的基础上增加相应的逻辑门电路，使得加法器不仅能计算和/差，还要能够生成相应的标志信息。图 A.9 是**带标志信息的加法器**实现电路示意图，其中图 A.9a 中是符号表示，图 A.9b 中给出用全加器构成的实现电路。

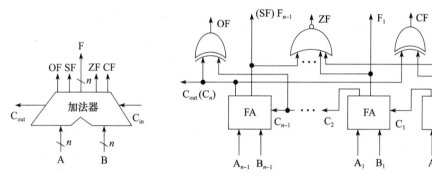

a）带标志信息的加法器符号　　　　　b）带标志信息的加法器的逻辑电路

图 A.9　用全加器实现 n 位带标志加法器的电路

如图 A.9 中所示，溢出标志的逻辑表达式为 $OF = C_n \oplus C_{n-1}$；符号标志就是和的符号，即 $SF = F_{n-1}$；零标志 $ZF = 1$ 当且仅当 $F = 0$；进位/借位标志 $CF = C_{out} \oplus C_{in}$，即当 $C_{in} = 0$ 时，CF 为进位 C_{out}，当 $C_{in} = 1$ 时，CF 为进位 C_{out} 取反。

第 2 章的图 2.6 所示电路可以实现整数加、减运算，其中的加法器就是图 A.9 所示的带标志信息的加法器，图 2.6 中的 Sub 控制端连到加法器的 C_{in} 输入端。在图 2.6 中，X 和 Y 是两个 0/1 序列，对于带符号整数 x 和 y 来说，X 和 Y 就是 x 和 y 的补码表示，对于无符号整数 x 和 y 来说，X 和 Y 就是 x 和 y 的无符号数表示。不管是带符号整数减法还是无符号整数减法，都是用被减数加上减数的负数的补码来实现。

A.3.4　算术逻辑部件

第 5 章中多处提到**算术逻辑部件**（Arithmetic Logic Unit，简称 ALU），它是一种能进行基本算术运算与逻辑运算的组合逻辑电路，它的核心电路是如图 A.9 所示的带标志信息的加法器，通常用如图 A.10 所示的符号来表示。其中 A 和 B 是两个 n 位操作数输入端，C_{in} 是进位输入端，ALU_{op} 是操作控制端，用来决定 ALU 所执行的处理功能。ALU_{op} 的位数 k 决定了操作的种类，例如，当位数 k 为 3 时，ALU 最多只有 $2^3 = 8$ 种操作。Result 是运算结果输出端，此外，还有相应的运算结果标志信息：零标志 ZF、溢出标志 OF、符号标志 SF 和进位/借位标志 CF 等。

图 A.11 给出了能够完成三种运算"与"、"或"和"加法"的一位 ALU 结构图。其中，一位加法用一个全加器实现，在 ALU_{op} 的控制下，由一个多路选择器（MUX）选择输出三种操作结果之一，因为 MUX 是三选一电路，所以 ALU_{op} 至少要有两位，即 $k=2$。当 $ALU_{op}=10（add）$ 时，ALU 执行加法运算。

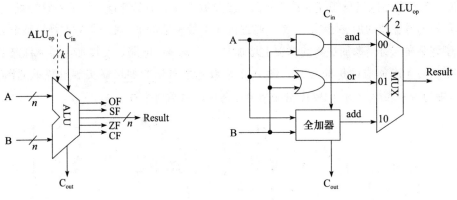

图 A.10   ALU 符号   图 A.11   一位 ALU 的结构

在一位 ALU 基础上，可以利用串行进位或单级、多级先行进位等方式构造 n 位 ALU，也可以在一个 n 位带标志信息的加法器基础上，加上其他逻辑电路，如 n 位与门、n 位或门等电路实现 n 位 ALU。

A.3.5   译码器

通常，若**译码器**的输入端有 n 位，则其输出端有 2^n 位。假定输入端分别为 $I_0,I_1,\cdots,I_{n-1}$，输出端分别为 $O_0,O_1,\cdots,O_{2^n-1}$。如果将输入的 n 位看成一个二进制数，则 n 位输入的可能取值为 $0,1,2,\cdots,2^n-1$。若输入对应的二进制值为 i，则输出端中只有 O_i 为 1，其他输出端全为 0。例如，当 $n=3$ 时，有 3 个输入端 I_0,I_1,I_2，8 个输出端 $O_0,O_1,\cdots,O_7$，对应的译码器称为**3-8译码器**，其符号和真值表如图 A.12 所示。

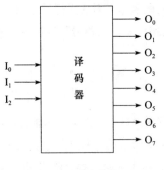

I_0	I_1	I_2	O_0	O_1	O_2	O_3	O_4	O_5	O_6	O_7
0	0	0	1	0	0	0	0	0	0	0
0	0	1	0	1	0	0	0	0	0	0
0	1	0	0	0	1	0	0	0	0	0
0	1	1	0	0	0	1	0	0	0	0
1	0	0	0	0	0	0	1	0	0	0
1	0	1	0	0	0	0	0	1	0	0
1	1	0	0	0	0	0	0	0	1	0
1	1	1	0	0	0	0	0	0	0	1

a）3-8译码器符号   b）3-8译码器真值表

图 A.12   3-8 译码器的功能描述

译码器可以用来对地址码进行译码，例如，在第 6 章图 6.1 关于主存储器组织中有地址译码器，它能对地址寄存器传送过来的地址进行译码，输出信号用来驱动地址码对应的地址选择线对所在主存单元进行读写。同样，译码器也可以用于对指令的操作码进行译码，使不同的操作码能够得到不同的控制信号，以正确控制操作元件的动作。

与译码器功能相反的电路称为**编码器**，它的输入相当于译码器的输出，而输出相当于译码器的输入。

A.4 时序逻辑部件

时序逻辑部件中需要定时信号，在计算机中定时信号主要是时钟信号。因此，在讨论具体的时序逻辑电路之前，有必要先简单介绍一下时钟信号。

A.4.1 时钟信号

时钟信号是时序逻辑的基础，它用于确定时序逻辑元件中的状态在何时发生变化。时钟信号是由石英晶体谐振器与其他元件配合产生的具有固定周期的标准脉冲信号，如图 A.13 所示，每个**时钟周期**由高电平和低电平两个部分组成，时钟周期的倒数称为**时钟频率**。

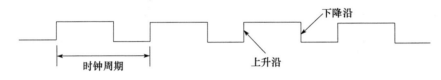

图 A.13 时钟信号

时序逻辑中状态的变化时点可以有不同的确定方式，本节仅讨论其中一种**边沿触发方式**。在边沿触发方式中，只有上升沿或下降沿是有效信号，即只有时钟边沿到达后才开始改变逻辑元件的状态。**上升沿**是指从低电平向高电平变化的边沿，而**下降沿**是指从高电平向低电平变化的边沿。在一个边沿触发的时序逻辑元件中，要么规定总是上升沿触发，要么规定总是下降沿触发，到底采用哪种边沿触发取决于逻辑设计技术，其设计思想是相同的。

边沿触发方式就是将时钟信号的上升沿或者下降沿作为开始采样的同步点，每到一个采样同步点，就开始对时序逻辑元件中的状态进行采样，得到并存储新的采样信息。

A.4.2 触发器

含有存储功能的电路称为**时序逻辑电路**，它的输出值不仅依赖当前输入值，还依赖于存储单元的当前状态。时序逻辑电路中的存储单元大多用触发器构成。**触发器**是一种具有两个稳定状态的电路，通过不同的输入信号可以将它设置成"0"或"1"状态，输入信号撤销后，它能保持原状态不变，因此具有记忆作用，能存储一位二进制信息。

最简单的存储单元是**非时钟触发**的电路，无须时钟信号输入。图 A.14 是用一对交叉耦合的或非电路构成的存储单元，称为**S-R锁存器**，也称为置位-重置锁存器。输出值 Q 是锁存器的状态值。其中，S 是置位（Set）输入端，R 是重置（Reset）输入端。当 S 端为 1 时，输出端 Q 变为 1，而下面的或非门则输出为 0，从而保持稳定的输出，

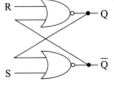

图 A.14 S-R 锁存器

能起到锁存的作用；当 R 输入端为 1 时，则状态被重置，输出端 Q 变为 0，而下面的或非门输出为 1，进入另一个稳定状态；当 R 和 S 同时都变为 0 时，锁存器的状态保持不变；当 R 和 S 同时为 1 时，将产生不确定的结果，此时锁存器处于震荡或亚稳定状态。

时序逻辑电路中用到的存储单元大多是时钟信号触发的，其中最简单的存储单元是触发器和**锁存器**，它们与上述提到的 S-R 锁存器不同，都需要时钟作为触发信号。触发器和锁存器的差异在于导致状态变化的触发方式不同。在触发器中，它的状态变化仅发生在时钟边沿到来时刻，而在锁存器中，只要时钟信号有效，存储单元的输出会随着输入信号的变化而变化。

本书在第 5 章中提到的寄存器是由触发器构成的，而且在 5.2.2 节中提到了图 5.4 所示的 D 触发器的定时。为了使读者更好地理解触发器和寄存器的工作原理，本节主要介绍 D 触发器的内部结构和基本工作原理。

D 触发器可以用两个 D 锁存器构建，图 A.15 给出了利用或非门构建的 D 锁存器，它有两个输入端，其中，C 端是控制电路锁存信息的时钟信号，用于控制何时读取并存储输入端 D。当 C 有效时，锁存器处于"开状态"，输出端 Q 的值等于输入值 D；当 C 无效时，锁存器处于"关状态"，输出端 Q 不发生改变。图 A.16 给出了 D 锁存器的时序关系。

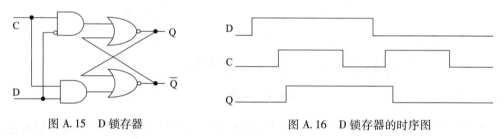

图 A.15　D 锁存器　　　　　　　　　图 A.16　D 锁存器的时序图

图 A.17 所示的是下降沿触发的 D 触发器的内部结构，它与上升沿触发的 D 触发器没有本质差别，只要将图中的 C 端加一个反相器，将 C 取反后的信号送左边的 D 锁存器，再取反（即 C 的原码）送右边的 D 锁存器，就能构成上升沿触发的 D 触发器。图 A.18 给出了 D 触发器的时序关系。

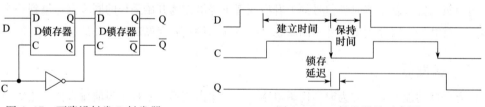

图 A.17　下降沿触发 D 触发器　　　　图 A.18　D 触发器的时序图

从图 A.17 所示的下降沿触发的 D 触发器的内部结构可以看出，当时钟信号 C 为高电平时，左边的 D 锁存器（称为主锁存器）处于开状态，输入端 D 被锁存在其 Q 端；当 C 从高电平变为低电平（下降沿）时，右边的 D 锁存器（称为从锁存器）处于开状态，将主锁存器 Q 端的值锁存起来，经过一段时间延迟，D 触发器的输出端 Q 就开始变为输入端 D 的值。

D 触发器的输入端 D 在时钟触发边沿到来时被采样，因此，必须保证 D 的值在触发边沿前后的一定时间内保持不变，通常将时钟触发边沿到来之前的一段时间称为**建立时间**（setup time），将时钟触发边沿之后的一段时间称为**保持时间**（hold time）。也即，建立时间是指在时钟触发边沿到来之前输入端 D 必须稳定有效的最短时间；保持时间是指在时钟触发边沿到来之后输入端 D 必须继续保持不变的最短时间。从时钟触发边沿到来到输出端 Q 改变为 D 的当前输入值的时间称为**锁存延迟**（latch prop），也称为**Clk-to-Q 时间**，这段时间远小于保持时间。

A.4.3 寄存器和寄存器堆

寄存器是用来暂存二进制数的逻辑部件，根据功能和实现方式的不同，有各种不同类型的寄存器。最简单的寄存器直接由若干个触发器组成。例如，由 n 个 D 触发器可构成一个 n 位寄存器，如图 A.19 所示。

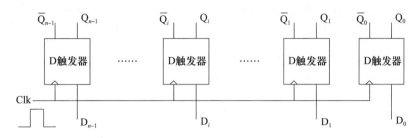

图 A.19 用 D 触发器构成 n 位寄存器

当多个寄存器与总线相连时，为了控制在某一时刻只有一个寄存器中的数据被送到总线上，通常需要在寄存器的输出端加上一个三态门，例如，第 5 章的图 5.7 和图 5.9 中在寄存器的输出端都加了三态门。

三态门（three-state gate）是一种重要的总线接口电路。三态指其输出既可以是通常的逻辑值 1 或逻辑值 0，又可以是特有的高阻抗状态。处于高阻抗状态时，输出电阻很大，没有任何逻辑控制功能，即相当于与所连接的总线是断开的。图 A.20 给出了三态门符号，三态门有一个**输出使能端 EO**，用于控制门电路与总线的接通与断开。当 EO 有效时，三态门的输出就是输入的值"0"或"1"；当 EO 无效时，三态门的输出为高阻态。图 A.21 给出了一个三态门运用示例，4 个寄存器分别通过三态门连接到总线，通过控制每个三态门的输出使能端，使它们在任何时刻至多只能一个有效，就能使任何时刻只有一个寄存器的内容被送到总线上。

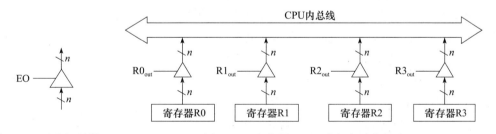

图 A.20 三态门符号   图 A.21 寄存器通过三态门与总线相连

在第 5 章介绍数据通路时提到 CPU 中有专门的**寄存器堆**（register file），用于暂存指令执行过程中用到的中间数据。寄存器堆也称为**通用寄存器组**（General Register Set，简称 GRS），它由许多寄存器组成，每个寄存器有一个编号，通过对寄存器编号进行译码，可以选择相应的寄存器进行读写。图 A.22 是一个带时钟控制的双口寄存器堆的示意图，有两个读口和一个写口，每个读口或写口包括一个寄存器号输入端和一个读数据端或写数据端，此外，还有一个**写使能**输入端 WE，它用来控制是否在下个时钟触发边沿到来时将 busW 线上的数据写入寄存器堆中。

图 A.22 所示寄存器堆中共有 2^k 个寄存器，每个寄存器位数为 n，RA 和 RB 分别是读口 1 和读口 2 的寄存器编号，RW 是写口的寄存器编号。寄存器堆的读操作属于组合逻辑操作，无须时钟控制，即当寄存器地址 RA 或 RB 有效后，经过一个"读取时间"的延迟，在 busA 或 busB 上的信息开始有效。寄存器堆的写操作属于时序逻辑操作，需要时钟信号的控制，即在写使能信号（WE）有效的情况下，下个时钟触发边沿到来时开始将 busW 上的信息写入 RW 所指的寄存器中。

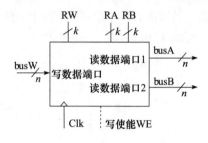

图 A.22　寄存器堆外部结构

A.5　半导体存储器芯片

第 6 章中多处提到半导体随机存储器芯片。半导体 RAM 具有体积小、存取速度快等优点，因而适合作为内部存储器使用。按工艺不同可将半导体 RAM 分为双极型 RAM 和 MOS 型 RAM 两大类，MOS 型 RAM 又分为**静态 RAM**（Static RAM，简称 SRAM）和**动态 RAM**（Dynamic RAM，简称 DRAM）。

A.5.1　基本存储元件

基本存储元件用来存储一位二进制信息，是组成存储器的最基本的电路。下面介绍两种典型的分别用于 SRAM 芯片和 DRAM 芯片的存储元件。

1. 六管静态 MOS 管存储元件

六管静态 MOS 管存储元件如图 A.23 所示，其中 T_1 和 T_2 构成触发器，T_5、T_6 是触发器的负载管，T_3、T_4 为门控管。使用这六个 MOS 管即可组成存储一位二进制信息的基本存储元。若 T_2 管导通，则 T_1 管一定截止，此时 A 点为高电平，B 点为低电平，假定此时为存"1"状态；反之（当 T_1 管导通时）则为存"0"状态。

（1）信息的保持

字选择线 W 加低电平，T_3 与 T_4 截止，触发器与外界隔离，保持原有信息不变。

（2）信息的读出

首先在两个位线上加高电平，当字选择线 W 上加高电平时，T_3 与 T_4 开启。若原存"1"，则 A

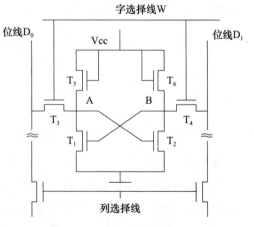

图 A.23　六管静态存储元件

点为高电平，T_2 导通，此时有电流从位线 D_1 经 T_4、T_2 管流到地，从而在位线 D_1 上产生一个负脉冲，位线 D_0 上没有负脉冲。反之，若原存 "0"，则在位线 D_0 上有负脉冲。根据哪条位线上有负脉冲可区分读出的是 "0" 还是 "1"。

（3）信息的写入

当字选择线 W 上加高电平时，T_3 与 T_4 开启。若要写 "1"，则在位线 D_1 上加低电平，使 B 点电位下降，T_1 管截止，A 点电位上升，使 T_2 管导通完成写 "1"。若要写 "0"，则在 D_0 线上加低电平，使 A 点电位下降，结果使 T_2 管截止，B 点电位上升，T_1 管导通，完成写 "0"。

2. 单管动态 MOS 管存储元件

从六管静态 RAM 电路可看出，即使存储元件不工作，也有电流流过。例如，当 T_1 导通，T_2 截止时，有从电源经 $T_5 \rightarrow T_1 \rightarrow$ 地的电流流动。反之，则有从电源经 $T_6 \rightarrow T_2 \rightarrow$ 地的电流流动，因而功耗较大。

如图 A.24 所示，动态 RAM 利用 MOS 管的栅极电容 C_S 来保存信息，在信息保持状态下，存储元件中没有电流流动，因而大大降低了功耗。

DRAM 芯片中一般采用图 A.24 所示的单管动态单元电路，其中 T 管为字选门控管，读写时加选通脉冲使其导通。

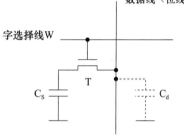

图 A.24　单管动态存储元件

（1）信息的读出

若原存 "1"，则 C_S 上电荷通过 T 管在数据线上产生电流。反之，若原存 "0"，则无电流。由此可区分读出的是 0 还是 1。因为读出时 C_S 上电荷放电，电位下降，所以是破坏性读出，读后应有重写操作，称为 "再生"。由于 C_S 不可能很大，所以 C_S 在数据线上放电产生的电流不会很大，而且由于寄生电容 C_d 的存在，放电时 C_S 上的电荷是在 C_S 和 C_d 之间分配，因此，读出电流值实际上非常小，故对读出放大器的要求较高。

（2）信息的写入

写 "1" 时，在数据线上加高电平，经 T 管对 C_S 充电；写 "0" 则在数据线上加低电平，C_S 充分放电而使其上无电荷。

（3）刷新

由于 MOS 管栅极上存储的电荷会缓慢放电，所以超过一定时间就会丢失信息。因此必须定时给栅极电容充电，这一过程称为刷新（refresh）。

3. 静态存储元件和动态存储元件的比较

根据以上对两种典型 SRAM 元件和 DRAM 元件的介绍可看出它们各自的特点如下。

SRAM 存储元件所用 MOS 管多，占硅片面积大，因而功耗大，集成度低；但因为采用一个正负反馈触发器电路来存储信息，所以，只要直流供电电源一直加在电路上，就能一直保持记忆状态不变，无须刷新；也不会因为读操作而使状态发生改变，故无须读后再生；特别是它的读写速度快，其存储原理可看作是对带时钟的 RS 触发器的读写过程。由于 SRAM 价格比较昂贵，因而，适合做高速小容量的半导体存储器，如 cache。

DRAM 存储元件所用 MOS 管少，占硅片面积小，因而功耗小，集成度很高；但因为采用电容储存电荷来存储信息，会发生漏电现象，所以要使状态保持不变，必须定时刷新；因为读操作会使状态发生改变，故需读后再生；特别是它的读写速度相对 SRAM 元件要慢得多，其存储原理可看作是对电容充、放电的过程。相比于 SRAM，DRAM 价格较低，因而适合做慢速大容量的半导体存储器，如主存。

A.5.2 静态 RAM 芯片

如图 A.25 所示，静态 MOS 存储器芯片由存储体、I/O 读写电路、地址译码器和控制电路等部分组成。

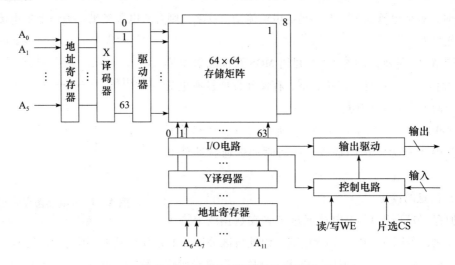

图 A.25   SRAM 存储器芯片结构图

① 存储体（存储矩阵）。存储体是存储单元的集合。如图 A.25 所示，4096 个存储单元被排成 64×64 的存储阵列，称为位平面，这样 8 个位平面构成 4096 字节的存储体。由 X 选择线（行选择线）和 Y 选择线（列选择线）来选择所需单元，不同位平面的相同行、列上的位同时被读出或写入。

② 地址译码器。用来将地址转换为译码输出线上的高电平，以便驱动相应的读写电路。地址译码有一维译码和二维译码两种方式。一维方式也称为线选法或单译码法，适用于小容量存储器；二维方式也称为重合法或双译码法，适用于容量较大的存储器。

在单译码方式下，只有一个行译码器，同一行中所有存储单元的字线连在一起，接到地址译码器的输出端，这样，选中一行中的各单元构成一个字，被同时读出或写入；这种结构的存储器芯片被称为字片式芯片。

地址位数较多时，地址译码器输出线太多。比如，$n = 12$ 时单译码结构要求译码器有 4096 根输出线（字选择线），因此大容量存储芯片不宜采用一维单译码方式。

目前，存储芯片大多采用双译码结构。地址译码器分为 X 和 Y 两个方向。图 A.25 采用的就是二维双译码结构，其对应的存储阵列组织如图 A.26 所示。

在图 A.26 所示的存储阵列中，有 4096 个单元，需要 12 根地址线 $A_0 \sim A_{11}$，其中 $A_0 \sim A_5$

送至 X 译码器，有 64 条译码输出线，各选择一行单元；$A_6 \sim A_{11}$ 送至 Y 译码器，它也有 64 条译码输出线，分别控制一列单元的位线控制门。假如输入的 12 位地址为 $A_{11} A_{10} \cdots A_0 = 0000000000001$，则 X 译码器的第 2 根译码输出线（$x_1$）为高电平，于是与它相连的 64 个存储单元的字选择 W 线为高电平。Y 译码器的第 1 根译码输出线（y_0）为高电平，打开第一列的位线控制门。在 X、Y 译码的联合作用下，存储矩阵中（1，0）单元被选中。

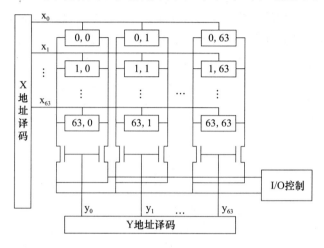

图 A. 26　二维双译码结构（位片式芯片）

在选中的行和列交叉点上的单元只有一位，因此，采用二维双译码结构的存储器芯片被称为位片式芯片。有些芯片的存储阵列采用三维结构，用多个位平面构成存储阵列，不同位平面在同一行和列交叉点上的多位构成一个存储字，被同时读出或写入。

③ 驱动器。在双译码结构中，一条 X 方向的选择线要控制在其上的各个存储单元的字选择线，所以负载较大，因此需要在译码器输出后加驱动器。

④ I/O 控制电路。用以控制被选中的单元的读出或写入，具有放大信息的作用。

⑤ 片选控制信号。单个芯片容量太小，往往满足不了计算机对存储器容量的要求，因此需将一定数量的芯片按特定方式连接成一个完整的存储器。在访问某个字时，必须选中该字所在芯片，而其他芯片不被选中。因而芯片上除了地址线和数据线外，还应有片选控制信号。在地址选择时，由芯片外的地址译码器的输入信号以及控制信号（如"访存控制"信号）来产生片选控制信号，选中要访问的存储字所在的芯片。

⑥ 读/写控制信号。根据 CPU 给出的是读命令还是写命令，控制被选中存储单元进行读或写。

A. 5. 3　动态 RAM 芯片

图 A. 27 是典型的 4M × 4 位 DRAM 芯片示意图。DRAM 芯片容量较大，因而地址位数较多，为了减少芯片的地址引脚数，从而减小体积，大多采用地址引脚复用技术，行地址和列地址通过相同的引脚分先后两次输入，这样地址引脚数可减少一半。

图 A. 27a 给出了芯片的引脚，共有 11 根地址引脚线 $A_0 \sim A_{10}$，在行选通信号$\overline{\text{RAS}}$和列选通

信号$\overline{CAS}$的控制下分时传送行、列地址；有4根数据引脚线$D_1 \sim D_4$，因此，每个芯片同时读出4位数据；$\overline{WE}$为读写控制引脚，低电平时为写操作；$\overline{OE}$为输出使能驱动引脚，低电平有效，高电平时断开输出，即输出呈高阻态。

　　图A.27b给出了芯片内部的逻辑结构图，芯片存储阵列采用三维结构，芯片容量为$2048 \times 2048 \times 4$位，因此，行地址和列地址各11位，有4个位平面，在每个行、列交叉处的4个位平面数据同时进行读写。行地址缓冲器和刷新计数器通过一个多路选择器（MUX）将选择的行地址输出到行译码器，刷新计数器的位数也是11位，一次刷新相当于对一行数据进行一次读操作，每次读后需再生。

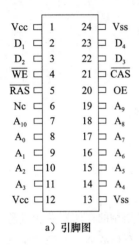

a）引脚图

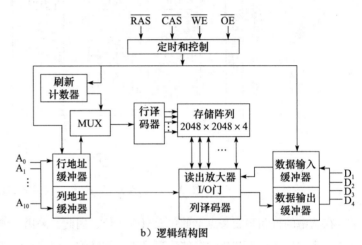

b）逻辑结构图

图A.27　4M×4位DRAM芯片

附录 **B**

gcc 的常用命令行选项

gcc 有多达上千个选项，其用户手册有近一万行，大多数选项很少用到，想了解 gcc 的使用方式，可以用命令 man gcc 显示使用说明。本附录给出 gcc 常用的几个命令行选项。表 B.1 中给出了 gcc 常用选项及其功能说明。

表 B.1 gcc 常用命令行选项说明

选项	功能描述
-c	只进行编译不进行链接，生成以 .o 为后缀的可重定位目标文件
-o < file > -o	将结果写入文件 < file > 中 不指定 < file > 时，默认结果文件名为 a.out
-E	对源程序文件进行预处理，生成以 .i 为后缀的预处理文件
-S	对源程序文件或预处理文件进行汇编，生成以 .s 为后缀的汇编语言目标文件
-v	在标准错误输出上输出编译过程中执行的命令及程序版本号
-w	不输出任何警告级错误信息
-Wall	在标准错误输出上输出所有可选的警告级错误信息
-g	生成调试辅助信息，以便使用 GDB 等调试工具对程序进行调试
-pg	编译时加入剖析代码，以产生供 gprof 剖析用的统计信息
-O -O < n >	指定编译优化级别，< n > 可以是 0、1、2、3 或者 s，-O 或缺省该选项时都为 -O1。 -O0 表示不进行优化；-O3 的优化级别最高；-Os 相当于 -O2.5，表示使用所有不会增加代码量的二级优化（-O2）
-D < name > -D < name >=< def >	-D < name > 将宏 < name > 默认定义为 1 显式地定义宏 < name > 等于 < def >
-I < dir >	将目录 < dir > 加入到头文件的搜索目录集合中，链接时在搜索标准头文件之前先对 < dir > 进行搜索
-L < dir >	将目录 < dir > 加入到库文件的搜索目录集合中，链接时在搜索标准库文件之前先对 < dir > 进行搜索

✎ **小贴士**

gprof 是 GNU 工具之一，它是一个**剖析程序**（profiler），通过编译时在每个函数的出入口加入剖析代码，来监控程序在用户态的执行信息，可以得到每个函数的调用次数、执行时间、调用关系等信息，从而便于程序员查找用户程序的性能瓶颈。但是，对于很多时间都在内核态执行的程序，并不适合用 gprof 进行剖析。

　　有些剖析工具可以对内核运行情况进行剖析。例如，oprofile 是一个开源的剖析工具，它使用处理器中的性能监视硬件来监控关于内核以及可执行文件的执行信息，监控开销比较小，而且统计信息较多，可以统计诸如 cache 缺失率、主存访问信息、分支预测错误率等，这些信息使用 gprof 是无法得到的，不过，oprofile 不能得到函数调用次数。

　　总之，gprof 工具较简单，适合于查找用户程序的瓶颈，而 oprofile 工具稍显复杂，能得到更多性能方面的信息，更适合剖析系统软件。

附录 **C**

GDB 的常用命令

GDB 是一个程序调试工具软件。GDB 中有一个非常有用的命令补齐功能，如同 Linux 下 shell 命令解释器中的命令补齐功能一样，输入一个命令的前几个字符后再输入 TAB 键时，能补齐命令。如果有多个命令的前几个字符相同，则会发出警告声，再输入 TAB 键后，则将所有前几个字符相同的命令全部列出。

C.1 启动 GDB 程序

可以在 shell 命令行提示符下输入 "gdb" 命令来启动 GDB 程序。假定 shell 命令行提示符为 "unix >"，最常用的启动 GDB 程序的方式如下：

`unix > gdb`［可执行文件名］

该命令用于启动 GDB 程序并同时加载指定的将要被调试的可执行文件。如果仅输入 "gdb" 而没有带可执行文件名，则仅启动 GDB 程序，因此必须在 GDB 调试环境下再通过相应的 GDB 命令来加载需调试的可执行文件。

一旦启动 GDB 程序，则调试过程就在 GDB 调试环境下进行。

C.2 常用 GDB 命令

在 GDB 调试环境下，大部分 GDB 命令都可以利用补齐功能以简便方式输入。如 quit 可以简写为 q，因为以 q 打头的命令只有 quit。list 可以简写为 l 等。此外，按回车键将重复上一个命令。

在 GDB 调试环境下使用的 GDB 命令有很多，本附录仅介绍最常用的几个。

- `help`［命令名］

  若想了解某个 GDB 命令的用法，最方便的方法是使用 help 命令。例如，在 gdb 提示符下输入 help list 将显示 list 命令的用法。

- `file` < 可执行文件名 >

  如果在启动 GDB 程序时忘记加可执行文件名，则在调试环境下可用 file 命令指定需加载并调试的可执行文件。例如，可用命令 "file./hello" 加载当前目录下的 hello 程序。注意，可执行文件的路径名一定要正确。

- run［参数列表］

run 命令用来启动并运行已加载的被调试程序，如果被调试程序需要参数，则在 run 后接着输入参数列表，参数之间用空格隔开。

- list［显示对象］

list 命令用来显示一段源程序代码。在 list 后面指定显示对象的参数通常有以下几种。

< linenum >：行号，显示对象为指定行号前、后若干行源码。

< + offset >：相对当前行的正偏移量，显示对象为当前行的后面若干行源码。

< – offset >：相对当前行的负偏移量，显示对象为当前行的前面若干行源码。

< filename：linenum >：显示对象为指定文件中指定行号前、后若干行源码。

< function >：函数名，显示对象为指定函数的源码。

< filename：function >：显示对象为指定文件中指定函数的源码。

< *address >：地址，显示指定地址处的源码。

- break［需设置的断点］

break 命令用来对被调试程序设置断点。在 break 后面的参数通常有以下几种。

< linenum >：行号，在当前源文件中的指定行处设置断点。

< filename：linenum >：在指定文件的指定行处设置断点。

< function >：函数名，在指定函数的入口处设置断点。

< filename：function >：在指定文件中指定函数的入口处设置断点。

< *address >：地址，在指定地址处设置断点。

< condition >：条件，只有在某些特定的条件成立时程序才会停下，称为条件断点。

设置一个断点后，它的起始状态是有效。可以用 enable、disable 来使某断点有效或无效，也可以用 delete 命令删除某断点。例如，可以用命令"disable 2"使 2 号断点无效，用"delete 2"删除 2 号断点。

- info br｜source｜stack｜args｜…

info 命令用来查看被调试程序的信息，其参数非常多，但大部分不常用。其中，info br 查看设置的所有断点的详细信息，包括断点号、类型、状态、内存地址、断点在源程序中的位置等；info source 查看当前源程序；info stack 查看栈信息，它反映了过程（函数）之间的调用层次关系；info args 查看当前参数信息。

- watch < 表达式 >

watch 命令用来观察某个表达式或变量的值是否被修改，一旦修改则暂停程序执行。

- print < 表达式 >

print 命令用来显示表达式的值，表达式中的变量必须是全局变量或当前栈区可见的变量。否则 GDB 会显示以下类似信息：

```
No symbol "xxxxx" in current context.
```

- x /NFU address

　　x 命令用来检查内存单元的值，x 是 examine 的意思。其中 N 代表重复数，F 代表输出格式，U 代表每个数据单位的大小，上述命令表示从地址 address 开始以 F 格式显示 N 个大小为 U 的数值。若不指定 N，则默认为 1；若不指定 U，则默认为每个数据单位为 4 个字节。F 的取值可以是 x(十六进制整数)、d(带符号十进制整数)、u(无符号十进制整数) 或 f(浮点数格式)；U 的取值可以是 b(字节)、h(双字节)、w(四字节) 或 g(八字节)。例如，命令 x/8ub 0x8049000 表示如下含义：以无符号十进制整数格式 (u) 显示 8 个字节 (b)，即显示存储单元 0x8049000、0x8049001、0x8049002 和 0x8049003 中的内容。

- step

　　使用 step 命令可以跟踪进入到一个函数的内部。

- next

　　使用 next 命令继续执行下一条语句，若当前语句中包含函数调用，则不会进入函数内部，而是完成对当前语句中的函数调用后跟踪到下一条语句。

- continue

　　当程序在断点处暂停执行后，可以用 continue 命令使程序继续执行下去。

- quit

　　使用 quit 命令可退出 GDB。

参考文献

[1] Randal E Bryant，David R. O'Hallaron. 深入理解计算机系统（原书第 3 版）［M］. 龚奕利，贺莲，译. 北京：机械出版社，2016.

[2] 袁春风. 计算机组成与系统结构［M］. 2 版. 北京：清华大学出版社，2015.

[3] Daniel P Bovet，Marco Cesati. 深入理解 LINUX 内核（原书第 3 版）［M］. 陈莉君，张琼声，张宏伟，译. 北京：中国电力出版社，2007.

[4] 新设计团队. Linux 内核设计的艺术［M］. 北京：机械工业出版社，2013.

[5] Robert Love. Linux 内核设计与实现（原书第 3 版）［M］. 陈莉君，康华，译. 北京：机械工业出版社，2011.

[6] Marc J Rochkind. 高级 UNIX 编程（原书第 2 版）［M］. 王嘉祯，杨素敏，张斌，等译. 北京：机械工业出版社，2006.

[7] Johnson M Hart. Windows 系统编程（原书第 4 版）［M］. 戴峰，陈征，等译. 北京：机械工业出版社，2010.

[8] Brian W Kernighan，Dennis M Ritchie. The C Programming Language［M］. 2 版. 北京：机械工业出版社，2006.

[9] 尹宝林. C 程序设计导引［M］. 北京：机械工业出版社，2013.

[10] Andrew S Tanenbaum. 现代操作系统（原书第 2 版）［M］. 陈向群，马洪兵，等译. 北京：机械工业出版社，2008.

[11] 教育部考试中心. 全国计算机等级考试 三级教程——PC 技术［M］. 北京：高等教育出版社，2009.